华章程序员书库 iOS开发系列

Learning iPad Programming
A Hands-On Guide to Building iPad Apps with iOS 5

iPad应用开发实践指南

（美） Kirby Turner Tom Harrington 著
张菲 译

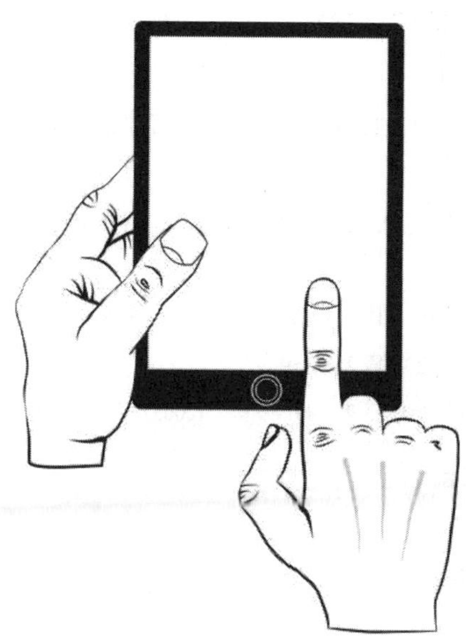

机械工业出版社
China Machine Press

本书在国外 iOS 开发者社区内颇受推崇，由资深的 iOS 开发工程师撰写，国际 Mac 和 iPhone 开发者社区 CocoaHeads 联合创始人 Mark Dalrymple 等数位专家联袂推荐！相比同类书，它有两大特色：第一，全书以一个真实的 PhotoWheel 应用（可在 APP Store 上下载）为驱动，既以迭代的方式逐步讲解了整个应用的开发过程，又全面而系统地讲解了开发 iPad 应用所需要掌握的技术知识、方法、流程，可操作性强，是系统学习和实践 iPad 应用开发的经典著作；第二，本书根据 iPad 和 iPhone 在设备特性上的差异深刻地指出了 iPad 应用开发和 iPhone 应用开发之间的不同之处，对于深度的 iPad 应用开发者来说，本书是极为宝贵的！

全书有 27 章，分为三部分：第一部分（第 1~7 章）详细介绍了开发 iOS 应用应具备的基础知识，包括 Xcode、Interface Builder、Objective-C 和 Cocoa 等，以及如何为 iPad 配置信息和如何构建应用程序；第二部分（第 8~24 章）是本书的核心，详细讲解了 PhotoWheel 的完整开发过程以及所需的理论知识，具体包括创建主从复合应用程序、使用表格视图、用视图工作、使用触屏手势、添加照片、数据持久化、故事板、视图控制器、创建照片浏览器、支持设备旋转、用 AirPrint 打印、发送电子邮件、与 iCloud 同步、用 AirPlay 制作幻灯片和 Core Image 的视觉特效等；第三部分（第 25~27 章）介绍了应用程序的调试和发布。最后是一个附录，介绍了如何创建 iOS 开发账号、下载 iOS SDK，以及在 Mac 计算机上安装开发工具。

本书版权登记号：图字：01-2012-1281

图书在版编目（CIP）数据

iPad 应用开发实践指南 /（美）特纳（Turner, K.），（美）哈林顿（Harrington, T.）著；张菲译. —北京：机械工业出版社，2013.1
（华章程序员书库）
书名原文：Learning iPad Programming: A Hands-On Guide to Building iPad Apps with iOS 5

ISBN 978-7-111-40617-4

Ⅰ. i…　Ⅱ. ①特…　②哈…　③张…　Ⅲ. 便携式计算机－基本知识　Ⅳ. TP368.32

中国版本图书馆 CIP 数据核字（2012）第 287269 号

机械工业出版社（北京市西城区百万庄大街 22 号　邮政编码　100037）
责任编辑：谢晓芳
北京市荣盛彩色印刷有限公司印刷
2013 年 1 月第 1 版第 1 次印刷
186mm×240mm • 33 印张
标准书号：ISBN 978-7-111-40617-4
定价：89.00 元

凡购本书，如有缺页、倒页、脱页，由本社发行部调换
客服热线：（010）88378991；88361066
购书热线：（010）68326294；88379649；68995259
投稿热线：（010）88379604
读者信箱：hzjsj@hzbook.com

译 者 序

2001年，苹果公司推出了iPhone、iPad系列产品。这些产品一面市就引起巨大的轰动，甚至引发了抢购热潮。最近有消息传出，苹果公司超越微软公司，成为全球市值最高的公司。追逐潮流的年轻人都以拥有iPhone、iPad为荣。iPad平板电脑的出现，标志着后PC时代的到来，即台式机与嵌入式系统正往一起融合，而不像我们先前认为的，各自是独立的电子产品。如今的嵌入式系统，其操作系统和硬件资源的强大程度都直逼台式机，甚至超越后者。这种趋势使PC程序员和嵌入式系统固件程序员都面临着更复杂的技术和平台，也带来了前所未有的整合机会，因为先前独立的PC软件开发和嵌入式系统固件开发变得不再那么泾渭分明了。

iPhone、iPad的流行促使不少程序员转向这些移动应用程序的开发。其中要涉及不少苹果公司特有的内容，例如，配置设备信息、发布。这些都是未涉足此领域的程序员所不曾有过的经历。Kirby Turner与Tom Harrington合著的这本书不仅为我们提供了iPhone、iPad上（主要是iPad）开发应用程序（开发环境是Xcode 4.2，运行环境是iOS 5）的基础知识，介绍了软件应用的许多技巧和怎样充分利用开发工具和操作系统的最新特性，还详细讲述了开发苹果公司产品所运行的应用程序的独到之处。后一部分内容倒不讨论什么技术难题，但它对那些有着丰富编程经验，却未接触过苹果公司产品开发的高级程序员来说，能够马上用来使应用程序运行起来，因此显得尤其珍贵。

更难得的是，本书采用一种实战的做法，饶有兴趣地提供了一个生动的照片浏览应用程序PhotoWheel项目。你将在前面章节建立这个项目，随着后续章节内容的不断深入，陆续添加各种代码来实现某项功能。等读完本书后，你会惊喜地发现，你亲手制作的PhotoWheel项目已可编译生成功能完整、强大的应用程序！你可以向周围的同学、同事、家人炫耀，得到他们的赞许和钦佩，让他们实际使用它。这是何等令人兴奋！这样的做法能让你随着阅读本书而逐步积累成就感和自信心。通过本书的引导，你能够很快成长为一名iOS程序员，开发出自己的iPad应用程序。这在同行业的软件指导书中是不多见的，也是效果很好的做法，由此也体现了作者的良苦用心。

原书中出现单词need to、your的地方比比皆是，翻译为使中文流畅，我尽量交替使用各种词汇；而许多时候为避免啰唆，在不发生歧义的前提下your一般都没有译出。此外，由于英语中大量用到从句，有别于中文习惯。在先前译作中，我经常要用“后者”指代前句提到的最后一个代词或名词，有读者认为这样表达不明确，容易糊涂。因此在本书的译文中，基本上没有出现“后者”，而是明确指出为相应的代词或名词。作者在书中提及一些参考书，如有中文翻译版出版的，我以中文书名为准，并给出了译者、出版社、出版日期、书号等信息；尚无中文翻译版书籍的，我则自行翻译。倘若与日后可能出版的中文翻译版书名有出入，请读者在检索时以英文书名为准。

机械工业出版社的编辑关敏女士作为本书的联络人，在翻译本书的过程中为我提供了周到细致的服务。其他编辑对译稿做了高效率、全方位、细致的审校工作，指出了不少问题。这些我都一一接受，对提高本书的翻译质量起了很大的作用。细心的编辑体现了机械工业出版社员工崇高的职业素养，在此我向各位编辑致以崇高的谢意！

最后也是最重要的，我想感谢选择阅读本书的读者。市面上讲述 iPad 编程的著作尽管不多，但并非仅此一部，而且每个人的时间和精力都很宝贵，您愿意研读本书，愿意为它投入时间和精力，表明了您对它的信任和期望。我希望本书能帮助您达到目标。祝您成功！

译文力争以通俗通畅的汉语再现原著的知识。由于译者水平有限，可能存在某些疏漏之处，请读者不吝赐教。您的意见、建议能够帮助我们改善本书的质量。也欢迎发邮件到 zhangfei97@163.com，与我交流本书相关的信息，再次感谢！

张菲

序

为什么许多书不够好？

知道我的人，不管认识有多久，都会觉得我是个彻头彻尾的书生。我喜欢看书。精心编写的书是用来自学的最便宜、最快速的工具。记得在我个人的职业发展过程中，曾有一些书对我有着非同凡响的意义——像 Bertrand Meyer 写的《Object Oriented Software Construction》、Scott Knaster 和 Stephen Chernicoff 早期的 Mac 计算机编程书、Dave Mark 的 C 语言编程书籍、Robert C. Martin 的那本《Designing Object Oriented C++ Applications Using the Booch Method》，虽然书名有些吓人，但充满了让人喜出望外的亮点；当然还有 W. Richard Stevens 写的比较近的 UNIX 与网络编程书籍。我至今还记得这些经典书卷中的课程，即使有些是在 25 年前学的。

遗憾的是，并非所有书籍都一样。我也曾看过有些糟糕至极的书。当我最初从 Mac 编程转向 iPhone 编程时，我得到的有些书很棒，有些书却很烂。真的是烂，就好像有人把《Instant Visual Basic Programming Guide for Complete Dummies》的序列号揭下换成 iPhone 的图片一样。当我在书店翻阅书时，有一本早期的 iPad 书几乎每页都有错误。有些只是录入错误；有些是细微错误，如果你还没有用 Cocoa 工作过几年，这是可以理解的；有些却是完全错误的建议，显然是并不知道自己在做什么事的人提出来的。当你把辛苦挣来的钱花到一本书上，肯定带有某些信任的期望，辜负这种信任是无法饶恕的。

所以本书物有所值吗？它能归到我的第一类书（出类拔萃），还是第二类（凑合还行）？问得好，很高兴你提到这个问题。

首先，好书应当涵盖其主题，而且涵盖得恰到好处。本书仅从其分量来看，就知道囊括了大量内容。当然，这是假定你手里已经拿到此书的印刷版。《战争与和平》的分量和《小王子》在电子书上不分伯仲，所以难以说清。单是扫一眼目录内容，你就能看到此书讲述了很多东西。还有个度量是材料的相关性，而它全是相关的内容。它涉及的基础知识包括安装开发工具、模型-视图-控制器（Model-View-Controller）、表格视图、UIViewController、导航视图、对设备旋转模式的处理。也有更高级的话题，例如，使用 Web 服务、媒体库、触摸手势、数据持久化和原始的复杂做法，即为苹果设备配置信息。此外还有些尖端的内容，如故事板、AirPrint、AirPlay、iCloud 和 Core Image。Kirby 和 Tom 花费了几个月时间来处理预发布软件的古怪问题，使你免受这些问题的困扰。

写得非常好的书应当及时而不浪费读者的时间。我是在 iPad 设备面世后三个月看到第一本 iPad 编程书籍的。该书不能向读者传递 iPad 的完整信息，因为还没有人那么快拿到设备。它是抢先进入了市场，却是匆忙进入的。本书的核心距我写这篇文章已经一年有余了。好书是要花时间来达到高水平的美。

卓越的书籍会超越其主题。顾名思义，从书名上不难猜想本书只是要以简单的方式来介绍 iPad 编程。“视图看着很酷！”“嘿，点一下按钮！”但不限于这些。没有多少书能在贯穿全书的叙述中使用一个生动的项目，而且不断随着叙述而进化。很多书不这么做的理由，是很难做好。重要的工具功能被蹩脚地塞到怪异的地方，因为作者没有预先规划好设计。而本书带你从设计开始，实现一次性的原型，接着又实现真实的应用程序。

然后它还走得更远。没有多少书会讨论设计的内在思路，本书却做到了。涉及调试内在原理的书更是凤毛麟角。调试是程序员日常生活的基本组成部分，鲜有书籍花上一两段以上的篇幅来讲述调试。本书则对这个话题采用了一整章，它远不只是讲述用调试器单步调试。在我阅读这些章的初稿以便在此序中写点什么时，当我翻到第 25 章时不由发出了赞叹。我喜欢调试，乐于看到这么一个重要的话题在这本看似入门级的书籍里详细提及。正如你能看出的那样，我喜欢了解事物，并从第 25 章有所收获。

最后，那些创作卓越书籍的人也会超出常规。Mac 和 iPhone 社区相当小，但沟通得很好。跟着信任的人，你会学得很快。我先前提到的许多糟糕书籍是我从未听说过的一些人写的，也从此再也未听说过。他们没有博客，在会议上也没有露面，在开发社区上也没有留下足迹。他们只是匆匆过客。

Kirby 和 Tom 则不同。他们是确实存在的。他们有博客。Tom 是一本 Core Data 书的作者。他们已经发布了产品。他们有满意的客户。他们组织会议，并在会议上发表讲话。他们还组织了 CocoaHeads 分会。他们为改善社区投入了大量的时间，在他们请我写此序时，我感到很荣幸，原因正在于此。

也许你已经感觉到，我对这本书非常看好。有许多介绍 iOS 编程的优秀书籍。我之所以建议阅读它们（至少是其中的一些好书），是因为 iOS 是个广泛的话题，即使 Kirby 和 Tom 也不能在一本书中涵盖你要知道的所有内容。但如果你专门针对 iPad，本书将是很好的选择。我能够感觉到它会成为对你们有些人有影响的一部书。

——Mark Dalrymple，国际 Mac 和 iPhone 程序员社区 CocoaHeads 的协同创办人、《Advanced Mac OS X Programming: The Big Nerd Ranch Guide》的作者

2011 年 11 月 12 日

前　言

2011 年 10 月，苹果公司首席执行官 Tim Cook 公布了有关 iPad 的一些有趣数据，包括：

- 财富 500 强公司有 92%在测试或部署 iPad；
- 美国本土 80%的医院在测试或用 iPad 控制流程；
- 美国的每个州都有某种形式的 iPad 部署活动，有实际在进行的，也有示范性的。

但有关 iPad 的新闻并不止于此。FAA（美国联邦航空局）已经批准了繁忙航线的飞行员使用 iPad 来代替纸质的图表。毫无疑问，iPad 正在改变着今天人们认识（及使用）计算机的方式。随着日前发布了在 iPad 和 iPhone 设备上运行的 iOS 5，这种变化越发显得深远。

毫无疑问，iPad 是一记重拳。拥有着专利的多点触摸界面、板载图形芯片、强大的 A5 处理器以及 3G 或 WiFi 网络，iPad 是后 PC 时代的标志。然而更重要的是，iPad 2 是怎样嵌入 Mac/iOS 生态系统中的呢？Mac OS X Lion 和 iOS 5 用户可以使用 FaceTime 进行从台式机到 iPad 设备的视频聊天。还有，iOS 5 的 iMessage 使用户能够用其 iPad 向其他 iPad 和 iPhone 用户发送短信。iPad 是硬件和技术的独特联姻，它是平板电脑的典范。

本书是以 iOS 5 为基础编写的，面向渴望在 iPad 上构建应用程序的新手开发者。本书也对期望在 iPad 上玩转其应用程序的 iPhone 开发人员有用。虽然有些人只是把 iPad 看成是大一些的 iPhone，其实这是不对的。作为开发者，有多得多的工作可以在 iPad 的用户界面上做到，而这些工作在 iPhone 上可能是无法实现的。

尽管本书会对 iPhone 编程有简短的讨论，但着眼点还是在 iPad。书中强调的这些 iOS 5 SDK 领域是 iPad 专用的，并非是针对 iPhone 书籍的老调重弹。另外，本书涵盖 iOS 5 的新特性，例如，容器视图控制器、iCloud 和 Core Image，还有 Xcode 4.2 中的一些关键新功能，例如，故事板。苹果公司已经花了大力气让你在开发 iOS 和 OS X 时省事一些，本书的目标则是使你学会让开发再容易点。

我们将学会什么

本书将教授你怎样构建 iPad 专用的应用程序，手把手带你走过创作一个真实应用程序的过程，并让它即刻出现在 App Store 里！我们将要在本书中构建的应用程序名叫 PhotoWheel。

下载此应用程序

可以从 App Store 下载 PhotoWheel（网页为 itunes.apple.com/app/photowheel/id424927196&mt=8）。该应用程序是免费的，所以赶快下载 PhotoWheel，先体验一下。

PhotoWheel 是所有 iPad 上都有的 Photos 应用程序的变形（双关语）。通过 PhotoWheel，你可以把自己喜爱的照片组织到相册中，与家庭和朋友通过电子邮件分享照片，使用 AirPlay 的无线连接在电视机上欣赏照片。但更重要的是，你将在构建此应用程序的过程中收获颇丰。

你将学习怎样利用 iOS 5 和 Xcode 的最新特性，包括故事板、自动引用计数、iCloud 和 Core

Image。同时还将学习如何利用其他 iOS 功能，例如，AirPrint、AirPlay 和 GCD（Grand Central Dispatch）。此外，你也要学习怎样拓展应用程序的边界，以便与互联网上的 Web 服务通信。

本书是一部波澜壮阔的教程，它向你从头到尾展示一个实际 iPad 应用程序的制作过程。你可以跟着本书编程，我们将循序渐进地说明各种事物。到你读完本书并完成编程后，你将有一个功能齐全的 PhotoWheel，你可以以此向朋友和家庭炫耀（甚至可以与他们分享这个应用程序）。尤其美妙的是，你将对如何设计、编写和发布自己的 iPad 应用程序充满信心，并通过此掌握丰富的知识。

是什么让 iPad 如此与众不同

虽然 iPad 用的 iOS 版本与 iPhone、iPod touch 和 Apple TV 相同，但是 iPad 还是有别于这些基于 iOS 的其他设备。每种设备的用法都不同，而 iOS 为它们各自提供了一些功能。例如，运行在 Apple TV 上的 iOS 版本不会提供同样版本的触屏界面。事实上，界面完全相异。Apple TV 的用户界面是 iOS 之上的一层，它提供了完全不同的用户体验。

但 iPad 不是这样。它不是你能拿在手掌心里的东西，例如 iPhone 和 iPod touch。你要用双手操作它。滑动它、触摸它，用户和它交互的次数多于大部分 iPhone 应用程序。人们很容易认为 iPad“只不过是大一点儿的 iPhone”，但其实不是。

iPad 和 iPhone 的物理尺寸明显不同，而真正使 iPad 与 iPhone 不同的地方是理念。理念的差别在于怎样设计 iPad 应用程序，以及用户怎样与应用程序交互。这种理念的差别源于 iPad 的屏幕更大。

更大的屏幕

iPad 有更大的屏幕，它提供了比 iPhone 多两倍以上的显示空间。这意味着应用程序可以显示更多信息，可以有更多空间用于用户界面。这方面的一个精彩例子就是 WeatherBug。

WeatherBug HD 的设计充分利用了 iPad 屏幕更大的优势。可以从图 P-1 看到，比起 iPhone 版本，iPad 版本的 WeatherBug 在一个屏幕上显示了多得多的信息。在 iPhone 上需触摸和滑动（有时还要凭运气），才能找到额外的天气信息；iPad 上的 WeatherBug HD 则能一目了然地显示你想要的信息，无须另外的触摸和滑动操作。当然，触屏上仍会有一些额外的信息。

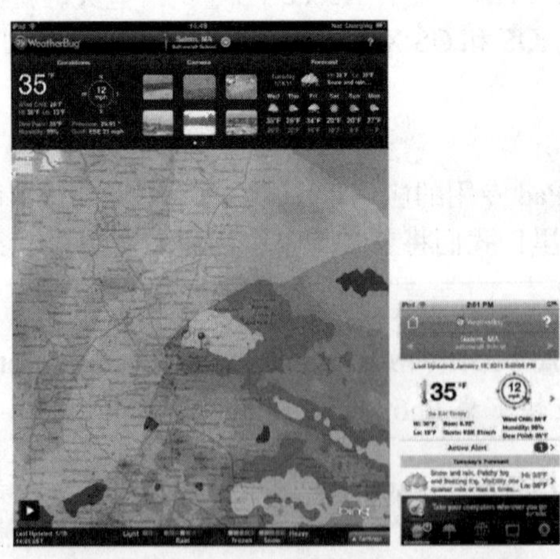

图 P-1　左边是 iPad 上的 WeatherBug 应用程序；右边的截图是同样的 WeatherBug 应用程序运行于 iPhone 之上的外观（经 Earth Networks 许可后使用）

更少的层次

由于屏幕较小，许多 iPhone 应用程序采用垂直导航系统表示。可以在许多 iPhone 应用程序上看到这种情况。用户触击一个条目，新屏幕滑动显示出来；触击另一个条目，则另一个视图滑动进屏幕。要后退的话，就要触击回退按钮，此按钮通常位于屏幕的左上角。

Dropbox 应用程序精辟地说明了层次状的导航系统。有些人可能还不知道 Dropbox 是个联机服务，它可以将数据文件、文档和图片保存到云中。所保存的文件随后同步到运行着 Dropbox 客户端软件的计算机和设备上。举个例子，假如你正在笔记本电脑上编写一份文本文档，你将该文本文档保存至 Dropbox 文件夹。随后你想查看此文本文档，则可以在你的 iPhone 上打开同一个文本文档。Dropbox 让这种操作成为可能。

在 iPhone 上使用 Dropbox 应用程序时，你会看到一个按字母顺序排列的文件和文件夹清单。触击一个文件或文件夹来打开它，会导致新画面滑动进屏幕。倘若你打开的是文件，就会看到文件内容；然而如果打开的是文件夹，则会看到新的文件和文件夹清单。继续触击文件夹会更深入地进入层次结构内部。

要想在层次结构里向上移动，可触击左上角的后退按钮。这个按钮上的文字标签能够变化，通常它显示的是栈里前一个条目的名字，但有时显示 Back。尽管文字标签可能变化，但后退按钮的风格不变。后退按钮指向左侧。这种类似箭头的风格表达了在画面间后退的含义。

在层次结构里前进和后退的说明在图 P-2 中给出。

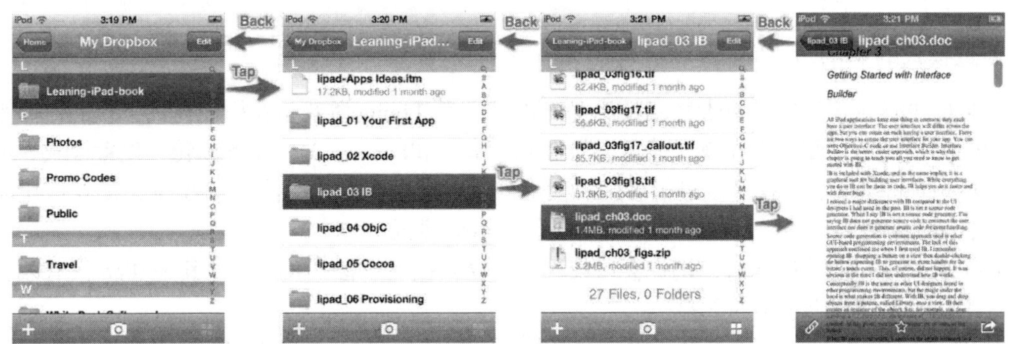

图 P-2　在 iPhone 上的文件夹和文件层次结构中使用 Dropbox。可以通过触击来向前移动，或缩小范围以显示更多内容；通过触击后退按钮来向后移动

iPad 上也有 Dropbox。那么开发者怎样对某个明确要求层次导航的应用程序重新设计，以使结构更平面化、层次更少呢？他们利用了 iPad 上特有的 iOS 对象，即 `UISplitViewController`，如图 P-3 所示。

分割视图控制器是一种控制显示并排视图的非可视对象。当以横向方式手持 iPad 时，这两个视图就并排放置。当将 iPad 放置到纵向显示模式时，左边的视图就会消失，这样就使用户将其注意力集中到右边的主要内容上来。

注意：第 8 章将教你编写基于分割视图的应用程序。

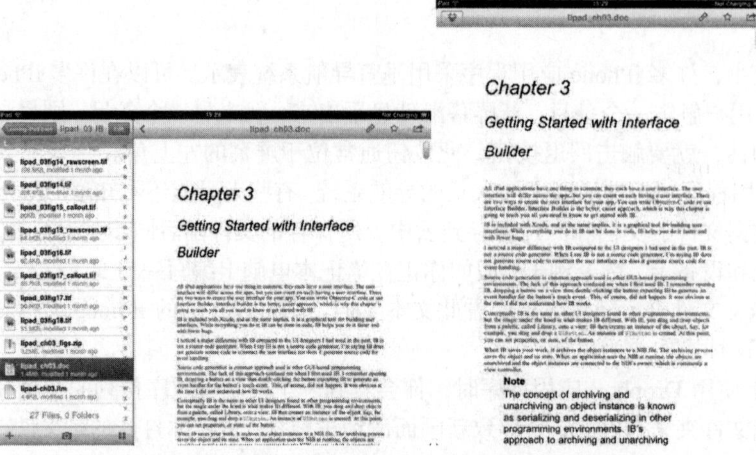

图 P-3　iPad 运行 Dropbox 的屏幕截图，注意，当设备横向放置时导航框显示在左侧视图中；而在 iPad 纵向放置时会隐藏导航框

这种视图模式经常称为“主—从复合视图”，即主视图显示在左侧，从视图显示在右侧。主视图用来在层次数据间定位，在 Dropbox 中主视图则用来定位文件和文件夹。当你找到想要查看的文件时，在主视图中触击它，文件内容会在从视图里显示出来。旋转 iPad 为纵向模式可以隐藏主视图，从而可以只注意文件内容。

设备放置模式的影响

大多数 iPhone 应用程序只支持一种放置模式，许多 iPhone 游戏是在横向模式下玩的，而其他许多 iPhone 应用程序则以纵向模式显示。与 iPad 类似，iPhone 也支持设备旋转和放置模式，但设备这么小，支持不同放置模式就显得多余。大部分用户以纵向模式手持其 iPhone，即在使用应用程序时 Home 按钮在下边，而只在玩游戏时旋转成横向模式。

iPad 则不同。使用 iPad 时，用户会以某种放置模式抓住设备并开机，尤其是 iPad 没有放在盒子里时。我们来做这个小小的试验……

把 iPhone 或 iPod touch 放在桌子上，让其 Home 按钮指向 10 点钟方向。走开转个身，回到设备前拿起它。看看你在拿到它时的方向。你很可能在拿起设备时会顺手旋转它，以便使 Home 按钮在下边。甚至在开机之前你已经把它旋转成这样了。手拿 iPhone 时使 Home 按钮处在设备下边几乎是一种自然的本能。

再来做同样的试验，但这次使用 iPad。把它放在桌上，确保 Home 按钮指向 10 点钟方向，然后走开。回来再拿起 iPad，这时很可能你不会旋转 iPad。相反，你在拿起 iPad 时的设备放置模式可能和你拿起前是一样的。

放大的多点触屏

你知道 iPad 和 iPhone 都支持同样的多点触屏界面吗？确实如此。实际上，iOS 的多点触屏界面可支持多达 11 个同时的触点。这意味着你可以用上所有的手指，甚至如果你旁边有朋友的话，可以再多一两个人来与应用程序交互。

iPad 拥有较大的屏幕，这使多点触摸更加灵活。虽然两只手的手势在 iPhone 上活动受限，但在与 iPad 应用程序交互时它们却是很自然的一部分。举个例子，苹果公司自己的 iPad 应用程序 Keynote，它就利用多点触屏界面来提供一度保留为台式机的指指点点功能。选择多张幻灯片，再移动它们，这只是 iPad 上的 Keynote 最优化用户体验的一个例子。

我们已经知道，多点触屏界面可支持多达 11 个地方的同时触摸，但怎样验证呢？可编写一个 iPad 应用程序对同时触摸的点数进行计数。那正是 Matt Legend Gemmell 做过的事情。他编写了短小精悍的 iPad 应用程序，如图 P-4 所示。这个应用程序能显示同时触摸的点数。但 Matt 并不止于显示触摸计数，他让应用程序有着华美的外观，使用户玩起来妙趣横生。

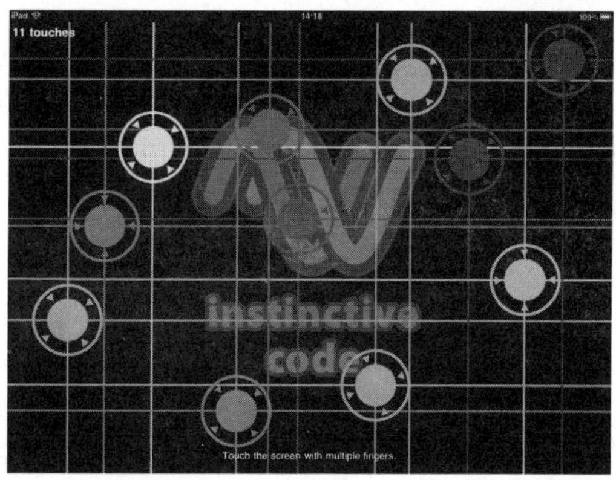

图 P-4　Matt Legend Gemmell 在 iPad 上说明在 11 个地方同时触摸的多点触屏示例应用程序

可以从 Matt 的博客（网页为 mattgemmell.com/2010/05/09/ipad-multi-touch）了解其 iPad 多点触屏示例的详细信息，并下载其源代码。

另一个探究 iPad 多点触屏界面的办法是用 iPad 上的 Uzu 应用程序，在 App Store 中（网页为 bit.ly/learnipadprog-UzuApp）只需 1.99 美元。Uzu 是个"动感的多点触屏粒子视觉效应观察器"，很容易让人着迷（图 P-5 没有将该应用程序表现得淋漓尽致），倘若你想看看多点触摸的一些明智用法，真应该下载并玩玩 Uzu。

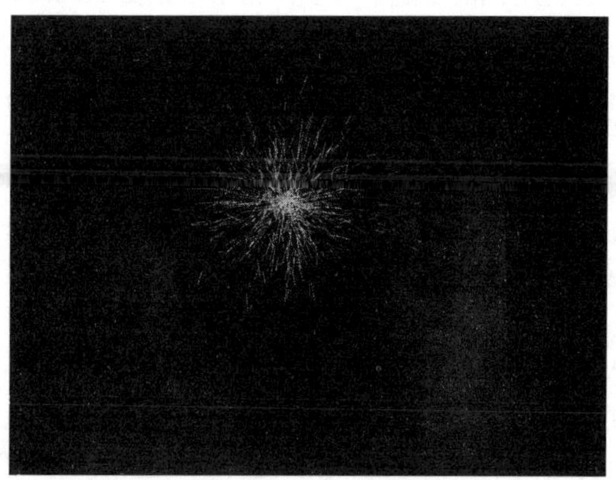

图 P-5　iPad 上的粒子视觉效应观察器 Uzu

iPad 填补了电话与电脑之间的空白

到了这里，所有人都会赞成 iPad 并非大个头的 iPhone。很好，很高兴你看到了本页。现在有个更大的问题：iPad 是笔记本电脑或台式机的替代品吗？不是，还不是，但 iPad 相当接近这个角色。

对许多人而言，iPad 代表着填补智能手机和全功能电脑（不管是笔记本电脑还是台式机）之间空白的移动设备。尽管很多人用 iPad 消遣，但 iPad 也能用来完成原本笔记本电脑或台式机才能做的大量任务。这促使 iOS 开发者重新考虑怎样实现传世已久的软件理念。字处理软件正是其中的一种理念，它在 iPad 上找到了新生。

iPad 开启了由于 iPhone 尺寸太小而无法实现的广阔应用程序之门。字处理软件又一次成为人们想到的这种应用程序。

虽然 iPhone 很适合速记，但对写冗长的文档则不够理想。尽管在技术上实现一个功能齐全的 iPhone 字处理软件是可能的，但你会用吗？屏幕太小了，即使是在横向模式，在那么小的画面上点动两个手指效率仍旧很低。iPhone 适合完成简单、快速的任务，例如写个便条、安排日程、将待办事宜标为已做，但对于较长的任务，例如写书的工作并不合适。

进入 iPad

iPad 提供类似小型笔记本电脑的体验。与无线键盘配合，iPad 就成为编写冗长文档的良好工具。我是从体验方面说的。本书的大量文本都出自 iPad。我不能想象要是用 iPhone 会是什么样子，但我知道 iPad 上是怎样的，这样做是种享受。它尤其出色的是，使你能专注于一个任务。这样可以避免分神，让你更好地专注于手头的工作。

本书组织结构

顾名思义，本书将为你提供随手指导。它将带你走过 iPad 编程的每个阶段，从下载安装 iOS SDK 到向苹果公司发布第一个应用程序供其审核，都囊括在内。

全书包括 27 章及一个附录，如下所示：

❑ 第一部分，“入门”

第一部分介绍了这一行业会用到的工具。这里你将学习诸如 Xcode、Interface Builder 等开发工具。学习如何使用 Objective-C 和 Cocoa 框架来编写代码。你还将学习怎样配置信息，使 iPad 成为一台开发设备。

- 第 1 章，“你的第一个应用程序”

该章可帮助你即刻埋头创建第一个应用程序。它为创建一个简单但可用的 iPad 应用程序提供手把手的指导。该应用程序能够运行于 iPad 模拟器上。你将使用 Xcode 创建此应用程序，这意味着要编写少许代码，但在书中的这个位置，还不需要你具备 Objective-C 知识。该章的目标是让你立即掌握要用于创建 iPad 应用程序的工具和代码。

- 第 2 章，“Xcode 入门”

Xcode 是开发者的集成开发环境（Integrated Development Environment，IDE），用来编写 iPad 应用程序的 Objective-C 代码。该章强调 Xcode 的关键特性，包括推荐的选项设置、常用的快捷键、使用 Xcode 时的各窗口说明。

- 第 3 章，“Interface Builder 入门”

该章将探究 Interface Builder(即 IB)。Interface Builder 是个用来创建应用程序用户界面的工具，不需要编程。此章解释使用 IB 的方法，以及它的许多有用功能。此外，该章还会给出使用 IB 时常犯错误的警告，例如忘了将事件关联至 `IBAction`。

- 第 4 章，“Objective-C 入门”

该章介绍 Objective-C，带有选择 iPad 编程可用语言的简短综述。该章不是意在对此编程语言作广泛的讲解，而是提供足够的信息，使你能够着手编写第一个实际的 iPad 应用程序。

- 第 5 章，“Cocoa 入门”

编程语言只有在支持它的框架强大时才会表现强大，Cocoa 提供了令人赞叹的框架栈，以及一个库，使得你构建 iPad 应用程序时能缩短时间。

- 第 6 章，“为 iPad 配置信息”

在通往 iPad 精彩世界的道路上会有些惊险时刻。最吓人的一个是信息提供概述、许可证和注册测试用的设备。Xcode 4 在此方面作了改进，但仍远不够完美。该章引导你经历配置文件、许可证和设备注册的惊险森林。

- 第 7 章，“应用程序设计”

如果你不知道在构建什么，就无法构建应用程序。该章在你还未编写一行代码之前分享设计应用程序的窍门。

❑ 第二部分，“构建 PhotoWheel”

第二部分是本书的核心。在此你将亲手构建真实的 iPad 应用程序。你所构建的这个应用程序并非简单的 Hello World。它叫 PhotoWheel，一个功能齐全的照片应用程序。在第二部分，你将学习从视图转换时的定制动画到 iCloud 在电视上同步显示照片等所有知识。

- 第 8 章，“创建主从复合应用程序”

当着手构建 PhotoWheel 时，首先构建其原型。通过构建原型，你可借此机会学习主从复合应用程序里的分割视图控制器。

- 第 9 章，“使用表格视图”

在该章中，你将使用表格视图来学习显示数据的基本知识。你还会学习怎样重排序、删除，甚至编辑表格视图所显示的数据。

- 第 10 章，“用视图工作”

在该章中，你将沉浸于视图的世界。在此学习如何创建显示照片的轮状视图。

- 第 11 章，“使用触屏手势”

在该章中，你将学习怎样利用 iPad 的多点触屏。你会学习使用触摸手势，以便用户能够与你的应用程序交互。

- 第 12 章，“添加照片”

PhotoWheel 是与照片相关的，所以很自然地你要了解将照片添加到应用程序的办法。在该章，你会学习如何从 Photos 应用程序的库里获取照片，以及怎样使用内置的摄像头拍照得到照片。

- 第 13 章，“数据持久化”

如果人们无法保存其工作，PhotoWheel 就没那么有用了。保存和获取应用程序数据的方法有多种，这里会讨论其中两种，并学习使用 Core Data。

- 第 14 章，“Xcode 中的故事板”

故事板是个设计应用程序用户界面的新办法，很讨人喜欢。在该章，你将亲手使用故事板，并学习怎样使用 Interface Builder 以更少的代码做更多的事。

- 第 15 章，“视图控制器详解”

故事板的功能毕竟有限。在有些时候，必须编写代码才能使应用程序真正光彩照人。在该章你将学习充分利用视图控制器的办法。

- 第 16 章，“构造主屏幕”

在该章中，你将对 PhotoWheel 进行深入编程。原型已经完成，你会有个替代故事板的基本用户界面。现在该构建其主画面了，这正是你在该章要做的事情。你还将学习怎样使用容器视图控制器，并构建定制栅格视图以便可用到其他项目。

- 第 17 章，“创建照片浏览器”

在该章中，你将学习使用滚动视图的方法，创建全屏的照片浏览器。你还要了解怎样使用二指拨动手势来缩小和放大照片的显示。

- 第 18 章，“支持设备旋转”

用户期望无论怎样手持 iPad，应用程序都应显示得当。用户可能会在拿 iPad 时 Home 按钮处于左边或右边，也可能在上边或下边。你的工作就是要确保不管什么情况，应用程序都要正确显示。这就是你要在该章学习的内容：怎样支持设备旋转。

- 第 19 章，“用 AirPrint 打印”

该章直奔要点，传授怎样使用 AirPrint 从应用程序中打印内容。

- 第 20 章，“发送电子邮件”

现今时代几乎每个人都有电子邮件账号，每个人都喜欢看照片。所以 PhotoWheel 用户自然会想通过电子邮件与家人或朋友分享照片。该章将介绍怎样从应用程序中发送电子邮件。

- 第 21 章，“Web 服务”

将 iPad 上已有的照片添加到 PhotoWheel 固然不错，但许多人还将照片保存到其他地方。该章将介绍怎样在 iPad 应用程序与 Web 服务器间通信，以从 Flickr 上搜索和下载照片。

- 第 22 章，“与 iCloud 同步”

很多人都有多台 iOS 设备，要是能在所有设备间使用 PhotoWheel 共享同样的数据就好了。同步难度很大，但有了 iCloud 就会容易多了。该章将添加照片和相册的在线同步功能。

- 第 23 章，“用 AirPlay 放映幻灯片”

iPad 有个大屏幕，但你也许想向一群人展示照片，而让所有人围着一个手持设备显得不甚方便。该章将揭示怎样利用外部的无线显示器，例如可能的大型电视，从 iPad 应用程序让其显示内容。你将使用 AirPlay 实现，这样就不用在房间里乱走线了。

- 第 24 章，“Core Image 的视觉特效”

Core Image 是分析和修改图片的框架，由其可获得令人吃惊的效果。即使颜色特效和自动照片增强技术难以做到，还可以使用 Core Data Image 定位照片中的人脸。可以在便捷的用户界面中把这个功能加入 PhotoWheel，以便人们在应用这些特效前预览其效果。

- 第三部分，“最后的润色”

在本书的最后一部分，你将学习调试应用程序的技巧。但更重要的是，你还将学会怎样向别人发布你的应用程序。

- 第 25 章，“调试”

在这个时候，你已经知道怎样创建 iPad 应用程序了，但出了问题怎么办呢？该章讲述应用程序的调试，介绍 GDB 和展示如何打开、关闭断点，以及怎样利用声音来调试。该章还会介绍更高级的调试技术，诸如使用 Instruments 来跟踪内存泄漏。

- 第 26 章，“发布应用程序”

应用程序已经编写完毕，已经经过调试和测试。下一步就是将应用程序交到用户手里。该章探讨发布 iPad 应用程序的一些选项，介绍两种最常用的发布方法：非正式发布和 App Store 发布。

- 第 27 章，“结语”

该章以一些对 iPad 程序员的励志话语结束本书。

- 附录 A，“安装开发工具”

此附录将带你完成要开始 iPad 编程之前的那些步骤。包括设立 iOS 开发账号，下载 iOS SDK，以及在 Mac 计算机上安装开发工具。

本书将你从应用程序设计一路带到 App Store。其间你将了解开发工具、编程语言和框架。而更重要的是，你将学会怎样构建一个功能齐全的 iPad 应用程序，你可以拿这个应用程序进行炫耀。

本书读者对象

本书面向对 iOS 平台还不了解，但想学习如何编写 iPad 应用程序的程序员。本书假定你是 iPad 编程新手，对 Xcode 和 Objective-C 没有什么经验。不过，本书认为你已有一些使用其他编程语言和工具的编程经验。但那些没有任何编程经验的人不适合阅读本书。

本书的目标读者是想学习怎样使用 iOS 5 开发 iPad 上复杂应用程序的程序员。你需要有一台 Mac 计算机，以便可以使用 Xcode 和 Interface Builder 编程，并要有 iPad 的 iOS 开发账号。要是有些编程经验会很有益，特别是有 C 语言知识，尽管有一章会介绍怎样用 Objective-C 进行面向对象的编程，让你有个起步。

本书对有经验的 iOS 开发者，即那些已经编写过应用程序并将其发布到 iPhone 和 iPod touch 的人同样有吸引力。如果你是经验丰富的读者，则可以跳过基础章节，从而迅速进入贯穿本书的示例项目的创建中。

获取 PhotoWheel 的源码

PhotoWheel 在每章及全部的源码都可以从本书的网址：learnipadprogramming.com/source-code/ 下载。虽然本书介绍开发 PhotoWheel 的篇幅是有限的。但我们的学习是无止境的，我们对此应用程序还有大量工作可做，所以还有很多东西可学。最新的源码可以在 github（网页为 github.com/kirbyt/PhotoWheel）处找到。

你还可以在本书的博客网址（learnipadprogramming.com/blog/）找到更多介绍方法和技巧的文章，来改进 PhotoWheel。

如果你还有其他问题，或者想报告缺陷或向 PhotoWheel 提出新功能，请不吝发电子邮件至

kirby@whitepeaksoftware.com 或 tph@atomicbird.com。也可以在 Twitter 上发消息给@kirbyt 或@atomicbird。

本书随处都有丰富的代码，还有可供操练的练习题，所以本书假定你已经获得了 Xcode 和 iOS SDK 等苹果公司的开发工具。这些都可以从苹果公司的 iOS 开发中心[⊖]下载。

插图提供人

Matt McCray 这个小伙子热情洋溢地提供了 PhotoWheel 的插图。如果你要找人为应用程序设计插图，则可以与他联络。他的电子邮箱是 matt@elucidata.net，其个人网站为：www.elucidata.net。

致谢

与写作其他任何书一样，在写作过程中总是有许多人默默做出了贡献。这里请允许我们花点时间表达对这些人的谢意……

Kirby Turner 的致谢

首先感谢我的妻子 Melanie 和儿子 Rowan，感谢他们的支持与耐心，让我能集中精力完成本书的创作。感谢 Tom 在本书的最后阶段答应成为我的合著者，要是没有他的帮助，本书可能还会延误更长时间。我要对 Chuck Toporek 致以最诚挚的谢意，是他给了我这个写书的机会。当然了，我还要感谢那些技术审核人员以及产品开发团队，他们在短期内做出了辛苦的工作。

还要特别感谢 Daft Punk，他的 TRON：Legacy 相册是本书大部分配套内容的原型。

感谢史蒂夫·乔布斯以及苹果公司令人赞叹不已的工程师，是你们把编程乐趣重新带给了我。最后，感谢 Mac 和 iOS 开发社区。如果没有这个独特社区的热情和精神，一切都不可能成真。

Tom Harrington 的致谢

感谢 Kirby 邀请我参加本书的创作。特别感谢我们的技术审核者 Chuck Toporek，以及产品团队其他成员的辛勤劳动，才使本书得以高质量地交付印刷。我和 Kirby 是在 iOS 5 还在测试阶段时著作本书的，我们再三发现在完稿前必须做些修订，以赶上 iOS 和开发工具改变的步伐。所涉及的每个人在应对写书时内容持续的变化都表现得很出色。

感谢苹果公司每个致力于 iOS 5 和 iPad 开发的每个人。没有他们，我们就无法将这么热门的话题写成书。

最后，在写本书致谢时，我们才知道史蒂夫·乔布斯已经去世。他是苹果公司长久而且非常成功的首席执行官。我在 30 年前就开始在 Apple Ⅱ上编写软件了，它也奠定了我日后事业的基础。谢谢你所做的一切，史蒂夫。

⊖ 网址是 developer.apple.com/ios。

目　录

第二部分 构建 PhotoWheel

第三部分 最后的润色

第一部分 入 门

第1章 你的第一个应用程序

在学习时，实际操作出来比别的任何办法都管用。所以我们就入手写一个简单的 iPad 应用程序。要写的首个应用程序就是“Hello World”。没错，这个“Hello World”应用程序超级简单。不过别担心，本书后面会构建复杂得多的应用程序。现在，重要的是你能对相关代码和工具有所了解。

本章主要是让你对用来构建 iPad 应用程序的工具有个大致的认识。如果你已经熟悉了 Xcode，则可以直接跳至第 4 章或第 6 章；倘若你还对 Xcode 比较陌生，请继续阅读。

本章接下来的部分将引导你了解创建 iPad 应用程序所需的步骤。本章不会涉及详细的 Xcode 代码，随后的第 2 章和第 3 章会讲到 Xcode 代码。

注意： 在开始前，必须在 Mac 计算机上安装了 Xcode 和 iOS SDK。如果尚未安装这些软件，则请先翻到附录 A 查看如何在 Mac 计算机上创建 iPad 编程环境。当然了，你还需要有一台 Mac 计算机。

1.1 创建“Hello World”项目

从运行 Xcode 开始。如图 1-1 所示，如果你从 Mac App Store 安装了 Launchpad，则 Launchpad 里面就会有 Xcode。否则 Xcode 在 Dock 中可以找到。单击 Xcode 图标运行它。

注意： 倘若 Launchpad 或 Dock 上没有 Xcode，则应当添加它。Xcode 可以从硬盘目录/Developer/Applications/下找到（假定默认安装的话）。要想把 Xcode 加到 Dock 上，可以运行 Xcode。在它运行期间，右击（或按住 Control 键单击）Dock 上出现的 Xcode 图标，选择 Options→Keep in Dock 命令。这样就会在程序不运行时 Dock 上仍显示有 Xcode 图标，从而在下次需要时可以方便地运行 Xcode。

执行 Xcode 后弹出的第一个窗口就是 Welcome to Xcode，如图 1-2 所示。在此窗口内可以做几件事情。可以创建新项目，连接到源代码库，进入 Xcode 4 用户指南（使用 Xcode 的辅导教程），或者访问苹果公司的网站（developer.apple.com）。倘若过去打开过项目，则还会在右侧看到最近项目的清单。选择其中某个项目，单击 **Open** 按钮，就可以打开这个项目。

图 1-1　从 Launchpad 里的 Xcode 图标来运行 Xcode。Mac App Store 安装程序将 Xcode 放在 Developer 群组里

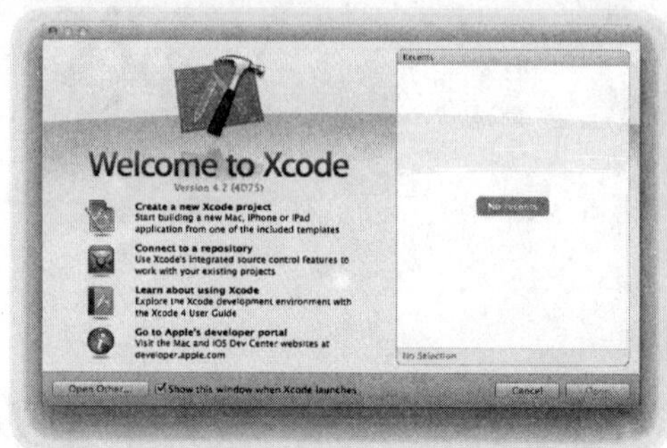

图 1-2　Welcome to Xcode 窗口

窗口左下角是 **Open Other...**按钮，可以单击它来打开硬盘上某个现有的项目。该按钮的右边是个复选框，指定 Welcome to Xcode 窗口是否在执行 Xcode 时显示出来。

注意：如果你是个 Xcode 新手，应当花些时间阅读 Xcode 4 用户指南。此用户指南对 Xcode 工具集有完整的说明。从本书可以学习 Xcode，不过看看苹果公司的官方指南文档还是很有好处的。

因为这里想创建一个新的 iPad 应用程序，所以单击 **Create a new Xcode project** 按钮。将弹出新项目窗口，如图 1-3 所示。在继续下一步前先了解一下这个窗口。正如图 1-3 所示的那样，新项目有三个主要部分：目标类型、项目模板及模板详细信息。

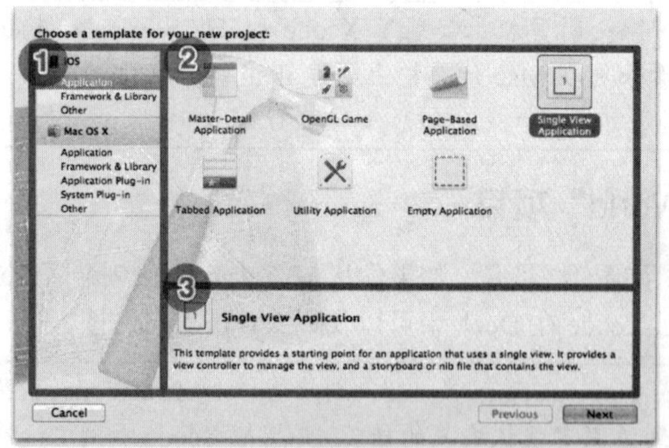

图 1-3　Xcode 的新项目窗口，包含有 Xcode 用户界面的若干部分（1．目标类型；2．项目模板；3．模板详细信息）

在图 1-3 的第 1 部分中，可以选择目标类型是 iOS 还是 Mac OS X。由于 iPad 应用程序运行在 iOS 上，因此目前可以忽略 Mac OS X 目标类型。在 iOS 下可以构建两种类型的目标：Application 或者 Framework & Library。Application 类型正如其名字所述，用于构建 iPhone 和 iPad 应用程序。

而 Framework & Library 目标类型则用于建立可重用的静态库，目前也可以不用管它。

因为要创建的“Hello World”正是一个应用程序，所以在第 1 部分的 iOS 下选择 Application。然后你会发现第 2 部分的内容随之变化了，目前显示为所选目标类型的模板清单。模板用来生成某个 Xcode 项目的初始文件。

如果你曾花时间玩过 iPad，就可能会注意到有一些共同的应用程序类型，或者说是“风格”。第 2 部分列出的模板清单正是用来快速生成特定风格的应用程序的。例如，要创建一个外观类似于 iPad 上 Mail 的应用程序，可以在这里选择 Master-Detail Application。

应用程序模板

在选择 iOS 作为目标后，可以使用下列类型的应用程序模板。

- Master-Detail Application：在有主从复合风格的应用程序，并希望对显示使用分割视图控制器时，选此模板。
- OpenGL Game：倘若想利用 OpenGL ES 创建一个游戏，就选择此模板。该模板提供带有 OpenGL 场景的视图，并有个计数器用来使视图产生动画效果。
- Page-Based Application：选择此模板来创建书本或杂志风格的应用程序，后者采用页视图控制器。
- Single View Application：选择此模板来创建只有一个视图的应用程序。
- Tabbed Application：选择此模板来创建通过页签定义各自区域的应用程序。这一模板为首个页签提供页签栏控制器，及视图控制器。
- Utility Application：选择此模板来创建有主视图和另一个可选视图的应用程序。
- Empty Application：该模板提供一个起始点，用以创建任意类型的应用程序。当你想从一个空白项目框架开始做项目时，选择此模板。

“Hello World”应用程序只有一个视图，所以选择 Single View Application 模板。此后，你会看到模板细节部分的内容变化了。这个部分显示在项目模板部分中所选模板的简要说明。

单击 Next 按钮将会打开项目选项的屏幕，如图 1-4 所示。项目选项根据模板不同而稍有差异。每个模板都有 Product Name、Company Identifier、Bundle Identifier（基于输入的公司标识会自动生成），以及 Device Family。应用程序模板还可能有 Use Storyboard 复选框、Use Automatic Reference Counting 复选框、Use Core Data 复选框及 Include Unit Tests 复选框等选项。

对于“Hello World”应用程序，在 Product Name 文本框中输入“Hello World”，Company Identifier 框中输入你或公司的名字，使用反向域名格式。例如我个人名字为“com.kirbyturner”，公司名字为“com.whitepeaksoftware”。第 6 章将会解释公司标识与应用程序包标识符之间的关系，以及如何用它们生成应用程序 ID。

下一步，选择 iPad 作为设备系列名。这里有三种设备系列类型可选： iPad 型、iPhone 型和通用型。iPad 型指定本应用程序仅为 iPad 设计，并只运行于其上；iPhone 型指定应用程序仅为 iPhone 设计；通用型则指定应用程序可同时运行于 iPad 和 iPhone。

在这个“Hello World”应用程序中，用不着故事板和单元测试，所以不要选中这两个选项。但要选中 Use Automatic Reference Counting 选项。该选项将在第 4 章的存储管理部分讲解。单击 Next 按钮，指定一个路径来保存 Xcode 项目，然后单击 Create 按钮（如图 1-5 所示）。

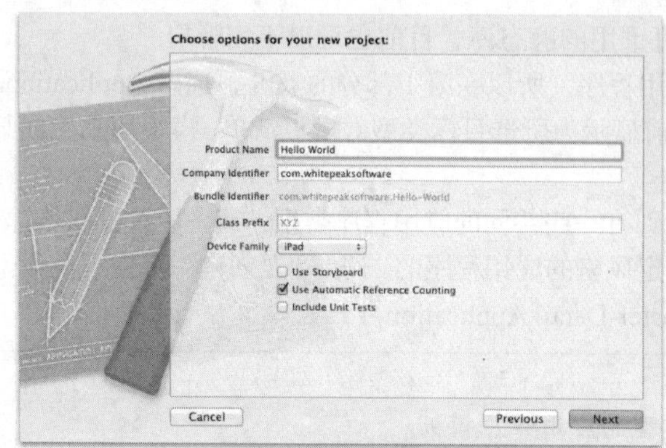

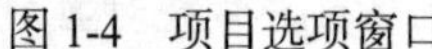
图 1-4 项目选项窗口

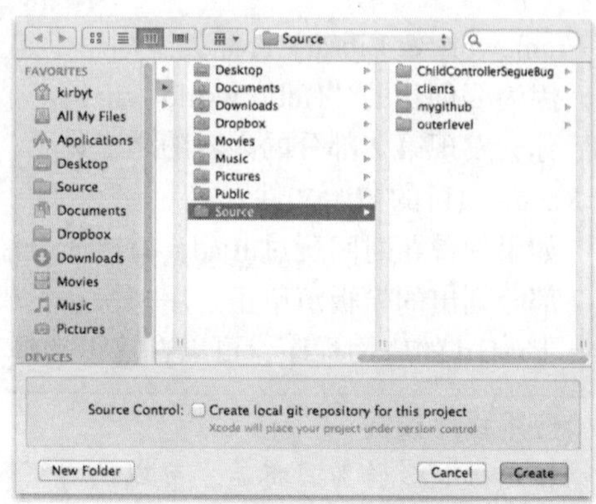

图 1-5 选择 Xcode 项目保存的位置

通用型应用程序

iPhone 应用程序可以运行于 iPad 上，但它们是在一个 iPhone 模拟器里运行的。它们无法利用 iPad 的全屏优点。这就导致用户体验不够理想。而通用型应用程序的设计却能充分利用 iPhone 和 iPad 的屏幕特性。当通用型应用程序运行于 iPhone 时，它看起来就是为 iPhone 设计的；而当它运行于 iPad 时，该应用程序看上去就是 iPad 应用程序。

通用型应用程序给用户提供了这两个系列产品的最佳效果，一个应用程序在两种设备上都表现出色。然而这对开发者来说，就要付出代价。开发一个通用型应用程序在许多方式上如同开发两个单独的应用程序，一个是为 iPad 设计的，另一个是为 iPhone 设计的，然后把它们打包成一个应用程序二进制代码。

通用型应用程序的设计适用于 iPhone 和 iPad 两种目标设备。不过本书只编写 iPad 程序。为了你更快地入门成为一名 iOS 开发者，也为了避免编写通用型应用程序带来的复杂性，本书不会涉及通用型应用程序的开发。

注意： 故事板（storyboard）是 iOS 5 引入的一个概念，它用来在 iOS 应用程序中可视化地设计用户界面。故事板将在第 15 章介绍。

注意： 笔者喜欢把所有源代码存放在一个位置，所以会在起始目录下创建 Source 目录。我将所有项目都置于此目录下，这样方便日后定位。

祝贺你！你刚刚创建了你的首个 iPad 应用程序。不相信吗？单击 Run 按钮（如图 1-6 所示），或者按⌘+R 组合键试试。确保当前任务是 iPad 模拟器程序。如果不是，单击它，改为此模拟器。

单击 Run 按钮时，Xcode 会编译项目，创建应用程序包，在 iPad 模拟器中安装此应用程序，最后在此模拟器中运行该应用程序。如图 1-7 所示，该应用程序还是空白的。但我们确实刚刚构建了第一个有划时代意义的 iPad 应用程序！

注意： 有些时候，我们会发现执行模拟器的时刻与在模拟器中执行应用程序的时刻之间有延时。当出现这种延时时，模拟器中会有黑屏，这是正常的，通常只发生于在模拟器中首次执行应用程序的情况。

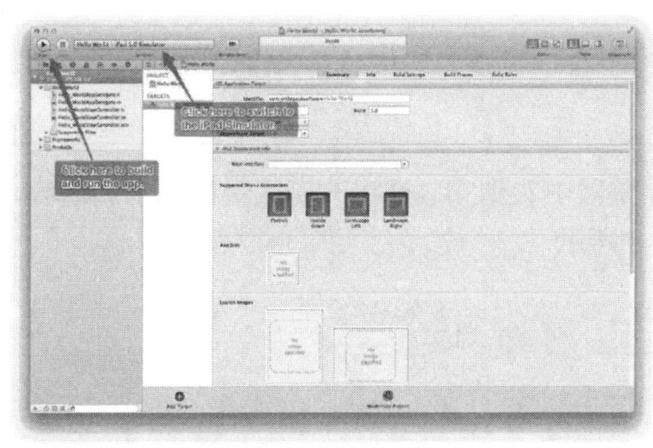

图 1-6 “Hello World”应用程序的 Xcode 项目窗口

图 1-7 iPad 模拟器中运行的“空白”单视图应用程序

可以把这刚出炉的应用程序发送到苹果公司供其审核。不过由于它没有什么功能，苹果公司很可能会驳回它。还有我们本来是想构建“Hello World”应用程序的，但正如你看到的，该应用程序运行时并没有出现“Hello World”的字样。所以我们得继续进行这个项目。

首先，停止程序的运行，因为它正运行于模拟器中。可以单击 Xcode 窗口左上方的 Stop 按钮，或者按⌘+.组合键将其停止。现在已准备好修改此应用程序了。

注意： 当我们使用项目模板时，Xcode 会给出一个有效、可运行的 iPad 应用程序，而无须编写哪怕一句代码。也许是因为笔者对 30 年前作为编程新手时还有印象，当我看到新的应用程序首次运行时，心里总有一种暖洋洋的感觉。实际上，我在创建新的 Xcode 项目时，第一件事就是构建并运行它。应用程序一下子就运行起来，让我感到莫名的兴奋。

1.2 在屏幕上显示文字

这是个“Hello World”应用程序，所以它该在屏幕的某个位置显示“Hello World”。可以编写一些代码来做到，不过最省事的办法就是利用 Interface Builder。Interface Builder 即我们常说的 IB，是 Xcode 内置的可视化用户界面设计程序。在第 3 章中你会了解关于 IB 的更多内容，现在我们跟随一些步骤，将这个空白的应用程序完善为稍微有点用的“Hello World”。

为向屏幕添加“Hello World”，可以编辑 ViewController.xib 文件。.xib 发音为“zib”，该类文件是 NIB 文件的 XML 表示形式。NIB 文件即.nib 文件，是.xib 文件的二进制预处理文件。比起先前的二进制文件 nib，基于文本的.xib 文件能够与版本控制系统更好地配合。也就是说，在构建应用程序时，.xib 文件仍要编译成.nib 文件。

NIB 文件是什么呢？NIB 文件就是由 Interface Builder 创建的文件，用于保存界面对象及其之间的关系。换句话说，NIB 文件代表了在屏幕上显示的各种对象。使用 IB 创建和编辑 NIB 文件，应用程序使用 NIB 文件在运行时显示其用户界面。

注意： 对于 iOS 开发者来说，将.xib 文件看做 NIB 文件是很自然的，因为.xib 文件毕竟只是 NIB 文件的文本格式而已。

故事

NIB 中的“N”是 NeXTSTEP 时代的产物，那时用于指示 NeXT 风格的属性清单文件。而“IB”指示该文件是一个 Interface Builder 文件。

打开 ViewController.xib 文件后，就可以在项目导航器中看到它。这将改变编辑区显示的内容。它将使用 IB 设计程序显示 NIB 文件的内容，如图 1-8 所示。

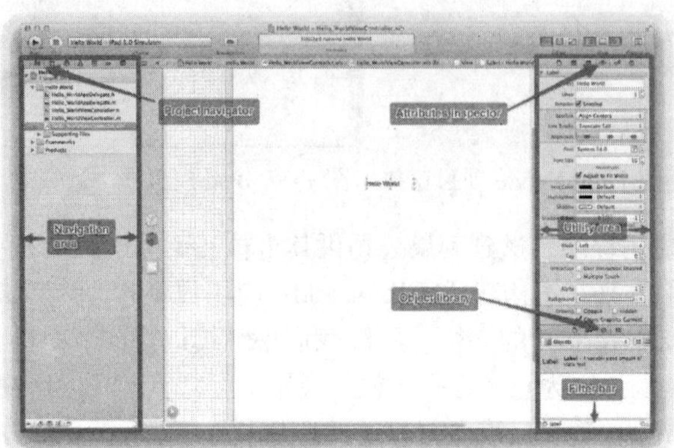

图 1-8 向应用程序的主视图添加“Hello World”文字

注意：第 3 章将介绍 IB 提供的所有工具。

IB 有一套有效的工具来操作 NIB 文件。按 Control+Option+⌘+3 组合键显示对象库。对象库包含可视、非可视的元件，后者用来构造用户界面。在底部的 Filter（过滤）栏中输入“Label”（无引号），将对此目标清单进行过滤，只显示 label 类型的对象。

将 label 对象拖动到视图的画布窗口，这将建立一个 `UILabel` 实例。UILabel 实例是一种表示文字标签的对象类型。接着，按 Option+⌘+4 组合键打开 Attribute 面板。Attribute 面板的顶部就是以属性名表示的属性。将默认的 Label 改成 Hello World。Xcode 的屏幕现在看起来应如图 1-8 所示。

注意：可能需要调整文字标签的尺寸，才能看到完整的“Hello World”文字。要调整尺寸，将光标移到文字标签对象的右边界，此时光标会变成调整尺寸的形状。单击并拖动光标到右侧，以增加文字标签的宽度。

在 iPad 模拟器中构建并运行此应用程序。祝贺你！你已经为 iPad 编写出了首个“Hello World”应用程序！

注意：如果你还是一头雾水，别担心。记住，本章的目标是通过一步步的引导，让你对 iPad 编程有所了解。让你感觉 iPad 编程是怎样的过程。后面的章节会详细解释相关的知识。在此之前，先要习惯于创建 iPad 应用程序的步骤。

1.3 说“Hello”

现在，创建首个 iPad 应用程序的兴奋应该消退了。下面为这个应用程序添加些功能，来扩展它。为了不让它始终显示“Hello World”，修改应用程序让它提示输入一个名字，然后显示“Hello”加这个名字。这个练习涉及的知识较多，要求你编写一点 Objective-C 代码。即便你先前还没见过 Objective-C 代码，也不用害怕。这里会告诉你要怎么做，第 4 章会更详细地探讨 Objective-C 知识。

生活中往往条条大路通北京。iPad 编程之美在于做某件事有很多的办法。正是这些开发工具的灵活性使许多程序员在众多的开发工具中更喜欢使用 Xcode。但的确要花时间学习所有的输入、输出，对于 Xcode 新手而言可能会有挫折感。

本书的一个目标是向你展示完成某个任务的不同方法。以便你可以决定哪种办法对你最适用。例如，可以使用 IB 来生成 Objective-C 代码，由后者在.xib 文件中声明对象和动作。这个就留到下一章讲解。现在，你要自己编写 Objective-C 代码，来扩展“Hello World”应用程序的功能。

需要用到两个屏幕组件：一个接受用户输入的名字，另一个显示“Hello”。第三个组件是个按钮，以用来告诉应用程序何时显示 hello 消息。NIB 文件定义了组成用户界面的对象，但它们和源代码之间没有自动关联。所以，还得建立这种联系。

首先打开 ViewController.h，可以在项目导航器中看到此文件。单击它后，编辑区会显示文件的内容。将文件修改成程序清单 1.1 所示的样子。

程序清单 1.1　ViewController.h 文件修改后的版本

```
#import <UIKit/UIKit.h>

@interface ViewController : UIViewController

@property (nonatomic, strong) IBOutlet UILabel *helloLabel;
@property (nonatomic, strong) IBOutlet UITextField *nameField;

- (IBAction)displayHelloName:(id)sender;

@end
```

然后打开 ViewController.m 文件。将系统自动生成的源代码替换成程序清单 1.2 所示的源代码。

程序清单 1.2　ViewController.m 文件修改后的版本

```
#import "ViewController.h"

@implementation ViewController

@synthesize helloLabel;
@synthesize nameField;

- (IBAction)displayHelloName:(id)sender
{
   NSString *hello = [NSString stringWithFormat:@"Hello %@", [nameField text]];
   [helloLabel setText:hello];
}
@end
```

程序清单 1.1 的代码做了若干件事。首先，对 `ViewController` 类添加了两个属性。这两个属性用到 `IBOutlet` 标记，后者向 IB 指示，该类包含对某个对象的引用。然后，代码声明了

displayHelloName:方法，它用 IBAction 标记，后者告诉 IB，该类的定义中包括有动作。在此之后，代码定义了 ViewController 类的接口。

何谓 IBOutlet 和 IBAction?

IBOutlet 和 IBAction 对 Interface Builder 而言是专门的指示符，因此有“IB”前缀。Interface Builder 通过这些指示符将用户界面中的组件与对象、动作关联起来。

IBOutlet 用来将 Objective-C 代码中定义的对象引用与 Interface Builder 的对象实例建立联系。举个例子，本章前面在视图中放置了一个文字标签。这个标签其实就是 UILabel 对象（UILabel 是标签的类名）。为了访问代码中的标签，必须有一个对 UILabel 实例的引用。在本章稍后，将看到如何将代码声明的引用关联至 IB 中显示的类实例。

IBAction 则用来把对象发出的事件关联到代码中定义的方法上。比如，按钮在用户松开时会触发一个事件。相应动作可关联至 Objective-C 类所定义的 IBAction。

程序清单 1.2 给出了 ViewController 类的实现代码。该实现代码先合成从类接口 helloLabel 和 nameField 声明的属性。“属性合成”是 Objective-C 编译器的一个特性，用于在编译时为这些属性生成访问方法。关于它的更多信息可参看第 4 章相关内容。

接着是 displayHelloName:方法的实现代码。该方法是在用户与此应用程序交互时调用的动作，更确切地说就是在用户按按钮时调用。你马上就得提供用户按按钮的代码。Display-HelloName:方法的实现代码创建一个局部字符串变量，其包含用户输入的名字，它带有前缀“Hello.”。随后此字符串会作为 helloLabel 的文本值在屏幕上显示出来。

如果此时你打算运行该应用程序，你不会看出与先前那个版本有何区别。虽然你已经将代码改写成想要做的事，但用户界面并未更新，而且插座变量与动作之间的关联尚未建立起来。

注意： 源代码的解耦合，在这个特定的案例中，也就是控制器和用户界面（即“视图”），正是所谓“模型-视图-控制器”（Model-View-Controller）设计模式的表现形式。我们在第 5 章中会讲到这种设计模式。

要完成这个应用程序，需要更新用户界面，将 UI 对象关联到控制器类定义的属性上。再一次打开 ViewController.xib 文件，双击 Hello World 标签，将其文本值改成“What is your name?”。为显示完整的文字，需要调整标签的尺寸。

在工具区的 Objects 库中搜索 Text Field 对象。也可以通过在过滤栏中输入“text field”来过滤对象清单，找出 Text Field 对象。拖放一个文本域到“What is your name?”标签的右边。

现在搜索 Objects 库，找出圆角矩形按钮对象（Round Rect Button）。拖放该按钮的一个实例放到文本域的右边。在属性面板中将 Title 属性改为“Say Hello”。

最后，搜索 Objects 库，找出标签对象（Label），将新的标签拖放到画布上，将其置于其他对象的下面。拉大标签的宽度，确保容纳 displayHelloName:方法生成的字符串。此时，视图看起来应如图 1-9 所示。

现在该将 NIB 文件中定义的对象和事件关联至视图控制器源代码中定义的插座变量和动作了。将对象关联至插座变量和动作的一个办法是，按住 Control 键单击对象，然后拖动鼠标至另一个对象。当松开鼠标按键时，IB 会显示关联选项的“抬头显示器”（Heads-Up Display，HUD）。例如，当按住 Control 键单击 File 的所有者对象（编辑区左侧的半透明立方体），并拖动它到文本域时（如图 1-10 所示），就会显示 HUD，让你将文本域关联至 `nameField` 属性和视图。选择 `nameField` 以将文本域关联至 ViewController.h 头文件所定义的属性。

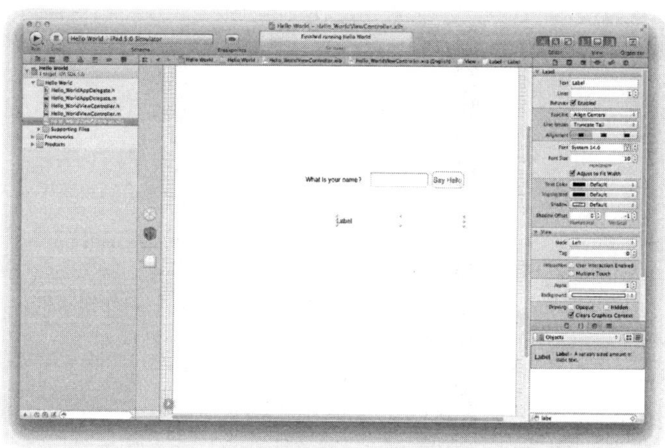

图 1-9 ViewController.xib 文件经修改后的用户界面

使用同样的方法将标签关联至 `helloLabel` 属性。按住 Control 键单击 File 的所有者立方体，将其拖放至 `displayHelloName:`方法要显示内容的那个标签。

要将动作关联至 Say Hello 按钮，可按住 Control 键单击此按钮，将其拖放至 File 的所有者立方体。这将把 `displayHelloName:`动作指定到按钮事件 `Touch Up Inside`。

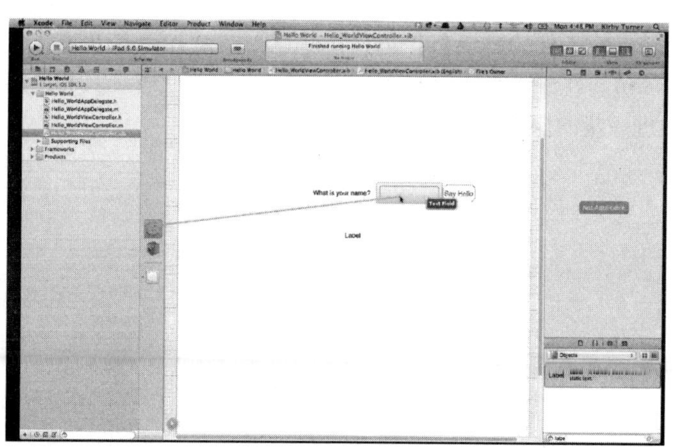

图 1-10 将 `nameField` 属性关联至 NIB 文件所定义的文本域

建立起了关联后，"Hello World" 应用程序就具备了某些功能。在模拟器中构建并运行此应用程序。在模拟器中的名字栏中输入一个值，然后单击 Say Hello 按钮，就会显示 hello 消息。最终的应用程序应当是图 1-11 所示的样子。

你也许想知道，IB 如何能辨认出正确的 Objective-C 头文件呢？其实很简单，文件所有者是作为 ViewController 类型定义的。这样将告诉 IB 从哪个源文件找到插座变量和动作。你可以单击文件所有者立方体，然后按 Option+⌘+3 组合键来查看这些信息。类名设置为 ViewController。这就是如何定义对象，让 IB 知道其类型的方法。

图 1-11　新的改进版“Hello World”应用程序

注意：在 Interface Builder 中，一个常见的错误就是忘记关联插座变量和动作。如果你运行应用程序时，发觉单击 Say Hello 按钮后显示不会更新，很可能就是因为 UIButton 的 Touch Up Inside 事件并未关联到 displayName:动作。

1.4 小结

可喜可贺！你已经完成了你的第一个 iPad 应用程序，并对 iPad 编程有了大体的认识。本章应已勾起你继续学习的渴望。在深入品味 iPad 编程之前，你需要了解工具和所用的编程语言。下一章将开始对 Xcode 做进一步的探索。

第2章 Xcode 入门

在第 1 章中，我们用 Xcode 创建了第一个 iPad 应用程序，但 Xcode 到底是什么呢？

Xcode 是一种集成开发环境（IDE），其带有一整套独立的开发工具。这些工具为 Mac 和 iOS 开发组成了完整的开发工具集。

Xcode 是创建、构造 iPad 应用程序时的环境。Xcode 会成为你的朋友。你们两个通常会相处很好，但也会有你不满的时候。你甚至会不时地被这位新朋友惹恼，但这是好事。你俩在一起的时间越长，相互了解就越多，你们的友谊也会加深。

笔者工作这么多年了，曾用过各种各样的集成开发环境。当笔者最初遇到 Xcode，那时是版本 3，还以为是回到了过去。笔者那时觉得，“这是个好样的文本编辑器，有一些方便的菜单项，还有编辑项目用的一些快捷键。”随着笔者对 Xcode 日复一日（有时甚至是彻夜）的使用，越来越熟悉它，观点也在不断变化。到了 Xcode 4，情况变得更加妙不可言。

Xcode 正如其为 Mac、iPhone 和 iPad 生成的应用程序那样，简单、快速、强大。每个应用程序都看上去很简洁，但在你对这个软件慢慢熟悉后就会发现它的威力。Xcode 与这些应用程序如出一辙。你在对 Xcode 越来越上手后，就会看到其强大之处，而不光是个好用的文本编辑器。

本章帮助你和 Xcode 建立友谊，帮你更好地了解它。所以我们开始吧！

2.1 集成开发环境

Xcode 作为开发工具，最经常用于创建、构造 iPad 应用程序。它是个完整的集成开发环境，你可以在其中编写 Objective-C 代码、管理项目文件和设置、构建 iPad 应用程序。也可用 Xcode 调试应用程序，甚至用它进行单元测试。Xcode 不但能做到这些，还有其他的用途。

免责声明

显然没有办法在一章中谈到 Xcode 的所有东西。有些话题将在后续章节讨论（如第 25 章将探讨调试）。而更高级的一些话题在本书中不会涉及。本章的要点不是成为完整的 Xcode 指南，而是作为着手熟悉 Xcode 的起始点。

大多数 iPad 应用程序选择的编程语言是 Objective-C，所以 Xcode 对 Objective-C 有着天然的支持。然而 Xcode 还支持其他编程语言。毕竟，Xcode 不仅是为了编写 iPad 应用程序而出现的。

Xcode 支持的编程语言包括 C、C++、Objective-C、Objective-C++、Python、Ruby、AppleScript 以及 Java。Xcode 在第三方工具的帮助下，还支持 GNU Pascal、Free Pascal、Ada、C#、Perl 等很多编程语言。它对 HTML 和 JavaScript 也提供了适当的支持。

注意：尽管 Xcode 支持多种编程语言，但在 Xcode 中编写 iPad 应用程序时，我们还是限于 C、C++及最常见的 Objective-C。不能使用诸如 Java、Perl 之类的其他语言编写 iPad 应用程序。这不是说在 Xcode 中不需要其他语言的参与。许多 iPad 开发者使用 Python 或 Ruby 编写脚本，来辅助生成 iPad 应用程序。而笔者也是使用 Python 脚本来构造应用程序的非正式发布和 App Store 发布。

2.2 工作区窗口

Xcode 可以打开一个项目或工作区。工作区是一种 Xcode 文件类型，保存着对一个或多个项目的引用。多个项目之间可能有联系，尽管这种联系并不是要求的。当在 Xcode 中打开项目或工作区时，内容会在工作区窗口内显示出来。

工作区窗口有 5 个区域，如图 2-1 所示。这些区域包括：Toolbar（工具栏）、Navigation area（导航区）、Editor area（编辑区）、Utilities area（工具区）和 Debug area（调试区）。

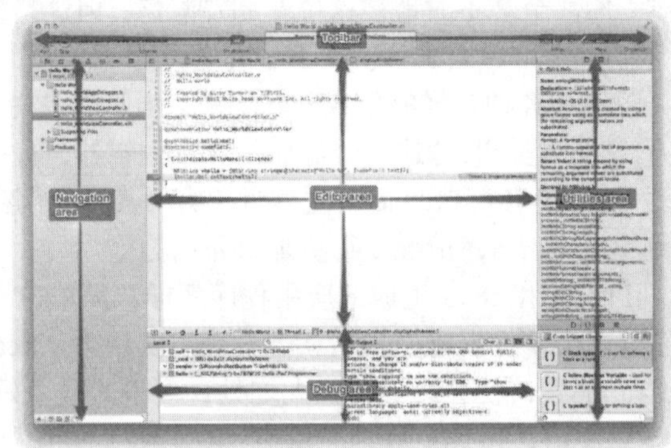

图 2-1 工作区窗口及其各个区域

2.2.1 工具栏

工具栏显示于工作区窗口的顶部（如图 2-2 所示）。它提供一些快速操作，包括：运行、停止当前方案所定义的应用程序、更换当前方案、设置运行目标（设备还是模拟器）、打开或关闭所有的断点、更换编辑器、显示或隐藏其他区域（即导航区、工具区及调试区），还显示有 Organizer 按钮。工具栏中心则显示项目的当前状态（运行、结束运行，还是构建成功等）。

2.2.2 导航区

导航区供开发者在项目内来回切换不同的内容。这个区域的顶部有个小工具栏，可供访问 7 种不同的导航器（如图 2-3 所示）。

- Project navigator（项目导航器）——以层次图显示项目文件。用这个导航器打开项目内的文件。
- Symbol navigator（符号导航器）——此导航器提供快速定位至项目中局部标识符的方法，例如组成应用程序的类、协议等。
- Search navigator（搜索导航器）——提供整个项目范围内的查找与替换功能。

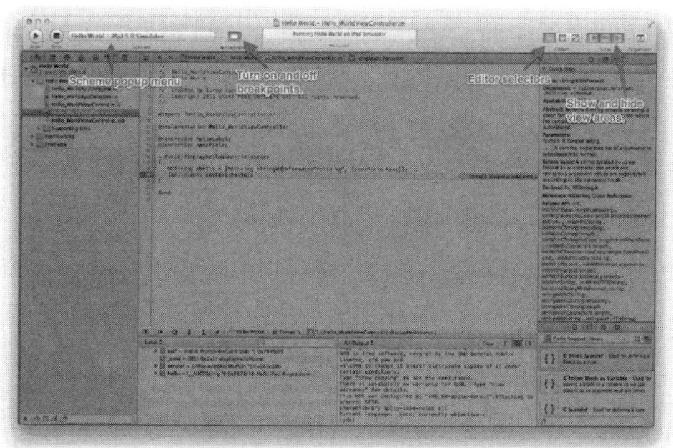

图 2-2　工作区窗口的工具栏

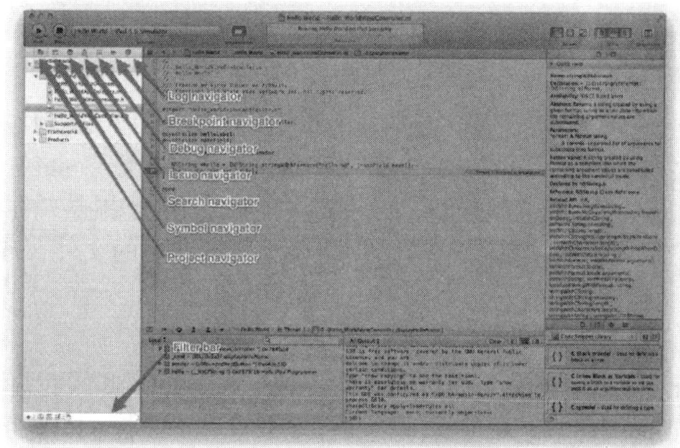

图 2-3　工作区窗口的导航区

- Issue navigator（问题导航器）——显示编译器警告和错误信息，还有所编辑代码中的实时错误。
- Debug navigator（调试导航器）——显示线程和队列的调试信息，对编写多线程应用程序很有用处。
- Break Point navigator（断点导航器）——显示项目内定义的断点。也用来在此管理断点，例如编辑断点、启用/禁用断点、删除断点等。
- Log navigator（日志导航器）——显示当前及以往调试和构建会话的记录消息。

使用导航区顶部的小工具栏可以在不同导航器之间切换，或者可以通过菜单命令 View→Navigators 切换。也可用快捷键切换，使用⌘+1 键切换至项目导航器；⌘+2 键切换至符号导航器；⌘+3 键切换至搜索导航器；依次类推，⌘+7 键切换至日志导航器。可以使用⌘+0 键显示或隐藏导航区。

导航区的底部是过滤栏。用它来限定导航器内显示条目的范围。

2.2.3 编辑区

编辑区总是可见的，在此编辑文件（如图 2-4 所示）。编辑器根据文件类型而变化。例如，当选择源代码文件（即.h、.m 文件）时，显示的是标准文本编辑器；若选择的是项目文件，则会看到项目编辑器；假如选择的是 NIB 文件，就会看到用户界面设计程序 Interface Builder。

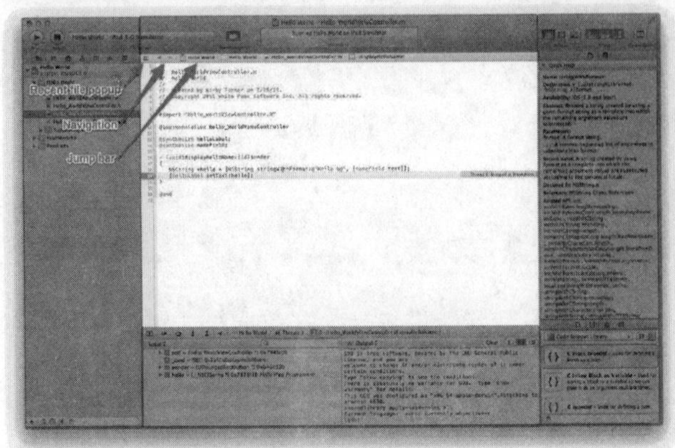

图 2-4　工作区窗口的编辑区

编辑区的顶部有个小工具栏。小工具栏的第一个按钮显示最近打开文件及未保存文件的弹出菜单。随后两个按钮是后退（快捷键是 Control+⌘+Right）和前进（快捷键是 Control+⌘+Left）按钮，使用这两个按钮能够浏览编辑历史。接着是跳转栏目，它提供在文件间快速跳转及在当前文件内各位置的快速跳转功能。只要单击跳转栏目的任一部分，就能显示所跳转到的文件，或文件内的某个位置。

2.2.4　工具区

工具区通过按 Option+⌘+0 键显示或隐藏。工具区可以显示不同的面板和库文件（如图 2-5 所示）。不同文件类型有不同的面板。每种文件类型都至少有两种面板：File 面板与 Quick Help 面板。可以单击工具区顶部小工具栏上的图标来在各种面板间切换。

面板区下面是库文件区，有 4 种不同的库可用：File Template library（文件模板库）、Code Snippet library（代码段库）、Object library（对象库）、Media library（媒体库）。

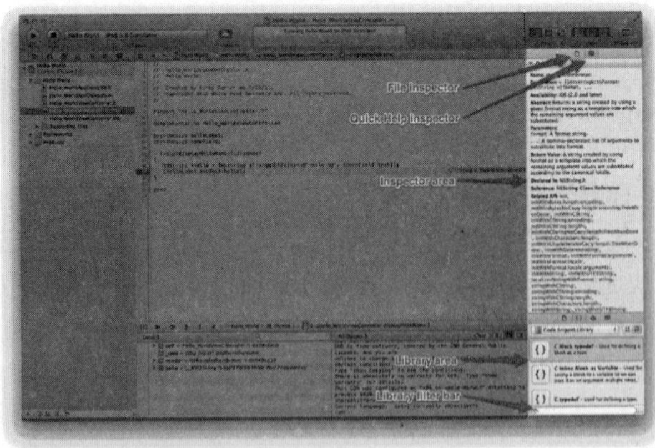

图 2-5　工作区窗口的工具区

文件模板库用来创建文件，并添加新文件到项目中。拖动一个文件模板放到项目中将会基于此模板创建新文件。

代码段库包含一组代码段，用于加快开发过程。要想使用某个代码段，只需把它拖放到文本编辑器中即可。也可从文本编辑器中拖放一段代码到代码段库，来创建自己的代码段。如果你想查看某个代码段的内容，可以单击它，等上一两秒钟，会有悬浮文字给出此代码段的内容。还可以编辑从悬浮文字创建的代码段。

对象库供 Interface Builder 使用。它包含了应用程序用户界面将要用到的那些对象。根据对象不同，可以拖放对象到 IB 设计程序的画布区、另一个对象（如视图）的画布区或者 IB 停靠区。关于使用 Interface Builder 建立用户界面的过程，将在第 3 章讨论。

媒体库显示项目内图片、声音之类媒体的清单。该库由 Interface Builder 使用。在 Interface Builder 中，可以拖放图片到用户界面中。这将创建一个视图来显示此图片。还可以将图片拖放至能容纳图片的对象里，如 UIButton，这样就能让该对象显示图片。声音也是同样的操作办法。将某声音拖放至 UIButton，能将此声音分配给该按钮。

工具区的底部是个过滤栏。此过滤栏用来限制选定库文件中的显示条目。

2.2.5 调试区

调试区用 Shift+⌘+Y 键显示或隐藏，其用于调试应用程序（如图 2-6 所示）。与其他区域一样，调试区顶部也有个小工具栏，让你能够控制调试会话。在这里可以使运行着的程序暂停，执行一行代码，进入一行代码，或者从一个函数调用中退出。在小工具栏下面是观察变量值的区域，再下面是控制台窗口。

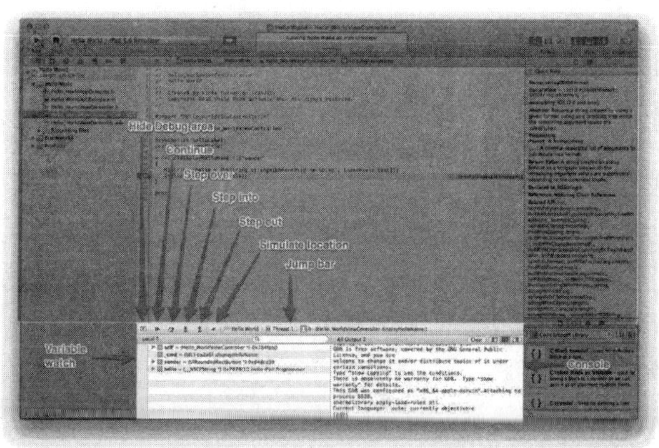

图 2-6　工作区窗口的调试区

注意：有关编辑区的更多信息，以及调试技巧与调试指令，将在第 25 章讲述。

2.3 首选项

可以对 Xcode 进行定制。通过 Xcode→Preferences 或⌘+按键进入 Xcode 选项，这里有一长串的选项，用来供你设置 Xcode 的外观及 Xcode 行为。对于 Xcode 开发新手，默认选项已经够用了。

但文本编辑器的显示可能是个例外。程序员都是些爱吹毛求疵的家伙，他们往往钟爱于文本编辑器的某种外观和感受，所以你要定制 Xcode 中的文本编辑器外观，这一点也不奇怪。

2.3.1 字体与颜色

对于初学者来说，可以改变文本编辑器的字体与颜色(如图 2-7 所示)。Xcode 提供了一组事先定义的方案，供你选取。你也可以复制现有方案，或从某个模板中生成一个新方案，作为自己的方案添加进来。

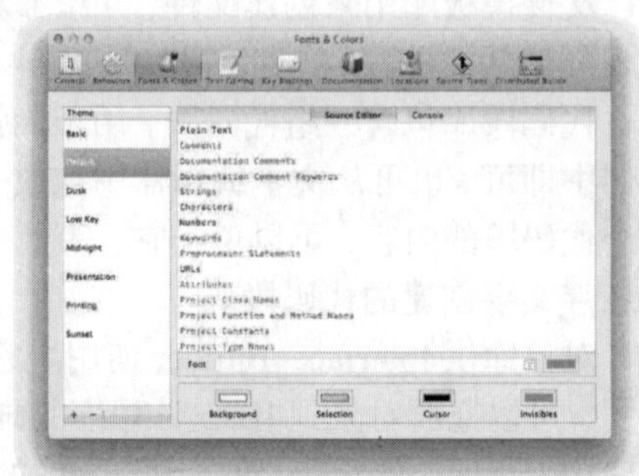

图 2-7 字体与颜色（Fonts & Colors）选项

注意： Xcode 在字体与颜色选项中有一个 Presentation 方案。该方案使用较大的字体，其对于投影机显示是再好不过了。倘若你要在会议会谈中作出陈述，需要展示一些代码，就一定要使用 Presentation 方案。它能确保房间中的所有人，包括坐在后排的人也能看清你的源代码。

2.3.2 文本编辑

不仅仅是字体与颜色可以改动，还可以在 Text Editing 下，选择 Editing 选项卡（如图 2-8 所示），在这里可以打开或隐藏行号、设置页向导列位置、打开或关闭代码折叠条（也即焦点条）。这些条目打开时文本编辑器的外观如图 2-9 所示。还可以修改代码完成行为，配置文本编辑器如何处理行结束及文件编码等事宜。

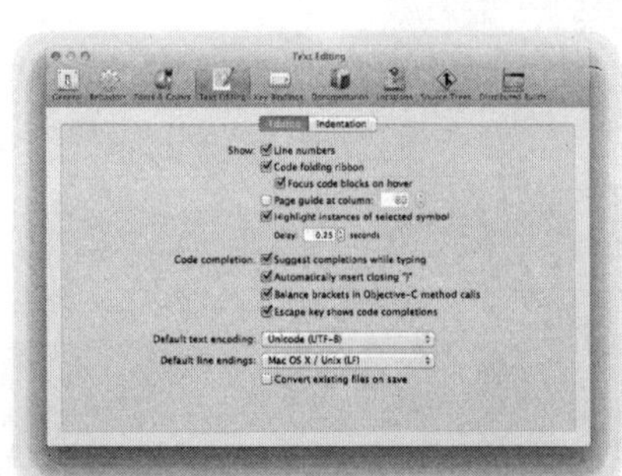

图 2-8 文本编辑（Text Editing）选项

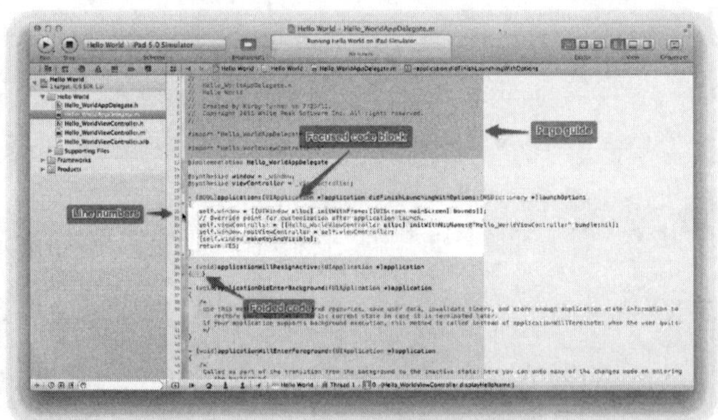

图 2-9 选项打开时的文本编辑器外观

什么是代码折叠？

代码折叠是一种程序员用来显示或隐藏代码块的特性。其对于管理庞大的源代码文件是个方便的办法。可以将代码折叠看成展开或折起代码块的方法，如同展开或折起一个文档提纲那样。

Xcode 3 引入了代码折叠，使 Xcode 开发团队能够融入一些代码折叠相关的特性。其中一个不错的特性就是代码聚焦，其可显示特定代码块的折叠深度。要想在文本编辑器中观察到折叠深度，只要将鼠标放在代码折叠栏上即可。

文本编辑器变化的乐趣不仅如此。在 Text Editing 选项卡下还有缩进选项，如图 2-10 所示。这里可以控制制表键的空格数、换行，以及使用可认语法的缩进功能。

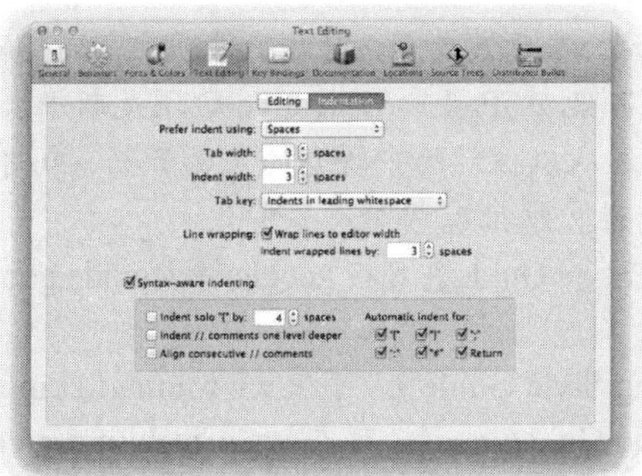

图 2-10　Text Editing 的缩进选项

注意：不管使用哪个文本编辑器，首先要做的一件事就是设置制表键插入空格功能，所以笔者对 Xcode 进行此项设置就不足为怪了。我喜欢用空格而不是制表符，原因很简单，用空格的话，不管用什么程序来显示代码，你都知道缩进后的代码是怎样的。尽管 Xcode 允许指定制表符宽度，但并非所有的应用程序都能做到这一点。而且在许多应用程序中，制表符宽度默认为 8 个空格。代码若用制表符而不是空格，其就会在另一个应用程序（例如浏览器或电子邮件消息）中显示时看着很丑陋。

换行

换行是个很有意思的设置。笔者本来不用这个设置，它默认是关闭的，因为笔者以为它和其他文本编辑器中的自动换行是一回事。有个朋友鼓励笔者把这个功能打开，从那时起笔者就再没关掉它了。

Xcode 的换行不是把一行代码换行至下行的第一列，而是换到起始行缩进位置的下面，如图 2-11 所示。换行的缩进空格数在文本编辑选项中是可设置的。使用带缩进的换行能够保持代码原汁原味的结构和可读性，这正是我们想要的结果。

```
16 @synthesize viewController = _viewController;
17
18 - (BOOL)application:(UIApplication *)application didFinishLaunchingWithOptions:(NSDictionary *)
      launchOptions
19 {
20    self.window = [[UIWindow alloc] initWithFrame:[[UIScreen mainScreen] bounds]];
21    // Override point for customization after application launch.
22    self.viewController = [[Hello_WorldViewController alloc] initWithNibName:
         @"Hello_WorldViewController" bundle:nil];
23    self.window.rootViewController = self.viewController;
24    [self.window makeKeyAndVisible];
25    return YES;
26 }
27
28 - (void)applicationWillResignActive:(UIApplication *)application
29 {
30    /*
31     Sent when the application is about to move from active to inactive state. This can occur for
         certain types of temporary interruptions (such as an incoming phone call or SMS message) or
         when the user quits the application and it begins the transition to the background state.
32     Use this method to pause ongoing tasks, disable timers, and throttle down OpenGL ES frame rates
         . Games should use this method to pause the game.
33     */
34 }
35
36 - (void)applicationDidEnterBackground:(UIApplication *)application
37 {
```

图 2-11　换行示例，第 18 行、第 22 行、第 31 行和第 32 行进行了换行

编码风格

在修改文本编辑器的行为设置，比如制表符代替空格、三个字符的缩进而不是四个等时，你正是在形成自己的编码风格。坚持一种编码风格是很重要的，特别是在你与团队其他开发成员协同工

作时。再也没有比看到一个项目中有多种编码风格更让人恼火的事了。项目中有标准的、一致的编码风格会让代码更容易看懂和维护。

选择某个编码风格往往是个人喜好的事情。特立独行的开发者有他自己的编码风格。让其改变编码风格是场困难的斗争。你作为一名开发者，也时常不得不改变编码风格，以迎合团队的编码风格。

如果你在阅读本书，你很可能对 iPad 和 Objective-C 还是新手。倘若如此，现在是个学习一种编码风格的好时机。你可以通过从以往经验中得到的东西开始，或者可以学习别人的编码风格。关于编码风格，这里有三个指南性文献很有帮助：

- 《Google Objective-C Style Guide》,可在 google-styleguide.googlecode.com/svn/trunk/objcguide.xml 找到。
- 《Zarra Studios Coding Style Guide》，可在 www.cimgf.com/zds-code-style-guide/找到。
- 《WebKit Coding Style Guidelines》，可在 www.webkit.org/coding/coding-style.html 找到。

2.3.3 按键绑定首选项

按自己的喜好配置了 Xcode 后，还可以设置些快捷键以提高使用 Xcode 的效率。我们可以只按某个组合键就能执行某个操作，从而节省时间。例如，按⌘+S 键就能保存修改后的文件，而不必手放到鼠标上，移动鼠标到菜单栏单击 File 主菜单，再选择其中的 Save 菜单项

Xcode 有一长串的快捷键清单，后者在 Xcode 中称为"按键绑定"。正如你所期望的那样，Xcode 允许从一组预先定义好的按键绑定清单中选择，或者修改现有的按键绑定，创建自己的按键绑定。所有这些都在 Key Bindings 首选项中完成，如图 2-12 所示。

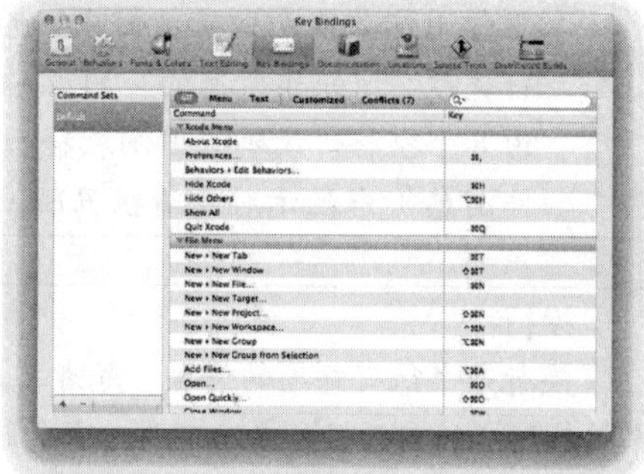

图 2-12 Key Bindings 首选项

要想通过快捷键获得更高的工作效率，最困难的事就是记住这一长串快捷键。有个窍门可以帮助你每周至少学会一个快捷键。当你认识到自己在重复某个操作时，看看按键绑定首选项有无定义某个快捷键。倘若没有，可以添加一个进去。整个一星期你都反复使用这个快捷键，直到它深深地印入你的脑海中。这不是个完美的过程，你会发现自己还要再学会、重复记住同样有用但不很频繁的快捷键。即使如此，你了解的快捷键越多，使用 Xcode 来会越顺手。

表 2-1 给出了最常用的一些快捷键。

表 2-1 Xcode 的基本快捷键

快 捷 键	说 明
Control+⌘+Up 和 Control+⌘+Down	在.h 和.m 文件间切换
Control+⌘+Left	切换到文件历史的前一个文件中
Control+⌘+Right	切换到文件历史的后一个文件中
Escape	显示可用的自动完成代码之列表
⌘+/	插入注释、对所选择的代码行注释/取消注释
⌘+0	显示或隐藏导航区

（续）

快 捷 键	说 明
Option+⌘+0	显示或隐藏工具区
Shift+⌘+Y	显示或隐藏调试区
⌘+[	对当前代码行或所选行缩进
⌘+]	只对当前代码行或所选行缩进
Control+I	格式化所选代码块
Option+⌘+Left	折叠代码
Option+⌘+Right	展开代码
⌘+S	保存当前文件
Option+⌘+S	保存所有修改的文件
⌘+B	构建项目
Shift+⌘+K	清除项目的临时文件
⌘+R	运行应用程序（必要的话，先构建项目）
⌘+`	在不同的 Xcode 项目窗口间切换

Colin Wheeler 的 Xcode 快捷键清单

Colin Wheeler，也就是 Cocoa Samurai（其网站为 www.cocoasamurai.com）曾编译了一个 Xcode 快捷键清单，并将其发表到一个免费的 PDF 文档里。尽管你可以在 Xcode 的按键绑定首选项中看到同样的清单，但它比起 Colin 做的优美清单差远了。

Colin 发表了两个版本，一个是彩色的，另一个是黑白的。笔者强烈建议你下载 Colin 的快捷键清单，然后把它打印出来，贴在显示器附近的某个地方，以快速方便地参考。笔者就是把一份副本贴在笔者的 MacBook Pro 与 20 英寸外部显示器之间的墙上。

Xcode 4 的快捷键清单可以在 cocoasamurai.blogspot.com/2011/03/xcode-4-keyboard-shortcuts-now.html 找到。

2.3.4 代码补全

“代码补全”是任何一个现在 IDE 都具备的标准特性。代码补全能够显示一个弹出清单，列有可能的代码供插入源代码中，从而加速开发过程。Xcode 的代码补全功能在输入少数几个字符并稍作停留后，就会显示可能插入的代码。也可以通过按 Escape 或 Control+.键来弹出清单，按 Enter 键从清单选取要插入源代码的内容。

注意：对于代码补全的选项设置可以在文本编辑（Text Editing）选项的编辑（Editing）首选项下面找到。

代码补全一个很酷的特性就是占位符。在一个方法调用中，通过插入占位符来加入参数，如图 2-13 所示。占位符显示数据类型和参数名称，使得用户很容易决定选择什么来满足调用操作。为了加速开发过程，可按 Control+/键从一个占位符移到另一个占位符，或按 Tab 键移到下一个占位符，按 Shift+Tab 键移到上一个占位符。

```
20 self.window = [[UIWindow alloc] initWithFrame:[[UIScreen mainScreen] bounds]];
21 // Override point for customization after application launch.
22 self.viewController = [[Hello_WorldViewController alloc] initWithNibName:(NSString *) bundle:(NSBundle *)
23 self.window.rootViewController = self.viewController;
24 [self.window makeKeyAndVisible];
25 return YES;
```

图 2-13　第 22 行为 initWithNibName:bundle:方法准备的占位符

实实在在提高效率的更多办法

快捷键和代码完成并不是 Xcode 中仅有的提高效率的选项，还有许多第三方的附加软件可以用来提高生产率。这里提到两个很受欢迎的工具：

- Code Pilot（codepilot.cc）是许多 Xcode 开发者钟爱的。Code Pilot 使项目导航更加容易。如果你是偏重使用键盘的人，试试 Code Pilot 会很有好处的。
- Accessorizer（www.kevincallahan.org/software/accessorizer.html）也是笔者个人喜欢的工具。Accessorizer 通过自动生成代码来节省时间。例如，可以使用 Accessorizer 对声明属性生成 @synthesize 代码，使用一些不同的设计途径生成访问方法。这只是一个 Accessorizer 能够做的例子。倘若你想在写 Xcode 代码时节省时间，再也没有比 Accessorizer 更好的工具了。

2.4　开发者文档

苹果公司提供了大量关于 Xcode 的有用文档。选择菜单栏上的 Help→Documentation and API Reference 命令可以查阅这些开发者文档。文档涵盖了在进行 iPad 编程时需要的所有信息，从精心编写的编程指南，到 API 文档，再到示例源代码。这些文档的唯一不足就是其占用的空间太大。文档的数目繁多，包括了几万页内容。例如，仅 UIKit Framework 文档就有近 1100 页，而这仅是应用程序开发中众多框架中的一个而已。结合不同框架的说明、如何指导、代码示例及其他开发者文档中一般性、概要性的文档，你很容易迷失其中。不难想象，光是这些文档庞大的数量，想找寻自己想要的信息异常困难。这正是本书要起到的作用：把苹果公司的知识宝库浓缩成一本指南。

Xcode 在帮助你找寻所需要文档时干得很棒。例如，可以对某个类或方法名按住 Option 键单击，以显示一个快速的帮助弹出窗口，如图 2-14 所示。单击弹出窗口中的书本图标，或者单击“.h”图标，可以查看包含所声明元素的头文件。还能够按 Option+⌘+2 键，打开 Quick Help 面板来查看帮助。

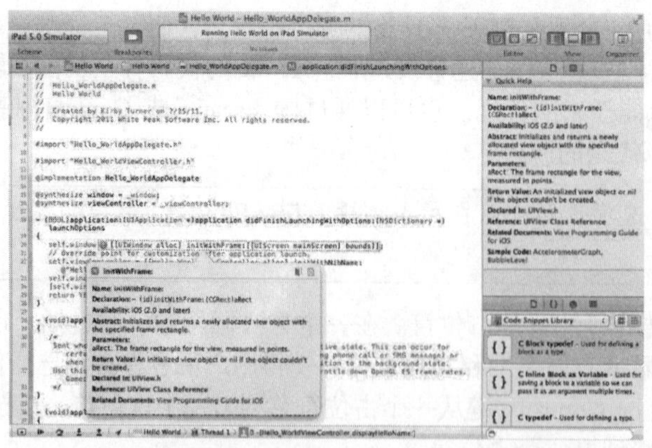

图 2-14　快速帮助弹出窗口示例及 Quick Help 面板

2.5 编辑器

Xcode 提供三种不同的编辑器。它们并不是真正独立的编辑器，而是一个编辑器的不同模式。它们是：标准编辑器、辅助编辑器、版本编辑器。

标准编辑器是主用的编辑器（如图 2-15 所示）。在这里编辑源代码，设计用户界面或者创建数据模型。编辑器基于所选文件的文件类型而变化。举个例子，当编辑源代码时，标准编辑器显示为文本编辑器；在编辑用户界面文件（NIB 或故事板）时，显示的是 Interface Builder；倘若在项目导航器中选择的是项目文件，标准编辑器就显示为项目编辑器。

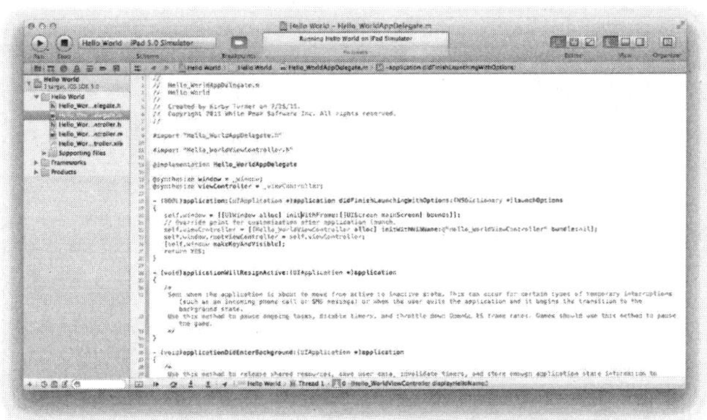

图 2-15　标准编辑器显示为文本编辑器时的情形

辅助编辑器提供了分割视图形式的编辑器（如图 2-16 所示）。允许同时查看同一文件的不同部分，或者不同文件。辅助编辑器是并排查看一个类的.h 和.m 文件的便利方法。事实上，辅助编辑器会自动显示另一个文件。打开辅助编辑器后，若选择的是.h 文件，辅助编辑器自动在第二个编辑窗口中显示对应的.m 文件。还能够在辅助编辑器中通过编辑窗口顶部的跳转栏，来手动打开另一个文件。打开多个辅助编辑器，可以同时查看多于两个的文件，只要单击辅助编辑器小工具栏中的“+”按钮即可。

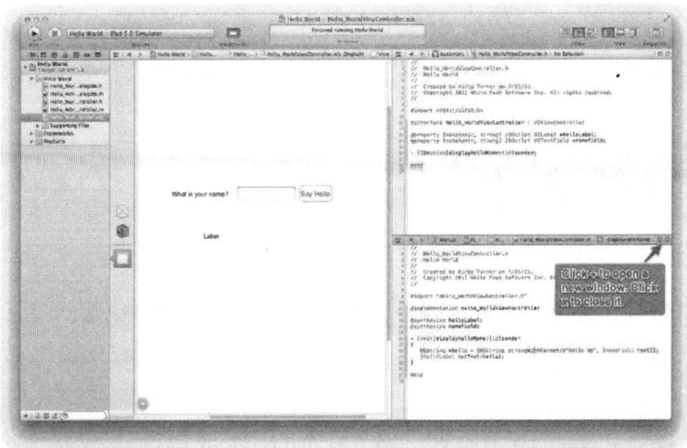

图 2-16　在一个窗口中显示 IB，另一个窗口中显示文本编辑器时的辅助编辑器

第三种编辑器模式是版本编辑器（如图 2-17 所示）。这个编辑器让我们能对同一个文件的不同版本进行比较。可以使用 Xcode 的快照功能，来保存修订的历史，但更好的方法是使用源码仓库。Xcode 支持 Git、Subversion 等版本控制工具。使用源码仓库可以使版本编辑器变得更有用，使得我们不仅能比较修订，还能查看文件的错误及日志。

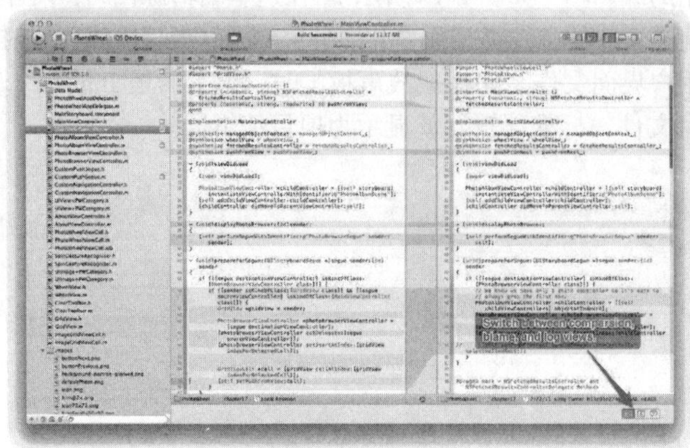

图 2-17　版本编辑器

2.6　项目设置

选择项目导航器中的项目文件，就会看到项目设置编辑器（如图 2-18 所示）。在这里可以设置项目的各种选项，以及项目所拥有的各种目标。

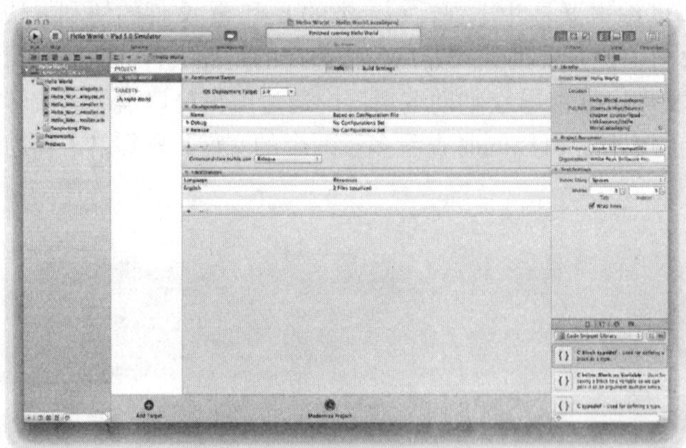

图 2-18　项目设置编辑器

对于一个项目，有两种类型的设置：信息（Info）与构建（Build）。Info 是设置项目的基本首选项，包括 iOS 部署目标、构建类型（调试、发布等）的基本配置文件、命令行方式的默认构建配置。

另一种设置类型是构建设置。构建设置使你能够对构建过程进行微调。选项的数量太多，本章甚至本书都没法全部涵盖。幸运的是，对于大多数 iOS 项目而言，默认设置已经够用，所以这里没必要再探讨它们。

项目设置提供了项目所创建的每个目标的基本配置。"目标"是构建过程创建的产物。比如，构建项目时生成的 iPad 应用程序就是一个目标。项目可以有一个或多个目标，每个目标都有其自己的设置。目标配置源于项目设置。也就是说，项目设置提供了基本的、跨越所有目标的设置。而目标配置则包含的是非默认设置，后者特定于某个目标。

作为 Xcode 和 iPad 编程新手，还不用操心项目与目标设置。对于本书提供的示例应用程序，以及你最初创建的大多数应用程序，默认配置已经足够用了。只有在进行更深入的工作，如支持早先的 iOS 版本，或使用不同的编译器时，才会修改这些设置。

设置机构名称

在项目设置之外还有个特殊的项目设置：机构名称。机构名称用来在创建新的源文件时，作为版权注意事项的一部分生成到文件前面的注释块中，如图 2-19 所示。如果你还在其他公司（作为自由职业者、承包商或者顾问）的另一个项目担任工作，可能要为每个项目使用不同的机构名称。

要对一个项目修改机构名称，可通过下列步骤实现：

1. 在项目导航器中选取项目文件。
2. 打开工具区的 File 面板（按 Option+⌘+1 键）。
3. 在 Project Document 内的 Organization 栏中输入机构名称（如图 2-19 所示）。

就这样！

新的机构名称会在生成新源文件时使用。修改机构名称并不会影响先前创建的源文件中版权声明的机构名称。对此你必须手动修改，或者使用"查找/替换"功能来修改。

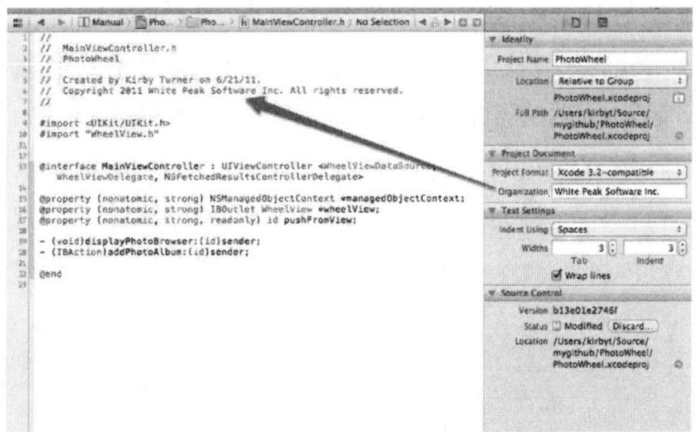

图 2-19　在 File 面板中为项目文件设置机构名称

2.7　方案

方案就是一个设置组合，其指定要构建的目标、要用的构建配置、要执行的单元测试，及启动目标时采用的目的地。Xcode 在创建新项目时使用默认的方案。对于 iOS 项目，默认方案有两个运行平台：设备和模拟器。

你想创建几个方案就可以创建几个，或者从方案管理屏幕（Product→Manage Schemes...）编辑、删除现有方案，如图 2-20 所示。注意，一旦方案已经创建，它只用于个人。倘若你作为团队成员承担某项目的工作，其他项目成员不会看到你创建的方案。只有共享的方案会被所有团队成员使用。要想共享一个方案，选中方案管理窗口中该方案的 Shared 复选框。

可以通过项目窗口左上角的 Scheme 弹出菜单来修改活动方案及运行平台（如图 2-21 所示）。也可以通过此弹出菜单编辑方案、创建新的方案、管理所有的方案。

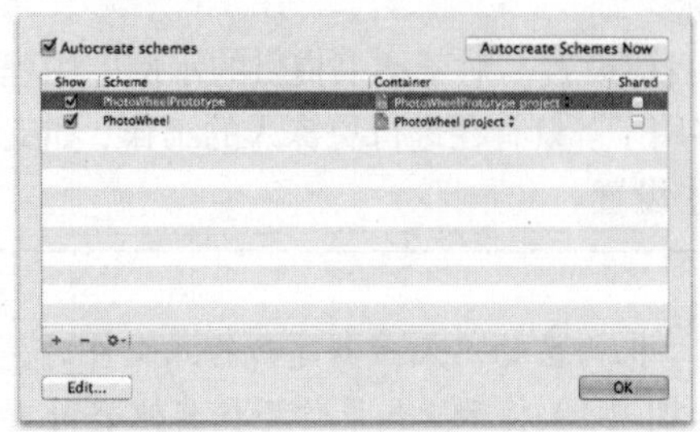

图 2-20 方案管理窗口

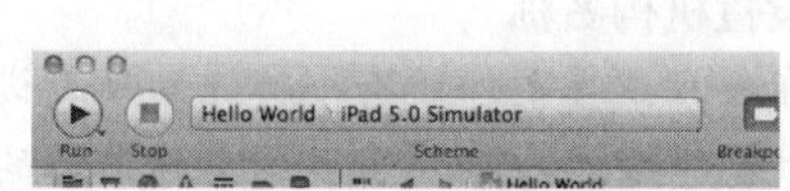

图 2-21 工作区窗口工具栏的 Scheme 弹出菜单

2.8 组织者

组织者（Organizer）如图 2-22 所示，是 Xcode 中一个与项目无关的窗口（用 Shift+⌘+2 键调出，或选择 Window→Organizer 命令）。它用来管理你的设备，添加或删除源码仓库，查看项目缓存区和快照，访问产品档案，查看开发文档。

关于组织者一个真正美妙的工具就是其设备管理。在这里，可以查看、添加开发者和配置文件。可以管理先前 iOS 软件版本的副本。然而对很多人最有用的特性就是查看关于设备的崩溃日志。

当将设备连接到计算机上时，组织者会探测到该设备。一旦连接了设备，就会看到设备上保存的崩溃日志（在 Device Logs 下可找到）。不仅可以看到应用程序的崩溃日志，还能看到该设备上任何应用程序的崩溃日志。倘若你想把崩溃现象通报给 iOS 开发同事，这个功能会很有帮助。还可以使用组织者查看所连接设备的控制台。这在对运行于设备上的应用程序排查故障时也会很有用。

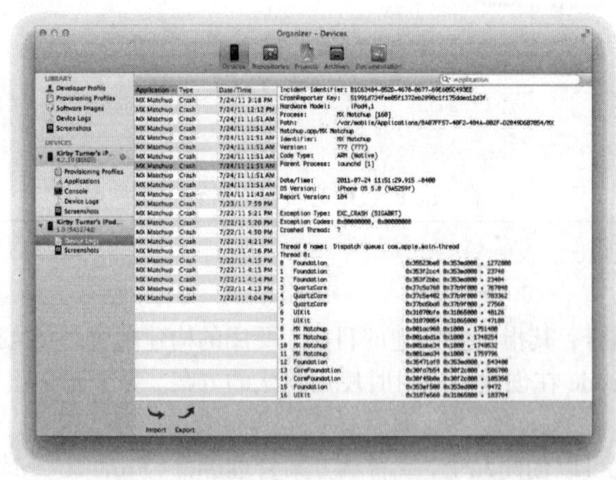

图 2-22 组织者窗口的外观

2.9 其他 Xcode 工具

如前所述，Xcode 不仅仅是个集成开发环境。它还是苹果公司提供的一个开发工具集。我们已经专门谈了 Xcode 和集成开发环境，那么 Xcode 还有哪些开发工具呢？

iPad 模拟器，就是你在第 1 章中用到的那个，是你以后会经常用到的 Xcode 工具。iPad 模拟器可以使你在没有实际 iPad 设备的情况下，就能在电脑上测试 iPad 应用程序。尽管真实设备对于运行应用程序是无法替代的，但没有哪个办法能比使用 iPad 模拟器更快地调试应用程序了。

注意： iPad 模拟器对于模拟 iPad 设备有着惊人的效果，然而到最后还是要在真实设备上测试应用程序。iPad 模拟器确实不错，但毕竟是个模拟器。有些时候程序的行为还是与在真实设备上有所不同。使用模拟器测试还有些局限性。例如，不能在 iPad 模拟器上测试加速计，你需要有个真实设备。同样，测试 OpenGL ES 代码时，在台式机或笔记本电脑上要比在模拟器中运行更快，这归功于更高速的处理器，并能调入更多的内存。

下面是个一般常识：一定要把应用程序在真实设备上测试好后，再把它发给苹果公司，或者发布给用户。

Instruments 是 Xcode 包含的另一个强大工具，可以在/Developer/Applications 下找到。用 Instruments 能对应用程序进行体检，找出内存泄漏，确定存储器用法，监测活动，抽查 CPU 等。可以在第 25 章了解关于 Instruments 的更多信息。

注意： 苹果公司的 iOS 开发指南有一部分是调测应用程序时必读的㊀。该部分给出了有关使用 Instruments 调测 iPhone、iPad 应用程序的更多信息。

2.10 小结

至此，我们知道 Xcode 并不仅仅是个有趣的文本编辑器。它是个开发工具集，可用于构建 Mac、iPhone 当然还有 iPad 上的应用程序。有些工具是集成开发环境内置的（如文本编辑、Interface Builder、项目文件管理、构建和调试等），而另一些工具则是单独的应用程序（例如 Instruments）。正是这些开发工具组合起来，造就了 Xcode 的强大功能。

本章突出讲述了 Xcode 中对 iPad 程序员新手最有用的部分。没有提到许多细节，如重构等高级特性。为了涵盖 Xcode 提供的所有东西，需要专门一本书。这就是为什么强烈建议你通读《Xcode User Guide》的原因，后者更详细地讲解了 Xcode，通过选择菜单栏中的 Help→Xcode User Guide 命令可以调出 Xcode 用户指南。

在通读《Xcode User Guide》期间，不要担心你没有用到的所有特性。学习一个新开发环境是很花时间的。

前面提到，有个特殊的 Xcode 工具值得你倍加关注，那就是 Interface Builder，一个内置的用户界面设计工具。它由专门的一章说明，即第 3 章。

㊀ iOS 指南的性能调整部分位于网页：developer.apple.com/iphone/library/documentation/Xcode/Conceptual/iphone_development/140-Tunning_Applications/tunning_applications.html。

第③章 Interface Builder 入门

所有 iPad 应用程序都有一个共同点：每个都有用户界面。用户界面因应用程序而异，但每个应用程序肯定会有。有两个办法为应用程序创建用户界面：编写 Objective-C 代码，或者使用 Interface Builder。Interface Builder 是更好、更容易的办法，因此本章将教你怎样入门 Interface Builder（下面简称为“IB”）。

3.1 Interface Builder

IB 内置于 Xcode 中，顾名思义，它是一个构建用户界面的图形工具。虽然在 IB 中做出的任何东西都可以用代码实现，但用 IB 做起来更快，同时 bug 更少。

你会发现 IB 迥异于你以前用过的用户界面设计工具。最大的不同在于 IB 并非源代码生成器。它不产生源代码来组成用户界面，也不产生源代码来处理事件。

源代码生成对于其他图形用户界面（Graphics User Interface，GUI）编程环境来说是常见的方法。没有这种办法起初会让人摸不着头脑。例如，在屏幕上显示个按钮，让按钮完成一些行为。在其他用户界面设计工具中，可以拖放个按钮到设计画布上，然后双击按钮，就可以跳到该按钮的事件处理代码处。设计工具在双击此按钮时，为事件处理生成外壳代码。这些事情当然不会在 IB 中发生。

注意：这里说 IB 不生成代码，并不完全正确。本章后面会提到，与辅助编辑器一起使用 IB 时，会有一些办法能让 Xcode 生成代码。

在概念上，IB 与其他编程环境的用户界面设计工具如出一辙，但表面之下的运作使 IB 与众不同。当使用 IB 时，可以从画板（称为库）拖放对象至画布（如视图）中。IB 随即会创建一个该对象的实例。举个例子，当拖放 `UIButton` 时，就会生成一个 `UIButton` 实例。这时，可以设置此按钮的属性或状态。

IB 保存你的操作时，就会将对象实例存档到一个 NIB 文件中。存档过程将保存对象及其状态。当某应用程序在运行时用到 NIB，就会解压缩对象，对象实例被关联至 NIB 的所有者，后者通常就是一个视图控制器。

注意：对象实例的存档和解压缩在其他编程环境中就是“序列化”和“反序列化”。IB 存档和解压缩 UI 对象的办法看上去与 Delphi、C++ Builder 很相像，因为这些编程环境使用类似的办法。可以把.xib 文件等同于.dfm 文件。

3.2 IB 怎样工作

对于 iOS 开发新手来说，理解 IB 如何工作是最大的挑战之一。笔者知道是因为笔者经历过数不清的挫折，以尝试让设计的用户界面以笔者期望的方式工作，曾想废弃 IB 而全部改用代码实现。那时笔者没有想到自己把它搞得多难。还写了许多不必要的代码，去支持它。对用户界面的简单修改都不再是轻易的事，因为必须从 Objective-C 代码行间去挖掘，而不是在 IB 上进行修改。

IB 怎样工作呢？对于初学者，IB 将用户界面信息和其支持对象保存到一个叫 NIB 的文件里。名字"NIB"是沿用以往 NeXT 的做法。老版本的 IB 将用户界面保存到二进制格式的文件中，扩展名为.nib，但现在已经不是这样了。如今，IB 将数据保存于 XML 格式的文件里。由于文件格式的改变，苹果公司决定修改 NIB 文件的扩展名，新的为.xib。

当 IB 保存 NIB 文件时，它会将 NIB 包含的对象存档。该对象的所有状态在存档时保存下来。当应用程序加载 NIB 文件时，解压缩对象，对象实例被关联至代码。在 Objective-C 代码中，你会给 IB 一些提示，告诉它怎样将对象实例关联至代码。这些提示就是 `IBOutlet` 和 `IBAction`。`IBOutlet` 将实例变量（ivar）或者代码中定义的声明属性关联至 NIB 文件里的对象实例；`IBAction` 则将类代码中定义的方法关联至 NIB 文件中对象调用的事件。

注意： ivar 是 instance variable（实例变量）的简写。实例变量就是作为 Objective-C 类的组成部分而定义的变量，存在于类实例中。参看第 4 章了解更多内容。

坦白地说，这样会让人糊涂。例如，在类中定义属性，如 `UILabel`，来显示一些文本消息。我们在 IB 中创建 UILabel 的实例，然后设置位置、字体、文本颜色和其他状态。然后将 `UILabel` 关联至用 IB 声明的属性。这么做好像效率并不高，甚至容易出错，但实践中它比想象的要快。而且苹果公司在不断改进 Xcode 和 IB，这个过程会随着时间的推移越来越顺畅。

注意： Interface Builder 从 1988 年开始就有了，很吃惊吧。它也是最早使用鼠标在界面上拖放按钮、标签、菜单和窗口的应用程序之一。可以在维基百科（Wikipedia）中找出关于 Interface Builder 的网页来了解 IB[⊖]的历史。

3.3 着手使用 IB

IB 有许多有用的特性。了解这些特性的最好办法就是试用它们。在 Xcode 中从创建一个新的 iPad 项目开始。这次提供创建新项目的步骤不再有很多截屏。如果想看每步的截屏，可以回到第 1 章。

好，我们就开始吧！

1. 启动 Xcode。
2. 创建新项目（使用菜单命令 File→New Project 或 Shift+⌘+N 快捷键）；
3. 选择单视图应用程序模板（如图 3-1 所示）。
4. 单击 Next 按钮。
5. 输入"IBPlayground"作为产品名称和类前缀。
6. 在设备系列中选择 iPad。

⊖ Interface Builder 的简要历史介绍位于 en.wikipedia.org/wiki/Interface_Builder。

7．不选中 Use Storyboard 复选框。

8．单击 Next 按钮。

9．保存项目到你选择的源文件目录下。

10．构建并运行此应用程序（⌘+R），你会看到在 iPad 模拟器中有个空白的应用程序在运行。

11．退出应用程序，返回 Xcode。

现在我们来使用 IB。在项目导航器中，找到并选中 IBPlaygroundViewController.xib 文件。这将在 IB 中打开并显示此文件，其显示于标准编辑器中，如图 3-2 所示。

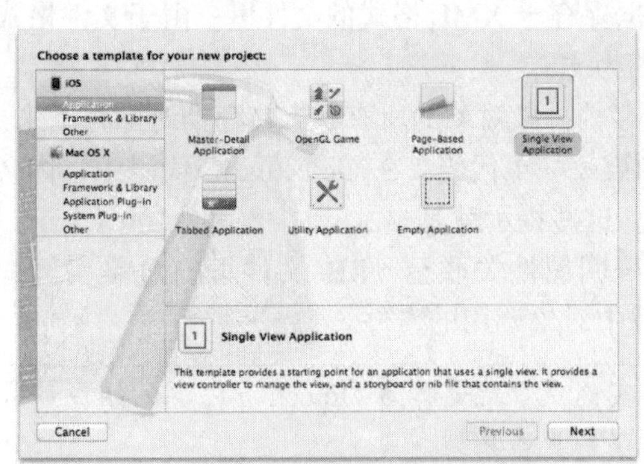

图 3-1　使用单视图应用程序模板为 iPad 创建新的 Xcode 项目

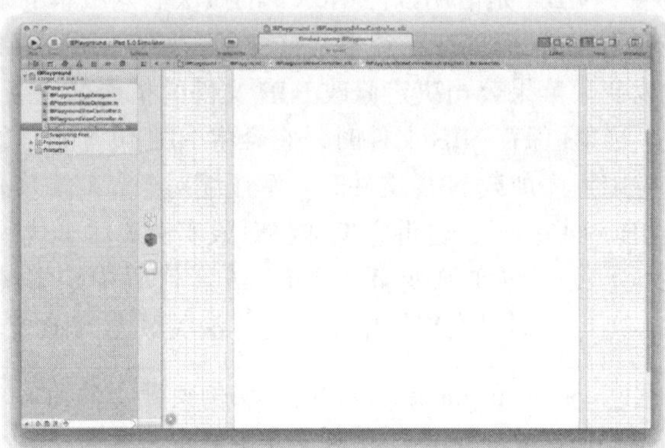

图 3-2　选择 IBPlaygroundViewController.xib 文件，会在标准编辑器下的 IB 中显示其内容

为了不受到干扰，按⌘+0 键将导航区隐藏，按 Option+⌘+0 键显示出工具区。最后按 Control+Option+⌘+3 键来显示对象库。这时工作区窗口应如图 3-3 所示。我们已经了解了工具区，第 2 章讲过。但你可能还不熟悉 IB，因为它是显示在标准编辑器中的。

最左边是 IB 停靠区。这个停靠区有一些对象的图标，它们可以组成用户界面。主内容区是设计画布。设计画布中点缀有栅格。画布上有一个可见的对象，即视图，后者是 UIView 类型。左下角是个圆形的展开指示器。单击它可以在 IB 停靠区和文档纲要区之间切换，如图 3-4 所示。还可以通过选择 Editor→Show (Hide)命令显示或隐藏文档纲要菜单项。

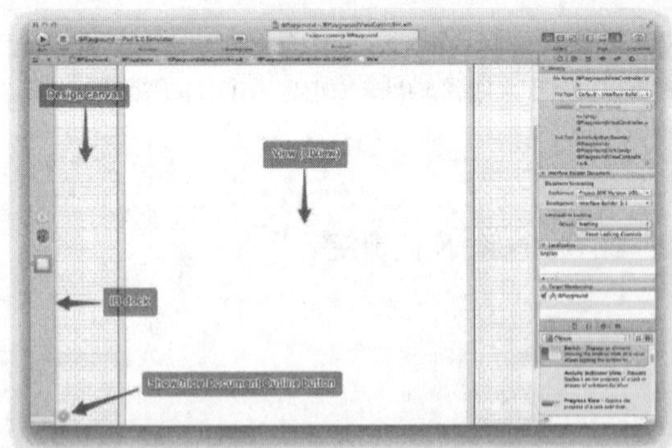

图 3-3　显示于标准编辑器中的 Interface Builder

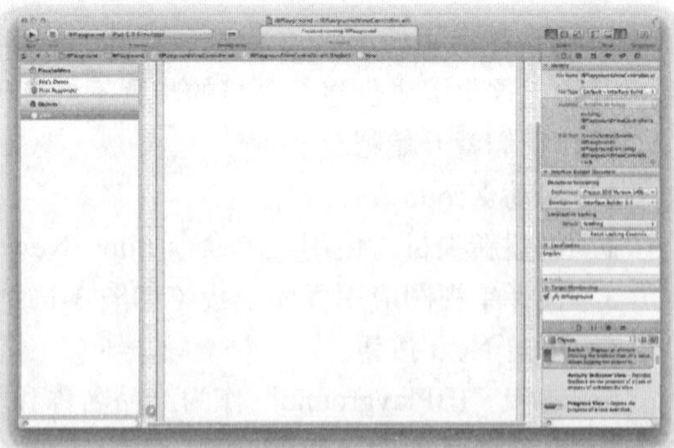

图 3-4　显示文档纲要而不是停靠区时的工作区窗口

NIB 文件这时应在 IB 中已经打开了。向视图中加入两个文本标签，以便能操作一些东西。可在 Object 库中滚动对象清单，找到 label 对象。如果滚动的不是你想要的东西，则可以使用过滤栏来找到 label。过滤栏位于 Library 区的底部，爱用键盘的人可以按 Option+⌘+L 键跳至过滤栏中。

输入单词“label”过滤现有的对象清单。还可以通过输入类名来过滤清单，这里就是 UILabel。现在从 Library 窗口拖放一个文本标签对象到视图窗口。然后，把第二个文本标签对象也拖放过来。这样一来，视图看上去会类似于图 3-5 所示。

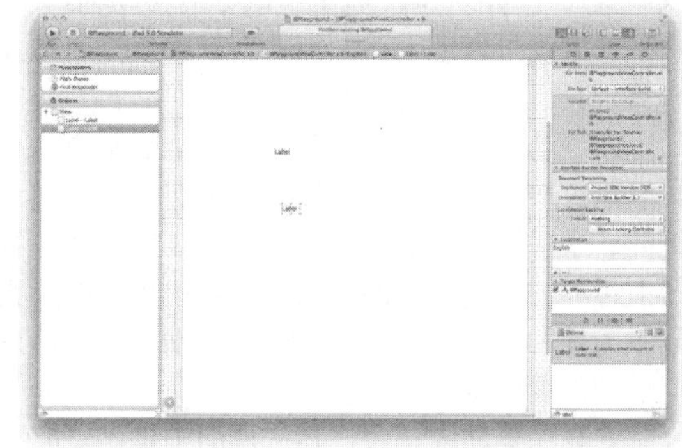

图 3-5　向视图中添加两个文本标签

3.3.1　选取与复制对象

从 Library 窗口拖放文本标签对象到视图窗口，并不是向视图添加对象的唯一办法。还可以在视图中通过单击并按住 Option 键拖动，来复制对象。这样将生成所选中对象的副本。

注意：要在视图中删除对象，可以选中此对象后按 Delete 键。

对多个对象也可以使用这个技巧。只要在视图中选取多个对象，按住 Option 键拖动，就能得到所选对象的副本。要选取多个对象，在视图上使用鼠标单击并拖动拉出一个框，圈中对象来选择它们。或者可以单击一个对象来选取它，然后按住⌘键选中其他的对象。

这个技巧简单好用，不是吗？它让你的操作方便多了。

3.3.2　对齐对象

单击并拖动一个文本标签，移动它到另一个文本标签的右边。IB 将会显示对齐辅助线，使用垂直和水平辅助线来达到期望的对齐效果。还可以通过选择 Editor→Align 命令，并选择对齐选项清单中的条目来实现对齐（如图 3-6 所示）。

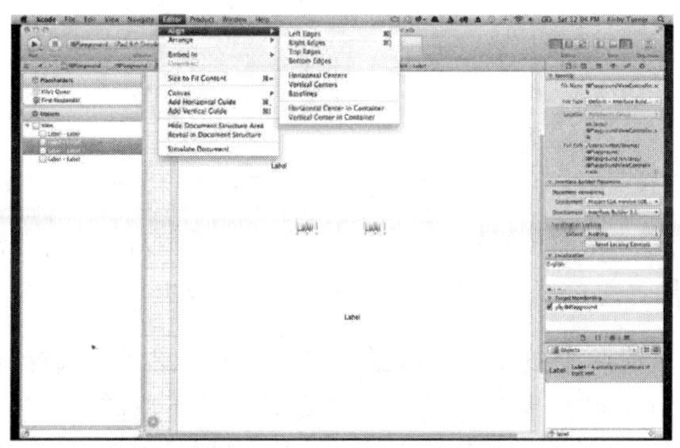

图 3-6　Editor→Align 列出了各种对齐选项

为了取得对齐和定位对象的额外辅助，可以通过执行菜单命令 Editor→Add Vertical Guide 或按⌘+ | 键加入一条或多条垂直辅助线；通过 Editor→Add Horizontal Guide 或按⌘+ _ 键加入一条或

多条垂直辅助线，如图 3-7 所示。使用鼠标将这些辅助线左右或上下拖动，将其放在视图中指定的位置上。为此，将光标放在辅助线上。当光标变成调整尺寸的形状时，就单击鼠标后移动辅助线。水平辅助线可以上下移，而垂直辅助线则可以左右移。

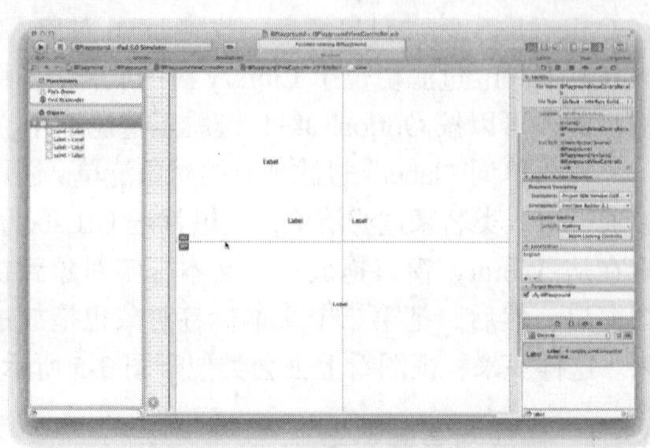
图 3-7 水平和垂直辅助线示例。注意水平辅助线的坐标位置，在移动辅助线时它会显示出来

在移动辅助线时，会看到屏幕上显示有两个数字。这些数字表示辅助线距视图边界的距离。例如，水平辅助线上面的数字显示该辅助线到视图上边界的距离；辅助线到视图下边界的距离则显示为辅助线下面的数字。这样有助于更精确地定位辅助线位置。

要删除辅助线，可将其从视图中拖走。它就消失得无影无踪。

一个好用的对齐特性就是定位辅助线。该功能帮你在屏幕上精确定位对象。这里讲述其用法。在视图中选取一个对象，按住 Option 键，确保光标没有在所选对象上。这时将显示所选对象外框的大小，以及对象外框距所在视图上下左右边界的距离，如图 3-8 所示。可使用方向键上下左右移动对象。这时会发现边界距离值会随着对象移动而变化。

不过，这还不是定位辅助线功能讨人喜爱的唯一原因。

继续做，按住 Option 键不放，将光标放到视图中的另一个对象上。该辅助线会变化，给出所选对象与光标下面对象的距离（如图 3-9 所示）。是的，可以使用方向键移动所选对象，它显示两个对象之间的距离。这个功能多棒呀！

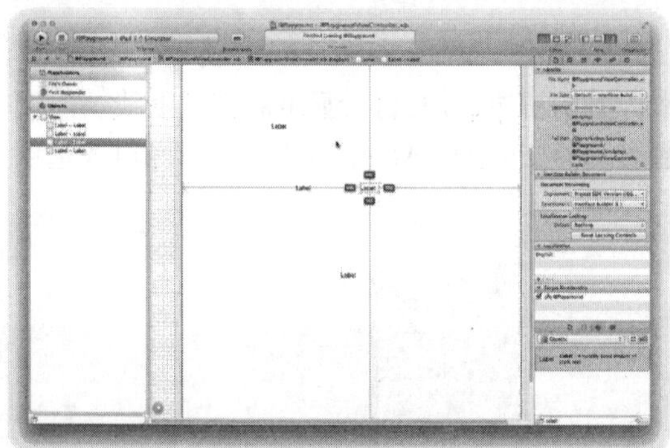
图 3-8 选取对象后按住 Option 键能得到对象的位置信息

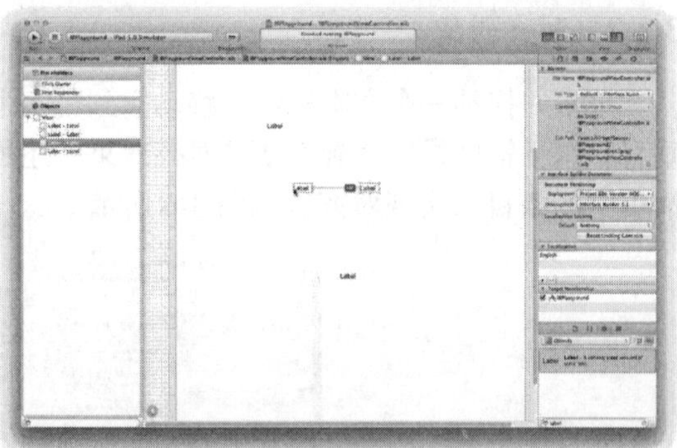
图 3-9 选取对象后将鼠标放到另一个对象上，按住 Option 键来查看两个对象之间的距离信息

你是否曾想在屏幕上放置两个按钮，之间的距离为 10 个像素？选择其中一个按钮，将光标放到另一个按钮上，按住 Option 键。现在可以使用箭头键移动所选按钮，使之距离另一个按钮 10 个像素。原本实现这个效果并不容易，正因为有了它，一切都变得简单了。

注意： 在使用方向键移动所选对象或移动一组选中对象时，不需要按住 Option 键。然而，要显示真正有用的辅助线和定位信息时，应按住 Option 键。

3.3.3 布局矩形框

当使用定位辅助线操作时，你注意到所选对象是被一个矩形框围住的吗？这个矩形框对于查看对象布局很方便，尤其对那些没有可见边界的对象。可以通过在菜单中选取 Editor→Canvas→Show Layout Rectangles 命令来对所有对象打开此特性，如图 3-10 所示。该特性在你想确定某对象没有与另一个对象重叠时特别有用。

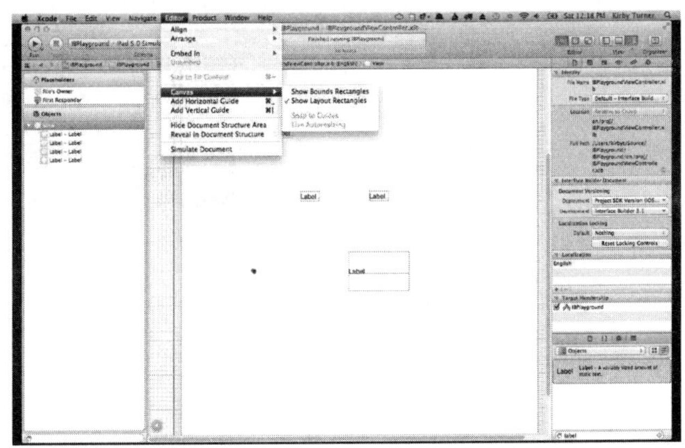

图 3-10 打开布局矩形框。注意有个文本标签比其他的文本标签框大。倘若关闭 Layout Rectangles 功能，我们是看不出来的

注意： 需要查看对象的尺寸时，也可以显示边界矩形。这通过执行 Editor→Canvas→Show Bounds Rectangles 菜单命令实现。

3.3.4 修改状态

对象的尺寸和位置还可以在工具区的面板区中修改。第 2 章提到，面板区有 File、Quick Help 等面板。在使用 IB 时，还另有四个面板：Identity（按 Option+⌘+3 键调出）、Attributes（按 Option+⌘+4 键调出）、Size（按 Option+⌘+5 键调出）和 Connections（按 Option+⌘+6 键调出）。

Identity 面板如图 3-11 所示，在此指定对象的类名。这里的类名来自于 Cocoa Touch Framework 的类，或者在 Xcode 项目中创建的自定义类。还可以在 Identity 面板中设置对象的辅助功能。辅助功能让视觉有障碍的人士也能够使用你的应用程序。

Attributes 面板用于对所选对象设置特性值，或者属性值（如图 3-12 所示）。属性清单因对象类型而异。属性的例子包括内容模式、透明度设置、背景颜色、标记值和绘图设置等。设置一个属性值仅仅就是输入某个新值，从可能的值清单中选择某个值，或者选中/取消某个复选框。

Size 面板如图 3-13 所示，其用于设置所选对象的尺寸和位置，而不必用鼠标移动对象或调整对象的大小。当你知道对象的确切长宽和位置时，这个办法能够更快地设置对象的尺寸和位置。在此面板中，还可以对对象指定自动尺寸设置。

Autosizing 设置还能指定对象的宽度、高度、上下左右位置是固定的还是可变的。通过组合使用这些设置，就能在所在容器视图大小变化时，控制对象如何调整大小和位置。自动尺寸设置还给出一个动画的视图，显示设置会怎样影响对象的尺寸和定位效果。

Connections 面板给出了所选对象与其他某对象的关联关系。还可以在此区域创建新的关联。我们来看图 3-14，注意事件与插座变量引用右边的小圆圈。如果移动光标到其中某个空圆圈上，它就会变成一个内部有加号的圆圈。单击并拖动这个加号，就会在屏幕上画出一条线。当到处移动加号时，支持此关联的对象就会高亮显示，而不支持此关联的对象则不会高亮显示。在你找到期望的对象时放下对象上面的加号，以便关联它。此时会弹出一个动作或插座变量清单。选择适当的动作或插座变量来建立此关联。

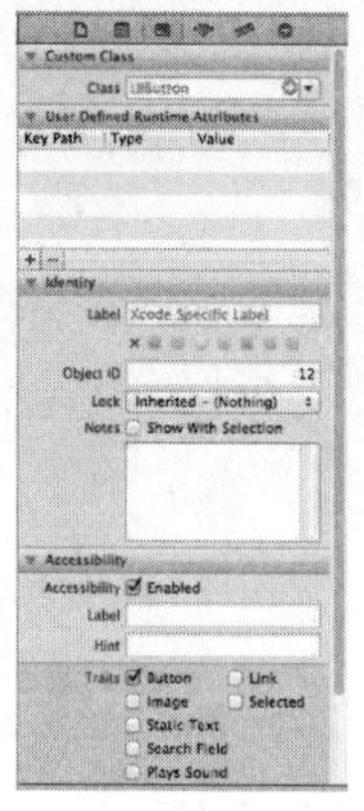

图 3-11　针对 `UIButton` 对象的 Identity 面板

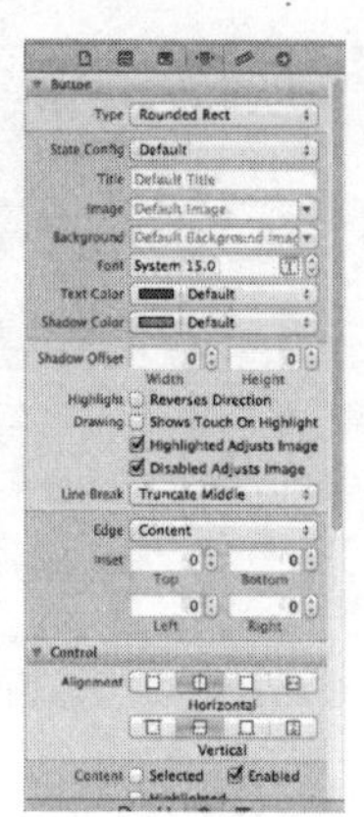

图 3-12　Attributes 面板中的 `UIButton` 对象特性或属性清单

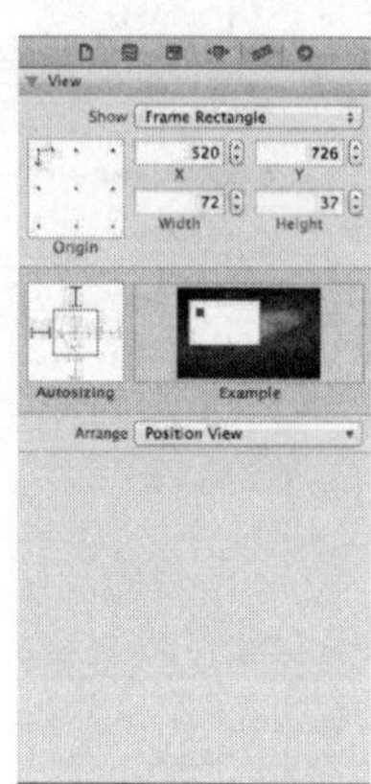

图 3-13　Size 面板

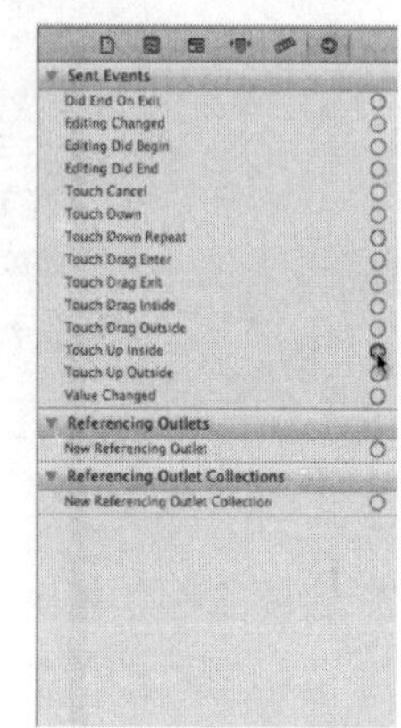

图 3-14　Connections 面板中 `UIButton` 对象的事件与插座变量引用清单

什么是文件所有者

当观察 IB 停靠区或文档外观区域时，你可以注意到有个名叫 File's Owner（文件所有者）的对象。文件所有者标识了在运行时拥有此 NIB 的对象。一个占位符对象代表了文件所有者。占位符对象是对非 NIB 创建的对象的引用。占位符对象还有其他的称呼，比如代理（proxy）和外部对象，称为外部对象是因为它在对象库中调用。

文件所有者占位符对象用于指示一经调入就拥有此 NIB 的对象类型。对象类型或类名会在 Identity 面板中显示出来，并在其中可修改，如图 3-15 所示。

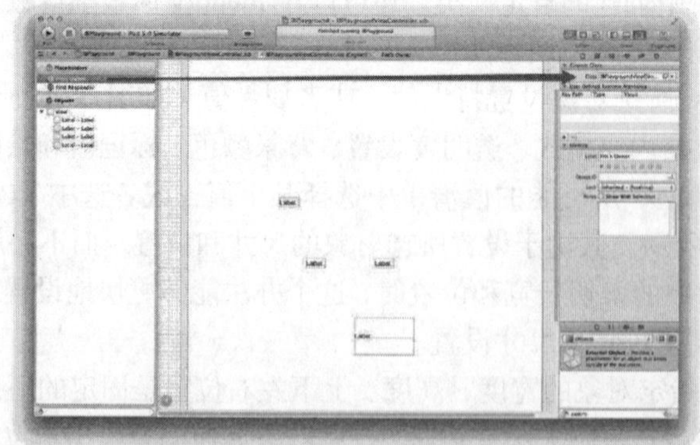

图 3-15　文件所有者是一个占位符对象。其类型是在 Identity 面板中设置的类名

文件所有者类型是负责在运行时管理对象的类的名字，托管的对象在 NIB 中定义。典型情况下，文件所有者类型是视图控制器类，但它并不一定是视图控制器。同样，可以在 NIB 中定义其他占位符对象，而不必是文件所有者。

IB 在查找插座变量和动作时，使用类类型来决定读取哪个头文件。我们马上就能看到这种行为。

3.4 将 NIB 与代码关联起来

将 NIB 内生成的对象关联至源代码中定义的类，可通过两种 IB 提示：`IBOutlet` 和 `IBAction`。它们是专门的宏，不用来解决任何问题，并且无所事事。但 Interface Builder 利用它们作为标识在源代码中定义的插座变量和动作引用的办法。从源代码及编译后的应用程序的角度看，这些宏不做任何事，它们没什么用。但 IB 用它们作为查找和关联插座变量和动作至 NIB 中所定义对象的提示。

那么什么是插座变量和动作呢？插座变量就是对一个对象的引用，而动作则是对一个类所实现方法的引用。

目前，可以暂且将视图看做是用户所看到的应用程序的屏幕显示。视图将带文本的标签与按钮对象显示出来。控制器类管理与视图的交互。控制器对视图中定义的文本标签有一个引用。文本标签引用就是个插座变量，因为它是对某个对象的引用。倘若控制器需要对按钮的引用，则可以另外定义一个引用按钮对象的插座变量。

现在假定用户当按按钮时，标签中的文本会改变。按钮有一个触摸事件，后者会调用一个方法。此方法在控制器类中实现，负责改变标签里的文字。这个方法就代表动作。

类接口中定义的对象引用由 `IBOutlet` 布置；而各 `IBAction` 都被关联至 NIB 中定义的事件和对象时，方法声明还伴有 `IBAction`。IB 会搜索这些宏，找出有效的插座变量和动作。将 NIB 中创建的对象关联至应用程序中的源代码，就是通过这个过程。

注意： 假如你熟悉“模型-视图-控制器”（Model-View-Controller，MVC）设计模式，就能理解刚才讲的知识。整个 iOS 应用程序都使用的是 MVC。MVC 模式将在第 5 章中讲述。

为了将 NIB 创建的对象与对象引用关联，或将对象事件与方法关联，插座变量与动作必须在代码中定义。有两个办法可以做到这一点：向类接口手动添加代码，或者使用辅助编辑器配合 IB。

3.4.1 在代码中定义插座变量

对于许多 iOS 程序员而言，向类接口手动添加一个插座变量或动作声明是更自然的工作流程。手动添加插座变量或动作使你有机会关注于类接口与实现，而不必分神于用户界面的外观。

要明白这个工作机理，回到前面场景中，在那儿有个包括文本标签和按钮的视图。当用户触击按钮时，标签文字变成显示“Hello from iOS”。为实现这个特性，源代码需要有对 `UILabel` 的引用，也就是插座变量；还需要有对方法的引用，也就是执行需要更新文本标签的代码，亦即动作。

于是，要想做到这一点……

先显示出项目导航器（⌘+0 键），再选择 IBPlaygroundViewController.h 头文件。更新类接口，以包含如程序清单 3.1 所示的代码。

程序清单 3.1　要添加至 IBPlaygroundViewController.h 头文件的代码

```
@interface IBPlaygroundViewController : UIViewController

// Add the following code:

@property (nonatomic, strong) IBOutlet UILabel *label;

- (IBAction)buttonTapped:(id)sender;

// End of code to add.

@end
```

这里做了什么呢？首先，加入了一个声明的属性。@property 是 Objective-C 里专门的用法，指示编译器定义一个实例变量名标签，此标签存放着对 UILabel 实例的引用。IBOutlet 是给 IB 的提示，从而能够建立起 NIB 中所定义实例与类接口中找到的属性定义之间的关联。其次，定义了 buttonTapped:方法的前向声明。注意返回类型设为 IBAction。这告诉 IB，此方法是个动作。

如果你尝试编译项目，就会收到构建错误。构建失败是因为所声明的属性和方法尚未提供实现代码。因此请打开 IBPlaygroundViewController.m 文件（可在相应的.h 文件下按 Control+⌘+Up 键或按 Control+⌘+Down 键），将实现代码添加进来，如程序清单 3.2 所示。

程序清单 3.2　更新后的 IBPlaygroundViewController.m 文件

```
#import "IBPlaygroundViewController.h"

@implementation IBPlaygroundViewController

// ----
// Add the following code:

@synthesize label;

- (IBAction)buttonTapped:(id)sender
{
   NSLog(@"button was tapped.");
   [label setText:@"Hello from iOS."];
}

// End of new code.


// Other code provided by the template is not presented here.
@end
```

这里假设你没有 Objective-C 的使用经验。因此，代码看起来可能有些古怪，特别是 @synthesize 语句。@synthesize 是 Objective-C 中更特别的组件，它告诉编译器为声明的属性创建 getter 和 setter 方法。在这段代码中，@synthesize 为所声明的属性标签创建了 getter 和 setter 方法。也可以编写 getter 和 setter 方法，但既然编译器能为你做到，何必多此一举自己来写呢？

注意： 目前不必在意`@property`和`@synthesize`的细节。这些都会在第 4 章中讲解。

在声明属性的合成语句之后是 `buttonTapped:`方法的实现语句。该方法接受一个参数 sender。sender 是对调用此方法的对象的引用。在目前的场景中，sender 正是视图中的那个按钮。

此处的方法有两行代码。第一行语句调用了 `NSLog()`。`NSLog()`是个 C 语言函数，向控制台输出内容。`NSLog()`的输出内容当然就是调用的字符串参数。第二行语句设置对象引用标签的文本属性。这里的源代码实际用到了 `IBOutlet`。

这里到底做了什么

正如刚提到的，IB 会查找 `IBOutlet`，而 `IBAction` 为插座变量和动作提供提示。但 IB 怎么知道找哪些文件呢？答案就是通过文件所有者。文件所有者是 `IBPlaygroundView Controller` 类型的。它告诉 IB 读取并分析头文件 IBPlaygroundViewController.h，来找寻 `IBOutlet` 和 `IBAction` 提示。

在类接口中定义了 `IBOutlet` 和 `IBAction` 后，下面要更新用户界面。在项目导航器中单击 IBPlaygroundViewController.xib 文件，以便在 IB 中打开此 NIB 文件。添加一个新按钮 `UIButton` 到 NIB 所定义的视图中。这里假定视图是前些时候的，至少有一个文本标签。如果没有，就向视图添加一个文本标签。

在视图中右击按钮，将会给出一个事件清单。单击并拖动 Touch Up Inside 事件的圆圈，将其放到文件所有者中（如图 3-16 所示）。IB 将显示可用的动作清单。这时，`buttonTapped:`方法应当是唯一的动作。单击 `buttonTapped:`动作，从而将按钮的 Touch Up Inside 事件关联至 `buttonTapped:`动作方法。

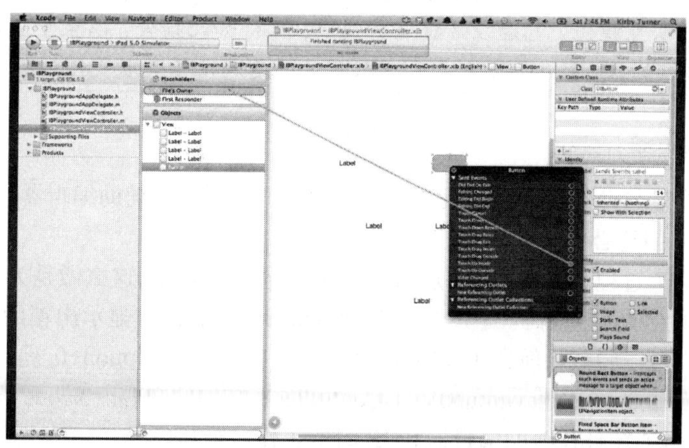

图 3-16　右击按钮查看事件清单。单击拖动某事件，将其关联至另一个对象所定义的动作

注意： 将按钮关联至动作的另一个办法就是，按住 Control 键单击此按钮，并拖动光标至文件所有者。这将会把 `buttonTapped:`动作关联至按钮的 Touch Up Inside 事件。

文本标签也应关联。否则应用程序不会按你期望的那样表现。在 Document Outline 区右击文件所有者，然后拖动带圆圈的加号至视图中的 `UILabel` 实例，这样就把文本标签与声明属性的插座变量标签关联起来了。

注意：这里同样可以按住 Control 键单击文件所有者，然后拖动鼠标至文本标签，来建立关联。

再想想这个过程。在这里的头文件中，有一个插座变量在引用 UILabel，并有个方法声明表示一个动作。你不会找到文本标签对象的实例化代码，也不会看到任何对按钮的显式引用来调用 buttonTapped:方法。这是因为，文本标签和按钮的对象是在 NIB 文件中定义的，作为对 IBOutlet 文本标签和 buttonTapped:这个 IBAction 的关联。Cocoa 框架为你完成了这个魔术，它创建了对象实例并建立了关联。这里的奇妙之处在于你无须编写代码，而 IB 也不生成源代码，却能创建对象实例并关联至事件的回调函数。

此时，你应当能够构建并运行应用程序（⌘+R 键），而不再有错误发生。运行看看会出现什么。当按按钮时，文本标签上的文字变化了吗？如果不变，最可能的原因就是 IBOutlet 或 IBAction 的关联没有建立起来。再检查一下这种关联关系。

这里要知道的一个要点就是，倘若没有建立关联，编译器就不会发出警告，而典型情况下你的应用程序也不会崩溃。所要发生的就是，什么也没有！没有发生任何事情，这意味着你必须当个侦探，找到什么事情不发生的原因。你是否忘记了关联，或者忘记实现这个方法，或者忘记实现 IBAction?

假如你和其他许多 iOS 程序员一样，刚刚开始学习 iPad 编程，很可能就是忘了建立关联。这是最常见的错误之一。所以在什么也没发生时，你应当首先检查关联关系。这应当成为一件经常做的事：任何时候只要运行时什么事情也不发生，就应检查 IB 内的关联关系。很可能是由于这种关联关系没有建立起来。

注意：倘若什么也不发生成了常态，会有一些情况在抛出异常时导致应用程序崩溃，因为没有建立适当的关联关系。最要注意的地方是，当你定义视图控制器作为文件所有者时，没有把视图插座变量关联至视图。笔者经常犯这种错误，犯得如此频繁，以至于应用程序在添加一个新 NIB 后崩溃时，笔者几乎百分之百可以断定就是忘记了关联视图的插座变量。

3.4.2 使用辅助编辑器

另一个将插座变量与动作联系的办法是使用辅助编辑器。通过辅助编辑器，就能拖动 IB 对象至类接口，让 Xcode 创建必要的源代码。

为了实际看到这个过程，在视图中添加另一个文本标签和按钮。这么做是为了为新的对象建立关联，而不必折回并删除其他代码。下一步，按 Option+⌘+Return 键显示出辅助编辑器。屏幕显示可能有些拥挤，所以可以隐藏导航器（按⌘+0 键）和工具区（按 Option+0 键）。注意，当显示辅助编辑器时，它会自动显示 IBPlaygroundViewController.h 文件的内容。Xcode 知道这是 NIB 的对应文件。图 3-17 给出了在打开辅助编辑器和 IB 时的工作区窗口。

注意：倘若由于某种原因没有在辅助编辑器中打开 IBPlaygroundViewController.h，则可以通过跳转栏打开该文件。

为了在类接口中声明此插座变量，并同时建立关联关系，可以按住 Control 键单击文本标签，拖动鼠标至辅助编辑器窗口里的类接口中。当释放鼠标时，会弹出一个浮动窗口，提示输入插座变量的名字（如图 3-18 所示）。将其称为“label2”，并单击 Connect 按钮。这将创建由 IBOutlet 布置的声明属性，并建立与 NIB 所定义对象的关联。

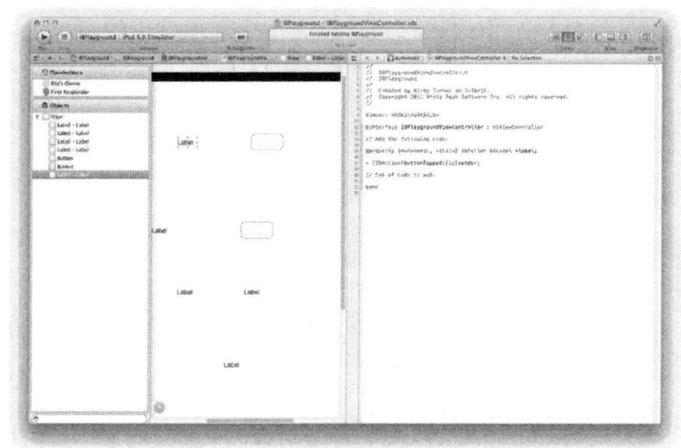

图 3-17 IB 与辅助编辑器一道工作

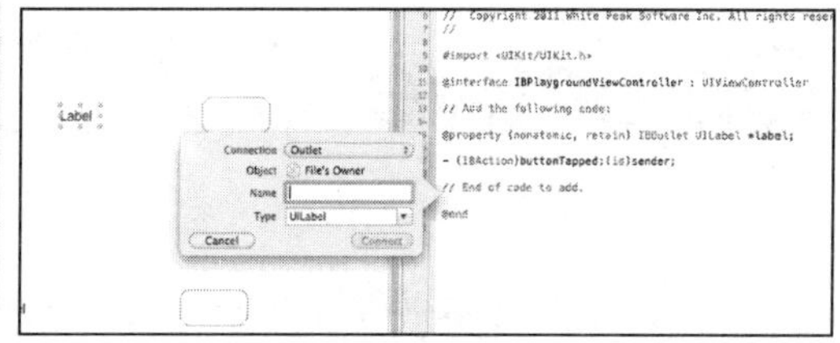

图 3-18 倘若使用辅助编辑器，则在关联插座变量时会显示一个浮动窗口

注意：可以把插座变量声明放到任意位置，只要它们在此类的`@interface`与`@end`语句之间即可。

按照同样的方法来声明动作并关联按钮。按住 Control 键单击按钮，拖动鼠标至类接口。这一次在浮动窗口出现时，将关联由 Outlet 改至 Action，并命名动作为“button2Tapped”。浮动窗口看起来会如图 3-19 所示。最后，单击 Connect 按钮来创建动作。

当使用辅助编辑器添加动作时，它不仅在类接口中创建声明，还为其实现添加了方法雏形。可打开 IBPlaygroundViewController.m 文件，滚动到最后，看看`button2Tapped:`方法的雏形代码。

图 3-19 使用辅助编辑器关联动作时的浮动窗口

3.5 故事板

在创建新的 Xcode 项目时，会看到有一个选项是 Use Storyboard（使用故事板）。尽管本书前面告诉你不要选中此选项，但什么是故事板呢？

故事板是一种为应用程序设计用户界面的方法。它的好处是能同时给出应用程序所有画面的内容。这个功能是建立在 Interface Builder 之上的，所以你在本章中学到的关于 IB 使用 NIB 文件的方法都适用于故事板。然而，主要区别在于故事板可以显示多个屏幕，如果你愿意的话，同时还能显示 NIB 文件的内容。这就能给你一幅有关应用程序用户界面的完整画面，以及各屏幕之间的关系图。

第 14 章将开始使用故事板。

3.6 小结

这里结束了对 Interface Builder 的介绍。希望你能喜欢这个工具，并考虑在将来的用户界面设计中使用 IB。

你现在已经具备使用 Interface Builder 所需的基础知识。刚开始时似乎有些让人生畏，然而日久天长后它就会变得容易多了。关键之处在于记住要总是建立插座变量与动作的关联关系。倘若你创建一个美观的用户界面，却不能在单击时显示内容或执行动作，很可能就是缺失了这种关联。

第 4 章
Objective-C 入门

Objective-C 是本书所用的编程语言，所以专门为这种强大的编程语言开辟一章很有意义。而且，Objective-C 还是学习 iPad 编程时用到的语言。它虽然不是 iPad 编程可用的唯一语言，但却是最受欢迎的编程语言。何况苹果公司建议使用 Objective-C 进行 iOS 编程。这也正是本书以 Objective-C 提供源代码的原因。

用单单一章不足以涵盖 Objective-C 的所有东西，而且这样做也超出了本书的范围。不过，有一些好书专门讲解 Objective-C，包括：

- 《Learning Objective-C 2.0：A Hands-On Guide to Objective-C for Mac and iOS Developers》，Robert Clair 著，Addison-Wesley Professional 于 2010 年出版。
- 《Programming in Objective-C 2.0，Third Edition》，Stephen G. Kochan 著，Addison-Wesley Professional 于 2011 年出版。
- 《Objective-C Programming：The Big Nerd Ranch Guide》，Aaron Hillegass 著，Big Nerd Ranch 公司于 2011 年出版。

这些都是深入探讨 Objective-C 编程语言的好书。不过，本章将介绍 Objective-C 的基础知识，作为你编写自己首个 iPad 应用程序的跳板。一旦你学完本书，可以阅读这里推荐的关于 Objective-C 的书，从而对此语言有更深入的了解。

4.1 什么是 Objective-C

Objective-C 是对 C 编程语言的扩展，它将 C 变成一种面向对象的编程语言。但不像 C++从 C 语言派生那样，Objective-C 是对 C 语言的扩展。

Objective-C 对 C 语言加入了一小部分新的语法。编译器在编译过程中，会将 Objective-C 语法转换成 C 语言的语法。Objective-C 还依赖运行时环境，这赋予了 Objective-C 以动态特性。

Objective-C 是按 Smalltalk 建模的。Smalltalk 是诞生的第一个面向对象的编程语言。和 Smalltalk 一样，Objective-C 发送消息给接收者。接收者是一个对象，它基于所收到的消息调用某种方法。这使得用 Objective-C 编写的应用程序在运行时会构造一个要发送给某对象的消息，从而调用一个方法。这与其他编程语言如 C++不同，后者在编译期间就绑定了要调用的方法。

Objective-C 的这种动态特性使它成为框架、SDK 的理想编程语言，这也可能是苹果公司将其用于自己框架、SDK、操作系统的原因之一。

注意：Objective-C 扩展了 C 编程语言，将其变成了面向对象的编程语言。倘若你已经了解 C 语言，那么学习 Objective-C 如同小菜一碟。但如果你从未写过 C 代码，也不必担心。没有 C 语言知识照样也能学好 Objective-C。

4.2 玩转 Objective-C

学习 Objective-C 的最好方法就是使用它，这也正是你现在要做的事情。创建一个简单的掷硬币应用程序，在 Terminal 窗口中运行。编写这个应用程序有助于你深入了解 Objective-C。

从启动 Xcode 开始，下一步是创建一个命令行工具（Command Line Tool）应用程序。可以通过在欢迎屏幕 Welcome to Xcode 中选择 Create a new Xcode project，（如图 4-1 所示），或者在菜单栏中选择 File→New→New Project 命令或按 Shift+⌘+N 键来做。

需要创建一个控制台应用程序。控制台应用程序是在 Terminal 窗口中的命令行下运行的。iOS 不支持命令行应用程序，所以得选取 Mac OS X 群组下的命令行工具（Command Line Tool）项目模板，如图 4-2 所示，然后单击 Next 按钮。

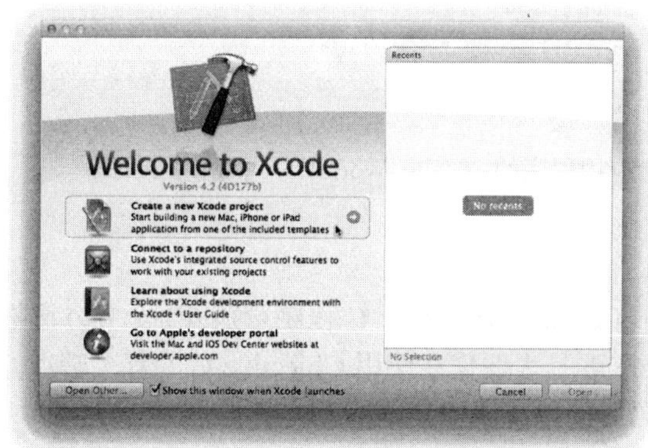

图 4-1　Welcome to Xcode 窗口

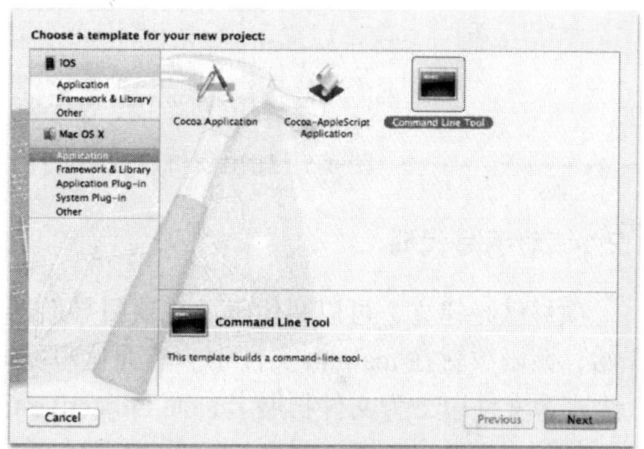

图 4-2　选择命令行工具模板

将项目命名为 CoinToss，类型选为 Foundation（如图 4-3 所示）。这将创建一个链接至 Foundation 框架的控制台应用程序。你会在第 5 章了解这个框架和其他一些框架的更多信息。确保打开了 Use Automatic Reference Counting 选项。该选项将在本章后面说明。单击 Next 按钮继续后面的操作。

将项目保存到你的源文件目录。如果还没有源文件目录，就创建一个。

你可能已经注意到，图 4-4 所示窗口的底部有个创建局部 Git 仓库的选项。Git 是一个流行的分布式版本控制系统。Xcode 内置了对 Git 和 Subversion（另一个广受欢迎的版本控制系统）的支持。除非你已经熟悉了 Git，否则就不要选中此选项。本书的示例代码都不要求使用版本控制系统。

对代码执行构建（按⌘+B 键）然后运行（按⌘+R 键），以确保项目已正确地创建了。这将构建并运行应用程序，在控制台窗口中显示"Hello, World!"，如图 4-5 所示。由于此应用程序是个命令行应用程序，你不在调试区打开输出窗口的话是看不到这些输出信息的。可以通过按 Shift+⌘+C 键来打开输出窗口。

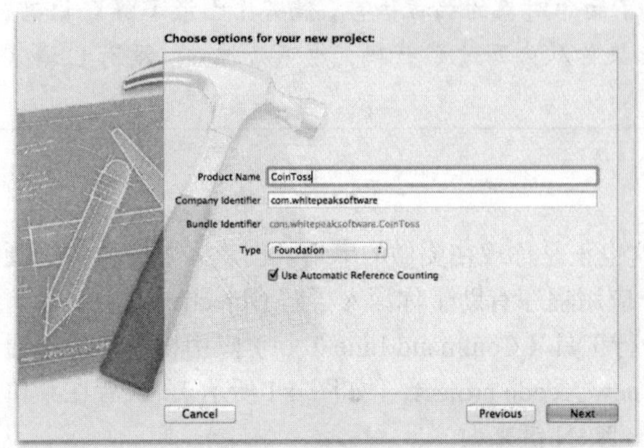

图 4-3　项目选项

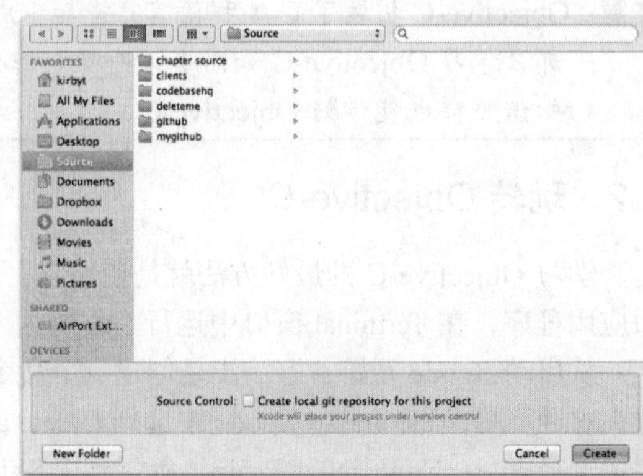

图 4-4　保存项目到源文件目录

```
All Output ÷                                                    Clear
GNU gdb 6.3.50-20050815 (Apple version gdb-1708) (Mon Aug  8 20:32:45 UTC 2011)
Copyright 2004 Free Software Foundation, Inc.
GDB is free software, covered by the GNU General Public License, and you are
welcome to change it and/or distribute copies of it under certain conditions.
Type "show copying" to see the conditions.
There is absolutely no warranty for GDB.  Type "show warranty" for details.
This GDB was configured as "x86_64-apple-darwin".tty /dev/ttys001
[Switching to process 2266 thread 0x0]
2011-09-07 13:09:25.635 CoinToss[2266:707] Hello, World!
Program ended with exit code: 0
```

图 4-5　输出窗口显示来自控制台应用程序的“Hello, World!”

4.2.1　动手写代码

项目已经建立，可以写代码。在项目导航器中打开 main.m 文件。C 程序总是以 `main()` 函数开始，该函数就在 main.m 文件中。然而这里的 main.m 是表明你在使用 Objective-C 的首个暗示。C 语言源文件以.c 为文件扩展名，而 Objective-C 源文件以.m 为文件扩展名。

找到 `NSLog(@"Hello world!")` 所在的代码行，并删除它，在其位置上添加下列代码：

```
int randomValue = (arc4random()%10) + 1; // Returns an int between 1 and 10.
if (randomValue % 2) {
  NSLog(@"Heads");
} else {
  NSLog(@"Tails");
}
```

这时 main.m 的源代码应当如代码清单 4.1 所示。

代码清单 4.1　main.m 中的简单掷硬币算法

```
#import <Foundation/Foundation.h>

int main (int argc, const char * argv[])
{

  @autoreleasepool {

    int randomValue = (arc4random()%10) + 1; // Returns an int between 1 and 10.
```

```
        if (randomValue % 2) {
            NSLog(@"Heads");
        } else {
            NSLog(@"Tails");
        }

    }
    return 0;
}
```

这段代码从 arc4random() 函数中取得随机的整数值，然后检查此随机数是奇数还是偶数。奇数向控制台记录“Heads”，偶数则记录“Tails”。

注意：NSLog()是个 C 语言函数，其向标准控制台显示输出信息。它是 Objective-C 中与 C 编程语言 printf()函数对等的函数。NSLog()一般用在调试应用程序时向控制台输出信息。可以在第 5 章中更多地了解 NSLog()函数。

构建并运行（按⌘+R 键）此应用程序。正如你在输出窗口（按 Shift+⌘+C 键打开）看到的信息，这可不是什么多好的应用程序。它只执行一次掷硬币操作。要想掷多次硬币，必须一遍遍地运行这个应用程序。下面我们让应用程序变得有趣一点，要对源代码做些修改，让它循环 10 次，看看随机掷硬币到底效果如何。加入下列代码：

```
for (int index=0; index < 10; index++) {
    int randomValue = (arc4random()%10) + 1;    // Returns an int between 1 and 10.
    if (randomValue % 2) {
        NSLog(@"Heads");
    } else {
        NSLog(@"Tails");
    }
}
```

现在应用程序稍微有点意思了，更有意思的是截至目前你还没写一行 Objective-C 代码。创建一个 CoinTosser 对象，来改变这种状况。

4.2.2 对象

什么是对象？在软件世界中，对象是一个包含特性和行为的编程单位。也就是说，对象包含数据和代码，数据表示特性（也就是“属性”），而代码表示对象的行为（对象完成的方法）。对象的数据和代码与对象内对所包含数据完成的行为有关。

对象将相关数据和代码封装到一个单元中，使之便于用到应用程序的其他地方。许多时候对象是对真实世界概念的建模。例如，如果你要写发工资的应用程序，职员 Employee 很可能就是应用程序中要用到的一种对象。

CoinToss 并不是一个复杂或者庞大的应用程序，但仍然可以从对象的使用中受益。并非要在主函数的循环中包含掷硬币逻辑，应用程序可以使用 CoinTosser 对象。CoinTosser 负责掷硬币。这意味着随着应用程序的膨胀，变得更复杂时，掷硬币逻辑不必到处复制到应用程序的各处，而是在需要掷硬币时，使用 CoinTosser 对象。

新的 CoinTosser 对象还能有些智能。它不是像个工蜂那样整天只会掷硬币。它可以保存已经掷硬币的次数，保存得到硬币正面或反面的次数。这种“智能”能够用来报告一组掷硬币操作后的统计信息。

4.2.3 类

对象是在应用程序运行时使用的，但在使用对象之前，必须定义它才行。类用来定义对象。类描述了对象支持的特性和行为。以更实用的话说，类就是你在源代码中创建的、用来定义对象的代码；对象则是类在运行时创建的实例。

要想在 CoinToss 应用程序中使用 CoinTosser 对象，必须首先定义该对象的类。要实现这一点，需要创建一个新文件（选择 File→New→New File 命令或按⌘+N 快捷键），在 Mac OS X 栏的 Cocoa 下选取 Objective-C 类模板，如图 4-6 所示。

单击 Next 按钮，Xcode 会询问类名和子类。输入“CoinTosser”作为类名，将其作为 NSObject 的子类。如果还不理解子类的意思，不必忧虑。本章后面会对其有所解释的。

再单击 Next 按钮，然后单击 Create 按钮（如图 4-7 所示）来创建新的类文件，并将其添加到项目中。

我们花点时间谈谈刚才做了什么。

当创建新的 CoinTosser 类时，有两个文件加入项目中，即 CoinTosser.h 和 CoinTosser.m。Objective-C 和 C 语言类似，使用两个文件表示一个源代码模块。这和其他编程语言如 C#和 Java 不同，后者是一个文件表示一个源代码模块。

.h 文件是头文件。头文件定义类接口。接口告诉你，该类支持哪些属性和方法（分别是特性和行为）。头文件只是描述类的接口，它不提供类的实现代码。

类的实现代码包含在.m 文件中。实现文件存放着指令计算机做什么事的源代码。

目前，CoinTosser 类什么也不做。它没有特性（属性），也没有行为（方法）。我们来改变这一现状。先从类的接口入手。打开 CoinTosser.h 文件，这是 CoinTosser 类的接口文件，为其添加如程序清单 4.2 所示的代码。

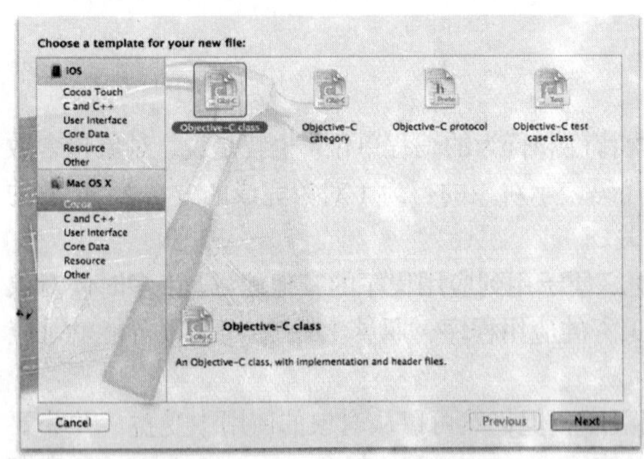

图 4-6　选取 Objective-C 类模板

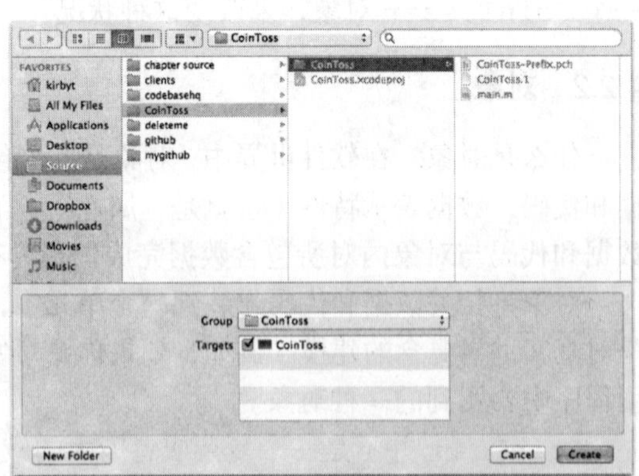

图 4-7　单击 Create 按钮将类保存到项目中

程序清单 4.2　CoinTosser.h 文件的内容

```
#import <Foundation/Foundation.h>

@interface CoinTosser : NSObject

@property (nonatomic, assign) int headsCount;
@property (nonatomic, assign) int tailsCount;
@property (nonatomic, strong) NSString *lastResult;

- (void)flip;

@end
```

上面第一行是`#import <Foundation/Foundation.h>`。Foundation.h 是 Foundation 框架中定义所有功能和类引用的另一个头文件。对看到这个的 C 程序员而言，`#import` 类似于`#include`。然而`#import` 可确保文件只包含一次，避免递归包含带来的问题。

Foundation/Foundation.h 两边的尖括号指示此头文件是系统自带的头文件。系统头文件存放于项目之外，是由开发环境和 SDK 提供的。iPad 编程用到的系统头文件在你安装 Xcode 和 iOS SDK 时已经添加到计算机上了。

倘若你想导入某头文件作为项目的一部分，则可以用双引号将其文件名括起来。举个例子，`#import "CoinTosser.h"`。这个示例可以在 `CoinTosser.m` 实现文件中看到。

把 Foundation 导入 `CoinTosser` 类，以便该类可以引用 Foundation 框架中定义的其他类。比如，下一行代码包含了对 `NSObject` 的引用。`NSObject` 是一个 Foundation 对象。换句话说，它是在 Foundation 框架中定义的。

4.2.4　NSObject

`NSObject` 是所有 Objective-C 对象（少数除外）的根对象。`NSObject` 提供了 `CoinTosser` 类生成对象的基础。`NSObject` 具备所有对象的基本属性和方法，这样其他对象就无须重复实现同样的代码。这是使用对象的关键优势。对象可以从其他对象继承属性和方法。当一个类从其他类继承时，前者称为后者的“子类”。`CoinTosser` 就是 `NSObject` 的子类。而 `NSObject` 就是 `CoinTosser` 的父类。

由于 `CoinTosser` 继承自 `NSObject`，因此只要 `NSObject` 能做的事，`CoinTosser` 都可以做。但对父类而言不是这样的。`NSObject` 不能做 `CoinTosser` 能做的所有事。这是因为 `NSObject` 没有继承 `CoinTosser` 的属性和方法。而另一方面，`CoinTosser` 却继承了 `NSObject` 的属性和方法。

Objective-C 和 Java、C#、Object Pascal 一样，支持单个类的继承。其他诸如 C++、Perl 和 Python 则支持多个类的继承。多类继承会让人糊涂，这就是 Objective-C 等编程语言只支持单类继承的原因。

4.2.5　接口

使用`@interface` 来定义类。在程序清单 4.2 中，`CoinTosser` 类定义以`@interface CoinTosser : NSObject` 行开始。`@interface` 是 Objective-C 的语法，它告诉编译器，后面代码是一个类定义。`CoinTosser` 是类名，冒号（:）将类名与父类名分隔开来。新类继承了父类的属性和方法。

类定义以@interface开始，以后面出现的首个@end结束。后者告诉编译器，它已到达类定义的结束位置。

类接口有三个明显的区域。局部变量又称为实例变量或者缩写为ivar，在大括号间声明。所声明的属性和方法则在大括号后定义。声明属性和方法的顺序无关紧要，但Objective-C的习惯是在实例变量后声明属性，在属性后再声明方法。

现在你也许已经注意到，程序清单4.2中并没有大括号。没有大括号是因为这个类没有定义实例变量。以往，实例变量用来存放类实例（例如对象）内的数据。然而，现在的习惯是使用所声明的属性来保存对象内的数据。Objective-C曾要求每个声明的属性都要有一个显式声明的实例变量，但现在不这样了。编译器会为所声明的属性隐式地声明一个实例变量。

这到底是什么意思呢？我们从实例变量入手再仔细研究一下。

4.2.6 实例变量

实例变量是一种类实例（即对象）创建并为之所用的变量。实例变量通常被Objective-C程序员更普遍地称作ivar，用来保存对象所需的数据。实例变量可以是C语言的数据类型，例如int、float或者double型，也可以是Objective-C类，如NSString、NSArray或NSDictionary。

当定义一个Objective-C类类型的实例变量时，其实你做的是定义一个指向此对象的指针。指针在C和Objective-C中都是以星号（*）标识的。

我们看看程序清单4.3，它给出了老式风格CoinTosser所定义的实例变量。这里有三个实例变量。两个是C语言的int型。int数据类型是基本的C语言数据类型。基本数据类型不是指针，所以没有星号。第三个实例变量是NSString类型。NSString是Foundation框架中定义的Objective-C对象。由于它是个对象，因此实例变量以指针声明。所以NSString *lastResult告诉我们，实例变量lastResult是一个指向NSString类实例的指针。

程序清单4.3 CoinTosser接口的老式风格代码

```
#import <Foundation/Foundation.h>


@interface CoinTosser : NSObject
{
@private
  int headsCount;
  int tailsCount;
  NSString *lastResult;
}

@property (nonatomic, assign) int headsCount;
@property (nonatomic, assign) int tailsCount;
@property (nonatomic, copy) NSString *lastResult;

- (void)flip;

@end
```

程序清单4.3展示了定义一个类的旧式风格。老风格使用实例变量作为保存所声明属性的位置。所声明的属性就是清单中以@property开头的条目。这种编码风格在Objective-C中已不再常用，这要归功于编译器和 Objective-C 运行时的改进。目前的一般风格是不再显式地声明实例变量，而是让编译器为你做这些事。但即便显式地声明实例变量已成为过去，理解实例变量的角色仍然是很重要的，尤其是在你谈及声明的属性时。

4.2.7 声明属性

在大多数面向对象的编程语言中，要遵循的一般习惯就是不要在定义实例变量的对象外部来读取或设置实例变量。标准的约定是使用 getter、setter 访问方法。这些方法对外部世界隐藏了数据存储的细节，这里的“外部世界”指任何使用此对象的代码。信息隐藏的概念是面向对象的关键概念，称为“封装”。

对象封装数据，是为了保护应用程序的其余部分免受对象内部改动的影响。在使用访问方法时，修改可以是针对对象内部数据的，而且不牵连到应用程序的其余部分。举个例子，假如有个 `Person` 对象，这个对象有个 name 实例变量。应用程序使用此对象获取和设置某个人的姓名。过了一段时间，你可能需要有 `firstName` 和 `lastName`。而 `name` 是它们两者的合并。倘若使用 getter 和 setter 访问方法来操作实例变量，而不是直接访问该实例变量，访问方法的实现细节就可以修改，且这种修改不影响应用程序的其余部分。

getter 和 setter 访问方法的麻烦在于你必须将其声明为接口的一部分。这意味着对于要暴露给外部世界的每个实例变量值，都得声明这两个方法。`Person` 接口的代码看起来会是下面这样：

```
@interface Person : NSObject {
@private
   NSString *name_;
}
- (NSString *)name;
- (void)setName:(NSString *)newName;
@end
```

注意： Objective-C 对 getter 方法的习惯只是用其名字。其他面向对象的编程语言对这种方法的名字冠以 get 前缀（例如 `getName`）。

除了 getter、setter 访问方法要声明于接口外，每个方法必须在实现文件中提供实现代码。这意味着要编写许多陈词滥调的代码，仅仅是为了读取和设置某个属性值。幸运的是，Objective-C 2.0 引入了“声明属性”的概念。

“声明属性”是一种编译器预处理指示性语句，能够为你生成访问方法。这意味着你不必再在接口中声明访问方法。因此 `Person` 类接口就成为下面这样：

```
@interface Person : NSObject {
@private
   NSString *name_;
}
@property (strong) NSString *name;
@end
```

随着 iOS 4.0 SDK 的发布，做事就更加容易，已不必显式地声明实例变量。这意味着 `Person` 类接口可以变为下面这样：

```
@interface Person : NSObject
```

```
@property (strong) NSString *name;
@end
```

由于不再要求实例变量，使用声明属性就更加方便。但在使用声明属性之前，你得知道如何定义它。

声明属性使用编译器指令@property定义。这告诉编译器，后面跟的是声明属性。声明属性通过随后的首个分号（;）结束定义。

编译器指令@property 有若干种特性可用。这些特性包括 nonatomic、assign、copy、retain、readwrite 和 readonly。这些特性被@property后面的圆括号括住。可以组合使用这些设置，但并非所有设置都能组合。比如，将 readwrite 与 readonly 组合在一起是没有意义的。

注意：还有两个声明属性特性——strong 与 weak，其在选中自动引用计数（Automatic Reference Counting）选项时可用。它们将在本章后面谈到。

声明属性默认情况下是原子级（atomic）的。没有特性关键词来指示原子级特性。没有 nonatomic 时就说明该属性是原子级的。

原子级的属性是线程安全的。在多线程应用程序中，通过 getter 方法获取属性值，或 setter 方法设置属性值能够安全地实现，而不管其他并发执行的线程在做什么。这种线程安全性确实要在访问方法中造成一些开销，但在多个线程同时访问一个对象时，这种开销是值得的。

nonatomic 属性不是线程安全的。这意味着倘若有两个并发的线程同时试图获取或设置属性值，就会导致非期望的结果发生。

assign、copy 和 retain 控制在声明属性的设置方法中如何管理内存。assign 只是简单地把新值赋给实例变量（记住，实例变量仍然会用到，即便并未显式地声明它）。在声明诸如 int、float、double 和 Calibri 等基本数据类型的属性时，总是要使用 assign。copy 和 retain 用于 Objective-C 对象。这两个属性扩展了对象的生命周期。assign 也可用于对象，但它不会扩展对象的生命周期。

除了 assign、copy 和 retain 外，在选中自动引用计数（Automatic Reference Counting）选项时还有两个特性可用。这两个特性就是 strong 与 weak，它们也控制内存如何管理。关于对象内存的管理细节将在本章后面讲述。现在只需知道这些特性控制管理内存的方式即可。

readonly 和 readwrite 特性做的正是它们名字表达的那样。readonly 将声明属性设置为只读，意即此属性没有 setter 方法，对象的使用者不能修改其值；readwrite 告诉编译器 getter 和 setter 方法都要生成。倘若 readonly 和 readwrite 都没有显式声明，默认为 readwrite。

有两个附加的特性不时在提到：getter 和 setter。这两个特性使你可以对 getter 和 setter 访问方法改名。getter 特性一般用于布尔（BOOL）类型的属性值。Objective-C 命名布尔类型的习惯是加个 is 前缀。例如，不会把某属性起名为 Visible，习惯上会命名为 visible。然而，为使代码更具可读性，getter 访问方法的名字会改成 isVisible。可以这样定义属性：

```
@property (assign, getter = isVisible) BOOL visible;
```

注意：BOOL 是 Objective-C 的类型，与 C 语言里的 bool 等价。可以在 Objective-C 中使用 bool，但建议你在所有苹果公司的 Objective-C 框架中使用 BOOL。这样能使你的代码与苹果公司的代码兼容。并且，在设置和检验 BOOL 值时，YES 和 NO（不是 true 和 false）也是推荐的 Objective-C 值。

4.2.8 方法

我们再看看 CoinToss 的类接口。声明属性后面是名为-flip 方法的声明。这个方法声明看起来是这样的：

```
- (void)flip;
```

方法代表对象完成某个行为。行为通常涉及对象相关数据的使用。例如，这里的-flip 方法，执行要翻转硬币的代码。然后它把结果存放到对象的声明属性中。

方法可以有返回值，有一个或更多的参数，或者没有参数。返回值的数据类型在方法名字前面的圆括号里指定。没有返回值的方法以 void 作为数据类型。参数作为方法名字的一部分。Objective-C 不使用命名参数，而使用冒号来指示参数的存在。这让 Objective-C 比其他编程语言显得啰唆，但更具可读性。下面是个声明带参数的方法的例子：

```
- (int)incrementValue:(int)value bySomeValue:(int)someValue;
```

方法有两种形式：类方法和实例方法。类方法使用加号前缀指示。类方法从类中执行，而不是从对象（即类实例）中执行。类方法通常出于便利的考虑，由类提供。例如，许多 Foundation 类提供了类方法，其返回一个类实例。使用[NSArray array]远比[[[NSArray alloc] init] autorelease]方便得多。

另一种方法类型是实例方法。实例方法是一种只对类实例（比如对象）有效的方法。实例方法以减号前缀标识。CoinToss 类中定义的-flip 就是个实例方法。

4.2.9 实现

一个类由两部分组成：接口部分和实现部分。接口定义类的外观——其属性和方法。实现则是在运行时要执行的代码。在 Objective-C 中，实现文件采用.m 文件扩展名。为什么是.m 呢？根据 Objective-C 创始人 Brad Cox 在 StackOverflow 线程上的说法：“用 m 的原因是因为.o 和.c 都已经占用了，就这么简单！”[1]另有一些人认为“.m”表示“消息”（messages）或者“方法”（methods）。不管怎样理解，Objective-C 类的实现代码是位于.m 文件中的。

我们来看 CoinTosser 类的实现代码。如程序清单 4.4 所示。确保打开 CoinTosser.m 文件，然后将下列代码添加到你的 CoinTosser 类中。

程序清单 4.4 CoinTosser 类的实现代码

```
#import "CoinTosser.h"

@implementation CoinTosser

@synthesize headsCount = _headsCount;
@synthesize tailsCount = _tailsCount;
@synthesize lastResult = _lastResult;

- (id)init
{
   self = [super init];
```

[1] stackoverflow.com/questions/652186/why-do-objective-c-files-use-the-m-extension/652266#652266.

```
    if (self) {
       [self setLastResult:@""];
    }

    return self;
}

- (void)flip
{
    int randomValue = (arc4random()%10) + 1;     // Returns an int between 1 and 10.
    if (randomValue % 2) {
       [self setLastResult:@"Heads"];
       [self setHeadsCount:[self headsCount] + 1];
    } else {
       [self setLastResult:@"Tails"];
       [self setTailsCount:[self tailsCount] + 1];
    }

}

@end
```

类的实现代码以@implementation 编译器指令打头。@implementation 部分在随后的第一个@end 编译器指令处结束。实现就是类完成某种行为的代码。在实现的各方法中，有的定义为类接口的一部分，有的方法并非由接口定义。非接口定义的方法是私有方法，只能在类内部使用。

4.2.10 合成

实现中的第一块代码通常就是对每个声明属性的@synthesize 语句。@synthesize 负责告诉编译器，它需要为声明属性提供访问方法。@synthesize 编译器引导符后面是要合成的属性名。例如，@synthesize headsCount 将为声明属性 headsCount 生成要求的访问方法。

默认情况下，合成的属性会使用与属性同名的实例变量。这意味着@synthesize headsCount 语句会隐式声明一个名为 headsCount 的实例变量。可以通过设置合成的属性名等于另外一个名字，来改变此实例变量的名字。例如：

```
@synthesize headsCount = _headsCount;
```

此行代码合成声明属性 headsCount。它为属性生成访问方法，并隐式声明了实例变量 _headsCount。下划线只是个命名习惯。实例变量还可以叫作 headsCount_，甚至 bob。

为何要把实例变量命名为与属性名不同的名字呢？最有力的一个理由就是为了避免与方法声明中用到的参数名冲突。如果某方法的参数名与实例变量名相同，编译器就会产生警告，指出局部变量掩盖了此实例变量。

举个真实世界的例子，考虑一个包含表格视图的视图控制器。表格视图的声明属性名为 tableView。在实现代码中，合成了 tableView 属性，而实例变量没有改名，仍保持为 tableView。为表格视图委托对象声明了委派方法，每个方法都有个叫 tableView 的参数。这样一来，就会在类实现代码中掩盖掉实例变量 tableView 的存在，编译器将会产生警告消息。

你也许对这个例子还不甚了解，但在随后你花些时间编写首个 iPad 应用程序时就会明白的。现在只需知道，对声明属性改为与实例变量不同的名字，才是好的做法，这就够了。

4.2.11 init

@synthesize 语句后面就是名为-init 的方法。该方法定义于 NSObject 类中，所以在 CoinTosser 接口中你看不到它。-init 方法在创建对象时调用。在 Objective-C 中，通常会看到下面的代码形式：

```
MyClass *myObject = [[MyClass alloc] init];
```

+alloc 方法是个类方法，负责分配一个新对象作为类实例。-init 实例方法在初始化对象时调用。-init 方法通常位于初始化对象代码的地方。例如，CoinTosser 的-init 方法就把 lastResult 属性设置为零长度的字符串。

CoinTosser 类的-init 方法引用 self 变量。self 变量是个特殊的变量，用于引用类的当前实例。它是在类的方法中使用，以访问类所定义的属性和方法。[self setLastResult:@""] 代码行意思是说要为此类实例调用-setLastResult:方法，后者是声明属性 lastResult 的 setter 方法。

注意：其他面向对象的编程语言使用 self、this 或 me 来引用类的当前实例。

4.2.12 super

在程序清单 4.4 中，-init 方法的第一行代码是 self = [super init]。关键词 super 指示代码从父类中调用此方法。我们经常会在重载父类中的方法时使用 super。这能够确保父类的行为作为重载的一部分实现代码而执行。

4.2.13 flip

CoinTosser 实现中定义的最后一个方法是-flip。这个方法是个实例方法，意味着它只能被 CoinTosser 类的实例调用。-flip 方法使用前面此应用程序 C 语言版本的同样算法。然而，区别在于，翻转的结果不再通过 NSLog 函数报告。相反，声明属性 lastResult 要么设置成 Heads，要么是 Tails，且正反面的计数会不断递增。

这段代码起初看起来会有些怪异。你可能想知道某些行中方括号的内容是怎么回事，还有@开头的那些字符串是何意。这里看到的是 Objective-C 代码。实际上，你在观察-flip 方法的实现代码时，看到的是 C 语言和 Objective-C 混合的代码。int randomValue = (arc4random()%10) + 1、if (randomValue % 2)都是 C 语言的语句。这些语句用方括号括住后，就成了 Objective-C 语句。

识别 Objective-C 语句的一个快速办法就是查看方括号，尽管这并不总是灵验，后面我们会看到的。

字符串常量@"Heads"、@"Tails"都是 Objective-C 用到的 Unicode 字符串。“@”告知编译器，该字符串是 Objective-C 的格式。一个 Objective-C 字符串其实是一种定义到 Objective-C 字符串对象的指针的简略语法。倘若没有“@”，编译器就会假定该字符串是 C 语言的，后者通常不会在 Objective-C 里面使用。C 语言的字符串是指向 char 数据类型的指针，而并非指向一个对象。

我们再看看-flip 方法中 Objective-C 代码的片段。代码如下：

```
[self setLastResult:@"Heads"];
[self setHeadsCount:[self headsCount] + 1];
```

这里做了什么呢？代码的第一行当然是 Objective-C 代码——通过方括号告诉你和编译器了。

self 是本对象，还是 setLastResult:消息的接收者。是消息，不是方法吗？是的，确实是消息。

Objective-C 运行环境是个动态环境，它是和 Smalltalk 类似的基于消息的环境。所以看似代码在调用 setLastResult:方法，其实它是在向 self 对象发送消息。self 是接收方，它接收到的消息是 setLastResult:。消息随即映射至-setLastResult:方法，后者在定义对象的类中实现。因为当代码像在调用-setLastResult:方法时，在 Objective-C 内部则是有消息被发送给接收的 self 对象。所有这些都是在运行时发生的。

为什么这个很重要呢？它重要是因为它意味着方法（或消息）不要求在编译时就确定，而可以在运行时才决定。

4.2.14 选择器

方法是类内部某些功能的实现。在运行时，消息被发送给接收者（对象），以调用某个方法。这里的消息称为选择器。选择器是 Objective-C 中的另一种数据类型。SEL 类型用来定义一个选择器。代码方面，可以通过使用@selector 编译器引导符来创建对选择器的引用。例如：

```
SEL selector = @selector(flip);
```

此行代码将 flip 消息的选择器赋值给 selector 变量。选择器随后就可以通过调用-performSelector:来调用。-performSelector:是 NSObject 提供的实例方法。这意味着你编写的 Objective-C 代码能够在运行时决定要调用哪个选择器（或方法）。第 16 章会给出这样的一个例子。

使用选择器不仅能动态地调用方法，还可以用其决定对象是否实现特定的方法。这里的意思是，可以在运行时轮询对象，确定其是否支持某个特定的方法。倘若支持这个方法，就调用它；否则执行另一种操作。这样的示例从本书第 15 章开始比比皆是。

我们还是回到先前的代码片段中：

```
[self setLastResult:@"Heads"];
[self setHeadsCount:[self headsCount] + 1];
```

因此 self 是接收消息的对象。self 也被看成是接收者，消息为选择器。在第一行代码里，消息是 setLastResult:。这个消息对应 self 类中定义的方法。self 是 CoinTosser 类的实例，所以消息对应于 CoinTosser 类中定义的-setLastResult:方法。但这个方法并未在类中定义，为什么呢？

-setLastResult:方法是对声明属性 lastResult 的 setter 方法。lastResult 的@synthesize 语句在编译时生成-setLastResult:方法，这在类的实现中并未显式地声明。

后面代码同样也是这个道理。headsCount 是一个属性，它是合成的使对象中的 setter 方法 setHeadsCount:可用。但代码的第二行中包含了语句[self headsCount]。这是对声明属性的 getter 方法。所以这里看到的两行 Objective-C 代码是在使用属性访问方法访问声明属性。

现在，可以通过每个属性的实例变量来直接访问属性值。代码看起来是这样：

```
lastResult_ = @"Heads";
headsCount_ = headsCount_ + 1;
```

然而问题在于，你永远不要直接访问实例变量（除了极少数场合外）。访问实例变量不是好的面向对象编程做法。声明的属性不只封装对实例变量的访问，它还管理实例变量所涉及的内存。

在 lastResult 例子中，直接设置实例变量 lastResult_会导致内存泄漏。实际上，lastResult_ = @"Heads"就能引发内存泄漏。此实例变量也许已经指向另一个 NSString 对象。直接设置实例变量将会绕过声明属性所提供的内存管理机制，使另一个 NSString 对象陷入孤立，使之一直驻留于内存，直到应用程序退出时才会释放。在内存中泄漏一个 NSString 对象并不会让应用程序崩溃，但若泄漏几百个、上千个就可能会，从而惹恼你的用户。

所以一个常识性的规矩就是不要直接访问实例变量。总是使用访问方法来读取和设置属性值。

但你会说："不错，我会只用访问方法。但有没有办法来简化代码，不使用方括号呢？" 哎呀！是的，确实有办法，然而……

4.2.15 点语法

Objective-C 支持点语法。点语法是编写访问属性代码的快捷方式。下面是使用点语法的代码片段，其与上面那段代码的功能一样：

```
self.lastResult = @"Heads";
self.headsCount = self.headsCount + 1;
```

代码每一行仍然用到对象（或接收器）和方法（或消息、选择器）。但省略了方括号，使代码更容易读懂。

尽管点语法简化了代码，它在 Objective-C 中的使用还是引发了关于分类严谨性方面的争论。有的 Objective-C 开发者喜欢到处使用点语法，而另一些开发者却抵触它的使用。两组人马都有很好的论据支持他们的说辞。可以在 Google 上搜索词语 "Objective-C use dot syntax or not" 来查看双方的论据。

本书不使用或偶尔使用点语法。然而，本书的大多数代码都使用消息风格的格式，而非点语法。为什么呢？对于很多 Objective-C 初学者而言，消息风格的使用更容易上手。

4.3 CoinTosser 类的用法

我们还是回到 CoinToss 应用程序。已经创建了 CoinTosser 类，并将其添加到项目中。倘若还未做到这一点，就回到前面的类与实现章节，将程序清单中的代码复制到你的源文件中。

现在打开 main.m 文件，将其更新成如程序清单 4.5 所示的样子。

程序清单 4.5　更新后的 main.m 文件

```
#import <Foundation/Foundation.h>
#import "CoinTosser.h"                                         // 1

int main (int argc, const char * argv[])
{

  @autoreleasepool {

    CoinTosser *tosser = [[CoinTosser alloc] init];            // 2
    for (int index = 0; index < 10; index++ ) {                // 3
      [tosser flip];                                           // 4
      NSLog(@"%@", [tosser lastResult]);                       // 5
    }
    NSLog(@"Tally: heads %i tails %i", [tosser headsCount],
        [tosser tailsCount]);                                  // 6
```

```
    }
    return 0;
}
```

我们讨论对代码做了哪些修改：

1．第一个修改是加入了`#import "CoinTosser.h"`头文件。main.m 中的代码用到了`CoinTosser`类，所以其头文件必须导入。

2．创建了一个名为`tosser`的局部变量。这是个指向`CoinTosser`类实例的指针。`+alloc`类方法在创建对象时调用，而`-init`实例方法则在初始化此对象时调用。

3．创建了一个执行 10 次循环的`for`循环。`for`循环是标准的 C 代码。

4．调用了`-flip`实例方法。在幕后，Objective-C 发送`flip`消息给接收对象`tosser`，后者于是调用`-flip`方法。但为了简洁起见，就说调用了`-flip`方法。

5．调用`NSLog`函数。它将所声明的`lastResult`当前字符串值发送到输出窗口。

6．在`for`循环结束后，又调用了`NSLog`以显示掷硬币得到正反面的总次数。

修改了 main.m 文件后，再运行应用程序（按⌘+R 键），就能看到有多少次硬币得到正面，多少次得到反面。

4.4 内存管理

iOS 编程对初学者是个难点的地方就是内存管理。iOS 平台是为移动设备设计的，内存受限。苹果公司没有提供 iPad 上可用 RAM 的信息，但人们确信第一代 iPad 只有 256MB，而 iPad 2 上有 512MB 内存。比起初始有 2GB 的 MacBook Air（最多可加至 4GB），或者初始有 4GB 的 MacBook Pro（最多可加至 8GB），按今天的标准衡量，iPad 的内存并不算大。

iOS 平台为这些内存少的移动设备做了精心的调整。也就是说，为了得到高的性能和长的电池寿命，需要对一些技术进行折中。其中一个折中就是省去垃圾回收操作，垃圾回收在许多现代程序员看来是天经地义的。没有了垃圾回收，你作为程序员就要负责对自己的应用程序进行内存管理。但确切来说这意味着什么呢？

你每分配一个对象，就要负责以后释放它。倘若你没有释放此对象，它就会泄漏。这意味着此对象一直处于分配状态，没有办法释放它。内存泄漏是当今 iOS 应用程序最常见的错误之一，它导致设备可用的内存减少，最终导致应用程序崩溃。没有人喜欢老是死机的程序。

内存泄漏源于马虎的编程，程序员不遵从“占用—释放”的模式。当你分配（或复制）一个对象时，你拥有此对象的所有权，就如同说是“你对这个对象保持所有权”。作为该对象的所有者，在不用它时你就得释放（即清除）它。假如不释放此对象，它就会待在内存里，直到应用程序退出为止，因此要保持后释放。倘若占用了某个对象，就必须释放它。不要说“如果”、“并且”或“但是”。

垃圾回收使程序员免于考虑内存管理之虞。垃圾回收监视对象和内存的使用，它在发现对象不再需要时自动释放之。然而，iOS 并不支持垃圾回收。Mac 台式机支持垃圾回收，何况它比 iOS 设备有更多的 RAM。但这里你要学的不是 Mac 编程，而要学 iOS 编程。你必须得接受 iOS 上没有垃圾回收功能的事实。

但别害怕，你是很快就会熟练的 iOS 程序员，因为苹果公司的工程师已经找到办法，来减轻你内存管理的负担，在没有垃圾回收功能的同时，仍能确保 iOS 成为一个精心调整的移动式 OS。

自动引用计数

自动引用计数（Automatic Reference Counting，ARC）是一个编译器级的功能，其用来简化对象的内存管理。它如同垃圾回收，但对移动设备更适用。

Objective-C 中的对象是要进行引用计数的。每占用某对象一次，对象的引用计数值就会增加。当释放某个对象时，对象的引用计数值就会减少。当引用计数值达到 0 时，对象都会释放。这会释放对象用到的内存，将其返还给操作系统，从而分配给别的用途。

通过自动引用计数。代码在编译时就分析，在编译得到的二进制文件中就注入了适当的对象生命周期管理办法。这意味着你无须释放对象，它是自动完成的。在有自动引用计数功能之前，必须显式地对所占用的对象调用释放方法。这样做已经不再必要。事实上，调用释放方法也不可能了。在使用自动引用计数功能时，尝试调用释放方法将会导致编译器错误。

对于 iPad 编程的初学者而言，自动引用计数意味着什么呢？这意味着你不必太担心对象的生命周期问题（如内存管理）。在需要时分配对象，而它会自动释放。这意味着你会少写点代码，让代码更容易读懂，导致内存泄漏的可能性更小。

自动引用计数还对声明属性引入了两个新的属性特性：`weak` 和 `strong`。这两个关键词控制属性的内存管理方面。`strong` 关键词用于代替 `retain` 关键词。`strong` 属性是在声明"所有权"，这样对象会在其不再引用时释放。

`weak` 属性不延长对象的生命周期。换句话说，它并不假定所有权，所以有可能对象已经释放，却还有属性引用它。然而，`weak` 属性在对象释放后会自动设置为 nil。这对 iOS 程序员是个巨大的福音。在自动引用计数之前，对象释放后，对已释放对象的引用仍然指向该对象的内存地址。倘若你试图调用已释放的对象，就会导致应用程序崩溃。

有了自动引用计数后，当 `weak` 属性指向的对象释放时，引用自动设置为 nil。且在 Objective-C 中，发送消息给一个 nil 对象不会做任何事。这意味着应用程序不会崩溃。它虽然不会让应用程序发挥适当的功能，但至少避免了崩溃的危险。

当创建新的项目时，其中有个项目选项就是 Use Automatic Reference Counting（使用自动引用计数）。通常情况下，应总是打开这个特性。

注意：自动引用计数功能适用于 iOS 4 及以上版本。

4.5 小结

正如本章开篇所述，本章就是让你对 Objective-C 有个走马观花式的认识。目标在于让你有足够的知识，能进行本书后面的学习。继续阅读下去，你会学到更多知识，但 Objective-C 相关的东西比这里提及的要多得多。

倘若你想更深入地学习 Objective-C，或者对 Objective-C 还没有得心应手，就去阅读本章开头部分列出的其中一部书籍，或者读读苹果公司出版的《Objective-C Programming Language[㊀]》、《Object-Oriented Programming with Objective-C[㊁]》，这些文档在 developer.apple.com 和 iBookstore 上有免费的在线版。

㊀ developer.apple.com/library/prerelease/ios/#documentation/Cocoa/Conceptual/ObjectiveC/Introduction/introObjectiveC.html.

㊁ developer.apple.com/library/prerelease/ios/#documentation/Cocoa/Conceptual/OOP_ObjC/Introduction/Introduction.html.

第 5 章 Cocoa 入门

Objective-C 是编写 iOS 应用程序推荐的编程语言。然而，如果没有稳固、精心设计的应用程序框架 Cocoa 的支持，使用 Objective-C 编写 iOS 应用程序的能力就会很受限。正是 Objective-C 与 Cocoa 的配合，我们才能方便地编写 iOS 应用程序。

Cocoa 是一个应用程序框架，它的大部分代码是用 Objective-C 写的，它使我们能够为 iOS 快速编写健壮、功能齐全的应用程序。Cocoa 提供框架、库和几乎任何能想象得到的 API。没有 Cocoa，就不会有今天 App Store 中的成百上千个 iOS 应用程序。

本章介绍 Cocoa 栈，及它的两个关键框架：Foundation 和 UIKit，还有 Cocoa 中的一般设计模式。这些框架和模式对于 iOS 编程是基本的，要求你有一定的了解才能进行本章之后的学习。

本章分为 4 节。首先，介绍 Cocoa 的架构栈。其次，介绍 Foundation 框架中许多最常使用的类。UIKit 这个框架则负责提供创建与管理应用程序的用户界面的对象，其会在 Foundation 框架后讲述。最后，探讨 Cocoa 中的一般设计模式，并分析本书提供的示例代码。

我们先谈论 Cocoa 栈。

5.1 Cocoa 栈

Cocoa 是 iOS 下的应用程序环境。其框架、库和 API 集合为创建精彩的 iOS 应用程序提供组成模块。Cocoa 栈覆盖面的广度和丰富程度令人拍案叫绝。

Cocoa 面向 iOS 应用程序的架构栈由 4 个关键层组成，如图 5-1 所示。

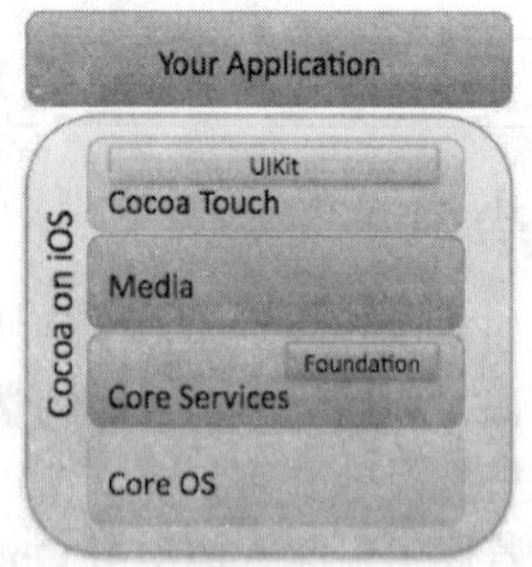

图 5-1 Cocoa 的 iOS 架构栈。注意两个关键的框架：UIKit 和 Foundation

- Cocoa Touch 层：支持 iOS 应用程序。它包括诸如 UIKit、GameKit、iAd 及 Map Kit 之类的框架。
- Media 层：为 Cocoa Touch 层提供图形和多媒体支持，它依赖于 Core Services 层。该层包括 Core Animation、Core Audio、AVFoundation、Core Graphics、OpenGL ES 和 Core Text 等框架。
- Core Services 层：顾名思义，Core Services 层提供诸如字符串管理、集合类、网络、URL 工具及偏好等核心服务。它还提供基本硬件的服务框架，比如 iPhone 4 上的 GPS、指南针、加速计及陀螺仪。同时它还提供数据持久化的服务和框架。在 Core Services 层可找到的关键框架包括 Core Data、Foundation、Core Foundation、Core Location 以及 System Configuration 等。

- Core OS 层：Cocoa 的基础是 Core OS。这一层将 Cocoa 的其余部分从实际操作系统中抽象出来。它提供了内核、文件系统、网络基础设施、安全、电源管理和设备驱动程序等。

Cocoa 还可用于 Mac OS X 上，对于构建 Mac 应用程序来说，它是占统治地位的应用程序环境。Cocoa 为 iOS 提供的绝大多数（但非全部）框架都可以在 Mac OS X 上找到，当然除了 Cocoa Touch 之外。这表明我们在为 iOS 和 Mac OS X 开发应用程序时，能够达到一定程度的代码重用。

阅读了本书，你将会对不同的 Cocoa 框架有切身体会。但你得在继续行进前了解两个关键的框架：Foundation 和 UIKit。用 Cocoa 做的大多数工作都以这两个框架为中心，依赖程度之深，使我们有必要对其做个简短的研究。

注意： 笔者在学习一个新的编程环境时，要做的首件事就是大致看看它有哪些特性。不必知道很细节的信息，只是想快速知道它有哪些特性，让笔者的头脑能够将新环境的相关特性联系至过去工作过的编程环境。这就是本章后续内容的目的：让我们对 Cocoa 的两个关键框架有大体的了解。

如果你是从第 1 章开始阅读的，那么你其实已经用过 Foundation 和 UIKit 了。那么这两个框架是什么呢？

Foundation 是 Objective-C 的一个类库，它提供：

- 一套有用的基本数据类。
- 小的工具类。
- Unicode 字符串支持。
- 对象持久化支持。

Foundation 还提供了 OS 独立层。正是这种 OS 的独立性，我们才能够在 iOS 和 Mac OS X 之间重用相同的代码。

UIKit 是一个用户界面的对象库，用于构造和管理应用程序的用户界面。与 Foundation 不同，UIKit 直接绑在 iOS 上。这意味着不能把 UIKit 相关的代码运用到 Mac OS X 应用程序中。

注意： Mac 使用一个类似的用户界面框架，名叫 AppKit。

我们先从 Foundation 开始，看看这两个框架中比较常用的一些类。

5.2 Foundation

顾名思义，Foundation 为 iOS 应用程序提供了许多基本数据类型类、工具类、Unicode 字符串支持和对象持久化支持。Foundation 的大部分工作只是迭代，其对 iOS 和 Mac OS X 都是可用的。所以使用 Foundation 编写的代码在两个平台的应用程序中都能派上用场。

本章不会涵盖 Foundation 的所有类，因为类太多了，无法顾及每个类。但我们会谈及最常遇到的那些类，尤其是本书中经常出现的类。

Foundation 与 Core Foundation 的比较

开发者普遍认为 Foundation 与 Core Foundation 是一回事，但其实这两种框架并不相同。Core Foundation 是在 Cocoa 栈更下一层的库，它提供了用 C 语言而非 Objective-C 实现的类型与接口。

另外，Foundation 则是基于 Core Foundation 上面的对象层，它为 Objective-C 对象提供 Foundation 类型和服务。

要想知道你是在使用 Foundation 类型还是 Core Foundation 类型，一个快速的办法就是查看类型的前缀。Foundation 类型有个 NS 前缀，而 Core Foundation 则为 CF 前缀。举个例子，NSString 存在于 Foundation 框架，而 CFString 位于 Core Foundation。对于其他类型（如 NSDate 与 CFDate、NSArray 与 CFArray、NSDictionary 与 CFDictionary，以及 NSNumber 与 CFNumber）也是同样道理。

许多 Core Foundation 类型在 Foundation 框架中有对应类型。这种类型间的密切关系意味着 Foundation 类型可以代替 Core Foundation。此为“无代价桥接”。

无代价桥接使得稍微转换就能互换使用这些类型成为可能。比如，Foundation 的 NSDate 无代价桥接于 Core Foundation 中的 CFDate。这表明在需要以 CFDate 实例为参数的 API 调用中，可以把 NSDate 类型当作参数。

5.2.1 数据类型

正如第 4 章所述，可以在应用程序中使用 C 语言的基本数据类型。然而，Foundation 也提供了一些基本数据类型的类集，以简化代码。

注意：有些 Foundation 类型是 Objective-C 类，另一些则是以 C 语言定义的结构类型。区分它们的唯一办法就是查看文档，或者查看类型定义的头文件。

有些 Foundation 类有两种风格：不变的和可变的。不变类型初始化后不能改变其值。在某种意义上，不变类型就是静态类型。可变类型则是其对立面，能够在对象的生命周期内反复改变其值。

为什么要有不变的类和可变的类呢？不变类由于不必担忧数据改动，往往更有效率。可变类则因为可变对象在整个生命周期内可以改变其值，数据管理比较灵活。一个常识性的规矩就是除非需要改变对象的值，否则应当尽可能地使用不变类型。

注意：可变类型在名字上就有可变（mutable）的字样，例如 NSMutableString、NSMutableArray 和 NSMutableDictionary。不变类型则不会有相应字样，例如 NSString、NSArray、NSDictionary 等。

NSData 与 NSMutableData

NSData 提供 1 字节缓冲区的对象接口。NSData 用于在内存中存储字节流。它包含检索字节数据或部分字节数据的方法、取字节缓冲区长度的方法，还有向文件中写入这些字节数据的方法。NSMutableData 则是 NSData 的可变类型版本。程序清单 5.1 是 NSData 对象的使用示例，而程序清单 5.17 是 NSMutableData 对象的使用示例。

程序清单 5.1 按 home.png 图片里的字节数据新建 NSData 实例

```
NSString *path = [[NSBundle mainBundle] pathForResource:@"home" ofType:@"png"];
NSData *data = [NSData dataWithContentsOfFile:path];
```

NSCalendar

NSCalendar 是一个表示某系统时间的对象，这个系统时间定义了起始日期、长度和一年的组成部分。NSCalendar 经常在通过 NSDate 进行日期运算时用到。可使用 currentCalendar 类方法来为用户返回逻辑日历。此日历是在系统选项（System Preferences）下的用户系统区域和定制设置创建的。可以通过调用 initWithCalendarIdentifier:方法，向其传递 NSLocale 日历的一个键作为参数，来指定日历（如程序清单 5.2 所示）。程序清单 5.3 给出了 NSCalendar 用法的示例代码。

程序清单 5.2　NSLocale 日历的键

```
NSString * const NSGregorianCalendar;
NSString * const NSBuddhistCalendar;
NSString * const NSChineseCalendar;
NSString * const NSHebrewCalendar;
NSString * const NSIslamicCalendar;
NSString * const NSIslamicCivilCalendar;
NSString * const NSJapaneseCalendar;
NSString * const NSRepublicOfChinaCalendar;
NSString * const NSPersianCalendar;
NSString * const NSIndianCalendar;
NSString * const NSISO8601Calendar;
```

NSDate

NSDate 是一个表示时刻的对象。它提供创建日期、比较日期、计算时间段及其他与日期相关功能的方法。NSDate 无代价桥接于 CFDate。程序清单 5.3 是使用 CFDate 的示例代码。

NSDateComponents

NSDateComponents 用来从日期和时间的各部分（年、月、日、时、分、秒）创建日期对象。还可以用 NSDateComponents 获取日期和时间的某部分。参见程序清单 5.3 给出的 NSDateComponents 的示例代码。

程序清单 5.3　根据笔者儿子 Rowan 的出生日期来计算其年龄的示例代码

```
NSCalendar *calendar = [NSCalendar currentCalendar];
NSDate *now = [NSDate date];

NSDateComponents *components = [[NSDateComponents alloc] init];
[components setDay:29];
[components setMonth:3];
[components setYear:2008];
[components setCalendar:calendar];      // New as of iOS 4.0
NSDate *birthdate = [components date]; // New as of iOS 4.0

// Alternative approach used prior to iOS 4.0
// and still perfectly valid today.
//NSDate *birthdate = [calendar dateFromComponents:components];

// Flag determining which components of the date we want.
NSUInteger unitFlags = NSYearCalendarUnit|NSMonthCalendarUnit|NSDayCalendarUnit;
```

```
NSDateComponents *age = [calendar components:unitFlags
                                    fromDate:birthdate
                                      toDate:now
                                     options:0];

NSLog(@"Rowan is %i years %i months %i days old.",
    [age year], [age month], [age day]);
```

NSDecimalNumber

NSDecimalNumber 是一个对来源于 NSNumber 的十进制数的对象包装器。根据苹果公司的开发文档，凡能够用"尾数乘以 10 的指数次方"表示的数（其中尾数是最多 38 位长的十进制整数；指数范围为–128~127），都可以用 NSDecimalNumber 表示。程序清单 5.4 提供了使用 NSDecimalNumber 的一个例子。

注意：NSDecimalNumber 不是个容易上手的对象，但 Marcus Zarra 对为何要用它做了非常精彩的论述。特别是在处理货币问题时，更是非它莫属。可以读读他的博客，不要懒于使用 NSDecimalNumber[⊖]。

程序清单 5.4 使用 NSDecimalNumber 的进位示例

```
NSDecimalNumber *number = [NSDecimalNumber decimalNumberWithMantissa:1445
                                                             exponent:-3
                                                           isNegative:NO];

NSDecimalNumberHandler *behavior =
    [NSDecimalNumberHandler decimalNumberHandlerWithRoundingMode:NSRoundPlain
                                                           scale:2
                                                raiseOnExactness:NO
                                                 raiseOnOverflow:NO
                                                raiseOnUnderflow:NO
                                             raiseOnDivideByZero:NO];

NSDecimalNumber *result =
    [number decimalNumberByRoundingAccordingToBehavior:behavior];

NSLog(@"%@ rounds to %@", number, result);
```

NSInteger 和 NSUInteger

NSInteger 是一个描述整数的 C 语言类型定义（typedef）。NSInteger 在 32 位应用程序中是 32 位的整数；而在 64 位应用程序中是 64 位的整数。NSUInteger 是无符号的 NSInteger。使用这些整数类型的例子参见程序清单 5.5。

程序清单 5.5 初始化 NSInteger 和 NSUInteger 的示例

```
NSInteger x = 5;
NSInteger y = -20;
NSUInteger z = 12;
```

⊖ www.cimgf.com/2008/04/23/cocoa-tutorial-dont-be-lazy-with-nsdecimalnumber-like-me/.

注意： NSInteger 和 NSUInteger 是与 C 语言标量类型对应的架构安全数据类型。在 iOS 和 Mac OS X 之间共享代码时这一点会很有用。然而，有时还需要使用 C 语言标量类型。例如，使用 NSInteger 可能导致不必要的内存浪费。4 位整数只用到 8 位整数的一半内存。倘若你的应用程序在内存中存放几百万个短整型数据，则使用 C 语言标量类型会更有意义。然而，平心而论，使用 Foundation 类型对于大多数应用程序，即那些将在内存中一次存放许多相对较小且生命周期较短的值（即函数局部变量）的应用程序而言，还是很好用的。

NSNumber

NSNumber 是代表 C 语言标量（数字）类型的不变对象。它提供了获取和设置有符号、无符号 C 语言标量类型的方法。这些标量类型包括 char、short int、int、long int、long long int、float、double 和 bool 类型数据。NSNumber 还包含一个 compare:方法，用来比较两个 NSNumber 实例的大小。程序清单 5.6 给出了 NSNumber 的用法示例。

程序清单 5.6　使用 NSNumber 初始化数据并读取它的示例

```
NSNumber *number;
number = [NSNumber numberWithFloat:1.5];
float aFloat = [number floatValue];
number = [NSNumber numberWithBool:YES];
BOOL aBool = [number boolValue];
```

NSNull

NSNull 是在一个集合对象（如 NSArray、NSDictionary）中用来表示 NULL 的单独对象，在这些地方不允许使用 nil。在 NSArray 中使用 NSNull 对象的示例参见程序清单 5.7。

程序清单 5.7　使用 NSNull 对象向数组添加 NULL 占位符对象的示例

```
// [NSNull null] places a null object in the array.
// nil ends the array.
NSArray *items = [NSArray arrayWithObjects:
            @"one", @"two", [NSNull null], @"four", nil];
NSLog(@"items = %@", items);
```

NSObject

NSObject 是大多数 Objective-C 类的根类。所有创建的类，只要不是从对象层次树根上的已有类中派生，都应源于 NSObject。程序清单 5.8 给出了 NSObject 类子类的例子。

程序清单 5.8　从 NSObject 类派生一个类的示例

```
@interface MyClass : NSObject
{

}

@end
```

NSString 与 NSMutableString

NSString 是一个文本字符串的对象表示形式。它提供了字符串操作的方法，包括获取字符串长度、取特定位置的字符，以及字符串比较等。

文本字符串以 Unicode 字符数组保存。Unicode 字符串用双引号括起来，并添加@前缀。对比而言，C 语言的字符串则只需用双引号括起来就可表示，无须前缀。倘若想把 NSString 设为 C 语言的字符串表示形式，就会接收到编译错误。程序清单 5.9 给出了一个示例，用字符串常量形式创建新的 NSString 实例。

程序清单 5.9 用字符串常量形式创建新的 NSString 实例

```
// Create a new NSString instance with a string literal.
NSString *aString = @"This is a string literal";
```

初始化字符串值后还需要更新它时，就应当使用 NSMutableString，如程序清单 5.10 所示。

程序清单 5.10 为 NSMutableString 对象附加新字符串的简单示例

```
NSMutableString *string = [[NSMutableString alloc] init];
for (int i=0; i < 10; i++) {
   [string appendFormat:@"Item %i\n", i];
}
NSLog(@"%@", string);
```

5.2.2 集合类

NSArray 和 NSMutableArray

NSArray 管理一个对象的有序集合。NSArray 创建一个静态数组，而 NSMutableArray 则创建的是动态数组。添加到数组中的对象会接收到保留消息。而移除对象时，只有 NSMutableArray 才能做到这一点，对象会接收到释放消息。释放数组时，数组中的所有对象都会接收到释放消息。NSArray 的用法示例参见程序清单 5.11。

程序清单 5.11 NSArray 和 NSMutableArray 的用法示例

```
NSArray *staticArray = [NSArray arrayWithObjects:
                        @"one", @"two", @"three", @"four", nil];
NSLog(@"%@", staticArray);

NSMutableArray *dynamicArray = [[NSMutableArray alloc] init];
[dynamicArray addObject:@"one"];
[dynamicArray addObject:@"two"];
[dynamicArray addObject:@"three"];
[dynamicArray addObject:@"four"];
NSLog(@"%@", dynamicArray);
[dynamicArray release];
```

NSDictionary 和 NSMutableDictionary

NSDictionary 管理一个通过“键-值”关联起来的静态对象集合；NSMutableDictionary 则管理这样的动态对象集合。键用于标识对象，而值就是对象。正如 NSArray、NSMutableArray 一样，添加到词典中的对象会接收到保留消息。从词典中去除的对象会接收到释放消息。词典被释放时，词典中的所有对象都会接收到释放消息。词典的用法示例参见程序清单 5.12。

程序清单 5.12 NSDictionary 和 NSMutableDictionary 示例

```
NSDictionary *dict = [NSDictionary dictionaryWithObjectsAndKeys:
```

```
                    @"John Doe", @"name",
                    @"Seattle", @"city",
                    @"WA", @"state",
                    nil];
NSMutableDictionary *mutableDict =
   [NSMutableDictionary dictionaryWithDictionary:dict];
[mutableDict setObject:@"555-1212" forKey:@"phone"];
[mutableDict setObject:@"john.doe@domain.com" forKey:@"email"];
```

NSSet、NSMutableSet 和 NSCountedSet

NSSet、NSMutableSet 和 NSCountedSet 都用于管理一个无序的对象集合。在对象顺序无关紧要时，或者需要检查集合中有无对象时，可以使用它代替数组。

注意： 检查对象是否存在于一个数组中还不如检查集合快。所以倘若顺序不关紧，而需要确定对象是否已存在于某个集合中时，就使用 NSSet、NSMutableSet 和 NSCountedSet 中的一个。

NSSet 创建不同对象的静态集。在集合初始化后就不能再添加或去除对象。但可以修改静态集所包含的对象。换句话说，可以修改 NSSet 中对象的属性，但不能从静态集中删除对对象的引用。

NSMutableSet 创建不同对象的动态集。在集合初始化后可以添加或移除对象。

NSCountedSet 创建模糊对象的可变集。NSSet、NSMutableSet 对对象最多只能有一个引用，而 NSCountedSet 则可包含对同一对象的任意次数引用。NSCountedSet 跟踪对象添加至集合或从集合中移除的次数。要彻底从 NSCountedSet 中删除对象，对象的删除与添加次数必须一样多。使用各种集合的例子参见程序清单 5.13。

注意： 可以将 NSCountedSet 看成一个“口袋”。

程序清单 5.13　NSSet、NSMutableSet 和 NSCountedSet 的用法示例

```
NSString *peter = @"Peter";
NSString *mary = @"Mary";
NSString *paul = @"Paul";

NSSet *set = [NSSet setWithObjects:paul, mary, nil];
NSLog(@"%@", set);

NSMutableSet *mutableSet = [NSMutableSet setWithSet:set];
[mutableSet addObject:peter];
NSLog(@"%@", mutableSet);

NSCountedSet *countedSet = [NSCountedSet setWithObjects:
                            peter, paul, mary, peter, nil];
NSLog(@"%@", countedSet);
```

5.2.3　工具类与函数

NSLog

NSLog 向苹果系统日志（Apple System Log）机制发送消息。消息可以在控制台中看到。当调用 NSLog 时，首先传递格式字符串，后面跟着数目不定的参数以作为输出消息显示出来。表 5-1 列出了格式字符串所支持的一些常用格式说明符。完整列表可参看开发文档中的文章“String

Format Specifiers"[⊖]。

表 5-1 常用的字符串格式说明符

说明符	描述
%@	Objective-C 对象，显示 descriptionWithLocale:方法（如果有的话）或 description 方法返回的字符串
%%	"%" 字符
%d，%D，%i	有符号整数
%u，%U	无符号整数
%f	浮点数
%s	以 NULL 结束的字符数组（每个字符 8 位，C 语言字符串）
%S	以 NULL 结束的 Unicode 字符数组（每个字符 16 位）
%p	以十六进制格式显示的地址指针

NSBundle

应用程序用到包含有代码和资源的文件系统时，可用 NSBundle 对象表示文件系统位置。在 iOS 中，NSBundle 用来查找应用程序所包含的资源，比如图片、plist 清单文件的路径。使用 NSBundle 对象的示例参见程序清单 5.14。

程序清单 5.14 使用 NSBundle 来读取应用程序图标文件路径的示例

```
NSString *path = [[NSBundle mainBundle] pathForResource:@"icon" ofType:@"png"];
```

注意：一个"应用程序包"可以是下列三种类型之一：应用程序、框架或插件。然而在 iOS 下，只能创建应用程序类型的包。iOS 的第三方开发者不能创建框架或插件类型的包。

NSFileManager

NSFileManager 是一个类包装器，其完成平常的文件系统操作，例如复制、移动文件至其他路径、判断文件是否存在、设立新的目录等。

注意：NSFileManager 提供了调用类方法 defaultManager 的单独引用。然而，建议你使用 [[NSFileManager alloc] init]而不是单独的对象，以确保线程安全性。

NSDateFormatter

NSDateFormatter 创建 NSDate 的字符串表示，可以将日期的字符串表示转换为 NSDate。你可以指定日期和时间格式，或者使用预定义的日期和时间格式。最好使用一种风格，因为它会依据用户在系统选项中做出的日期和时间本地化设置。

NSNumberFormatter

NSNumberFormatter 用于将一个由字符串表示的数字转换为 NSNumber，或者将 NSNumber 转换为字符串。

NSPredicate

NSPredicate 用来创建查找和过滤数据的逻辑条件。在使用类似 SQL 语法的格式字符串时会创建判断对象。判断对象和 Core Data 一样，可用于对获取的数据进行查找和过滤操作。判断对

⊖ developer.apple.com/library/ios/#documentation/Cocoa/Conceptual/Strings/Articles/formatSpecifiers.html.

象还能在内存中进行查找和过滤操作。NSPredicate 的用法示例参见程序清单 5.15。

程序清单 5.15　使用 NSPredicate 过滤一个名字数组的示例

```
NSArray *names = [NSArray arrayWithObjects:@"Peter", @"Paul", @"Mary", nil];
NSPredicate *predicate =
  [NSPredicate predicateWithFormat:@"SELF BEGINSWITH[cd] 'P'"];
NSArray *namesBeginningWithP = [names filteredArrayUsingPredicate:predicate];
NSLog(@"%@", namesBeginningWithP);
```

NSRegularExpression

NSRegularExpression 是一个工具类，用于为字符串创建和应用正则表达式。

NSTimer

NSTimer 用来创建定时器对象。定时器对象等待直到某个时间段到期，然后对目标调用期望的操作。定时器并非实时机制。而定时器触发是由相关联的运行循环来判断时间段是否到期来做到的。定时器对于过段时间再完成某种行为的操作很适合，时间段不必很精确。例如，当你想每过段时间来更新显示时，定时器就会很有用。程序清单 5.16 给出了使用定时器的例子。

程序清单 5.16　设置一个定时器，让其每 5 秒触发一次的示例

```
NSTimer *timer = [NSTimer scheduledTimerWithTimeInterval:5.0
                                                  target:self
                                                selector:@selector(timerFired:)
                                                userInfo:nil
                                                 repeats:YES];
```

NSXMLParser

NSXMLParser 是一个对 XML 语言只能前向的、基于事件的 SAX 分析器。分析器在其遍历 XML 树时会通报代码。代码负责维护状态，为在分析 XML 时想跟踪的数据创建对象。应用程序通过实现 NSXMLParserDelegate 协议定义的方法来获取这些通知信息。

其他 XML 分析器

尽管 Cocoa 只提供了 NSXMLParser 这种 XML 分析器，但并非仅此一种分析器可用。有一些开源的替代方案可用来分析和生成 XML 代码。比较流行的分析器包括 libxml2、TouchXML 及 KissXML。

Ray Wenderlich 有一篇精彩的博客文章，讲述如何为 iOS 项目选取最好的 XML 分析器[⊖]。其博客文章内容包括对 iOS 开发者适用的最受欢迎的那几种 XML 分析器概述，并且有一个测试 XML 分析器性能的应用程序示例。倘若你准备在应用程序中用到 XML，则 Ray 的博客文章是必读的。

NSURLRequest

NSURLRequest 代表一个 URL 调入请求，其行为遵循某个协议或不依赖 URL 的方案。程序清单 5.17 给出了使用 NSURLRequest 的示例。

NSURLConnection

NSURLConnection 实现 NSURLRequest 实例定义的请求。参见程序清单 5.17 中的

⊖ www.raywenderlich.com/553/how-to-chose-the-best-xml-parser-for-your-iphone-project.

NSURLConnection 用法示例。

程序清单 5.17　使用 NSURLRequest、NSURLConnection 和 NSMutableData 从 Web 下载数据的示例

```
// ---- SimpleDownloader.h ----

@interface SimpleDownloader : NSObject

- (void)downloadWithURL:(NSURL *)url;

@end


// ---- SimpleDownloader.m ----

#import "SimpleDownloader.h"

@interface SimpleDownloader ()
@property (nonatomic, strong) NSMutableData *receivedData;
@end

@implementation SimpleDownloader

@synthesize receivedData = _receivedData;

- (id)init
{
  self = [super init];
  if (self) {
    [self setReceivedData:[[NSMutableData alloc] init]];
  }
  return self;
}

- (void)downloadWithURL:(NSURL *)url
{
  NSURLRequest *request = [[NSURLRequest alloc] initWithURL:url];
  NSURLConnection *connection = [[NSURLConnection alloc] initWithRequest:request
                                                                delegate:self
                                                        startImmediately:NO];
  [connection scheduleInRunLoop:[NSRunLoop currentRunLoop]
                        forMode:NSRunLoopCommonModes];
  [connection start];
}

- (void)connection:(NSURLConnection *)connection
didReceiveResponse:(NSURLResponse *)response
{
  [[self receivedData] setLength:0];
}

- (void)connection:(NSURLConnection *)connection didReceiveData:(NSData *)data
{
  [[self receivedData] appendData:data];
}
```

```
- (void)connectionDidFinishLoading:(NSURLConnection *)connection
{
  NSLog(@"%@", [self receivedData]);
}


@end
```

现在，我们已经了解了最常用的 Foundation 类，下面讲讲 Cocoa 栈中 UIKit 的话题，探究在构建真正有用的用户界面时，能够用到哪些东西。

5.3 UIKit

UIKit 为应用程序提供一套创建、管理用户界面的对象集。这些对象显示文本，接受用户的输入，显示数据清单，为用户提供选取列表，以及提供用户按动时完成某些行为的可触摸按键。虽然构建用户界面时并不要求用 UIKit，因为 App Store 有大量的应用程序、大部分游戏程序都使用的是其他框架，比如用 OpenGL ES 创建和管理用户界面，但对于 iOS 应用程序而言，采用 UIKit 创建用户界面是最常见的办法。

注意：与 Foundation 不同，UIKit 只在 iOS 上可用。这意味着不能对 Mac 应用程序运用 UIKit 相关代码。

5.3.1 UIApplication

`UIApplication` 是一个为运行在 iOS 之上的应用程序提供控件的单独对象。每个应用程序只有一个 `UIApplication` 或 `UIApplication` 子类的实例。可以通过调用类方法 `[UIApplication sharedApplication]` 来访问应用程序对象。

5.3.2 UIWindow

`UIWindow` 管理应用程序的窗口。窗口是视图层次结构的根视图。它负责向所包含的视图发送事件。iOS 应用程序通常只有一个窗口。然而拥有多个窗口也是理由充分的。例如，倘若你的应用程序支持输出视频信号到第二个显示器，则应用程序至少要有两个窗口：主窗口显示在设备上，而第二个窗口则显示在外部显示器或设备上。

5.3.3 UIScreen

`UIScreen` 对象包含了设备的整屏信息。该信息通常在配置应用程序的窗口内容时用到。

5.3.4 UIView

`UIView` 定义了屏幕的一个显示区域。它管理此区域的内容，负责绘制该视图包含的任何内容。

5.3.5 UIViewController

`UIViewController` 是 `UIView` 的控制器。该控制器协调模型与视图之间的交互过程。

5.3.6 UIWebView

`UIWebView` 是显示 HTML 内容的视图。它支持绘制 HTML 网页内容并执行 JavaScript。可以通过设置委派属性至遵守 UIWebViewDelegate 协议的对象，来在调入 Web 内容时跟踪、修改 UIWebView 的行为。

5.3.7　UILabel

UILabel 显示只读的文本。可以通过设置诸如字体类型、尺寸、颜色、对齐方式、阴影效果等属性，来控制此对象的视觉外观。UILabel 可以显示一行或多行的文本。

5.3.8　UITextField

UITextField 显示一行可编辑的文本（如图 5-2 所示）。可以设置其视觉外观的若干方面，诸如字体类型、尺寸和颜色等。UITextField 包含一个占位属性，当文本域内容为空时可以显示默认的文本。

对于应用程序需要捕捉来自用户少量文本输入的地方，UITextField 是再合适不过了。

Placeholder text

图 5-2　占位属性设为 Placeholder text 时的 UITextField

5.3.9　UITextView

UITextView 在一个可滚动的视图中显示多行可编辑的文本。通常使用 UITextView 显示大量的文本，或者允许用户输入、编辑多行文本。

注意： UITextView 没有占位属性。而 UITextField 有占位属性，用于向用户显示默认的文本，但此属性在文本视图中没有。默认的文本通常向用户提示怎样使用此 UITextField 对象，期望输入什么类型的内容，或者该域是何目的。UITextView 没有这样的属性真是一种遗憾。

为了解决这个问题，笔者编写了一个 UITextView 子类，可提供占位属性。你可以在笔者的博客网站上了解它，并下载其源代码㊀。

5.3.10　UIButton

UIButton 是显示按钮的基类（如图 5-3 所示）。在屏幕的某个区域使用 UIButton，以便在用户触摸此区域时告诉应用程序执行某个行为。UIButton 支持若干种触摸事件，但一般来说，你的应用程序应当响应 touchUpInside:事件。为什么呢？通常是告诉应用程序在用户点触该按钮区域、手指离开屏幕时执行某个动作。

UIButton

图 5-3　圆角的矩形按钮 UIButton

UIButton 在采用默认的圆角矩形时，还支持不同显示风格。可以将一幅图片作为按钮。可惜 UIButton 没有那种渐变风格的按钮。

如何制作渐变风格的按钮

许多 iOS 开发新手都很吃惊于 UIButton 没有渐变风格的按钮。之所以吃惊，是因为大多数苹果公司自己的应用程序都显示渐变的按钮，而且 iOS SDK 管理的许多视图，比如动作栏都显示的是渐变按钮。幸运的是，iOS 开发社区已经逐渐弥补了 iOS SDK 的这个空白。

显示渐变按钮的一个途径是将渐变图片作为按钮的背景。但怎样能让背景图片看上去像是 iOS

㊀ blog.whitepeaksoftware.com/2010/12/08/adding-placeholder-text-to-uitextview/.

或苹果公司的应用程序一部分呢？ButtonMaker 就是个办法。

ButtonMaker 是一个 iPhone 应用程序，它的设计是只能运行于模拟器。它提供了私有的 API，来为按钮创建真正漂亮的图片。ButtonMaker 是开源的软件，可以从 github 得到[㊀]。

另一个办法也是笔者倾向的办法，就是使用 Jeff LaMarche 创建的渐变按钮类。这个类使得不依赖于某个背景图片就能显示出渐变按钮效果。

Jeff 的渐变按钮类是开源的，并且使用 MIT License 下的许可证，这意味着你即便在商用应用程序中仍可以使用这些代码。原始源代码位于 Google Code project 中，在 github 上有改进版本[㊁]。

5.3.11 UITableView 与 UITableViewCell

UITableView 用来显示一个可滚动的数据列表（如图 5-4 所示）。表格视图只有一列，但可以定制表格视图的单元，使之显示为多列。表格视图的每行包含一个 UITableViewCell。UITableViewCell 定义了表格视图内的单元格外观。表格视图内的单元格支持若干种预定义的显示风格，也可以使用定制视图来定制单元格的外观。

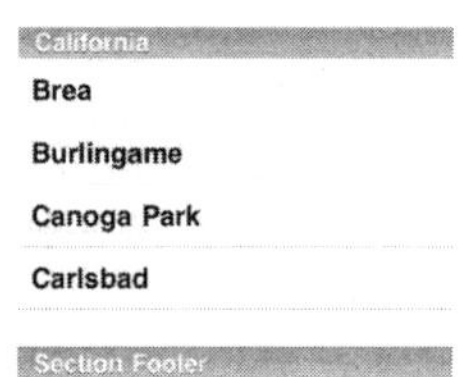

图 5-4 UITableView

5.3.12 UIScrollView

UIScrollView 提供可滚动的视图。可以使用可滚动视图显示多于屏幕显示区域的内容。用户使用滑动手势来滚动内容，还可用二指拨动手势来缩小和放大内容的显示。

图 5-5 指示共有 5 页内容，当前显示第 2 页的 UIPageControl

5.3.13 UIPageControl

UIPageControl 显示一排点（如图 5-5 所示）。每个点表示某种语境下的一页。这种页控件通常与 UIScrollView 一起使用，以指示可滚动内容的页数和当前页。

5.3.14 UIPickerView

UIPickerView 是一个提供选取值列表的基类（如图 5-6 所示）。列表使用纺车轮子或者老虎机风格的滚轴形象地显示一组值的清单。用户使用轻弹手势来将滚轴的值滚上或滚下。

图 5-6 UIPickerView

5.3.15 UIDatePicker

UIDatePicker 是一个专门的 UIPickerView 类，提供日期和时间值的选择列表（如图 5-7 所示）。该日期选取列表还用来显示倒计数定时器的时间段。

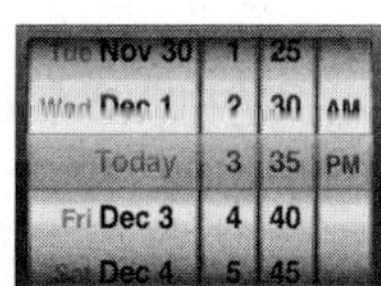

图 5-7 UIDatePicker

5.3.16 UISwitch

UISwitch 显示一个 On/Off 按钮（如图 5-8 所示）。

㊀ github.com/dermdaly/ButtonMaker.

㊁ code.google.com/p/iphonegradientbuttons/.

5.3.17 UISlider

UISlider 显示一个水平拉杆，表示可连续设置某个值（如图 5-9 所示）。水平拉杆上面有个指示器，即游标，来指示当前值。用户拖动游标向左向右来改变其值。

图 5-8 UISwitch

图 5-9 UISlider

5.3.18 UIMenuController 和 UIMenuItem

UIMenuController 是显示剪切、复制、粘贴、替换、选择、全部选择和删除命令（如图 5-10 所示）菜单的单独对象。你可以通过将 UIMenuItem 实例添加到 menuItems 属性，来添加自己的菜单项。

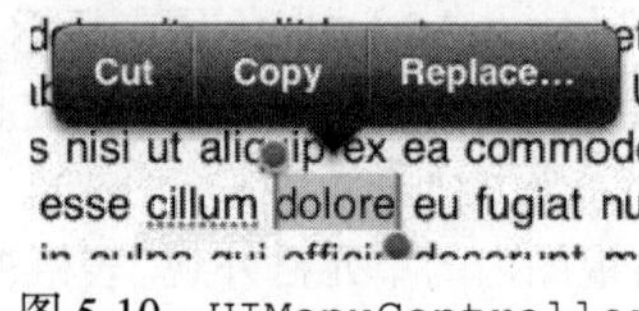

图 5-10 UIMenuController

5.3.19 UIImage

UIImage 是一个包装类，用来保存图片的字节数据。UIImage 能够支持的图片类型列表如表 5-2 所示。可以使用 UIImage 将图片从一种类型转换成另一种类型，尽管你大多数时候用它为 UIImageView 提供图片数据。

表 5-2 UIImage 支持的图片格式

图 片 格 式	文件扩展名
带标记的图片文件格式（TIFF）	.tiff, .tif
联合图像专家组（JPEG）	.jpg, .jpeg
图片交换格式（GIF）	.gif
便携式网络图片（PNG）	.png
Windows 位图格式（DIB）	.bmp, .BMPf
Windows 图标格式	.ico
Windows 鼠标光标	.cur
XWindow 位图	.xbm

5.3.20 UIImageView

UIImageView 提供显示单张图片的容器视图（如图 5-11 所示），或者显示一组动画的图片。

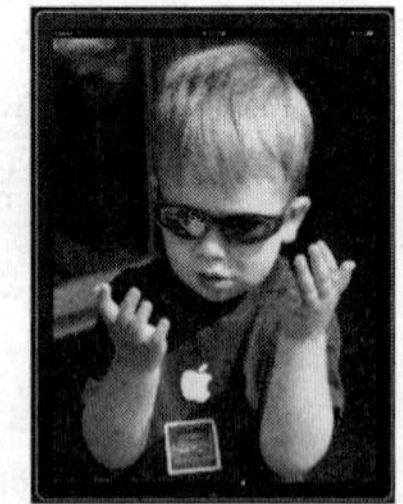

图 5-11 显示 UIImage 对象的 UIImageView

5.3.21 UINavigationBar

UINavigationBar 是一个在层次数据间切换的导航条。这种导航条通常显示在屏幕的顶部，有在层次数据间向上、向下的按钮。导航条主要有三个属性：左部供向后（上）导航数据的按钮、显示在导航条中央的标题及右部一个可选的按钮。还可以为这些属性使用专门的视图，来得到定制的外观。

图 5-12 用 UINavigationController 创建的 UINavigationBar

注意：你将经常用到 UINavigationController，用它创建和管理 UINavigationBar，而不是你自己创建和管理导航条。

5.3.22 UINavigationController

UINavigationController 是一个专门的视图控制器，用于管理层次数据的导航。它创建和管理一个 UINavigationBar，并使用导航栈管理多个视图控制器。导航栈的底部条目是根视图控制器，而栈顶条目则是当前显示的视图控制器。通常将视图控制器压栈，从而向栈中添加新的视图控制器。对某视图控制器压栈将使其视图被显示，因为它是位于栈顶的视图控制器。当你从栈中弹出一个视图控制器时，原先最上面的视图控制器被删除，而代之以目前最上面的视图控制器被显示。可以用程序控制从栈中弹出视图控制器，也可以在用户触摸导航栏的向左（回退）按钮时，让 UINavigationController 替你完成这样的操作

5.3.23 UIToolbar

UIToolbar 显示一个工具条的按钮（如图 5-13 所示）。通常工具栏显示在 iPhone 应用程序屏幕的底部，及 iPad 应用程序屏幕的顶部。工具条中显示的每个按钮就是一个 UIBarButtonItem 对象。

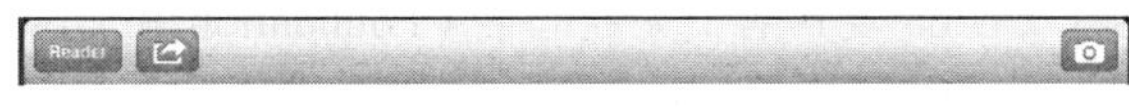

图 5-13 UIToolbar

5.3.24 UITabBar

UITabBar 显示一组按钮，用来在应用程序特定区域导航（如图 5-14 所示）。这些按钮工作时作为单选按钮，总有一个按钮处于选中状态。UITabBar 可以在屏幕上一次只显示若干有限个按钮。倘若对页签条配置了太多按钮，它们就无法同时显示到屏幕上，屏幕最后一个按钮就会是 More 按钮。

图 5-14 UITabBar

More 按钮将显示所有可用按钮的列表。用户可以在列表中选取某个按钮，以导航至应用程序特定的区域。用户还可以在 More 屏幕中决定页签条该显示哪些按钮。

5.3.25 UIBarButtonItem

UIBarButtonItem 是一个显示于 UINavigationBar 和 UIToolbar 上的特殊按钮。这个导航条或工具条上的按钮有一个风格属性，用于控制其外观。简单风格是该按钮在被触及时变成发光的样子；边框风格让其看起来是圆角矩形的样子；“已做”风格则给按钮以高亮的背景颜色。通常使用“已做”风格指示导航条或工具条上的按钮将要完成某些行为，例如保存数据，然后返回至先前的视图中。还可以对额外显示的控件以定制视图显示。

iOS SDK 为通用用途提供了一组系统条按钮条目。这样的按钮包括：已做（Done）、取消（Cancel）、编辑（Edit）、保存（Save）、添加（Add）、回复（Reply）、动作（Action）、摄像头（Camera）、废物（Trash）、播放（Play）、暂停（Pause）、循环（Rewind）、快进（Fast Forward）。使用系统条按钮条目可以给应用程序以一贯的外观，用户对此也比较熟悉。

有两种特别的系统条按钮条目：可变空白间隔和固定空白间隔。可以使用这些不可见的按钮条目控制可见按钮条目的位置，以及它们之间的间隔。可变空白间隔的按钮条目可以填充两个按钮条目的空隙，或者用空白填充系统条的边界。固定空白间隔的按钮条目可以以固定的空间大小填充两个按钮条目的空隙，或者系统条的边界。

5.3.26 UISegmentedControl

UISegmentedControl 显示一组水平的段，每段如同一个按钮来操作（如图 5-15 所示）；而 UITabBar 在同一时刻仅有一段可选。UISegmentedControl 通常用于在屏幕中显示相关的信息。

图 5-15 UISegmentedControl

注意：UIToolbar、UITabBar 与 UISegmentedControl 相似，但彼此不同。各自的用途决定了这些控件的区别。使用 UIToolbar 来显示的一组按钮分别完成某个类型的动作。UITabBar 显示的按钮在被触摸后，将用户导航到应用程序新的屏幕或区域。UISegmentedControl 显示的一组按钮将屏幕上的内容归组，然而不像 UITabBar，UISegmentedControl 不会将用户导航到新的屏幕，而是在当前屏幕内显示新的组内容。

以上我们完成了 iOS 上 Cocoa 及其两个关键框架（Foundation 和 UIKit）的介绍。下面将介绍 Cocoa 中常见的设计模式。

5.4 Cocoa 中常见的设计模式

与其他的应用程序环境和编辑语言一样，Cocoa 中常见的设计模式已经成为构建应用程序事实上的标准。要把它们讲清楚需要一本书，但在 iOS 应用程序开发（及本书中的例程代码）中有两个常见的模式值得专门的关注：模型-视图-控制器（Model-View-Controller，MVC）模式和目标-动作（Target-Action）模式。

注意：要了解这两种设计模式以及其他 26 种 Cocoa 中常见模式，可以读读 Erik M. Buck 和 Donald A. Yacktman 写的《Cocoa Design Patterns》，该书由 Addison-Wesley 于 2009 年出版。

5.4.1 模型-视图-控制器模式

模型-视图-控制器（MVC）模式是 iOS 开发的中心。开发工具不仅鼓励使用此模式，而且也强化了此模式的使用。人们期望 Interface Builder 中创建的视图有视图控制器，而这种强化在使用故事板时更显而易见。但什么是 MVC 呢？

注意：故事板将在第 14 章中探讨。

要想理解 MVC，得先理解组成设计模式的各元件。

模型是一个表示应用程序用到的数据和状态的对象。模型对有关数据的请求予以响应，并对要改变对象所管理的状态（或数据）的请求做出响应。模型还定义了对象之间的业务规则和关系。

视图是模型的可见表示形式，它以可视化的模型数据提供与用户的交互。它是用户界面元素如文本域，或元素组合（如文本标识、文本域、选择框等），它们组成了面向用户显示的屏幕内容。

控制器作为视图和模型之间交互（请求与响应）的中间件。它接收来自视图的用户输入，发命令给模型对象来完成特定动作，或者基于用户的输入来改变状态。它还根据来自模型的响应来更新视图。

视图和模型之间的分离增加了代码的灵活性与可维护性。因此，不仅 Objective-C 中经常用到 MVC，其他编程框架包括 Ruby on Rails 及 Django 都将其作为常见的设计模式。

注意：要想学习一堂有趣的 MVC 课程，可以看看 James Dempsey 的视频，他在 WWDC 2003 上对 MVC 有生动的讲解，访问 www.youtube.com/watch?v=YYvOGPMLVDo 可看到视频。

5.4.2 目标-动作模式

目标-动作模式是一种在两个对象间建立动态关系的模式，例如，一个对象需要在某事件发生时向另一个对象发出消息。可以将目标-动作模式看做是对象的回调机制，即在事件发生时，一个对象对另一个对象（即目标）调用方法（即动作）。

注意：在苹果公司提供的“Cocoa Application Competencies for iOS”文档中有更多关于目标-动作模式知识，可访问 developer.apple.com/library/ios/#documentation/general/conceptual/Devpedia-CocoaApp/TargetAction.html。

目标-动作模式往往用在用户界面元素（如 `UIButton`）中，在这些地方目标和动作被指定给特定的事件，例如 Touch Up Inside 事件。可以在代码中设置对象的目标和动作，或者使用 Interface Builder 做到这一点。

5.5 小结

本章我们对 Cocoa 有了进一步的了解。它是 Objective-C 用到的应用程序框架，有了它我们能够快速创建杰出的 iOS 应用程序。还描述了 Cocoa 的两个关键框架——Foundation 和 UIKit 及其常用的类和对象。还概览了 Cocoa 反复用到的常见设计模式。

第 6 章 为 iPad 配置信息

在你准备交付下一个杀手级应用程序之前，你必须在 iPad 上检验它。使用 iPad 模拟器进行应用程序的测试和调试毕竟有局限。这正是一定要在实际设备上试验应用程序的重要原因。但在让应用程序运行于实际设备之前，你得先设置 iPad 为开发设备，这就是提供信息，即本章将要做的：出于开发目的为 iPad 提供信息。

所涉及的过程相当单调乏味。所幸你无须经常重复它们，一年顶多几次。而且苹果公司一直在改进提供信息的过程。如今使用 Xcode 给设备提供信息比起以前容易多了，想想 2008 年那段黑暗的日子吧。

6.1 关于 iOS 配置门户

iOS 配置门户（iOS Provisioning Portal）是一个网站，如图 6-1 所示。从其上面请求和下载许可证、注册设备 ID、创建应用程序 ID，以及创建和下载信息提供概述。该网站及其所有功能并不开放给所有人。如果你是下面的情况之一，才能访问这个入口网站：

- 以“iOS 开发活动”注册的收费成员。你可以以个人或公司名义注册。
- 如果公司已经注册为 iOS 开发活动的收费成员，则你可以作为该公司的团队成员注册。根据你的团队成员角色，你访问配置门户的权限将受到限制。对团队成员的个人不会收费，而且团队成员和收费成员可以访问同样的开发资源，因为所在公司作为会员已经缴纳了费用。

倘若你不是收费会员，或者一个公司的团队成员，就无法访问 iOS 配置门户。由于不能访问 iOS 配置门户，你也就无法对自己的设备提供信息。

注意：要了解加入 iOS 开发活动的情况，参见附录 A 的相关介绍。

---

iOS 开发活动的团队角色

当你作为收费会员加入 iOS 开发活动时，可以选择以个人或公司名义加入。这两者的主要区别在于公司会员可以包含团队成员，而个人会员不能包含。作为公司会员，你可以让其他开发人员加入你的团队，并给他们分配角色。角色包括下列几种：

- 团队经纪人（Team Agent）：团队经纪人是最早进入 iOS 开发活动的人。团队经纪人有访问 iOS 配置门户的全部权限。团队经纪人可以邀请别人作为团队管理员或者团队成员，还能够批准许可证请求、注册设备 ID、创建应用程序 ID、创建 Push Notification Service SSL 许可证、启用 In App Purchase、获取分销许可证、创建开发与分销信息提供概述。

- 团队管理员（Team Admin）：团队管理员可以邀请新的团队管理员或者团队成员加入团队。团队管理员还可以批准许可证请求、注册设备以及创建开发与分销信息提供概述。
- 团队成员（Team Member）：团队成员可以请求和下载开发许可证、下载开发信息提供概述。
- 不可访问（No Access）："不可访问"是一种赋予开发者的角色，阻止其访问 iOS 配置门户。这种角色在公司参加了苹果开发活动（即 iOS 开发活动和 Mac 开发活动）时用到。

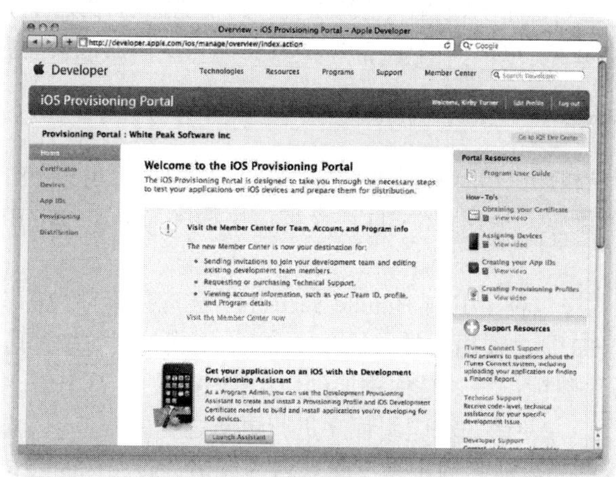

图 6-1　iOS 配置门户主页

6.2　提供信息的过程：概括说明

为新设备提供信息的过程本身并不困难，但首先需要完成一些步骤。你必须是 iOS 开发活动的收费会员，或者是作为收费会员的公司的团队成员。你必须请求开发许可证，并在开发用的机器上安装这个许可证；你必须注册你的机器 ID；你必须创建并安装开发信息提供概述。在为你的 iPad 提供信息，并在其上运行应用程序之前，所有这些步骤都必须完成。

注意：不用说，如果你想编写 iPad 应用程序，还得有一台 iPad。在学习 iPad 编程时可以没有 iPad，但你的测试会受到限制。对于任何要进行 iPad 正规编程的人，笔者的观点是要有一台物理的 iPad 设备。

幸运的是，你不必经常做这些步骤中的每一步，比如说请求与安装开发许可证，只需一年做一次。Xcode 会替你完成其他的步骤。但是，了解每个步骤在你遇到问题时还是很有用，而且在 iOS 开发的某些时候确实会遇到问题。这只是为移动设备编写应用程序所具有的特性。

注意：开发许可证有效期为一年。你必须在原有许可证过期时请求新的开发许可证。

你已经看到若干新术语，例如设备 ID、应用程序 ID、信息提供概述，但它们到底是什么意思呢？

6.2.1　设备 ID 是什么

设备 ID 也就是所谓的"设备唯一标识码"（Unique Device Identifier），即 UDID，是由 40 个字

符构成的字符串唯一标识。UDID 绑定于单独的设备，没有哪两个设备的 UDID 是一样的。设备 ID 被添加到一个信息提供概述中。这将限制以此信息提供概述所构建的应用程序只能在关联的设备上运行。

你在 iOS 配置门户网站注册设备。可以每年注册 100 台设备。你注册的设备仅供开发和测试之用。不要注册客户的设备，他们将从 App Store 下载、安装你的应用程序。

注册某设备后即便你再去除它，这个设备仍然算数。你注册了你的 iPad 后，将其从注册设备的清单中删除，它仍然算在你每年的设备限制数目内。倘若删除后你又把它加入进来，还算在每年的设备限制数目内。也就是说，删除一个设备并不减少你当年注册的设备数量。

6.2.2 什么是应用程序 ID

应用程序 ID 是在开发和提供信息阶段用于在一组应用程序之间共用 Keychain 数据，也用于文档共享、同步和 iCloud 的配置。应用程序 ID 还允许应用程序与 Push Notification 服务、外部硬件附件通信。

应用程序 ID 是应用程序包种子 ID（Bundle Seed ID）和应用程序包标识符（Bundle Identifier）的组合。应用程序包种子 ID 是个通用的唯一的 10 个数字组成的字符串。其值是由苹果公司在 iOS 配置门户中生成；应用程序包标识符则是你添加到应用程序包的字符串值。操作系统通过应用程序包标识符来标识应用程序，方便诸如对应用程序进行更新之类的服务识别这些应用程序。

对应用程序包标识符的一般命名约定是反向域名的风格。假如你的公司名是 Acme，应用程序名为“Awesome App”，那么你可以将应用程序包标识符定义为“com.acme.awesomeApp”。

应用程序 ID 的应用程序包标识符部分可以包含通配符（*）。倘若使用通配符，则其必须是应用程序包标识符的最后一个字符，比如“com.acme.*”。使用通配符后能够使应用程序 ID 及其关联的信息提供概述用到多个应用程序上。

注意： 应用程序 ID 的应用程序包标识符部分可以只有一个。换句话说，应用程序包标识符的值可以只是个星号。正如你很快要学到的，Xcode 的 Organizer 窗口所创建的通配应用程序 ID 就只有个星号。

通配符作为应用程序 ID 很方便，因为它可以用到多个应用程序中。Xcode 的 Organizer 窗口所创建的应用程序 ID 可被任何应用程序使用。这样的应用程序 ID 就像表 6-1 中的后两个例子。

表 6-1 应用程序 ID 的示例

应用程序 ID	说　明
ABCDE12345.com.acme.awesomeApp	标识 Acme 公司 Awesome App 应用程序的精确应用程序 ID
ABCDE12345.com.acme.*	标识 Acme 公司应用程序的通配应用程序 ID
ABCDE12345.*	标识所有应用程序的通配应用程序 ID

注意： 当在配置门户网站创建应用程序 ID 时，出于说明目的，你可为应用程序 ID 添加一段描述文字。Organizer 创建的应用程序 ID 有“Xcode: Wildcard AppID”的描述。

还能够创建精确的应用程序 ID。精确的应用程序 ID 将信息提供概述限制到一个应用程序中。某些苹果公司的服务如 Push Notification、In App Purchase 要求有精确的应用程序 ID。倘若你准备用到苹果公司的服务，就必须使用精确的应用程序 ID。

从通配符改变到精确的应用程序 ID

可以从通配符改变到精确的应用程序 ID。在有些时候需要这样做，比如决定为应用程序添加“游戏中心”支持，而这一应用程序已经发布了。改变应用程序ID时，一定不要改变应用程序info.plist中定义的 Bundle ID。应用程序所定义的 Bundle ID 用来为新的发布版本（即更新的应用程序）标识应用程序。修改它会打断应用程序的更新过程，而苹果公司在 Bundle ID 改变时会拒绝你的应用程序更新请求。

改变应用程序 ID 的 Bundle ID 后缀与改变应用程序中的 Bundle ID 并非一回事。正因为这个原因，你能够安全地从通配应用程序 ID 改变至精确的应用程序 ID。修改应用程序 ID 的 Bundle ID 并不会改变应用程序的实际 Bundle ID。

为了修改通配应用程序 ID，必须创建新的应用程序 ID。可以使用同样的 Bundle Seed ID，或者创建一个新的。对于 Bundle ID 后缀，输入的 Bundle ID 要和应用程序 info.plist 中定义的完全一致。

由于现在有了新的应用程序 ID，故应当创建新的信息提供概述，由它来使用这个新应用程序 ID。

注意：倘若现有的应用程序用到 Keychain，应当为新应用程序 ID 选择同样的 Bundle Seed ID。倘若使用不同的 Bundle Seed ID，应用程序就不能访问任何已有的 Keychain 数据。

6.2.3 什么是开发信息提供概述

开发信息提供概述将开发者、设备和应用程序 ID 绑定在一起，构成开发团队。信息提供概述使得开发者能够出于调试和测试目的，在某设备上安装和运行应用程序。为了做到这一点，开发信息提供概述必须安装于设备上。但一台设备可以包含多个开发信息提供概述。

注意：信息提供概述还有另一种类型：发布型信息提供概述。发布型信息提供概述用在特别的发布中——对出于测试应用程序而注册的设备发布，或者 App Store 发布。有关发布型信息提供概述的更多信息在第 26 章中介绍。

了解了这些步骤，现在就准备好你的开发计算机和设备吧。

我需要专门的开发设备吗？

iOS 开发新手常问的一个问题就是，是否需要一台专门的开发设备。对这个问题的回答完全取决于你自己。许多 iOS 开发者只有一台设备，但许多开发者拥有多台设备。

笔者在写本书时有 7 台设备：两个 iPad、三个 iPod touch（一台第一代，一台第二代，一台第四代）、一个 iPhone 3GS 及一台 iPhone 4 CDMA。笔者使用老的 iPod touch 在老的 iOS 版本上测试应用程序；使用第四代 iPod touch 测试最新版 iOS 下的应用程序，测试所显示的图片。笔者经常保持一台 iPad 有最新的 iOS 公开发布版本，而使用另一台 iPad 作为主要的开发设备，运行 iOS 的测试版本。使用 iPhone 3GS 来测试电话，后者会有异于 iPod touch 的表现，例如接收打进的电话和短信。

笔者写了若干个客户应用程序，而客户有不同的需求，这正是要有多台设备的原因，而且每几个月后设备数量还要增长，因为我要持续购买新的设备。对于一般的 iOS 开发者，需要这么多设备恐怕心里会打鼓。你可以只用一台设备来开发应用程序。但是，拥有多台专门设备会带来一些优势。

笔者发现经常要把设备复位于出厂设置状态，或者在最新的 iOS 测试版下检验应用程序。只有一台设备时，你仍然可以做到这一点，但意味着你得不停地修改你的设备。你昨晚买的游戏正玩到一半，在你复位设备时就得被删除，或者你心爱的应用程序在新 iOS 测试版下崩溃。倘若你只有一台开发设备，而你又是出于个人原因在使用这个设备时，这些事情会让你很受挫。

正因为如此，出于开发需要而拥有多台设备很有好处，这样能够节省你的时间。但要有多台设备会很花钱，尤其是iPad很昂贵。所以笔者通常都是购买二手设备来用于开发。Apple Refurbish Store是个以可接受价格购买二手设备的好地方。还可以问问家里人或朋友，他们是否想升级到新的硬件，而处理掉老设备。这也许是以免费或接近免费的方式积攒开发设备的良机。

6.3 设立开发用的机器

要做的第一件事就是设置你的 Mac 开发机器，进行编码签名。对你的应用程序编码签名有两个目的：它能确认应用程序的作者，确保应用程序在签署后没有改变过。iOS 要求每个应用程序在运行于设备前必须经过数字签名。编码签名的过程确实不那么令人愉悦，但它是必要的，以确保应用程序来源于可信的渠道。

要对应用程序编码签名，你必须有公用密钥和私有密钥，以及数字证书。当你的应用程序还处于开发阶段时，可以使用开发证书来编码签名此应用程序。这样能让你在自己的设备上运行并测试你的应用程序。在你准备好向其他设备部署应用程序时，不管通过 App Store 还是非正式发布，或者是企业发布，都要使用发布许可证来对应用程序编码签名。

注意： 第 26 章讲述发布应用程序的过程。因此本章就不再探讨发布许可证。请求和安装发布许可证的方法都会在第 26 章讲到。

6.3.1 请求开发许可证

为了准备对 Mac 开发机器进行编码签名，首先要请求一个开发许可证。为此，要生成许可证签名请求（Certificate Signing Request，CSR）。使用 Mac 的桌面应用程序 Keychain Access 来生成 CSR。在 Keychain Access 生成 CSR 时，它还会生成一对公用密钥和私有密钥，将此密钥对保存于所登录的 Keychain 中。密钥对将标识你为 iOS 开发者，并关联至开发许可证。

Keychain Access 应用程序可以在 Applications→Utilities 目录下找到。还可以使用 Spotlight 启动此应用程序。按下⌘键和空格键，然后在 Spotlight 栏中输入“Keychain”（没有引号）。Spotlight 将会替你找到 Keychain Access 应用程序。你这时只要按下 Enter 键，就可以启动此应用程序。

在 Keychain Access 中先从菜单中选择 Preferences 命令（或按下⌘+,键）。在如图 6-2 所示的窗口中单击 Certificates 选项卡，将 Online Certificate Status Protocol (OCSP)和 Certificate Revocation List (CRL)均设为 Off。

关闭 Preferences 窗口，然后在菜单栏中选择 Keychain Access→Certificate Assistant→Request a Certificate from a Certificate Authority 命令。这时你就准备好输入许可证信息了，如图 6-3 所示。请在 User Email Address 栏输入你的电子邮箱地址。这个邮箱地址必须和你作为开发者注册时留的邮箱地址一致。

在 Common Name 栏输入你的名字。名字必须和你作为开发者注册时留的名字一致。保持 CA Email Address 栏为空，并选中 Saved to disk 和 Let me specify key pair information 选项。

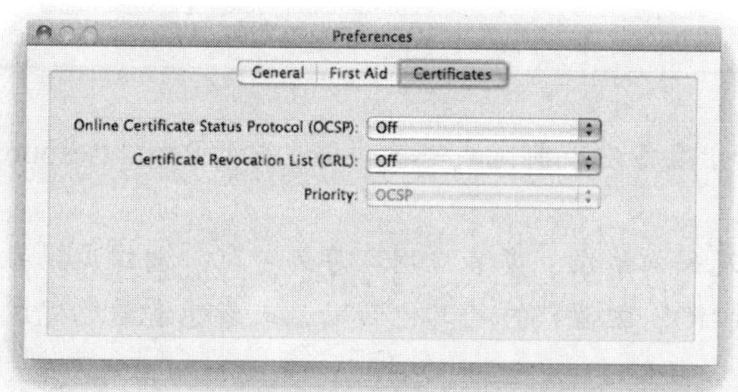

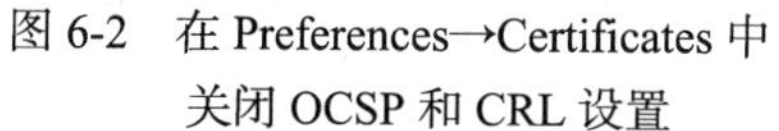
图 6-2　在 Preferences→Certificates 中关闭 OCSP 和 CRL 设置

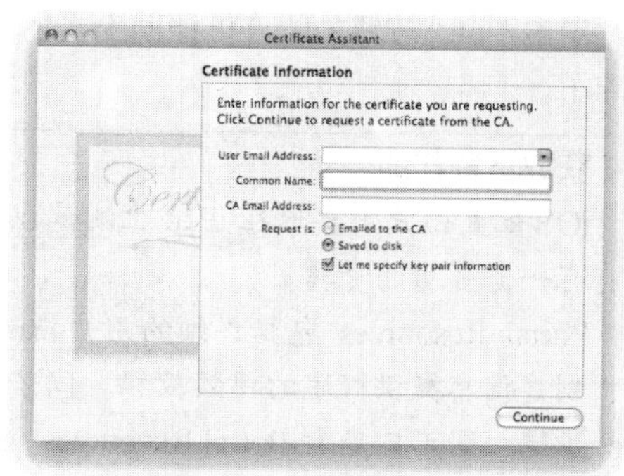

图 6-3　Keychain Access 中的 Certificate Assistant（许可证助手）窗口

完成上面操作后，单击 Continue 按钮。许可证助手会问你把 CSR 存到哪里。桌面是个存放各种材料的好地方，所以就把 CSR 保存到桌面吧。

确保在 Certificate Information 窗口中选中了 Let me specify key pair information 选项（如图 6-3 所示）。这会告诉许可证助手显示 Key Pair Information 窗口，如图 6-4 所示。在这里设置生成密钥对的选项，为 Key Size 选择 2048 bits，为 Algorithm 选择 RSA，然后单击 Continue 按钮。

注意： 如果不指定密钥为 2048 位长，算法为 RSA，你的许可证请求就会被拒绝。

许可证助手将会生成 CSR，并将其保存到你的桌面上。还会生成一对公用密钥和私有密钥，将此密钥对保存于 Keychain 账户中。密钥对可以在 Keychain Access 应用程序的 Keys 分类项中看到，如图 6-5 所示。

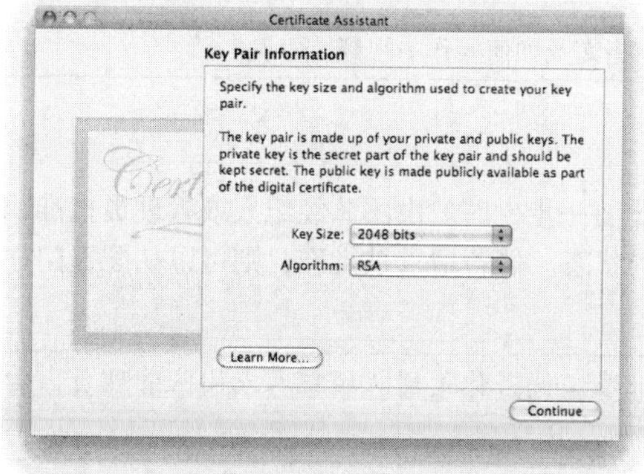

图 6-4　Key Pair Information 窗口

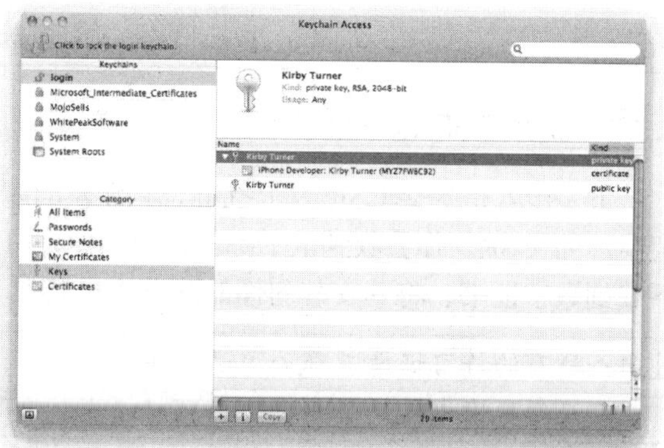

图 6-5　Keychain 账户中存放的公用密钥和私有密钥对

注意： 倘若你是在多台 Mac 上从事开发，需要将私有密钥复制到每台开发机器上。如果没有私有密钥的话，你无法签名应用程序，也不能在你的 iPad 上测试它们。使用 Keychain Access 将私有密钥导出，并在其他机器上导入这个私有密钥。

关于导出私有密钥的每一步说明，可访问 developer.apple.com/ios/manage/certificates/team/howto.action，滚动至网页的底部，阅读“Saving your Private Key and Transferring to other Systems”这一部分的内容。

单击 Done 按钮关闭许可证助手。生成的 CSR 就在桌面上。下一步该是发送这个 CSR，请求批准了。

获取更多帮助

iOS 配置门户需要你在 iPad 上测试应用程序，准备发布前完成一些步骤。关于 Portal Resources 目前有一套有用的资源。

Portal Resources 包括详细的用户指南，以及如何请求、安装应用程序许可证、创建应用程序 ID、创建信息提供概述的视频教程。倘若你需要 iOS 配置门户的其他帮助，或者想看看已完成了哪些步骤，则可以查看 Portal Resources。

Portal Resources 位于 iOS 配置门户网站的主页上，在页面右上角的地方可以看到有 Portal Resources 章节。

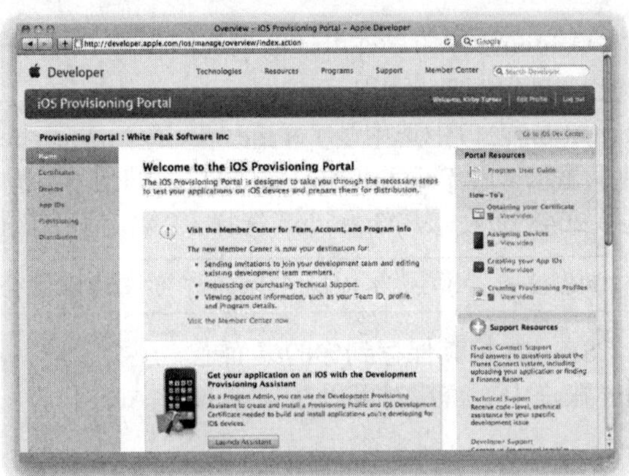

图 6-6 Portal Resources 包括用户指南及如何操作的视频

6.3.2 提交 CSR 以求批准

下一步就是提交 CSR 以求批准，它涉及的东西比前一步少些。由团队经纪人或管理员批准或拒绝你的 CSR。你会收到电子邮件，通知你许可证的状态。倘若请求被批准，则可以从配置门户下载到数字证书，将其安装到你的开发用机器上。

注意： 所有的许可证请求都必须通过 iOS 配置门户批准。倘若你是团队经纪人或团队管理员，你还得批准或拒绝你自己的许可证请求。

要提交 CSR，需要在 iOS 配置门户中登录。如果你不方便记住 iOS 配置门户的网址，则可以在 iOS 开发中心（iOS Dev Center）中登录（developer.apple.com/ios）。在 iOS 开发中心主页的右上角有一个章节名为“iOS Developer Program”，如图 6-7 所示。该部分包含有至 iOS 配置门户、iTunes 连接、苹果开发论坛及开发支持中心网站的链接。单击 iOS Provisioning Portal 链接以前往 iOS 配置门户网站。

在 iOS 配置门户网站的主页中，单击左边菜单栏的 Certificates 链接。然后单击 Development 选项卡，单击 Add Certificate 按钮。滚动页面找到 Choose file 按钮并单击之，选择你保存到桌面的

CSR 文件。单击 Submit 按钮来上传此 CSR。倘若你不能通过该网站来发送 CSR，则可以将此文件用电子邮件发到团队经纪人那里。

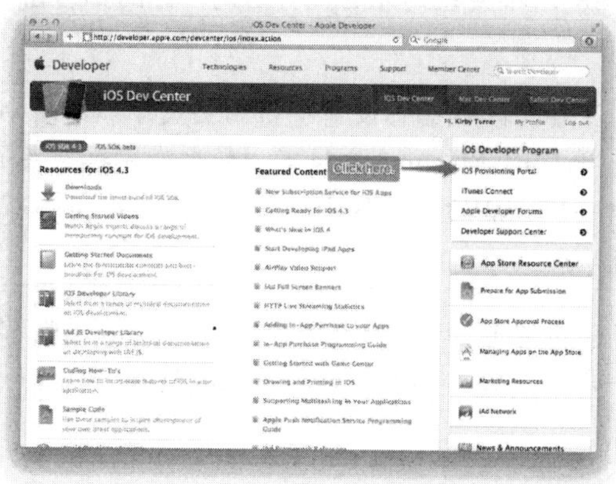

图 6-7 iOS 开发中心主页有至 iOS 配置门户的链接

6.3.3 下载并安装许可证

团队管理员会在你提交 CSR 后收到邮件通知，告诉他收到了 CSR。一旦管理员批准或拒绝了你的请求，你也会收到邮件通知，告知你许可证的状态。在 CSR 被批准后，你可以再次登录配置门户，选择 Certificates → Development 命令。你将看到你被批准的许可证列在最开头的位置。在 Action 列下单击 Download 按钮，将许可证保存到开发用的机器上。

注意：如果这是你首次配置开发用的机器，还需要下载并安装 WWDR 中间许可证。单击下载链接，将 AppleWWDRCA.cer 文件保存到开发用的机器上。使用搜索工具 Finder 找到所保存的 AppleWWDRCA.cer 文件，双击它启动 Keychain Access。这将把此许可证安装到你的机器上。

在开发用的机器上，使用搜索工具 Finder 找到所保存的.cer 文件，双击它启动 Keychain Access 安装许可证。将许可证保存到 Keychain 账户中。一旦安装，你就可以在 Keychain Access 中通过选取 Keychain 账户的 Certificates 类别项，来查看该许可证（如图 6-8 所示）。你的许可证名字会是 iPhone Developer: Your Name。

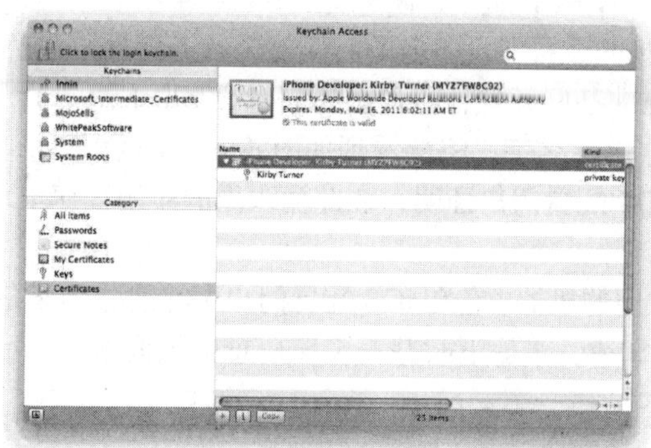

图 6-8 可以在 Certificates 类别项中查看你的许可证

仍然在 Keychain Access 中，单击 Keychain 账户的 Keys 类别项。在此你会看到通过许可证助手生成的公用密钥和私有密钥。单击三角符号，可以展开私有密钥。你会看到与私有密钥关联的许可证。苹果公司在你发出 CSR 时不会收到你的私有密钥。你的私有密钥仅对你自己有用，所以一定不要遗失它，这很重要。

注意： 确保你对密钥对进行了备份。倘若你没有备份而丢失了私有密钥，就必须重来一遍许可证的请求过程。笔者使用 Time Machine 来对笔者的主开发机器每小时进行一次备份。还使用 SuperDuper!每周进行一次彻底的系统备份。这会为我的公用—私有密钥对提供适当的备份。你可以采用类似的做法。

你的开发用机器现在已配置好了，可以为应用程序的构建进行编码签名了，但你还不能在 iPad 上运行应用程序。尚有若干步骤要做。接下来要配置你的设备。

6.4 配置设备

开发用的机器已配置好了，就该配置开发用的 iPad 了。需要做的是：

1．注册你的设备 ID。

2．创建应用程序 ID。

3．创建开发信息提供概述。

4．下载并安装此开发信息提供概述。

这些步骤可通过两条途径完成：使用 Xcode 的 Organizer 窗口，或者使用 iOS 配置门户。使用 Organizer 是配置开发用 iPad 的较简易办法。它自动为你完成相关的步骤，但这种办法还是有其局限性的。

Organizer 创建通配应用程序 ID。你也许还记得，倘若你想使用诸如 Game Center、In App Purchase 和 Push Notification 之类的苹果公司服务，是不能用通配应用程序 ID 的。也就是说，你还是应该让 Xcode 来做。虽然你可能不会在下一个 iPad 应用程序采纳通配应用程序 ID，但通配应用程序 ID 可用于构建、运行示例应用程序，还可以在 iPad 上检验一些构想和原型应用程序。

用于开发

使用 Xcode 配置开发用 iPad 是很容易的。将 iPad 连到开发用的计算机上，启动 Xcode 并打开 Organizer 窗口（执行 Windows→Organizer 命令或按 Shift+⌘+2 键）。Organizer 列出了已注册并连接的 iOS 设备清单。已连接的设备在设备名的右侧有个状态图标。白色图标表示设备尚未准备好开发；绿色图标表示设备已准备好开发；黄色图标表示设备正忙。

在设备清单中单击你的 iPad 名字，将会看到如图 6-9 所示的屏幕。单击 Use for Development 按钮，Xcode 会提示输入 iOS 配置门户证明，在此输入你的应用程序 ID，还有你用于 iOS 开发账户的密码。

Xcode 会自动配置开发用的机器。它在 iOS 配置门户中注册你的设备，必要的话会创建通配应用程序 ID 和开发信息提供概述，最后下载并安装该信息提供概述。

注意： 图 6-9 显示的是一个新的 iPod touch。配置指令不管设备类型如何，都是相同的。笔者选择使用 iPod touch 来截屏，是因为当时笔者的开发用 iPad 正在用着。

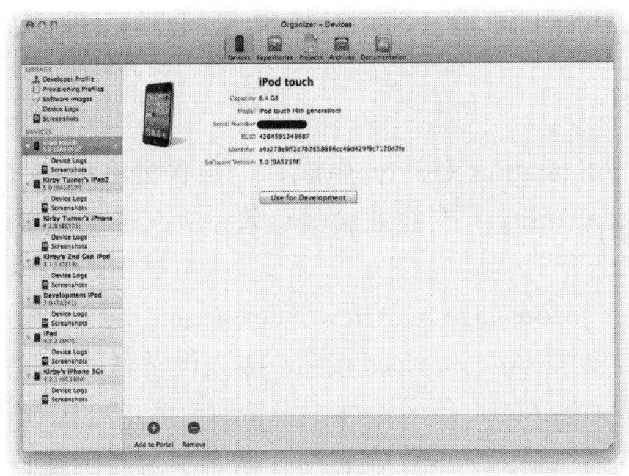

图 6-9 有新苹果设备连接至计算机时的 Organizer 窗口

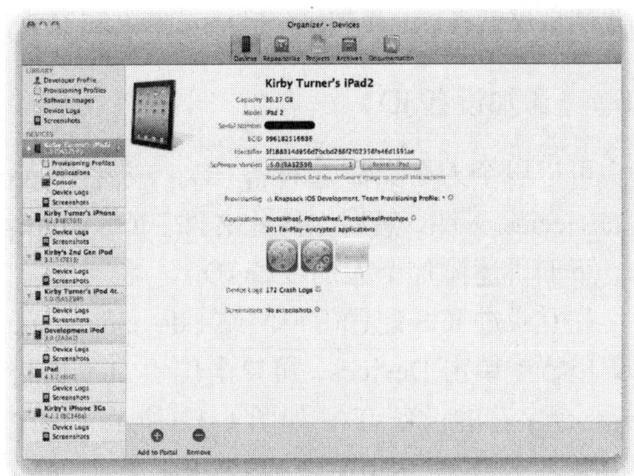

图 6-10 有一个苹果设备已准备好用于开发的 Organizer 窗口

这个过程会有几分钟。当在进行中时，状态图标会是黄色的。不要在运行此过程期间断开 iPad 与计算机的连接。该过程完成后，状态图标会变成绿色的，你会看到如图 6-10 所示的屏幕。

至此，已经准备好在你的 iPad 上构建并运行 iOS 应用程序。为了检验所有东西已正确配置，在 Xcode 中创建一个新项目。可以选择任意的 iOS 应用程序模板，哪个都无关紧要。确保选择了 iPad 作为活动方案的设备（如图 6-11 所示）。构建并运行此项目（⌘+R 键）。倘若开发机器和 iPad 都已正确配置，就会看到示例应用程序在你的 iPad 上运行起来。

注意： 登录进 iOS 配置门户网站，来查看应用程序 ID 与 Xcode 所创建的开发信息提供概述。应用程序 ID 有“Xcode: Wildcard AppID”的说明，而开发信息提供概述的名字为“Team Provisioning Profile: *”。该配置的状态还将显示“Managed by Xcode”。

正如你刚了解到的，使用 Xcode 是配置新设备的最容易办法。但如果出问题会怎样呢？如果你打算使用苹果公司诸如 iCloud、Game Center 或 In App Purchase 等要求有精确应用程序 ID 的服务，怎么办呢？这时就需要使用 iOS 配置门户手动完成这些步骤了。

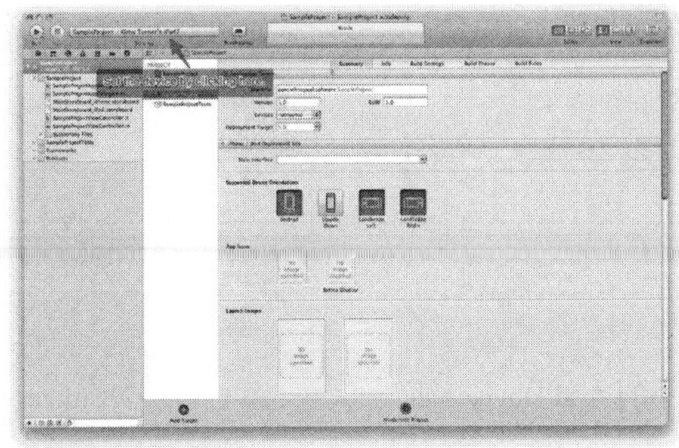

图 6-11 使用方案弹出菜单来设置应用程序运行的目标设备

6.5 使用 iOS 配置门户

我们已经知道，iOS 配置门户可用来请求和下载开发许可证、注册设备、创建应用程序 ID，以及下载信息提供概述。我们已经完成了请求和下载开发许可证的步骤，下面将讲解配置门户的其他方面。

6.5.1 添加设备 ID

可以以个人名义添加设备 ID，或者用 iOS Configuration Utility 生成一个包含批量设备 ID 的.deviceids 文件，然后上传此文件。iOS Configuration Utility 只对企业会员有效，所以这里不再探讨。下面讲述添加个人的设备 ID。

先登录进 iOS 配置门户网站（developer.apple.com/ios/manage/overview/index.action），然后在左侧菜单栏中单击 Devices，再单击位于 Devices 网页右侧的 Add Devices 按钮。输入设备名，后面跟着 40 个字符的设备 ID，如图 6-12 所示（起个有说明意义的设备名，加上设备所有者的姓名及设备类型，比如说“Kirby Turner’s iPad2.”）。单击加号按钮输入另一个设备项。输入了全部设备后，单击 Submit 按钮。这就做完了：设备 ID 已经注册上了。

注意：只有团队经纪人和团队管理员可以注册设备 ID。团队成员必须将设备 ID 发给经纪人或管理员，才能进行注册。

可以编辑已注册设备的名字，但不能修改设备 ID。倘若某个设备 ID 不再有效，比如你不再拥有此设备，则可以单击设备名字旁边的复选框，然后单击已注册设备清单下面的 Remove Selected 按钮，将其从清单中去除。

如何为设备找到 UDID

如果你知道到哪里寻找的话，为设备找到 UDID 并不是难事。有不同的办法来寻找设备的这个 ID。对开发者最容易的办法就是使用 Xcode 的 Organizer 窗口。打开 Organizer 窗口（按 Shift+⌘+2 键），选择设备，就会在 Identifier 域中显示其设备 ID，如图 6-13 所示。

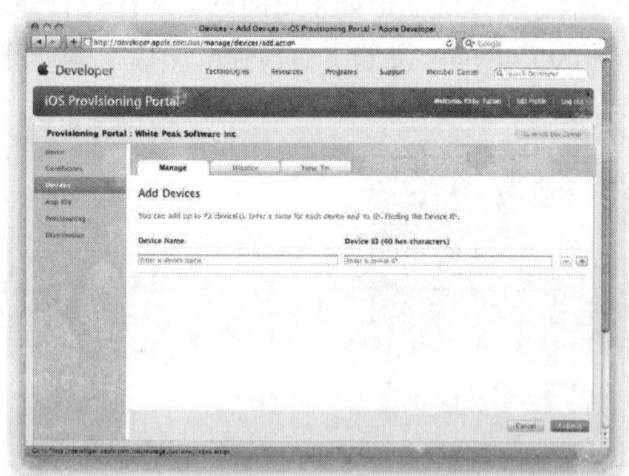

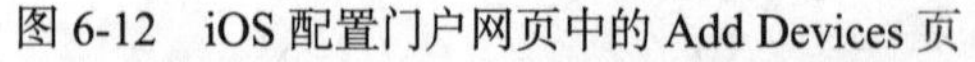

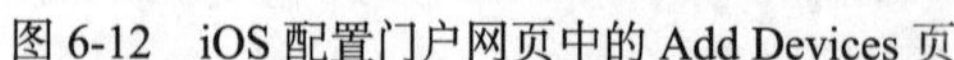
图 6-12 iOS 配置门户网页中的 Add Devices 页

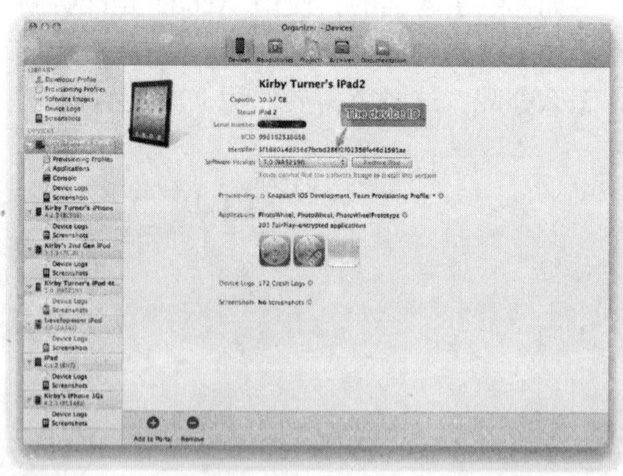

图 6-13 Organizer 窗口中显示的设备信息

另一个找寻 ID 的办法，尽管有些隐晦，就是使用 iTunes。将设备连接到计算机，然后运行 iTunes。在 iTunes 中选择某设备，以查看此设备信息屏幕，如图 6-14 所示。单击序列号所在位置，就会在此处显示 UDID 而替代序列号。显示 UDID 时，只要按⌘+C 键就可以将其复制至剪贴板上。再单击这个栏目又会切换到序列号显示。

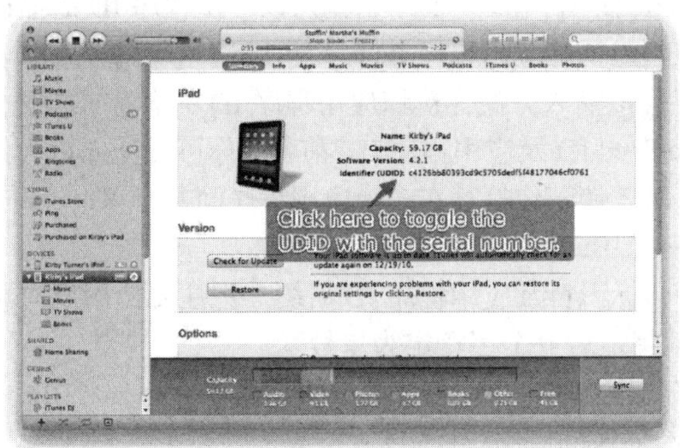

图 6-14 iTunes 中显示的设备信息

注意：还可以单击软件版本位置来查看构建编号。

获取 UDID 的另一个常见办法，就是使用 App Store 中众多免费 UDID 应用程序中的某个。这些应用程序不仅只是获取 UDID，还提供选项来复制 UDID 到剪贴板，将设备 ID 发送到你指定的收件人那里。对于非开发人员，使用 UDID 应用程序是让他们发送其设备 ID 的最简单办法。

要想从 App Store 下载 UDID 应用程序，可以搜索"UDID"，在结果中选取你最感兴趣的那个应用程序。

6.5.2 添加应用程序 ID

添加一个应用程序 ID 几乎和注册设备 ID 同样容易。和先前一样，先登录 iOS 配置门户，单击左边菜单栏的 App IDs 菜单项，再单击位于页面右侧的 New App ID 按钮，如图 6-15 所示。之后将显示 Create 应用程序 ID 页面。

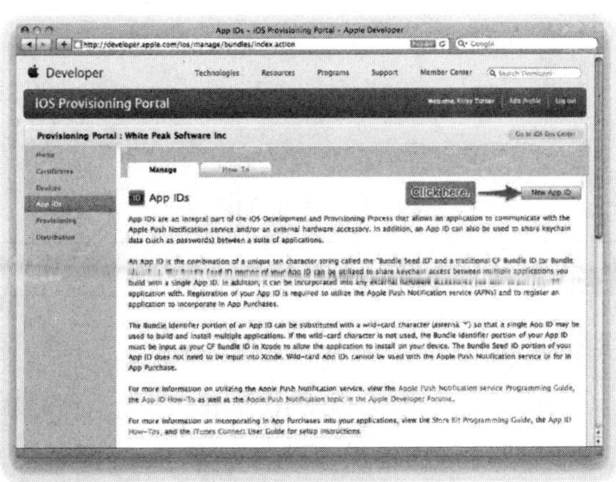

图 6-15 在 iOS 配置门户网页中单击 App IDs 页面上的 New App ID 按钮

注意：只有团队经纪人才能够添加新的应用程序 ID。

在如图 6-16 所示的 Create App ID 页面中，输入该应用程序 ID 的描述文字。应使用便于理解的名字或描述。例如，在创建精确应用程序 ID 时，可以使用应用程序的名字。输入的描述文字将在整个门户中用到，所以应该输入方便你辨识应用程序 ID 的名称或描述文字。

接下来要设置 Bundle Seed ID 及应用程序 ID 前缀。你可以让入口为你生成新的种子，或者从先前生成的种子中选择一个。倘若你打算在多个应用程序间共享 Keychain 数据访问，则应当为每个应用程序的 ID 使用同一个 Bundle Seed ID。

最后，输入应用程序包标识符及应用程序 ID 后缀。记住要使用反向域名命名约定。如果你想创建通配应用程序 ID，就将最后一个字符定为星号。

单击 Submit 按钮保存应用程序 ID。单击此按钮后返回应用程序 ID 页面。滚动页面，在应用程序 ID 清单中你会看到新创建的应用程序 ID。

在应用程序 ID 清单中，你可以在两个动作间选择：Details 和 Configure。Details 动作只对通配应用程序 ID 有效，单击此动作可以看到此通配应用程序 ID 的详细内容。

Configure 动作则只对精确应用程序 ID 有效。单击此动作可以为应用程序 ID 配置 Push Notification 服务。你不必为精确应用程序 ID 配置 In App Purchase、Game Center 服务，因为这些服务对于精确应用程序 ID 是默认启用的。

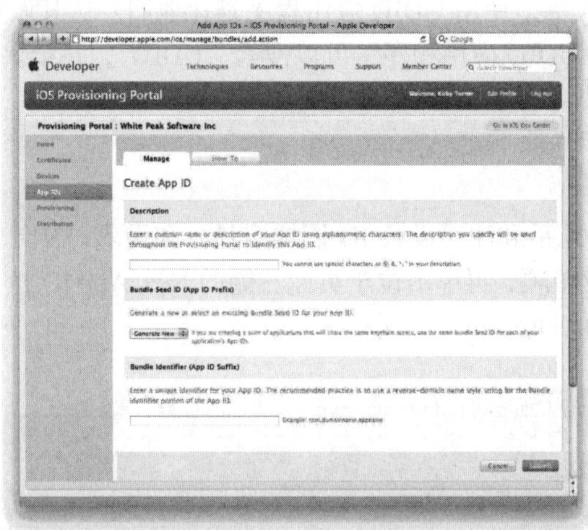

图 6-16　Create App ID 页面

注意：应用程序 ID 一旦创建，就不能删除。

6.5.3　创建开发信息提供概述

开发信息提供概述将开发者、设备和应用程序 ID 关联在一起，这样你可以在 iPad 上运行和测试你的应用程序。要创建新的开发信息提供概述，登录 iOS 配置门户，单击左边菜单栏的 Provisioning 链接。单击 Provisioning 屏幕顶部的 Development 选项卡，然后单击 New Profile 按钮。出现 Create iOS Development Provisioning Profile 页面，如图 6-17 所示。

注意：只有团队经纪人和团队管理员才可以创建开发信息提供概述。

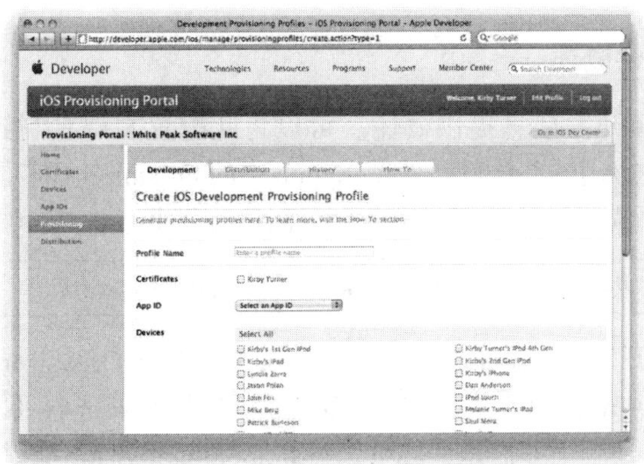

图 6-17　创建开发信息提供概述的页面

为信息提供概述输入一个名字（起一个有描述性的名字，例如，“Hey Peanut Dev Profile”）。

选择要关联到信息提供概述的开发许可证。这将标识用来对应用程序进行编码签名的开发许可证。你应当为每个要用到开发信息提供概述的团队成员都选取这个开发许可证。

为配置选择应用程序 ID。每个配置只能有一个。倘若你想为多个应用程序采用同一个开发信息提供概述，则可以使用通配应用程序 ID。

最后，选择开发者要用来运行和测试应用程序的设备。然后单击 Submit 按钮来产生开发信息提供概述。

6.5.4　下载开发信息提供概述

一旦生成了开发信息提供概述，团队成员可以下载、安装此配置。要下载开发信息提供概述，登录进 iOS Provisioning Profile 网站，单击 Provisioning 菜单项，然后单击 Provisioning 页面的 Development 选项卡。你将看到开发信息提供概述的清单，如图 6-18 所示。对你希望安装的配置单击 Download 按钮。

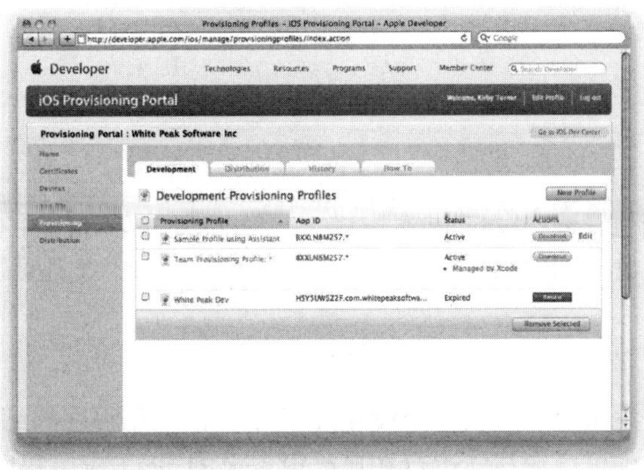

图 6-18　开发信息提供概述的清单

现在你已经准备好安装信息提供概述了。

6.5.5 安装开发信息提供概述

有若干种方法来安装开发信息提供概述。可以将此配置文件复制到~/Library/MobileDevice/Provisioning Profile，但最常用的办法就是使用 Xcode 中的 Organizer 窗口。这样可以确保此配置文件保存在适当的目录下，倘若目录不存在还会自行创建此目录。

注意： *你所下载的开发信息提供概述的文件扩展名是.mobileprovision。*

要用 Organizer 安装开发信息提供概述，启动 Xcode，打开 Organizer 窗口（Shift+⌘+2 键）。选取要安装此信息提供概述的设备，然后单击加号按钮来选择你从 iOS 配置门户下载的.mobileprovision 文件。还有个办法是，你可以将此.mobileprovision 文件拖放到 Organizer 窗口中的信息提供清单中，如图 6-19 所示。

另一个安装开发信息提供概述的办法是将该文件拖放至停靠区的 iTunes 图标。但要注意，倘若信息提供概述目录不存在的话，这么做就会失败。

还可以直接将.mobileprovision 文件复制到~/Library/MobileDevice/Provisioning Profiles 目录。为了方便操作，可以在搜索程序 Finder 中给这个目录加个快捷方式。当你需要安装新的信息提供概述时，只要将所下载的文件拖放到此快捷方式中即可，如图 6-20 所示。

第三种方法是将信息提供文件拖放到停靠栏上的 Xcode 图标。这样将会把信息提供概述文件复制到适当的目录，倘若连接有 iPad，还会复制到 iPad 上。

安装开发信息提供概述文件就是这么个过程。

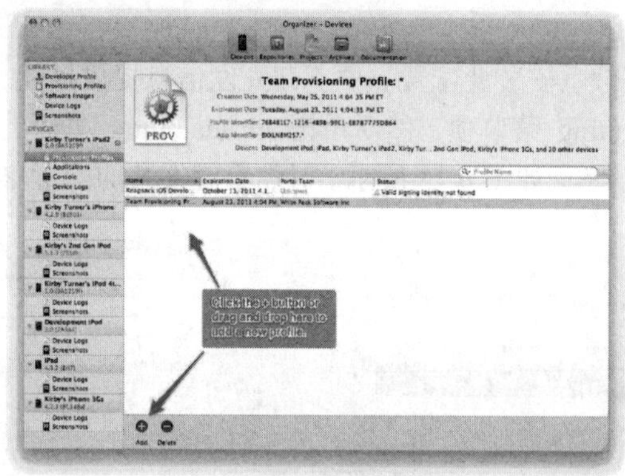

图 6-19 单击加号按钮或拖放.mobileprovision 文件来添加开发信息提供概述

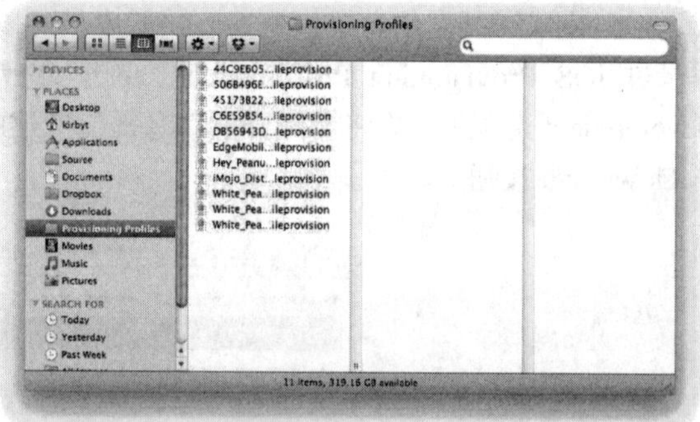

图 6-20 搜索窗口中有一个指向信息提供概述目录的快捷文件夹

6.6 小结

到这个时候，你的开发用机器应当已经设置好了对 iOS 应用程序的编码签名，而你的 iPad 也已做好了开发准备。现在你可以编写能运行在自己设备上的 iPad 应用程序了。但首先，我们还是谈点关于 iPad 应用程序设计有关的话题吧。

第⑦章 应用程序设计

在编写下个杀手级应用程序之前，你得知道你要创建什么。你需要花大量时间构思应用程序的设计。应用程序设计，在本章中的意思并不是要让应用程序看起来美观，尽管这也算设计过程的一个重要部分。你需要晓得你在构建什么，要了解你为谁构建，还要明白它怎样工作。

应用程序设计表明你的应用程序蓝图。它告知你在着手写代码之前做什么、为谁做、怎么做。没有它，你就会失去方向，而且这些事情还会贯穿你的设计过程。

完善的应用程序设计包括两个主要部分：App Charter 和用户界面原型图。App Charter 定义了应用程序。它描述有关应用程序的"做什么"、"为谁做"。而用户界面构思则说明"怎么做"——即应用程序如何工作。

下面我们就来详细谈谈这两部分。

7.1 定义应用程序

设计应用程序的首要事情就是理解你想创作什么。你需要定义应用程序，它要做什么，它为谁而做。一个好的开端就是 App Charter。

App Charter 用来说明你的应用程序，其提供了你所构建产品的蓝图基础。生成 App Charter 会迫使你在花费时间和金钱编写代码之前考虑自己的应用程序。当务之急是让你对应用程序的思路保持振奋，或者告诉你这件事不可取。不管哪种方式，你都无须投入大量的时间或金钱，即可对应用程序的思路有更深入的了解。

App Charter 还是你与别人分享思路的好办法。你也许以为，对自己的应用程序概念秘而不宣是个好主意，其实未必。你应和别人分享这些想法，以取得他们的反馈。你原本以为已经蛮不错的概念，在从别人那里收到反馈后经常可以改进；而其他时候这些反馈会告诉你该放弃当前的思路而关注另外的应用程序思路。无论哪种方式，从别人那里取得的反馈在应用程序的早期阶段都是无价之宝。

App Charter 里有什么呢？App Charter 包含的条目清单并不长。事实上你只需下面这些东西：

- ❑ 应用程序名称：实际的应用程序名称或暂定的名称。
- ❑ 应用程序概述：对应用程序及其卖点的简短说明。
- ❑ 功能清单：列出应用程序日后要实现的功能。
- ❑ 目标用户：应用程序的理想用户。
- ❑ 有竞争关系的产品：列出对你这个应用程序有竞争关系的其他应用程序。

我们将仔细研究每个条目。

7.1.1 应用程序名称

每个应用程序都有名称，但想出一个响亮的名字往往比构建应用程序本身更有挑战性。事实上，有一些 Madison Avenue 类型的代理机构会构思出朗朗上口的名字。当然，这些公司会收费几千美元，大多数 iOS 开发者不会有钱做这种事。所以你得负责为应用程序起名。

你不必花费大量时间来考虑应用程序的名字。通常在你开发应用程序的后期，会想到好的名字，所以开始时暂定个应用程序名即可。

使用暂定的应用程序名在软件开发行业中是司空见惯的事。它是如此常见，事实上许多软件商店总是使用代码名来指代正在开发的应用程序。代码名只不过是个临时的名字，正是你在软件尚处于开发阶段时给它起的名字。

为代码名采用一种主题也是常用的做法。例如，苹果公司用猫的名字来命名 OS X 的主要发布；微软公司使用山脉和城市名指代不同风格的 Windows 操作系统。你可以使用自己喜欢的任何代码名，但遵循某种主题会很有趣（笔者是个滑雪爱好者，所以笔者想用笔者喜欢的滑雪地点的滑道名作为代码名称）。

当然，你也可以不使用代码名。也许你已经有了完美的名字，那就太好了。但倘若你还没有个响当当的名字，就先用代码名，先设计应用程序再说。谁知道呢？你可能会把代码名定为应用程序的名字。重要的是在开发时要给应用程序起个名字，以后再更换不迟。

7.1.2 应用程序概述

应用程序概述是对应用程序的简短说明。它应当只有一段文字那么长，不能多于三四句话。它应能让读者对你的应用程序有一般性的了解，还应当提及你应用程序的独到之处。这就叫“独特的价值体现”或者“卖点”。“独特的价值体现”意即是什么地方让你的应用程序与现今其他所有应用程序不同。以此为使用你的应用程序的用户带来别人所无法提供的价值。

我们来看一个例子。有一个叫做 Ovation（欢呼）的假想应用程序，下面是它的应用程序概述。

“Ovation 是 iPad 上的 Twitter（‘推特’）客户端，致力于找出谈及你公司与产品的话语。它为你搜索 Twitter 的公共时间线，在你要响应别人给你机构做出的评价时，能够精简有关的处理过程。”

iPad 上有许多 Twitter 客户端。Ovation 异于它们的地方是，其主要功能是在 Twitter 的公共时间表里，找出关于你公司与产品的言辞。Ovation 的主要功能是其独特的价值体现、它的卖点。这让该应用程序有别于其他的应用程序。

应用程序概述不仅说明你的应用程序，还帮助你确定哪些功能要包含在应用程序中。在决定哪些功能要包含在内时，你要问：“这个功能适合放在应用程序概述中吗？”倘若不适合，很可能这一功能还是不要归于该应用程序为好。

这就带来了 App Charter 的下一个内容——功能清单。

7.1.3 功能清单

倘若应用程序没有功能，它就什么也不是。功能就是应用程序要完成的任务。功能清单描述你的应用程序能做什么、要做什么。你得为你的应用程序构思这个功能清单，但如何开头呢？对应用程序功能的思路来个头脑风暴，是着手做这件事的极好方式。

什么是头脑风暴

头脑风暴是一种对某个问题或话题捕捉所有想法、建议和创造性解决方案的技术。在头脑风暴时没有坏的主意，每个想法都是受欢迎的，即便它看起来不可思议或者牵强附会。头脑风暴的目标是要找出一切可能的想法。

头脑风暴在至少有一个其他人参与时效果最好。但对于只有一个人的团队，它同样是个杰出的办法。

要想进行头脑风暴，在你面前放个白板，放些纸或一叠便笺，然后开始记录脑海中显现的各种想法。在一个人单独头脑风暴时，将主意画到 iPad 上也很好，如图 7-1 所示。你用什么东西来记录想法并不重要。重要的是你要捕捉脑袋里出现的每一个主意。

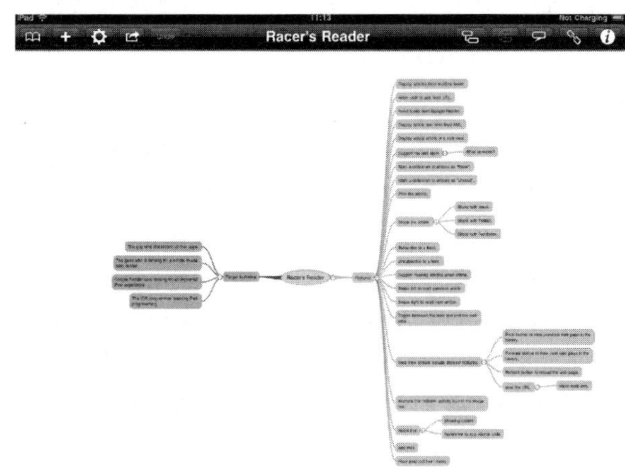

图 7-1　对假想 Racer’s Reader 应用程序的功能和目标用户所构思的意识图

注意： 在头脑风暴时，便笺和索引卡片很有用，因为你可以四处移动它们，将它们按发布日程或优先级之类分组。在头脑风暴时，可以尝试不同记录思路的办法。最终你会找到适用于你和团队的最好方法。

无所不包的功能清单

通过头脑风暴来建立功能清单。记录任何闯入脑海中的功能，即便它们很勉强。记住，你（们）是在头脑风暴，所以无所谓什么古怪的或不现实的功能。也不管某个特性看起来是如何不可思议，它只是属于这个清单而已。

你也许会想：“那么我的清单会有一大堆功能的，”不错，你会收获一长串的功能清单。这正是目标所在，要生成一个庞杂的功能清单。随后对其进行足够的梳理。

这个长长的清单会给你思路，在决定到底哪些功能要列入应用程序时非常有用。它还能让你对应用程序的潜力有所洞察。例如，你想到的古怪功能也许正是应用程序的卖点。

7.1.4　目标用户

在你列出长长的功能清单后，就要考虑你的应用程序的目标用户是谁。想想每种可能的用户，从只看了应用程序 30s 的人，到你从未想到的要使用它做事的高级用户。这个范围内有你理想的用户。

认真想想最适合你应用程序的用户，列出该用户的特点。该用户是男的还是女的，是年轻人还是老者？是经常出门在外的人？是足球妈妈？她喜欢滑雪但又不经常上坡？记录所有可以想到的理想用户的特点。

在你构思理想用户时，要考虑该用户使用你应用程序时可能面对的情势。把这也加到你的性格清单中。她在使用你的应用程序时，会不会处于很大的压力之下？他（她）可能会很匆忙吗？这些类型的特点也要记录下来，因为它们直接影响到你应用程序的功能和可用性。

一旦你确定了理想用户的特点，你就明白了目标用户是谁。有了这种知识，就可以制作功能清单，只保留那些符合目标用户的功能。

注意：在构思目标用户时你还会经常想到新的功能。要是这样的话，应确保把它们也添加到你那长长的功能清单中。

7.1.5 再度审视功能清单

创建 App Charter 是个迭代的过程。你不会一次就能定义完应用程序的方方面面，需要经过多次往复过程，不断根据新的知识提炼定义。举个例子，在你列出理想用户的特点清单时，头脑中还可能会冒出新的功能。这些功能也应补充到长长的功能清单中。

然而到某个时候，你必须决定到底哪些功能要加入你的应用程序中。着手删减功能清单的一个好时机就是你明白目标用户是谁之时。然后你就可以精简这个长长的功能清单，只保留那些吸引目标用户的功能。

在删减功能清单时，要确保你考虑到了设备。特定功能是否能在 iPad 上实现。倘若有个功能对设备是不合适的，就将其从清单中去除。

精简后的功能清单就是你要放在 App Charter 中的功能清单。这个清单表示了你准备在应用程序生命期内看到的所有特性。不要假定这个清单就是你应用程序的 1.0 版本。1.0 版本很可能只包含了这个功能清单的一少部分条目。

7.1.6 有竞争关系的产品

了解你的竞争者是很重要的。它能帮助你决定如何使应用程序差异化，还会告诉你应用程序是否有市场。倘若你的应用程序没有人竞争，那么你的思想是前无古人的，这不大可能，要么就是你的应用程序没有市场，这种可能性才比较大。

如果你想到 Google 或 Yahoo!发明了搜索引擎，就再想一想。在这些搜索引擎面世之前，已经有了 Archie（参见 www.searchenginehistory.com 以了解搜索引擎的历史）。Google 和 Yahoo!只不过找到了索引和搜索的更好办法，于是就在竞争中胜出了。

为了赢得竞争，你必须得知道竞争者是谁，这应当包括在 App Charter 中。在 App Charter 中包含竞争者，会迫使你明白对手是存在的。也会强迫你了解谁是你的对手，确定你的应用程序是否有市场。

你完全得靠自己捕捉到相关的竞争信息，不过最低限度你得知道对手的应用程序名字、销售商的名字、其网站的 URL，以及人们对这个应用程序的评价和意见。

7.1.7 App Charter 示例

在本书第二部分，你将构建一个 iPad 应用程序。在开始之前，你得知道这个应用程序是什么，它为谁而做——即你需要它的 App Charter。下面是该应用程序的 App Charter，你会在本书的下一部分实现这个应用程序。

注意：“应用程序概述”一节并没有给出 App Store 的前 100 名应用程序，但它传达了该应用程序的主要目的，教授程序员们怎样编写 iPad 应用程序。这种卖点不会导致几百万次的下载，可是它提供了你在写应用程序时要关注的地方。该应用程序并不意在成为 App Store 中最出类拔萃的照片库应用程序。它只是一个通往终点的方法，即你要成为一名有竞争力的 iPad 程序员。

PhotoWheel 的目标用户

在 PhotoWheel 的 App Charter 中，目标用户看起来可能有点怪异。目标用户并非你认为的理想用户，而 PhotoWheel 也不是你写的应用程序。当笔者在构思 PhotoWheel 的目标用户时，想到了 4 种类型的用户：

- ❑ 只要是免费应用程序就下载的人。
- ❑ 正在找寻其他办法存储照片的人。
- ❑ 在 Flickr 上寻找自己喜爱照片的人。
- ❑ 学习 iPad 编程的 iOS 程序员。

第一种用户是 PhotoWheel 不想搭理的人。这种人会下载此应用程序，用上 10s 后就给个一星的评价，说这个免费的应用程序太贵了。

第二种和第三种用户该是 PhotoWheel 的理想用户，可是他们不符合应用程序的概述。

是什么导致这种区别呢？PhotoWheel 意在帮助你学习 iPad 编程。它是在应用程序概述中这么说的。它的目标不在于支持图片编辑或者照片网站，如 SmugMug.com。然而这些用户类型会希望有充分的支持，这超出了应用程序的构建范围。随着时间的推移，这种情况会有所改变，但目前这两种用户还不是 PhotoWheel 的理想用户。

第四种类型的用户，即学习 iPad 编程的程序员才是理想用户。这种用户正是你，而你在此刻的目标不是要编写前 100 名的照片应用程序。你的目标是学会如何编写 iPad 应用程序。这种用户类型才真真正正符合应用程序的概述。正因为如此，他们才是 PhotoWheel 的理想用户。

应用程序名称：PhotoWheel

应用程序概述：PhotoWheel 实现会自我转动的个人相册。它能够将你喜爱的照片放到一本或多本相册中。可以打印照片、用电子邮件将其发走、使用特效及用 AirPlay 显示到电视上。

PhotoWheel 是个 iPad 上的个人相册应用程序，它是作为本书的配套应用程序而编写。这本书对程序员讲述如何构建 iPad 应用程序。

功能清单（排列不分先后顺序）：

- ❑ 显示一本或多本相册中的照片。
- ❑ 添加、编辑和删除相册。
- ❑ 对相册改名。
- ❑ 为相册添加照片，或从中删除照片。
- ❑ 从 Photos 应用程序库中导入照片。
- ❑ 从 Flickr 中导入照片。

- ❑ 打印一张或多张照片。
- ❑ 用电子邮件发走一张或多张照片。
- ❑ 以幻灯片模式展示照片。
- ❑ 通过 AirPlay 展示幻灯片。
- ❑ 在多台设备间同步相册。

目标用户：正在阅读本书的 iOS 程序员。

有竞争关系的产品：

❑ Flickpad HD

销售商：Shacked Software LLC

售价：$2.99

评价：4.0 星级

最近更新日期：2011 年 7 月 2 日

网站：flickpadapp.com/

iTunes 链接：itunes.apple.com/us/app/flickpad-hd-for-facebook-flickr/id358635466?mt=8

❑ Photo Stack

销售商：Seong Hun Lim

售价：免费（pro 版为$0.99）

评价：4.0 星级

最近更新日期：2011 年 5 月 27 日

网站兼 iTunes 链接：itunes.apple.com/us/app/photo-stack/id427552502?mt=8

7.2 用户界面构思

做完了 App Charter。我们知道了要构建什么、为谁构建，但还不清楚应用程序怎样工作。下一步就是要构想用户界面的设计。但在着手为应用程序规划用户界面之前，尚有若干事情要考虑并做到。

7.2.1 阅读 HIG（iOS 人机界面指南）

iOS Human Interface Guidelines，即 HIG，链接位于 bit.ly/learnipadprod-HIG，对于所有 iOS 开发者都是必读的资料。该指南由苹果公司出版，提供了你在 iOS 应用程序中该做什么、不该做什么的整体说明。苹果公司只要发行新版的 iOS SDK，都会更新该指南，这意味着你得不时阅读该资料。

注意：iOS HIG 在 iBookstore 上也有。可搜索“Apple Developer Publications”或“Human Interface Guidelines”找到它的位置。

该指南的大部分内容都是基于苹果公司对 iOS 设备和应用程序的可用性研究，现在苹果公司把这些信息拿出来与你分享。如果在设计应用程序的用户界面前不阅读它，你就是对自己、你的应用程序和用户不负责任。

7.2.2 使你的应用程序“令人心动”

对非设计型程序员还有个无价的资源，就是 Josh Clark 写的书，Tapworthy: Designing Great iPhone Apps[㊀]。尽管此书关注于 iPhone 应用程序设计，但其许多设计原则对于 iPad 应用程序也是适用的。举例来说，屏幕对象的触击目标理想大小为 44 个像素。为什么是 44 个像素呢？噢，那大致是指头尖的大小。倘若将目标定到比这些像素少，人们触击时就会遇到麻烦。

7.2.3 为设备设计

当你在设计 iPad 应用程序时，一定要记住你在为触摸的环境设计，而不是为“单击”的环境设计。iPad 编程规则迥异于桌面计算机甚至网站的设计。例如，触摸和鼠标单击是不一样的，尽管设计者、程序员甚至用户有时会拿它们作比较，并要求有同样多的动作。但这并不正确。触摸和鼠标单击并非一回事。

鼠标单击经常会被认为是不够方便。设计者往往尝试找到需要最少数目单击的办法，这才是最好的设计。这就是为什么大量网站会将海量内容放到主页的原因。虽然人们觉得鼠标单击太麻烦，但触摸操作并非如此。

触摸操作不像鼠标单击，鼠标单击要将光标放到屏幕正确的位置然后单击鼠标按键。用触摸功能时，你会看到希望看到的东西，你移动手指来触摸这个东西，就这么简单。

触摸是如此地简单，连一岁半的婴儿都会做。甚至有个视频（bit.ly/learnipadprog- SmuleMagic-Piano）显示一只猫在用 Smule’s Magic Piano 应用程序弹钢琴。这里的关键在于，人类本性上在大量使用触觉，这正是 iPad 迅速兴起的原因所在。运行应用程序，接触或滑动某样东西，让它迅速做你想要的事情变得非常容易了。相比之下，微软的 Word 有工具栏、菜单和调色板。事实上，如果你只是想给某个人写封信，用 Word 就是杀鸡用牛刀。它让你操作起来备受煎熬（没有双关语之意）。

在设计应用程序时要记住这一点。不要想当然地认为某个做法在“单击”世界里司空见惯，就该拿到“触摸”世界中用。我们无法想象触摸版本的 Word，但只要给我们 Pages for iPad 应用程序——在 bit.ly/learnipadprog-Pages 中，我们照样能把事情办成。

7.2.4 人们使用 iOS 设备与使用网页或桌面计算机的方式不一样

在设计 iPad 应用程序时，要时刻牢记在心的是，人们使用 iOS 设备的方式与使用网页或桌面计算机并不一样。这会表现在应用程序的设计上。比如说，网站设计者试图在网页的上半部分放置尽可能多的内容。这就是所谓的“折叠的上面部分”，一个来自报纸行业的术语。意指报纸折后的上半部分，因为报纸都是对折的。报纸总是在上半部分放置最大标题及其他引人注目的信息。

在网站上，“上半部分的内容”就是指你在滚屏之前看到的内容。网站设计者试图在此显示最重要的、吸引眼球的信息，以引起读者的注意。其基本原理在于用户不想滚动网页去查看多余的内容。这就是搜索引擎优化（Search Engine Optimization，SEO）专家所说的，在用户进行搜索时，你要设法让自己的网站显示到前面去的一个原因。搜索结果的前四五个匹配条目是用户最可能单击的条目。而落在折线后的条目只有在用户滚屏后才能看到，单击的可能性就小多了。

对 iOS 设备却不是这样。滚动是个自然的行为，不管是向上还是向下，向左还是向右。这意味着你没有必要把大量的信息瞬间都显示到屏幕上。相反，可以通过悦目的表达方式换取信息数量

㊀ 该书中文版由包季真翻译，电子工业出版社 2011 年 10 月出版（ISBN: 9787121144974）。——译者注

的减少，让用户使用触摸操作来滚动、弹出，以查看额外的内容。

7.2.5 戴上工业设计师的帽子

比起“单击”世界中的应用程序设计，iPad应用程序设计牵涉的东西要多一点。使用iPad时，用户直接通过触摸屏幕上的对象来与之交互。与通过鼠标的间接交互相比，这会带来体验上的差异。这还意味着你的应用程序设计必须从工业设计角度考虑应用程序内部与用户的交互。

工业设计要考虑到产品的美学、人体工程学和可用性。iPad没有物理按钮与你的应用程序交互，即便是键盘也是虚拟的，所以你得负责用户要用来打交道的屏幕物件。这些东西的摆放对应用程序的可用性与人体工程学至关重要。举例说明，左撇子用户会比习惯用右手的人更觉得有些东西的放置位置比较合适。在iPhone中这一点比iPad更突出，但在设计iPad应用程序时这仍然是要考虑的关键之处。

关于工业设计的内容，苹果公司已经在iOS HIG中给出了一些推荐方案。工具栏应当显示在iPad屏幕的最上部，这与推荐的iPhone方案不同，后者位于屏幕的底部。之所以有这种差异，在于用户使用的设备不同。iPhone用户通常使用拇指与工具栏交互。将工具栏置于屏幕底部，便于用户以拇指触击这些按钮。相比之下，iPad用户可能是一只手拿设备，腾出另一只手来触击屏幕。当工具栏显示在屏幕最上部时，用户更容易看到它的存在，就可以用空出的那只手来触击期望的按钮。

7.2.6 比喻

iOS有一套完整的用户界面对象，可用于组建应用程序的用户界面。这些标准控件让用户使用你的应用程序很方便，因为对这样的用户界面很熟悉。但标准控件看上去单调乏味，况且采用标准控件并不能让你的应用程序鹤立鸡群。似乎App Store的全部应用程序都使用同样的标准控件。

你的应用程序要想从App Store的芸芸众生中脱颖而出，一个办法就是为用户提供像现实世界的体验。你可以通过采用各种指代现实世界的生动比喻来做到这一点。用户使用触摸操作来与iPad交互，这些触摸操作就是现实世界的行为，例如在书中翻页。与在个人电脑上“单击”操作相比，这么做要逼真得多。

适当运用比喻不仅会给用户与真实物品打交道的感觉，还为用户提供了他（她）熟悉的用户界面，更便于其上手。比喻应当巧妙运用，而不能用过头。iBooks（bit.ly/learningipadprog-iBooksApp）就是一个很好的iPad应用程序示例，它加入了现实世界的限制，而没有走极端。你的书在木质的书架上展示出来，如图7-2所示。点某本书的封面来打开它。左、右撇动手指来翻页。这种感觉如同你从书架上取出一本实际的书来阅读一样。然而，诀窍在于不要把比喻用过了头。比喻应当恰如其分。

iBooks怎么做算是对现实世界模仿得过头了呢？对于初学者来说，倘若iBooks书架看上去同许多真实的书架那样，书应当有两三层那么深。这些书本还尽可能挤占可能的空间，一本摞在另一本上，就把书名给挡住了，并且放在不同的方向上。由于书的重量，书架的横板还会显得被压弯。

幸运的是，苹果公司并没有把书架搞得那么逼真。如果是这样，iBooks现在就不会是如此漂亮、好用的应用程序。否则你在找寻某本书时，就会经历与实际情况一样的麻烦。

记住苹果公司的原则：使比喻简单，而不模仿过头。

7.2.7 声音效果

还有个办法让应用程序有着类似真实世界的感觉，就是提供音效方面的反馈。但和可视化的比喻一样，这方面也不要做过火。

iOS 提供的虚拟键盘就是个适当声音反馈的很好例子。你在敲键盘时，会听到轻柔的敲击声，这种声音效果能够给用户一种反响，让他们听着有实际敲键盘的感觉。

对用户你应当做同样的事——在应用程序中触摸时给他们提供奇妙的声音效果。比如说，你的应用程序在显示一个用户轻开轻关的灯开关。当用户触击这个开关时会发出轻轻的“咔”声，应用程序就会让你有身临其境的感觉。

使用声音效果的目的在于符合用户的感觉，而不是让他们不爽。不要把声音效果用过了头，巧妙地运用它们。还要记住，用户可以使用影响声音的控件。他们使用静音开关将设备静音，可以通过音量控件调大或调小声音。用户甚至可以在使用你的应用程序时听音乐。在为应用程序添加声音效果时，要考虑到这种情况。

图 7-2 iBooks 书架

注意： iOS HIG 对应用程序运用声音有很长的章节说明，但你早就知道了这些，因为你已经阅读了该书。你已经阅读了 iOS HIG，对吧？

7.2.8 定制现有的控件

iOS 新手程序员常犯的一个错误就是重复发明车轮。比如说程序员想实现一个现实世界的比喻——三向开关。最开始的想法就是自己来从头编写此用户界面控件，因为标准控件清单中并没有三向开关。但那么做是浪费时间。更好办法是重新检查标准控件，找出给你提供想要的基本行为的控件。在你找到合适的标准控件后，就来定制它的外观和行为。

这正是 Raizlabs 团队为其 Clock Radio（位于 bit.ly/learnipadprog-ClockRadioApp）所做的那样，如图 7-3 所示。

Clock Radio 屏幕底部有个三向开关。你可以拨动此开关至 On、Off、Alarm 位置。拨动开关的行为类似于在使用 `UISlider`。

`UISlider` 是一个水平条，允许用户在连续的值范围中选取某个值。这和 Clock Radio 中用到的 On、Off 及 Alarm 开关都有相同的行为。该滑动条被配置为支持三个值，分别表示开、关、告警。开关沿着水平条移动，这同样也是 `UISlider` 的行为。所以要想在 Clock Radio 中实现此三向开关，Raizlabs 对 `UISlider` 控件进行了定制。他们不必重复发明车轮，而是利用现有的车轮，赋予它一个全新的外观。

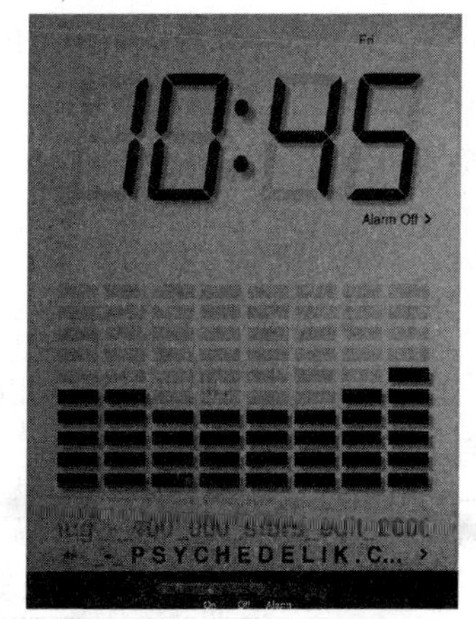

图 7-3 Raizlabs 制作的 Clock Radio。请注意屏幕底部的 On、Off 及 Alarm 开关，它们是标准控件 `UISlider` 采用新外观后的效果

在你试图创建自己定制的控件时，先看看 iOS 提供的标准控件。你意向中的行为很可能由标

准控件中的某一个来实现。如此一来，你只需为该控件提供新的外观即可。

7.2.9 聘请设计师

除非你是 Photoshop 高手，对设计有眼光，否则要想制作有吸引力的应用程序，请个设计师是再好不过的办法了。倘若你恰好是这么稀有（而且幸运）的一名程序员，既有编程技能，又兼备设计技能，就不用请设计师了。然而对于日常干活的程序员，要想让应用程序外表超凡脱俗，最好的办法还是请个设计师。

设计师可以在许多不同方面对你有用。你的预算会决定你能如何利用设计师的技能。最低限度，你可以让设计师创作应用程序图标。应用程序图标是潜在用户对你的应用程序的首个可视化印象，以决定是否下载它。如果你的应用程序图标很丑陋，客户就可能在 iTunes 中调入应用程序概述页之前就跑掉了。记住，第一印象意义重大，倘若你将某个廉价、低劣的图标当成你的应用程序图标，不管你的应用程序多么杰出、多么有用，都不大可能列于榜单的前几名。

倘若你能承受得起，就请一个专业的设计师参与你应用程序的设计，特别是用户界面设计。这样能够在你润色应用程序时——换句话说，让它显得更漂亮时，为你节省不少时间。

你已经定义了应用程序，也读了 iOS 人机界面指南。下面要开始对应用程序可能的样子进行外观规划，并规划其比喻。你甚至已经请了设计师来干这些活。现在，就来描绘应用程序的用户界面设计吧。

7.3 原型图

验证应用程序设计一种最快的方式，就是使用原型图。原型图使你对应用程序外观和各画面之间工作流有所感觉。原型图还能减少软件开发成本，因为它们在你不必编写哪怕一行代码之前，就能帮助找出应用程序设计的缺陷。

7.3.1 什么是原型图

原型图是可视化设计的静态渲染。所谓“静态”，是因为原型图采用不能与用户交互的方式渲染，而交互才是真正应用程序可以做到的地方。原型图用来展示可视化设计的概念，给出应用程序在完工时屏幕显示的初步感觉。

注意：原型图用在了可视化设计的很多方面。在软件开发领域中，人们在从草稿到屏幕设计的所有可视化方面都使用到了原型图。限于篇幅，这里只讲述屏幕设计的原型图。

原型图可表现为多种不同形式。可以是手画的草稿图，如图 7-4 所示，或者如同真实的应用程序。原型图甚至可以如同 Keynote 之类的绘图应用程序做成的线框那样简单。不管形式如何，原型图的用途是一样的：要表达可视设计的外观和感觉。

线条画是最容易创作的原型图类型。线条画只不过是一些方框和草草画出的简单物件，以展示应用程序在屏幕上的一般布局图。画线条画很容易，只需铅笔和纸就够了，不必有艺术细胞。

原型图可以做得如同真实的应用程序画面。这会涉及多一点的内容，不光有纸和铅笔就够了。在你向潜在客户兜售某个应用程序概念时，有真实外观的原型图会很不错，因为它能让人看到应用程序确切是什么样子。而线条画则需要人们用点想象力来审视它，但这不是坏事。

尽管逼真的原型图很好看，能让笔者印象深刻，但它们也有一些问题。第一，需要更多时间来创作这些逼真的原型图；第二，给客户还有其他人展示逼真的原型图，会给人以错觉，以为应用程序接近完工了，其实一行代码还没写呢。不了解软件开发的人看到逼真的原型图，会觉得你只需点缀一些代码，就把应用程序搞定了。而作为程序员，你更了解实际情况。

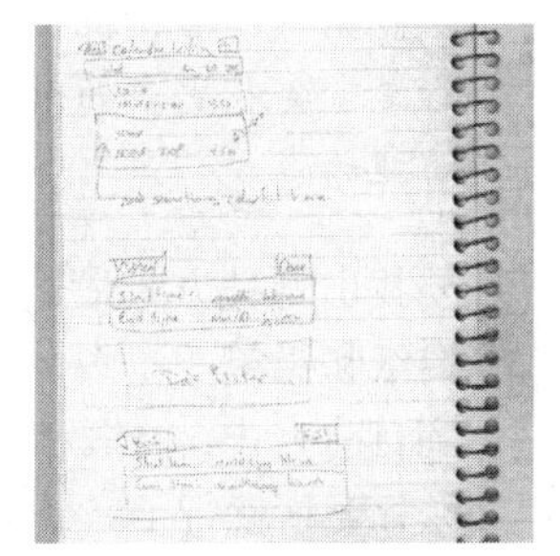

图 7-4 一些手画的线框草图

注意： 这种情况发生在笔者身上不止一次了。笔者准备了一些原型图给客户。每个原型图都很像真实的截屏。那个客户不了解软件开发过程，一看到这些逼真的原型图，就马上得到结论，以为应用程序接近完工了，不管笔者怎么解释他看到的只是原型图，只是对屏幕设计的静态渲染而已。笔者现在所持的观点就是，最好不要创作逼真的原型图，除非你知道看图的人了解这些图是画出来的，而不是来自于已能用的应用程序的截图。

7.3.2 要对什么设计原型图

要对什么设计原型图其实取决于环境。可以只作少量的，或者为应用程序设计尽可能多的原型图，只要你觉得必要。记住，原型图的目的在于传达有关应用程序的大致外观和感觉信息，包括应用程序的流程，不需要完美或者包含所有可能的细节。它只要能让人理解应用程序的界面设计和工作流就足够了。

通常没有必要为每个画面都制作原型图。倘若一个原型图能够表达应用程序的设计，就不必把其他画面包括进去，因为它们有相同的外观和感觉。然而，如果你是在为客户构建应用程序，客户也许希望或者喜欢看到每个画面的原型图。要利用你的判断力决定要设计多少原型图才合适。

时刻牢记在心的是，原型图并非只是应用程序的设计画面，它们还有利于设计要含入应用程序的艺术图。图 7-5 给出了一些 Labor Mate 应用程序的图标原型图。

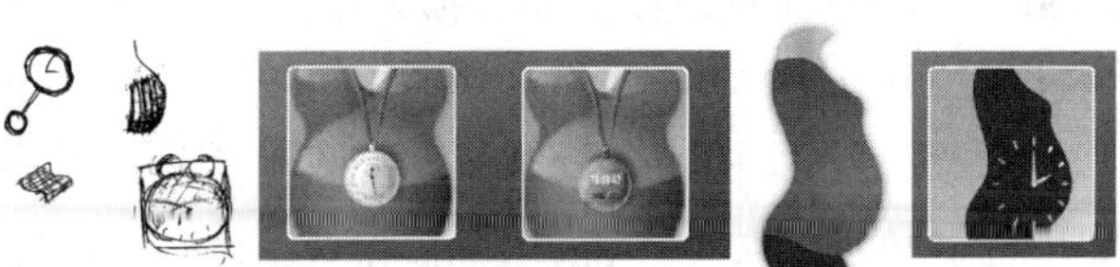

图 7-5 Labor Mate 应用程序图标的原型图示例，从手画的草图到最后定稿的应用程序图标

你要创建怎样的原型图并无限制。所创作的原型图越多，你的设计就越精良。而压倒一切的原因是，创作原型图是你才思泉涌的好办法。

7.3.3 使用的工具

创作原型图的方法很多，如同你想包含到原型图中的细节一样丰富。你可能会发现使用纸笔画个草图最适合你，或者结合手绘草图与在 Keynote 中创作的线条图最好。找出适合你的方式，用它来干活吧。

注意：笔者的方法因项目而异。笔者往往倾向于用在纸上画草图的办法开始。一旦对设计的草图感觉不错后，就可能会用 Keynote 或 iMockups 重做这些原型。倘若原型是给客户演示的，笔者会花更多的时间润色这些原型。这样在将用户界面设计展示给客户时，会给他们以更专业的感觉。

要找出哪种方式最适合你，需要了解创作原型用到的工具。我们来看看一些流行的方式。

白纸和铅笔

到目前为止，白纸和铅笔仍是创作原型最常用到的工具。纸上原型迅速、简单，不需要学习过程。你只要画就行了。最主要的，不需要什么技能。草图不必看上去有多棒，它只要能表达应用程序画面的外观和行为就行了。

手画的草图不再仅限于纸上。iPad 已经成为画草图的顺手设备。诸如 Penultimate（bit.ly/learnipadprog--PenultimateApp）之类的应用程序使你画草图的过程与用手指画一样有趣。然后，使用手指还是有点麻烦，特别是在画大量草图时。这就是有些人使用电容式笔杆在 iPad 上画图的原因。不管你用手指还是笔杆，iPad 都是取代纸张的不错选择。

注意：在笔者的博客（blog.whitepeaksoftware.com/2010/08/29/ipad-stylus-review/）上，对 Pogo Sketch 和 Boxwave 电容式笔杆作了回顾。倘若你想详细了解 iPad 上电容式笔杆，可以看看笔者的文章。

Photoshop

创作原型的另一个办法就是使用 Adobe 公司的 Photoshop。对于已经用 Photoshop 设计网站好多年的设计师来说，这是个广受欢迎的选择。

在 Photoshop 中创作原型比起用纸设计有若干优势。最主要的，它能够创作出外观很逼真的原型。Photoshop 是你想创建逼真原型的出色工具。再者，用 Photoshop 可以很容易地把美术作品包含进应用程序中。

采用 Photoshop 的缺点就是需要花时间学习它。许多设计人员已经知道怎么使用 Photoshop，能够在很短时间内创作出原型。但对有些人而言，使用 Photoshop 创建逼真原型的难度就像你妈妈一样，从未编过程，却要在短时间内编写出像样的 iOS 应用程序。不是做不到，而是因为要在适当的时间条件下很难做到这一点。

倘若你仍想用 Photoshop 创作逼真的原型，并不会损失什么。有一些模板可以帮助你入门。特别好的一个模板是 iPad GUI PSD（位于 www.teehanlax.com/blog/2010/02/01/ipad-gui-psd/）。该 PSD 包括需要的大多数（即便不是全部）标准元素，供你用 Photoshop 来创作真正有用的、逼真的原型。

注意：一个窍门就是将每个画面的原型保存为.png 或.jpg 图片，实际的应用程序全部使用这些原型图片。将图片复制到 iPad 中来用 Photos 应用程序查看它们。虽然画面上的组件不能用，你仍然可以在画面间切换，来体验一下应用程序的外观和感觉。

Keynote

用 Keynote 创作原型似乎是个古怪的选择，但它对于那些运用 Photoshop 很蹩脚的非设计师类型的人来说，确实是个创作漂亮外观原型的有用办法。热衷 Keynote 和 PowerPoint 的人不需费多大事，就能够用它作出逼真的 iPad 画面原型。Keynote 尤其擅长画方框，做起线条画来易如反掌。

和 Photoshop 一样，从模板开始创作能够节省时间。有个免费的模板叫 MockApp（在

mockapp.com 网站上）。它本是用于创作 iPhone 原型的，但既然许多画面组件是相同的，所以 MockApp 同样可用来创作 iPad 画面原型。

MockApp 提供一个面向 Keynote 和 PowerPoint 的模板。这些模板是所谓的鸣谢软件（tweetware），意即虽然模板是供你免费用的，但作者会要求你使用 MockApp 发出一个鸣叫，以帮助推广这个软件的知名度。

创作 iPad 线条画的另一个 Keynote 模板就是 Wireframe Toolkit（在 keynotekungfu.com 网站上有）。你不能通过 Keynote Wireframe Toolkit 创作逼真的 iPad 原型，但要知道那并非坏事。这一工具可以方便地为 iPad 应用程序创作漂亮的线条画。它还包括一个非常不错的功能，就是允许你在线条画之间相互链接。画面组件可以做成可单击的，从而切换到另一个线条画画面。这样能够以廉价高效的办法实现应用程序工作流的原型。

Keynote Wireframe Toolkit 对 Keynote 和 PowerPoint 也支持，其费用只有 12 美元。

图标集

创建逼真的画面原型意味着要包含图标的美术设计。创作原创的美术作品能够确保你的应用程序外观独特，但有时没有足够时间能做到这一点。在这种情况下，你要做的就是在原型和真实的应用程序中使用已有的图标。

互联网上有一些免费或收费的图标集。最受欢迎的一个是 Glyphish（在 glyphish.com 网站上有），它包含了超过 200 种风格的为 iPhone 和 iPad 设计的图标。

附带说明：虽然现有图标对于应用程序内按钮、工具栏和选项卡的显示很有用，但它们并不能作为出色的应用程序图标。你的应用程序图标应当是原创的作品。倘若你不是设计师，请雇用一个设计师来创作应用程序图标。记住，应用程序图标是潜在用户看到你应用程序的第一个形象。这种形象应当是正面的，不是负面的，所以要额外花钱让应用程序图标经过专业人士设计。

原型图应用程序

创作画面原型的另一种办法就是使用专门创作线条画的应用程序。原型应用程序具备你创作画面原型的所有功能。然而，这些应用程序强调创作线条画的原型，而不是有逼真显示效果的原型。不要把这看成是一种局限。要记住，逼真的原型会让人混淆。线条画却能让你更关注画面的布局和画面流程，而不必操心于每个像素都完美地展示出来。

iPad 上一个有用的应用程序就是 iMockups（位于 bit.ly/learnipadprog-iMockupsApp），如图 7-6 所示。iMockups 能够为 iPad、iPhone 和 Web 应用程序设计用户界面原型。它包含页链接，这样你就能为应用程序的工作流建立原型，还支持 VGA 输出，从而将原型通过头顶的投影仪呈现出来。iMockups 提供了库，满足你对每一种画面组件的需要，你可以导出这些原型。iMockups 是完美的 iPad 应用程序，可用其来为应用程序创作具有专业外观的线条画。

OmniGroup 出品的 OmniGraffle（位于 bit.ly/learnipadprog-OmniGraffleApp），如图 7-7 所示，是另一个流行的应用程序，其用来创作线条画原型。OmniGraffle 可用于 Mac 桌面计算机和 iPad。OmniGraffle 使用不同对象类型和形状的模板工作。这些模板涵盖广泛的领域，由 OmniGroup 和用户社区提供，能够创作几乎任何类型的图画，从流程图到线条画。iPad 上的 OmniGraffle 还有徒手模式，你可以使用手指或笔杆来绘制原型。

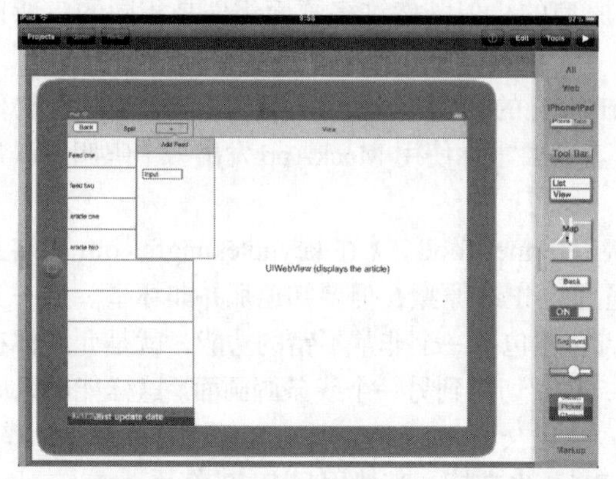

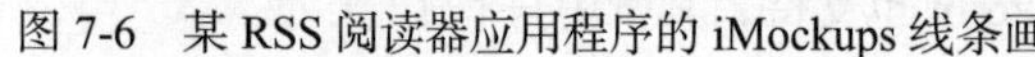
图 7-6　某 RSS 阅读器应用程序的 iMockups 线条画

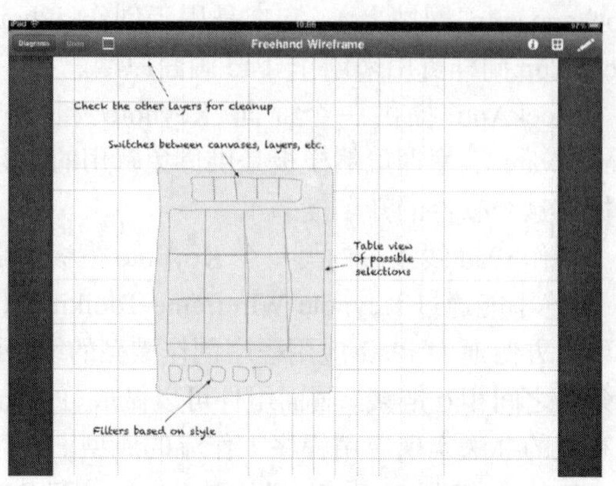

图 7-7　iPad 上 OmniGraffle 的屏幕截图

注意： iPad 上的 OmniGraffle 标价 50 美元，这可能会让你有些吃惊，但 OmniGroup 提供了独特的退款保证。倘若你对 iPad 版本的 OmniGraffle 不习惯，不管什么原因，只要将你的 iTunes 收据复印一份发给 OmniGroup，他们就会把钱退还给你。这就是他们的客户服务。

还有个创作线条画和原型的应用程序很受欢迎，就是图 7-8 所示的 Balsamiq Mockups（在 balsamiq.com 网站上有）。Balsamiq 是个画原型草图的跨平台桌面应用程序。它还可以作为 Confluence、JIRA、FogBugz 及 XWiki 的插件，并提供 Web 版本。除了包含你对原型和线条画应用程序期望的所有功能外，Balsamiq 团队还提供了一种在线协作的解决方案，叫作 myBalsamiq。myBalsamiq 使远程团队能够参与到用户界面设计和原型的工作中来。

7.4　建立原型

原型是一个验证用户界面设计的好办法，诸如 iMockups、Balsamiq 和 Keynote 之类的应用程序使你可以创作可单击的原型，从而模仿应用程序的工作流程。但有些时候这还不够满足需求。

有时还需要看到屏幕切换时的动画，或者想验证数据可否从 Web 服务中获取。这些类型的验证无法在静态原型中实现。这时就要对应用程序的功能概念建立原型。

图 7-8　使用 Balsamiq 勾勒一个示例的 iPad 应用程序

7.4.1　什么是原型

在软件开发领域，原型就是一个示例应用程序，编写它是用来验证一个设计理念，或一组设计理念。原型应用程序是示例应用程序的一次性版本，随后会被抛弃。和原型图一样，原型应用程序的目的在于验证设计理念或决定。但与原型图不同的是，原型应用程序是有功能的应用程序。这意味着我们能与之交互，添加或获取数据，完成计算等。

原型应用程序的主要目的在于验证理念，或者展示怎样完成某件事情。这比模型更进一步，因为原型应用程序是用源代码编写的真实应用程序。然而，原型并非完整的应用程序。它不是人们能够用来经常使用，以完成某个任务的应用程序。

原型应当局限于验证设计理念，或证明某种方法是可行的。通常原型应用程序会有很多 bug，没有错误处理机制（除非你为错误处理定义了原型），而且很难看。原型应用程序是快而糙的，不是你要和外部世界分享的东西。

不要在原型上花费太多时间。没必要让原型的外观、行为与实际的应用程序一样。你应当把原型看成是用完就扔的东西。最后这一点要求很重要，值得重申：你应当把原型应用程序看成是用完就扔的东西。

程序员经常想把原型应用程序转换成实际的应用程序。这是个巨大的错误。产品应用程序，即你要与世界分享的实际应用程序，应当远比一个快而糙的原型应用程序健壮得多。

在编写原型应用程序时，你不大可能遵循好的编码风格和约定。毕竟，你只是在编写快而糙的东西。你用了许多省事的办法，而在实际的应用程序中你绝不能这么干。将同样的代码放到实际的应用程序中，会让你的应用程序不稳定，很可能不容易找到 bug，并且从原型应用程序增强或维护代码会如同噩梦一般。从长远意义上，为了把原型应用程序转变为产品级应用程序，将浪费更多时间，还不如彻底抛弃原型应用程序，从头编写实际的应用程序。

抛弃原型应用程序好像是一种浪费，其实不然。请记住，原型的主要目标是验证一个或多个理念。在创作原型应用程序时，你已经获得了哪种技术管用，哪种技术不管用的知识。有了这种知识，你就能用较少时间为实际应用程序编写出更好的代码。

7.4.2 怎样创建原型应用程序

当然了，创作原型应用程序时你可以用可单击的原型图。这样又快又有效率，但你将局限于对应用程序的工作流建立原型。为超越这种限制，需要创建原型应用程序。

原型应用程序和其他应用程序很相像。唯一不同之处在于，不能拿原型应用程序与外部世界分享，而外部世界也不会拿你的原型应用程序来解决实际问题。相反，你的原型应用程序供你或者一个小小的特定团队中感兴趣的几个人在短时间内验证某种理念确实能工作。举个例子，假如你在编写流媒体收音机应用程序。你首先想到的就是编写一个原型应用程序，证明你能回放互联网上的音频数据流。这个应用程序的用户界面会很丑陋，或者根本就没有用户界面。而电台的 URL 在原型应用程序中也是代码固定死的。

这不是你要与外部世界分享的应用程序。也不是苹果公司批准的 App Store 应用程序类型。但这个应用程序确实有其目的。它证明你知道怎样从互联网获取音频数据流。倘若你想编写收音机应用程序，这才是最重要的知识。

编写原型应用程序的最快办法就是利用 Xcode 所提供的应用程序模板。应用程序模板作为实际应用程序的起点。有了这个起点，你可以自由删减原型应用程序的代码。使用哪个应用程序模板并不重要。只要选择最适合原型应用程序的那个模板即可。

注意：本书对 Application Templates 里的每个应用程序模板都在旁边有段简单说明，参看第 1 章。

7.5 小结

应用程序设计是创作 iPad 应用程序至关重要的组成部分。在着手写代码之前，你得花时间考虑并设计应用程序。创建 App Charter 来定义你的应用程序要做什么、为谁做事。来次头脑风暴以构思应用程序的功能，并以清单的形式写出来，然后根据你的目标用户对清单进行精简。

在应用程序中可以利用视觉和音频方面的比喻，但不要做过了头。这些比喻可以增强用户的体验，而不是让人为其分神。找出办法来定制标准用户界面控件的外观，而不是从头编写一个新的控件。

不要忘了考虑应用程序的人体工程学和美学。回过头，用产业设计师的眼光审视你的应用程序设计。

聘请专业的设计师。我说得够多了。除非你有设计技能，最好还是让设计师给你的应用程序装扮个夺目的外表。

到了要搞清你的应用程序应如何工作时，请使用原型图和原型应用程序。在着手编写实际应用程序的代码前，创作原型图和原型应用程序是一种验证应用程序设计的划算办法。记住，原型图对于验证视觉设计很管用，而原型应用程序则适合验证设计理念。在软件开发阶段结合两者，能够节约时间，从而构建出更好的应用程序。

最后，请读读 iOS 人机界面指南，即 HIG。然后过几个月后再读一遍，反复读，反复读。苹果公司花了大量的时间来研究和测试 iOS 的可用性。你的应用程序必定能从 iOS 人机界面指南提供的建议中受益。

第二部分

构建 PhotoWheel

第 8 章

创建主从复合应用程序

在第一部分我们了解了工具的使用、编程语言及用来构建 iPad 应用程序的框架。现在要运用我们所学的知识构建一个真正的应用程序。我们将构建的并非简单的应用程序，不是一个手电筒应用程序。不，它是一个真实可用的应用程序，用到了大部分（即便不是全部）iOS 最常用的组件。我们将构建的应用程序会显示照片，有动画效果，在本地数据库维持数据，还可通过互联网调用 Web 服务。

这个应用程序是什么？就是 PhotoWheel，在第 7 章中我们已经列出了其 App Charter。

我们再温习一下：PhotoWheel 是个应用程序，可以让你将喜爱的照片放到一本或多本相册中。PhotoWheel 从滚轮或磁盘取得相册的名字。你可以使用手指滚动显示在轮上的相册。

在阅读本书第二部分时，手边最好有台计算机，这样你可以边阅读边做这个应用程序。这种边做边学的办法能让你学得更快。倘若你是那种喜欢先知道做事办法的人，则可以随意阅读本章，然后再动手做这个应用程序。

我们现在着手构建 PhotoWheel。

8.1 构建原型应用程序

正如我们在第 7 章学到的，构建一个新应用程序的常见技术就是先建立原型图，然后再制作原型应用程序。PhotoWheel 的原型图已经为你做好了。图 8-1 给出了原型应用程序的原型图。原型应用程序用来证明要构建应用程序的核心概念。它是个用完就扔的东西，一点儿也不像最终的应用程序。最终 PhotoWheel 应用程序的原型图如图 8-2 所示。

注意： *在源代码的 mockups 目录有完整的原型图集，包括手绘的原型图。*

构建原型应用程序的一个快速办法，就是使用 Xcode 提供的应用程序模板。PhotoWheel 将包括相册的集合，每本相册都有一张或多张照片。这是典型的主从复合模式，相册代表主数据，相册中的照片则代表细节。主从复合应用程序模板对这类应用程序是再合适不过了，所以我们用它作为

应用程序原型。

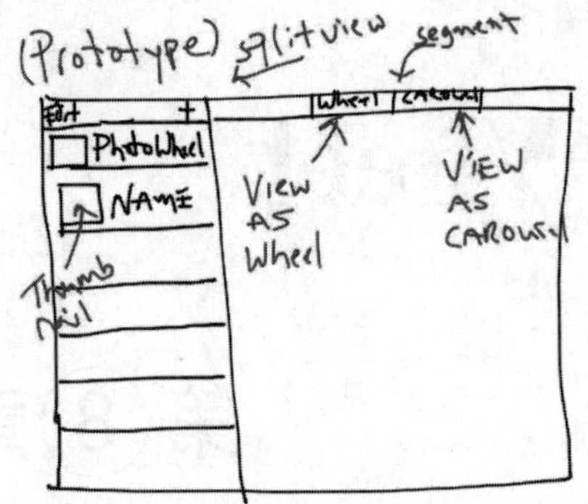

图 8-1 PhotoWheel 应用程序的早期原型草图

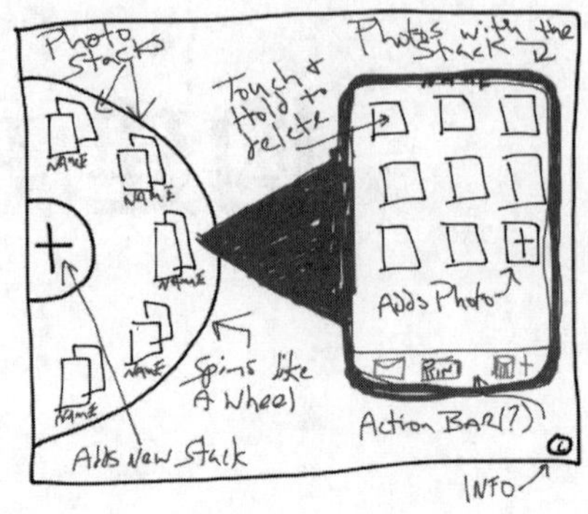

图 8-2 PhotoWheel 应用程序最终版本的原型草图

8.1.1 什么是分割视图控制器

iPad 应用程序是以主从复合模式的应用程序模板创建的，这种模板使用分割视图控制器来显示主信息和细节信息。该视图控制器，更具体地说是 `UISplitViewController`——一个类的名字，管理两个视图，包括主视图和细节视图控制器显示用的控制器。当 iPad 横向放置时，分割视图控制器将同时显示两个视图控制器的内容：主视图会显示在屏幕左侧，而细节视图显示在屏幕右侧。

当设备放置到纵向模式时，只会显示细节视图。隐藏主视图是为了方便用户查看细节视图里的内容。主视图仍然能用，它在工具栏里显示成一个按钮，但视图内容是不显示的。

iPad 里的 Mail 应用程序用到了 `UISplitViewController`，如图 8-3 所示。在你手持 iPad 时若 Home 按钮在左边或右边（即横向放置），会在屏幕左侧看到一个列表，里面有发件箱、账户和电子邮件。轻触左侧的电子邮件条目，可以在右侧看到其内容。现在旋转 iPad，使 Home 按钮在上边或下边（即纵向放置），则只会显示邮件内容。倘若你纵向放置时需要在列表中的邮件、发件箱、账户条目间切换，就轻触左上角的按钮。这将显示出主视图控制器所管理的内容。

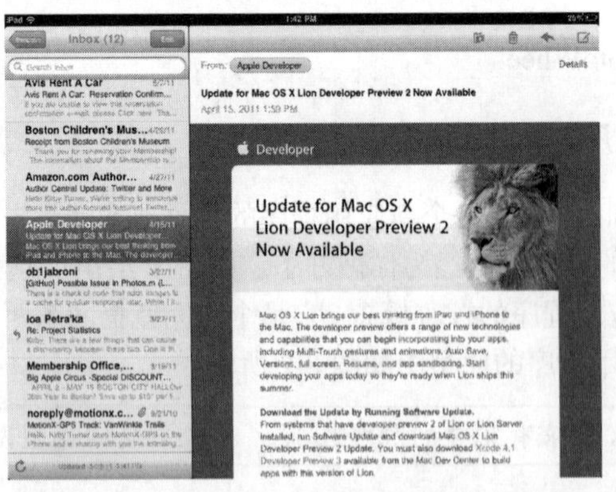

图 8-3 iPad 上正工作的 Mail 应用程序截图

既然你已经知道了分割视图控制器是什么，它是干什么的，我们就来创建新的主从复合应用程序，以此作为 PhotoWheel 的原型。

8.1.2 创建新的项目

一开始，你得在 Xcode 创建新的项目。先启动 Xcode，然后选择菜单命令 File→New→New Project（或按 Shif+⌘+N 键），在应用程序模板清单中选择 Master-Detail Application，然后单击 Next 按钮，如图 8-4 所示。

输入“PhotoWheelPrototype”作为产品名称，接受默认的公司标识，或者自己设定一个。可以回头看看第 6 章，以了解关于公司标识的更多说明。

保持 Class Prefix 域为空；对 Device Family 域选择 iPad；并且不选中 Use Storyboard 选项、Use Core Data 选项和 Include Unit Tests 选项。这些选项原型应用程序不需要，在后面的章节会用到它们；最后，选中 Use Automatic Reference Counting 选项。你的项目设置应当如图 8-5 所示。

单击 Next 按钮，然后选择要保存项目文件的目录。最后单击 Create 按钮。

注意：假如你是 Git 用户，并希望用 Git，选择 Create local git repository for this project。出于本书的目的考虑，不要求用 Git，也不准备讨论它。

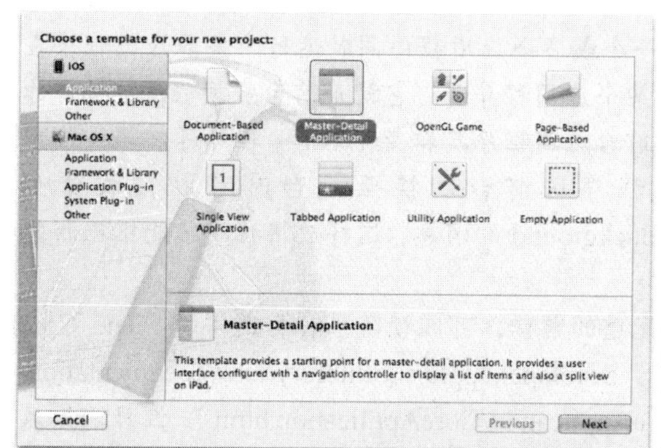

图 8-4 Xcode 中的 iOS 应用程序模板清单

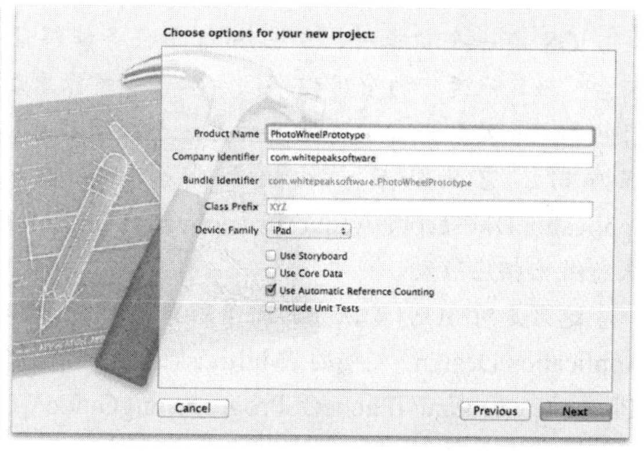

图 8-5 主从复合应用程序模板的项目选项

现在有了一个主从复合应用程序的项目。请构建并运行它（按⌘+R 键），来看看生成的应用程序怎么表现。要确保在方案清单中选择的模拟器如图 8-6 所示，以便在模拟器中运行该应用程序。或者将该应用程序运行于 iPad 上，假如它已连至你的计算机的话。

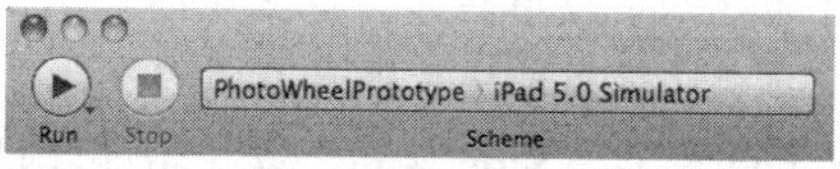

图 8-6 在 Xcode 项目窗口左上角的清单中选择运行方案

8.1.3 使用模拟器

使用 iPad 模拟器是测试应用程序既快又容易的办法。默认情况下，会以设备纵向放置模式下启动，可以用⌘键加左箭头和⌘键加右箭头（或者用菜单栏的 Hardware→Rotate Left 和 Hardware→Rotate Right 命令）在模拟器中旋转设备。

而且默认情况下，设备以 50%的比例显示。可以通过选择菜单命令 Window→Scale→100%（或按⌘+1 键），或者 Window→Scale→75%（或按⌘+2 键）让其显示大些。而 Window→Scale→50 %（按⌘+3 键）使模拟器仍以 50%的比例显示。

可以看看Hardware菜单项，它有很多有用的功能。可以使模拟器模拟摇摆手势，轻触 Home 按钮，以及锁屏。还有些选项用来调出键盘，模仿内存不足警告，模仿带电视信号输出的外部显示器。

PhotoWheelPrototype 是个主从复合应用程序，这意味着它用到分割视图控制器。要想完整地观察它，需要旋转 iPad 模拟器至横向放置，可按⌘键加左箭头和⌘键加右箭头来旋转模拟设备。你会看到这时的应用程序如图 8-7 所示。

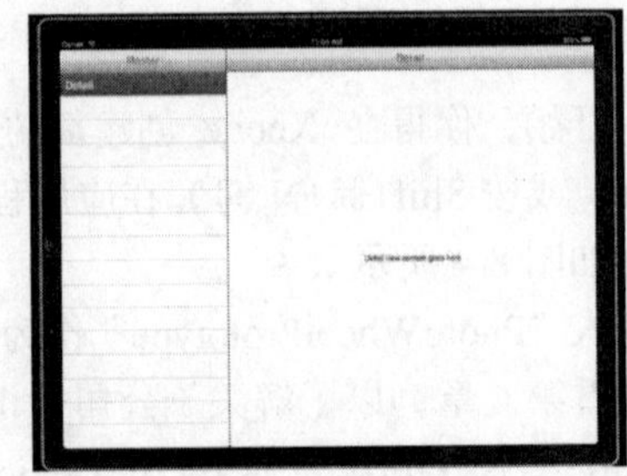

图 8-7　使用`UISplitViewController`的主从复合应用程序在 iPad 模拟器里运行

如何退出应用程序

你也许已经注意到，当你从 Xcode 运行应用程序，不管是在模拟器中还是在 iPad 上，轻触 Home 按钮想要退出应用程序时，应用程序其实并未退出。Xcode 显示该应用程序仍在运行。

怎么回事呢？

iOS 有一个功能叫“多任务”。多任务能够让一个或多个应用程序同时运行。当前应用程序在前台，而其他运行的应用程序位于后台。当你启动某个应用程序时，它就是前台应用程序。倘若你轻触 Home 按钮或者快速切换至另一个应用程序，前台应用程序就转变至后台。在你返回至该应用程序时，它又从后台切换至前台。在应用程序从前台切换至后台时可以接收诸如 applicationDidBecomeActive:和 applicationDidEnterBackground:的消息，这样应用程序就能根据新的状态做出相应行动。

这只是对 iOS 多任务的简单解释。要想了解完整的解释，可阅读苹果公司提供的“The Core Application Design”文档的“Multitasking”一节（位于 developer.apple.com/library/ios/#documentation/iPhone/Conceptual/ iPhoneOSProgrammingGuide/CoreApplication/CoreApplication.html）。但目前你只需知道，在你轻触 Home 按钮时，应用程序其实并未退出，只不过移到了后台。所以 Xcode 显示你的应用程序仍在运行。

这样做有其合理性。允许应用程序在后台运行时调试它。倘若 Xcode 在你轻触 Home 按钮时自动终结了应用程序，你就没办法调试后台运行的应用程序了。

那么要想退出或终结应用程序该怎么做呢？有若干个办法。每次在你结束调试会话时，可以在 Xcode 中单击 Stop 按钮，或使用快捷键⌘+.，如此将终结应用程序。另一个办法就是退出模拟器，只要按⌘+Q 键即可。笔者最常使用⌘+Q 键来退出模拟器。

8.2　更进一步的观察

当在你运行应用程序时，可能注意到应用程序模板已经为你做了若干件事。首先也是最重要的，它创建了一个功能性的主从复合模式应用程序。当然了，此应用程序还没什么用，但它已经有了主从复合模式应用程序的基本功能。

你可以旋转设备来将主从复合视图切换至仅有细节的视图。在设备是纵向放置时，工具栏会多出个按钮，单击它能够显示浮动的主视图。在主视图中触碰某个条目，会更新细节视图显示的内容。

此模板已经建立了功能性的项目结构，能够用于构建真正可用的应用程序。

8.2.1 项目结构

应用程序模板建立了如图 8-8 所示的项目结构。该项目包括下列文件：

- ❑ AppDelegate.h 和 AppDelegate.m：它们是应用程序委派文件，派生于 `NSObject`，遵守 `UIApplicationDelegate` 协议。
- ❑ MasterViewController.h 和 MasterViewController.m：这是主视图的视图控制器，派生于 `UITableViewController`。
- ❑ DetailViewController.h 和 DetailViewController.m：这是细节视图的视图控制器。细节视图即 iPad 为横向放置时显示在屏幕右侧的视图。该类派生于 `UIViewController`，遵守 `UISplitViewControllerDelegate` 协议。
- ❑ MasterViewController.xib：这是根视图用户界面的 NIB 文件。它含有表格视图，受控于 `MasterViewController`。
- ❑ DetailViewController.xib：这是细节视图用户界面的 NIB 文件。它含有一个工具栏和显示标签，受控于 `DetailViewController`。

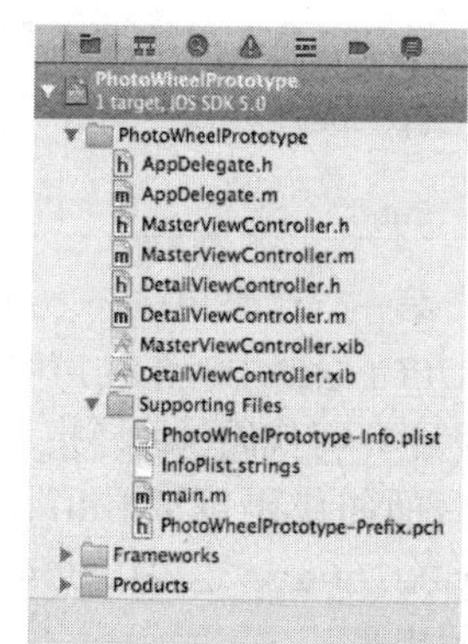

图 8-8 PhotoWheelPrototype 项目的项目导航器

这些文件代表了你应用程序的主要源代码，并且是你最经常使用的文件。然而应用程序模板还创建了一些文件，值得在此提及。单击 Supporting Files 组旁边的展开指示器以打开它，你还会看到以下文件：

- ❑ PhotoWheelPrototype-Info.plist：这是应用程序的 info.plist 文件。它含有额外的有关应用程序构建过程用到的元数据。info.plist 中的设置用于定义应用程序的各种特性，例如所支持的界面放置方向、主要的 NIB 文件或故事板、版本号及图标文件等。
- ❑ PhotoWheelPrototype-Prefix.pch：这是个预编译头文件。它被编译器用来改善编译时的性能，通常会包含至其他常用头文件的引用。
- ❑ main.m：该源文件包含了所有 C 语言程序都需要的 main() 函数。它会调用 `UIApplicationMain()` 函数，后者会调入 info.plist 中定义的主 NIB 文件（如果定义有的话），从而使应用程序委派类被实例化。

8.2.2 应用程序委派

从 iOS 开发者角度看，应用程序委派就是应用程序的启动点。`AppDelegate` 类定义了 PhotoWheel 原型应用程序的应用程序委派。我们再多观察一下这个类。在 Xcode 中打开 `AppDelegate.h` 头文件，可以在项目导航器中单击其文件名来打开该文件。在 Xcode 的文本编译器中可以看到其代码如程序清单 8.1 所示。

程序清单 8.1 `AppDelegate.h` 头文件的源代码

```
#import <UIKit/UIKit.h>
```

```
@interface AppDelegate : UIResponder <UIApplicationDelegate>

@property (strong, nonatomic) UIWindow *window;

@property (strong, nonatomic) UISplitViewController *splitViewController;

@end
```

第一行代码是#import <UIKit/UIKit.h>，它告诉编译器要包含 UIKit 头文件，后者含有对 UIKit 框架中对象的声明。

下一行代码以编译指示性语句@interface 开始，指示要开始 AppDelegate 类的接口声明。从后面的代码可以看出，AppDelegate 由：UIResponder 指示派生于 UIResponder。AppDelegate 也遵从 UIApplicationDelegate 协议，这一点由<UIApplicationDelegate>指示出来。

注意：在 Objective-C 中，类可以且仅可以从一个类派生。这称为“单继承”。尽管 Objective-C 里的类只能从一个类继承行为和特性，但它可以遵从多于一个的协议。要指示某类遵从多个协议，将每个协议都列在<>内，之间用逗号隔开。例如<UITableViewDataSource, UITableViewDelegate>。

接下来你会看到一系列声明属性的声明。程序清单 8.1 里有两个声明属性：UIWindow 类型的窗口和 UISplitViewController 类型的 splitViewController。

注意：正如你在第 4 章学到的，编译指示性语句@property 表示一个声明属性。@property 后面是每个声明属性的设置清单。各属性名称前面的星号告诉编译器，该属性是个指针。指针是对内存中对象或数据的引用。参看第 4 章来回顾声明属性的内容。

类定义以编译指示性语句@end 结束。从而完成对 AppDelegate 类的接口声明。

我们现在对 AppDelegate 类的情况有了大致了解，但还不知道它是怎样实现的。为了看到其实现代码，可打开 AppDelegate.m 文件。程序清单 8.2 列出了该实现文件的一部分。

注意：在.h 和.m 文件间相互切换的快速办法就是使用快捷键 Control+⌘+Up 和 Control+⌘+Down。

我们来看一下程序清单 8.2，这样你就会对所进行的操作有更透彻的了解。

程序清单 8.2　AppDelegate.m 文件的内容

```
#import "AppDelegate.h"
#import "MasterViewController.h"
#import "DetailViewController.h"

@implementation AppDelegate

@synthesize window = _window;
@synthesize splitViewController = _splitViewController;

- (BOOL)application:(UIApplication *)application
didFinishLaunchingWithOptions:(NSDictionary *)launchOptions
```

```
{
   self.window = [[UIWindow alloc] initWithFrame:[[UIScreen mainScreen] bounds]];
   // Override point for customization after application launch.

   MasterViewController *masterViewController =
      [[MasterViewController alloc] initWithNibName:@"MasterViewController"
                                             bundle:nil];
   UINavigationController *masterNavigationController =
      [[UINavigationController alloc]
       initWithRootViewController:masterViewController];

   DetailViewController *detailViewController =
      [[DetailViewController alloc] initWithNibName:@"DetailViewController"
                                             bundle:nil];
   UINavigationController *detailNavigationController =
      [[UINavigationController alloc]
       initWithRootViewController:detailViewController];

   self.splitViewController = [[UISplitViewController alloc] init];
   self.splitViewController.delegate = detailViewController;
   self.splitViewController.viewControllers = [NSArray arrayWithObjects:
                                               masterNavigationController,
                                               detailNavigationController,
                                               nil];
   self.window.rootViewController = self.splitViewController;
   [self.window makeKeyAndVisible];
   return YES;
}


@end
```

注意：倘若你在 Xcode 中查看该实现文件，就会注意到应用程序模板生成的代码远比程序清单 8.2 多得多。目前不会用到额外的代码。出于简洁考虑，程序清单 8.2 只给出了我们目前感兴趣的部分内容。

在程序清单 8.2 中首先能看到的就是三个`#import`语句。第一句将导入`AppDelegate`类的头文件，接着导入`MasterViewController`和`DetailViewController`的头文件。导入这两个类的头文件是为了在文件的代码中用到这两个类。

`#import`语句后是编译指示性语句`@implementation`。它与 AppDelegate.h 头文件里的`@interface`编译指示性语句一起使用。`@implementation`告诉编译器，随后将是`AppDelegate`类的实现代码。

`@implementation`之后是编译指示性语句`@synthesize`。第 4 章中曾提到，每个声明属性都必须有访问方法（即 getter、setter 方法）。`@synthesize`在编译期间生成所需的访问方法。这样能减少你编写的代码量。

每个编译指示性语句`@synthesize`都跟有属性名。这个名字与文件中定义的名字是匹配的。属性名后面是等号、以“_”为前缀的属性名。这使你把声明属性映射到不同名的实例变量。

默认情况下，`@synthesize`声明属性的实例变量名字与属性名字相同。举例说明，代码

@synthesize myProperty 告诉编译器，要为 myProperty 生成访问方法，实例变量名采用 myProperty。可以通过设置属性名字等于新的实例变量名，来重载这种做法。比如说，@synthesize myProperty = _myProperty 做的事和上个例子相同，只是实例变量名现在变成了 _myProperty。

实例变量名为什么要和属性名不一样呢？这是为了帮助你理清头绪。许多刚接触 Objective-C 的程序员搞不清楚属性和实例变量的区别。例如，程序清单 8.3 列出了一部分代码片段。

程序清单 8.3　一个简单的 Person 类

```
@interface Person : NSObject
{

}
@property (nonatomic, copy) NSString *name;
@end

@implementation Person

@synthesize name;

- (void)foo
{
  NSLog(@"name: %@", [self name]);
}

- (void)bar
{
  NSLog(@"name: %@", name);
}

@end
```

程序清单 8.3 中定义了 Person 类。它有一个声明属性叫 name。name 被合成用来生成访问方法和实例变量，实例变量也叫 name。其实现代码包括两个方法：foo 和 bar。两个方法都是一样的输出，但 foo 用的是声明属性的访问方法，而 bar 则用的是实例变量。

注意： NSLog()是个用来向控制台输出字符串的 C 语言函数。它类似于 C 语言的 printf 函数，都有格式化字符串参数。然而不同之处在于，NSLog 能够处理 Objective-C 对象。请回到第 5 章来更详细地了解 NSLog。

上面的代码片段存在几个问题。首先也是最重要的，你一定要避免直接访问实例变量。直接访问实例变量不是妥当的面向对象编程的做法。相反，应当总是通过访问方法来访问声明属性。这能确保考虑到访问方法实现时的所有副作用。比如说，属性名可以有个访问方法，将字符串“姓”和“名”实际合并为字符串 name。

其次，使用带@synthesize 的声明属性，能够确保使用适当的内存管理。iOS 不支持垃圾回收操作，所以你的代码必须得管理内存，能尽可能从编译器取得帮助自然是不错的做法。

对于 Objective-C 新手来说，foo 和 bar 方法间的区别不是一下子就能看出来的。但倘若你把实例变量改成与属性名不同的名字，你对访问数据的方法就不会有误解了。实例变量加了下划线前缀的 bar 方法在程序清单 8.4 中列出，以便与程序清单 8.3 对比。

程序清单 8.4 bar 方法修改后的版本

```
- (void)bar
{
   NSLog(@"name: %@", _name);
}
```

给实例变量加下划线前缀或后缀，会让人在浏览你的代码时，容易看出那是对实例变量的引用。如果你发现某处代码引用了实例变量，那么这个地方的代码很可能是错误的，应当改成采用访问方法的形式。

注意： 程序清单 8.4 中的代码直接访问实例变量。它对 name 加下划线前缀或后缀来指明这是个实例变量。程序清单 8.4 代码示例并非一个好的编程风格，不建议直接访问实例变量。

我们回到程序清单 8.2，再看下一行代码，它是对-application:didFinishLaunching-WithOptions 方法的声明。

8.2.3 启动选项

在操作系统启动应用程序结束之后，就会调用名为 application:didFinishLaunching WithOptions:的 UIApplicationDelegate 方法。这是在正常条件下你的代码第一次有机会干些有用的事。也是你的代码初始化应用程序及其委派，以供用户使用的时刻。

主从复合应用程序首先创建 UIWindow 的实例，此为应用程序显示的主窗口。接着，代码会创建 MasterViewController 实例，用来初始化新的 UINavigationController 实例；然后创建 DetailViewController 实例，它也用来初始化新的 UINavigationController 实例。接下来创建 UISplitViewController。DetailViewController 实例将作为分割视图控制器的委派；而两个导航控制器，其中一个包含 MasterViewController 实例，另一个为 DetailViewController 实例，则加入此分割视图控制器中。导航控制器 masterNavigation-Controller 代表“主”，另一个导航控制器 detailNavigationController 则代表“从（细节）”。

初始化步骤根据应用程序而各不相同。例如你刚已经看到，要为分割视图控制器准备主控制器和细节控制器。其他的应用程序模板会采取不同的步骤，但有些步骤是所有应用程序都存在的，这些步骤包括：

- 设置窗口的 rootViewController 属性。
- 对窗口调用 makeKeyAndVisible，使其可见。
- 返回 YES。

设置窗口的 rootViewController 属性，会将根视图控制器管理的视图指定为此窗口的内容视图。makeKeyAndVisible 正如其名字所述，是将窗口置为关键窗口（关键窗口即活动窗口），并使其可见。

“关键窗口”的概念来自于 OS X 领域，那里的应用程序经常拥有多个窗口。然而与桌面计算机不同，iPad 应用程序只能有一个窗口，除非 iPad 连有外部显示器，iPad 应用程序能够创建第二个窗口，在附加的屏幕上显示内容。但即便有第二个屏幕，iPad 应用程序也只能有一个关键窗口，那就是显示在 iPad 设备上的窗口。

最后，由 application:didFinishLaunchingWithOptions:方法返回 YES。如果返回 NO，应用程序就不会运行。应用程序的这个方法几乎总是返回 YES，但有些时候 NO 也是适当的返回值，例如应用程序无法处理启动选项时。下面是其缘由。

application:didFinishLaunchingWithOptions:有两个输入参数：application 和 launchOptions。application 是对所运行应用程序的 UIApplication 实例的引用；launchOptions 则是个键/值对词典，指示启动应用程序的原因。

launchOptions 用在应用程序不是通过用户点触 Home 屏幕的应用程序图标来启动的情况。例如，应用程序支持特定的文件类型，用户收到的邮件附件中有那种文件类型。用户可以选择在 Mail 应用程序中打开其他应用程序的文件类型。如此，你的应用程序就被 Mail 应用程序启动，launchOptions 词典会包含文件附件的 URL。你的应用程序这时就能够打开文件附件，处理其内容。

倘若应用程序可以成功处理收到的文件附件，application:didFinishLaunchingWithOptions:返回值就是 YES。但倘若文件附件无法处理，说明它是不当的文件格式，返回值就为 NO。返回 NO 将告诉操作系统，应用程序不再继续启动过程。

8.2.4 其他 UIApplicationDelegate 方法

application:didFinishLaunchingWithOptions:并非应用程序委派实现的唯一方法。还有其他一些方法，只是它们不那么常用。如下面这些 UIApplicationDelegate 实现的方法：

- applicationWillResignActive:——该方法在应用程序准备从活动状态切换到非活动状态时调用。有若干种因素会导致这种情况：有电话打进来、短信或者推式通知，或者用户按动 Home 按钮离开了此应用程序。当调用这个方法时，通常将应用程序暂停。这还意味着禁用定时器、暂停冗长的操作，或者假如你的应用程序是个游戏，就让游戏暂停。
- applicationDidBecomeActive:——该方法在应用程序准备从非活动状态切换到活动状态时调用。在应用程序的工作被先前的 applicationWillResignActive:暂停后，这里就可以继续进行下去。
- applicationDidEnterBackground:——该方法在用户离开应用程序时调用。此处适合保存数据，释放应用程序占用的共享资源。倘若你的应用程序支持多任务，该方法也会被调用。否则会调用 applicationWillTerminate:方法。
- applicationWillEnterForeground:——该方法是 applicationDidEnterBackground:的相反方法。在应用程序变成活动状态且支持多任务时，会调用该方法。
- applicationWillTerminate:——该方法在操作系统终止应用程序之前调用。这个方法适合保存在应用程序中做了修改而尚未保存的数据。由于应用程序的终止是由操作系统控制的，代码只有几秒时间在终止前结束剩余的任务。这意味着这个方法中的代码必须迅速、高效地实现其操作。此处不是放置长期运行任务，比如更新数据至 Web 服务的地方，因为无法保证操作系统会让应用程序在终止时已经完成了其任务。

8.3 UISplitViewController 详解

正如你已经学到的，UISplitViewController 是个不可视的控制器，它管理两个视图控制器（主视图控制器和详细视图控制器）的显示。UISplitViewController 有两个属性，在程序清单 8.5 中给出。

程序清单 8.5 UISplitViewController 的接口

```
@property(nonatomic, copy) NSArray *viewControllers;
@property(nonatomic, assign) id <UISplitViewControllerDelegate> delegate;
```

viewControllers 是一个包含两个元素的数组。第一个元素 objectAtIndex:0 是主视图控制器；第二个元素 objectAtIndex:1，则是详细视图控制器。

注意： objectAtIndex:是 NSArray 类的一个方法，其数据类型是 viewControllers 属性。有个重要的地方要指出，就是 C 语言和 Objective-C 的数组下标都是从 0 开始的，而不是从 1 开始。

UISplitViewController 的另一个属性为 delegate。delegate 是对遵从 UISplitView ControllerDelegate 协议的对象的引用。这个协议的方法在程序清单 8.6 中列出。程序清单摘自 UISplitViewController.h 头文件，我们来看看这段代码。

程序清单 8.6 UISplitViewControllerDelegate 的定义

```
@protocol UISplitViewControllerDelegate

@optional

// Called when a button should be added to a toolbar for a hidden view controller
- (void)splitViewController: (UISplitViewController*)svc
     willHideViewController:(UIViewController *)aViewController
          withBarButtonItem:(UIBarButtonItem*)barButtonItem
       forPopoverController: (UIPopoverController*)pc;

// Called when the view is shown again in the split view, invalidating the
// button and popover controller
- (void)splitViewController: (UISplitViewController*)svc
     willShowViewController:(UIViewController *)aViewController
  invalidatingBarButtonItem:(UIBarButtonItem *)barButtonItem;

// Called when the view controller is shown in a popover so the delegate can
// take action such as hiding other popovers.
- (void)splitViewController: (UISplitViewController*)svc
          popoverController: (UIPopoverController*)pc
  willPresentViewController:(UIViewController *)aViewController;

@end
```

UISplitViewControllerDelegate 有三种方法，分别告诉委派主视图控制器何时准备隐藏、何时准备显示、主视图控制器在用户点触工具栏上的按钮后何时准备以浮动窗口显示。

委派方法 splitViewController:willHideViewController:withBarButtonItem:forPopoverController:在主视图控制器行将隐藏时调用。当设备放置方向从横向变为纵向时，会发生这种情况。这会让用户把注意力集中于细节视图中。为了方便起见，该方法也提供了

UIBarButtonItem 和 UIPopoverController。

应当向细节视图中显示的工具栏或导航栏添加此按钮，使用户无须把设备转回到横向放置模式，就能够查看主视图控制器的内容。

在用户点触栏目按钮时，调用上述方法时会传递过来 UIPopoverController，它是对显示主视图内容的那个浮动控制器的引用。你可以在视图控制器中保存这个引用，或者置之不理，这取决于你的需要。

在用户点触栏目按钮时，splitViewController:popoverController:willPresentViewController:方法会被调用。这让你的代码有机会在浮动显示主视图内容前做一些事情。例如，倘若应用程序已经显示有浮动窗口，那么在显示浮动主视图内容之前理应关掉原先的浮动显示。

第三个方法也是最后的方法，就是 splitViewController:willShowViewController:invalidatingBarButtonItem:。该方法在用户重新将设备旋转回横向放置模式时调用。在不再需要该隐藏方法时会在工具栏上添加栏目按钮。这是因为此时屏幕左侧显示着主视图，所以应当从工具栏删除掉那个栏目按钮。

查看头文件

在实现遵从某特定协议的类时，我们经常要复制和粘贴方法的声明。这能够节约你为输入冗长声明语句而敲键盘的时间。有两个办法来复制方法声明：

1. 从 SDK 文档复制；
2. 从头文件复制。

对许多刚接触 Xcode 的程序员来说，从 SDK 文档复制方法声明是流行的选择。在 Organizer 中启动文档视图，搜索要找的协议，然后将期望的方法代码从文档页中复制过来。

到达某协议和文档页有个快速方法，就是在 Xcode 文本编辑器中按住 Option 键单击协议名。之后，会有个预览的帮助浮动窗口出现。在此你可以单击右上角的文档图标（如图 8-9 所示）。这样就能在 Organizer 窗口中调入文档视图的帮助页面。

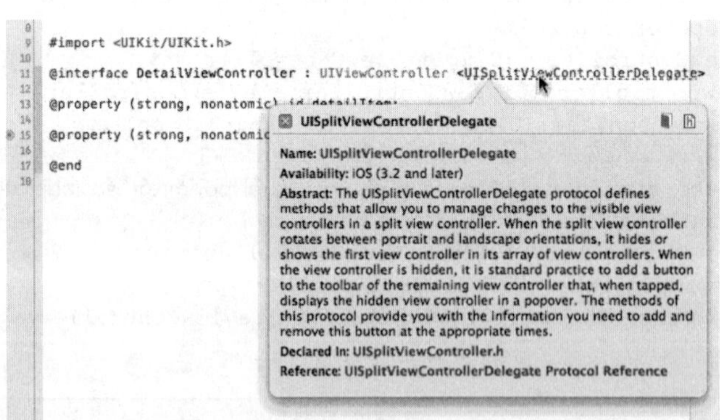

图 8-9　按住 Option 键单击来查看文档的浮动视图

尽管 Xcode 新手程序员普遍从文档中复制委派方法的代码，但这并非最快的办法。而且，你只能一次复制一个方法。倘若要实现多个方法的复制——这在许多协议中都是司空见惯的，来回在文档与文本编辑器之间切换将会效率很低。更好的办法是从头文件中复制方法的声明。

有两个办法可以快速打开头文件。第一个办法是在菜单栏中选择 File→Open Quickly...命令(或按 Shift+⌘+O 键)。倘若你知道要打开的头文件名字，这个办法很管用。不过，多快好省的办法是使用 Xcode 的 Jump to Definition 功能，只需在文本编辑器中操作，无须知道头文件的名字。

要在文本编辑器中打开某协议的头文件，按住⌘键单击协议名。这将让你跳转到包含协议定义的头文件。还可以在文本编辑器中将光标放在协议名内，按 Control+⌘+D 键（或者从菜单栏选择 Navigate→Jump to Definition 命令），从而跳转到包含协议定义的头文件中。

可以在头文件里看到为此协议定义的所有方法，可以将其中一个或多个方法复制到你的应用程序中。笔者喜欢复制所有的方法，将其粘贴到应用程序中，然后删去不需要的那些方法。

这个诀窍的精彩之处在于 Jump to Definition 不仅限于 SDK 定义的协议，它还可以跳转到你自己代码的定义处。而且条目不必一定是协议。可以是类名、变量名、声明属性名等。事实上，Objective-C 中常见的模式就是用`#pragma mark -`语句来分割代码块。

`#pragma mark -`使你可以在中划线后跟个简短的备注来说明代码块。这种方式往往用在注释一个委派方法块时。常见的做法是在`#pragma mark -`语句中包含协议的名称，如图 8-10 所示。这样，你和其他日后可能要支持你代码的开发者就能很容易地跳转到协议定义之处。

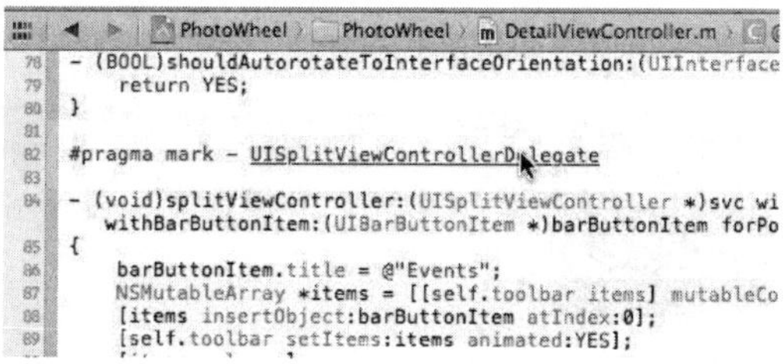

图 8-10　按住 Option 键单击某个名字，即便它只是注释的一部分或者带有`#pragma`标志

8.3.1　指定分割视图控制器的委派

正如我们在程序清单 8.2 中看到的，分割视图控制器委派被设为 `DetailViewController` 实例。倘若查看 `DetailViewController.h` 源文件，就会发现该类遵从 `UISplitViewControllerDelegate` 协议。假如你观察 `DetailViewController.m` 文件，还会看到每个 `UISplitViewControllerDelegate` 方法的实现代码，这就是使用应用程序模板的好处。生成的代码如程序清单 8.7 所示。

程序清单 8.7　DetailViewController.m 文件中的 `UISplitViewControllerDelegate` 方法的实现代码

```
#pragma mark - UISplitViewControllerDelegate

- (void)splitViewController:(UISplitViewController *)svc
    willHideViewController:(UIViewController *)aViewController
        withBarButtonItem:(UIBarButtonItem *)barButtonItem
      forPopoverController: (UIPopoverController *)pc
{
  barButtonItem.title = NSLocalizedString(@"Master", @"Master");
  [self.navigationItem setLeftBarButtonItem:barButtonItem animated:YES];
  self.masterPopoverController = popoverController;
```

```
}

- (void)splitViewController:(UISplitViewController *)svc
    willShowViewController:(UIViewController *)aViewController
  invalidatingBarButtonItem:(UIBarButtonItem *)barButtonItem
{
  // Called when the view is shown again in the split view, invalidating
  // the button and popover controller.
  [self.navigationItem setLeftBarButtonItem:nil animated:YES];
  self.masterPopoverController = nil;
}
```

可以看出，应用程序模板对隐藏和显示委派方法都提供了实现代码。在隐藏方法中，按钮的标题字符串是“Master”，且此按钮将被添加到导航栏中；在显示方法中，导航栏里的按钮被删除。可以运行项目（按⌘+R 键），旋转设备或模拟器在横向和纵向放置模式间切换，查看代码的实际行为。

8.3.2 细节视图控制器

`DetailViewController` 不仅是 `UISplitViewController` 的委派，在设备为横向放置模式（或纵向模式下的全屏）时，它还是在屏幕右边所显示细节视图的控制器。这个视图定义于 DetailViewController.xib 文件中，如图 8-11 所示。

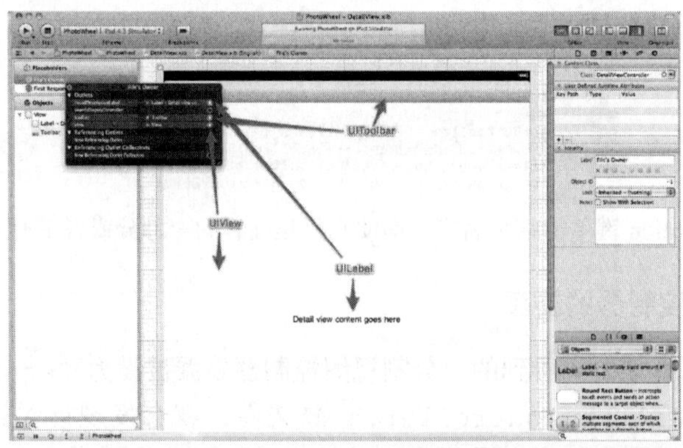

图 8-11 IB 中显示的 DetailViewController.xib

该视图中央位置有一个 `UILabel` 文本标签。视图和标签都关联至 `DetailViewController` 类中定义的声明属性作为插座变量。

8.3.3 主视图控制器

项目中还有另一个视图控制器类没有谈及：`MasterViewController`。你可以认为 `MasterViewController` 就是主视图的控制器，这样基本上是对的。但只是“基本上”。

这里用到了 `MasterViewController`，但它并非分配给 `UISplitViewController` 的 `viewControllers` 数组首个元素的控制器。相反，`UINavigationController` 的实例才是主视图控制器，如程序清单 8.2 所示。

`UINavigationController` 是个专门管理视图控制器栈的控制器。它提供对视图控制器执行压栈、出栈操作的方法。可以在导航栏中显示一个回退按钮，使用户可以通过轻触操作返回到上一个视图。

UINavigationController 被指定为分割视图控制器中的主视图控制器，分割视图控制器包含了一个 MasterViewController 实例，作为栈里的第一个控制器。这意味着 MasterViewController 实例所管理的视图将在应用程序调入时显示，所以看起来 MasterViewController 就是主视图控制器。

MasterViewController 派生于 UITableViewController 类。UITableViewController 是个专门管理和显示 UITableView 的控制器。UITableView 是 UIKit 中最常用的视图之一。许多应用程序，尤其是 iPhone 上面的应用程序，都使用 UITableView 来显示数据。第 9 章会用到它，所以这里不再赘述。

为什么要用导航控制器呢？我们将会在下一章看到，在分割视图控制器的主显示区域，会显示额外的视图控制器。采用导航控制器可以给用户一个手段，以便在视图控制器的栈中回退。

8.4 小结

本章用了很大的篇幅讲述了 Xcode 项目及用主从复合应用程序模板时创建的项目文件。尽管我们只讲了一个特定应用程序模板，但本章涉及的大多数知识都适用于其他 iOS 应用程序模板。

每个模板都有其独特特点。主从复合应用程序模板为 iPad 创建一个使用分割视图控制器的框架项目。单视图应用程序模板则会创建单视图的框架应用程序，诸如此类。然而关键点不在于其独特特点，而是每个应用程序模板都要实现相当雷同的功能。

每个模板都要使用应用程序委派、项目的 info.plist 等东西来创建 Xcode 项目。所以尽管本章通篇讲述主从复合应用程序模板，但你所学到的大多数知识仍可用到其他应用程序模板上面。

注意： 回看第 1 章查看 iOS 应用程序模板的详细清单。

8.5 习题

1. 请将栏目按钮的标题由“Master”改为“Photo Album”。
2. 请将细节视图控制器显示的文本标签“Detail view content goes here”字体改为粗体。
3. 请将上面那个文本标签的文字设为红色。
4. 请对每个 iOS 应用程序模板创建一个项目，构建并运行这些项目，比较其应用程序类型。识别哪些模板可用于 iPad，哪些模板可用于 iPhone，或者两者都可用（即“通用”模板）。

第9章 使用表格视图

在第 8 章里，我们利用 Xcode 提供的应用程序模板创建了一个主从复合应用程序。虽然这个应用程序能够工作，但没多大用处。本章将通过为该应用程序加入相册操作的能力，包括添加、编辑及删除相册，使它变得有点用。这一章我们将学习怎样用表格视图及其数据源工作，如何委派协议，如何用控制器创建新视图，以及在视图控制器间通信。

9.1 首要的事情

当应用程序运行时，倘若设备是横向放置，“Master”就会显示在主视图的顶部。由表格视图呈现相册清单，所以清单名“Master”并没有意义。修改它是很简单的操作：设置 MasterViewController 的标题即可。就这样。UINavigationController 则实现将标题显示出来的操作。

设置标题的适当地方是在-initWithNibName:bundle:或-viewDidLoad 方法中。由模板生成的代码采用前一个办法，但后一个办法更好。要通过-initWithNibName:bundle:方法设置标题，只能在调用此方法时做到。例如，如果 MasterViewController 在调入时没有用 NIB 的话，则标题就不会被设置。另一方面，-viewDidLoad 方法总会被调用，不管是否用到 NIB 创建控制器。

修改 MasterViewController.m 中的代码，在-viewDidLoad 中设置标题。这可通过将-initWithNibName:bundle:中设置标题的代码行复制到-viewDidLoad 方法来实现。然后将标题由“Master”改为“Photo Album”。程序清单 9.1 给出了需要做的改动。

程序清单 9.1 设置 MasterViewController 的标题

```
- (id)initWithNibName:(NSString *)nibNameOrNil bundle:(NSBundle *)nibBundleOrNil
{
   self = [super initWithNibName:nibNameOrNil bundle:nibBundleOrNil];
   if (self) {
      self.clearsSelectionOnViewWillAppear = NO;
      self.contentSizeForViewInPopover = CGSizeMake(320.0, 600.0);
   }
   return self;
}

- (void)viewDidLoad
{
   [super viewDidLoad];
   // Do any additional setup after loading the view, typically from a nib.
   [self.tableView selectRowAtIndexPath:[NSIndexPath indexPathForRow:0
                                                           inSection:0]
                      animated:NO
```

```
                    scrollPosition:UITableViewScrollPositionMiddle];

    self.title = NSLocalizedString(@"Photo Albums", @"Photo albums title");
}
```

注意：设置标题的代码调用了 C 语言函数 NSLocalizedString()。该函数用于获取字符串的本地化版本。第一个参数是键，第二个参数则是注释。键用来查找本地化字符串资源。倘若该键的字符串资源不存在，就使用键值。注释包含于本地化字符串资源文件，用于提供字符串的语境，或者将消息传递给语言翻译器。此处的注释永远不会在应用程序中显示出来。

笔者的个人观点是，开发者应当总是用 NSLocalizedString()，即便尚未打算支持其他语言。开始时规划好代码，在项目开展期间就不会因计划变更而浪费时间。尽管如此，出于简洁考虑，本书的示例代码没有使用 NSLocalizedString()。

有关国际化的应用程序的更多信息，可以参看苹果公司网站的文章“Introduction to Internationalization Programming Topics”，其网址是 developer.apple.com/library/ios/#documentation/MacOSX/Conceptual/BPInternational/ BPInternational.html。

-initWithNibName:bundle:方法有若干行值得探讨。首先 self.clearsSelectionOnViewWillAppear = NO 设置 UITableViewController 的属性，UITableViewController 是 MasterViewController 的父类。在视图展现给用户之前，这个属性决定对象在表格视图中是否应清除选择。

接下来是 self.contentSizeForViewInPopover = CGSizeMake(320.0, 600.0)。contentSizeForViewIn Popover 是 UIViewController 的一个属性，UIViewController 则是 UITableViewController 的超集。此属性告诉浮动窗口控件（如果有的话），希望视图有多大的内容尺寸。该属性不能保证浮动窗口会变到指定的大小，但它指定了浮动窗口最少是这个尺寸。

注意：当视图控制器所管理的视图显示在浮动窗口，例如 iPad 放置为纵向模式时，点触工具栏上的按钮从而显示 MasterViewController 视图，这时将用到 contentSizeForViewInPopover 属性。这个属性为浮动窗口控制器提供线索，指出浮动窗口的内容区域初始大小。它并不实际控制浮动窗口的尺寸。举个例子，你在浮动窗口控制器里有两个视图，第一个视图的控制器设置 contentSizeForViewInPopover 为 320×600，第二个视图的控制器设置此属性为 320×400。你也许觉得，在第二个视图显示时，浮动窗口的内容区域会将自己调整为较小的尺寸。但不是这样的，浮动窗口的内容区域只会变大，而不是变小。

要想强制将内容区域尺寸变小，必须显式对 UIPopoverController 设置大小。这是通过设置 UIPopoverController 的 popoverContentSize 属性实现的。

运行应用程序测试改动。当设备放置为横向时，主视图的导航栏显示为“Photo Albums”，如图 9-1 所示。然后旋转设备到纵向放置模式。工具栏上会添加一个名为“Master”的按钮，这并不是我们想要的结果。它应当一直是“Photo Albums”，即和 MasterViewController 标题保持一致。将文本改为“Photo Albums”。记住，负责显示工具栏按钮的是 DetailViewController，并非 MasterViewController。因此，要对 DetailViewController.m 文件做修改。

下面是要做的步骤：

1．打开 DetailViewController.m 文件。

2．滚动屏幕到`-splitViewController:willHideViewController: withBarButtonItem:forPopoverController:`方法处。

3．将字符串内容由“Master”改为“Photo Albums”。

4．保存所做的改动（按⌘+S 键）。

只要做了这些改动（按⌘+R 键），构建并运行应用程序，就会看到修改生效。PhotoWheelPrototype 的细节视图应当是图 9-2 所示的截图样子。如果不是，就检查自己的工作。

一切准备停当后，我们再看表格视图。

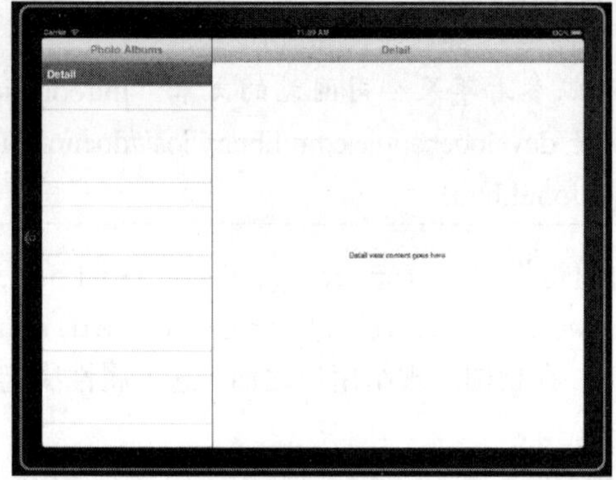

图 9-1 PhotoWheelPrototype 应用程序在横向放置时的截图

图 9-2 PhotoWheelPrototype 应用程序在纵向放置时的截图

9.2 深层剖析

表格视图是用来显示信息清单的可视化控件。它广泛应用于 iPhone，在 iPad 上也有一席之地。在显示数据清单时，表格视图实现一般的功能，包括上滚、下滚、条目选择与高亮显示。它有两种风格：分组式和简单式，对数据显示提供不同的内建布局。它还允许彻底地定制其外观。

9.2.1 UITableView

表格视图是 `UITableView` 的一个实例。`UITableView` 派生于 `UIScrollView`，后者赋予表格视图以滚动的行为。但与 `UIScrollView` 可支持水平、垂直方向的滚动不同，`UITableView` 只支持垂直方向的滚动。

`UITableView` 有个令人颇为吃惊的方面就是，它只支持单列数据。做出这种设计选择是为了照顾 iOS 设备的小屏幕显示。尽管 `UITableView` 只支持单列数据，仍然可以通过定制表格视图的外观，让它看上去有多列内容。

`UITableView` 支持两种风格，在创建表格实例时就必须指定，它们是分组式和简单式。表格实例被创建之后就不能改变。简单式表格显示一个数据清单，而分组式表格可在视觉上将各行分成若干个部分。`UITableView` 还能够显示页眉和页脚，显示节页眉和节页脚。图 9-3 是两种表格风格的示例。

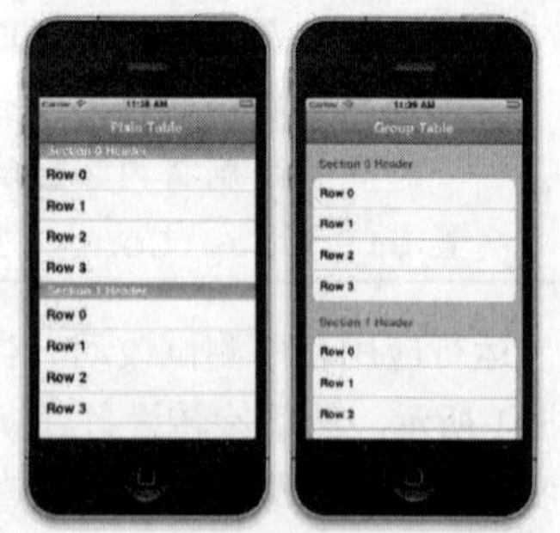

图 9-3 左边是简单式表格示例，而分组式表格显示在右侧

9.2.2 UITableViewCell

UITableView 的每行称为一个“单元”。单元是 UITableViewCell 实例，或者是 UITableViewCell 子类的实例。单元在表格视图中的位置取决于 NSIndexPath。NSIndexPath 有两个属性用于决定单元在表格视图里的位置：节号和行号。节号是表格内的节索引，行号则是节内的行索引。

UITableView 包含了使用索引路径访问各单元和各节要用到的属性。基于索引路径，还有一些滚动至特定行的方法。

9.2.3 UITableViewDelegate

除了通过属性来配置 UITableView 外，遵从 UITableViewDelegate 协议的委派对象也用来进行设置行高、返回页眉节和页脚节所在视图之类的操作。UITableViewDelegate 还包含管理行选择、编辑、重排序各行的方法。

UITableView 通过 UITableViewDelegate 与你的应用程序打交道，来配置和管理表格各行，但在往表格视图中注入数据时采用了其他协议。那就是 UITableViewDataSource 协议，正如其名字所述，它定义了为表格视图提供数据的方法。

9.2.4 UITableViewDataSource

UITableView 的 dataSource 属性引用了遵从 UITableViewDataSource 协议的对象。dataSource 提供了构造和维护表格视图所需的数据信息。它告诉表格视图，表格中有多少节，各节分别有多少行。它为各节的页眉、页脚提供标题，也为每行提供单元。dataSource 还有决定是否可添加、删除、重排序各行的方法。

9.2.5 UITableViewController

在使用表格视图时，UITableViewController 是另一个很有用的类。这个专门的控制器提供采用表格视图时的常见管理任务，能够减少你在显示和操作表格视图时要编写的代码量。

我们已经介绍完了，下面要对表格视图实战一把。

9.3 操作表格视图

要使用表格视图，得先做一些铺垫。首要的是创建 UITableView 实例。应在 MasterViewController 的 NIB 文件中实现此操作。MasterViewController 是 UITableViewController 的子类，正如前面所述，UITableViewController 是专门用来显示 UITableView 的控制器。

另外还需要表格视图的委派和 dataSource。MasterViewController 将同时扮演遵从 UITableViewDelegate 和 UITableViewDataSource 协议的角色。

9.3.1 一个简单的模型

在表格视图显示数据之前，应当在模型中定义和存储好数据。PhotoWheelPrototype 应用程序所需的表格视图数据就是相册。目前，相册需要的特性只有名字。可以创建名为“PhotoAlbum”

的定制类，它只有一个 name 属性。但那样做是杀鸡用牛刀。毕竟，你仍处于应用程序的原型阶段。

那么对相册模型应该采用怎样的数据结构呢？字符串数组就可以胜任，数组中的每个字符串就是不同相册的名字。但 iOS 5 引入了一种新的集合类型，叫作 NSOrderedSet。NSOrderedSet 有些像 NSArray，也是管理一组按顺序存放的对象集合。但与 NSArray 不同，NSOrderedSet 只能唯一地包含特定对象，NSArray 则允许同样一个对象以多个下标的方式加入到数组中。对于 PhotoWheelPrototype 应用程序，只希望相集里每个相册只有一个实例，所以 NSOrderedSet 是更合适的数据结构。

为了创建模型数据，需要创建一个有顺序的集合。用户应当能够向应用程序添加相册，所以有序集合要是可变的。这意味着所需的数据类型是 NSMutableOrderedSet。还有，MasterViewController 是相册清单最频繁交互的控制器，所以要将此可变的有序集合添加至 MasterViewController。

先打开 MasterViewController.h 头文件，添加一个名为 data 的 NSMutableOrderedSet 类型声明属性。修改后的 MasterViewController 接口应当是程序清单 9.2 所示的样子。

程序清单 9.2　修改 MasterViewController 接口，使其含有 data 属性

```
#import <UIKit/UIKit.h>

@class DetailViewController;

@interface MasterViewController : UITableViewController

@property (strong, nonatomic) DetailViewController *detailViewController;
@property (strong, nonatomic) NSMutableOrderedSet *data;

@end
```

注意：程序清单 9.2 中还有 detailViewController 属性，它是在创建主从复合应用程序项目时通过 Xcode 模板添加的。

在声明属性可用之前，还必须创建访问方法，即 getter 和 setter 方法。使用编译指示性语句 @synthesize 让编译器来做。

下面是实现的步骤：

1. 打开 MasterViewController.m 文件。
2. 在@implement MasterViewController 代码行之后添加@synthesize data = _data;。
3. 保存所做的改动（按⌘+S 键）。

使用数据之前还要进行实例化操作。创建实例的好地方是在-viewDidLoad 事件处。该方法在调入管理视图数据的视图控制器后被调用。还在 MasterViewController.m 文件中，继续向顺序集合中添加一些内容。

为实现这些操作，按下面的步骤操作：

1. 打开 MasterViewController.m 文件。
2. 滚动内容到-viewDidLoad 方法处。

3. 在-viewDidLoad方法的最后添加下列代码：

```
[self setData:[[NSMutableOrderedSet alloc] init]];
[[self data] addObject:@"A Sample Photo Album"];
[[self data] addObject:@"Another Photo Album"];
```

4. 保存所做的改动（按⌘+S键）。

这时-viewDidLoad方法应当是程序清单9.3所示的样子。

程序清单9.3 实例化数据，并添加两个相册示例

```
- (void)viewDidLoad
{
    [super viewDidLoad];
    // Do any additional setup after loading the view, typically from a nib.
    [self.tableView selectRowAtIndexPath:[NSIndexPath indexPathForRow:0
                                                             inSection:0]
                                animated:NO
                          scrollPosition:UITableViewScrollPositionMiddle];

    self.title = NSLocalizedString(@"Photo Albums", @"Photo albums title");

    [self setData:[[NSMutableOrderedSet alloc] init]];
    [[self data] addObject:@"A Sample Photo Album"];
    [[self data] addObject:@"Another Photo Album"];

}
```

注意： 程序清单9.3在消息风格中混合利用了点语法。Xcode模板在清单中生成了点语法的代码。在真实的项目中，应当清除这种代码，而在整个项目中一贯地只使用一种风格。

也许你已经注意到，在修改前-viewDidLoad已有两行代码。第一行是[super viewDidLoad]，告诉对象实例执行父类实现的-viewDidLoad方法。MasterViewController中的实现重载了父类UITableViewController的方法。我们并不知晓父类的方法是否要完成一些重要的任务。这样调用父类的实现，能够确保在退出局部实现的代码前把父类中可能存在的重要任务也执行了。

下一行代码自动选中UITableView的第一行。这时，DetailViewController还没有关联到MasterViewController，所以在表格中选取第一行除了在表格视图中高亮该行外，尚未做别的事情。一旦你告诉MasterViewController如何与DetailViewController通信，情况就不同了。

9.3.2 显示数据

MasterViewController现在有了要显示的模型数据。表示模型数据的集合有两个条目来代表相册：A Sample Photo Album和Another Photo Album。然后运行该应用程序时，这些相册名并不会出现在MasterViewController里的表格视图中。因为你还没有告诉表格视图要显示什么内容。

为了告诉UITableView要显示的数据，代码必须提供数据源对象，以及实现UITableViewDataSource协议的方法。MasterViewController是UITableView-Controller的子类，所以默认情况下UITableView的dataSource属性设置为

MasterViewController 实例。可以在代码中显式说明[[self tableView] setDataSource:self]，但在使用 UITableViewController 实例时不必要这么做，除非数据源并不是这个控制器本身的对象实例。

很对！数据源不一定非得是视图控制器。然而，将视图控制器作为 UITableView 的数据源通常会很方便。事实上，用来创建 PhotoWheelPrototype 项目的应用程序模板已经创建了方法存根，以响应 UITableViewDataSource 调用。但这些调用并不知道有序集合的数据。因此，你得负责通过 UITableViewDataSource 的方法告诉 UITableView 那些数据的情况。程序清单 9.4 列出了在表格视图能显示数据之前要做的修改。

程序清单 9.4 MasterViewController.m 文件中 UITableViewDataSource 方法的实现代码

```
#pragma mark - UITableViewDelegate and UITableViewDataSource methods

// Customize the number of sections in the table view.
- (NSInteger)numberOfSectionsInTableView:(UITableView *)tableView
{
   return 1;
}

- (NSInteger)tableView:(UITableView *)tableView
 numberOfRowsInSection:(NSInteger)section
{
   NSInteger count =[[self data] count];
   return count;
}

// Customize the appearance of table view cells.
- (UITableViewCell *)tableView:(UITableView *)tableView
        cellForRowAtIndexPath:(NSIndexPath *)indexPath
{
   static NSString *CellIdentifier = @"Cell";

   UITableViewCell *cell =
      [tableView dequeueReusableCellWithIdentifier:CellIdentifier];
   if (cell == nil) {
      cell = [[UITableViewCell alloc] initWithStyle:UITableViewCellStyleDefault
                                    reuseIdentifier:CellIdentifier];
   }

   // Configure the cell.
   NSString *text = [[self data] objectAtIndex:[indexPath row]];
   [[cell textLabel] setText:text];
   return cell;
}
```

我们详细谈谈程序清单 9.4 里的代码。

第一个方法是-numberOfSectionsInTableView:，该方法返回表格视图中的节数。“节”是在表格视图中组织相关数据的办法。本应用程序的表格视图只有一个节，所以这里的返回值总为 1。

下一个实现方法是-tableView:numberOfRowsInSection:。每个节都会调用该方法，节数则由-numberOfSectionsInTableView:决定。由于 PhotoWheel 只有一节，所以只会调用一次-tableView:numberOfRowsInSection:就可以调入表格。行数则由 data 数组中的元素数决定，这意味着其返回值为数据的数目。

注意： 你也许想知道，为什么要对-tableView:numberOfRowsInSection:方法选择用两行代码实现：设置对局部变量的计数，然后返回该局部变量的计数值。采用这个模式是便于代码的调试。本来用一行代码返回 [[self data] count] 就能实现 -tableView:numberOfRowsInSection:方法的。尽管这样完全没问题，但在调试应用程序时要查看计数值就比较困难。通过设置一个局部变量来计数，就能在调试会话中看到此值。调试会话中会列出程序所停位置处的局部变量清单。在第 25 章你会更多地了解调试方面的知识。

UITableViewDataSource 协议的最后一个实现方法是-tableView:cellForRowAtIndexPath:。索引路径是 NSIndexPath 类型，由两个属性组成：节号和行号。section 属性返回当前节的索引。由于这个应用程序只有一节，节点值总为 0；行号是当前行在节内的索引。对本应用程序而言，行号等于要显示数据的数组元素下标。简单地说，参数变量 indexPath 告诉代码，应取哪个元素的数据。但在应用程序显示相册名之前，它还需要一个 UITableViewCell 实例。

上一节曾说过，UITableViewCell 是用于在 UITableView 中显示内容的。表格视图调用-tableView:cellForRowAtIndexPath:方法来请求要显示的单元。UITableViewCell 是 UIView 的子类，即单元也不过是个视图而已。但 UITableViewCell 有多种标准的显示风格。这些风格是：

- UITableViewCellStyleDefault：以文本标签和可选的图片视图显示基本单元。
- UITableViewCellStyleValue1：在单元左边显示左对齐的标签，单元右边显示右对齐的标签带蓝色文本。
- UITableViewCellStyleValue2：在单元左边显示右对齐的标签带蓝色文本，单元右边显示左对齐的标签。
- UITableViewCellStyleSubtitle：在单元上边显示右对齐的标签，单元下边显示左对齐的标签带灰色文本。

定制单元后可显示更复杂的视图。这可通过为单元的 contentView 层次结构图添加子视图实现。PhotoWheel 目前的需求很简单，所以默认风格 UITableViewCellStyleDefault 就可以表现得很好。

要在-tableView:cellForRowAtIndexPath:方法中返回 UITableViewCell 对象，代码必须创建 UITableViewCell 实例。为每一行创建新的单元，特别是在有许多行时，这种做法会降低表格视图的滚动性能。更好的途径是只有在非常必要时才创建新的 UITableViewCell 实例。你很幸运，苹果公司的工程师已经考虑到这个问题，并提供了解决的办法。表格视图可能有多行，有些行不能同时显示出来。保存没有显示出来的行将无谓地浪费系统资源。为减小内存开销，不可见的单元可以去除。然而，这也会造成浪费，因为不可见的行在变成可见行时，还必须创建新的单元实例。然而，我们刚才已经提到，每次创建新的单元实例会在用户滚动行清单时，降低滚动的性能。

苹果公司的工程师想到了解决办法，就是把不需要的 UITableViewCell 放入缓存或队列中。

在单元从可见状态转向不可见状态时，它就被放入队列，以备以后再次使用。当表格视图为特定indexPath要求某单元时，表格视图会被要求从队列中取出先前放入的表格单元。倘若没有单元在队列中，代码就必须创建新实例；但如果有的话，该单元就会被再利用，作为-tableView:cellForRowAtIndexPath:的返回值而利用。这意味着在任何给定的时刻，表格视图在内存中的总单元数等于可见行数加上一少部分附加的、队列化的单元数。这种做法减少了内存开销，改善了性能。

注意：在第 16 章我们将学习 UITableView 采用同样的模式来构建定制栅格视图。这将让你对UITableView的工作原理有更深刻的理解与赞赏。

上面解释了怎样创建和返回 UITableViewCell。我们再来看代码中是怎样完成这些操作的。回到程序清单 9.4，查看 UITableViewDataSource 委派方法-tableView:cellForRowAtIndexPath:的实现代码。

第一行设置局部变量为字符串内容“Cell”，此值用来标识队列中的单元。举例来说，表格视图由不同格式的单元组成，要用到不同的标识符。这使得表格视图可以对不同格式或风格的单元进行队列操作。你的代码利用标识符来将适当格式的单元从队列中取出，这正是下一行代码做的事情：创建名为 cell 的局部变量，并以指定的标识符将其设置为从队列中取出的、可再次使用的那个单元。

在调用-dequeueReusableCellWithIdentifier:方法时，表格视图会向指定标识符的单元实例返回一个引用。倘若没有单元可用，就会返回 nil。nil 返回值表示你的代码要负责创建新的单元实例，正如if (cell == nil)语句做的那样。

if 块内正是代码创建 UITableViewCell 实例的操作。你会看到，这里用到了标准的 alloc init 模式。

一旦取回了单元实例，不管是从队列取出，还是用的 alloc 初始操作，就该配置要显示的数据。if 代码块后面是 NSString *text = [[self data] objectAtIndex:[indexPath row]]，该语句从 data 数组中取得当前行的对象。NSMutableOrderedSet 可以包含任何类型的对象，但我们知道我们的集合只有字符串，所以给此对象设置一个局部字符串变量是安全的。

表格单元使用 UITableViewCellStyleDefault 风格初始化。默认风格有个文本标签。该文本标签的属性名是 textLabel，而 textLabel 为 UILabel 类型，后者有个 text 属性。所以，要设置显示的文本，应设置单元的 textLabel 的 text 属性，正如[[cell textLabel] setText:text]语句做的那样。

注意：其他单元风格会显示次要文本。次要文本的属性称为 detailTextLabel。

这时，表格视图就有了需要显示相册名的信息，后者位于 data 集合中。现在我们构建并运行应用程序，确保修改后的代码能工作。

正如图 9-4 所示的那样，应用程序由于一个未捕捉的异常而崩溃了。为什么会出现这种情况？倘若你查看-viewDidLoad 方法的代码，就会发现表格的第一行被选中。但表格在该行代码执行时还没有数据。故而你得把选择表格首行的操作移至-viewDidLoad 方法后面，如程序清单 9.5 所示。

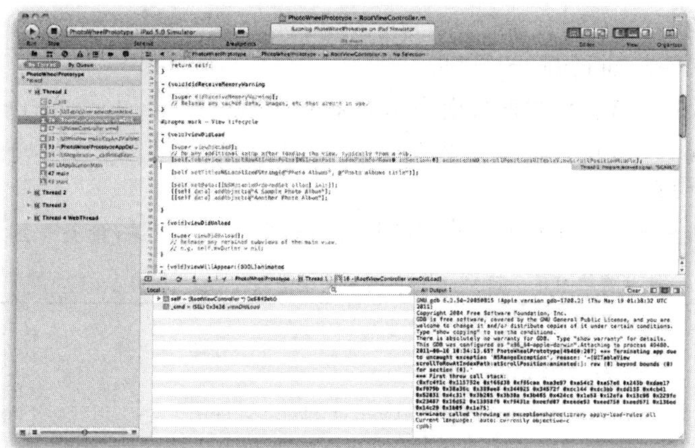

图 9-4 Xcode 报告有未捕捉的异常。注意发生异常的代码行被高亮显示，左下角的输出窗口给出了异常消息

程序清单 9.5 修改后的-viewDidLoad 将阻止应用程序崩溃

```
- (void)viewDidLoad
{
   [super viewDidLoad];
   // Do any additional setup after loading the view, typically from a nib.

   self.title = NSLocalizedString(@"Photo Albums", @"Photo albums title");

   [self setData:[[NSMutableOrderedSet alloc] init]];
   [[self data] addObject:@"A Sample Photo Album"];
   [[self data] addObject:@"Another Photo Album"];


   [self.tableView selectRowAtIndexPath:[NSIndexPath indexPathForRow:0
                                                           inSection:0]
                               animated:NO
                         scrollPosition:UITableViewScrollPositionMiddle];
}
```

程序清单 9.5 给出了需要改动的代码，然后构建并运行应用程序。这次的应用程序就能运转起来，你会看见 Photo Albums 表格视图下有两个相册，如图 9-5 所示。

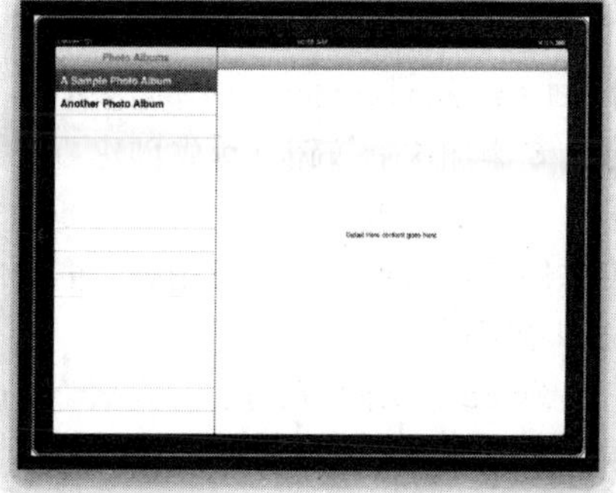

图 9-5 带有两个示例相册的 Photo Wheel Prototype 应用程序截图

9.3.3 添加数据

已经能让表格视图以数据形式显示相册清单了，但用户还没办法添加相册。我们马上来改变这种状况。

要做到这一点，一个好办法就是在导航栏上添加 add 按钮。iOS 表格提供内置的 add 按钮，上面显示加号。当用户点触加号按钮时，就会显示一个新视图，允许用户输入相册的名字。先做好准备。下面添加相册名字编辑器。

下面是要做的步骤：

1．打开 MasterViewController.m 文件。
2．在-viewDidLoad 方法里向导航栏添加 add 风格的 UIBarButtonItem。
3．向 MasterViewController 添加-add:动作方法。
4．保存所做的改动。

代码修改后如程序清单 9.6 所示。确保项目做了这些改动，然后查看一遍这些代码。

程序清单 9.6　向 MasterViewController 添加 add 功能

```
- (void)viewDidLoad
{
   [super viewDidLoad];
   // Do any additional setup after loading the view, typically from a nib.

   self.title = NSLocalizedString(@"Photo Albums", @"Photo albums title");

   [self setData:[[NSMutableOrderedSet alloc] init]];
   [[self data] addObject:@"A Sample Photo Album"];
   [[self data] addObject:@"Another Photo Album"];


   [self.tableView selectRowAtIndexPath:[NSIndexPath indexPathForRow:0
                                                           inSection:0]
                               animated:NO
                         scrollPosition:UITableViewScrollPositionMiddle];

   UIBarButtonItem *addButton = [[UIBarButtonItem alloc]
          initWithBarButtonSystemItem:UIBarButtonSystemItemAdd
                               target:self
                               action:@selector(add:)];
   [[self navigationItem] setRightBarButtonItem:addButton];
}

- (void)add:(id)sender
{
   NSLog(@"%s", __PRETTY_FUNCTION__);
}
```

我们看看这些改动的代码。先看对-viewDidLoad 的修改。加号按钮或者说是 add 按钮，是个 UIBarButtonItem 实例。添加到导航栏的按钮显示在 MasterViewController 内容区的顶部。要添加这个按钮，首先创建 UIBarButtonItem 实例。这个对象有一个专门的 init 方法，称为 initWithBarButtonSystemItem:target:action。iOS 提供一组预定义的系统栏按钮，可供使用。PhotoWheel 应用程序需要的系统按钮是 UIBarButtonSystemItemAdd，它显示的就是加号按钮。

init 方法附带了两个方法：target 和 action。“目标-动作”是整个 Cocoa 中常用的设计模式。target 是 action 的接收者，而 action 是发送给 target 的消息。想温习目标—动作模式，可参看第 5 章的内容。

下一步，向导航栏添加按钮实例，但并不是把它加到 UINavigationBar 本身。相反，UIViewController 有一个 navigationItem 属性。navigationItem 在 UIKit 中定义的是

UINavigationItem，表示在当前视图控制器范围内可用的导航条目。换句话说，它管理着视图控制器里导航条目的显示。

注意：只有视图控制器是 UINavigationController 所管理的导航栈的组成部分时，才能用到 navigationItem 属性。

为了在导航栏的左侧显示按钮，要设置导航条目的 leftBarButtonItem 属性。但这里是将按钮放在导航栏的右侧，如程序清单 9.6 所示，这是通过调用[[self navigationItem] setRightBarButtonItem:addButton]实现的。

当创建 UIBarButtonItem 类的 addButton 对象时，就指定了 target 和 action。它们分别代表用户点触该按钮时的对象（即目标）和方法（即动作）。可以将这看成是一个点触事件，或者从 addButton 的回调。addButton 的目标是 self，即 MasterViewController；动作就是-add:方法，随后正是程序清单 9.6 给出的-viewDidLoad 方法。

注意：编译指示性语句@selector 用于创建至 add:方法的引用。add 后面的冒号很重要，缺了它，该方法就不会被 addButton 调用。换句话说，add 方法和 add:方法有着不同的名字，所以它们是截然不同的两个方法。

add:方法只有一个参数，即(id)sender。sender 是对 UIBarButtonItem 的引用。有了这种引用，在我们要使用对象发送消息来完成某些动作（例如，显示浮动窗口）时会很方便。但到目前为止，我们不知道-add:的实现会是怎样的，所以用到了 NSLog 语句。这使我们能够测试 addButton 已经加入到了 navigationItem 的导航栏，以及 target 和 action 已被适当设置。

我们还从未见过__PRETTY_FUNCTION__，这是一个宏，它返回 C 语言字符串形式的当前类名和方法名。%s 格式用于将 C 语言字符串作为输出的一部分。当运行应用程序时，点触加号按钮就会看到调试输出窗口中的[MasterViewController add:]语句，如图 9-6 所示。它告诉你，加号按钮已经正确设置，会调用 MasterViewController 中定义的-add:方法。如果没看到这个消息，就得检查自己的工作。

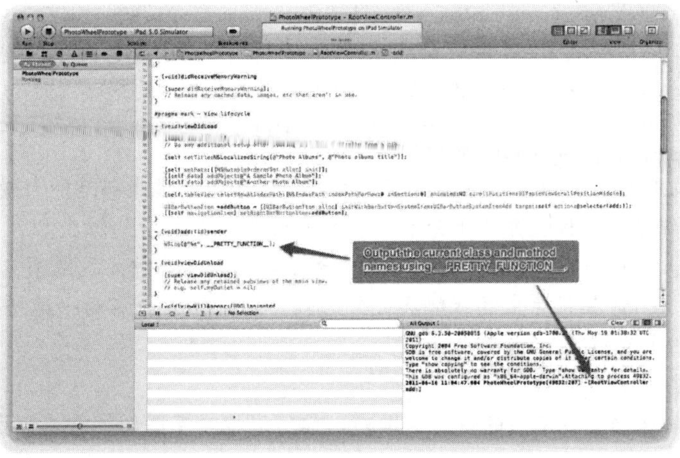

图 9-6　__PRETTY_FUNCTION__的输出示例

至此，应用程序有了显示内容的数据模型，它为用户提供了使用 `add` 按钮添加模型的途径。但应用程序还要再深入一些，让用户能添加新相册的名字。要做到这一点，需创建新的 `NameEditorViewController`，允许用户输入新相册的名字。下面是要做的步骤：

1. 选取菜单命令 File→New→New File，或按⌘+N 键。
2. 单击 iOS→Cocoa Touch，选取 UIViewController subclass 文件模板（如图 9-7 所示）。
3. 单击 Next 按钮。
4. 输入 `NameEditorViewController` 作为类名。
5. 让 Subclass 保持为原有的 `UIViewController`。
6. 不选中 Targeted for iPad 复选框。名字编辑器会比正常的 iPad 视图小一些。
7. 选中 With XIB for user interface 复选框，这将为视图控制器创建伴随的.xib 文件。
8. 单击 Next 按钮。
9. 最后，单击 Create 按钮。保存类文件至项目目录。

上述操作会创建三个新文件，并将其加入到 Xcode 项目，如图 9-8 所示。`NameEditorViewController.h` 接口文件中定义了 `NameEditorViewController`，后者的实现代码位于 `NameEditorViewController.m` 文件中。该控制器的视图在 NIB 文件 `NameEditorViewController.xib` 中定义。这三个文件包含了视图控制器及其视图的基本设置。下一步就是修改这些文件，以显示新相册的名字编辑器。

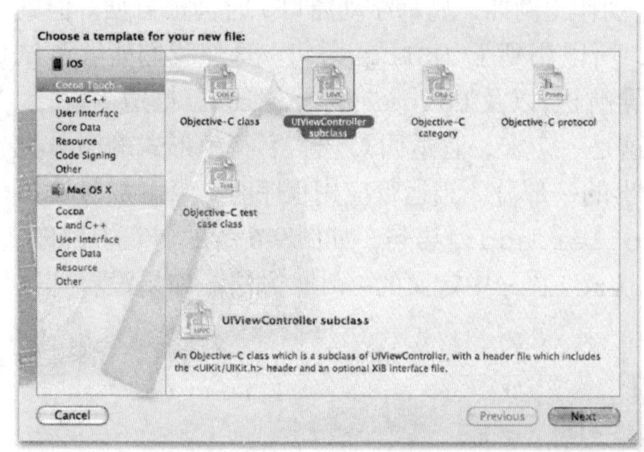

图 9-7 选取 UIViewController subclass 文件模板

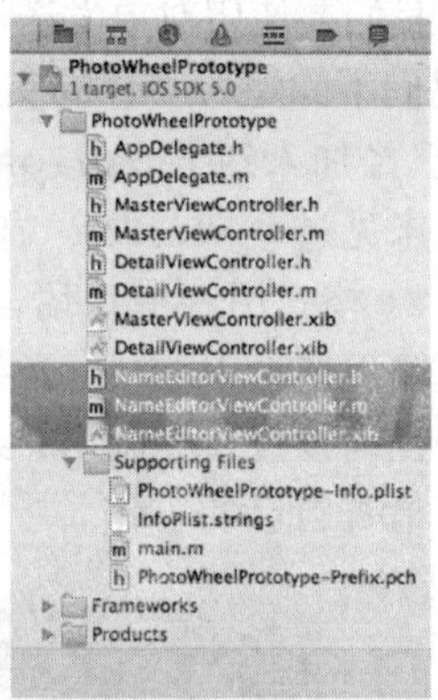

图 9-8 添加到项目的 `NameEditorViewController`

另一种办法

Xcode 项目和文件模板对许多 iOS 程序员（尤其是新手）来说能够节约大量的时间，但对于有些更有经验的 iOS 程序员，模板并不十分有用。我来解释一下其中的缘由。

在你成长为更出色的 iOS 程序员过程中，你会发现自己以某种方式做事，有些时候这个“某种方式”并不会与 Xcode 模板生成的代码和文件一致。这时你就会有两个选择：

- ❑ 创建自己的定制模板。
- ❑ 不再使用这些模板。

创建定制模板的操作不在本书的讲述范围内。你可以搜索互联网，看看创建 Xcode 项目和文件模板方面的技巧。

虽然创建定制模板会很有益处，但笔者发现对笔者来说最好的办法是不用模板，或者只使用存在最少边际效应的模板。对笔者而言，那个模板就是在创建源代码和 Empty user interface 文件模板时的 Objective-C 类模板，可以在创建新的 NIB 文件时，在 iOS → User Interface 下找到它。

笔者发现，当使用模板时，要花更多时间来删除生成的代码、对文件改名，还不如从头创建这些文件省事。但要想使用最少的模板编写代码，需要有经验，即便是笔者，也是通过使用 Xcode 提供的模板走过来的。只有经过大量的时间，才能发现怎样的风格最适合自己。例如，创建 `NameEditorViewController` 时笔者个人的步骤是这样的：

1. 按⌘+N 键。
2. 选取 iOS → Cocoa Touch → Objective-C class。
3. 单击 Next 按钮。
4. 输入 `NameEditorViewController` 作为类名。
5. 设置 Subclass of 栏为 UIViewController。
6. 单击 Next 按钮。
7. 单击 Create 按钮。

这将创建两个文件：NameEditorViewController.h 和 NameEditorViewController.m。与`@interface` 和`@implementation` 存根不同，这些文件基本上是空的。笔者在实现视图控制器后，通过下列步骤创建用户界面：

1. 按⌘+N 键。
2. 选取 iOS→User Interface→Empty，单击 Next 按钮。
3. 选取 Device Family 为 iPhone，单击 Next 按钮。
4. 保存文件为 NameEditorView，单击 Create 按钮。

这个办法的最大不同不在于手工操作的步骤，而是其 NIB 文件名为 NameEditorView.xib，并非 NameEditorViewController.xib。NIB 表示的是视图而非控制器，在用视图控制器创建 NIB 文件时，Xcode 把 Controller 添加到 NIB 文件名的做法一直让笔者闹心。

另一个类似的办法就是沿着选取 `UIViewController` 子类模板的步骤，关掉 With XIB for user interface 选项。这样会产生大多数视图控制器的常用存根，而不生成.xib 文件。然而你可以自己手工创建 NIB 文件，使用空的、视图或其他用户界面 NIB 模板都行。

此处关键的是要摸索 Xcode 提供的选项，找出最适合你的办法。

相册名字编辑器相当简单。它只需要让用户输入一个名字，作为相册名即可。Xcode 将创建名字编辑器所需的总体视图控制器和 NIB，但你得负责完成其实现代码。要做到这一点，你得知道需求是什么。

名字编辑器要允许用户编辑名字，名字只不过是自由组合的文本（例如字符串）。这意味着控制器要能暴露 `NSString` 类型的名字属性。但用户界面还需要文本栏，以便用户能输入文字。`UITextField` 对这个需求是再合适不过了，因为它会保存当前文本，故可用于获取相册名。

我们还希望把用户界面做得尽可能友好。倘若用户不慎点触了加号按钮，名字编辑器要能提供一个办法让用户取消。用户界面还要有办法让用户表达他已经完成了新相册名字的编辑。名字编辑器的顶部可以提供取消、完成按钮来实现这些功能。

定义名字编辑器剩下的工作就是，要有与调用视图控制器的沟通机制。需要这种沟通机制来通知调用的视图控制器，用户是想取消还是要保存相册。为此，你定义的协议要允许调用视图控制器的回调。

理解了需求，我们就来做需要的修改。

打开接口文件 NameEditorViewController.h，添加名为 nameTextField 的 UITextField 声明属性。注意这种属性将关联至 NIB 定义的 UITextField 实例，所以要确保 UITextField 也按 IBOutlet 定义过。参看程序清单 9.7，其中有个例子。

还要调用两个动作：取消和完成，所以向 NameEditorViewController 接口为这两个动作添加两个方法。这些方法将与 NIB 定义的按钮关联起来，故而要确保每个动作的返回类型是 IBAction。这将帮助 IB 找到动作的方法。还有，正如你看到过的 UIBarButtonItem，要包含 (id)sender 参数到动作。虽然不要求有 sender 方法，但明确指出它是个好的做法，因为你并不知道何时需要它。

最后就是对 NameEditorViewController 接口设置：在用户取消或完成在名字编辑器里的操作后要告诉一个委派。委派是一个对象实例，在此语境下也称为 receiver，它基于某个动作或条件来接收一条或多条消息。所定义的协议要确保委派完成了合适的方法。委派要想接收消息，就必须遵从相关的协议。

注意：倘若你是从其他的语言，如 Java 或 C#转过来的，则可以把协议看成是其他某个对象实现的接口。要温习协议的概念，可阅读第 4 章的内容。

作为约定，视图控制器的委派协议名字通常是视图控制器名字加后缀 Delegate。我们在用过的 UITableViewDelegate 协议那里已经看到了这个约定。同样道理，NameEditorViewController 协议就称为 NameEditorViewControllerDelegate。由于该协议总与 NameEditorViewController 联用，我们希望同一个.h 接口文件能同时包含视图控制器和协议声明。这也就是说，NameEditorViewController Delegate 的声明应加入到 NameEditorViewController.h 头文件中。

定义协议只是此步骤的一部分。NameEditorViewController 必须拥有引用委派对象的声明属性。即需要向 NameEditorViewController 添加另一个属性，名为 delegate。因为对象可以是任何类型，故 delegate 属性被声明为 id 类型。为帮助编译器，协议名也以 id 类型加入。这将告诉编译器，要验证委派遵守了协议。声明属性看上去是这样的：

```
@property (nonatomic, strong) id<NameEditorViewControllerDelegate> delegate;
```

这么做会导致 NameEditorViewController.h 头文件出现有趣的问题。NameEditorViewController 接口有一个属性使用 NameEditorViewControllerDelegate 协议，但该协议还未被定义。你马上就会看到，协议使用 NameEditorViewController 类名，以作为其中一个方法的参数的数据类型。这意味着要么类，要么协议必须在 NameEditorViewController.h 头文件中有前向的声明。常见约定就是先用@protocol 语句来前向声明协议，再在类定义后面定义协议。这正是程序清单 9.7 用的办法。

NameEditorViewControllerDelegate 协议支持两种可选的方法：-nameEditorView-

ControllerDidFinish:和-nameEditorViewControllerDidCancel:。不要求委派对象实现这些方法，因为声明它们是可选的。要求用到这些方法时，就使用编译指示性语句@required。

你也许在想，这两个方法的名字有点冗长。确实如此！方法名本该是 didFinish:和 didCancel:，但它们不能很好地说明含义。设想你已经有了其他的视图控制器委派协议，名字和 didFinish:与 didCancel:一样，岂不很难区分这些协议的实现？通过在协议名上加上主发送器的名字，也就是视图控制器的名字作为前缀，能够让代码的可读性大大增强。

这就引出了另一个要点，或者多个要点，是关于另一个约定的。动作方法包含了发送器参数，与动作方法类似，委派协议方法包含的参数也会引用发送消息的对象，这是很常见的。然而，这种对象并不是叫 sender。相反，采用的是更有意义的参数名。举个例子，只有 NameEditorViewController 的实例可以发送 NameEditorViewControllerDelegate 消息，所以代表此发送器的参数名就叫做 controller。

对于 iOS 编程新手，有太多的东西要了解。别担心，要对 NameEditorViewController.h 作的修改在程序清单 9.7 中给出来了。按照清单对你的项目做修改，继续学习吧。

程序清单 9.7 作了必要修改的 NameEditorViewController.h 头文件内容

```
#import <UIKit/UIKit.h>

@protocol NameEditorViewControllerDelegate;

@interface NameEditorViewController : UIViewController

@property (strong, nonatomic) IBOutlet UITextField *nameTextField;
@property (strong, nonatomic) id<NameEditorViewControllerDelegate> delegate;

- (IBAction)cancel:(id)sender;
- (IBAction)done:(id)sender;

- (id)initWithDefaultNib;

@end


@protocol NameEditorViewControllerDelegate <NSObject>
@optional
- (void)nameEditorViewControllerDidFinish:(NameEditorViewController *)controller;
- (void)nameEditorViewControllerDidCancel:(NameEditorViewController *)controller;
@end
```

定义了接口，下面就来更新其实现。NameEditorViewController 的实现相当直接。首先要做的是用编译指示性语句@synthesize 合成声明属性。还要为两个动作，-cancel:和 -done:，实现其方法。这些修改的代码列于程序清单 9.8 中。不过还有几处值得探讨。

程序清单 9.8 做了必要代码改动后的 NameEditorViewController.m 文件

```
#import "NameEditorViewController.h"

@implementation NameEditorViewController
```

```
@synthesize nameTextField = _nameTextField;
@synthesize delegate = _delegate;

- (id)initWithDefaultNib
{
   self = [super initWithNibName:@"NameEditorViewController" bundle:nil];
   if (self) {
      // Custom initialization.
   }
   return self;
}

- (void)viewDidUnload
{
   [self setNameTextField:nil];
   [super viewDidUnload];
}

- (BOOL)shouldAutorotateToInterfaceOrientation:
(UIInterfaceOrientation)interfaceOrientation
{
   return YES;
}

#pragma mark - Actions methods

- (IBAction)cancel:(id)sender
{
   id<NameEditorViewControllerDelegate> delegate = [self delegate];
   if (delegate &&
      [delegate respondsToSelector:@selector(nameEditorViewControllerDidCan
cel:)])
   {
      [delegate nameEditorViewControllerDidCancel:self];
   }
   [self dismissModalViewControllerAnimated:YES];
}

- (IBAction)done:(id)sender
{
   id<NameEditorViewControllerDelegate> delegate = [self delegate];
   if (delegate &&
      [delegate respondsToSelector:@selector(nameEditorViewControllerDidFinish:)])
   {
   [delegate nameEditorViewControllerDidFinish:self];
   }
   [self dismissModalViewControllerAnimated:YES];
}

@end
```

注意：这里修改或删除了 Xcode 文件模板提供的很多代码。这是出于简洁的需要，而且正如前面在“另一种办法”中讲的那样，这是笔者清理代码的风格。

我们首先谈谈-initWithDefaultNib。在这里谈早了点儿，但 NIB 文件伴随的新视图控制器在代码中由-initWithNibName:bundle:方法进行实例化。该 init 方法使得不同 NIB 可用于同一个控制器。然而，在大多数 iOS 应用程序中，视图控制器仅与一个 NIB 文件协同工作。所以把定制的 init 方法-initWithDefaultNib 包括进来，以便调入 NIB 文件。其实现知道要调入哪个 NIB 文件，这意味着即便视图控制器用在多个地方，NIB 文件名却无须散布在应用程序的各处。

注意：由于-initWithDefaultNib 是在 NameEditorViewController 外面用的，因此它必须包含于控制器的接口内，如程序清单 9.7 所示。

当视图控制器所管理的视图从内存中去除时，会调用-viewDidUnload 方法。在这一方法调用后，该视图不再有效。再维持至 IBOutlet 的引用将会浪费内存。iOS 设备的内存有限，所以当某些内存不需要时，应当明智地将其释放。通过设置 IBOutlet 属性为 nil，应用程序告诉操作系统，该控制器的内存不再需要，应当找合适的时候释放掉。它还设置局部实例变量的引用为 nil，以免在访问无效指针时引起潜在的麻烦。即便你（还）不太明白这些，仍要养成在视图控制器的-viewDidUnload 方法内设置 IBOutlet 为 nil 的习惯。

-viewDidUnload 后面是-shouldAutorotateToInterfaceOrientation:方法。当调入视图控制器时会调用这一方法，它让视图控制器有机会告诉系统，在设备旋转时支持哪些放置模式。PhotoWheelPrototype 支持所有的放置模式，所以该方法总是对此视图控制器返回 YES，也会对其他所有的视图控制器返回 YES。

最后两个方法实现的是取消和完成按钮所需的功能。两个实现相似，只有少许的区别：-cancel:对委派调用的是-nameEditorViewControllerDidCancel:方法；而-done:调用的是-nameEditorViewControllerDidFinish:方法。

这两个方法的第一行都是对委派设置局部变量。这么做是为了无须在方法内到处使用[self delegate]。方法内遍布[self delegate]会使代码混乱，难以读懂。也可以使用实例变量 _delegate，但直接访问实例变量不是好的面向对象编程的做法。所以这里使用了局部变量。

if 语句进行了两个检查。首先检查委派是否指向某个对象。倘若委派是 nil，if 语句就会跳出，方法将返回控制给调用者；如果委派不是 nil，会再检查委派是否有到特定选择器，即-cancel:方法的-nameEditorViewControllerDidCancel:，及-done:方法的-nameEditorView-ControllerDidFinish:的实现。这正是 Objective-C 的一项强大功能，能够轮询对象，找出其实现什么，不会实现什么。假如委派不实现此方法，程序流控制就不会进入 if 代码块，否则会进入 if 代码块，调用委派方法。

当协议方法以@optional 定义时，检查对象是否实现某个特定的方法总是个好想法。若没有提供可选的方法，调用时应用程序会崩溃。如果方法用到@required，就不必检查了。然而，对要求的方法进行-respondsToSelector:检查仍然是好的做法。在以后你或他人需要将方法由“要求”改变为“可选”时，这样能保护你的代码。

注意：在 Objective-C 中，发送消息给 nil 对象不会做什么事，这意味着 if 语句本可写为 if ([delegate respondsToSelector: @selector(nameEditorViewControllerDidFinish:)])。前面那个检查 delegate 是否为 nil 的判断其实是不必要的。然而，在经过多年用其他语言编程后，老手很难改掉在 Objective-C 中消除检测 nil 的习惯。

视图控制器 NameEditorViewController 已经准备好运行了。其接口已定义，协议也创建了对委派对象的回调。且 NameEditorViewController 的实现也完成了。剩下的是要使这个视图控制器工作，来完成用户界面（例如视图）。

视图将会在顶部显示一个工具栏。工具栏上有两个按钮，Cancel 按钮在左边，Done 按钮在右边。工具栏下部的视图区是 UITextField。这是个文本输入框，供用户输入新的名字。UITextField 将被关联至 IBOutlet 的 nameTextField；Cancel 按钮将被关联至 cancel: IBAction 方法；Done 按钮将被关联至 done: IBAction 方法。下面是要执行的步骤：

注意：如果对这些步骤不明白的话，可阅读第 3 章的内容。

1. 打开 NameEditorViewController.xib 文件。
2. 从 Library 中拖放 UIToolbar 工具栏对象至视图中。将此工具栏放置到视图的顶部。
3. 选择并删除工具栏上显示的 Item 按钮。
4. 打开 Size 面板，设置工具栏为自动调整尺寸以停靠在顶部，如图 9-9 所示。

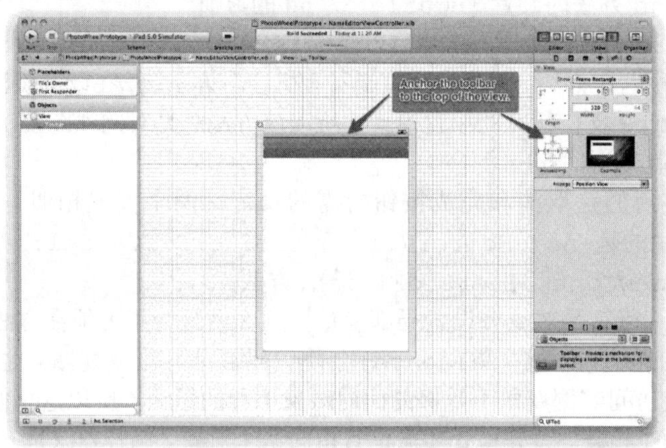

图 9-9 通过设置自动调整尺寸属性，将工具栏停靠在视图顶部

1. 向工具栏拖放 UIBarButtonItem 栏目按钮项。
2. 向工具栏拖放 UIBarButtonItem 变宽填充按钮项，放在其他栏目按钮项的右边。
3. 向工具栏拖放 UIBarButtonItem 栏目按钮项，放在变宽填充按钮项的右边。
4. 将左边的栏目按钮项标题改为“Cancel”。
5. 将右边的栏目按钮项标题改为“Done”。
6. 在仍然选中 Done 按钮时，打开 Attributes 面板（也可按 Option+⌘+4 键调出），设置其风格为 Done。
7. 向视图拖放 UITextField 文本栏，将其置于工具栏下方。调整文本栏的大小，以占据视图的大部分宽度。将自动调整尺寸设置为可变宽度（如图 9-10 所示）。
8. 在 Attributes 面板的文本栏，将 Placeholder 属性设置为“Enter the photo album name”。

这时视图应当如图 9-11 所示。如果不是，再次调整。一旦完成这一步，就可以关联 IBAction 与 IBOutlet 了。

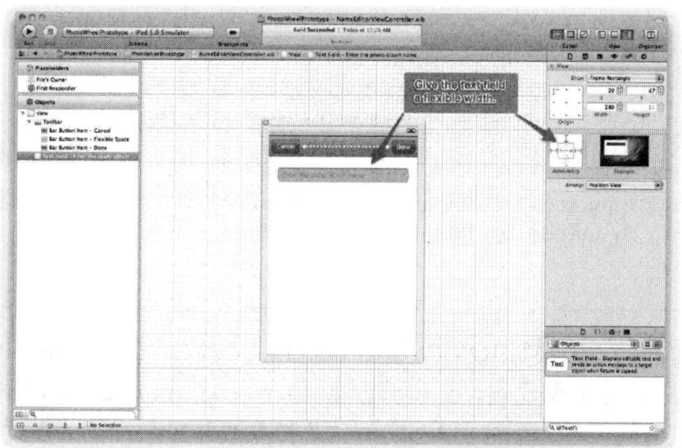

图 9-10　设置文本栏的自动调整尺寸为可变宽度

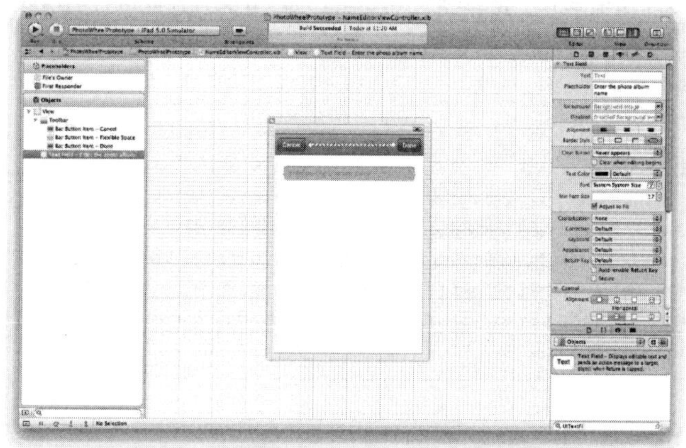

图 9-11　NameEditorView 的 NIB 文件截图

1. 按住 Control 键单击（或右击）File's Owner 占位对象。注意，Xcode 文件模板已经将 File's Owner 指定为 NameEditorViewController 类。
2. 将 nameTextField 插座变量关联至视图中的文本栏。
3. 将 cancel: action 关联至 Cancel 按钮。
4. 将 done: action 关联至 Done 按钮。
5. 保存所做的改动（按⌘+S 键）。

就这样！视图现在已经准备好了。剩下的工作就是修改 MasterViewController，使它能使用新的 MasterViewController。先在 MasterViewController.h 头文件开头加入 #import "NameEditorViewController.h"，再对 MasterViewController 的@interface 声明加入 <NameEditorViewControllerDelegate>。接口文件的内容此时应如程序清单 9.9 所示。

程序清单 9.9　修改后的 MasterViewController.h 头文件

```
#import <UIKit/UIKit.h>
```

```
#import "NameEditorViewController.h"

@class DetailViewController;

@interface MasterViewController : UITableViewController
<NameEditorViewControllerDelegate>

@property (strong, nonatomic) DetailViewController *detailViewController;
@property (strong, nonatomic) NSMutableOrderedSet *data;

@end
```

现在修改实现代码。在 MasterViewController.m 文件结尾处，加入 NameEditorViewControllerDelegate 的实现代码。还得修改 MasterViewController.m 文件中的-add:方法，以创建一个 NameEditorViewController 实例，设置委派并显示视图。修改后的代码如程序清单 9.10 所示。为简洁起见，程序清单只列出了修改的地方，而没有给出全部源代码。

程序清单 9.10 MasterViewController.m 文件需要进行的修改

```
@implementation MasterViewController

/* ... */

- (void)add:(id)sender
{
  NameEditorViewController *newController =
    [[NameEditorViewController alloc] initWithDefaultNib];
  [newController setDelegate:self];
  [newController setModalPresentationStyle:UIModalPresentationFormSheet];
  [self presentModalViewController:newController animated:YES];
}

#pragma mark - NameEditorViewControllerDelegate

- (void)nameEditorViewControllerDidFinish:(NameEditorViewController *)controller
{
  NSLog(@"%s", __PRETTY_FUNCTION__);
}

- (void)nameEditorViewControllerDidCancel:(NameEditorViewController *)controller
{
  NSLog(@"%s", __PRETTY_FUNCTION__);
}

@end
```

我们来看看修改后的-add:方法。它以前只有一行 NSLog 语句，现在有了真正的功能。它使用专门的 init 方法-initWithDefaultNib 创建了一个 NameEditorViewController 实例。并将委派设为 self，即此时的 MasterViewController 实例，后者遵从 NameEditorViewControllerDelegate。

名字编辑器将以有模式的方式显示。为了使其美观，我们将 modalPresentationStyle 设为 UIModalPresentationFormSheet。这将使此模式显示于屏幕中央，将背景视图灰度化。还会在虚拟键盘显示时调整位置。在设置了表现风格后，代码将使用 presentModalView Controller:animated: 以有模式的方式显示新控制器。这样会使新的控制器从底部滑动上来，显示于屏幕的中央位置。

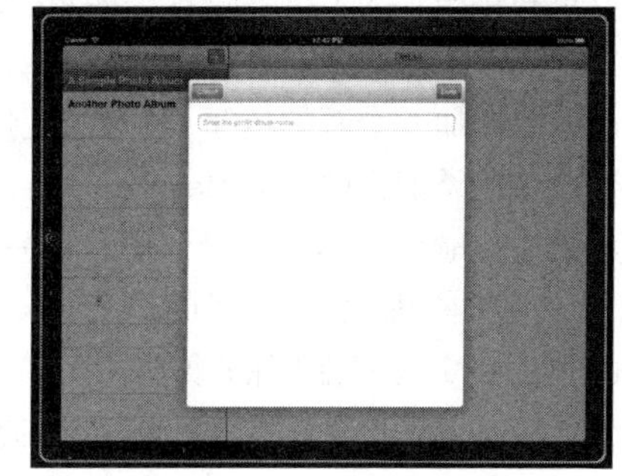

图 9-12　名字编辑器的截图

现在可以构建并运行应用程序了。当你点触加号按钮时，会显示新的 NameEditorViewController。点触 Cancel 按钮将在调试输出窗口中显示 [MasterViewController nameEditorViewControllerDidCancel:]，点触 Done 按钮将显示 [MasterViewController nameEditorView ControllerDidFinish:]。完成后的版本其外观如图 9-12 所示。

我们在重新检查 UITableView 之前，还要对一些地方进行完善。Done 按钮应当向 data 数组添加新的条目，所以将-nameEditorViewControllerDidFinish:的 MasterViewController 实现代码替换成程序清单 9.11 所示的代码。

程序清单 9.11　MasterViewController.m 文件中更新的-nameEditorViewControllerDidFinish:方法

```
- (void)nameEditorViewControllerDidFinish:(NameEditorViewController *)controller
{
   NSString *newName = [[controller nameTextField] text];
   if (newName && [newName length] > 0) {
      [[self data] addObject:newName];
      [[self tableView] reloadData];
   }
}
```

我们检查一遍这段代码。在-nameEditorViewControllerDidFinish:中有个局部变量 newName，它被设置为 NameEditorViewController 内显示的文本栏所返回的字符串。倘若 newName 不是 nil，且字符串长度大于 0，则新名字将会被加入到 data 数组中，作为新的相册名，并告知 tableView 重新调入 data。

就这样！用户现在能够往表格视图中添加新相册了。

注意： 在表格视图中调用 reloadData 是更新显示大快好省的办法。然而表格视图会对表格进行一遍重构与显示各单元的过程。倘若你不想有这个多余的处理，可以在插入和删除表格行时使用 UITableViewDataSource 协议方法（即-tableView: commitEditingStyle: forRowAtIndexPath:和-tableView: canEditRowAtIndexPath:）。

9.3.4　编辑数据

倘若不能编辑所添加的数据，又有什么用呢？我们来添加编辑功能，允许用户更改现在相册的名称。为节省时间，将再次使用名字编辑器，这次是编辑已存在的名字。

需要有个办法允许用户对已有条目进行编辑。幸运的是，UITableView 支持编辑的概念。当 UITableView 处于编辑模式时，表格单元就会缩进，加入了个红圈表示允许删除，表格的各行可以重新排序。为了将表格置于编辑模式，我们需要有 Edit 按钮。放置 Edit 按钮的一个好地方就是主视图的 MasterViewController 导航栏左边。

要添加一个新的按钮，只需要创建新的 UIBarButtonItem，并将其添加到导航栏的左边。这段代码类似于前面为 MasterViewController 写的-viewDidLoad 方法，后者将加号按钮添加到了导航栏。不过且慢！还有另一种办法。

正如前面已经提到的，使用 UITableViewController 的好处在于该控制器提供了 UITableView 常用的功能。其中一项常用功能就是 Edit 按钮。倘若没有 UITableViewController，你就得负责创建新的编辑栏按钮项，实现把表格视图置于编辑模式的动作。在用户点触 Edit 按钮时，你还得修改此按钮至 Done 按钮，并切换回正常模式。而现在你可以利用 UITableViewController 轻松实现这些功能，UITableViewController 正是 MasterViewController 的父类。

要添加 Edit 按钮至导航控制器，在 MasterViewController.m 文件结尾的-viewDidLoad 方法处加入程序清单 9.12 所示的代码。editButtonItem 属性会返回对栏目按钮项的引用，该栏目按钮项被设置为表格视图内的 Edit 按钮。

程序清单 9.12　向导航栏添加 Edit 按钮的代码

```
- (void)viewDidLoad
{
   [super viewDidLoad];

   /* ... */

   [[self navigationItem] setLeftBarButtonItem:[self editButtonItem]];
}
```

构建并运行应用程序。应用程序现在有了 Edit 按钮，点触它能够让表格视图在编辑模式和正常模式之间切换。但还不能编辑表格行。要实际地编辑一个条目，还需要更多代码。首先，应该显示一个细节展示按钮，告诉用户该表格行可以编辑。然后，添加代码处理所要编辑的选中条目。当选中条目时，名字编辑器必须显示出来。在用户点触名字编辑器的 Done 按钮时，必须更新数据和表格，以反映出新的名字。

还必须修改 NameEditorViewController 来支持编辑模式。UIViewController 已经有了编辑属性，可用来告诉控制器它处于编辑模式。但控制器需要知道更多信息，比如正在编辑的表格行的索引路径。

我们从更新 MasterViewController 开始这部分工作。代码改动参见程序清单 9.13。第一处是在表格处于编辑模式时，设置表格单元的附属类型。下一处修改是为 UITableViewDelegate 的方法-tableView:accessoryButtonTappedForRowWithIndexPath:添加实现代码。当用户点触表格单元的细节展示按钮时，会调用此方法。实现代码创建了名字编辑器的实例，将其准备好编辑。然后显示出来。最后，修改-nameEditorView ControllerDidFinish:方法，使之支持编辑模式。将程序清单 9.13 所示的修改加入到你的项目中。

程序清单 9.13 修改 MasterViewController.m 文件，以支持对相册名字的编辑功能

```
- (UITableViewCell *)tableView:(UITableView *)tableView
      cellForRowAtIndexPath:(NSIndexPath *)indexPath
{
   static NSString *CellIdentifier = @"Cell";

   UITableViewCell *cell = [tableView dequeueReusableCellWithIdentifier:CellIdenti
fier];
   if (cell == nil) {
      cell = [[UITableViewCell alloc] initWithStyle:UITableViewCellStyleDefault
                              reuseIdentifier:CellIdentifier];

      // Display the detail disclosure button when the table is
      // in edit mode. This is the line you must add:
      [cell setEditingAccessoryType:UITableViewCellAccessoryDetailDisclosureButton];
   }

   // Configure the cell.
   NSString *text = [[self data] objectAtIndex:[indexPath row]];
   [[cell textLabel] setText:text];

   return cell;
}

- (void)tableView:(UITableView *)tableView
accessoryButtonTappedForRowWithIndexPath:(NSIndexPath *)indexPath
{
   NameEditorViewController *newController = [[NameEditorViewController alloc]
                                         initWithDefaultNib];
   [newController setDelegate:self];
   [newController setEditing:YES];
   [newController setIndexPath:indexPath];
   NSString *name = [[self data] objectAtIndex:[indexPath row]];
   [[newController nameTextField] setText:name];
   [newController setModalPresentationStyle:UIModalPresentationFormSheet];
   [self presentModalViewController:newController animated:YES];
}

- (void)nameEditorViewControllerDidFinish:(NameEditorViewController *)controller
{
   NSString *newName = [[controller nameTextField] text];
   if (newName && [newName length] > 0) {
      if ([controller isEditing]) {
         [[self data] replaceObjectAtIndex:[[controller indexPath] row]
                        withObject:newName];
      } else {
         [[self data] addObject:newName];
      }
      [[self tableView] reloadData];
   }
}
```

注意：和以前一样，程序清单 9.13 只列出了改动的地方。为了节省纸张，这里没有给出 MasterViewController.m 文件的完整内容。

眼下编译项目还不会顺畅。还没有对 NameEditorViewController 进行修改。必须添加一个 NSIndexPath 类型的声明属性 indexPath。该属性还必须在 NameEditorViewController 的实现代码中合成与释放。改动之处列于程序清单 9.14 中。

程序清单 9.14　NameEditorViewController.h 和.m 文件的修改之处

```
@interface NameEditorViewController : UIViewController

/* Other code purposely left out for brevity's sake. */

@property (strong, nonatomic) NSIndexPath *indexPath;

@end



@implementation NameEditorViewController

@synthesize nameTextField = _nameTextField;
@synthesize delegate = _delegate;
@synthesize indexPath = _indexPath;

/* Other code purposely left out for brevity's sake. */

@end
```

完成上面的修改后，运行项目看看情况如何。验证新的编辑功能。你是否注意到有什么可笑的现象出现？名字编辑器在进入编辑模式后不能显示原先的相册名了，尽管在显示视图之前已经设置了 nameTextField 的 text 属性。怎么回事呢？

nameTextField 是在调入 NIB 文件时由 NIB 实例化的 UITextField。MasterViewController 调用[[newController nameTextField] setText:name]来设置 text 值，但文本栏此时尚未创建和初始化。而文本栏真的完成初始化后，会使用空字符串作为文本值。这就是相册名没有显示出来的原因。怎么解决这一问题呢？

解决方法涉及两个步骤：

1. 向 NameEditorViewController 添加一个 NSString 类型的声明属性 defaultNameText。

2. 在-viewDidLoad 方法中，设置 nameTextField 的文本属性。

这样直到视图调入且其子视图已初始化后，才会调用-viewDidLoad。

对 NameEditorViewController 修改后的代码参看程序清单 9.15。确保在实现代码中合成并释放了新的声明属性。

程序清单 9.15　NameEditorViewController.h 和.m 文件需要做的修改之处

```
@interface NameEditorViewController : UIViewController
```

```
/* Other code purposely left out for brevity's sake. */

@property (nonatomic, copy) NSString *defaultNameText;

@end


@implementation NameEditorViewController

@synthesize nameTextField = _nameTextField;
@synthesize delegate = _delegate;
@synthesize indexPath = _indexPath;

// Add this line:
@synthesize defaultNameText = _defaultNameText;

- (void)viewDidLoad
{
   [super viewDidLoad];
   if ([self isEditing]) {
      [[self nameTextField] setText:[self defaultNameText]];
   }
}

/* Other code purposely left out for brevity's sake. */

@end
```

最后的修改是，将 MasterViewController.m 文件中的`[[newController nameTextField] setText:name]`调用改成程序清单 9.16 所示的`[newController setDefaultNameText:name]`。

程序清单 9.16 对 MasterViewController.m 文件中设置默认名字文本的代码进行修改

```
- (void)tableView:(UITableView *)tableView
accessoryButtonTappedForRowWithIndexPath:(NSIndexPath *)indexPath
{
   NameEditorViewController *newController =
      [[NameEditorViewController alloc] initWithDefaultNib];
   [newController setDelegate:self];
   [newController setEditing:YES];
   [newController setIndexPath:indexPath];
   NSString *name = [[self data] objectAtIndex:[indexPath row]];

   // Replace [[newController nameTextField] setText:name]; with
   // the following:
   [newController setDefaultNameText:name];

   [newController setModalPresentationStyle:UIModalPresentationFormSheet];
   [self presentModalViewController:newController animated:YES];
}
```

9.3.5 删除数据

完成添加和编辑数据后我们要趁热打铁。现在要允许用户删除数据。要支持删除一个表格行，结构其实已经是现成的了。用户可以点触 Edit 按钮，然后点触那个红圈。这将使表格视图对表格单元显示一个 Delete 按钮。当用户手指划过行时，倘若表格不是处于编辑模式，就会对表格单元显示 Delete 按钮。对 MasterViewController 还需动少许脑筋，才能提供完整的删除功能。

要允许删除，需要从 `UITableViewDataSource` 委派实现另外两种方法：`-tableView:canEdit RowAtIndexPath:`和`-tableView:commitEditingStyle:forRowAtIndexPath:`。前一个方法使应用程序能够控制表格的某个特定行是否可编辑。就本项目的意图而言，该方法应一直返回 YES。但也可以在日后对某些行返回 `YES`，另外一些行返回 `NO`。

另一个方法是`-tableView:commitEditingStyle:forRowAtIndexPath:`。在前面的代码中，当添加一个新行，或者编辑现有的某一行时，代码就会调用`[tableView reloadData]`。这里用到了不同的办法。没有重新调入数据（这当然是能工作的），而将现有行从表格视图中删除。这会给用户以更好的体验，因为行的删除是带动画的，而表格视图并未被完全重画。在此特定例子中，用到 `UITableViewRowAnimationFade` 来淡出被删除的行。

这两个方法的实现代码如程序清单 9.17 所示。确保这些代码加入到你的项目中。

程序清单 9.17 向 MasterViewController.m 文件添加两个用来支持删除功能的 `UITableViewDataSource` 方法

```
- (BOOL)tableView:(UITableView *)tableView
canEditRowAtIndexPath:(NSIndexPath *)indexPath
{
    return YES;
}

- (void)tableView:(UITableView *)tableView
commitEditingStyle:(UITableViewCellEditingStyle)editingStyle
forRowAtIndexPath:(NSIndexPath *)indexPath
{
    if (editingStyle == UITableViewCellEditingStyleDelete) {
        [[self data] removeObjectAtIndex:[indexPath row]];
        [tableView deleteRowsAtIndexPaths:[NSArray arrayWithObject:indexPath]
                  withRowAnimation:UITableViewRowAnimationFade];
    }
}
```

9.3.6 重排数据

`UITableView` 还有另外一个漂亮的功能，就是对数据重排。`UITableView` 允许用户上下移动数据行来改变顺序。要想添加重排数据的支持，只需要两步走：

1. 配置单元以显示重排控件。
2. 实现 `UITableViewDataSource` 委派方法`-tableView:moveRowAtIndexPath:toIndexPath:`。

MasterViewController.m 文件中修改的代码如程序清单 9.18 所示。确保你的项目实现了这些改动并保存，然后运行应用程序，以检验重排效果。

程序清单 9.18 修改后的 MasterViewController.m 文件将支持对表格行的重排

```
- (UITableViewCell *)tableView:(UITableView *)tableView
```

```
cellForRowAtIndexPath:(NSIndexPath *)indexPath
{
   static NSString *CellIdentifier = @"Cell";

   UITableViewCell *cell =
      [tableView dequeueReusableCellWithIdentifier:CellIdentifier];
   if (cell == nil) {
   cell = [[UITableViewCell alloc] initWithStyle:UITableViewCellStyleDefault
                              reuseIdentifier:CellIdentifier];
   [cell setEditingAccessoryType:UITableViewCellAccessoryDetailDisclosureButton];

      // Add this line:
      [cell setShowsReorderControl:YES];
   }

   // Configure the cell.
   NSString *text = [[self data] objectAtIndex:[indexPath row]];
   [[cell textLabel] setText:text];

   return cell;
}

- (void)tableView:(UITableView *)tableView
moveRowAtIndexPath:(NSIndexPath *)fromIndexPath
      toIndexPath:(NSIndexPath *)toIndexPath
{
   [[self data] exchangeObjectAtIndex:[fromIndexPath row]
                    withObjectAtIndex:[toIndexPath row]];
}
```

与编辑表格行一样，UITableViewDataSource 协议包含名为-tableView:canMoveRowAtIndexPath:的方法，允许代码指定表格行是否可被移动。该方法若返回 YES，则说明表格行可被移动；返回 NO 则禁止表格行移动。该方法未在程序清单 9.18 中实现，因此用户可以移动所有的表格行。

9.3.7 选取数据

本章在结束表格视图的介绍之前，还要实现最后一个功能。当用户点触表格视图的某行时，细节视图控制器——你还记得这是什么吗？我们有一段时间没谈到它了——要被告知选中了哪个条目。这类似于编辑一个表格行。UITableViewDelegate 包含了-tableView:didSelectRowAtIndexPath:方法，后者会在用户点触表格视图的某行时被调用。然而，MasterViewController 对 DetailViewController 一无所知，所以我们首先要修正这个问题。

MasterViewController 需要有个 DetailViewController 类型的声明属性，该属性必须在 MasterViewController 的实现中合成。现在就来完成这些修改。它们在你使用主从复合应用程序模板时就已经替你完成这些功能了。我们仔细看看其代码，如程序清单 9.19 所示。

程序清单 9.19 MasterViewController 的声明属性 detailViewController

```
#import <UIKit/UIKit.h>
#import "NameEditorViewController.h"
```

```
@class DetailViewController;

@interface MasterViewController : UITableViewController
<NameEditorViewControllerDelegate>

@property (strong, nonatomic) DetailViewController *detailViewController;
@property (strong, nonatomic) NSMutableOrderedSet *data;

@end


#import "MasterViewController.h"
#import " DetailViewController.h"

@implementation MasterViewController

@synthesize detailViewController = _detailViewController;
@synthesize data = _data;

/* Other code purposely left out for brevity's sake. */

@end
```

在程序清单 9.19 中，编译指示性语句`@class`用于通知编译器，类名是有效的，但类的接口文件并未通过头文件导入。编译器在类被实际使用（比如，为类创建新实例，或向类实例发消息）之前，并不需要知道其接口怎样。仅在使用类时，才必须导入类的接口。通常，如果在实现中用到某类，就必须在.m 文件中包含`#import`语句，来导入此类的头文件。然而采用`@class`时，接口.h 头文件中就不需要`#import`了。

这个规则有个例外，就是当头文件声明接口来扩展另一个类，或声明一个遵守协议的接口时。这种情况下，需要在头文件中包含`#import`语句。

注意：这种告诉编译器某样东西存在，却不提供其细节信息的方法称为“前向声明”。前向声明在 C 语言中很常见，自然也广泛用在 Objective-C 中。编译指示性语句`@class`就是类名的前向声明，但前向声明不只限于类名。前向声明在 C 语言和 Objective-C 中到处使用，告诉编译器要定义的协议、方法和函数。

现在可以实现`-tableView:didSelectRowAtIndexPath:`方法了。该方法的实现对你可谓已经驾轻就熟。使用`indexPath`从`data`数组中取出相册名，然后将值传递给细节视图控制器。这个过程类似于编辑表格行的办法。最大区别在于细节视图控制器已经创建，因此无须创建新的实例。我们看看程序清单 9.20 所示的代码，它替换了 Xcode 模板生成的代码。

程序清单 9.20 向 MasterViewController.m 文件添加代码，以便在细节视图控制器中显示相册名

```
- (void)tableView:(UITableView *)tableView
didSelectRowAtIndexPath:(NSIndexPath *)indexPath
{
   NSString *name = [[self data] objectAtIndex:[indexPath row]];
   [[self detailViewController] setDetailItem:name];
}
```

最后一步是设置 `MasterViewController` 实例的 `detailViewController` 属性，使之成为在应用程序委派中创建 `DetailViewController` 实例。打开 AppDelegate.m 文件，将 `MasterViewController` 的 `detailViewController` 属性赋值为 `DetailViewController` 实例。程序清单 9.21 给出了最终的代码。

程序清单 9.21　将 `DetailViewController` 实例赋值给 `detailViewController` 属性

```
- (BOOL)application:(UIApplication *)application
didFinishLaunchingWithOptions:(NSDictionary *)launchOptions
{
   self.window = [[UIWindow alloc] initWithFrame:[[UIScreen mainScreen] bounds]];
   // Override point for customization after application launch.

   MasterViewController *masterViewController =
      [[MasterViewController alloc] initWithNibName:@"MasterViewController"
                                             bundle:nil];
   UINavigationController *masterNavigationController =
      [[UINavigationController alloc]
       initWithRootViewController:masterViewController];

   DetailViewController *detailViewController =
      [[DetailViewController alloc] initWithNibName:@"DetailViewController"
                                             bundle:nil];
   UINavigationController *detailNavigationController =
      [[UINavigationController alloc]
       initWithRootViewController:detailViewController];

   // Add this line. It tells the master view controller which
   // detail view controller to use.
   [masterViewController setDetailViewController:detailViewController];

   self.splitViewController = [[UISplitViewController alloc] init];
   self.splitViewController.delegate = detailViewController;
   self.splitViewController.viewControllers = [NSArray arrayWithObjects:
                                               masterNavigationController,
                                               detailNavigationController,
                                               nil];
   self.window.rootViewController = self.splitViewController;
   [self.window makeKeyAndVisible];
   return YES;
}
```

就是这样！构建并运行应用程序。当你在表格视图中点触相册时，其名字就会出现在细节视图里。倘若你看到的不是这样，就检查自己的工作。

9.4　小结

本章介绍了 `UITableView` 及其支持的协议和类。也介绍了其他基本的概念，包括创建和显示视图控制器，使用委派在视图控制器之间通信，目标—动作模式的用法。一下子有这么多的信息要吸收。不过别担心，你会在学习本书的过程中不断重复这些基本概念的。

9.5 习题

1. 打开 `UITableViewDelegate` 和 `UITableViewDataSource` 所在的头文件。查看这些协议提供的委派方法清单（参看第 8 章可以了解打开头文件的窍门）。
2. 将 Edit 按钮移动到右边，加号按钮移动到左边。之后，把这些按钮还移回原处。
3. 改变加号按钮的栏目按钮项风格，换成其他风格看看有什么视觉上的区别。
4. 修改应用程序，不让用户编辑表格视图的第一行。
5. 修改应用程序，不让用户移动表格视图的最后一行。

第⑩章 用视图工作

上一章学习了视图控制器的用法、在它们之间通信的办法。本章将学习创建自己的定制视图。我们已经谈到相册的概念，现在该显示照片了，定制视图正是我们要做的事情。

10.1 定制视图

UIKit 提供了一套很棒的视图，方便我们加快创建 iPad 应用程序的过程。然而，应用程序界面经常需要 SDK 以外的东西。这就是定制视图的用武之地。创建定制视图并不难。事实上，这个过程就像创建新的 UIView 子类那样容易。

为什么要创建定制视图？有许多原因。最常见的原因就是简化应用程序的代码。比如说，应用程序需要呈现同一组视觉控件——显示一个文本标签，后面跟着文本输入框。如果这些控件在整个应用程序内到处都有，如此不断重复的做法是违背 DRY 原则的，使代码难以维护。通过创建新的视图，由它负责显示文本标签和文本栏，则可以简化代码。创建新视图后，不是在应用程序中随处重复文本标签和文本栏的组合，而是重复包含文本标签和文本栏的视图。只需要在一个地方做一次修改，比如颠倒两个控件的顺序，修改就能遍及整个应用程序。

注意： DRY 是不要来回重复（Don't Repeat Yourself）的缩写，是软件工程的一项基本原则，其目的在于减少冗余度。它适用于代码块、逻辑、用户界面的元素设置等，所有这些提到的东西都应该只存在于一个地方，在应用程序中重用，而并不通过复制、粘贴的办法。要了解关于 DRY 及其他有益的编程原则，阅读《The Pragmatic Programmer: From Journeyman to Master》，由 Addison-Wesley 出版社于 1999 年出版。

不用视图控制器

创建一个定制视图很容易。困难在于我们决定某个用户界面元素做成定制视图比较好，还是做成视图控制器的一部分比较好。先是实现视图控制器显示用户界面的一部分，后来却发现，实现成视图会更便于重用，这种情况并非个别情况。而且比起视图控制器，视图不仅更容易重用，还可以创建定制视图的特例，扩展它的外观和行为。

举个例子，一组照片要以环形的方式显示。最先想到的用户界面解决方案就是编写一个视图控制器，来管理照片布局。可是一旦你这么做后，就会意识到要有相当数量的控制器代码用于照片的布局。布局代码的实现对定制视图是再合适不过了，对视图控制器而言并不理想。

应当让视图控制器作为视图和模型之间的数据媒介，而让视图来管理由控制器提供数据的视觉布局。

关于上述原则的一个比较好的示例就是轮状视图。我们来看看图 10-1 给出的应用程序原型草图。你会看到一些呈轮状排布的照片。照片轮只不过是一些照片按圆形排列而已。虽然这可以在 DetailViewController 内做到，但更好的做法是创建新的定制视图，由它来管理照片的布局。我们来看看如何以定制视图实现轮状视图。

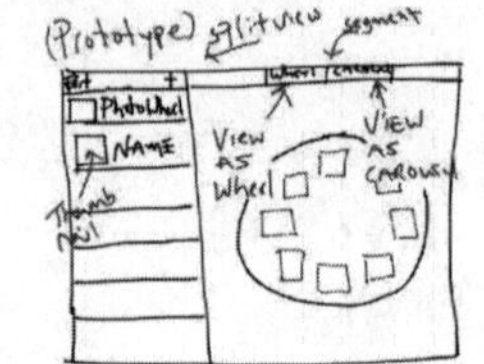

图 10-1 PhotoWheel 应用程序原型的草图

注意： PhotoWheel 的原始灵感源于 View-Master（en.wikipedia.org/wiki/View_Master）。View-Master 是一种显示三维图片的设备，在 1939 年出现，从那时起它就成为一种流行的儿童玩具。它使用一个包含有 14 张图片的圆盘，并将这些图片配对，从而以惊人的三维效果让人看到 7 幅图片。

10.2 轮状视图

轮状视图展示以圆形排列的一组子视图。为什么是一组子视图，而非一组照片呢？因为没有充分理由限制轮状视图只能显示照片。UIView 或者它的某些子类，比如 UIImageView 就足以显示一张照片。轮状视图不在意子视图的类型如何，只要它是某种类型的视图即可。这意味着轮状视图不必局限于显示照片。它还可以用来显示你想展示的任何视图。

轮状视图怎样知道要显示的子视图呢？一个办法就是向其传递一组视图的数组，但这意味着视图必须在内存中创建，然后才能被轮状视图引用。这会浪费移动设备上宝贵的系统资源（例如内存）。更好的办法是，让轮状视图自己从源头请求它所需的每个子视图信息。

这种模式对你来说应该很熟悉了。它和 UITableView 用到的模式一模一样。UITableView 对要显示在每行的表格单元并不知道，但它依靠 UITableViewDataSource 对象来提供所需的每个表格单元。要创建的轮状视图也将采用同样办法。

要着手创建轮状视图，需要先创建一个新类。我们就叫这个新类为 WheelView 吧。通过下列步骤完成这个工作：

1. 按⌘+N 键。
2. 选择 iOS→Cocoa Touch→Objective-C class 命令。
3. 单击 Next 按钮；
4. 设置类为 WheelView。
5. 将 Subclass of 栏设为“UIView”。
6. 单击 Next 按钮。
7. 单击 Create 按钮。

打开接口文件 WheelView.h，加入如程序清单 10.1 所示的代码。

程序清单 10.1 WheelView.h 头文件的源代码

```
#import <UIKit/UIKit.h>

@protocol WheelViewDataSource;
@class WheelViewCell;
```

```
@interface WheelView : UIView

@property (nonatomic, strong) IBOutlet id<WheelViewDataSource> dataSource;

@end

@protocol WheelViewDataSource <NSObject>
@required
- (NSInteger)wheelViewNumberOfCells:(WheelView *)wheelView;
- (WheelViewCell *)wheelView:(WheelView *)wheelView cellAtIndex:(NSInteger)index;
@end


@interface WheelViewCell : UIView
@end
```

浏览代码，你会首先看到 UIKit.h 头文件的导入语句`#import`。这样就能使 `WheelView` 类引用 `UIKit` 里的类。接着是两个前向声明，一个语句是 `WheelViewDataSource` 协议，另一个语句是 `WheelViewCell` 类。这些前向声明语句告诉编译器，后者所遇到的该协议或类引用位于其实际声明之前。

接下来是 `WheelView` 的接口声明。该类派生于 `UIView`，它有一个属性叫 `dataSource`。`dataSource` 可以是任何 Objective-C 对象，而与类的类型无关。所以数据类型 `id` 用来作为此属性的数据类型。为了帮助编译器进行语法检查，`WheelViewDataSource` 协议被加入到数据类型 `id`。它告诉编译器，`dataSource` 引用的对象必须遵守 `WheelViewDataSource` 协议。

注意，`dataSource` 也被标记为插座变量。它让你可以在 IB 内设置属性引用，你马上就会明白这是什么意思。

`WheelView` 接口声明之后就是对 `WheelViewDataSource` 协议的声明。`WheelView` 需要对其将显示的数据了解两样东西：

- 要显示的单元数目。
- 特定索引号的单元。

所以，需要有两个方法加入到 `WheelViewDataSource` 协议中。任何遵从该协议的对象都必须提供这些方法的实现代码。

最后，在源代码中你会看到 `WheelViewCell` 的声明，`WheelViewCell` 是 `UIView` 的子类。我们已经提到，`WheelView` 并不在乎轮子上显示的视图类型，但这种情况日后会发生变化。当 `WheelView` 需要在对象上保存些内部信息时，`WheelView` 就得关心轮子上的视图类型。通过声明通用类，你可以应对以后可能的修改。既然 `WheelViewDataSource` 协议的方法中用到该类类型，那么 `WheelView` 需要在视图单元内保存一些内部数据，方可减少应用程序修改造成的影响。

注意： 你也许在想，`WheelView`、`WheelViewDataSource` 与 `WheelViewCell` 为什么都在一个接口文件中定义呢？它们每个本该分别在单独的接口文件中定义，而之所以选择把它们放在一起，是因为它们之间是紧密联系的，这样更便于在其他项目中重用 `WheelView`，只要复制 WheelView.h 和.m 文件即可，而不必同时复制 WheelView.h 和.m 文件、WheelViewDataSource.h 头文件以及 WheelViewCell.h 和.m 文件。

现在打开 WheelView.m 文件，将模板生成的代码替换成程序清单 10.2 所示的代码。

程序清单 10.2 WheelView 的实现代码

```
#import "WheelView.h"


@implementation WheelView

@synthesize dataSource = _dataSource;

- (void)setAngle:(CGFloat)angle
{
  // The following code is inspired by the carousel example at
  // http://stackoverflow.com/questions/5243614/3d-carousel-effect-on-the-ipad

  CGPoint center = CGPointMake(CGRectGetMidX([self bounds]),
                               CGRectGetMidY([self bounds]));
  CGFloat radiusX = MIN([self bounds].size.width,
                        [self bounds].size.height) * 0.35;
  CGFloat radiusY = radiusX;

  NSInteger cellCount = [[self dataSource] wheelViewNumberOfCells:self];
  float angleToAdd = 360.0f / cellCount;

  for (NSInteger index = 0; index < cellCount; index++)
  {
    WheelViewCell *cell = [[self dataSource] wheelView:self cellAtIndex:index];
    if ([cell superview] == nil) {
      [self addSubview:cell];
    }

    float angleInRadians = (angle + 180.0) * M_PI / 180.0f;

    // Get a position based on the angle
    float xPosition = center.x + (radiusX * sinf(angleInRadians))
      - (CGRectGetWidth([cell frame]) / 2);
    float yPosition = center.y + (radiusY * cosf(angleInRadians))
      - (CGRectGetHeight([cell frame]) / 2);

    [cell setTransform:CGAffineTransformMakeTranslation(xPosition, yPosition)];

    // Work out what the next angle is going to be
    angle += angleToAdd;
  }
}

- (void)layoutSubviews
{
  [self setAngle:0];
}

@end


@implementation WheelViewCell
```

```
@end
```

在线帮助

你是否已经注意到，程序清单 10.2 的注释提到原始算法用于对子视图排列布局？这个算法来自于 stackoverflow.com 的帖子，而署名 Tommy 的网友将其发展成完善的解决方案。

当今的编程与 30 年前大不相同。回到 20 世纪 80 年代，那时笔者需要为所工作的系统实现 YMODEM 文件传输协议。笔者听说以前的一期《Dr. Dobb's Journal》杂志上有示例代码，所以去了当地一所大学的图书馆，想看看这本杂志。

糟糕的是，没有那一期杂志。笔者只好申请查阅杂志的缩微胶卷，花了几天才把这些胶卷搞到手。笔者拿到后又回到大学图书馆，以查看其标题。找到了需要的文章，将其研读了许多遍，直到确认理解了其含义。然后在纸上手写出了示例代码。倘若笔者没记错的话，整个过程，从研究到实现，几乎花了两周时间，才得到这个传输协议的工作版本。

而现在，许多编程问题几分钟内就能解决，不需要几天甚至几星期。感谢互联网、Google.com 和在线开发社区、论坛，比如 stackoverflow.com，还有苹果公司自己的 devforums.apple.com。它们使得编程比原先容易得多了。一定要养成查看在线资源的习惯，在面临编程挑战时，或者你想了解对同样问题还有什么可能的解决办法时，就访问这些网站。同时，作为一个好的开发社区成员，也要对别人提出的问题给予解答和解决方案。

`WheelView` 现已准备好。轮状视图将显示在 `DetailView` 中。IB 尚不知道有 `WheelView` 的存在，所以你必须告诉它。这是通过在 Identity 面板中将类名 `UIView` 修改成 `WheelView` 来做到的。只要 IB 知道 `WheelView` 类型的视图，File's Owner 就可以被设为轮状视图的数据源。下面是要做的步骤：

1. 打开 DetailView.xib 文件。
2. 删除显示为 Detail view content goes here 的 `UILabel`。
3. 向主容器视图添加新的 `UIView` 实例。
4. 打开 Size 面板（按 Option+⌘+5 键），将 Width 和 Height 设置为 768。
5. 将此 `UIView` 实例在屏幕上居中放置。为此，在 Size 面板中将 X 设为 0，Y 设为 138。
6. 在 Autoresizing 栏中将上下左右、宽度、高度都设为可变的（如图 10-2 所示）。

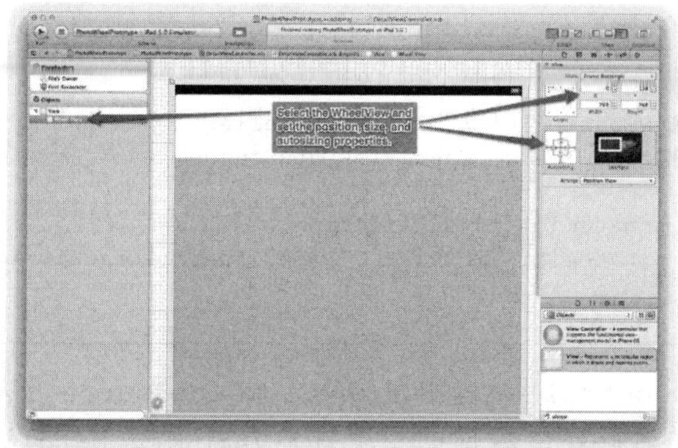

图 10-2　在 Size 面板中设置 WheelView 的位置、大小和自动调整尺寸属性

7. 打开 Identity 面板（按 Option+⌘+3 键）。

8. 将类名由 `UIView` 修改为 `WheelView`。

9. 按住 Control 键单击 `WheelView`，将其 `dataSource` 插座变量关联至 File's Owner（如图 10-3 所示）。

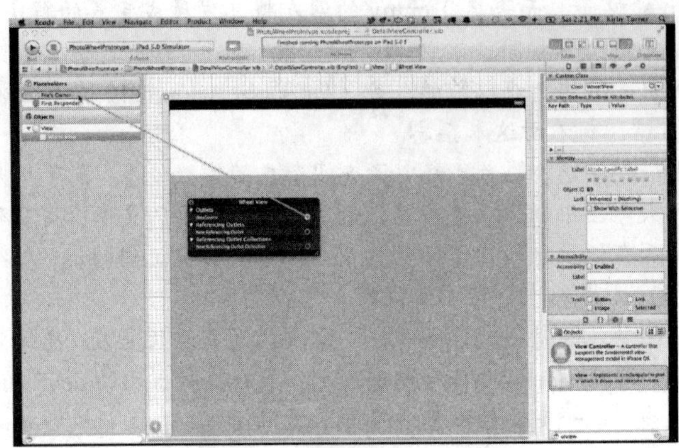

图 10-3 将 WheelView 的 dataSource 关联至 File's Owner

注意： 倘若两个视图的背景色相同，那么在某 `UIView` 内查看另一个 `UIView` 会比较困难。要解决这个问题，在菜单栏上选择 Editor→Canvas→Show Layout Rectangles 命令打开 Layout Rectangles。

最后，必须更新 `DetailViewController` 按 `WheelViewDataSource` 协议的方法实现。这是必要的，因为 `DetailViewController` 是 File's Owner，而 File's Owner 已被设为轮状视图的数据源。

要做到这一点，先打开 DetailViewController.h 头文件，向该类实现的协议清单中加入 `WheelViewDataSource`。注意，还要导入包含了 `WheelViewDataSource` 声明的 WheelView.h 头文件。修改完成后，头文件应当包含如程序清单 10.3 所示的代码。

程序清单 10.3 DetailViewController.h 头文件修改后的版本

```
#import <UIKit/UIKit.h>
#import "WheelView.h"

@interface DetailViewController : UIViewController
<UISplitViewControllerDelegate, WheelViewDataSource>

@property (strong, nonatomic) id detailItem;
@property (strong, nonatomic) IBOutlet UILabel *detailDescriptionLabel;

@end
```

在实现 `DetailViewController` 内的 `WheelViewDataSource` 方法之前，应用程序还需要一个视图集合才能显示。创建此数据的一个好地方就是在 `DetailViewController` 的 `-viewDidLoad` 事件中。要想保存这个视图集合，需要私有数据属性。代码的修改参见程序清单 10.4。

程序清单 10.4 DetailViewController.m 文件里初始化视图数组的代码

```
@interface DetailViewController ()
@property (strong, nonatomic) NSArray *data;
// Other code left out for brevity's sake.
@end

@implementation DetailViewController

@synthesize data = _data;

// Other code left out for brevity's sake.

- (void)viewDidLoad
{
   [super viewDidLoad];

   CGRect cellFrame = CGRectMake(0, 0, 75, 75);
   NSInteger count = 10;
   NSMutableArray *newArray = [[NSMutableArray alloc] initWithCapacity:count];
   for (NSInteger index = 0; index < count; index++) {
      WheelViewCell *cell = [[WheelViewCell alloc] initWithFrame:cellFrame];
      [cell setBackgroundColor:[UIColor blueColor]];
      [newArray addObject:cell];
   }
   [self setData:[newArray copy]];
}

// Other code left out for brevity's sake.

@end
```

DetailViewController 是数据源，它包含有私有属性 data，即要在 WheelView 中显示的视图数组。现在只剩下 WheelViewDataSource 协议方法尚未实现了。将程序清单 10.5 给出的代码添加到 DetailViewController 实现代码的末尾（@end 语句之前）。

程序清单 10.5 更新后的 DetailViewController.m 文件

```
#pragma mark - WheelViewDataSource methods

- (NSInteger)wheelViewNumberOfCells:(WheelView *)wheelView
{
   NSInteger count = [[self data] count];
   return count;
}

- (WheelViewCell *)wheelView:(WheelView *)wheelView cellAtIndex:(NSInteger)index
{
   WheelViewCell *cell = [[self data] objectAtIndex:index];
   return cell;
}
```

构建并运行应用程序。应用程序内的细节视图现在能显示一圈蓝色的方块视图，如图 10-4 所示。

10.3 旋转木马视图

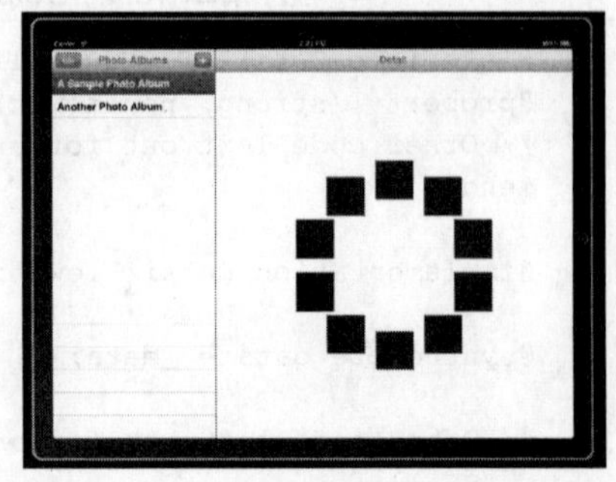

图 10-4 有一轮方块的应用程序原型

轮状视图看上去不错，但旋转木马视图可能会很吸引眼球。你试了以后才会知道。可以通过一些细微的调整算法，将轮状视图单元调整到旋转木马布局。现在是试验的最佳时机。毕竟，这只是个原型应用程序。再没有更合适的地方来尝试这些理念了。

旋转木马的实现只不过是在旁边拨动轮子那样。但哪个看起来更棒呢？一个比较好的办法就是为原型应用程序添加功能，让用户能在这两种显示风格之间切换。

要做成这样子，可打开 WheelView.h 头文件，添加一个名为 `style` 的声明属性。为了让代码更有可读性，使用枚举类型来定义显示风格。代码应当如程序清单 10.6 所示。

程序清单 10.6 WheelView.h 头文件修改后的版本

```
#import <UIKit/UIKit.h>

@protocol WheelViewDataSource;
@class WheelViewCell;

typedef enum  {
   WheelViewStyleWheel,
   WheelViewStyleCarousel,
} WheelViewStyle;


@interface WheelView : UIView

@property (nonatomic, strong) IBOutlet id<WheelViewDataSource> dataSource;
@property (nonatomic, assign) WheelViewStyle style;

@end


@protocol WheelViewDataSource <NSObject>
@required
- (NSInteger)wheelViewNumberOfCells:(WheelView *)wheelView;
- (WheelViewCell *)wheelView:(WheelView *)wheelView cellAtIndex:(NSInteger)index;
@end


@interface WheelViewCell : UIView
@end
```

注意： 声明属性 `style` 使用 `assign` 属性设置。之所以不用 `strong` 属性设置，是因为 `style` 数据类型是 C 语言的枚举类型，而非 Objective-C 对象。

现在就来为 `WheelView` 类添加旋转木马支持。打开 WheelView.m 文件，合成新的 `style` 属性。在设置该属性后，必须修改视图的布局。因此，需要为 `style` 的 `setter` 方法添加实现。代码的改动参见程序清单 10.7。

程序清单 10.7 在 WheelView.m 文件中合成 style 属性并实现定制设置方法

```
@implementation WheelView

@synthesize dataSource = _dataSource;
@synthesize style = _style;

// Other source code not shown for brevity's sake.

// Add to the bottom of the WheelView implementation.
- (void)setStyle:(WheelViewStyle)newStyle
{
if (_style != newStyle) {
     _style = newStyle;

     [UIView beginAnimations:@"WheelViewStyleChange" context:nil];
     [self setAngle:0];
     [UIView commitAnimations];
  }
}

@end
```

我们来仔细研究 setter 方法-setStyle:。

它检测新风格是否与当前风格不同。倘若不同，就将当前风格设置为新风格。这部分代码对你来说应该很容易明白，但 if 语句块内接下来的那部分代码就不那么好懂了。

调用 setAngle:强制重画 WheelView。目前，应用程序总是传递角度 0 给 setAngle:。在第 11 章中，会修改应用程序，让它使用不同的角度值。但目前应用程序只需要角度 0 就够了。

在[self setAngle:0]前后传递角度 0 的代码看起来有点陌生。这是你第一次看到使用 Core Animation 的代码。这些代码所做的正是将照片轮从一种风格切换到另一种风格的过程封装到动画块里。对 UIView 操作的+beginAnimation:context:和+commitAnimations 方法指示 Core Animation 框架动画序列的开始、结束位置。-setAngle:将基于新的风格来绘制视图，Core Animation 计算并渲染风格切换时的动画视觉效果。

注意： Core Animation 是 iOS 应用程序中制作动画的极其强大的框架。在 iOS 中随处可见它的应用。在 Home 画面滚动应用程序图标时看到的弹跳效果，在启动和退出应用程序时看到的动画效果，从导航控制器压入、弹出视图控制器——这些都是应用 Core Animation 的例子。

要了解 Core Animation 的更多信息，可阅读 Marcus Zarra 和 Matt Long 写的书《Core Animation: Simplified Animation Techniques for Mac and iPhone Development》，由 Addison-Wesley 出版社于 2009 年出版；还有 Bill Dudney 写的《Core Animation for Mac OS X and the iPhone: Creating Compelling Dynamic User Interfaces》，由 Pragmatic Programmers 出版社于 2008 年出版。

现在该做的是在-setAngle:方法中调整显示算法。要使轮子具有旋转木马的外观，圆圈看上去要更像是椭圆。而且旋转木马后面的视图应当比前面的小，且稍作淡化。这能给旋转木马一种有

视觉深度的效果。更新后的代码如程序清单 10.8 所示。

程序清单 10.8　更新后的支持旋转木马显示风格的-setAngle:方法

```
#import "WheelView.h"
#import <QuartzCore/QuartzCore.h>


@implementation WheelView

// Other source code not shown for brevity's sake.

- (void)setAngle:(CGFloat)angle
{
  // The following code is inspired by the carousel example at
  // http://stackoverflow.com/questions/5243614/3d-carousel-effect-on-the-ipad

  CGPoint center = CGPointMake(CGRectGetMidX([self bounds]),
                               CGRectGetMidY([self bounds]));
  CGFloat radiusX = MIN([self bounds].size.width,
                        [self bounds].size.height) * 0.35;
  CGFloat radiusY = radiusX;
  if ([self style] == WheelViewStyleCarousel) {
    radiusY = radiusX * 0.30;
  }

  NSInteger cellCount = [[self dataSource] wheelViewNumberOfCells:self];
  float angleToAdd = 360.0f / cellCount;

  for (NSInteger index = 0; index < cellCount; index++)
  {
    WheelViewCell *cell = [[self dataSource] wheelView:self cellAtIndex:index];
    if ([cell superview] == nil) {
      [self addSubview:cell];
    }

    float angleInRadians = (angle + 180.0) * M_PI / 180.0f;

    // Get a position based on the angle
    float xPosition = center.x + (radiusX * sinf(angleInRadians))
    - (CGRectGetWidth([cell frame]) / 2);
    float yPosition = center.y + (radiusY * cosf(angleInRadians))
    - (CGRectGetHeight([cell frame]) / 2);

    float scale = 0.75f + 0.25f * (cosf(angleInRadians) + 1.0);

    // Apply location and scale
    if ([self style] == WheelViewStyleCarousel) {
      [cell setTransform:CGAffineTransformScale(
              CGAffineTransformMakeTranslation(xPosition, yPosition),
              scale,
              scale)];
      // Tweak alpha using the same system as applied for scale,
      // this time with 0.3 as the minimum and a semicircle range
```

```
        // of 0.5
        [cell setAlpha:(0.3f + 0.5f * (cosf(angleInRadians) + 1.0))];

      } else {
        [cell setTransform:CGAffineTransformMakeTranslation(xPosition,
                                                           yPosition)];
        [cell setAlpha:1.0];
      }

      [[cell layer] setZPosition:scale];

      // Work out what the next angle is going to be
      angle += angleToAdd;
    }
  }

// Other source code not shown for brevity's sake.

@end
```

代码已经修改成能支持两种不同的显示风格：轮状视图和旋转木马视图。为了创作旋转木马效果，*Y* 轴要调整为 *X* 轴的 30%。并且，每个单元的比例和透明度要根据其在圆中的位置而定。最后一处修改是层的 *Z* 位置设置。这样能够生动地模仿视图的绘制顺序，而不必实际对视图清单排序。

注意： 倘若 Xcode 对代码行`[[cell layer] setZPosition:scale]`报告警告信息，很可能是因为你忘记在 WheelView.m 文件开头位置包含`#import <QuartzCore/QuartzCore.h>`语句。把这个语句加进去，此警告信息就会消失。

现在已经准备好 `WheelView`，该更新应用程序了，以便用户能够在两种显示风格之间切换。要是在 `DetailView` 导航栏中有一个分段控件供用户操作，将是个好办法。然而首先，`DetailViewController` 需要有一个引用轮状视图的新插座变量，以便显示风格可被编程改变。打开 DetailViewController.h 头文件，为 `WheelView` 添加新的插座变量。源代码在程序清单 10.9 中给出。

程序清单 10.9　添加至 `DetailViewController` 的新插座变量

```
#import <UIKit/UIKit.h>
#import "WheelView.h"

@interface DetailViewController : UIViewController
<UISplitViewControllerDelegate, WheelViewDataSource>

// Other source code not shown for brevity's sake.

@property (strong, nonatomic) IBOutlet WheelView *wheelView;

@end
```

接下来，在 `DetailViewController` 实现文件中合成 `wheelView` 属性。`@synthesize` 语句在程序清单 10.10 中给出。

程序清单 10.10 更新后的 DetailViewController 实现代码

```
@implementation DetailViewController

// Other source code not shown for brevity's sake.

@synthesize wheelView = _wheelView;

// Other source code not shown for brevity's sake.

@end
```

现在打开 DetailView.xib 文件，将 WheelView 实例关联至 WheelView 插座变量，如图 10-5 所示。

下一步要做的是为导航栏添加分段控件。导航栏是受 UINavigationController 管理的，后者包含一个 DetailViewController 实例。导航控制器在导航栏中间位置显示一个包含视图控制器标题的标签。在你使用的原型应用程序中，视图控制器标题被 DetailViewController.m 文件中的-initWithNibName:bundle:方法设为“Detail”。

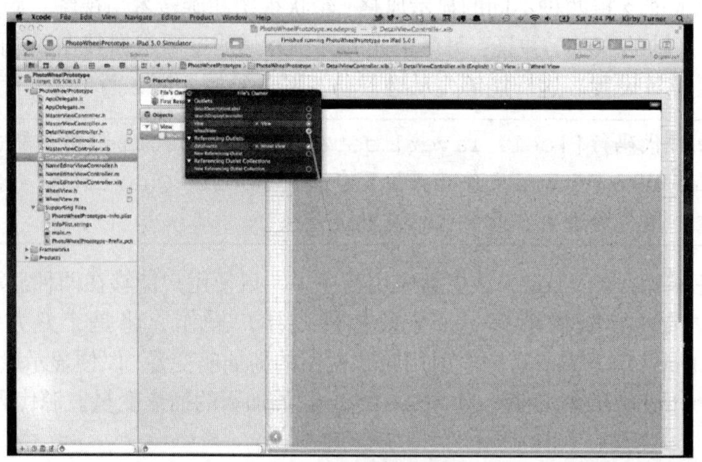

图 10-5 关联插座变量

导航控制器还能够显示定制视图，以取代导航栏中间位置的标签。为此，要设置导航控制器导航条目的 titleView 属性。

你可能想在导航栏上显示 UISegmentedControl 分段按钮，而不是默认的标题视图。要实现这个想法，必须新建 UISegmentedControl 实例，对 DetailViewController 实例导航条目设置 titleView 属性。还得定义新的动作，该动作会在用户点触一个分段按钮时调用。它的实现代码将基于所选段的索引号，来设置 wheelView 的风格。完成这些操作的代码如程序清单 10.11 所示。为你的项目加入同样代码。

程序清单 10.11 更新后的 DetailViewController.m 文件

```
- (void)viewDidLoad
{
   // Other source code not shown for brevity's sake.
```

```
    NSArray *segmentedItems = [NSArray arrayWithObjects:
                              @"Wheel", @"Carousel", nil];
    UISegmentedControl *segmentedControl = [[UISegmentedControl alloc]
                                           initWithItems:segmentedItems];
    [segmentedControl addTarget:self
                        action:@selector(segmentedControlValueChanged:)
              forControlEvents:UIControlEventValueChanged];
    [segmentedControl setSegmentedControlStyle:UISegmentedControlStyleBar];
    [segmentedControl setSelectedSegmentIndex:0];
    [[self navigationItem] setTitleView:segmentedControl];
}

- (void)segmentedControlValueChanged:(id)sender
{
    NSInteger index = [sender selectedSegmentIndex];
    if (index == 0) {
        [[self wheelView] setStyle:WheelViewStyleWheel];
    } else {
        [[self wheelView] setStyle:WheelViewStyleCarousel];
    }
}
```

就这么回事！保存修改，然后构建并运行应用程序。通过单击导航栏上的 Wheel、Carousel 按钮来测试新功能是否正常。旋转木马的样子应当如图 10-6 所示。

10.4 Photo Wheel 视图单元

现在有了通用、可重用的视图，用来显示轮状或旋转木马风格的子视图。但应用程序还需要专门的调用来显示照片。目前需要的就是 WheelViewCell 的特定化类型。WheelViewCell 的子类将显示图片。

显示图片的最简单办法就是使用 UIImageView。为了使用 UIImageView，只需创建其实例，将其添加到视图的层次结构上，然后设置图片视图的 image 属性为一图片即可。

这并非显示图片的唯一方法。还可以设置支持视图的层内容（听起来怪复杂，其实不是）。

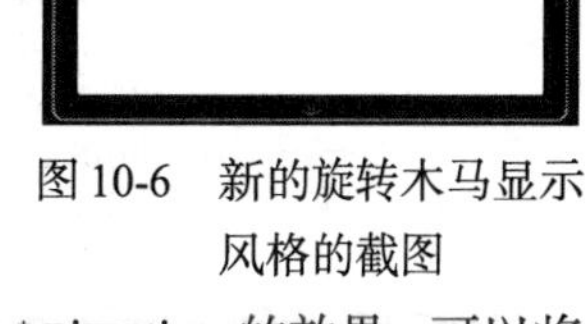

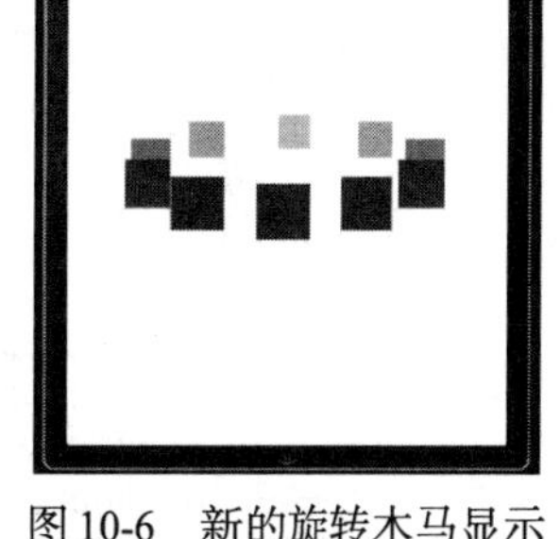

图 10-6　新的旋转木马显示风格的截图

在 iOS 中，所有 UIView 背后都由 CALayer 支持。这意味着每个 UIView 都有一个 CALayer。如此就可能在你的 UIView 上发挥出 Core Animation 的效果。可以将层想象为在视图后面或里面存储额外信息，以用于视图绘制或动画的某种东西。

注意： Mac OS X 上的视图默认没有 CALayer 支持。倘若你需要有 CALayer 支持的视图，必须显式打开支持功能。

当需要显示大量图片时，把某图片放到 CALayer 是常见的做法。在原型应用程序中使用 CALayer 有些大材小用了，但我们还是要用它，以便可以看看实现的过程。同样，在使用 CALayer 操作时，要为图片周围画个边界和阴影来增强视觉显示效果。

下面是要做的步骤。每步都很简要，因为你目前应该对创建新类的过程很熟悉了。

1. 创建新的 Objective-C 类。

2. 将新类名设为 PhotoWheelViewCell。

3. 指定 WheelViewCell 为新类的子类。

PhotoWheelViewCell 需要有办法设置当前图片。这可以通过声明属性实现，但单元视图没必要固定到图片上。而是图片要加到视图层的内容上。所以不必为此类添加新属性，只需要一个方法-setImage:,由它向层内容添加图片。PhotoWheelViewCell 头文件内容在程序清单 10.12 中给出，其实现代码列于程序清单 10.13。

程序清单 10.12 PhotoWheelViewCell.h 头文件的内容

```
#import "WheelView.h"

@interface PhotoWheelViewCell : WheelViewCell

- (void)setImage:(UIImage *)newImage;

@end
```

程序清单 10.13 PhotoWheelViewCell.m 实现文件的内容

```
#import "PhotoWheelViewCell.h"
#import <QuartzCore/QuartzCore.h>

@implementation PhotoWheelViewCell

- (void)setImage:(UIImage *)newImage
{
   // Add the image to the layer's contents.
   CALayer *layer = [self layer];
   id imageRef = (__bridge id)[newImage CGImage];
   [layer setContents:imageRef];

   // Add border and shadow.
   [layer setBorderColor:[UIColor colorWithWhite:1.0 alpha:1.0].CGColor];
   [layer setBorderWidth:5.0];
   [layer setShadowOffset:CGSizeMake(0, 3)];
   [layer setShadowOpacity:0.7];
   [layer setShouldRasterize:YES];
}

@end
```

实现文件先是导入 PhotoWheelViewCell.h 和 QuartzCore.h。需要 QuartzCore 头文件，是因为代码用到了 CALayer 类型的对象。

-setImage:的实现相当直接。它采用对[self layer]的局部引用，使代码更具可读性。接着，给定图片的 CGImageRef 被保存于局部变量中。好了，也许下面的代码不怎么好懂。我们继续讲述。

为了在层内容里显示图片，必须设置 CGImageRef 的内容。CGImageRef 是个 C 语言结构，包含图片的位图信息。它是个 Core Foundation 类型的对象，其生命期不受 ARC（自动引用计数）的自动管理。

注意：想温习 ARC 的内容，看第 4 章的内容

另一方面，contents 却是 id 类型的 Objective-C 对象。id 是通用的对象类型，可以是任何 Objective-C 对象，不管其类如何。为了设置 contents 至 CGImageRef，图片引用必须强制转换为 id。只要在 Objective-C 类型对象与 Core Foundation 风格对象之间强制转换，都没有问题。

为了在各类型间强制转换，必须使用__bridge 语法。(__bridge type)实现类型转换；(__bridge_transfer type)释放类型转换的引用；(__bridge_retain type)向保持的计数值加 1。对于 PhotoWheelViewCell 而言，只需要一次类型转换。[newImage CGImage] 返回的 CGImageRef 被强制转换为 id。一旦做了强制转换，它就可以给层传递内容。而且由于用了__bridge 语法，ARC 不会尝试管理 id 的内存，编译器也不会埋怨对局部引用的内存所有者一无所知。

其余代码用来绘制围绕图片的边界和阴影效果。试着改变这些设置，来看看可以得到其他什么效果。

PhotoWheelViewCell 的使用

现在已经实现了 PhotoWheelViewCell，该好好地利用它了。原型应用程序尚没有能力向照片轮添加新的照片，所以我们就为应用程序加入一张默认的照片，它将一直显示，直到用户可添加照片为止。

本章示例源代码里有个 defaultPhoto.png，它可以作为默认照片。将此文件通过从 Finder 中拖到 Xcode 的 Project 导航器中，来将其加入至项目。确保选中了 Copy items into destination group's folder (if needed)选项，如图 10-7 所示。这将确保照片文件被复制至项目目录下。

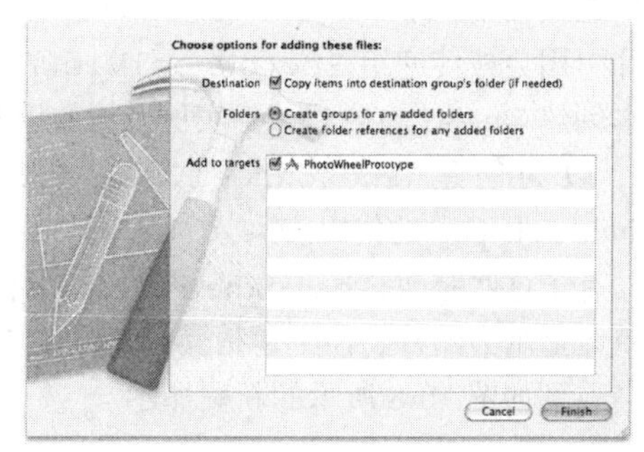

图 10-7 添加图片至项目时选中 Copy items into destination group's folder (if needed)选项

你可能还记得，DetailViewController 负责创建轮状视图的单元数组。它是在其 -viewDidLoad 方法中做到的。必须修改代码，以创建 PhotoWheelViewCell 实例，并设置图片为 defaultPhoto.png。修改后的代码参见程序清单 10.14。

程序清单 10.14 修改后的 DetailViewController，使用了 Use PhotoWheelViewCell 而非 WheelViewCell

```
#import "DetailViewController.h"
#import "PhotoWheelViewCell.h"

// Other source code not shown for brevity's sake.

@implementation DetailViewController

// Other source code not shown for brevity's sake.

- (void)viewDidLoad
```

```
{
  [super viewDidLoad];

  UIImage *defaultPhoto = [UIImage imageNamed:@"defaultPhoto.png"];
  CGRect cellFrame = CGRectMake(0, 0, 75, 75);
  NSInteger count = 10;
  NSMutableArray *newArray = [[NSMutableArray alloc] initWithCapacity:count];
  for (NSInteger index = 0; index < count; index++) {
    PhotoWheelViewCell *cell =
      [[PhotoWheelViewCell alloc] initWithFrame:cellFrame];
    [cell setImage:defaultPhoto];
    [newArray addObject:cell];
  }
  [self setData:[newArray copy]];

  // Other source code not shown for brevity's sake.
}

// Other source code not shown for brevity's sake.

@end
```

通过调用[UIImage imageNamed:]将默认的图片调入内存。它将返回一个至图片的引用，图片引用会被传递给 PhotoWheelViewCell。在 for 循环中，原本创建 WheelViewCell 实例及设置背景色为蓝色的代码被替换，改为创建 PhotoWheelViewCell 实例和设置图片为 defaultPhoto.png 的代码。

有了这些修改，PhotoWheelViewCell 类就可以用来将轮上的单元显示为图片，而不是枯燥的蓝方块。构建并运行应用程序，就会看到如图 10-8 所示的新颖显示。

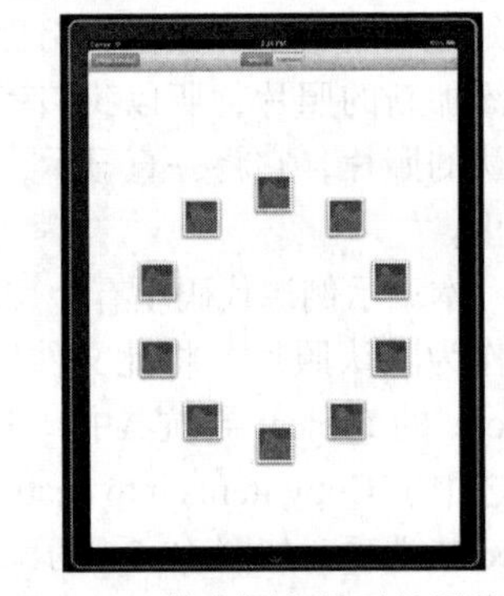

图 10-8 带有漂亮单元的照片轮

10.5 小结

在本章，我们学习了如何创建和使用定制视图来改善应用程序的外观；如何创建可重用的轮状视图以支持不同的显示风格；怎样使用委派模式去除视图与其显示数据的联系；怎样为视图创建一个特殊化的类，以更深入地改进视觉显示效果。

你可能已经注意到，前几章有重复的方案。本章创建的轮状视图仍然沿用 UITableView 所采用的设计模式。在 iOS 中，重用视图、委派、数据源和定制视图都是装扮应用程序外观的常见模式。

10.6 习题

1. 在轮状和旋转木马算法中使用数学知识来改变显示效果。可尝试一些修改，包括改变 Y 轴比例，及背景视图的比例大小。

2. 更改轮状视图单元的边界颜色和尺寸。修改单元的阴影效果。

3. 向照片轮加入更多的单元。在轮子上显示较少的照片。

4. 注释掉 WheelView -setStyle:这个 setter 方法所用到的动画代码。看看它怎样有别于带动画的代码版本。

第 11 章 使用触屏手势

在上一章里构造的轮状视图看起来真不错，采用了照片轮状视图单元就更棒了。通过 Core Animation 可实现在轮状视图与旋转木马视图之间的平滑切换。但还有些东西没做。用户无法与照片轮交互。本章就要学习触屏处理与手势判别，以改变这种状况。

11.1 触摸手势简介

iOS 出现之前，移动设备上的大多数触屏界面仅仅是将鼠标换成了手指。用户使用鼠标在屏幕上移动，用触击来模仿鼠标单击，双触击来模仿鼠标双击。不用说，这是欠佳的用户体验，因为以鼠标驱动的操作系统期待鼠标光标远比正常人手指精确得多（还记得第 7 章中提到的“44 原则”吗？——即屏幕对象的触击目标理想大小为 44 个像素）。iOS 把这一切都颠覆了。

构建 iOS 的出发点是将多点触摸作为该平台的中心功能。它不是试图在桌面操作系统上实现多点触摸的界面。相反，iOS 为用户引入了耳目一新的办法来与软件交互，却只使用一个手指。

应用程序有两个办法来处理和响应触摸事件。其中一个办法是对操作系统发来的触摸事件做出响应，这些触摸事件通过 `UIResponder` 类的途径转发给应用程序。

苹果公司的文档指出：“`UIResponder` 类为响应与处理事件的对象定义了接口。” `UIView` 是 `UIResponder` 的子类，这意味着任何 `UIView` 对象都能够响应与处理事件。可是，有哪些事件呢？

有两种类型的事件可传递给 `UIResponder:`，那就是触摸和动作。主要的触摸事件有 `touchesBegan:withEvent:`、`touchesMoved:withEvent:`、`touchesEnded:withEvent:` 和 `touchesCancelled: withEvent:`；主要的动作事件有 `motionBegan:withEvent:`、`motionEnded:withEvent:` 和 `motionCancelled withEvent:`。要响应和处理其中某个事件，视图需要做的就是重载一个或多个方法。举例说明，倘若你想让 `PhotoWheelViewCell` 对单触击或双触击做出响应，就要重载 `PhotoWheelViewCell` 类的 `touchesBegan:withEvent:` 和 `touchesEnded:withEvent:` 方法。

这种办法的麻烦在于，你的视图类要复制常用的触屏手势，就必须对 `UIView` 生成子类来重载这些触屏处理事件。倘若两个不同的视图类都要对一个双触击事件响应，则每个类都得实现检测该双触击手势的逻辑。这违反了第 10 章中谈到的 DRY 原则。要解决这一问题，苹果公司的工程师们创造了 `UIGestureRecognizer` 类。

`UIGestureRecognizer` 类是在 iPad 的第一个 iOS 版本——iOS 3.2 时引入的。它是个抽象类，用于创建具体的手势识别类。具体的手势识别类随后被加入到要响应和处理指定触屏手势的视图中。这种处理手势的办法意味着触屏手势只需要实现一次，与先前每个视图都要对特定手势分别实现逻辑的“老办法”相反。

11.1.1 预定义的触屏手势

苹果公司在 SDK 中引入手势识别类时，还为常用的触屏手势提供了实现代码，或者具体的类。下面是 SDK 提供的手势清单：

- UITapGestureRecognizer：检测来自一个或多个手指的一处或多处触击。
- UIPinchGestureRecognizer：检测二指拨动手势。
- UIRotationGestureRecognizer：检测二指旋转手势。
- UISwipeGestureRecognizer：检测在一个或多个方向上的滑动手势。
- UIPanGestureRecognizer：检测移动或拖动手势。
- UILongPressGestureRecognizer：检测一个或多个手指长期按触某一视图至最少时长的手势。

11.1.2 手势种类

手势可分为两个种类：断续的和连续的。断续手势只对触摸序列调用一次动作。UITapGestureRecognizer 和 UISwipeGestureRecognizer 就是断续手势识别类的例子。每次检测到这种手势，就调用相应动作一次。

连续手势识别类在每次增量变化时都调用动作消息，直到触摸序列结束为止。UIPinchGestureRecognizer、UIRotationGestureRecognizer、UIPanGestureRecognizer 和 UILongPress GestureRecognizer 都是连续手势的识别类。

11.1.3 怎样使用手势识别类

手势识别类的用法就像创建识别类实例，将其添加到要接收触屏事件的视图也很容易。每个识别类都有一套其自身的属性，让你能精确调整手势识别类的行为。例如，UITapGestureRecognizer 有两个触击特定的属性：numberOfTapsRequired 和 numberOfTouchesRequired。

numberOfTapsRequired 属性指定了要求的触击数目，默认为 1。倘若想检测双触击事件，可以将此值改为 2。当然了，三触击事件应将此值改为 3，依此类推。

numberOfTouchesRequired 属性告诉识别类，检测此手势时要求有多少手指。同样，默认为 1。倘若想检测两个手指的触击事件，可以将此值改为 2。下面是使用触击手势识别类检测两个手指的触击示例：

```
UITapGestureRecognizer *twoFingerDoubleTap =
  [[UITapGestureRecognizer alloc] initWithTarget:self
  action:@selector(twoFingerDoubleTapped:)];
[twoFingerDoubleTap setNumberOfTapsRequired:2];
[twoFingerDoubleTap setNumberOfTouchesRequired:2];
```

还可以通过设置 delegate 属性和实现 UIGestureRecognizerDelegate 协议里定义的方法，来扩展识别类的行为。这使应用程序无须产生 UIGestureRecognizer 的子类，就可以扩展识别类的行为。

为了更好理解手势识别类的用法，我们来修改 PhotoWheelPrototype 应用程序，并用上一两个手势识别类。首先，要为照片轮每个单元添加单触击识别类，其动作实现除了记录类和方法名外不做任何事（提示：使用 NSLog(@"%s", __PRETTY_FUNCTION__)）。接着，将为各单元添加双触击识别类，其动作实现将记录该类和方法的名字。下面就来做吧。

注意：触击动作的真正实现将在第 12 章中讲述。在那里，单触击用于向单元添加照片。

为了对照片轮单元加入触击手势识别类，打开 DetailViewController.m 文件，向每个单元添加新的 UITapGestureRecognizer 实例。识别类也可以加入到 PhotoWheelViewCell 类，但那样会减少单元类的重用性。触击动作对该应用程序是专用的，这意味着视图控制器才是放置该动作更合适的地方。

代码改动参见程序清单 11.1。

程序清单 11.1　添加到每个照片轮状视图单元的触击手势识别类

```
@implementation DetailViewController

// Other code left out for brevity's sake.

- (void)viewDidLoad
{
   [super viewDidLoad];

   UIImage *defaultPhoto = [UIImage imageNamed:@"defaultPhoto.png"];
   CGRect cellFrame = CGRectMake(0, 0, 75, 75);
   NSInteger count = 10;
   NSMutableArray *newArray = [[NSMutableArray alloc] initWithCapacity:count];
   for (NSInteger index = 0; index < count; index++) {
      PhotoWheelViewCell *cell =
         [[PhotoWheelViewCell alloc] initWithFrame:cellFrame];
      [cell setImage:defaultPhoto];

      // Add single-tap gesture to the cell.
      UITapGestureRecognizer *tap = [[UITapGestureRecognizer alloc]
                                     initWithTarget:self
                                     action:@selector(cellTapped:)];
      [cell addGestureRecognizer:tap];

      [newArray addObject:cell];
   }
   [self setData:[newArray copy]];

   // Other code left out for brevity's sake.

}

// Other code left out for brevity's sake.

- (void)cellTapped:(UIGestureRecognizer *)recognizer
```

```
{
   NSLog(@"%s", __PRETTY_FUNCTION__);
}

@end
```

就这样！现在只要两行代码，应用程序就能够检测到对每个照片轮状视图单元的触击事件。-cellTapped:方法将把类名和方法名输出到控制台窗口。显而易见，真正应用程序要做的也不过如此。

接下来，为每个单元添加双触击手势。这个过程稍微复杂些，因为各单元已经有了触击识别类。要想判断用户在进行单触击还是双触击，会麻烦点。幸运的是，手势识别类采用-requireGestureRecognizerToFail:方法，处理这种情形就容易多了。这个方法在某个手势识别失败后才会进行下一个手势的判断。在此单触击和双触击的情况中，在判断用户并非进行双触击时，我们才将手势识别为单触击。

程序清单 11.2 给出了添加双触击识别后的更新代码。

程序清单 11.2 向照片轮状视图单元中添加双触击的识别代码

```
- (void)viewDidLoad
{
   [super viewDidLoad];

   UIImage *defaultPhoto = [UIImage imageNamed:@"defaultPhoto.png"];
   CGRect cellFrame = CGRectMake(0, 0, 75, 75);
   NSInteger count = 10;
   NSMutableArray *newArray = [[NSMutableArray alloc] initWithCapacity:count];
   for (NSInteger index = 0; index < count; index++) {
      PhotoWheelViewCell *cell =
         [[PhotoWheelViewCell alloc] initWithFrame:cellFrame];
      [cell setImage:defaultPhoto];

      // Add a double-tap gesture to the cell.
      UITapGestureRecognizer *doubleTap;
      doubleTap = [[UITapGestureRecognizer alloc]
                   initWithTarget:self
                   action:@selector(cellDoubleTapped:)];

      [doubleTap setNumberOfTapsRequired:2];
      [cell addGestureRecognizer:doubleTap];

      // Add a single-tap gesture to the cell.
      UITapGestureRecognizer *tap = [[UITapGestureRecognizer alloc]
                                     initWithTarget:self
                                     action:@selector(cellTapped:)];
      [tap requireGestureRecognizerToFail:doubleTap];
      [cell addGestureRecognizer:tap];

      [newArray addObject:cell];
   }
   [self setData:[newArray copy]];
```

```
    // Other code left out for brevity's sake.
}

// Other code left out for brevity's sake.

- (void)cellDoubleTapped:(UIGestureRecognizer *)recognizer
{
   NSLog(@"%s", __PRETTY_FUNCTION__);
}
```

注意，即便 doubleTap 手势识别类是加入到单元里的前头，但所添加的识别类先后顺序并无所谓。顺序不会决定先检测单触击还是双触击手势。而是由对触击手势调用的 -requireGestureRecognizerToFail:方法决定何时检测单触击，何时检测双触击。

注意：要想了解更多手势识别类的知识，了解如何使用它们、它们的工作原理，可看"WWDC 2010 video Session 120—Simplifying Touch Event Handling with Gesture Recognizers"视频。这段视频对所有 iOS 开发活动的注册会员（developer.apple.com/videos/wwdc/2010/）都是免费的。

11.2 定制触屏手势

大多数 iPad 应用程序只需要使用预定义的手势识别类。然而，倘若你发现要跟踪的手势是 SDK 没有提供的，则可以自己创建 UIGestureRecognizer 的子类。

UIGestureRecognizer 子类将对一个或多个触屏处理事件做出响应：touchesBegan:withEvent:、touchesMoved:withEvent:、touchesEnded:withEvent:和 touchesCancelled:withEvent:。手势识别类以状态机方式工作。在收到某触屏事件后，手势识别类将在各状态之间切换。

所有识别类开始于 possible 状态 UIGestureRecognizerStatePossible。断续手势的识别类要么迁移至 recognized 状态 UIGestureRecognizerStateRecognized，要么是 failed 状态 UIGestureRecognizerStateFailed。在识别类进入 recognized 状态时，与此识别类关联的动作消息被发送至目标。

连续手势的识别类从 possible 状态至 began 状态 UIGestureRecognizerStateBegan，然后在发生触屏事件时迁移到 changed 状态 UIGestureRecognizerStateChanged，最后要么切换至 end 状态 UIGestureRecognizerStateEnd，要么切换至 cancelled 状态 UIGestureRecognizerStateCancelled。changed 状态是可选的，在触屏序列中它可以发生多次。只要有状态迁移，就会向目标发送动作消息。

当对 UIGestureRecognizer 产生子类时，必须导入 UIGestureRecognizerSubclass.h 头文件。该头文件声明了子类必须重载的方法和属性。例如，属性 state 对抽象基类 UIGestureRecognizer 是只读的，但在具体类中包含 UIGestureRecognizerSubclass.h 头文件后，可以在此子类实现代码中将 state 属性当做可读写属性使用。而具体手势识别类的用户仍然只能对 state 属性进行只读访问。

上面是对 UIGestureRecognizer 产生子类时的注意要点说明。现在我们要创建一个 UIGestureRecognizer 子类。

11.2.1 创建拨动手势识别类

原型应用程序有个美观的轮状视图。用户要是能拨动轮子该多酷呀？是很酷，下面我们看如何做到这么酷。

拨动轮状视图与用户触摸轮状视图时让它旋转同样容易。iOS 提供的手势识别类 UIRotationGestureRecognizer 已经做到了后面一点。该识别类的问题在于，它要求用两个手指来完成旋转操作。而拨动手势更加自然，只用一根手指，所以 UIRotationGestureRecognizer 不能满足应用程序特定的拨动需求。相反，我们将创建新的连续手势识别类，来拨动一个视图。

首先创建新的 Objective-C 类，命名为 SpinGestureRecognizer，它是 UIGestureRecognizer 的子类。该类有个 CGFloat 类型的声明属性 rotation。它将报告自最后一次改变以来手势旋转的弧度值。SpinGestureRecognizer.h 的源代码在程序清单 11.3 中给出。

程序清单 11.3 SpinGestureRecognizer.h 头文件内容

```
#import <UIKit/UIKit.h>

@interface SpinGestureRecognizer : UIGestureRecognizer

/**
 The rotation of the gesture in radians since its last change.
 */
@property (nonatomic, assign) CGFloat rotation;

@end
```

SpinGestureRecognizer 的实现代码必须导入 UIGestureRecognizerSubclass.h 头文件。在 SpinGestureRecognizer 子类要改变 state 属性值，并重载触屏处理事件时，需要该头文件。实现代码还必须合成 rotation 属性。

识别类应当用在只有一个手指的情况下，不允许有两个或更多手指的同时点触。所以 touchesBegan:withEvent:将检查点触数目。只要大于 1，该手势识别类就会失败。

触屏处理事件 touchesEnd:withEvent:和 touchesCancelled:withEvent:将分别迁移到识别类的 end 状态和 cancelled 状态，从而离开 touchesMoved:withEvent:。

这里要完成大量工作，随后就会对此做出说明。实现的源代码在程序清单 11.4 中给出。

程序清单 11.4 SpinGestureRecognizer.m 文件内容

```
#import "SpinGestureRecognizer.h"
#import <UIKit/UIGestureRecognizerSubclass.h>

@implementation SpinGestureRecognizer

@synthesize rotation = _rotation;

- (void)touchesBegan:(NSSet *)touches withEvent:(UIEvent *)event
{
   // Fail when more than 1 finger detected.
```

```
    if ([[event touchesForGestureRecognizer:self] count] > 1) {
       [self setState:UIGestureRecognizerStateFailed];
    }
}

- (void)touchesEnded:(NSSet *)touches withEvent:(UIEvent *)event
{
   [self setState:UIGestureRecognizerStateEnded];
}

- (void)touchesCancelled:(NSSet *)touches withEvent:(UIEvent *)event
{
   [self setState:UIGestureRecognizerStateFailed];
}

- (void)touchesMoved:(NSSet *)touches withEvent:(UIEvent *)event
{
   if ([self state] == UIGestureRecognizerStatePossible) {
      [self setState:UIGestureRecognizerStateBegan];
   } else {
      [self setState:UIGestureRecognizerStateChanged];
   }

   // We can look at any touch object since we know we
   // have only 1. If there were more than 1,
   // touchesBegan:withEvent: would have failed the recognizer.
   UITouch *touch = [touches anyObject];

   // To rotate with one finger, we simulate a second finger.
   // The second finger is on the opposite side of the virtual
   // circle that represents the rotation gesture.

   UIView *view = [self view];
   CGPoint center = CGPointMake(CGRectGetMidX([view bounds]),
                                CGRectGetMidY([view bounds]));
   CGPoint currentTouchPoint = [touch locationInView:view];
   CGPoint previousTouchPoint = [touch previousLocationInView:view];

   CGPoint line2Start = currentTouchPoint;
   CGPoint line1Start = previousTouchPoint;
   CGPoint line2End = CGPointMake(center.x + (center.x - line2Start.x),
                                  center.y + (center.y - line2Start.y));
   CGPoint line1End = CGPointMake(center.x + (center.x - line1Start.x),
                                  center.y + (center.y - line1Start.y));

   //////
   // Calculate the angle in radians.
   // From http://bit.ly/oJ9UHY
   CGFloat a = line1End.x - line1Start.x;
   CGFloat b = line1End.y - line1Start.y;
   CGFloat c = line2End.x - line2Start.x;
   CGFloat d = line2End.y - line2Start.y;

   CGFloat line1Slope = (line1End.y - line1Start.y) / (line1End.x - line1Start.x);
```

```
    CGFloat line2Slope = (line2End.y - line2Start.y) / (line2End.x - line2Start.x);

    CGFloat degs =
      acosf(((a*c) + (b*d)) / ((sqrt(a*a + b*b)) * (sqrt(c*c + d*d))));

    CGFloat angleInRadians = (line2Slope > line1Slope) ? degs : -degs;
    //////

    [self setRotation:angleInRadians];
}

@end
```

我们来看看 touchesMoved:withEvent:的代码，看看它做了什么。

在识别器检测运动的时候，进行了从 possible 状态到 began 状态的状态迁移。任何额外的运动都将触发至 changed 状态的迁移。识别器不会立即从 possible 状态到 changed 状态，是因为触击可能已经引起了运动。触击可能稍有运动，所以识别器先迁移到 began 状态。倘若它发现触屏手势是个触击操作，就立即以调用 touchesEnded:withEvent:结束；假如触屏手势并非触击操作，而检测到后续的移动，状态就会迁移到 changed，动作消息就会被发至目标。

一旦设置了状态迁移，就要进行拨动旋转角度的计算。计算过程用到手势识别类所关联视图内的当前和以前触摸点位置，以算出当前旋转的角度。它用到假想的第二个手指来完成运算，就像两个手指在围绕一个中心点旋转那样。这样本质上导致拨动手势识别类围绕一个中心点来跟踪手指的移动，而中心点正是视图的中心位置。

注意： 笔者经常说："数学很难。"是这样……对我来说，确实如此。感谢 Jeff LaMarche 在其博客中给出了用来计算旋转角度的数学过程，他提出了更好的两个手指旋转计算法（iphonedevelopment.blogspot.com/2009/12/better-two-finger-rotate-gesture.html）。

11.2.2 拨动手势识别类的用法

要想实际看到效果，需要将刚才的拨动手势识别类添加到轮状视图中。识别类应加入到轮状视图而非细节视图控制器，这是为了将拨动轮子作为视图的一项功能。还必须更新 WheelView，以支持新的拨动行为。更新后的 WheelView.m 文件如程序清单 11.5 所示。

程序清单 11.5 更新后的支持拨动视图功能的 WheelView.m 文件

```
#import "WheelView.h"
#import <QuartzCore/QuartzCore.h>
#import "SpinGestureRecognizer.h"

@interface WheelView ()
@property (nonatomic, assign) CGFloat currentAngle;
@end

@implementation WheelView

@synthesize dataSource = _dataSource;
@synthesize style = _style;
```

```
@synthesize currentAngle = _currentAngle;

- (void)commonInit
{
   [self setCurrentAngle:0.0];

   SpinGestureRecognizer *spin = [[SpinGestureRecognizer alloc]
                                  initWithTarget:self
                                  action:@selector(spin:)];
   [self addGestureRecognizer:spin];
}

- (id)init
{
   self = [super init];
   if (self) {
      [self commonInit];
   }
   return self;
}

- (id)initWithCoder:(NSCoder *)aDecoder
{
   self = [super initWithCoder:aDecoder];
   if (self) {
      [self commonInit];
   }
   return self;
}

- (id)initWithFrame:(CGRect)frame
{
   self = [super initWithFrame:frame];
   if (self) {
      [self commonInit];
   }
   return self;
}

- (void)setAngle:(CGFloat)angle
{
   // The following code is inspired by the carousel example at
   // http://stackoverflow.com/questions/5243614/3d-carousel-effect-on-the-ipad

   CGPoint center = CGPointMake(CGRectGetMidX([self bounds]),
                                CGRectGetMidY([self bounds]));
   CGFloat radiusX = MIN([self bounds].size.width,
                         [self bounds].size.height) * 0.35;
   CGFloat radiusY = radiusX;
   if ([self style] == WheelViewStyleCarousel) {
      radiusY = radiusX * 0.30;
   }

   NSInteger cellCount = [[self dataSource] wheelViewNumberOfCells:self];
```

```
    float angleToAdd = 360.0f / cellCount;

    for (NSInteger index = 0; index < cellCount; index++)
    {
      WheelViewCell *cell = [[self dataSource] wheelView:self cellAtIndex:index];
      if ([cell superview] == nil) {
        [self addSubview:cell];
      }

      float angleInRadians = (angle + 180.0) * M_PI / 180.0f;

      // Get a position based on the angle
      float xPosition = center.x + (radiusX * sinf(angleInRadians))
      - (CGRectGetWidth([cell frame]) / 2);
      float yPosition = center.y + (radiusY * cosf(angleInRadians))
      - (CGRectGetHeight([cell frame]) / 2);

      float scale = 0.75f + 0.25f * (cosf(angleInRadians) + 1.0);

      // Apply location and scale
      if ([self style] == WheelViewStyleCarousel) {
        [cell setTransform:CGAffineTransformScale(
                CGAffineTransformMakeTranslation(xPosition, yPosition),
                scale, scale)];
        // Tweak alpha using the same system as applied for scale, this time
        // with 0.3 as the minimum and a semicircle range of 0.5
        [cell setAlpha:(0.3f + 0.5f * (cosf(angleInRadians) + 1.0))];

      } else {
        [cell setTransform:CGAffineTransformMakeTranslation(xPosition,
                                                            yPosition)];

        [cell setAlpha:1.0];
      }

      [[cell layer] setZPosition:scale];

      // Work out what the next angle is going to be
      angle += angleToAdd;
    }
}

- (void)layoutSubviews
{
  [self setAngle:[self currentAngle]];
}

- (void)setStyle:(WheelViewStyle)newStyle
{
  if (_style != newStyle) {
    _style = newStyle;

    [UIView beginAnimations:@"WheelViewStyleChange" context:nil];
    [self setAngle:[self currentAngle]];
    [UIView commitAnimations];
```

```
    }
}

- (void)spin:(SpinGestureRecognizer *)recognizer
{
   CGFloat angleInRadians = -[recognizer rotation];
   CGFloat degrees = 180.0 * angleInRadians / M_PI;   // radians to degrees
   [self setCurrentAngle:[self currentAngle] + degrees];
   [self setAngle:[self currentAngle]];
}

@end


@implementation WheelViewCell

@end
```

究竟改了哪些地方呢？我们来看一看。

首先，导入了 SpinGestureRecognizer.h 头文件。既然轮状视图要使用 SpinGestureRecognizer 对象，当然需要这样做。

导入语句之后，代码添加了一个新的私有声明属性 currentAngle。通过使用 Objective-C 所谓的“类扩展”功能，这个属性被设为私有的。类扩展近似于类别（category），但有些例外：

- 类扩展的声明很像类别，但没有名字。
- 类扩展的属性和方法必须在类的主@implementation 块中实现。
- 类扩展使你能够为某类声明要求的方法和属性，而不必在此类的主@interface 块内声明。

类扩展是一种在类内声明该类私有方法和属性的便利途径。你可以在程序清单 11.5 中看出，对 WheelView 创建的类扩展声明了私有属性 currentAngle。这将告诉编译器，此属性存在于该类，但它只限于内部使用。

注意：要了解有关类扩展的更多知识，可参看 Bill Bumgarner 名为“Class Extensions Explained”的精华帖子（位于 www.friday.com/bbum/2009/09/11/class-extensions-explained/）。

我们继续探讨程序清单 11.5，你会看到私有属性 currentAngle 的@synthesize 语句。尽管该属性是在类扩展中声明的，它仍然要遵循与公有声明属性相同的规则。

下一个修改的块包含新方法 commonInit、init、initWithCoder:和 initWithFrame:。由这 4 个 init 方法能够让视图类按 iOS 的常用做法进行实例化。在编程创建类实例时经常会用到 init 和 initWithFrame:；而被创建的类实例作为解档对象结果时，所调用的 init 方法正是 initWithCoder:。简而言之，在 NIB 文件调入期间要创建类实例时就调用这个方法。

每个 init 方法都要调用 commonInit。它遵循 DRY 原则，消除了复制粘贴同样初始化代码到各 init 方法的需要。commonInit 完成初始化类实例需要的步骤。它设置 currentAngle 为 0.0，但更重要的是创建 SpinGestureRecognizer 实例，将其加入至轮状视图中。从而使轮状视图能够检测拨动手势。

init 方法后面是 setAngle:方法。该方法未做任何修改。其实现代码仍和先前的程序清单 11.5 一样。

layoutSubviews 与 setStyle:各有一处改动。两者都没有调用[self setAngle:0.0]，修改它们后调用的是[self setAngle:[self currentAngle]]，这告诉 setAngle:在绘制轮状视图时使用最近那次的角度。

最后的 spin:方法也很重要。它是一个动作方法，被分配给在 commonInit 中创建的 SpinGestureRecognizer 实例。该方法在每次手势识别类状态变化时调用。当该方法被调用时，它会从提供的 SpinGestureRecognizer 获取弧度单位的旋转角度值。注意，旋转角度值是负数。setAngle:假定 0 度时轮子位于底部，但拨动手势识别类认为 0 度是在轮子顶部。通过对旋转角度值取相反值，代码就可以调整轮子内 0 度的位置。

下一步，spin:方法将旋转角度值从弧度转换成角度。这种转换本该避免，如果 SpinGestureRecognizer 内部不将角度转换成弧度值的话。然而，UIRotationGestureRecognizer 却用弧度值作为其旋转属性值。为了和 UIRotationGestureRecognizer 保持一致，SpinGestureRecognizer 也用的是弧度值。

最后，spin:方法用当前角度的变化来修正 currentAngle，然后通过调用 setAngle:方法告诉该类以新角度设置来绘制轮状视图。这些都做好后，就有了可以用手指拨动的轮子。构建并运行应用程序，检查一下新的触屏手势能用了吗?

11.3 小结

本章讨论的全是触屏操作，以及手势识别类怎样使不同的多点触屏手势检测起来更容易，而无须在应用程序内部到处复制、粘贴触屏处理代码。典型情况下，应用程序大部分时间会使用预定义的触屏手势，但你也得知道如何创建自己的连续手势识别类，以备应用程序日后的其他一些触屏手势需要。

11.4 习题

1. 在 spin:方法中删除对旋转角度值的取负值操作，观察这样对拨动轮子时的影响。

2. 去除在 SpinGestureRecognizer 中将角度转换为弧度的操作，然后对-spin:方法做必要的修改，以确保拨动还能如期望的那样操作。

3. 除了 rotation 属性，UIRotationGestureRecognizer 还有一个 velocity 属性。将其加入至 SpinGestureRecognizer，并以适当的数学方法实现正确的旋转速度。

第 12 章 添加照片

在第 10 章中，创建的照片轮状视图已准备好了显示照片，但原型应用程序还没有办法添加照片。本章我们将了解如何访问 Photos 应用程序管理的照片。Photos 是 iPad 和 iPhone 都提供的应用程序。还要对从第 8 章就开始构造的原型应用程序添加新的支持。

12.1 两种途径

iOS 的 SDK 为第三方应用程序提供两种截然不同的途径，来从 Photos 应用程序获取照片和视频信息。第一种途径是使用 Assets Library 框架；第二种途径是使用图片捡拾控制器 `UIImagePickerController`。应用程序采用哪种途径很大程度上取决于其需求如何。

12.1.1 Assets Library

Assets Library 框架提供用于访问 Photos 应用程序所管理的照片和视频的类。它不仅给第三方应用程序提供对照片和视频的访问，还提供与各媒体有关的元数据。元数据包含诸如媒体类型、持续时长（如果是视频文件的话）、流派？、创建日期、格式（例如 RAW 和 JPEG）、位置信息（仅在定位服务已被应用程序打开时可用）之类的信息。第三方应用程序还可以保存、获取应用程序特定的元数据信息。

要使用 Assets Library 框架访问照片和视频，需创建 `ALAssetsLibrary` 实例。可以使用 `-assetForURL:resultBlock:failureBlock:`方法获取特定的媒体材料，你还可以使用 `-enumerateGroupsWithTypes:usingBlock:failureBlock:`方法访问一组媒体。

媒体材料即来自 Photos 应用程序的照片或视频，由 `ALAsset` 类的实例表示。该类有一些方法和属性，能够访问媒体材料的元数据，修改媒体材料，获取其格式（可有多种），以及获取媒体材料的缩略图。

当应用程序需要直接访问 Photos 应用程序所管理的照片和视频时，使用 Assets Library 框架是个再理想不过的办法。但它会有个古怪的要求：要想使用`-enumerateGroupsWithTypes: usingBlock: failureBlock:`方法获取一组媒体材料的信息，或者获取媒体材料已保存的位置信息，必须打开定位服务。

要求用到定位服务之所以古怪，是因为它会导致糊涂的用户体验，这是苹果公司始料不及的。设想一下，如果你想创建一个应用程序来显示 Photos 应用程序所管理的照片和视频。这个应用程序只是想显示照片和视频，没别的东西。它不在乎媒体材料上的任何元数据。而为了列举和显示现有照片和视频的清单，应用程序的使用者不得不打开定位服务。

在应用程序首次试图访问这些媒体数据时，会给用户呈现一个消息框，请求允许使用位置服务，如图 12-1 所示。正如消息说的那样："这将允许访问照片和视频文件里的位置信息。"应用程序用户仅仅是想显示照片和视频，她不在乎什么位置信息。她也许会想："我只想看照片。应用程序没有理由去访问位置信息。"于是，她就会点触 Don't Allow 按钮。

图 12-1 应用程序首次使用 Assets Library 框架时所显示的位置服务提示

现在看起来，作为用户动作的结果，所发生的事就是位置信息不再对应用程序有效。毕竟，消息说的是，"这将允许访问照片和视频里的定位信息。"然而，事实证明，应用程序并未访问任何信息，包括媒体材料本身。是的，确实如此。当定位服务关掉时，应用程序无法访问照片和视频。换句话说，定位服务必须对所有应用程序打开，以便使用 Assets Library 框架来找寻 Photos 应用程序所管理的照片和视频。令人感到欣慰的是，对第三方开发者还有另一个选项可用。

注意：笔者苦恼于定位服务的要求是双重的。一是，定位服务仅应在应用程序需要访问定位信息时才需要，即便这样会让其看起来有些古怪。媒体材料上的定位信息对于用户当前位置是不必要的。它只是创作该媒体材料时用户所处的方位。虽然如此，笔者的意见是定位服务仅在访问定位信息时才需要。它不该在访问媒体材料及其他与方位无关的元数据时还要求定位服务。

笔者的第二个苦恼是 iOS 显示的消息。它不够清楚。它说要访问定位信息时需要定位服务，但事实上只是允许访问媒体材料本身时需要定位信息。用户也许不想让应用程序访问定位信息，而只求访问照片和视频。iOS 给出这个消息让人感觉这是可能的，实际却不可以。这将导致令人糊涂的用户体验。

12.1.2 图片捡拾控制器

图片捡拾控制器 `UIImagePickerController` 是一个专门化的导航控制器，用于显示 Photos 应用程序所管理的照片和视频。控制器让用户能够选择某个照片和视频，返还给调用的应用程序。图片捡拾控制器还允许用户拍照或者摄像，将结果返回给调用的应用程序。最让人欣慰的是，图片捡拾控制器不会要求打开定位服务。

图片捡拾控制器对于使用 iOS 提供的用户界面进行拍照或者摄像，并选择在内部保存照片和视频的应用程序，是再合适不过了。使用图片捡拾控制器的不便之处在于用户同时只能拍照或摄像一次，或者选取一张照片和一个视频。对多数应用程序来说，这并不是问题。通过让图片捡拾控制器对用户开放并可见，可以绕过这个限制。但是，倘若你想一次导入多个照片和视频，最好的选项还是使用 Assets Library 框架，尽管它要求你创建自己的用户界面。

对于 PhotoWheel 原型，一次选取一幅照片已足够完美了。这意味着 `UIImagePickerController` 能够出色地工作。它还让你无须创建自己的用户界面来选取照片。使用图片捡拾控制器，用户界面已经是现成的了。

12.2 图片捡拾控制器的用法

与 Cocoa Touch 中的许多其他对象一样，使用图片捡拾控制器简单易懂。需要创建一个 UIImagePickerController 实例，并将其呈现给用户。用户与该视图的交互是由控制器管理的图片捡拾程序表现的，交互结果会报告给应用程序提供的委派对象，这个委派对象遵守 UIImagePickerControllerDelegate 协议。

在第 11 章，我们为每个照片轮单元添加了触击手势。我们来修改代码，以便对某单元的触击可以显示图片捡拾控制器或摄像头。当用户选择照片或拍照时，单元图片会被更新为显示所返回的照片。

尽管图片捡拾控制器使用起来相当简单，对 DetailViewController 类还是需要有若干修改。对于初学者来说，当某个照片轮单元被触击时，单元必须保存为选定的照片轮单元。视图控制器的其他方法需要知道是选中了哪个单元。而且，如果设备拥有摄像头，应用程序应当问用户从哪儿获取图片。用户是想从 Photos 应用程序所管理的照片那里添加照片，还是使用摄像头拍照？只要用户选择了要加入的照片，应用程序就可以将其添加到所选的单元。这就是要做的修改。

要进行这些更改，先打开 DetailViewController.m 文件，加入新的私有声明属性，名为 selectedPhotoWheelViewCell。其数据类型是指向 PhotoWheelViewCell 的指针。接着，修改-cellTapped:方法，以将所选的单元保存至 selectedPhotoWheelViewCell 属性。代码改动如程序清单 12.1 所示。

程序清单 12.1　向 DetailViewController.m 文件加入 selectedPhotoWheelViewCell 属性

```
@interface DetailViewController ()

// Other code left out for brevity's sake.

@property (strong, nonatomic) PhotoWheelViewCell *selectedPhotoWheelViewCell;

// Other code left out for brevity's sake.

@end

@implementation DetailViewController

// Other code left out for brevity's sake.

@synthesize selectedPhotoWheelViewCell = _selectedPhotoWheelViewCell;

// Other code left out for brevity's sake.

- (void)cellTapped:(UIGestureRecognizer *)recognizer
{
   [self setSelectedPhotoWheelViewCell:(PhotoWheelViewCell *)[recognizer view]];
}

// Other code left out for brevity's sake.

@end
```

DetailViewController 现在知道了所选中的照片轮单元是哪一个。接下来，应用程序应当检查设备是否支持摄像头。这可借助 UIImagePickerController 来做到。它有个+isSourceTypeAvailable:方法用于判断是否存在某个特定照片或视频源。

注意：UIImagePickerController 还有一个+isCameraDeviceAvailable:方法，你也许觉得它是用来判断设备是否支持摄像头的，其实+isCameraDeviceAvailable:是用来判断摄像头在设备的前面或后面。如果不关心其位置的话，则该方法可以用于判断是否有摄像头设备，但它会完成两个检查。一是查看有无后置摄像头，二是查看有无前置摄像头。+isSourceTypeAvailable:只需调用一次来做这件事，所以这里用的是它。

倘若设备带有摄像头，应用程序应当给用户一个选择，是想拍照，还是从 Photos 应用程序所管理的照片库中挑选照片。修改-cellTapped:方法来进行这种检查。如果有摄像头，应用程序将显示一个供选择（或者说是动作）的弹出菜单，否则应用程序将显示图片捡拾器。目前，可以先编写呈现菜单和图片捡拾器的存根方法。修改的代码如程序清单 12.2 所示。

程序清单 12.2　检查设备是否带有摄像头的代码

```
- (void)presentPhotoLibrary
{
   NSLog(@"%s", __PRETTY_FUNCTION__);
}

- (void)presentPhotoPickerMenu
{
   NSLog(@"%s", __PRETTY_FUNCTION__);
}

- (void)cellTapped:(UIGestureRecognizer *)recognizer
{
   [self setSelectedPhotoWheelViewCell:(PhotoWheelViewCell *)[recognizer view]];

   BOOL hasCamera =
      [UIImagePickerController
       isSourceTypeAvailable:UIImagePickerControllerSourceTypeCamera];
   if (hasCamera) {
      [self presentPhotoPickerMenu];
   } else {
      [self presentPhotoLibrary];
   }
}
```

构建并运行应用程序，先在 iPad 模拟器上运行看看。触击一个照片轮单元，观察输出窗口。你会看到调用了-presentPhotoLibrary 方法，如图 12-2 所示。现在再到真正的 iPad 上运行应用程序，这次你会看到调用了-presentPhotoPickerMenu 方法。

```
All Output              Clear
GDB is free software, covered by the GNU General Public License, and you are
welcome to change it and/or distribute copies of it under certain conditions.
Type "show copying" to see the conditions.
There is absolutely no warranty for GDB.  Type "show warranty" for details.
This GDB was configured as "x86_64-apple-darwin".sharedlibrary apply-load-rules
all
Attaching to process 5842.
2011-09-24 16:11:13.180 PhotoWheelPrototype[5842:f803] -[DetailViewController
presentPhotoLibrary]
```

图 12-2　输出窗口里的输出记录

12.2.1 使用动作单

下一步，要为这些存根方法提供真实的实现代码。先从-presentPhotoPickerMenu 开始。它显示一个弹出菜单，供用户选择拍照，还是从 Photos 库中挑选现有照片。这意味着应用程序需要呈现一个动作清单供用户选取，UIActionSheet 是搞定此任务的最佳对象。

UIActionSheet 用来向用户显示一个选择或动作清单。动作单有选项标题及一个或多个按钮。每个按钮代表一个动作。动作单经常用于让用户请求专门的动作，例如发出电子邮件、打印。它也可以用于询问用户确认某些动作，例如删除数据。

iPhone 上典型的动作单会从屏幕底部向上滑动。当用户触击一个按钮后就会关掉动作单。通常会有个取消按钮，以便用户可以不必请求哪个动作就可以关掉动作单。

iPad 上的动作单显示并非如此。动作单可以在屏幕的中央以浮动方式显示，或者固定到用户正在交互、需请求动作单的那个视图上（比如在工具栏上的按钮）。iPad 上不提供取消按钮，用户点触浮动动作单之外的区域，来关掉动作单。

修改-presentPhotoPickerMenu 的实现来显示一个动作单。该动作单将显示两个选项：Take Photo 和 Choose from Library。对动作单还必须设置 DetailViewController 为委派。这将通知用户所选按钮（或者动作）所在的视图控制器。修改后的代码在程序清单 12.3 中给出。

程序清单 12.3 向 DetailViewController 添加一个动作单

```
/////////////
// DetailViewController.h

#import <UIKit/UIKit.h>
#import "WheelView.h"

@interface DetailViewController : UIViewController
<UISplitViewControllerDelegate, WheelViewDataSource, UIActionSheetDelegate>

// Other code left out for brevity's sake.

@end


/////////////
// DetailViewController.m

#import "DetailViewController.h"
#import "PhotoWheelViewCell.h"

@interface DetailViewController ()

// Other code left out for brevity's sake.

@property (strong, nonatomic) UIActionSheet *actionSheet;

// Other code left out for brevity's sake.
@end

@implementation DetailViewController
```

```
// Other code left out for brevity's sake.

@synthesize actionSheet = _actionSheet;

// Other code left out for brevity's sake.

- (void)willRotateToInterfaceOrientation:(UIInterfaceOrientation)
toInterfaceOrientation duration:(NSTimeInterval)duration
{
   if ([self actionSheet]) {
      [[self actionSheet] dismissWithClickedButtonIndex:-1 animated:YES];
   }
}

// Other code left out for brevity's sake.

- (void)presentCamera
{
   NSLog(@"%s", __PRETTY_FUNCTION__);
}

- (void)presentPhotoPickerMenu
{
   UIActionSheet *actionSheet = [[UIActionSheet alloc] init];
   [actionSheet setDelegate:self];
   [actionSheet addButtonWithTitle:@"Take Photo"];
   [actionSheet addButtonWithTitle:@"Choose from Library"];

   UIView *view = [self selectedPhotoWheelViewCell];
   CGRect rect = [view bounds];
   [actionSheet showFromRect:rect inView:view animated:YES];

   [self setActionSheet:actionSheet];
}

// Other code left out for brevity's sake.

#pragma mark - UIActionSheetDelegate methods

- (void)actionSheet:(UIActionSheet *)actionSheet
clickedButtonAtIndex:(NSInteger)buttonIndex
{
   switch (buttonIndex) {
      case 0:
         [self presentCamera];
         break;
      case 1:
         [self presentPhotoLibrary];
         break;
   }
}

- (void)actionSheet:(UIActionSheet *)actionSheet
didDismissWithButtonIndex:(NSInteger)buttonIndex
```

```
{
   [self setActionSheet:nil];
}

@end
```

正如你在程序清单 12.3 中看到的，UIActionSheetDelegate 被加入到 DetailViewController 要遵从的协议清单中。UIActionSheetDelegate 协议的实现方法位于 DetailViewController.m 实现文件的-actionSheet:clickedButtonAtIndex:和-actionSheet:didDismissWithButtonIndex:中。前一个方法，即-actionSheet:clickedButtonAtIndex:会检查 buttonIndex 值。如果为 0，说明用户是在请求拍照；倘若为 1，则是想从库中取出照片。在用户每次点触动作单中的按钮时，就会调用一次这个方法。

注意： buttonIndex 值取决于用户添加到动作单中的顺序。第一个按钮是 0，第二个按钮是 1，依此类推。

第二个方法是-actionSheet:didDismissWithButtonIndex:。在用户每次关掉动作单（不管用什么方法，例如点触按钮、点触浮动区外的按钮，或者由程序关掉动作单）时，就会调用一次这个方法。当不再需要引用时，动作单的私有声明属性将被设为 nil。

在程序清单 12.3 的实现部分开头位置，会看到私有属性 actionSheet，和@synthesize 语句。后面是尚未探讨过的-willRotateToInterfaceOrientation:duration:方法。该方法会在旋转设备时调用。“iOS 人机界面指南”建议旋转设备时关掉浮动动作单，该方法正是这么实现的。它检查视图控制器是否有到动作单的引用，如果有，就由程序关掉动作单。

注意： 旋转功能的支持会在第 18 章中详细论述。

程序清单 12.3 中代码改动的精华在于-presentPhotoPickerMenu 方法的实现。该方法正是创建和显示动作单的地方。该方法首先创建 UIActionSheet 的新实例。它设置委派为 self，即 DetailViewController 实例。接着添加了两个按钮：Take Photo 和 Choose from Library。然后显示动作单，最后向新创建的这个动作单设置 actionSheet 属性。

UIActionSheet 有若干方法来显示动作单。UIActionSheet.h 中定义有以下这些方法：

```
- (void)showFromToolbar:(UIToolbar *)view;
- (void)showFromTabBar:(UITabBar *)view;
- (void)showFromBarButtonItem:(UIBarButtonItem *)item
animated:(BOOL)animated __OSX_AVAILABLE_STARTING(__MAC_NA, __IPHONE_3_2);
- (void)showFromRect:(CGRect)rect inView:(UIView *)view
animated:(BOOL)animated __OSX_AVAILABLE_STARTING(__MAC_NA, __IPHONE_3_2);
- (void)showInView:(UIView *)view;
```

这些方法使应用程序能够将动作单固定到视图层次结构的指定视图中。要将动作单固定到所选的照片轮单元上，可以使用-showFromRect:inView:animated:方法。rect 是所选照片轮单元的边界，视图就是单元本身，而标志位则设为 YES 以在显示动作单时有动画效果。

构建并运行应用程序，并确保它是在 iPad 上运行。否则不会看到动作单。应该明白，动作单只有在存在摄像头时才会显示，而 iPad 模拟器不带摄像头。应用程序这时应当有图 12-3 所示截图的外观。

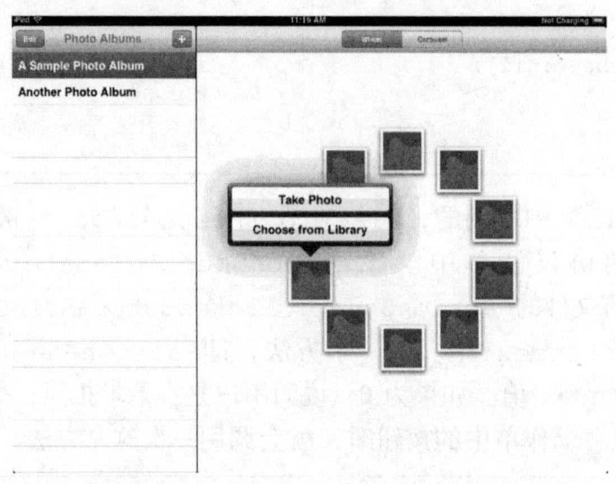

图 12-3 显示动作单的原型应用程序截图

12.2.2 UIImagePickerController 的用法

最后，应用程序需要利用 UIImagePickerController，以便用户可以向照片轮添加照片。我们已经有了显示照片库和摄像头的存根方法：-presentPhotoLibrary 和-presentCamera。先向 DetailViewController 添加名为 imagePickerController 的私有属性，它是指向 UIImagePickerController 类型的指针。在 initWithNibName:bundle:方法中实例化图片捡拾器，如程序清单 12.4 所示。这将给细节视图控制器加一个可协作的图片捡拾器。

有一点很重要，注意 UIImagePickerController 委派属性希望对象遵从两个协议：UINavigationControllerDelegate 和 UIImagePickerControllerDelegate。DetailViewController 派生于 UIView，因此必须将这两个协议添加到 DetailViewController 遵从的协议清单中，如程序清单 12.4 所示。

程序清单 12.4 向 DetailViewController 添加 imagePickerController

```
/////////////
// DetailViewController.h

@interface DetailViewController : UIViewController
<UISplitViewControllerDelegate, WheelViewDataSource, UIActionSheetDelegate,
UINavigationControllerDelegate, UIImagePickerControllerDelegate>

// Other code left out for brevity's sake.

@end


/////////////
// DetailViewController.m

@interface DetailViewController ()

// Other code left out for brevity's sake.

@property (strong, nonatomic) UIImagePickerController *imagePickerController;
```

```
// Other code left out for brevity's sake.

@end

@implementation DetailViewController

// Other code left out for brevity's sake.

@synthesize imagePickerController = _imagePickerController;

- (id)initWithNibName:(NSString *)nibNameOrNil bundle:(NSBundle *)nibBundleOrNil
{
   self = [super initWithNibName:nibNameOrNil bundle:nibBundleOrNil];
   if (self) {
      self.title = NSLocalizedString(@"Detail", @"Detail");

      [self setImagePickerController:[[UIImagePickerController alloc] init]];
      [[self imagePickerController] setDelegate:self];
   }
   return self;
}

// Other code left out for brevity's sake.

@end
```

接下来，我们要更新存根方法-presentCamera 和-presentPhotoLibrary 的实现。前一个方法显示全屏的摄像头，后一个方法在浮动控制器中显示图片捡拾器。popoverController 属性在 DetailViewController 中已经存在。它被添加到项目的开始位置，以便在设备是横向放置时支持主视图的显示。-presentCamera 和-presentPhotoLibrary 新的实现代码如程序清单 12.5 所示。

程序清单 12.5　DetailViewController.m 文件中-presentCamera 和-presentPhotoLibrary 方法的实现

```
- (void)presentCamera
{
   // Display the camera.
   [[self imagePickerController]
    setSourceType:UIImagePickerControllerSourceTypeCamera];
   [self presentModalViewController:[self imagePickerController] animated:YES];
}

- (void)presentPhotoLibrary
{
   // Display assets from the Photos library only.
   [[self imagePickerController]
    setSourceType:UIImagePickerControllerSourceTypePhotoLibrary];

   UIView *view = [self selectedPhotoWheelViewCell];
   CGRect rect = [view bounds];

   UIPopoverController *newPopoverController =
```

```
    [[UIPopoverController alloc]
      initWithContentViewController:[self imagePickerController]];
  [newPopoverController presentPopoverFromRect:rect inView:view
                  permittedArrowDirections:UIPopoverArrowDirectionAny
                                  animated:YES];
  [self setMasterPopoverController:newPopoverController];
}
```

要显示摄像头，图片捡拾控制器的源类型要设为 UIImagePickerControllerSourceTypeCamera。要显示全屏的摄像头，图片捡拾控制器要呈现为一个模型视图控制器，后者默认情况下将显示全屏。

显示 Photos 库的代码与你已看到的其他代码并无多大差异。图片捡拾控制器的源类型要设为 UIImagePickerControllerSourceTypePhotoLibrary。需要创建引用所选照片轮视图单元及其矩形边界的局部变量，并用它们固定视图单元上的浮动显示，其代码如同以前固定动作单那样的代码。接着创建新的浮动控制器并将其呈现给用户。最后，对浮动控制器的引用保存到 DetailViewController 的 popoverControlleron 属性中。

细节视图控制器还需要做最后一件事。它必须响应 UIImagePickerControllerDelegate 的-imagePickerController:didFinishPickingMediaWithInfo:方法，如程序清单 12.6 所示。该方法在用户从摄像头或 Photos 库中选取了新照片后调用。它会收到一个名为 info 的 NSDictionary 对象，后者包含了所选中的照片及其他信息。照片引用取自于词典，并发送给所选的照片轮视图单元，以供显示。

注意：为了查看 NSDictionary 对象 info 的完整内容，可在-imagePickerController:didFinishPicking MediaWithInfo:方法中设置断点，在输出控制台窗口中输入"po info"。要更多地了解调试技巧，阅读第 25 章的内容。

程序清单 12.6 响应 UIImagePickerController 委派方法

```
#pragma mark - UIImagePickerControllerDelegate methods

- (void)imagePickerController:(UIImagePickerController *)picker
didFinishPickingMediaWithInfo:(NSDictionary *)info
{
   // Dismiss the popover controller if available;
   // otherwise dismiss the camera view.
   if ([self masterPopoverController]) {
      [[self masterPopoverController] dismissPopoverAnimated:YES];
      [self setMasterPopoverController:nil];
   } else {
      [self dismissModalViewControllerAnimated:YES];
   }

   // Retrieve and display the image.
   UIImage *image = [info objectForKey:UIImagePickerControllerOriginalImage];
   [[self selectedPhotoWheelViewCell] setImage:image];
}
```

构建并运行应用程序，查看图片捡拾器的实际动作，如图 12-4 所示。应当在 iPad 和 iPad 模拟器上都运行这个应用程序。记住，应用程序运行在模拟器上时不会显示动作单，因为模拟器不带摄像头设备。只有应用程序运行在真实的 iPad 上时，才可以选择摄像头或 Photos 库。

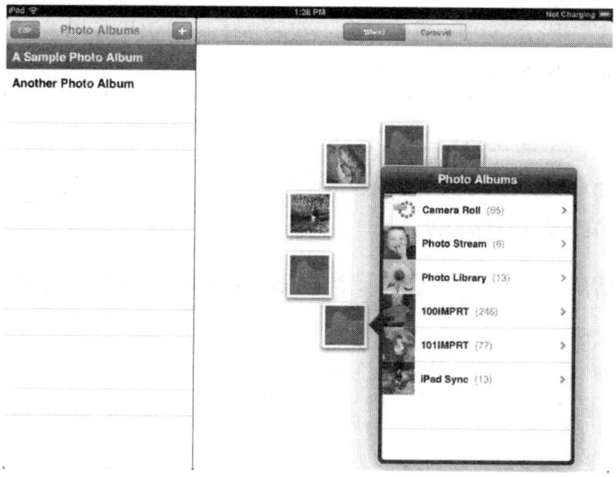

图 12-4　带有图片捡拾器的 PhotoWheelPrototype 应用程序截图

恭喜你！你的原型应用程序已经能够支持添加照片了。

注意： 你可能已经注意到，有些照片在照片轮上缩小为缩略图时显得有些滑稽。更好的照片缩放方法会在第 13 章谈到。

注意： 在 iPad 模拟器上快速保存照片到 Photos 应用程序有个简便办法，那就是从桌面环境拖放照片到模拟器里运行的 Mobile Safari。然后在 Safari 里触摸并按住所显示的照片，直到出现弹出菜单为止（如果用的是模拟器，就是单击并按住）。菜单中有个 Save Image 选项，选中它就可以将照片保存到 Photos 应用程序的照片库里。

12.2.3　保存至摄像头胶卷

在用摄像头拍照时，照片并不会自动保存到 Photos 应用程序的摄像头胶卷里，应用程序要负责保存照片。应用程序可以通过调用 `UIImageWriteToSavedPhotosAlbum()` 函数来保存照片至摄像头胶卷。

```
void UIImageWriteToSavedPhotosAlbum (
  UIImage  *image,
  id       completionTarget,
  SEL      completionSelector,
  void     *contextInfo
);
```

`UIImageWriteToSavedPhotosAlbum()` 函数的这 4 个参数是：

- image：要保存至摄像头胶卷的照片。
- completionTarget（可选）：在照片保存至摄像头胶卷后，这个对象的选择器将会被调用。
- completionSelector（可选）：在照片保存至摄像头胶卷后，这个选择器将调用 completionTarget。
- contextInfo（可选）：需要传递给上面那个完工选择器 `completionSelector` 的上下文数

据的指针。

注意：如果对照片打开了 Photo Streaming 功能，那么 UIImageWriteToSavedPhotosAlbum() 将把照片保存至 Photo Stream。

再来修改 imagePickerController:didFinishPickingMediaWithInfo:方法，以便使用 UIImageWriteToSavedPhotosAlbum 函数，将摄像头上捕捉的新照片保存至摄像头胶卷。更新后的源代码在程序清单 12.7 中给出。

程序清单 12.7　为了保存照片至摄像头胶卷进行了修改的代码

```
- (void)imagePickerController:(UIImagePickerController *)picker
didFinishPickingMediaWithInfo:(NSDictionary *)info{
   // If the popover controller is available,
   // assume the photo is selected from the library
   // and not from the camera.
   BOOL takenWithCamera = ([self popoverController] == nil);

   // Dismiss the popover controller if available;
   // otherwise dismiss the camera view.
   if ([self popoverController]) {
      [[self popoverController] dismissPopoverAnimated:YES];
      [self setPopoverController:nil];
   } else {
      [self dismissModalViewControllerAnimated:YES];
   }

   // Retrieve and display the image.
   UIImage *image = [info objectForKey:UIImagePickerControllerOriginalImage];
   [[self selectedPhotoWheelViewCell] setImage:image];

   if (takenWithCamera) {
      UIImageWriteToSavedPhotosAlbum(image, nil, nil, nil);
   }
}
```

构建并运行应用程序。检查修改，以确保摄像头所捕捉的照片可以保存至胶卷。

12.3 小结

原型应用程序现在能够支持向照片轮添加照片。同时我们对图片捡拾控制器也有了切身体验。还学习了动作单及其用法，并对旋转设备时的处理也有所了解。

原型应用程序已经证明是有用的，让你能够验证不同的 iOS 概念，这些概念将会在最终的 PhotoWheel 应用程序中用到。还有个概念需要在准备编写“真正的”应用程序前探讨，那就是数据持久化，这将在下一章谈到。

12.4 习题

1. 向动作单添加更多的动作条目，为每个动作条目分别创建调用 NSLog()的存根方法。
2. 删除旋转处理代码，观察设备旋转后所显示动作单的副效应。

第 13 章 数据持久化

在前一章，我们为原型应用程序添加了采用摄像头拍照的能力。现在照片已经能够进入应用程序，该开发一个系统来保存和管理它们了。本章我们将讨论应用程序要处理哪些种类的数据，怎样有效地管理和保存这些数据。我们这一章实现的是“模型-视图-控制器”设计模式中的“模型”部分。

13.1 数据模型

为了高效地构建数据模型，需要对要使用的数据种类，以及数据类型之间如何关联有清晰的了解。对于本应用程序，有两种数据类型：照片和相册。

13.1.1 照片

既然应用程序将照片按相册组织，最显而易见的数据项就是原始的照片本身，取自摄像头设备。我们能够保存和显示原始照片，因此照片将是数据模型的一部分。

但要想想照片如何在应用程序中使用。当用户查看相册时，许多照片都会同时在屏幕上显示出来。iPad 上的原始照片是相当大的数据对象，即便已压缩成 JPEG 格式。为避免耗光内存，你可能要在相册视图中显示图片的缩略图。需要在某些情况下采用其他显示尺寸。在规划模型时，要规划多种照片尺寸，包括原始照片尺寸，还有一个或多个缩放时的尺寸版本。

你也许还想为每个照片保存一些元数据，例如拍照日期或者地理方位。

最后，每个照片要属于一个相册。模型内的照片数据需要包含至所在相册的引用或某种形式的关系，这样在处理一张照片时你还可以找到相册中的其他照片。

13.1.2 相册

对相册的主要要求是它必须跟踪其中含有的照片，包括保存为照片描述的关联信息。每个相册都有到某些下属照片的联系。相册还应当有缩略图属性，或者到单独照片缩略图对象的关系，后者能够在显示一组相册时用到。

相册还要有自己的元数据，例如相册名、相册创建日期等。

13.1.3 前瞻性考虑

PhotoWheelPrototype 有个简单的数据模型。但是，应用程序会以不可预料的方式成长，可能在首次发布之前，也可能在以后的更新中添加功能。在规划数据模型时，要有前瞻性是至关重要的，这样设计的模型在开发新的需求时才能够适应新的需求和改进。最初只是试图设计最简单的能工作的模型，但如果这样的模型不够灵活或健壮来适应新需求，那么将会制约日后的开发。本章将介绍两个不同的途径，一个相对简单但有局限性，另一个不那么简单，但提供的功能更强大灵活。

13.2 使用属性清单来构建模型

根据上述内容，看上去有个简单的办法可以处理数据模型，那就是在属性清单中管理和保存数据。基本的数据类型，例如字符串、数组都能满足要求，因此在此阶段这会是个便捷的办法。

在阅读本节时要牢记，尽管我们是在谈属性清单的技术，但并不会将其用到本书的后续章节中。它只是用来了解如何处理属性清单，并查看多种处理数据管理的方法。倘若你在阅读本书时正在构建应用程序，可能只是想阅读该节，在后面继续构建应用程序。那么，本节和后续一节都是对前面一章的代码进行构建的，如果你想学习这两节的内容，请考虑把现有代码做一份拷贝。

13.2.1 什么是属性清单

属性清单是 Cocoa Touch 经常用到的数据结构。属性清单是 `NSString`、`NSData`、`NSNumber`、`NSDate` 实例及这些类的对象集合，如 `NSArray`、`NSDictionary`。数组和词典可以根据需要嵌套任意深度的数组和词典。一个额外的要求是，倘若用到 `NSDictionary` 对象，词典的键必须是 `NSString` 类型。使用 `NSDictionary` 时不带字符串键是可以的，但这种词典不能满足属性清单的定义。

属性清单的优势在于，它们非常容易从文件中读出，或向文件写入。`NSDictionary`、`NSArray`、`NSString` 和 `NSData` 都定义了便捷方法，用一行代码就能够从文件中初始化实例，或者向文件写入实例。

保存属性清单时，它们以某种非标准的二进制格式写入文件。还有一些其他的属性清单文件格式，一种是使用 XML；另一种是使用文本格式，与 JSON 几乎相同。在实例化属性清单对象时，可以使用这些格式中的任何一种。

13.2.2 建立数据模型

使用属性清单时不需要使用任何专门的模型类。不能向属性清单文件写入定制类，也不能从中读出定制类。模型流直接来自模型需求的定义。主要的存储内容应当是相册数组，每个相册有个照片数组和相册名。每个照片都是一个此照片特有的属性词典。

在词典里有已定义的键将会很有用。由于需要在应用程序的多个地方用到它们，故应当把它们放入一个新的文件，以便在需要时导入。在 Xcode 中使用 Objective-C 类模板创建一个新类，将其命名为 GlobalPhotoKeys。Xcode 会创建头文件和实现文件。这并不会真的成为一个类，但使用模板是个简便办法，能够一次创建头文件和实现文件。清空这两个文件的内容，仍保留文件。

在程序清单 13.1 中向 GlobalPhotoKeys.h 头文件添加键声明。这些声明的词典键对于相册、相册内的照片还有相册保存的文件都有用。它们被声明为 extern，即声明还会出现在别的地方。

程序清单 13.1 GlobalPhotoKeys.h 头文件里的键声明

```
// Keys for photo albums
extern NSString *kPhotoAlbumNameKey;
extern NSString *kPhotoAlbumDateAddedKey;
```

```
extern NSString *kPhotoAlbumPhotosKey;

// File name where the photo album is stored
extern NSString *kPhotoAlbumFilename;

// Keys for individual photos
extern NSString *kPhotoDataKey;
extern NSString *kPhotoDateAddedKey;
extern NSString *kPhotoFilenameKey;

// Notification that a new photo has been added and the album needs to be saved
extern NSString *kPhotoAlbumSaveNotification;
```

这些键的定义将在 GlobalPhotoKeys.m 文件里完成（如程序清单 13.2 所示）。所有头文件中的声明在这里都有镜像，带有定义的值。

程序清单 13.2　GlobalPhotoKeys.m 文件里的定义

```
// Keys for photo albums
const NSString *kPhotoAlbumNameKey = @"name";
const NSString *kPhotoAlbumDateAddedKey = @"dateAdded";
const NSString *kPhotoAlbumPhotosKey = @"photos";

// File name where the photo album is stored
const NSString *kPhotoAlbumFilename = @"photoAlbums.plist";

// Keys for individual photos
const NSString *kPhotoDataKey = @"photoData";
const NSString *kPhotoDateAddedKey = @"dateAdded";
const NSString *kPhotoFilenameKey = @"filename";

const NSString *kPhotoAlbumSaveNotification = @"save albums notification";
```

13.2.3　读取和保存相册

如今已经准备好使用相册了，要在 MasterViewController 中完成。首先，编辑 MasterViewController.h 头文件，将数据属性类型由 NSMutableOrderedSet 修改为 NSMutableArray，不过 NSMutableOrderedSet 不是一种属性清单类型，所以这里没法用。而且，删除-viewDidLoad 中的初始化数据代码。随后我们会添加另一种代码，来初始化数据。

现在把程序清单 13.3 中的代码加入到 MasterViewController.m 文件的开头。

程序清单 13.3　要添加到 MasterViewController.m 文件的顶层代码

```
#import "GlobalPhotoKeys.h"

@interface MasterViewController ()
@property (readwrite, assign) NSUInteger currentAlbumIndex;
@end
```

第一行代码正是导入我们早先声明的键。接着代码使用类扩展来声明 currentAlbumIndex。该属性将用于跟踪显示在细节视图里的相册，以便 MasterViewController 可以向用户显示当前选取的是哪本相册。确保为 currentAlbumIndex 添加了@synthesize 语句。

然后是读取和写入相册的若干新方法。将程序清单13.4的代码添加到MasterViewController.m文件中。确保这些代码位于-viewDidLoad之前，或者向类扩展加入方法声明。否则，会发生在调用这些方法时编译器却对它们一无所知的情况。

程序清单 13.4 MasterViewController.m 文件中用来管理相册的方法

```
#pragma mark - Read and save photo albums
- (NSURL *)photoAlbumPath
{
  NSURL *documentsDirectory = [[[NSFileManager defaultManager]
      URLsForDirectory:NSDocumentDirectory
      inDomains:NSUserDomainMask]
    lastObject];
  NSURL *photoAlbumPath = [documentsDirectory
    URLByAppendingPathComponent:(NSString *)kPhotoAlbumFilename];
  return photoAlbumPath;
}

- (NSMutableDictionary *)newPhotoAlbumWithName:(NSString *)albumName
{
  NSMutableDictionary *newAlbum = [NSMutableDictionary dictionary];
  [newAlbum setObject:albumName forKey:kPhotoAlbumNameKey];
  [newAlbum setObject:[NSDate date] forKey:kPhotoAlbumDateAddedKey];
  NSMutableArray *photos = [NSMutableArray array];
  for (NSUInteger index=0; index<10; index++) {
    [photos addObject:[NSDictionary dictionary]];
  }
  [newAlbum setObject:photos forKey:kPhotoAlbumPhotosKey];
  return newAlbum;
}

- (void)savePhotoAlbum
{
  [[self data] writeToURL:[self photoAlbumPath] atomically:YES];
}

- (void)readSavedPhotoAlbums
{
  NSMutableArray *savedAlbums = nil;

  NSData *photoAlbumData = [NSData dataWithContentsOfURL:[self photoAlbumPath]];
  if (photoAlbumData != nil) {
    NSMutableArray *albums = [NSPropertyListSerialization
      propertyListWithData:photoAlbumData
      options:NSPropertyListMutableContainers
      format:nil
      error:nil];
    [self setData:albums];
  } else {
    savedAlbums = [NSMutableArray array];
    // Create an initial album
    [savedAlbums addObject:[self newPhotoAlbumWithName:@"First album"]];
    [self setData:savedAlbums];
```

```
        [self savePhotoAlbum];
    }
}

- (void)photoAlbumSaveNeeded:(NSNotification *)notification
{
    [self savePhotoAlbum];
}
```

在这些方法中，第一个是 photoAlbumPath，这个便捷方法提供全路径作为文件至相册属性清单文件的 URL。它查看应用程序的文档目录，将相册文件名（在 GlobalPhotoKeys.h 前面声明）追加到目录名后面，从而构成全路径。该方法不会直接对相册执行任何操作，不过其他方法利用它来完成某些操作。

下一个方法是 newPhotoAlbumWithName，其是创建新相册的便捷方法。代码创建一个可变词典来保存相册，并使用 kPhotoAlbumNameKey 来设置创建日期。它还设置相册名为输入的 albumName 参数。for 循环创建空照片项的数组。一旦用户开始添加照片，照片信息就放在这里。代码创建这些占位数据，从而使照片可以在任何下标添加，而无须从 0 开始增加。

接下来的两个方法真正进行相册的读写操作。前一个方法 savePhotoAlbum 相当简单。相册会保存于 MasterViewController 的 data 属性中。要保存相册，它会使用 photoAlbumPath 方法来查看位置，然后将属性清单从内存写入文件。

读相册操作则可能比你想象的复杂。readSavedPhotoAlbums 方法的第一行中是保存过程的相反操作：从保存的位置读取属性清单。但它保存为 NSData 实例而非 NSMutableData 实例。为什么要这样呢？当 Cocoa 从文件读取属性清单时，它总是创建不变的数据结构。你可能保存的是 NSMutableDictionary，当你读取文件时却是 NSDictionary。但相册需要是可编辑的，因为要加入新的照片。相册清单同样也得是可编辑的。这意味着需要可变词典和数组，从而可以添加新条目，根据需要替换条目。

为此，代码要用到 NSPropertyListSerialization 类。该类提供若干种工具方法，它们在处理属性清单时很有用。在本案例中，代码用它把从相册文件中读取的不变数据结构转换成可变的容器对象。NSPropertyListMutableContainers 选项标志意为所返回的数据结构将拥有可变的数组，而不是不变的数组。

倘若尚无相册，就由 readSavedPhotoAlbums 方法创建一本空相册，从而在应用程序首次运行时会有本相册可用。

最后设立的 photoAlbumSaveNeeded 方法用于接收某新照片已添加至相册的通知，指示当前相册需要保存。该通知是在 viewDidLoad 中配置的。程序清单 13.5 给出了新版本 viewDidLoad 方法的代码。

程序清单 13.5　MasterViewController 的新版本 viewDidLoad 代码

```
- (void)viewDidLoad
{
    [super viewDidLoad];
    // Do any additional setup after loading the view, typically from a nib.

    self.title = NSLocalizedString(@"Photo Albums", @"Photo albums title");
```

```
UIBarButtonItem *addButton = [[UIBarButtonItem alloc]
      initWithBarButtonSystemItem:UIBarButtonSystemItemAdd
                         target:self
                         action:@selector(add:)];
[[self navigationItem] setRightBarButtonItem:addButton];
[[self navigationItem] setLeftBarButtonItem:[self editButtonItem]];

[self readSavedPhotoAlbums];

[[self detailViewController] setPhotoAlbum:[[self data] objectAtIndex:0]];

[[NSNotificationCenter defaultCenter] addObserver:self
   selector:@selector(photoAlbumSaveNeeded:)
   name:kPhotoAlbumSaveNotification
   object:[self detailViewController]];
}
```

加粗代码的第一行调用了我们先前建立的 readSavedPhotoAlbums 方法。下一行告诉细节视图控制器现在要显示哪本相册。还没有向 DetailViewController 添加任何东西来处理这个操作，但随后会实现的。当应用程序启动时，代码总是将属性清单里找到的第一本相册传递给细节视图控制器。

最末一行配置 NSNotification 观察器。NSNotification 是一个便捷的办法，供应用程序某部分发出某种类型的全局信号。此信号可以被一个或多个观察器收到。通知观察器有 4 个参数要配置，如下所示：

If [self detailViewController] posts a notification

...and that notification is named kPhotoAlbumSaveNotification

...then call a method named photoAlbumSaveNeeded:

...and call this method on self.

假如你拿上一章的 viewDidLoad 版本与 newPhotoAlbumWithName:实现作比较，就会注意到 data 数组的结构发生了变化。它不再存储一个名字清单，它现在保存的是词典清单，而名字保存为一个词典键。由此需要修改其他一些地方，以便相册清单的表格视图能够工作。在 -tableView:cellForRowAtIndexPath:方法里，修改单元配置代码如程序清单 13.6 所示。该修改将在[self data]中查看相册词典，以获取其 kPhotoAlbumNameKey 的键值，将其用在表格中。它还根据 currentAlbumIndex 的值来在当前所选相册的旁边显示一个检查标记。

程序清单 13.6 MasterViewController.m 文件中更新后的表格单元代码

```
// Configure the cell.
NSDictionary *album = [[self data] objectAtIndex:[indexPath row]];
[[cell textLabel] setText:[album objectForKey:kPhotoAlbumNameKey]];

if ([indexPath row] == [self currentAlbumIndex]) {
   [cell setAccessoryType:UITableViewCellAccessoryCheckmark];
} else {
   [cell setAccessoryType:UITableViewCellAccessoryNone];
}
```

对 -tableView:accessoryButtonTappedForRowWithIndexPath: 方法做类似的修改，这样，就不再在 data 数组中查询相册名，而是在相册目录下查找其名。

当用户在相册清单中选择新相册时，应用程序需要告诉细节视图控制器该变化，从而让它可以更新其显示。这是通过向-tableView:didSelectRowAtIndexPath:方法添加一行代码来处理的：

```
[[self detailViewController]
  setPhotoAlbum:[[self data] objectAtIndex:[indexPath row]]];
```

最后，NameEditorViewController 回调需要做些修改，来处理属性清单的格式。将此方法改成如程序清单 13.7 所示。

程序清单 13.7 相册名字编辑器的回调方法

```
- (void)nameEditorViewControllerDidFinish:(NameEditorViewController *)controller
{
   NSString *newName = [[controller nameTextField] text];
   if (newName && [newName length] > 0) {
      if ([controller isEditing]) {
         NSMutableDictionary *photoAlbum = [[self data]
            objectAtIndex:[[controller indexPath] row]];
         [photoAlbum setObject:newName forKey:kPhotoAlbumNameKey];
      } else {
         [[self data] addObject:[self newPhotoAlbumWithName:newName]];
      }
      [self savePhotoAlbum];
      [[self tableView] reloadData];
   }
}
```

如果控制器在编辑相册名，新的代码就会查看相册词典，将其 kPhotoAlbumNameKey 键替换为新值；假如控制器不是在编辑相册名，新代码就会使用-newPhotoAlbumWithName:方法以要求的名字创建新相册。不管哪种情况，代码都会调用 savePhotoAlbum 将修改写入属性清单文件。

13.2.4 向相册添加新照片

管理相册还包括往相册中放图片。相册通过 DetailViewController 显示，同时该控制器还处理拍照得到新照片的过程。所以要做的首件事就是添加一个方法，让 DetailViewController 知道选择了哪个相册。首先，给 DetailViewController 添加个新属性，以存储至所选相册的引用。把下面这个语句加入到 DetailViewController.h 头文件中：

```
@property (strong, nonatomic) NSMutableDictionary *photoAlbum;
```

还要向 DetailViewController.m 文件添加这个属性的@synthesize 语句。

如今 DetailViewController 能够保存至相册的引用。我们在前面的程序清单 13.5 中设置了引用，就是在调用-setPhotoAlbum:方法的那行。

接着，填充 MasterViewController 的-tableView:didSelectRowAtIndexPath:方法实现，以便当用户触击新的相册时，MasterViewController 能够知道所选相册发生了变化

（如程序清单 13.8 所示）。

程序清单 13.8 修改所选的相册

```
- (void)tableView:(UITableView *)tableView
didSelectRowAtIndexPath:(NSIndexPath *)indexPath
{
   NSIndexPath *oldCurrentAlbumIndexPath =
      [NSIndexPath indexPathForRow:[self currentAlbumIndex] inSection:0];
   [self setCurrentAlbumIndex:[indexPath row]];
   [tableView reloadRowsAtIndexPaths:
        [NSArray arrayWithObjects:indexPath, oldCurrentAlbumIndexPath, nil]
      withRowAnimation:UITableViewRowAnimationNone];

   [[self detailViewController]
    setPhotoAlbum:[[self data] objectAtIndex:[indexPath row]]];
}
```

这段代码的前一部分处理更新当前相册的索引号、在表格视图中重新调入数据以显示新的选择。它将原先选择的索引号保存到 NSIndexPath，随即通过为 currentAlbumIndex 设置新值来更新选择。然后这个方法告诉表格视图对先前和新的选择值重新调入数据，从而导致为这两个索引路径调用 tableView:cellForRowAtIndexPath:方法，该方法将对原先的选择行去除检查标记，而为新选择行打上检查标记。最后，代码告诉 detailViewController 新选择的行，以便 detailViewController 更新其显示。

从摄像头或者照片库获取新照片的功能在前些章已经实现了。这里要做的就是将新的照片添加到当前相册，将其置于用户触击的单元对应的索引号上。为了跟踪所触击的单元，需要对 DetailViewController 添加一个叫 selectedWheelViewCellIndex 的属性。它只是一个整数，存放用户点触的缩略图的索引号。在 DetailViewController.m 文件开头类扩展的位置添加声明：

```
@property (assign, nonatomic) NSUInteger selectedWheelViewCellIndex;
```

还要为此属性添加@synthesize 语句。在 cellTapped 方法里，添加一行代码来设置该属性的值，值为所点触单元的索引号（如程序清单 13.9 所示）。

程序清单 13.9 DetailViewController.m 文件中 cellTapped:方法的更新后版本

```
- (void)cellTapped:(UIGestureRecognizer *)recognizer
{
   [self setSelectedPhotoWheelViewCell:
      (PhotoWheelViewCell *)[recognizer view]];
   [self setSelectedWheelViewCellIndex:
      [[self data] indexOfObject:[self selectedPhotoWheelViewCell]]];

   BOOL hasCamera =
   [UIImagePickerController
    isSourceTypeAvailable:UIImagePickerControllerSourceTypeCamera];
   if (hasCamera) {
      [self presentPhotoPickerMenu];
   } else {
      [self presentPhotoLibrary];
   }
}
```

加粗的代码行用于查看所选单元视图在数组中的索引号，并保存其值以供随后使用。

当用户选择一张照片时，应用程序会在UIpagePickerController委派回调中收到该信息，这和以前并无二致。需要将新来的照片加入到当前相册中。该方法新的实现如程序清单13.10所示，它要用到GlobalPhotoKeys.h中声明的键，所以应确保在DetailViewController.m文件开头导入了该头文件。

程序清单 13.10　向相册添加新照片

```
- (void)imagePickerController:(UIImagePickerController *)picker
    didFinishPickingMediaWithInfo:(NSDictionary *)info
{
   // If the popover controller is available,
   // assume the photo is selected from the library
   // and not from the camera.
   BOOL takenWithCamera = ([self popoverController] == nil);

   // Dismiss the popover controller if available,
   // otherwise dismiss the camera view.
   if ([self masterPopoverController]) {
      [[self masterPopoverController] dismissPopoverAnimated:YES];
      [self setMasterPopoverController:nil];
   } else {
      [self dismissModalViewControllerAnimated:YES];
   }

   UIImage *image = [info objectForKey:UIImagePickerControllerOriginalImage];
   [self.selectedPhotoWheelViewCell setImage:image];

   NSData *photoData = UIImageJPEGRepresentation(image, 0.8);

   NSString *photoFilename = [[self uuidString]
      stringByAppendingPathExtension:@"jpg"];
   [photoData writeToURL:
         [[self documentsDirectory]
            URLByAppendingPathComponent:photoFilename]
      atomically:YES];

   NSMutableDictionary *newPhotoEntry = [NSMutableDictionary dictionary];
   [newPhotoEntry setObject:[NSDate date] forKey:kPhotoDateAddedKey];
   [newPhotoEntry setObject:photoFilename forKey:kPhotoFilenameKey];

   NSMutableArray *photos = [[self photoAlbum]
      objectForKey:kPhotoAlbumPhotosKey];
   [photos replaceObjectAtIndex:[self selectedWheelViewCellIndex]
      withObject:newPhotoEntry];

   [[NSNotificationCenter defaultCenter]
      postNotificationName:kPhotoAlbumSaveNotification
      object:self];

   if (takenWithCamera) {
      UIImageWriteToSavedPhotosAlbum(image, nil, nil, nil);
   }
}
```

这段代码的有些地方与前面你已看过的没有不同。新代码以加粗方式显示。

为了保存图片，新代码将进来的 `UIImage` 对象用 `UIImageJPEGRepresentation` 工具方法转换成 JPEG 格式。也有类似方法可以将 `UIImage` 对象转换成 PNG 格式，但 JPEG 通常对照片效果更好。该函数的第一个参数是包含新照片的 `UIImage` 对象，第二个参数是 JPEG 压缩系数。压缩系数为 1.0 时为最好品质，0.0 则最差。该函数返回一个包含 JPEG 数据的 `NSData` 对象。

代码将照片数据保存为一个文件而不是用属性清单来保存之。这样更利于内存管理，因为整个属性清单都位于内存中。将照片数据写为文件意味着它不必一直待在内存里，只在需要时才调入内存。文件名怎样其实无关紧要，只要它是唯一的名字，应用程序能够跟踪之即可。在这种情况下，文件名就是 UUID（通用唯一标识码，Universally Unique ID）。UUID 在使用 `uuidString` 方法时获得，该方法会返回一个确保唯一的字符串。照片数据保存在以 UUID 取名的文件内，位于应用程序的文档目录下。代码使用`-documentsDirectory` 工具方法来查找文档目录。这两个方法的代码在程序清单 13.11 中给出。将这段代码添加到 DetailViewController.m 文件内。

程序清单 13.11 将照片保存至文件系统时用到的辅助方法

```
- (NSString *)uuidString
{
   CFUUIDRef uuid = CFUUIDCreate(kCFAllocatorDefault);
   CFStringRef uuidCFString = CFUUIDCreateString(kCFAllocatorDefault, uuid);
   NSString *uuidString = [(__bridge NSString *)uuidCFString copy];
   CFRelease(uuid);
   CFRelease(uuidCFString);
   return uuidString;
}

- (NSURL *)documentsDirectory
{
   NSFileManager *fm = [NSFileManager defaultManager];
   NSArray *urls = [fm URLsForDirectory:NSDocumentDirectory
                              inDomains:NSUserDomainMask];
   return [urls lastObject];
}
```

接着，代码创建一个新的词典条目来保存新照片。词典中存储两个值，一个是当前日期时间来记录何时添加了照片；另一个则是刚创建的图片文件名。一旦创建了新词典条目，它就会被插入到当前相册，位于你先前保存的所选单元索引号上。最后，代码会发出 `kPhotoAlbumDidSaveNotification` 通知，以便让 `MasterViewController` 得知添加了新照片，并可保存该新信息。

13.2.5 显示相册中的照片

既然有了可以实际包含照片的相册，那么怎样将其放到照片轮上，以便用户可以看到它们呢？在添加了新照片后，它们就会立即由 `UIImagePickerController` 委派方法显示出来，这在前面程序清单 13.10 中讨论过了。但如果用户选择了新相册呢？

在选择新的相册后，`DetailViewController` 需要随时更新照片轮内容。所以它要为相册创建一个定制的 `setter` 方法，来完成此处的更新。这样，在选择了新相册后，更新会即刻发生。将下面的 `setter` 方法添加到 `DetailViewController` 中（如程序清单 13.12 所示）。

程序清单 13.12 在选择了新相册时更新照片轮的内容

```
- (void)setPhotoAlbum:(NSMutableDictionary *)photoAlbum
{
  photoAlbum_ = photoAlbum;

  UIImage *defaultPhoto = [UIImage imageNamed:@"defaultPhoto.png"];
  for (NSUInteger index=0; index<10; index++) {
    PhotoWheelViewCell *nub = [[self data] objectAtIndex:index];
    NSDictionary *photoInfo = [[[self photoAlbum]
          objectForKey:kPhotoAlbumPhotosKey]
      objectAtIndex:index];
    NSString *photoFilename = [photoInfo objectForKey:kPhotoFilenameKey];
    NSData *imageData;
    if (photoFilename != nil) {
      imageData = [NSData dataWithContentsOfURL:
        [[self documentsDirectory]
          URLByAppendingPathComponent:photoFilename]];
    } else {
      imageData = nil;
    }
    if (imageData != nil) {
      [nub setImage:[UIImage imageWithData:imageData]];
    } else {
      [nub setImage:defaultPhoto];
    }
  }
}
```

这个方法的第一行代码处理 setter 方法所需的实际设置，这是通过对新到对象分配实例变量实现的。代码其他部分逐条查看相册的每一条目，对照片轮中的每一项都更新为相册中的条目。在 for 循环中，代码会查找单元视图和对应索引号的相册数据项，然后试图从相册数据项中找出照片文件。倘若找到了照片文件，代码就将 JPEG 数据调入 imageData。否则它会将 imageData 设为 nil，指示没有找到图片。

在循环的最后，代码会检查是否找到了图片数据。如果是，就会为照片创建 UIImage 对象，并在单元中显示该照片。倘若没有，就使用默认的占位图片，指示该单元不存在照片。

作了这些修改后，应用程序现在已经可用了。用户可以创建和删除相册，向相册添加照片。尽管还需做些改进。

目前相册尚无“关键”的照片可以用于显示一个相册集合。有许多办法可以添加这个功能。一个办法是在相册词典里创建单独的数据项，并复制照片信息。复制数据经常是一种很笨拙的办法，而且应用程序还得小心翼翼地维护关键照片，倘若用户要删除或替换该照片，有必要检查重复项，再更新或替换之。另一个办法是为每个照片添加“关键”的布尔属性，遍历照片清单来定位该关键照片。那也不是太好的方案，因为这意味着得找遍清单才能定位某条目，而不是直接就能找到此条目。

属性清单的办法在其他地方是受限的。在该应用程序的未来版本中，你也许会想实现 undo 操作，或者给用户以按日期排序照片的选项，而不是以单一的顺序放置。这些改进对于属性清单当然是可能的，但这一数据模型显而易见的简洁性会随着排序、undo 和其他新功能的加入而迅速丧失。

属性清单开始时是简单的，但往往后面会变得脆弱、丑陋不堪，除非应用程序还是那么非常地简单。

13.3 使用 Core Data 构建模型

将应用程序的数据保存到属性清单固然方便，但随着应用程序数据越来越大，或越来越复杂，属性清单就会变得丑陋不堪。随着数据集的增长，保持内存使用可控、管理数据间的关系等事情就变得越来越困难。有许多办法可以处理这种情况，许多开发者发明了他们自己的方案。苹果公司提供了一个叫 Core Data 的框架，设计用来处理这样的任务（还有其他任务）。Core Data 起初会让人望而生畏，但其用法的原理和技术很容易学会，值得为此花费精力。

注意： 本章提供 Core Data 的基础介绍。要更详细了解这方面的信息，可参看 Tim Isted 与 Tom Harrington 合著的《Core Data for iOS》，由 Addison-Wesley 出版社于 2011 年出版。

13.3.1 什么是 Core Data

Core Data 是一个对象，设计用来存储模型对象。使用 Core Data，可以直接读写模型对象，无须在模型对象和文件格式之间转换。Core Data 的目的在于，提供持久的数据存储机制，能够处理应用程序用到的任何类型对象。

对象如何存储的细节很大程度上无须你操心，你只要关注在应用程序中利用这些对象即可。你也许已经听说过 Core Data 可以使用 SQLite 来保存数据，但那是个实现细节。Core Data 并非简单的对 SQLite 的 Objective-C 包装器，尽管它可以包装极大的数据集，它并不是设计用作数据库的。Core Data 还可以使用其他非数据库的格式来保存数据。这正是术语“data store”故意含糊不清的原因，它指出以持久方式存储数据的方法。但 Core Data 并不特定于某个专门的方式。如果需要的话，你甚至可以创建自己的方式。

Core Data 有以下优越性：

- 它能减少内存使用量，Core Data 只调入要求的对象。如果数据集包含有成千上万的对象，而你只需要对其中的几个对象操作，那么只有这几个对象会被调入内存。这就使得我们有可能处理比实际内存大得多的数据集。
- 自动管理对象间的关系。如果两个对象之间有关系，则可以通过与设置属性值同样的语法来定义这种关系。
- Core Data 提供了丰富的系统操作，可用来在数据集里搜索你感兴趣的对象。
- 在查阅对象时，这些对象可自动归类。
- 它有可选的数据有效性验证功能，要求制定规则，对属性定义可接受的值。
- 它有自动的 undo 管理功能。

13.3.2 托管对象和实体描述

使用 Core Data 时，要将托管对象当做模型。托管对象是一个 `NSManagedObject` 实例，或者 `NSManagedObject` 定制子类的实例。它含有模型数据，由 Core Data 管理之，这意味着 Core Data 要处理创建它、维护其与其他对象的关系、保存改动了的属性值，以及其他重要任务。托管对象由数据存储(data store)读取和保存。正常情况下，模型对象应当为 `NSObject` 或者其他 `Foundation`

类（如 NSDictionary）的子类；但用到 Core Data 时，必须采用 NSManagedObject 类。

托管对象利用一个称为其“实体描述对象”的相关对象。实体描述是一个 NSEntityDescription 实例。实体描述包含所有托管对象属性和关系的定义，还有可选的额外细节数据，例如默认值和检验规则。实体描述大体与数据库中的表格定义相当，而托管对象与表格中的单独一个条目大致相当。实体描述是在托管对象模型中配置的，它定义了数据存储中所有有效的实体。你不会经常在代码中直接用到实体描述对象；而是在 Xcode 中创建这些实体描述对象。

使用 Core Data 时，要先为任何所需的模型对象创建实体描述。Xcode 提供了方便的图形化工具来实现这个操作。一旦有了实体描述，就可以着手创建它所定义的托管对象。

你可以使用 NSManagedObject 实例，但使用反映模型对象的定制子类通常会更方便。其优越性在于，这些子类可以添加方法来实现所需的任何模型特定行为，并可为模型属性提供访问方法。平常的 NSManagedObject 对象不会有定制访问方法，所以必须使用键/值编码（key-value coding，KVC）来访问属性值。举例说明，倘若有个带 name 属性的 Employee 实体，就可以对 NSManagedObject 实例来设置或获取职员姓名，如下所示：

```
NSManagedObject *newEmployee = // Defined elsewhere
[newEmployee setValue:@"John Smith" forKey:@"name"];
NSString *employeeName = [newEmployee valueForKey:@"name"];
```

这样很好，它能工作。但它不让编译器提供类型检查，以确保你真是在为 name 属性赋以字符串值。它还不能校验拼写的名字是否正确。还有，既然声明 newEmployee 为一般类实例，可能无法马上看出它想用到怎样的实体。

如果改用 NSManagedObject 的子类 Employee，并提供定制的访问方法，前面代码应替换为：

```
Employee *newEmployee = // Defined elsewhere
[newEmployee setName:@"John Smith"];
NSString *employeeName = [newEmployee name];
```

这样，表述就清楚多了，也不那么容易出错了。

Xcode 会自动基于实体定义生成 NSManagedObject 子类，以及特定属性的访问方法。

当从数据存储中调入 NSManagedObject 对象时，会对其创建“错误”的对象。错误对象只是占位对象，有专门托管对象的身份，但没有数据。当你访问属性时，这些属性会按要求调入，用 Core Data 的术语来说就是“触发了错误”。那意味着它们几乎不占用任何内存，除非你直接访问它们的属性。

13.3.3 托管对象语境

获取和保存托管对象的主要要点是托管对象语境，它是一个 NSManagedObjectContext 实例。当你要获取模型对象时，就请求托管对象语境；在需要将修改保存至模型对象时，就请求托管对象语境来保存它们。托管对象语境履行了实际管理托管对象的大部分操作。

通过向托管对象语境发出获取申请，来从数据存储获得托管对象。获取申请至少要指定想要什么种类实体，它们还可以包含决定返回哪个实体的实例，以及一组决定结果对象如何分类的类别描述符。我们还沿用前面的 Employee 例子，下面代码将找出所有在当前数据存储中的职员：

```
NSManagedObjectContext *context = // Defined and configured elsewhere
NSFetchRequest *request = [[NSFetchRequest alloc] initWithEntityName:@"Employee"];
```

```
NSError *fetchError = nil;
NSArray *allEmployees = [context executeFetchRequest:request error:&fetchError];
```

需要创建新的托管对象时，通常利用托管对象语境的办法实现。接下来的那行代码在托管对象语境中找出名为 Employee 的实体，基于该实体来创建新的托管对象，将其插入到托管对象语境，然后返回之。

```
Employee *newEmployee = [NSEntityDescription
     insertNewObjectForEntityForName:@"Employee"
     inManagedObjectContext:context];
```

实体可以拥有和使用它们的 NSManagedObject 子类同样的名字，这很正常，但并不要求非这么做不可。

在用户操作这个应用程序一段时间后，可能会有些修改要保存。保存操作要经过 NSManagedObjectContext，其会保存对调出对象的任何有意义的改动，或添加到语境的对象的改动。

```
NSError *saveError = nil;
[context save:&saveError];
```

13.3.4 持久存储和持久存储协调器

托管对象语境本身并不实际保存对象，它利用另一个对象来处理必要的文件级交互。Core Data 保存对象至持久数据存储。数据存储自身由持久数据存储协调器管理，后者是一个 NSPersistentStoreCoordinator 实例。托管对象在此最终成为 SQLite 记录，或者二进制文件的一部分，或者转换成其他适合保存为文件的格式。我们不会直接和持久数据存储协调器打交道，除非由我们创建了它。在此之后，所有的交互都在托管对象语境中进行。

为什么要保持持久数据存储呢？因为可能要同时使用多个持久数据存储。NSPersistentStoreCoordinator 正如其名字所述，负责协调各持久数据存储。可以在应用程序中只用一个数据存储，但 Core Data 并不限制你只能用一个。

13.3.5 向 PhotoWheelPrototype 添加 Core Data

当在 Xcode 中创建新项目时，有个选项是让 Xcode 自动加入与 Core Data 有关的代码和文件。那很方便，但 Xcode 模板上的 Core Data 代码并不总是你想要的，而且有些时候你还需要向项目添加先前未用到的 Core Data。PhotoWheelPrototype 还没有 Core Data，所以本节我们将探讨把 Core Data 加到项目里。

本节构建的代码来源于前一章，所以它没有带本章前面开发的属性清单代码。

13.3.6 添加 Core Data 框架

在使用 Core Data 类编写代码前，需要将 Core Data 框架加入到项目中。框架包含了 Core Data 类的头文件和实现文件。除非你添加了该框架，否则编译器和链接器不会知道 Core Data 的存在。

要想在 PhotoWheelPrototype 中看到所用的框架，可在文件导航器中单击项目入口，然后在编辑器面板中单击应用程序目标（如图 13-1 所示）。在 Editor 区域，Build Phases 选项卡中有一个 Link Binary With Libraries 选项组，它列出了当前用到的框架。

要加入一个框架，单击框架清单底部的加号按钮。Xcode 会显示该项目可用的已知框架清单（如

图 13-2 所示）。在清单中选择 CoreData.framework，然后单击 Add 按钮。Xcode 就会将 Core Data 添加到项目中。

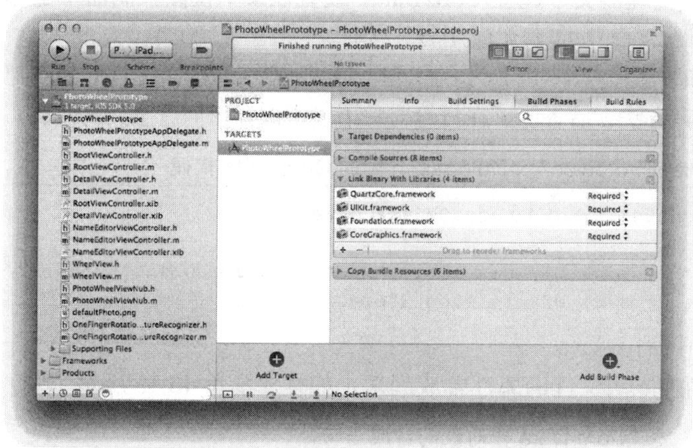

图 13-1 应用程序所用框架的 Xcode 视图

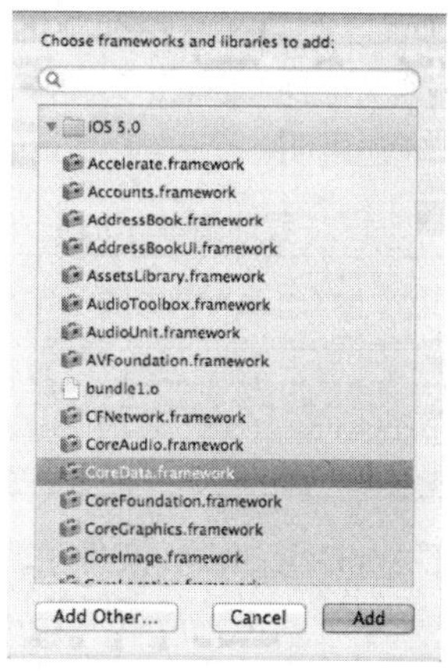

图 13-2 添加 Core Data 框架

添加此框架使得链接器能够链接 Core Data 类。接着，要确保编译器了解类声明，以便其能够编译代码。你要在应用程序的不同地方用到 Core Data，所以最好在一个预编译头文件 PhotoWheelPrototype-Prefix.pch 中完成这些操作。该文件已经导入了 UIKit 和 Foundation 的头文件。编辑此文件，加入 CoreData.h 的导入代码（如程序清单 13.13 所示）。

程序清单 13.13 把 Core Data 添加到预编译头文件

```
#ifdef __OBJC__
  #import <UIKit/UIKit.h>
  #import <Foundation/Foundation.h>
  #import <CoreData/CoreData.h>
#endif
```

13.3.7 建立 Core Data 栈

使用 Core Data 必需的对象集合通常就是指栈。托管对象语境依赖于持久存储协调器，后者则依赖于托管对象模型。模型位于栈的底部，所以你可以从这里开始，向上建立起栈。

首先要创建包含此托管对象模型的文件。在 Xcode 中创建文件。在左侧新文件窗口的分类清单中有个 Core Data 项，该项内有个 Data Model 文件类型（如图 13-3 所示）。使用这种文件类型创建名为 PhotoWheelPrototype.xcdatamodeld 的文件（Xcode 会自动加上扩展名.xcdatamodeld）。你将在此文件中创建 Core Data 实体。.xcdatamodeld.momd 是未编译模型文件的一般扩展名。在构建应用程序时，该文件会被编译成.momd 文件。

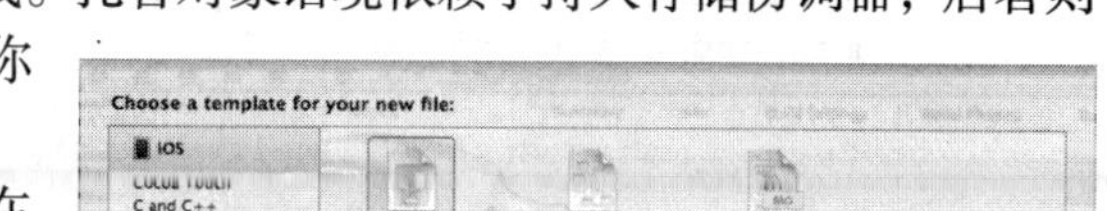

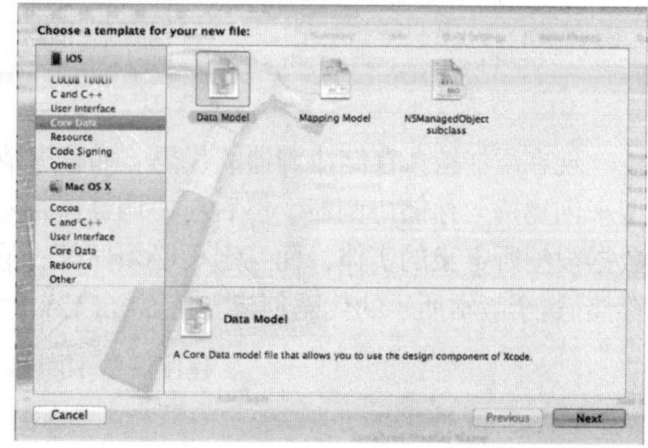

图 13-3 添加 Core Data 模型文件

接着，要添加代码来调入数据模型文件，并配置 Core Data 栈。在目前情况下要为应用程序委派添加建立方法。当你拥有应用程序各处都要用到的数据存储时，那样做会很方便，但并不总是很理想。在许多情况下，在专用的模式管理器类中建立 Core Data，或者在某个视图控制器中建立 Core Data 才有意义。但在本例中，将把 Core Data 放至应用程序委派。

编辑 AppDelegate.h 头文件，加入如程序清单 13.14 所示的代码。该代码为 Core Data 栈对象创建属性。它还声明一个 saveContext 工具方法，后者能够在托管对象语境中保存任何有意义的改动。

程序清单 13.14 PhotoWheelPrototypeAppDelegate.h 里的 Core Data 代码

```
@property (readonly, strong, nonatomic) NSManagedObjectContext
*managedObjectContext;
@property (readonly, strong, nonatomic) NSManagedObjectModel *managedObjectModel;
@property (readonly, strong, nonatomic) NSPersistentStoreCoordinator
*persistentStoreCoordinator;
```

在 AppDelegate.m 文件中，先把刚加入头文件的属性合成起来（如程序清单 13.15 所示）。

程序清单 13.15 Core Data 栈对象的合成语句

```
@synthesize managedObjectContext = __managedObjectContext;
@synthesize managedObjectModel = __managedObjectModel;
@synthesize persistentStoreCoordinator = __persistentStoreCoordinator;
```

下一步，添加方法来创建托管对象模型文件（如程序清单 13.16 所示）。该方法调入编译好的.momd 文件，后者对应于前面创建的.xcdatamodeld 未编译文件。代码在应用程序包中找寻此模型文件，并将其内容分配给 NSManagedObjectModel 文件。

程序清单 13.16 创建托管对象模型实例

```
- (NSManagedObjectModel *)managedObjectModel
{
   if (__managedObjectModel != nil)
   {
      return __managedObjectModel;
   }
   NSURL *modelURL = [[NSBundle mainBundle]
      URLForResource:@"PhotoWheelPrototype"
      withExtension:@"momd"];
   __managedObjectModel =
      [[NSManagedObjectModel alloc] initWithContentsOfURL:modelURL];
   return __managedObjectModel;
}
```

现在添加持久存储协调器的代码（如程序清单 13.17 所示）。该方法使用前面创建的托管对象模型来创建持久存储协调器，然后对协调器添加数据存储。倘若数据存储已存在，那么它必须只包含数据模型所定义的实体，而且定义必须匹配；假如数据存储尚不存在，该方法就创建一个空的数据存储。这个版本所示的代码创建支持 SQLite 的数据存储，后者由 NSSQLiteStoreType 指示出来。

程序清单 13.17 创建持久存储协调器

```
- (NSPersistentStoreCoordinator *)persistentStoreCoordinator
{
   if (__persistentStoreCoordinator != nil)
```

```
    {
        return __persistentStoreCoordinator;
    }

    NSURL *applicationDocumentsDirectory = [[[NSFileManager defaultManager]
            URLsForDirectory:NSDocumentDirectory
            inDomains:NSUserDomainMask]
        lastObject];
    NSURL *storeURL = [applicationDocumentsDirectory
        URLByAppendingPathComponent:@"PhotoWheelPrototype.sqlite"];

    NSError *error = nil;
    __persistentStoreCoordinator = [[NSPersistentStoreCoordinator alloc]
        initWithManagedObjectModel:[self managedObjectModel]];
    if (![__persistentStoreCoordinator
        addPersistentStoreWithType:NSSQLiteStoreType
        configuration:nil
        URL:storeURL
        options:nil
        error:&error])
    {
        NSLog(@"Unresolved error %@, %@", error, [error userInfo]);
        abort();
    }

    return __persistentStoreCoordinator;
}
```

Core Data 栈的最后一部分是托管对象语境（如程序清单 13.18 所示）。创建语境的代码利用了程序清单 13.17 所示的持久存储协调器，后者则用到程序清单 13.16 中创建的托管对象模型。这三个对象一起组成了 Core Data “栈”。

程序清单 13.18　创建托管对象语境

```
- (NSManagedObjectContext *)managedObjectContext
{
    if (__managedObjectContext != nil)
    {
        return __managedObjectContext;
    }

    NSPersistentStoreCoordinator *coordinator = [self persistentStoreCoordinator];
    if (coordinator != nil)
    {
        __managedObjectContext = [[NSManagedObjectContext alloc] init];
        [__managedObjectContext setPersistentStoreCoordinator:coordinator];
    }
    return __managedObjectContext;
}
```

最后，需要将托管对象语境的引用传递给 `MasterViewController`，以便它能在读写照片和相册时利用数据存储。首先，`MasterViewController` 当然需要能保持至托管对象语境的引用。向 MasterViewController.h 头文件加入新的托管对象属性：

```
@property (strong, nonatomic) NSManagedObjectContext *managedObjectContext;
```

也要向 MasterViewController.m 文件中添加对应的`@synthesize`语句。

一旦做完了这些，就向 AppDelegate.m 文件添加一行代码，来在`-application:didFinishLaunching WithOptions:`方法中设置新属性的值。将下列这行代码加到调用`-setDetailViewController:`方法的语句之后：

```
[masterViewController setManagedObjectContext:
   [self managedObjectContext]];
```

如今的`MasterViewController`就能访问托管对象语境了。

13.4 在 PhotoWheel 中使用 Core Data

本章早先描述过一些模型类，现在该是使用 Core Data 实现它们的时候了。

13.4.1 Core Data 的模型编辑器

在 Xcode 中找出你以前创建的名为 PhotoWheelPrototype.xcdatamodeld 的文件。单击它，使之在模型编辑器中展现出来，如图 13-4 所示。模型编辑器列出了模型内的实体，连同其属性、关系和获取属性（fetched property）都一起显示出来。

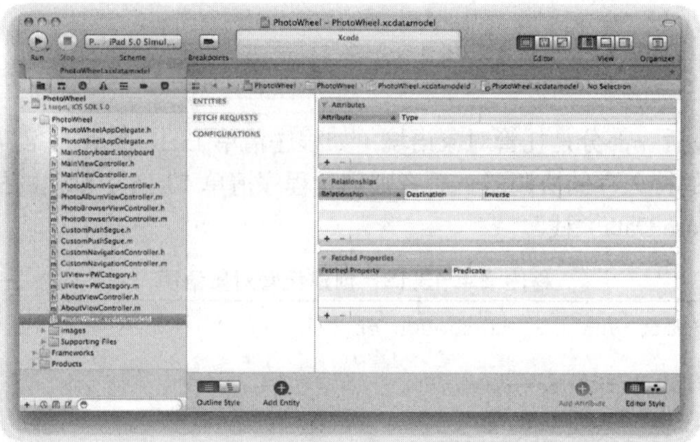

图 13-4 Xcode 中的 Core Data 模型编辑器

编辑器的右下角有个开关，可以在表格风格的视图与类似于实体关系图的图形风格之间切换。与其他的 Xcode 编辑器一样，你可以单击窗口上部的 Editor，来在窗口右侧显示或隐藏工具栏目。确保现在是显示工具栏目，因为你正需要它来配置实体。

工具栏目内目前尚无多少内容，因为你还没有创建任何实体。

13.4.2 添加实体

创建 Photo 实体：

1. 单击窗口底部的 Add Entity 按钮。将看到编辑器上出现一个新实体，将其命名为 Photo。

2. 在面板中，将 Class 也设置为 Photo。它告诉 Core Data，Photo 实体的实例将是`NSManagedObject`子类，即 Photo 类的实例。实体和类并不要求是同样的名字，但它们相同时会很方便。目前还没有 Photo 类，但依然可以在此设置这个类名。

3. 在编辑器的 Attributes 栏目，单击加号按钮以创建新特性，设置其名为 dateAdded。使用 Type 下的弹出菜单将其特性类型设为 Date。

4. 创建另一个特性，将其命名为 originalImageData。这将保存来源于摄像头的原始图像数据。设置其特性类型为 Binary Data。

5. 设置 originalImageData 特性，在面板的右侧找到 Allows External Storage 复选框，选中此复选框（如图 13-5 所示）。

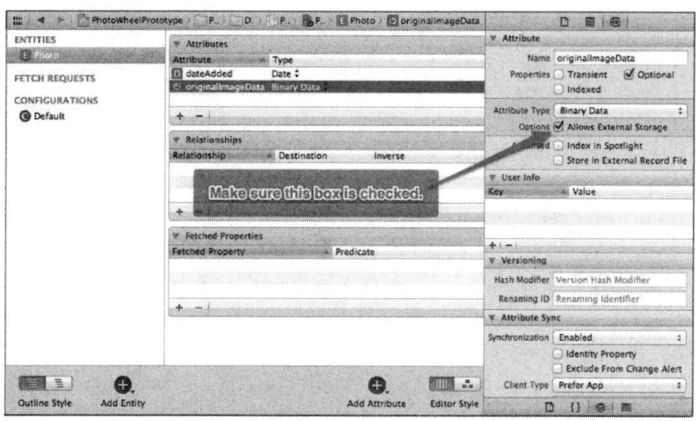

图 13-5　显示 Photo 实体 originalImageData 特性的 Attributes 面板

这种设置告诉 Core Data，图像数据不会直接保存于数据存储中，而是自动保存至外部文件。这样做能够防止调入 Photo 实体时占用太多的内存。

6. 对名为 `thumbnailImageData` 和 `largeImageData` 的属性分别重复上一步操作。

创建 PhotoAlbum 实体：

1. 单击窗口底部的 Add Entity 按钮。将新实体命名为 PhotoAlbum。
2. 设置 PhotoAlbum 实体的 Class 为 PhotoAlbum 类。
3. 添加名为 name 的特性，设置其类型为 String。
4. 添加名为 dateAdded 的特性，设置其类型为 Date。

现在有了这些实体，单击窗口底部的 Editor 按钮切换至图形视图。你将看到实体及其特性会列在下面。可以在图形视图中按你喜欢的方式拖动它们，组织它们。在模型编辑器中你可以使用表格视图或图形视图工作。下列步骤描述了图形视图的使用方法。

到这个时候，需要在 Photo 实体和 PhotoAlbum 实体之间添加关系。从 PhotoAlbum 到 Photo 是一对多的关系，因为每本相册都包含了许多照片，而每张照片只能属于一本相册。

1. 单击一次 PhotoAlbum 实体，以选中之。

2. 单击并按住 Add Attribute 按钮，会出现属性菜单。单击 Add Relationship 以从 PhotoAlbum 实体中添加一个关系。注意按钮上的文字变成了 Add Relationship 字样。按钮上文字的变化反映了弹出菜单最近使用的选择项。

3. 双击新关系，使其名处于可编辑状态，将其命名为 photos。

4. 在此面板中，单击 Destination 弹出菜单，选取 Photo 作为目的实体。

5. 选中此面板中的 To-Many Relationship 复选框，并确保选中 Ordered 复选框。这样，对关系就能维护顺序。没有这个功能，关系将杂乱无章。你随后添加的代码需要了解顺序。

6. 单击 Delete Rule 弹出菜单，并选择 Cascade。该设置意味着删除 PhotoAlbum 将会牵涉相关的 Photo 对象，并将它们也删除。这时模型应该如图 13-6 所示。

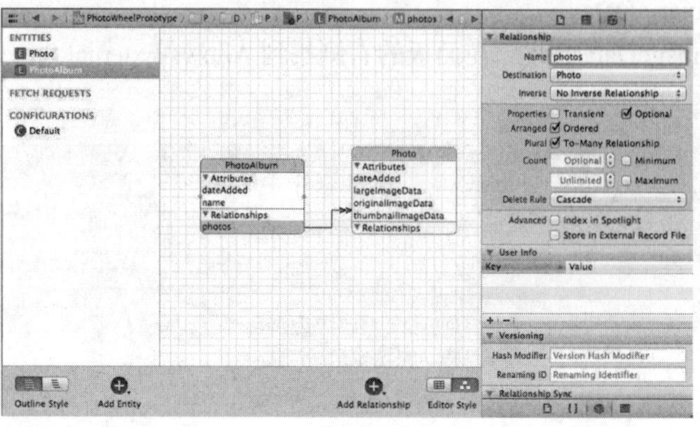

图 13-6 向 PhotoAlbum 实体添加了照片关系的模型编辑器

7. 单击一次 Photo 实体，以选中之。

8. 单击并按住 Add Relationship 按钮。

9. 双击新关系，使其名处于可编辑状态，将其命名为 photoAlbum。

10. 在此面板中，单击 Destination 弹出菜单，选取 PhotoAlbum 作为目的实体。

11. 在此面板中，单击 Inverse 弹出菜单，选取 photos 作为反向关系。这会告诉 Core Data，PhotoAlbum 的 photos 关系与 Photo 的 photoAlbum 关系是同一关系的两个对立端。

12. 在此面板中，不选中 Optional 复选框。既然照片必须属于一本相册，这种关系是强制的。与此相比是 PhotoAlbum 的 photos 关系。这里设为可选，是因为相册可能是空的。

13. 将这一关系的 Delete Rule 设为 Nullify。这会告诉 Core Data，在删除一个 Photo 时，关系应设为 nil。同时，删除操作不能牵连到相册。

这时的模型应当如图 13-7 所示。

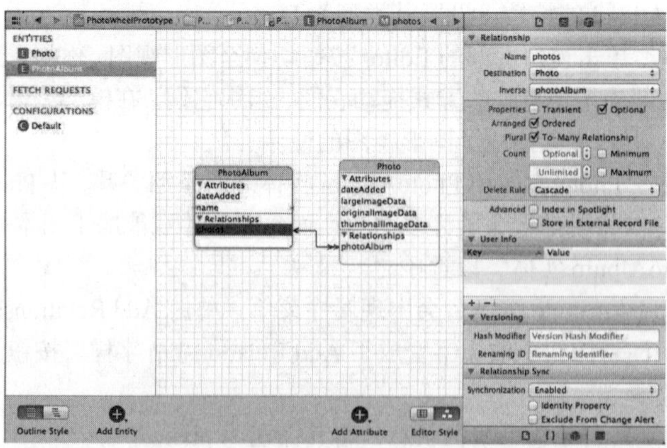

图 13-7 显示 Photo 实体的 PhotoAlbum 关系的模型编辑器

13.4.3 创建 NSManagedObject 子类

截止目前已经创建了模型实体，可以让 Xcode 创建定制的 `NSManagedObject` 子类来匹配这些实体。Xcode 创建类文件时，它会查看现有的实体，及每个实体的类名。如果有哪个实体不是 `NSManagedObject` 类，它就为那个实体创建一个定制子类。

在做这些操作之前，我们先继续前面的讨论，关于在设计数据模型时前瞻性考虑的话题。设想在 PhotoWheel 的 1.1 版本中你想给 PhotoAlbum 实体和 Photo 实体中的一个或全部添加新特性。也许你想添加位置信息，以便在地图上显示照片。从早先的讨论中，你可能会想到对模型类采用定制方法，来实现模型特定的行为。

倘若使用 Xcode 生成子类，这两个需求就会有冲突。当 Xcode 产生托管对象类时，它会将已有文件覆盖，替换成匹配数据模型中实体当前状态的文件。如果已经添加了定制方法，这些定制方法都将付之东流。另一方面，手工创建和管理子类单调乏味且易出错。任何时候要更新实体时，都得更新子类代码，对两个地方进行同样的修改。

如何解决这个问题呢？这需要一点小伎俩，让你使用生成的子类而不必覆盖定制的代码。通过为每个实体创建两个类，一个是由 Xcode 生成，另一个是前者的子类，就能解决问题。Xcode 将会生成你的模型类，你可以没有冲突地添加方法。通过暂时对实体的子类改名做到这一点。

1. 在模型编辑器中，修改 PhotoAlbum 实体类的名字为_PhotoAlbum。
2. 在模型编辑器中，修改 Photo 实体类的名字为_Photo。
3. 单击这些实体中的一个，然后按住 Shift 键单击另一个，以便将两种实体都选中。
4. 在 Xcode 的 File 菜单中选择 New File 命令。
5. 在新文件窗口内，对左边清单选择 Core Data，在右边的选项中选择 NSManagedObject（如图 13-8 所示），然后单击 Next 按钮。
6. 保存此新文件，一共会生成 4 个新文件，即 `_Photo` 和 `_PhotoAlbum` 类的头文件和实现文件。它们定义了 `NSManagedObject` 的两个子类。
7. 在 Xcode 的 File 菜单中选择 New File 命令，以创建一个 Objective-C 类。当 Xcode 询问 Photo 的父类是什么，就输入“_Photo”（如图 13-9 所示）；并将此类命名为 Photo。这么做会创建_Photo 的子类 Photo。

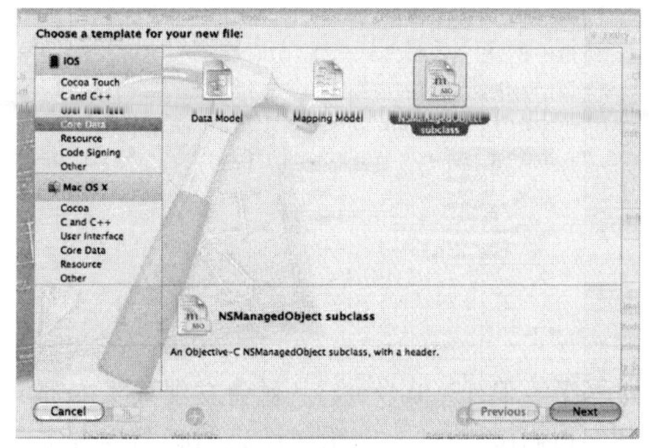

图 13-8　在 Xcode 中创建定制的 NSManagedObject 子类

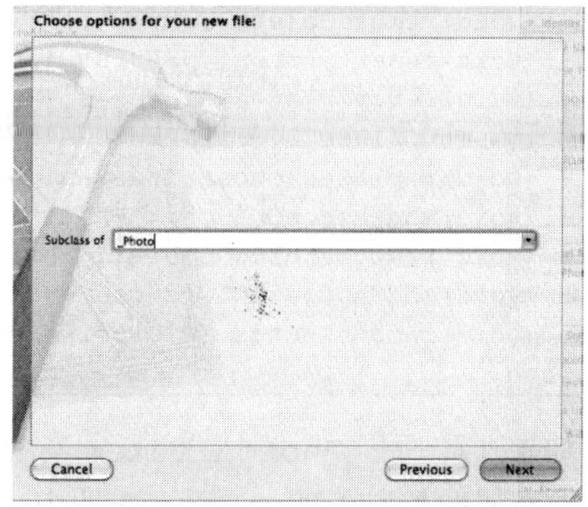

图 13-9　设置 Photo 类的定制父类

8. 重复上一步骤，创建 PhotoAlbum 类，其父类为_PhotoAlbum。

9. 回到模型编辑器，将 Photo 实体的类名改回至 Photo，并将 PhotoAlbum 实体的类名改回至 PhotoAlbum。

刚才做了什么呢？我们使用 Xcode 自动创建了两个类：_Photo 和_PhotoAlbum，分别匹配早先创建的实体。还创建了两个子类：Photo 和 PhotoAlbum。Xcode 创建了父类，而你的定制代码则创建了子类。这样就将你的代码与 Xcode 生成的代码隔离开来。要记住，倘若以后要修改实体，还要重复这一暂且的改名过程。

为什么不把类名就设为带下划线的名字呢？保存到模型中的类名是 Core Data 在创建托管对象时要返回的类。如果 PhotoAlbum 实体的类命名为_PhotoAlbum，Core Data 就会创建_PhotoAlbum 实例，后者不会包含任何添加到 PhotoAlbum 子类的定制行为。名字改回后，Core Data 提供的 PhotoAlbum 实例包含了定制代码。

我们来看生成的代码。Xcode 对实体的每个特性和关系创建了属性。对于许多关系，它还创建了定制的访问方法，来添加或删除照片。程序清单 13.19 给出了_PhotoAlbum.h 头文件中自动生成的代码。photos 包含了所有相册照片的属性，访问它可以查阅相册内容。添加或删除照片，则要用到 addPhotosObject 和 removePhotosObject 访问方法。

程序清单 13.19　在_PhotoAlbum.h 头文件中自动生成的代码

```
#import <Foundation/Foundation.h>
#import <CoreData/CoreData.h>

@class _Photo;

@interface _PhotoAlbum : NSManagedObject

@property (nonatomic, retain) NSString * name;
@property (nonatomic, retain) NSDate * dateAdded;
@property (nonatomic, retain) NSOrderedSet *photos;
@end

@interface _PhotoAlbum (CoreDataGeneratedAccessors)

- (void)insertObject:(_Photo *)value inPhotosAtIndex:(NSUInteger)idx;
- (void)removeObjectFromPhotosAtIndex:(NSUInteger)idx;
- (void)insertPhotos:(NSArray *)value atIndexes:(NSIndexSet *)indexes;
- (void)removePhotosAtIndexes:(NSIndexSet *)indexes;
- (void)replaceObjectInPhotosAtIndex:(NSUInteger)idx withObject:(_Photo *)value;
- (void)replacePhotosAtIndexes:(NSIndexSet *)indexes withPhotos:(NSArray *)values;
- (void)addPhotosObject:(_Photo *)value;
- (void)removePhotosObject:(_Photo *)value;
- (void)addPhotos:(NSOrderedSet *)values;
- (void)removePhotos:(NSOrderedSet *)values;
@end
```

如果查看一下_PhotoAlbum.m 实现文件（如程序清单 13.20 所示），就会发现其实内容没多少。所有属性都列在@dynamic 声明中，不过如此。以@dynamic 声明属性表明必要的方法声明将在运行时期生成，或者要用动态方法解析来处理对这一方法的调用。NSManagedObject 负责完成这些操作。Objective-C 有一些令人激动的功能，包括在应用程序运行时可以创建新方法，可以动态处理对未存在方法的调用，等等。

程序清单 13.20 在_PhotoAlbum.m 实现文件中自动生成的代码

```
#import "_PhotoAlbum.h"
#import "_Photo.h"


@implementation _PhotoAlbum
@dynamic name;
@dynamic dateAdded;
@dynamic photos;

@end
```

另一种子类生成办法：mogenerator

前面一节中提到的将生成代码与定制代码分开的多步办法有效但易出错。如果重新生成类文件而没有预先修改类名的话，就会不经意间把定制代码消灭掉。在用这个办法时，必须要有好的版本控制软件，以便必要时恢复原先的代码。

Jonathan “Wolf” Rentzsch 编写了个开源工具，叫 mogenerator，能够简化这个过程。它可作为生成 `NSManagedObject` 子类的替代办法。它遵循与两级类系统同样的办法。在两级类系统中，一种类包含基于实体的类文件，另一种类则是前者的子类。mogenerator 带有一个叫 Xmo'd 的 Xcode 插件。这个工具很容易上手，但倘若是一个团队在开发一个应用程序，每个人都必须安装它。mogenerator 和 Xmo'd 在 rentzsch.github.com/mogenerator/的 Rentzsch 上提供。在写本书的时候，Xmo'd 还未更新，无法在 Xcode 4 下工作，尚在开发并已计划更新。mogenerator 则可与 Xcode 4 一道工作，它是系统中更重要的那部分。

13.5 向模型对象添加定制代码

现在我们有了地方可以安全地放置定制代码，需要什么代码呢？你可能早就注意到，所有 Photo 实体用到的与图片有关的特性都采用二进制数据类型。在 Cocoa Touch 中，这对应于 `NSData` 实例。为了在屏幕上画出图片，我们需要有 `UIImage` 实例。在数据存储里的 `NSData` 对象与用户界面所需的 `UIImage` 对象之间添加定制代码来转换，这是显而易见的选择。

我们先以从摄像头得到图片并处理的代码着手。你将有个 `UIImage` 对象，需要创建若干个不同尺寸的图片并保存它们，在 Photo.h 头文件中添加一个方法声明：

```
- (void)saveImage:(UIImage *)newImage;
```

方法定义则位于 Photo.m 文件中，如程序清单 13.21 所示。这个程序清单还包含两个方法来调整图片的尺寸，因为我们要用到多种图片尺寸。这里就不再详细探究了。如果想更仔细地探讨它们，则可以查看 Xcode 的内部文档来了解这些方法和它们用到的函数。

`-saveImage:`方法先用 JPEG 把 `UIImage` 对象压缩并保存为 `NSData` 对象，作为原始图片数据。接着，该方法使用前面提到的图片缩放方法将图片转换为其他尺寸。在各缩放情况中，代码都是将输入的 `UIImage` 对象缩小为更小尺寸，将其转换为 `NSData`，然后调用其中某个生成的访问方法。

程序清单 13.21 在 NSManagedObject 子类中以多种尺寸保存一张新照片

```
- (UIImage *)image:(UIImage *)image scaleAspectToMaxSize:(CGFloat)newSize {
  CGSize size = [image size];
  CGFloat ratio;
  if (size.width > size.height) {
    ratio = newSize / size.width;
  } else {
    ratio = newSize / size.height;
  }

  CGRect rect = CGRectMake(0.0, 0.0, ratio * size.width, ratio * size.height);
  UIGraphicsBeginImageContext(rect.size);
  [image drawInRect:rect];
  UIImage *scaledImage = UIGraphicsGetImageFromCurrentImageContext();
  return scaledImage;
}

- (UIImage *)image:(UIImage *)image scaleAndCropToMaxSize:(CGSize)newSize {
  CGFloat largestSize =
    (newSize.width > newSize.height) ? newSize.width : newSize.height;
  CGSize imageSize = [image size];

  // Scale the image while maintaining the aspect and making sure
  // the scaled image is not smaller than the given new size. In
  // other words, we calculate the aspect ratio using the largest
  // dimension from the new size and the smallest dimension from the
  // actual size.
  CGFloat ratio;
  if (imageSize.width > imageSize.height) {
    ratio = largestSize / imageSize.height;
  } else {
    ratio = largestSize / imageSize.width;
  }

  CGRect rect =
    CGRectMake(0.0, 0.0, ratio * imageSize.width, ratio * imageSize.height);
  UIGraphicsBeginImageContext(rect.size);
  [image drawInRect:rect];
  UIImage *scaledImage = UIGraphicsGetImageFromCurrentImageContext();

  // Crop the image to the requested new size, maintaining
  // the innermost parts of the image.
  CGFloat offsetX = 0;
  CGFloat offsetY = 0;
  imageSize = [scaledImage size];
  if (imageSize.width < imageSize.height) {
    offsetY = (imageSize.height / 2) - (imageSize.width / 2);
  } else {
    offsetX = (imageSize.width / 2) - (imageSize.height / 2);
  }

  CGRect cropRect = CGRectMake(offsetX, offsetY,
                               imageSize.width - (offsetX * 2),
```

```
                        imageSize.height - (offsetY * 2));

   CGImageRef croppedImageRef =
     CGImageCreateWithImageInRect([scaledImage CGImage], cropRect);
   UIImage *newImage = [UIImage imageWithCGImage:croppedImageRef];
   CGImageRelease(croppedImageRef);

   return newImage;
}
- (void)saveImage:(UIImage *)newImage;
{
    NSData *originalImageData = UIImageJPEGRepresentation(newImage, 0.8);
    [self setOriginalImageData:originalImageData];
    // Save thumbnail
    CGSize thumbnailSize = CGSizeMake(75.0, 75.0);
    UIImage *thumbnailImage = [self image:newImage
                scaleAndCropToMaxSize:thumbnailSize]];
    NSData *thumbnailImageData = UIImageJPEGRepresentation(thumbnailImage, 0.8);
    [self setThumbnailImageData:thumbnailImageData];

    // Save large (screen-size) image
    CGRect screenBounds = [[UIScreen mainScreen] bounds];
    // Calculate size for retina displays
    CGFloat scale = [[UIScreen mainScreen] scale];
    CGFloat maxScreenSize = MAX(screenBounds.size.width,
       screenBounds.size.height) * scale;

    CGSize imageSize = [newImage size];
    CGFloat maxImageSize = MAX(imageSize.width, imageSize.height) * scale;

    CGFloat maxSize = MIN(maxScreenSize, maxImageSize);
    UIImage *largeImage = [self image:newImage scaleAspectToMaxSize:maxSize];
    NSData *largeImageData = UIImageJPEGRepresentation(largeImage, 0.8);
    [self setLargeImageData:largeImageData];
}
```

再从另一个方向分析，要是能够通过 Photo 取得 UIImage，即使图片是保存在数据存储中的二进制数据，也会很方便。把下列便捷方法声明添加至 Photo.h 头文件中：

```
- (UIImage *)originalImage;
- (UIImage *)largeImage;
- (UIImage *)thumbnailImage;
```

Photo.m 文件中的这些方法定义浅显易懂，如程序清单 13.22 所示。

程序清单 13.22 从数据存储中的二进制数据获取 UIImage 对象的便捷方法

```
- (UIImage *)originalImage;
{
    return [UIImage imageWithData:[self originalImageData]];
}

- (UIImage *)largeImage;
{
```

```
    return [UIImage imageWithData:[self largeImageData]];
}

- (UIImage *)thumbnailImage;
{
    return [UIImage imageWithData:[self thumbnailImageData]];
}
```

PhotoAlbum 类有几个自己的定制方法。首先，要重载 NSManagedObject 的 awakeFromInsert 方法（如程序清单 13.23 所示）。这个方法在托管对象首次插入至托管对象语境时调用，且保证对任何对象只调用一次。我们将用这个方法设置相册的添加日期。

程序清单 13.23　在插入托管对象语境时设置添加日期

```
- (void)awakeFromInsert
{
    [super awakeFromInsert];
    [self setDateAdded:[NSDate date]];
}
```

接下来，将添加一个便捷方法来创建新的相册（如程序清单 13.24 所示）。该方法用到两个参数：期望的相册名，和插入相册的托管对象语境。第二个参数之所以用到，是因为这是个类方法而不是实例方法。PhotoAlbum 实例有一个至其托管对象语境的引用，托管对象语境可以通过 managedObjectContext 属性来查阅。PhotoAlbum 没有这个属性，因为它可以用到多个语境中，所以托管对象语境需要由该方法的调用者传递进来。

程序清单 13.24　向托管对象语境添加一本新相册

```
+ (PhotoAlbum *)newPhotoAlbumWithName:(NSString *)albumName
        inContext:(NSManagedObjectContext *)context
{
    PhotoAlbum *newAlbum = [NSEntityDescription
        insertNewObjectForEntityForName:@"PhotoAlbum"
        inManagedObjectContext:context];
    [newAlbum setName:albumName];

    NSMutableOrderedSet *photos = [newAlbum mutableOrderedSetValueForKey:@"photos"];
    for (int index=0; index<10; index++) {
        Photo *placeholderPhoto = [NSEntityDescription
            insertNewObjectForEntityForName:@"Photo"
            inManagedObjectContext:context];
        [photos addObject:placeholderPhoto];
    }
    return newAlbum;
}
```

上述代码首先创建新的 PhotoAlbum 对象，并设置其名字。添加日期则自动在 awakeFromInsert 中设置。接着代码将用占位对象填充相册。正如属性清单实现文件那样，这样做以后照片可以以任何索引号加入至相册，而不必仅在当前照片清单的末尾位置添加。新的 Photo 实例没有设置任何属性，所以占用的内存很少。

由于代码用到 Photo 类，故要确保在文件开头位置导入该类的头文件：

```
#import "Photo.h"
```

PhotoAlbum 还有个定制方法，它查阅托管对象语境里的所有相册（如程序清单 13.25 所示）。MasterViewController 首次调入时将会用到该方法，所以 MasterViewController 能够显示完整的相册清单。

程序清单 13.25　在托管对象语境里查阅所有相册

```
+ (NSMutableArray *)allPhotoAlbumsInContext:(NSManagedObjectContext *)context
{
   NSFetchRequest *fetchRequest = [[NSFetchRequest alloc]
      initWithEntityName:@"PhotoAlbum"];

   NSArray *sortDescriptors = [NSArray arrayWithObject:
      [NSSortDescriptor sortDescriptorWithKey:@"name"
         ascending:YES]];
   [fetchRequest setSortDescriptors:sortDescriptors];

   NSError *error = nil;
   NSArray *photoAlbums = [context executeFetchRequest:fetchRequest
      error:&error];

   if (photoAlbums != nil) {
      return [photoAlbums mutableCopy];
   } else {
      return [NSMutableArray array];
   }
}
```

这段代码做的第一件事就是创建对 PhotoAlbum 实体的获取请求。此处用到的实体名只是个 NSString，但当执行获取请求时，这个名字的实体必须在托管对象语境里存在。排序描述符则要求，请求的结果应按名字顺序排列。分类是在 Core Data 内部处理的，你只需要提供一个或多个想分类的键即可。

该方法然后执行获取操作。如果找到有相册，代码就创建数组的可变拷贝并返回之。该方法返回可变的数组，所以调用者可以添加新的相册；倘若托管对象语境尚未包含相册，结果会是 nil。这时此方法返回的是空可变数组。

确保向 PhotoAlbum.h 头文件中添加了刚才所定义的方法的声明。

13.5.1　用 Core Data 读取和保存相册

比起与属性清单打交道，对相册操作要简单一些，因为大量的管理工作是由 Core Data 处理的。最初你得添加几乎与 MasterViewController.m 文件开头完全相同的代码（如程序清单 13.26 所示）。此外，要确保将 MasterViewController 的数据属性由 NSMutableOrderedSet 改为 NSMutableArray，就像本章前面你在属性清单那一节所做的那样。

程序清单 13.26　MasterViewController 的导入语句和类扩展代码

```
#import "PhotoAlbum.h"

@interface MasterViewController ()
```

```
@property (readwrite, assign) NSUInteger currentAlbumIndex;
@end
```

第一行代码导入 PhotoAlbum 类的头文件,这样做是要让 MasterViewController 可以对相册操作。其余代码声明 currentAlbumIndex 属性，该属性用于跟踪显示于细节视图中的相册，以便 MasterViewController 能够向用户显示当前选择的是哪本相册。

建立相册清单的操作可以在 viewDidLoad 中完成。MasterViewController.m 文件中由 -viewDidLoad 方法来进行这一操作。程序清单 13.27 给出了其更新代码。

程序清单 13.27 相册清单的建立

```
- (void)viewDidLoad
{
   [super viewDidLoad];
   // Do any additional setup after loading the view, typically from a nib.

   self.title = NSLocalizedString(@"Photo Albums", @"Photo albums title");

   [self setData:
      [PhotoAlbum allPhotoAlbumsInContext:[self managedObjectContext]]];

   if ([[self data] count] == 0) {
      PhotoAlbum *newAlbum = [PhotoAlbum
                              newPhotoAlbumWithName:@"First album"
                              inContext:[self managedObjectContext]];
      [self setData:[NSMutableArray arrayWithObject:newAlbum]];
      [[self managedObjectContext] save:nil];
   }

   [self.tableView selectRowAtIndexPath:[NSIndexPath indexPathForRow:0
                                                           inSection:0]
                        animated:NO
                  scrollPosition:UITableViewScrollPositionMiddle];

   UIBarButtonItem *addButton = [[UIBarButtonItem alloc]
         initWithBarButtonSystemItem:UIBarButtonSystemItemAdd
                              target:self
                              action:@selector(add:)];
   [[self navigationItem] setRightBarButtonItem:addButton];
   [[self navigationItem] setLeftBarButtonItem:[self editButtonItem]];

   [[self detailViewController] setPhotoAlbum:[[self data] objectAtIndex:0]];
}
```

加粗代码的第一行将全部现有的相册调入至 MasterViewController 的 data 数组中，用的是先前定义的便捷方法。后面的代码则处理倘若没有相册时首次运行的情形。如果没有相册，代码将会创建一个初始的相册，并将其保存于 data 数组中。然后它告诉托管对象语境保存修改，以便新相册会被记录在数据存储中。

要是能向用户显示当前选择了哪本相册，岂不更好？所以修改 tableView:cellForRowAtIndexPath:单元配置部分的代码，使其与程序清单 13.28 保持一致。

程序清单 13.28　配置表格单元以显示相册信息

```
// Configure the cell.
PhotoAlbum *album = [[self data] objectAtIndex:[indexPath row]];
[[cell textLabel] setText:[album name]];

if ([indexPath row] == [self currentAlbumIndex]) {
   [cell setAccessoryType:UITableViewCellAccessoryCheckmark];
} else {
   [cell setAccessoryType:UITableViewCellAccessoryNone];
}
```

上述代码将查阅对应于当前表格索引路径的相册，并将单元文字设为该相册名。然后，如果该相册是当前选中的相册，代码就给相册单元显示一个检查标记。

你还得修改处理编辑相册名的代码，让其能够正确处理 Core Data 实体。首先，修改调入 `NameEditorViewController` 的 MasterViewController.m 文件，让其代码如程序清单 13.29 所示。

程序清单 13.29　调入 `Core Data` 相册实体名字编辑器

```
- (void)tableView:(UITableView *)tableView
accessoryButtonTappedForRowWithIndexPath:(NSIndexPath *)indexPath
{
   NameEditorViewController *newController =
   [[NameEditorViewController alloc] initWithDefaultNib];
   [newController setDelegate:self];
   [newController setEditing:YES];
   [newController setIndexPath:indexPath];
   NSString *name = [[[self data] objectAtIndex:[indexPath row]]
      valueForKey:@"name"];
   [newController setDefaultNameText:name];
   [newController setModalPresentationStyle:UIModalPresentationFormSheet];
   [self presentModalViewController:newController animated:YES];
}
```

程序清单 13.29 中仅有的改动就是，代码现在查阅的是所选相册的 `name` 属性。该属性是在 `PhotoAlbum` 实体中定义的。

还需要更新来自 `NameEditorViewController` 的回调，由其处理新的相册名和相册。确保该方法的代码如程序清单 13.30 所示。

程序清单 13.30　用 Core Data 处理相册名字编辑器回调的代码

```
- (void)nameEditorViewControllerDidFinish:(NameEditorViewController *)controller
{
   NSString *newName = [[controller nameTextField] text];
   if (newName && [newName length] > 0) {
      if ([controller isEditing]) {
        PhotoAlbum *album = [[self data]
           objectAtIndex:[[controller indexPath] row]];
        [album setName:newName];
      } else {
        PhotoAlbum *newAlbum = [PhotoAlbum
           newPhotoAlbumWithName:newName
           inContext:[self managedObjectContext]];
```

```
      [[self data] addObject:newAlbum];
    }
    [[self managedObjectContext] save:nil];
    [[self tableView] reloadData];
  }
}
```

如果控制器在编辑相册名，这段代码就找出所编辑的 PhotoAlbum 并更新其名；倘若此控制器并未编辑相册名，代码将用要求的名字创建新的 PhotoAlbum 对象，并将其添加到 data 数组中。

不管哪种情况，代码都会告诉 managedObjectContext 保存刚刚做出的修改。

13.5.2 使用 Core Data 向相册添加新照片

现在我们来看看在使用 Core Data 时，怎样把照片放到相册中。和使用属性清单的办法一样，我们要做的第一件事就是赋予 DetailViewController 至当前选中相册的引用。在 DetailViewController.h 头文件中添加新属性来保存这个引用，只是这个时候它引用的是 PhotoAlbum 实例。

```
@property (strong, nonatomic) PhotoAlbum *photoAlbum;
```

在属性清单的代码中，photoAlbum 原本是个 NSMutableDictionary，后者是一种 Cocoa Touch 类。现在则是 PhotoWheelPrototype 项目中的定制类，所以还需要添加该类的声明代码方可编译。在 DetailViewController.h 头文件的开头加入此声明，位于@interface 语句之前：

```
@class PhotoAlbum;
```

在 DetailViewController.m 文件中为 PhotoAlbum 属性添加@synthesize 语句。并且要确保导入 PhotoAlbum.h 头文件，以便编译器知道该类是在哪里定义的。

```
#import "PhotoAlbum.h"
```

现在你得把用户选择了哪个相册告诉 DetailViewController。我们将在 MasterViewController 中管理所选相册的地方做这个事情。首先，向 MasterViewController 的 viewDidLoad 方法里添加一行代码，告诉细节视图控制器使用清单中的第一个相册。这行代码应添加在此方法的末尾，以便在 data 属性已初始化时再执行它。

```
[[self detailViewController] setPhotoAlbum:[[self data] objectAtIndex:0]];
```

接着，对 MasterViewController 的-tableView:didSelectRowAtIndexPath:方法填写实现代码，使主视图和细节视图的内容都能在用户触击相册时适当更新（如程序清单 13.31 所示）。

程序清单 13.31 用 Core Data 修改所选的相册

```
- (void)tableView:(UITableView *)tableView
  didSelectRowAtIndexPath:(NSIndexPath *)indexPath
{
  NSIndexPath *oldCurrentAlbumIndexPath = [NSIndexPath
     indexPathForRow:[self currentAlbumIndex]
     inSection:0];
  [self setCurrentAlbumIndex:[indexPath row]];
  [tableView reloadRowsAtIndexPaths:
       [NSArray arrayWithObjects:indexPath, oldCurrentAlbumIndexPath, nil]
```

```
        withRowAnimation:UITableViewRowAnimationNone];

    PhotoAlbum *selectedAlbum = [[self data] objectAtIndex:[indexPath row]];
    [[self detailViewController] setPhotoAlbum:selectedAlbum];
}
```

这段代码的第一部分处理当前相册的索引号更新，并更新表格视图以显示新选择的相册内容。它将原先选择的索引号保存到 NSIndexPath，然后更新选择项。接着，代码告诉表格视图重新调入原先选择值和新选择值的 data 元素。这将导致为这两个索引路径调用-tableView: cellForRow AtIndexPath:方法。该方法将去除先前选择相册的检查标记，而对新选择的相册打上检查标记。

该方法的其余代码在 data 数组中查阅 PhotoAlbum，并告知 detailViewController，选择已发生改变。

从摄像头或者设备库来获取新照片的功能仍然是由 DetailView-Controller.m 文件中的 UIImagePickerController 委派回调完成的，尽管采用 Core Data 的方法与前面利用属性清单的办法大不相同。

程序清单 13.32　使用 Core Data 向相册添加新照片

```
- (void)imagePickerController:(UIImagePickerController *)picker
   didFinishPickingMediaWithInfo:(NSDictionary *)info
{
   // If the popover controller is available,
   // assume the photo is selected from the library
   // and not from the camera.
   BOOL takenWithCamera = ([self popoverController] == nil);

   // Dismiss the popover controller if available,
   // otherwise dismiss the camera view.
   if ([self masterPopoverController]) {
      [[self masterPopoverController] dismissPopoverAnimated:YES];
      [self setMasterPopoverController:nil];
   } else {
      [self dismissModalViewControllerAnimated:YES];
   }

   UIImage *image = [info objectForKey:UIImagePickerControllerOriginalImage];
   [[self selectedPhotoWheelViewCell] setImage:image];

   Photo *targetPhoto = [[[self photoAlbum] photos]
      objectAtIndex:[self selectedWheelViewCellIndex]];
   [targetPhoto saveImage:image];
   [targetPhoto setDateAdded:[NSDate date]];

   NSError *error = nil;
   [[[self photoAlbum] managedObjectContext] save:&error];

   if (takenWithCamera) {
      UIImageWriteToSavedPhotosAlbum(image, nil, nil, nil);
   }
}
```

这段代码使用所选单元视图的索引号来查看“目标”照片。新图片利用 Photo 的-saveImage:方法保存，这个方法已经在前面探讨过了。它会生成多种照片尺寸的 JPEG 数据，并将数据保存到目标照片中。代码随后将照片的添加日期设为当前日期和时间。

接着代码请求托管对象语境保存新的变更。与采用属性清单的代码版本不同，这里不会发送通知，因为修改可以直接保存，而无须经由 MasterViewController 实现。

和采用属性清单的代码版本一样，要向 DetailViewController 添加名为 selectedWheelViewCellIndex 的属性。此属性是个整数，用以保存用户所触击缩略图的索引号。向 DetailViewController.h 头文件添加声明，并在 DetailViewController.m 实现文件中添加相应的 @synthesize 语句：

```
@property (assign, nonatomic) NSUInteger selectedWheelViewCellIndex;
```

程序清单 13.32 中的代码用到了 Photo 类，所以要确保在 DetailViewController.m 文件开头导入了该类的头文件：

```
#import "Photo.h"
```

13.5.3 用 Core Data 显示相册中的照片

当用户选择新相册时，DetailViewController 需要更新其视图以显示该相册的照片。既然 MasterViewController 在此时已经设置了 DetailViewController 的 photoAlbum 属性，那么执行显示相册照片操作的最佳位置依然是在该属性的定制 setter 方法中。

程序清单 13.33 选择新相册时更新轮状视图的代码

```
- (void)setPhotoAlbum:(PhotoAlbum *)photoAlbum
{
   _photoAlbum = photoAlbum;

   UIImage *defaultPhoto = [UIImage imageNamed:@"defaultPhoto.png"];
   for (NSUInteger index=0; index<10; index++) {
      PhotoWheelViewCell *cell = [[self data] objectAtIndex:index];
      Photo *photo = [[[self photoAlbum] photos] objectAtIndex:index];
      UIImage *thumbnail = [photo thumbnailImage];
      if (thumbnail != nil) {
         [cell setImage:thumbnail];
      } else {
         [cell setImage:defaultPhoto];
      }
   }
}
```

该方法的第一行处理相册属性新值的实际设置。其余代码则遍历相册，以更新轮状视图。代码每执行一次循环，就会找出单元视图和对应于循环计数器的照片。倘若照片有缩略图，代码就会在单元中显示缩略图；否则就显示默认图片，指示该索引号不存在照片。

进行了这些改动后，应用程序仍可继续当作原型应用程序使用，因为现在通过 Core Data 存储照片和相册，实现了先前以属性清单存储照片和相册的功能。

在这一版本中，应用程序利用 Core Data 基于相册属性而自动排序相册。我们还未加入 undo

管理，如果你想实现该操作，在 Core Data 中能够直接使用 `NSUndoManager`，简化此过程。

13.6 直接使用 SQLite

Core Data 作为应用程序的建模层极其有用，但并非放至四海而皆准。在有些情况下，你可能更贴近于数据库而不是对象存储。例如，倘若你需要经常更新一大堆记录集合的标志，用 Core Data 就很难高效地完成。这些时候你也许更希望直接用 SQLite。在大多数情形下，Core Data 用起来容易，但对于它无法很好适合的情形，则可以创建并采用自己的 SQLite 文件。

SQLite 提供功能强大的 API，但最初会很难驾驭这些 API。它们是用 C 语言编写的，所以在数据库记录与自己的模型对象之间转换时，你必须做一些工作。可以通过 SQLite 的 Objective-C 包装器在某种程度上简化这个工作。两个开源的项目：FMDB 和 PLDatabase[⊖]，可以大大简化 SQLite 在 Objective-C 中的用法，但不会将你的代码和数据库分开。你仍得花精力实现模型对象与数据库记录之间的转换。但如果直接访问数据库有很大好处，这么做就是值得的。

13.7 小结

本章介绍了实现 iPad 应用程序建模层的不同办法，用到两种方案。Core Data 往往是更好的选择，尽管并不总是如此。至此，PhotoWheelPrototype 项目能够获取新照片、显示它们，并可管理包含这些照片的相册。接下来，你将继续前行，实现用户界面的其他部分，以及其他有用的应用程序功能。

13.8 习题

更新 MasterViewController.m 文件中的`-tableView:commitEditingStyle:forRowAtIndexPath:`方法，以便从 Core Data 存储中删除相册。提示：可以利用 `NSManagedObjectContext` 对象的`-deleteObject:`方法实现。

⊖ FMDB can be found at github.com/ccgus/fmdb, and PLDatabase can be found at code.google.com/p/pldatabase/.FMDB 可以在 github.com/ccgus/fmdb 处找到；可以在 code.google.com/p/pldatabase/处找到。

第 ⑭ 章 Xcode 中的故事板

截止目前，我们一直在努力构建 PhotoWheel 的原型应用程序。我们证明了一些设计理念，并考察了开发技巧，对构建 iPad 应用程序也有了更多的了解。现在该是利用所学知识构建“真正”PhotoWheel 应用程序的时候了。在着手做这件事之前，我们先谈一种设计用户界面的新方法，就是使用所谓的“故事板”功能。

14.1 什么是故事板

在前些章，学习了如何使用 IB 和 NIB 创建用户界面。Mac 和 iOS 开发者多年以来都用这个办法来构造用户界面。但该办法还可以做得更好。举个例子，设想一下，要是能在一个屏幕上看到整个应用程序的用户界面，或者马上能查看到相关画面，那该有多好！

而且，要是不必写代码就能完成从一幅画面到另一幅画面的过渡，岂不很炫？设想创建一个显示有按钮的用户界面，触击此按钮后会将画面切换至新的视图，而且无须编写任何代码——这就是苹果公司在 Xcode 4.2 中已经做到的新功能：故事板。

苹果公司的工程师已改进了 iOS 开发者创作用户界面的办法。他们使开发者能够看到整个应用程序用户界面的组成，消除了切换画面时需要的零散代码。这些都是在故事板中完成的。但什么是故事板呢？

故事板是在 Xcode 4.2 和 iOS 5 中引入的，它使创建用户界面、定义视图控制器之间的过渡变得简单方便。在幕后，故事板仍然用的是 NIB 文件，但并非在项目中存在多个 NIB 文件。现在只要有一个故事板文件，它包含本该存在于多个 NIB 文件的信息即可。用故事板工作时，照样可以使用 Interface Builder 来设计用户界面，因为毕竟它们都是基于 NIB 文件的。

这意味着采用 IB 时的所有知识都适用于故事板。有同样的面板、同样的对象库。仍然会有视图控制器，仍然定义插座变量和动作。关联对象至插座变量和动作的方式依然相同（按住 Control 键单击拖放、辅助编辑器等）。有了故事板，创建用户界面时依然沿袭先前使用各 NIB 文件的方法，唯一区别就是现在能在屏幕上看到所有的东西。

注意：在一个项目中并不限于只有一个故事板。倘若需要，项目可以包含多个故事板。例如，较大型的项目可能有多个故事板，每个代表一组相关画面的集合，或者应用程序的特定区域。可以把故事板想象成保存在单个文件中的多个相关 NIB（或者画面）的集合。

14.1.1 故事板的用法

使用故事板的方式很像使用 NIB。它们之间唯一的区别就在于项目中不是有多个 NIB 文件，而只有一个故事板来包含 NIB 的集合。然而，可以在项目中混合使用故事板和 NIB。使用故事板并未将你捆绑到设计用户界面的单一途径中。

在创建新的项目时，多数项目模板会给你提供一个选项，要不要使用故事板。基于这个选项，生成的模板代码会有区别。例如，你创建了名叫 MyAwesomeApp 的新项目。这将生成 plist 文件，名为 MyAwesomeApp-Info.plist。此 plist 文件包含了有关操作系统和运行环境的应用程序设置。该文件存有应用程序名称，它会在 iPad 的 Home 画面中显示。应用程序名取决于 Bundle Display Name（或者是 `CFBundleDisplayName`，如果你看的是原始键）的设置。

注意： 在查看项目的 Info.plist 文件时，你可以选择用简约英文的方式查看键名（即在 Bundle Display Name 中），还是原始键名（即 `CFBundleDisplayName`）。要在这两种视图选项间切换，可以按住 Control 键单击（或右击）plist 编辑器，从弹出菜单中选择 Show Raw Keys/Values 命令（如图 14-1 所示）。

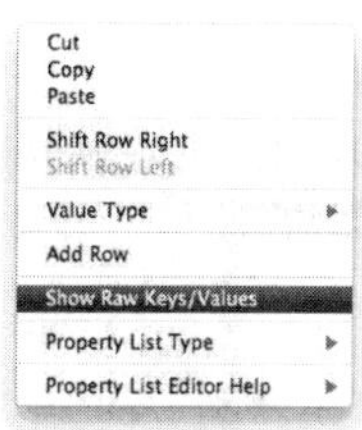

图 14-1　使用弹出菜单显示或隐藏原始键/值

一个项目，若是用一个 NIB 文件作为应用程序用户界面的起点（例如通过模板创建的项目，并关掉了 Use Storyboard 选项），就会在其 Info.plist 文件中有原始键 `NSMainNibFile`。键值是应用程序启动时用到的 NIB 文件名；用到故事板的项目，其用户界面起点则在 Info.plist 文件中有 `UIMainStoryboardFile` 设置，键值是该故事板的文件名。

在启动时，用 NIB 的应用程序与启动时用故事板的应用程序之间还有另一个显著不同，就是主窗口。所有 iOS 应用程序都有主窗口。主窗口包含了管理应用程序初始画面的根视图控制器。基于 NIB 项目的生成项目模板会包括主窗口的一个 NIB 和插座变量。而在使用故事板的应用程序中却并非如此。当使用故事板的应用程序启动时，主窗口不是在项目中定义。相反，它是在调入故事板时自动创建的。

注意： 要更透彻地理解这种区别，创建两个单一视图的应用程序项目。一个项目打开 Use Storyboard 选项，另一个项目关闭该选项。查看所生成的项目文件。基于故事板的项目没有任何 NIB 文件，只有一个 MainStoryboard.storyboard 文件。应用程序委派的代码也迥然不同。在基于 NIB 项目的 `application:didFinishLaunchingWithOptions:` 方法中，可以看到对窗口设置了 `rootViewController`；而这些代码没有出现在基于故事板的项目中，因为那些操作是在幕后完成的。

14.1.2 场景

故事板引入了两个用户界面设计的新概念：场景和过渡。

场景是一种呈现屏幕特定部分的视图控制器。对于 iPhone 应用程序，场景通常呈现的是整个设备画面。这也适用于 iPad 应用程序。但 iPad 的场景也可以只是屏幕的部分，几个场景组合起来能够形成应用程序运行时的整个画面。换句话说，多个场景同时显示，以构成完整的屏幕（在第 15 章将学习将画面拆解为多个场景的办法）。

每个场景都是由一个视图控制器管理的。每个故事板文件都有且仅有一个视图控制器标志为初始的视图控制器（如图 14-2 所示）。初始视图控制器是在调入故事板时显示的第一个场景。

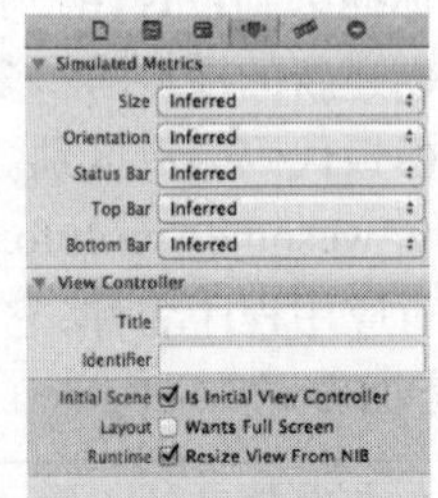

图 14-2 特性面板中的 Is Initial View Controller 标志

14.1.3 过渡

故事板引入的另一个新概念就是“过渡”。过渡呈现的是两个场景间的变换（如图 14-3 所示）。它提供创建从一个场景至另一个场景的动画变换效果，无须编写任何代码。

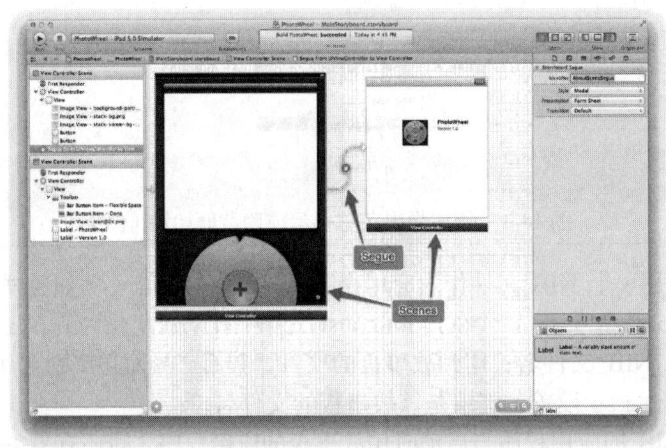

图 14-3 两个场景和一个过渡的故事板示例

当在一个场景中发生了某种事件或动作，就由过渡完成该场景至另一个场景的变换。举个例子，当在一个场景中单击了某按钮，过渡就要完成显示下个场景的必要工作。通常变换有动画效果，将新场景从屏幕底部滑上来，或者从右边滑到左边，与你可能看过的 Keynote 表现类似。还可以是其他的动画变换效果，你甚至能够对过渡定制自己的动画序列（在本章后面就会实现这一点）。

使过渡看着很酷的因素（至少是从开发者的角度来看）在于两个场景之间的关系和切换是通过 Interface Builder 视觉化地定义的。换句话说，你无须为此编写代码。

不用说，作为开发者，我们知道在有些地方还是需要代码的，对过渡确实如此。当一个过渡管理两个场景之间的变换时，它没有智能化到在两个场景间传递数据的程度。而且通常情况下，新场景必须要由上个场景告诉它显示什么内容。谢天谢地，有个叫 `prepareForSegue:sender:` 的事件可以对它重载，以实现场景之间的数据传递（在下一章我们会更深入地了解该方法）。

14.2 对 PhotoWheel 创作故事板

我们现在已经知道，故事板就是一种创建用户界面的可视设计画布，该用户界面包含场景（视图控制器）和过渡（场景之间变换）。但要想真正理解故事板，得亲手实践它才行。幸运的是，我们正好在创建真正的 PhotoWheel 应用程序，所以正好可以利用故事板进行用户界面设计。这里还要介绍另一个 Xcode 4.2 新功能，即“工作区”。

14.2.1 工作区

Xcode 工作区是包含一个或多个相关对象的容器。它具备下列的好处：

- 项目导航器提供对相关对象的快速访问。
- Xcode 自动检测项目之间的依赖关系，并以正确的顺序构建它们。
- 项目文件对其他项目可见，所以不必将共享库文件复制到项目目录中。
- Xcode 的内容感知功能，例如代码完成，已经扩展到了工作区内的所有项目。

工作区还可以包含无须共享代码、不相互依赖的相关对象。举例说明，可以创建一个工作区，包含 PhotoWheel 原型及新的 PhotoWheel 项目。这两个项目相关，但并不相互依存。通过工作区，就可以快速在项目间切换，修改其中一个项目，构建运行项目，所有这些都是在一个工作区窗口中完成的。

要创建新的工作区，选择菜单命令 File → New → New Workspace（或按 Control+⌘+N 键）。将工作区命名为“PhotoWheel”，将其保存在包含 PhotoWheelPrototype 的 Xcode 项目同一目录下。现在就有了一个空的工作区窗口。

选择菜单命令 File → Add Files（或按 Option+⌘+A 键）向 PhotoWheel 添加文件。选取 PhotoWheelPrototype 的 Xcode 项目文件，并单击 Add 按钮（如图 14-4 所示）。现在的 PhotoWheel 工作区窗口里就有了一个项目。

现在向工作区添加新项目。为此，选择菜单命令 File → New → New Project（或按 Shift+⌘+N 键）。有个替代办法是按住 Control 键单击项目导航器，从弹出菜单中选择 New Project 命令。在 iOS → Application 下选择 Empty Application 模板。单击 Next 按钮继续。

对于项目选项，输入“PhotoWheel”作为产品名，对 Device Family 选择 iPad，并选中 Use Core Data 选项。此外还选中 Use Automatic Reference Counting 选项。单击 Next 按钮，将项目保存至包含原型项目和 PhotoWheel 工作区的同一目录下。确保 PhotoWheel 工作区按组来选中，如图 14-5 所示。

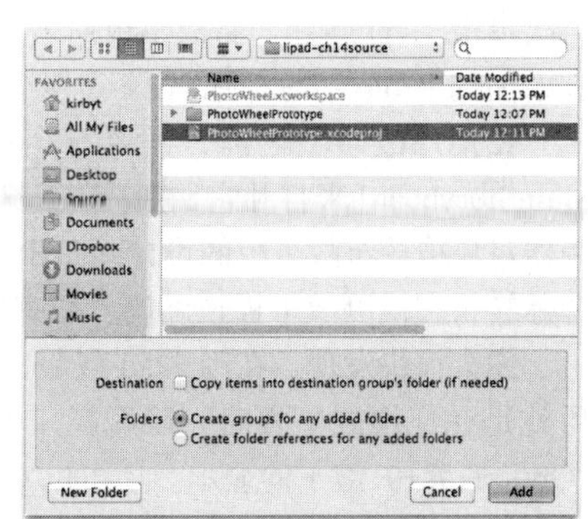

图 14-4　向工作区添加 PhotoWheelPrototype 项目

单击 Create 按钮创建新项目，这样会把新项目添加到工作区中。现在的 PhotoWheel 工作区应该有了两个项目：PhotoWheel 和 PhotoWheelPrototype，如图 14-6 所示。

你是否曾注意到，故事板没有选项。Empty Application 模板只是创建一个项目骨架。这时，项目还不支持主故事板或 NIB 文件。需要手工完成几个步骤。我们要对项目做好其他事情，以便能集中精力开发。

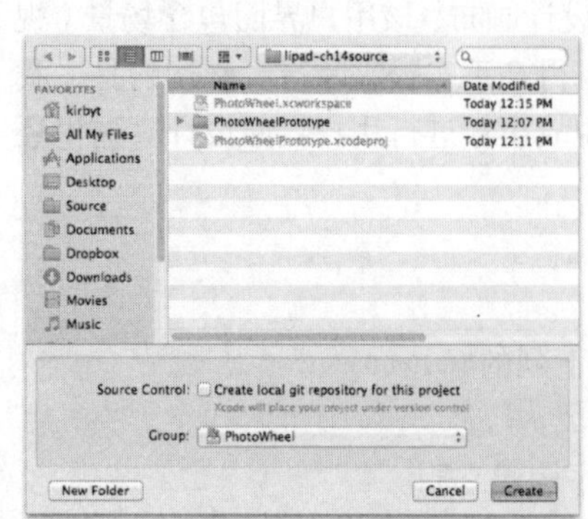

图 14-5 在 PhotoWheel 工作区创建新项目，确保将 PhotoWheel 工作区按组来选取

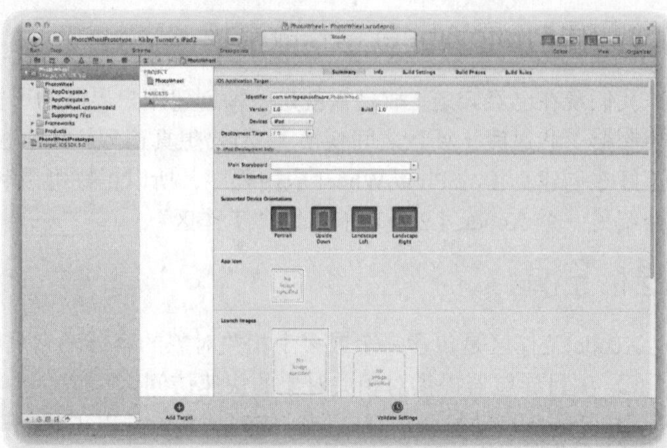

图 14-6 PhotoWheel 工作区有两个项目：PhotoWheel 和 PhotoWheelPrototype

为什么我们要使用 Empty Application 模板？

Xcode 的应用程序模板是一种快速让新项目起步的出色办法。诸如 `UIViewController` 子类的文件模板也同样如此。模板生成可供快速入手的必要代码，但你会经常发现需要删除生成的项目文件、对文件改名，以及删除不会用到的模板代码。对于每个 Xcode 发布版本，模板代码上有改动也是司空见惯的事，这意味着你必须重新了解某个模板能做什么，不能做什么。

有些时候使用空白模板会更容易。这虽然意味着你要完成所有的工作，但用的时间长了你就会发现，你不必清除模板生成的文件和代码，还能节约时间呢。这就是许多开发者选择使用空白模板的原因。

14.2.2 添加主故事板

如果你需要使用故事板来创建项目，那么首先要做的事就是向项目加入主故事板。选择 PhotoWheel 项目或在项目导航器中的任一个文件，按⌘+N 键可创建新文件。选择文件类型为故事板（在 iOS → User Interface 下，如图 14-7 所示）。然后单击 Next 按钮，选择 iPad 作为设备系列，再次单击 Next 按钮。将故事板命名为“MainStoryboard”后单击 Create 按钮。新的故事板文件就被添加到 PhotoWheel 项目内。

在使用故事板之前，需要有个最初的视图控制器展示最初的场景。在项目导航器里选择 MainStoryboard 来打开它。打开工具区中显示的 Object 库（按 Control+Option+⌘+3 键），将视图控制器对象拖放至故事板的设计画布中。接下来，向视图控制器所管理的视图拖入一个文本标签。这个标签将在检测故事板正确调入后有所指示。故事板应当如图 14-8 所示。

你会很快发现，在用 iPad 场景工作时，这些场景往往会占据大量的屏幕空间。一个有益的技巧就是在使用故事板时，隐藏掉工作区的有些组件。例如，关掉导航区（⌘+0 键）和工具区（Option+⌘+0 键）的显示。还可以双击设计画布来放大或缩小其显示。想一次查看多个场景时，这么做很有用。还可以使用设计工作区的底部左边和右边边角处的悬停按钮，以显示或隐藏 IB 的停靠区，以及缩放功能。但要知道，当缩小故事板时，无法进行编辑操作。必须放大场景才能进行编辑，或添加、删除对象等操作。

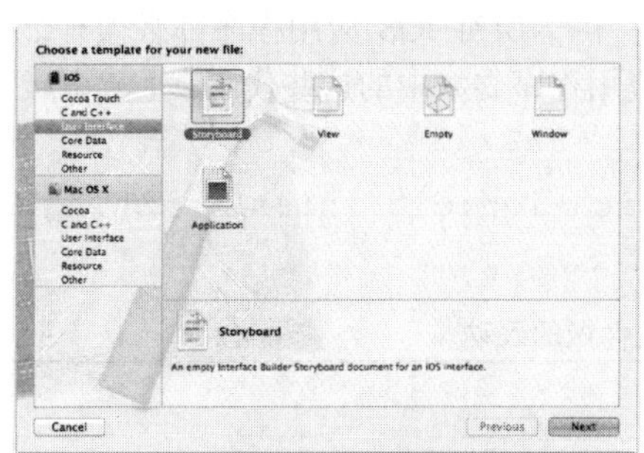

图 14-7　向项目加入新的故事板，故事板位于 iOS → User Interface 下

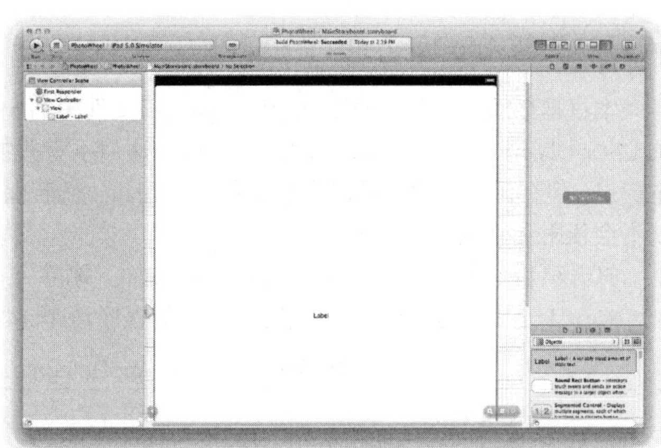

图 14-8　在 IB 编辑器中含有主故事板的 PhotoWheel 工作区的截图

14.2.3　设置 UIMainStoryboardFile

下面，你得告诉项目用到此故事板。在项目导航器中，选择 PhotoWheel-Info.plist 文件。它位于 Supporting Files 组下。在编辑区中按住 Control 键单击（或右击）来显示弹出菜单，选中其中的 Add Row 菜单项，如图 14-9 所示。如果你是用简约英文的方式查看这些键，就输入“Main Storyboard file base name”作为新行的键（编辑器在你只输入“Main story”时就能找到相应的键）。倘若查看原始键，键名为 UIMainStoryboardFile。

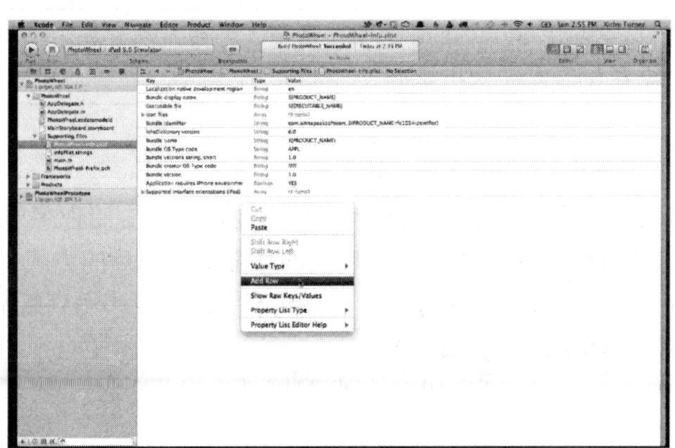

图 14-9　按住 Control 键单击编辑区，在弹出菜单中选择 Add Row 命令，以向 plist 文件加入一行内容

接着，在键值中输入“MainStoryboard”，这正是刚创建的故事板的文件名。不过，无须输入文件扩展名，在运行期间文件扩展名会加入进来的。设置如图 14-10 所示。确保将修改保存到了此 plist 文件中（⌘+S 键）。

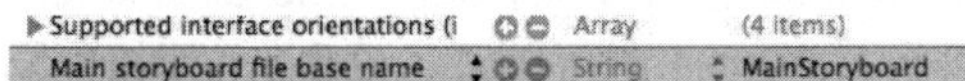

图 14-10　设置 Main Storyboard file base name 的键值为“MainStoryboard”

14.2.4 更新 AppDelegate

本过程最后一步就是修改 AppDelegate.m 文件中的 `application:didFinishLaunchingWithOptions:`方法，不让其创建主窗口。这似乎有些古怪，因为所有 iOS 应用程序都必须有个主窗口，但在调入主故事板时会自动创建主窗口。倘若保留应用程序委派中的这些代码，主故事板就不会依附到正确的窗口上。

打开项目导航器中的 AppDelegate.m 文件。删除 `application:didFinishLaunchingWithOptions:`方法的前几行代码，使其如程序清单 14.1 所示。

程序清单 14.1 对 AppDelegate.m 文件做的改动

```
- (BOOL)application:(UIApplication *)application
didFinishLaunchingWithOptions:(NSDictionary *)launchOptions
{
   [self.window makeKeyAndVisible];
   return YES;
}
```

保存修改并运行应用程序。确保将活动方案设为了 PhotoWheel，运行目标设为 iPad 5.0 模拟器，如图 14-11 所示。你将会看到 PhotoWheel 在模拟器中运行，它有一个包含文本标签的场景。这表明已经正确建立了项目，能够使用主故事板了。

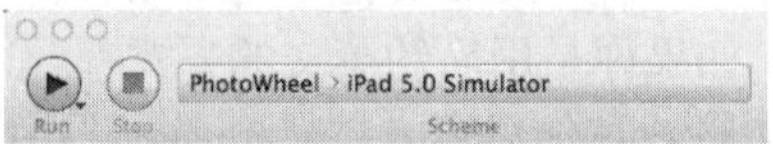

图 14-11 选择 PhotoWheel 作为活动方案，选择 iPad 5.0 模拟器作为运行目标

注意： 当选择项目模板时选中 Use Storyboard 选项，这个工作会自动完成。但既然 Empty Application 没有这个选项，就得自己完成这个工作。

14.2.5 添加图片

在着手创作 PhotoWheel 应用程序前，还有若干件事要做。该应用程序要用到一些图片，从应用程序图标到视图的背景图片。这里不采取本书后面的零散加入图片的方式，我们现在一次将所需图片加入到应用程序中。这会节省后面的时间，节省树木（因为要印刷到纸上），毕竟不必再在这个地方告诉你要添加图片，那个地方要添加图片。

下载图片

用来创建 PhotoWheel 应用程序的图片可以在本书网站中的 learnipadprogramming.com/files/2011/08/lipad-pw-images.zip 找到。所下载的.zip 文件包含这些图片，将此压缩包解压到你的系统中。

下载了图片后，现在就将它们添加到 PhotoWheel 项目中。选择 PhotoWheel 项目，选择 File → Add Files 至“PhotoWheel”（按 Option+⌘+A 键）。定位到解压.zip 文件中创建的 lipad-pw-images 目录并选择之。确保选中了 Destination 选项 Copy items into destination group's folder，如图 14-12 所示，这样，会把图片复制到 PhotoWheel 项目目录。单击 Add 按钮将这些图片加入到项目中。

这些图片已成为项目的组成部分，在你需要时它们总是可用的。在本书后面要向项目添加图片时，就无须操心它们是否还在了。

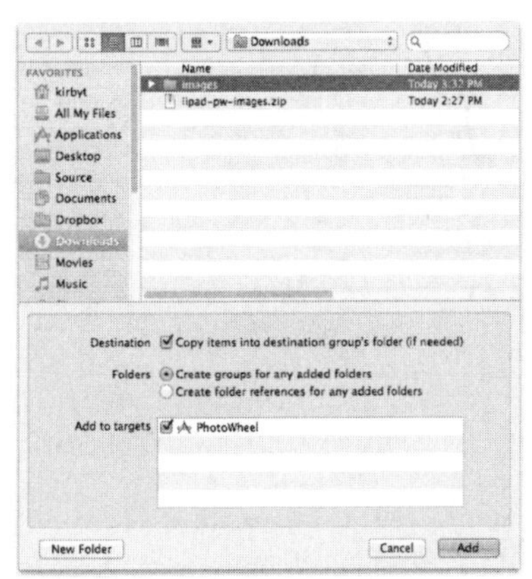

图 14-12　向 PhotoWheel 项目添加图片

14.2.6　应用程序图标

图片已经到位，正是将应用程序图标添加到项目的合适时机。当查看这些图片时，你可能会注意到，有好几个图标文件（Icon*.png）。每个图标文件都是表示此应用程序的图标，只是它们有不同的分辨率。iPhone 应用程序图标的尺寸是 57×57 像素，iPad 应用程序图标的尺寸是 72 × 72 像素，其他尺寸则用于诸如 Spotlight 的搜索图标、Settings 图标，以及在带视网膜显示器的 iOS 设备（本书编写时，只有 iPhone 4）上显示的图标。应用程序图标有不同的尺寸，能让设计者根据需要增加或删除细节，以得到特定尺寸的最佳外观的图标。

iOS 知道要用哪个图标来显示。举例说明，要在 Settings 应用程序中显示应用程序图标，iOS 会查找 29 × 29 像素的图标；倘若没找到那样的图片，iOS 就会使用主应用程序的图标（即 iPad 上用 72 × 72 像素的图标，iPhone 上用 57×57 像素的图标），而将其缩小到合适的尺寸。如果你有不同尺寸的应用程序图标，则可以通过在项目的 Info.plist 文件中添加图标引用，告诉 iOS 这个情况。

为此，要打开 PhotoWheel-Info.plist 文件，添加如图 14-13 所示的数据项到该 plist 文件中。这么做是要告诉 iOS，PhotoWheel 有不同尺寸的应用程序图标。

Executable file	String	${EXECUTABLE_NAME}
Icon files	Array	(4 items)
Item 0	String	Icon.png
Item 1	String	Icon72x72.png
Item 2	String	IconSmall-50x50.png
Item 3	String	IconSmall.png
Bundle identifier	String	com.whitepeaksoftware.${PRODUCT_NAME

图 14-13　向 PhotoWheel-Info.plist 文件添加图标文件名的清单

14.2.7　初始的视图控制器

前面已经提到，每个故事板都有个初始的视图控制器。这是调入故事板时的第一个场景。MainStoryboard 这时只有一个场景，所以它就是初始的视图控制器。不过，倘若故事板里有多个场景，你可以在 Attributes 面板中通过选择视图控制器来修改初始的视图控制器，并设置 Initial Scene 选项，如图 14-14 所示。MainStoryboard 此刻仅有一个场景，因此不必操心修改这个设置。相反，我们应关注于故事板的创作。

打开 MainStoryboard，选择仅有的那个场景。删除早先添加的文本标签对象，因为已不需要它了。你现在有了可干净操作的起点。

将图片视图（`UIImageView`）拖放到此场景的视图控制器所管理的视图中。将此图片视图设置为填满整个视图。有个快速的办法可做到这一点，那就是打开 Size 面板（按 Option+⌘+5 键），设置 X、Y、Width 和 Height 条目的值，如图 14-15 所示。

接着，打开 Attributes 面板（Option+⌘+4 键），设置 Image 文件名为 background-portrait-grooved.png。可以打开下拉列表，查看可用图片的清单。这里列出了早先加入到项目的图片。

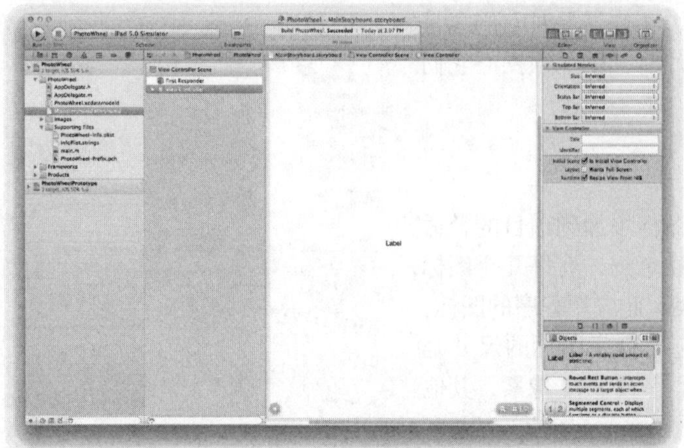

图 14-14 将仅有场景设为初始视图控制器的故事板

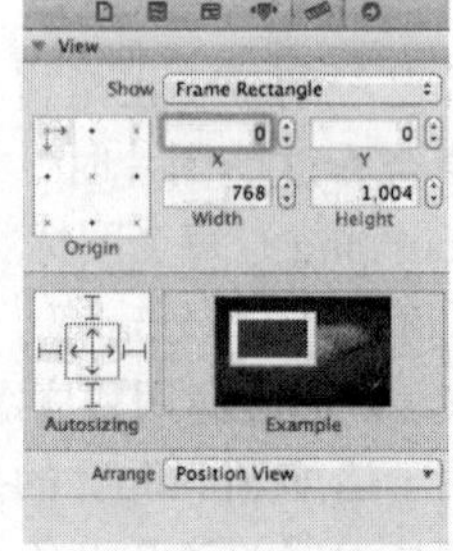

图 14-15 图片视图的 Size 面板中各值

现在再添加两个图片视图，其设置参见表 14-1。

表 14-1 UIImageView 的设置

图片文件名	X	Y	宽度（Width）	高度（Height）
stack-viewer-bg-portrait.png	26	18	716	717
stack-bg.png	109	680	551	550

接着，向视图添加一个按钮。按钮在 Object 库中表示为 Round Rect Button，可以按“Button”或“UIButton”过滤。在 Attributes 面板中，设置 Type 为 Custom，设置 Image 为 Imagestack-add.png，该图片用于按钮在正常状态时的显示。要添加按钮处于按下状态时的图片，将 State Config 从 Default 改为 Highlighted，再将 Image 设置为 stack-add-down.png。这个按钮现在就有了正常和按下两种图片状态。

再切换到 Size 面板，设置该按钮的以下属性：X 设为 295，Y 设为 846，而 Height 和 Width 均设为 178。你会看到场景的底部应该有个圆的加号按钮。

我们还要对场景添加更多的可视对象。将另一个 Round Rect Button（UIButton）拖放到视图中。将其 X 设为 722，Y 设为 959。无法改变 Height 和 Width 的值，因为它们受系统控制。

主场景已经做完了。运行应用程序，检查一下你的工作。场景应当如图 14-16 所示。

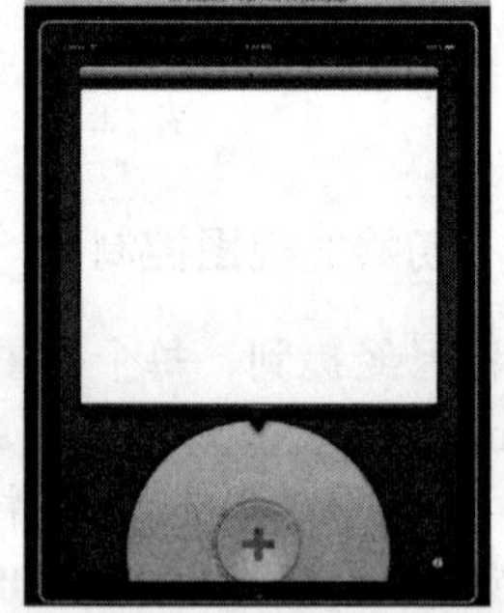

图 14-16 在模拟器中显示的 PhotoWheel 应用程序及其主场景

注意：如果指向轮子的箭头不可见，则需要调整图片的叠放次序。可以通过选中 stack-viewer-bg- portrait. png 的图片视图，然后在菜单中选取 Editor → Arrange → Send to Front 命令，来达到此目的。

14.2.8 另一个场景

还需要另外一个场景，那就是在触击 info 按钮（即用户界面右下角的 i 按钮）时显示的场景。

通过从 Object 库拖放新的视图控制器，在 MainStoryboard 中创建新场景。可能得缩小显示，方可并排看到这两个视图，如图 14-17 所示。

在用户触击主窗口的 info 按钮时，新场景将显示应用程序的 About 画面。要添加的第一个东西就是在场景顶部显示的工具栏。在 Object 库中找到工具栏，将其拖放到新场景的视图中，放置在视图的顶部。

默认情况下，工具栏会停靠在视图的底部。这是由 Size 面板中的自动调整尺寸设置决定的。“自动调整尺寸”在设备旋转时扮演着重要角色。它允许图片上的对象在旋转设备时自动调整尺寸和位置。我们将在第 18 章中详细探讨这个内容。目前，只要知道应把工具栏停靠在视图的顶部即可。

为了把工具栏放置在视图顶部，打开 Size 面板。单击 Autosizing 设置区顶部的红色虚线。这样会将对象停靠到其目前位置的顶部。换句话说，如果在用户旋转其 iPad 时，顶部位置发生了变化，对象就会调整其位置到显示屏的顶部。然后，单击下面的红色连续 I 线条，将其设置为虚线的 I 线条。这将阻止工具栏停靠到底部。Size 面板此时的外观应如图 14-18 所示。

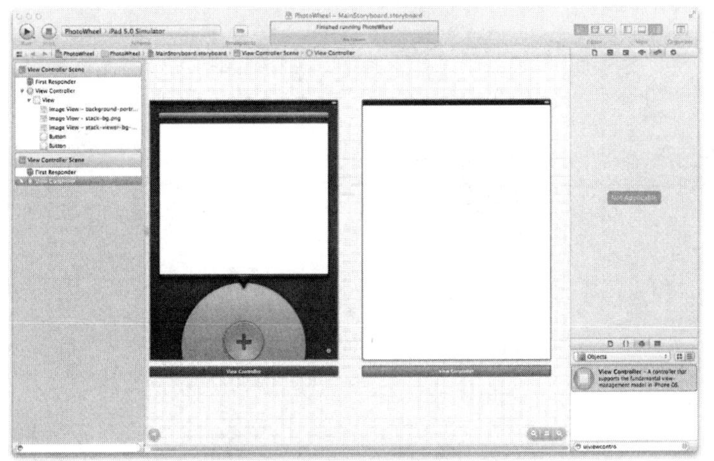

图 14-17 有两个场景的故事板，缩小显示以便同时查看这两个场景

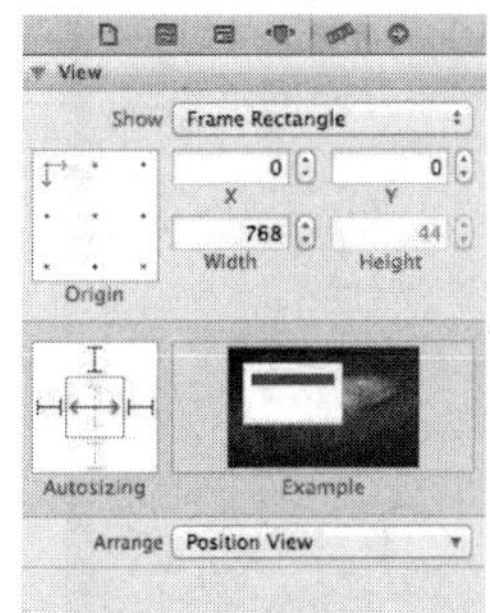

图 14-18 所用工具栏在 Size 面板中的值

该工具栏会带有一个默认的按钮，标为 Item。我们将这个按钮挪到工具栏的右部。使用单词“Flexible”过滤 Object 库，将会在对象清单中显示可变间距的空白栏按钮项。将此对象拖放到工具栏中 Item 按钮的左边，这样会让 Item 按钮位于工具栏的最右端。

注意：倘若想以指定像素数来分隔工具栏按钮，还可以使用固定间距的空白栏按钮项。

Item 按钮现在放到了正确位置，不过我们得把其显示改成“Done”。为此，可以修改按钮的标题，但更好的办法则是修改按钮标识。选择 Item 按钮，打开 Attributes 面板。再打开 Identifier 下拉列表，查看可用的系统按钮。这个清单涵盖了 iOS 应用程序用到的最常见按钮，包括 Done 按钮。将 Identifier 由 Custom 改为 Done。这会修改按钮的显示风格，并将其文本标签设为“Done”。

为什么这么做更好

在 Attributes 面板中设置按钮的标识，这种办法之所以更好，是因为应用程序任何时候都应尽可能采用系统提供的按钮。如此的一个好处就是，此类按钮已经由苹果公司进行了本地化和国际化。还有，利用系统提供的按钮，能够在各应用程序之间确保一致性，减少用户学习应用程序用法的负荷。

我们显示一下应用程序 About 场景的信息。该场景将包含一个图片视图的应用程序图标，还有应用程序名称及其版本号。要实现此功能，需将图片视图拖至该视图中。设置图片名为 Icon@2x.png。在 Size 面板中，将 X 设为 160，Y 设为 190，Width 和 Height 设为 114。

现在，向视图添加一个文本标签（UILabel），设置其文本为“PhotoWheel”。在 Attributes 面板中，设置 Font 为“System Bold 24.0”（可以单击 Font 栏目中的 T 图标，以显示浮动的字体设置，如图 14-19 所示。最后，调整文本标签的宽度，使“PhotoWheel”文本全部显示。可以调整文本标签的位置，或者手工设置其尺寸（将 X 设为 317，Y 设为 190，Width 设为 193，Height 设为 21）。

在 PhotoWheel 标签下再放一个文本标签。将其文本设为“Version 1.0”，字体设为“System 18”。使用对齐辅助线（第 3 章曾讲到），根据 PhotoWheel 文本标签来定位和调整尺寸，或者手工设置其尺寸（将 X 设为 317，Y 设为 219，Width 设为 193，Height 设为 21）。此时场景应如图 14-20 所示。

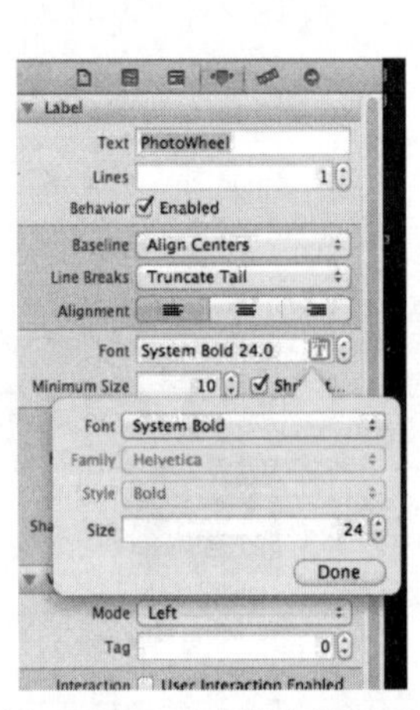

图 14-19 浮动的字体设置

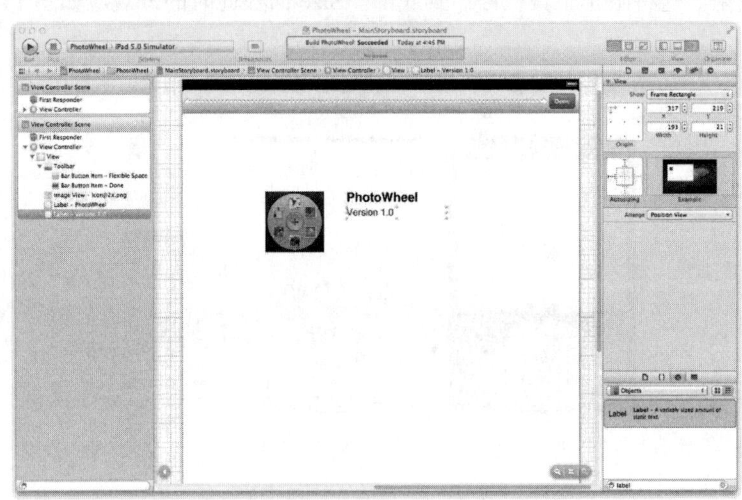

图 14-20 在故事板上显示的 About 场景

14.2.9 创建过渡

故事板现在有了两个场景，但还没有两者之间的过渡（即转换画面）。想要让用户触击主场景的按钮时，显示 About 场景。无须写一行代码，就可以实现。

调整设计的显示，以便同时看到两个场景。不必缩小得太多，只要能同时看到两个场景的一部分。然后，按住 Control 键单击主场景里的 info 按钮（i），将其拖放到 About 场景的任意位置。就会显示 Storyboard Segues 抬头显示器，其中给出了 `performSegueWithIdentifier:sender:` 方法。选择此方法，以创建 info 按钮与 About 场景之间的过渡。在两个场景之间画有一根带箭头的线，箭头表示过渡，以此表明两个场景之间的关系。

注意： 如果在运行应用程序时，过渡不起作用，有可能是过渡未从 info 按钮创建。解决这一问题的最简单办法就是删除过渡，重新创建。要确保你是按住 Control 键单击、拖放 info 按钮到 About 场景的。

可以通过单击过渡箭头来精确调整过渡所管理的切换过程，这时将打开 Attributes 面板。将 Identifier 设为 AboutSceneSegue。Identifier 用来编程实现过渡。接着，要设置过渡的风格、表现形式和切换过程。

将过渡的 Style 设为 Modal，这样会在主场景的顶部显示 About 场景；设置 Presentation 为 Form Sheet，以将 About 场景调整为较小的表单尺寸；最后，保持 Transition 为 Default（可以试试其他的过渡风格，以观察有何区别）。故事板这时的外观应当如图 14-21 所示。

运行应用程序，来看看你的大作。应用程序会在启动时显示主场景，在触击 info 按钮时显示 About 场景。所有这些效果实现起来都无须写一行代码，如图 14-22 所示。当然，你会看到，在触击 Done 按钮时关闭 About 场景还是得有代码的。下章将学习如何添加支持场景的代码，现在只能退出应用程序来关闭 About 场景。

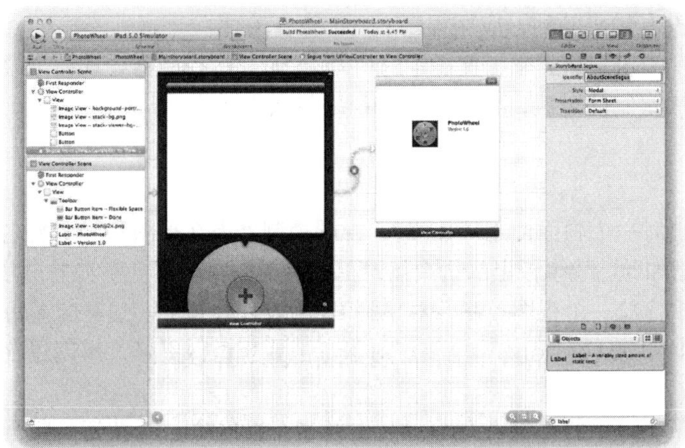

图 14-21 有两个场景和一个过渡的故事板

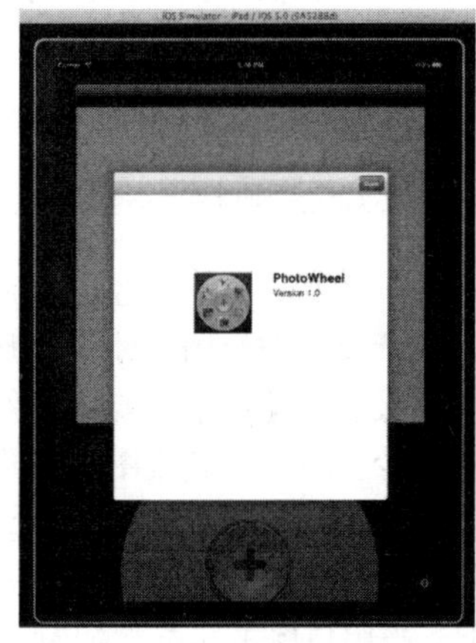

图 14-22 已完工应用程序在模拟器中运行时的外观

14.3 小结

本章学习了一种创建用户界面的新办法，即所谓的"故事板"。故事板基于 Interface Builder 建立，所以我们所知的用 IB 构造用户界面的所有知识都仍可用。还学习了怎样生成一个空白应用程序项目来支持故事板。本章介绍了工作区的概念，这是一种在同一工作区窗口中快速访问相关项目的办法。

14.4 习题

1. 打开 PhotoWheel-Info.plist 文件，在简约英文与原始键值视图之间来回切换。

2. 创建单视图应用程序项目，选中 Use Storyboard 选项。再创建第二个项目，这次不选中 Use Storyboard 选项。比较这两个项目有何异同。

3. 创建工作区，将上个习题中创建的两个项目添加到此工作区中。

4. 打开 MainStoryboard，修改 AboutSceneSegue 过渡的风格、表现形式和切换过程。

第 ⑮ 章 视图控制器详解

在第 14 章里，学习了利用故事板为 PhotoWheel 构建初始用户界面的办法。创建了主故事板，添加了两个场景，并使用一个过渡来显示从主场景到 About 场景的过渡过程。尽管这个过程无须写一行代码，但我们开发人员都清楚，没有代码的话，应用程序不可能真正有用。

本章将介绍怎样通过编写定制的视图控制器类来扩展场景的功能，每个视图控制器管理一个故事板的场景。还会学习如何创建、使用定制的过渡，让你的应用程序与众不同。

15.1 实现视图控制器

在本书前面，我们已经了解到，当对一个画面使用 NIB 时，视图控制器类在视图和模型类之间起到协调交互的作用。对故事板也是如此。故事板里的每个场景都有其视图控制器。事实上，为了在故事板里创建场景，要从对象库中拖放一个视图控制器对象到 IB 的设计画布上。这意味着每个场景至少要有一个其视图控制器，即 `UIViewController` 对象。但要想做得更好，得创建自己的 `UIViewController` 子类。

我们来看上一章创建的 About 场景。过渡将 About 场景通过主场景右下角的 info 按钮关联至主场景。当用户触击 info 按钮时，将显示 About 场景；要关闭 About 场景，用户需触击 Done 按钮，但目前这个按钮还不起作用。因为你还没有告诉 Done 按钮，在它被触击时要干什么。

怎样告诉 Done 按钮要关闭 About 场景呢？你也许会想到，“使用另一个过渡”，但不幸的是这个方法不灵。过渡引导用户在用户界面间前进，而不能后退。没有可以关掉模型视图控制器的过渡。真正要做的是，这里应编写一点点代码。

About 场景需要一个定制的视图控制器。该视图控制器有一个专为 Done 按钮准备的动作。该动作的实现代码将在用户触击 Done 按钮时关闭 About 场景。

要做到这一点，需创建新的视图控制器类。选择工作区中的 PhotoWheel 项目。按⌘+N 键以创建新文件。选取 Objective-C 类模板，并单击 Next 按钮。将此类命名为 `AboutViewController`，将其作为 `UIViewController` 的子类（如图 15-1 所示）。再单击 Next 按钮，通过单击 Create 按钮将类文件保存至项目目录。如此就把 `AboutViewController` 添加到了 PhotoWheel 项目。

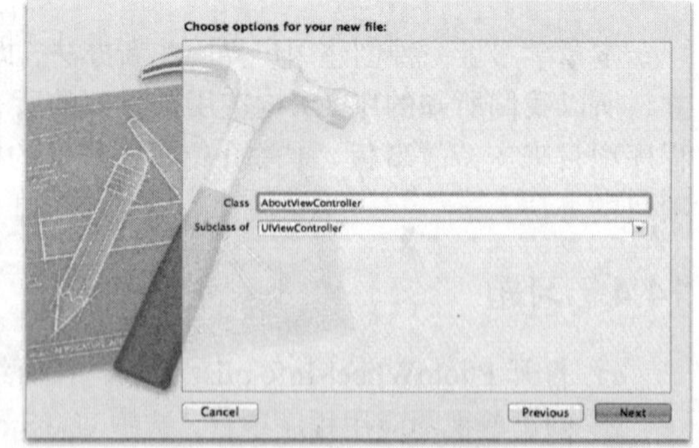

图 15-1 创建 `AboutViewController` 新类，将其作为 `UIViewController` 的子类

注意：还可以使用 UIViewController 子类模板，而不用 Objective-C 类模板。这样会产生多余代码，目前这些代码还用不到。

Done 按钮需要有动作，所以打开 AboutViewController.h 头文件，向其添加动作方法 done:的声明。源代码在程序清单 15.1 中给出。

程序清单 15.1　添加了新动作方法 done:的 AboutViewController.h 头文件

```
#import <UIKit/UIKit.h>

@interface AboutViewController : UIViewController

- (IBAction)done:(id)sender;

@end
```

接着，实现 done:的代码。打开 AboutViewController.m 文件（按 Control+⌘+Up 或 Control+⌘+Down 键在相应成对文件间切换），添加 done:的实现代码，如程序清单 15.2 所示。

程序清单 15.2　含有 done:实现代码的 AboutViewController.m 文件

```
#import "AboutViewController.h"

@implementation AboutViewController

- (IBAction)done:(id)sender
{
    [self dismissModalViewControllerAnimated:YES];
}

@end
```

实现代码直观易懂。它调用自身的-dismissModalViewControllerAnimated:方法。这将关闭 About 场景，带用户返回到主场景。

现在有了视图控制器，就该更新 About 场景，以便其知道并使用 AboutViewController 类。打开 MainStoryboard.storyboard 文件，选择 About 场景的视图控制器。倘若分层视图是可见的（执行 Editor → Show Document Outline 命令），则可以单击 IB 停靠边上的 View Controller 对象；否则应单击场景下部对象栏中的 View Controller 对象（如图 15-2 所示）。

打开 Identity 面板（按 Option+⌘+3 键）。Class 栏中默认为 UIViewController，将其改为 AboutViewController。如今此场景已经知道了你所创建的 AboutViewController。现在就将 Done 按钮关联至 AboutViewController 中声明的 done:动作。实现此目的的一个办法是按住 Control 键单击并拖放 Done 按钮，将其放至 IB 停靠边上的 AboutViewController 对象，或者对象栏中的 AboutViewController 对象。注意，由于 Done 按钮位于工具栏中，必须单击 Done 按钮两次，才能选中它。还可以展开文档结构来选取 Done 按钮，如图 15-3 所示。

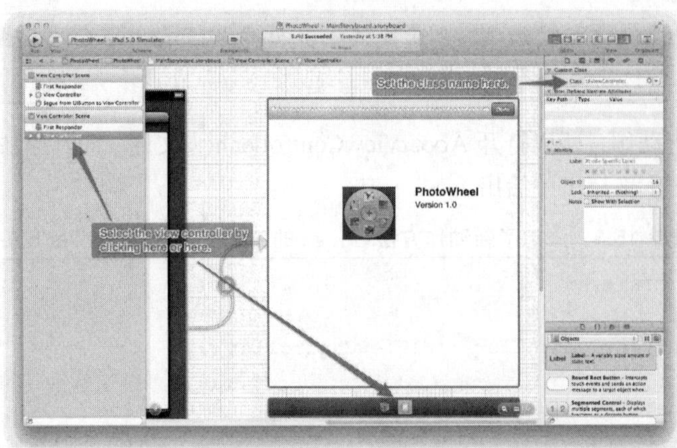

图 15-2　主故事板里的 About 视图控制器场景

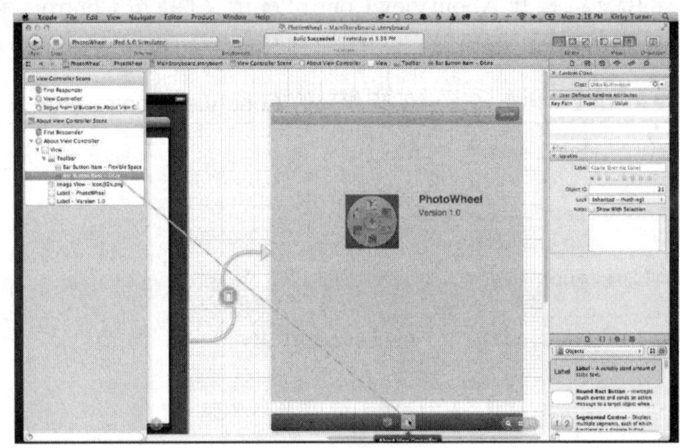

图 15-3　将 Done 按钮关联至 `done:`动作

注意: 另一个声明 `done:`动作并建立关联的办法是使用 Assistant 编辑器。参看第 3 章了解 Assistant 编辑器的用法。

大功告成！现在，Done 按钮已经关联至了 `done:`动作方法，且 `done:`动作方法会关闭模型视图，即 About 场景。保存修改并运行应用程序。触击 info 按钮以显示 About 场景。再触击 About 场景里的 Done 按钮，以关闭此场景，回到主场景。

所有东西目前都应顺利工作起来。

15.2　过渡

你也许还记得，过渡是用来管理场景之间切换的。过渡在故事板中能被可视地定义，并可使用 Attributes 面板来精确调整过渡。通过组合调整风格、表现形式和切换样式，能够精确地调整过渡。例如，在第 14 章中创建的 AboutSceneSegue 过渡，采用了 Modal 风格、Form Sheet 表现形式及默认切换样式。当此过渡用于显示 About 场景时，过渡将产生从底部向上的动画效果。它只填充屏幕的中心区域，不会占满整个屏幕（表现形式）。而且它是个模式视图（风格），意即它位于基础的视图之上，此时用户不能与基础视图交互。

注意：并非所有过渡都只是这三种属性：风格、表现形式和切换样式。例如，推式过渡有风格和目标，浮动过渡则有风格、方向、锚点和经过方式。

属性组合定义了过渡及其行为。所用的组合取决于场景和应用程序的设计。举例来说，如果应用程序在用导航控制器，就可以用推式过渡来将新的场景（视图控制器）推到导航栈里。否则，可以用浮动过渡在浮动框里显示一个视图。甚至还有替代风格的过渡，可以将一个场景替换成另一个场景。

但要是你找不到适合自己应用程序的理想过渡，怎么办呢？这时可以创建一个定制过渡。

15.2.1 创建定制过渡

定制过渡就是你为满足应用程序需求而实现的特定过渡。创建定制过渡功能让你能够对过渡的行为有全面控制。比如说要在切换场景时采用从屏幕中心爆炸的风格的动画。iOS SDK 不会提供这种效果的过渡，所以得自己创建一个。

要创建定制过渡，得创建 `UIStoryboardSegue` 的子类。在子类的实现代码中，重载 `-(void)perform` 方法以做到定制的转换。过渡提供了对源和目标视图控制器的访问，所以可以基于这两个视图控制器来修改转换过程。

我们来创建一个定制过渡，以深入考察它。

15.2.2 设置过渡

在用户触击某个照片时，PhotoWheel 需要有办法来显示图片浏览器；并在触击后，图片浏览器有办法返回至主场景。但与 About 场景不同，图片浏览器不能是模式的，它应当填充整个屏幕。

iOS 提供了名为 `UINavigationController` 的控制类，它管理一个视图控制器的栈。栈里的顶部控制器是可见的控制器。新控制器通过压栈操作（即 `-pushViewController:animated:` 方法）加入到栈中。这样，新控制器就成为栈顶的控制器，从而使之成为可见的控制器。为了返回至栈中先前那个控制器，要执行弹出栈操作。导航控制器使应用程序能够弹出栈顶控制器（即 `-popViewControllerAnimated:` 方法），或者弹出栈内特定的控制器（`-popToViewController:animated:` 方法），甚至弹出位于栈底的根视图控制器（用 `-popToRootViewControllerAnimated:` 方法可做到）。

导航控制器对 PhotoWheel 是再合适不过了。主视图控制器是导航栈里的根控制器，因为它是显示的首个控制器。当用户触击照片时，照片浏览器视图控制器被压入导航栈中，这样会显示照片浏览器。

要回到主场景，用户需触击导航控制器提供的 Back 按钮。导航控制器在屏幕顶部显示有导航栏，Back 按钮位于导航栏的左边，使用户能够回至栈中的前一个视图控制器。

在实现定制过渡之前，我们先向故事板添加照片浏览器场景。使用标准的推式过渡来在主场景与照片浏览器场景间切换。

打开 MainStoryboard.storyboard 文件，向主场景中某处放置圆角矩形按钮。该按钮暂时用于测试主场景到照片浏览器场景的切换。接着，向设计画布拖放视图控制器，以创建新的场景。按住 Control 键单击主场景里的这个按钮，并拖放至新场景，从而创建两个场景间的新过渡。单击过渡后打开 Attributes 面板，设置 Style 为 Push，设置 Destination 为 Current。

如果你运行此应用程序，可能会吃惊地发现，在你触击主场景的按钮时新场景并未出现。这是因为尽管新场景被压入了导航栈中，但故事板并没有关联至导航控制器的场景。通过在故事板中选择主场景，并执行菜单栏里的 Editor → Embed In → Navigation Controller 命令可以弥补这个问题。这将为导航控制器创建新场景，它将该场景设为最初的视图控制器。

运行此应用程序以查看实际的导航控制器行为。当你触击主场景的按钮时（在图 15-4 中位于左图的中央位置），照片浏览器场景被压入了栈中（如图 15-4 的右图所示）。你可以通过触击屏幕顶部显示的导航栏内 Back 按钮返回至主场景。图 15-4 并排给出了这两个场景。

这两个场景之间的导航和切换都能工作起来了，但有些东西还未就位。主场景顶部的导航栏位置看上去不当，不仅如此，还导致屏幕其他部分偏下。可以通过隐藏导航栏来修饰，但隐藏它后，其在第二个场景中会不可见。而且，假如它不可见，用户就无法从照片浏览器场景返回到主场景。

另一个问题是从主场景到照片浏览器场景的转换。尽管默认切换方式是从右到左滑动出下个视图，这对许多应用程序已经足够好了，但对于要显示图片的 PhotoWheel 就不那么适用。我们期望的是从接触点位置开始爆炸的效果，所以当用户触摸照片轮时，图片要在一个视图中放大出来。这正是定制过渡大显身手的地方。

重要的事先做：我们先修正导航栏的显示，然后转向定制过渡工作。

导航栏应该是黑色风格，这样能够与 PhotoWheel 的外观与感觉协调。要改变风格，需打开 Document Outline，选择 Navigation Controller Scene，并单击 Navigation Controller 对象的暴露图标。单击导航栏对象以选取之，然后打开 Attributes 面板（按 Option+⌘+4 键）。在此面板中，将 Style 由 Default 改为 Black Translucent。

接着要隐藏导航栏，以便其不会在主场景中显示出来。为了隐藏导航栏，打开 MainStoryboard.storyboard 文件，选择 Navigation Controller Scene。打开 Attributes 面板（按 Option+⌘+4 键），去除对 Shows Navigation Bar 特性的选中（如图 15-5 所示）。在不选此选项时，你会看到导航栏在故事板场景中被隐藏起来。

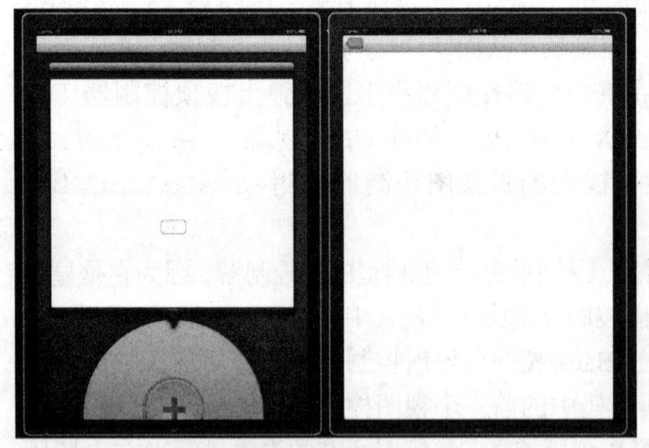

图 15-4 主场景和照片浏览器场景的并排显示图

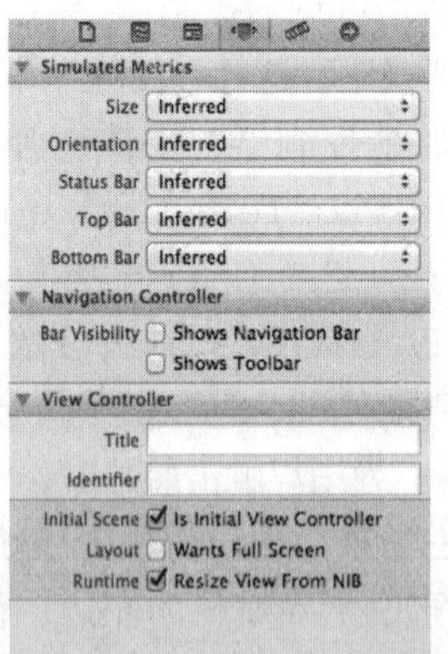

图 15-5 不选 Show Navigation Bar 选项时会隐藏导航栏

由于隐藏了导航栏，用户就没办法从照片浏览器场景返回至主场景。要解决此问题，有两个办法：

- ❑ 在照片浏览器视图控制器中，用`-viewWillAppear:`方法显示导航栏。
- ❑ 在定制过渡中包含导航栏的显示。

在 PhotoWheel 里，我们已经选择了第二个办法，因为那样使你能够控制呈现导航栏的动画序列。我们来实现定制过渡。

15.2.3 实现定制过渡

定制过渡需要重载推式过渡的默认视觉转换实现。要使用定制过渡，可在 Attributes 面板修改过渡特性。如果尚未打开主故事板，就打开之。选择在触击按钮时要完成的过渡，并打开 Attributes 面板（按 Option+⌘+4 键）。将 Style 由 Push 改为 Custom，将过渡 Class 设为 CustomPushSegue。现在，当用户触击按钮时，将采用定制的推式过渡，并处理从主场景到照片浏览器场景的转换。

但 CustomPushSegue 类在哪儿呢？答案是，你得自己创建它。

先着手创建新的 Objective-C 类。按⌘+N 键并从文件模板中选择 Objective-C 类，将类命名为 CustomPushSegue 并设为 UIStoryboardSegue 的子类。最后，将新类保存到 PhotoWheel 项目里。

UIStoryboardSegue 子类必须重载-perform 方法。这正是转换动画的所在处。CustomPushSegue 的-perform 方法实现代码如程序清单 15.3 所示。打开 CustomPushSegue.m 文件，将你的代码改成这个样子。

程序清单 15.3 CustomPushSegue.m 文件的内容

```
#import "CustomPushSegue.h"
#import "UIView+PWCategory.h"                                           // 1

@implementation CustomPushSegue

- (void)perform
{
   UIView *sourceView = [[self sourceViewController] view];             // 2
   UIView *destinationView = [[self destinationViewController] view];   // 3

   UIImageView *sourceImageView;
   sourceImageView = [[UIImageView alloc]
                  initWithImage:[sourceView pw_imageSnapshot]];         // 4

   UIImageView *destinationImageView;
   destinationImageView = [[UIImageView alloc]
                      initWithImage:[destinationView pw_imageSnapshot]];
   CGRect originalFrame = [destinationImageView frame];
   [destinationImageView setFrame:CGRectMake(originalFrame.size.width/2,
                                   originalFrame.size.height/2,
                                   0,
                                   0)];
   [destinationImageView setAlpha:0.3];                                 // 5


   UINavigationController *navController;
   navController = [[self sourceViewController] navigationController];  // 6
   [navController pushViewController:[self destinationViewController]
                     animated:NO];                                      // 7

   UINavigationBar *navBar = [navController navigationBar];             // 8
   [navController setNavigationBarHidden:NO];
   [navBar setFrame:CGRectOffset(navBar.frame,
                        0,
                        -navBar.frame.size.height)];                    // 9
```

```
[destinationView addSubview:sourceImageView];                          // 10
[destinationView addSubview:destinationImageView];                     // 11

void (^animations)(void) = ^ {                                         // 12
  [destinationImageView setFrame:originalFrame];                       // 13
  [destinationImageView setAlpha:1.0];                                 // 14

  [navBar setFrame:CGRectOffset(navBar.frame,
                               0,
                               navBar.frame.size.height)];             // 15
};

void (^completion)(BOOL) = ^(BOOL finished) {                          // 16
  if (finished) {
    [sourceImageView removeFromSuperview];
    [destinationImageView removeFromSuperview];
  }
};

[UIView animateWithDuration:0.6
                 animations:animations
                 completion:completion];                               // 17
}

@end
```

我们分析下这段代码，看看它做了什么：

1. 在第二行，你会看到`#import "UIView+PWCategory.h"`语句。这是你即将对 UIView 实现的一个类别（它会有个名叫 pw_imageSnapshot 的方法）。该方法对视图拍一个截图，并以 UIImage 对象返回此截图。屏幕截图的源视图和目标视图用于简化过渡的动画序列。

2～3. -perform 方法的开头设置了两个局部变量，一个是源视图的局部变量，另一个是目标视图的局部变量。局部变量使得引用代码后面的视图变得容易。

4. 之后是设置图片视图的局部变量，它包含源和目标的屏幕截图。这些图片视图还不是实际的图片，而是要被动画起来的视图。

5. 接下来，将目标图片视图的原始图框保存至一个局部变量中。目标图片视图的原始图框随后被设为宽、高为 0，并放置于屏幕中央。目标图片视图的透明度设为 0.3，以得到透明效果。透明度设为 0.0 将会消隐视图，而设为 1.0 将会让视图完全可见。作为动画序列的一部分，此视图将从透明度为 0.3 的透明外观转换到完全可见（透明度为 1.0）。

注意： 最终目标是完成所触摸照片的过渡动画序列，但目前 PhotoWheel 尚未显示照片。因此，动画序列开始于屏幕的中央位置。过渡的相关代码将随着你构建应用程序而不断完善，最终的动画序列将起始于适当的屏幕位置。

6～7. 下一行代码将把对导航控制器的引用保存至局部变量中。然后导航控制器用来将目标视图控制器压入导航控制器栈中。注意动画标志位设成了 NO。意思是在压栈操作时关闭默认的动画。既然过渡是完成某个动画序列，默认动画序列就不需要了。

8. 接着是目标视图控制器的压栈操作，保存导航栏的引用。导航栏随后解除了隐藏。记住，我们需要在目标视图控制器内显示导航栏，也就是照片浏览器场景。缺了它，用户就没办法返回到主场景中。

9. 在播放动画序列期间显示导航栏固然没问题，但是要让导航栏从顶部滑下，岂不更爽？在取消了导航栏隐藏后，它就从屏幕顶部冒出来。`CGRectOffset()`用来调整导航栏的图框。它返回一个对源矩形有些偏移的矩形。在此场合里，偏移是导航栏高度的负值，它使得导航栏按高度像素数从屏幕顶部逐步滑下。

注意： `CGRectOffset` 只是 `CGGeometry` 里众多帮助函数中的一个，它使得操作和处理 `CGRect`、`CGSize` 和 `CGPoint` 变量变得更容易。要查看完整的函数清单，可以看看 CGGeometry 的参考文档，位于 developer.apple.com/library/ios/#documentation/GraphicsImaging/Reference/CGGeometry/Reference/reference.html。

10～11. 接着，将源图片视图（即包含源视图的截图）和目标图片视图（即包含目标视图的截图）添加到目标视图控制器的视层次结构内。这个操作是干吗呢？

目标视图控制器已被压入了导航栈，这使目标视图控制器成为栈顶的控制器，即其视图为可见视图。将源和目标视图的截图图片添加到目标视图控制器的视层次结构，将会使这些图片视图在屏幕上可见。既然目标图片视图将以透明度为 0.3 的样子出现，那么源图片视图就会经由目标图片视图的此透明度才显示出来。

12. 目标视图控制器已经建立起来，现在该定义动画序列了。动画序列应定义有一个动画块，序列要完成三个主要步骤。

13. 将目标图片视图尺寸调整至其原始尺寸。尺寸变化是动画的，所以视觉效果是视图逐渐变大。

14. 通过将透明度增加到 1.0，而使目标图片视图从透明显示状态变化到完全可见。这也是个动画过程，所以从透明到完全可见也是渐变的动画序列。一旦目标图片视图完全可见，就把源图片视图隐藏掉。

15. 导航栏从屏幕顶部下滑出来。这里再次用到 `CGRectOffset` 函数，它将导航栏移至屏幕顶部。由于移动是动画过程，用户将看到滑下效果。

16. 这就是动画序列的做法。之后则为完成动画块的声明语句。完成块会在动画序列结束时调用。完成块将从目标视图控制器的视层次结构里删除源和目标图片视图。屏幕上的这些静态图片不再需要，故而删除了它们。既然目标图片视图是屏幕上的可见元素，而且它是目标视图真正的截图，删除该图片视图不会引起用户的察觉。

17. `-perform` 方法的最后一行代码是执行此动画序列。动画序列的持续时长设为 0.6s；在此将动画和完成块的名字传递进来。

放慢动画效果

要想慢速观察动画序列，可以将持续时长设得比 0.6s 长，例如 20s 或 30s。

15.2.4 编译之前的工作

在编译和运行应用程序之前，还需要向 PhotoWheel 项目添加 `UIView+PWCategory`。按⌘+N

键以创建新文件，这次选择 Objective-C 的类别模板而不是类模板，将此类别命名为 PWCategory 并对 Category on 设置为 UIView，如图 15-6 所示。然后将此类别添加至项目。

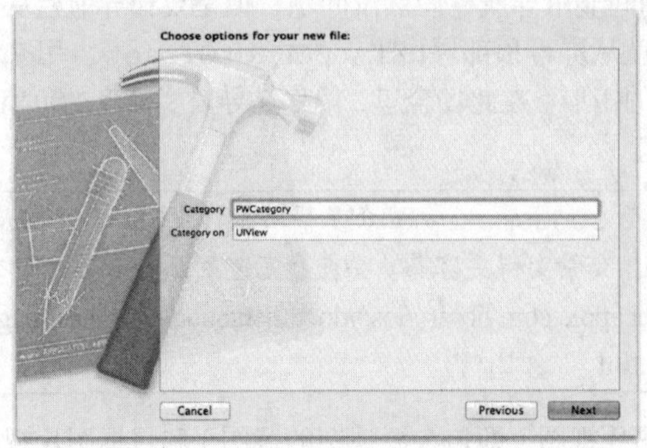

图 15-6 选择 Objective-C 类别模板

打开 UIView+PWCategory.h 头文件，添加如程序清单 15.4 所示的代码。

程序清单 15.4 UIView+PWCategory.h 头文件的内容

```
#import <UIKit/UIKit.h>

@interface UIView (PWCategory)

- (UIImage *)pw_imageSnapshot;

@end
```

现在再打开 UIView+PWCategory.m 文件，添加如程序清单 15.5 所示的代码。

程序清单 15.5 UIView+PWCategory.m 文件的内容

```
#import "UIView+PWCategory.h"
#import <QuartzCore/QuartzCore.h>

@implementation UIView (PWCategory)

- (UIImage *)pw_imageSnapshot
{
   UIGraphicsBeginImageContext([self bounds].size);
   [[self layer] renderInContext:UIGraphicsGetCurrentContext()];
   UIImage *image = UIGraphicsGetImageFromCurrentImageContext();
   UIGraphicsEndImageContext();

   return image;
}

@end
```

注意：类别是对类的扩展。由于你不是该类的所有者，对类别方法名加个前缀总是个好的主意。这样会减少与类所有者冲突的概率，类所有者这里就是苹果公司，它加了个名为 imageSnapshot 的方法。

在编译之前还要做些修改。CGRectOffset 函数是在 Core Graphics 框架中定义的，必须将此框架加入到 PhotoWheel 项目，如图 15-7 所示（如果想回顾如何向 Xcode 项目添加框架，参看第 13 章的内容）。

现在就可以编译并运行应用程序了。完成后就可以点触那个激发 CustomPushSegue 场景的按钮，实际欣赏你的手艺了。

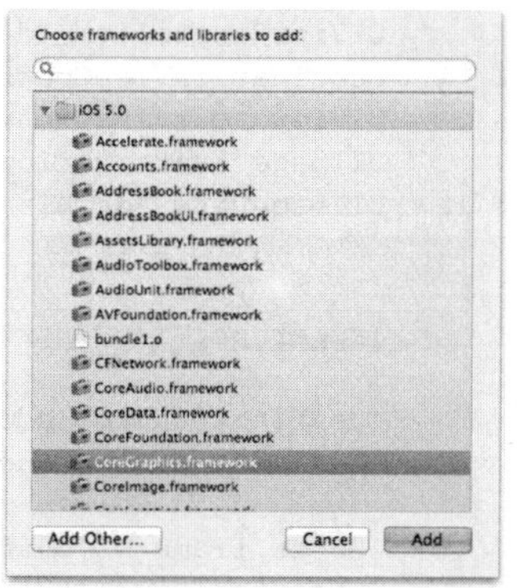

图 15-7　向 PhotoWheel 项目添加 Core Graphics 框架

15.3　定制弹出转换

过渡是个了不起的方法，能够可视化地呈现两个场景间的转换。然而，对于基于导航的应用程序（例如 PhotoWheel 之类使用导航控制器的应用程序），过渡只能定义推式的转换。无法定义从导航控制器栈中弹出视图控制器的过渡。

如果不能对弹出转换使用过渡，还有别的办法吗？可以滚动自己的导航控制器模型，但那很耗时间。毕竟，谁真想再发明一次车轮呢（非双关语）。更容易的办法是对 UINavigationController 生成子类。

生成的导航控制器子类可以轻松重载该类提供的默认行为。但要知道的是，UINavigationController 为你做的事情太多，对它产生子类时一不小心就会搞乱某样东西。事实上，UINavigationController 的文档提到，“不要生成该类的子类。”这个说法并非说你不能产生其子类，而是你在生成子类时要考虑这个警告。

刚刚谈到，除了生成子类外，没有别的办法能够重载导航控制器的弹出默认转换。要想拥有与推式过渡相符的弹出转换，必须生成 UINavigationController 的子类。再没有变通的做法。

要生成 UINavigationController 的子类，使用 Objective-C 类模板创建一个新类（按⌘+N 键）。将类命名为 CustomNavigationController，并将其设为 UINavigationController 的子类。

要修改弹出转换，需重载-popViewControllerAnimated:方法。新的实现代码在程序清单 15.6 中给出。打开 CustomNavigation-Controller.m 文件，向你的类实现里添加这个程序清单中的代码。

程序清单 15.6　CustomNavigationController.m 文件的内容

```
#import "CustomNavigationController.h"
#import "UIView+PWCategory.h"

@implementation CustomNavigationController

- (UIViewController *)popViewControllerAnimated:(BOOL)animated
{
   UIViewController *sourceViewController = [self topViewController];

   // Animates image snapshot of the view
   UIView *sourceView = [sourceViewController view];
   UIImage *sourceViewImage = [sourceView pw_imageSnapshot];
   UIImageView *sourceImageView = [[UIImageView alloc]
                                   initWithImage:sourceViewImage];

   NSArray *viewControllers = [self viewControllers];
   NSInteger count = [viewControllers count];
```

```
    NSInteger index = count - 2;

    UIViewController *destinationViewController;
    destinationViewController = [viewControllers objectAtIndex:index];
    UIView *destinationView = [destinationViewController view];
    UIImage *destinationViewImage = [destinationView pw_imageSnapshot];
    UIImageView *destinationImageView = [[UIImageView alloc]
                                          initWithImage:destinationViewImage];

    [super popViewControllerAnimated:NO];

    [destinationView addSubview:destinationImageView];
    [destinationView addSubview:sourceImageView];

    CGRect frame = [destinationView frame];
    CGPoint shrinkToPoint = CGPointMake(frame.size.width / 2,
                                        frame.size.height / 2);

    void (^animations)(void) = ^ {
       [sourceImageView setFrame:CGRectMake(shrinkToPoint.x,
                                            shrinkToPoint.y,
                                            0,
                                            0)];
       [sourceImageView setAlpha:0.0];

       // Animate the nav bar too
       UINavigationBar *navBar = [self navigationBar];
       [navBar setFrame:CGRectOffset(navBar.frame, 0, -navBar.frame.size.height)];
    };

    void (^completion)(BOOL) = ^(BOOL finished) {
       [self setNavigationBarHidden:YES];
       // Reset the nav bar position
       UINavigationBar *navBar = [self navigationBar];
       [navBar setFrame:CGRectOffset(navBar.frame, 0, navBar.frame.size.height)];

       [sourceImageView removeFromSuperview];
       [destinationImageView removeFromSuperview];
    };

    [UIView transitionWithView:destinationView
                      duration:0.3
                       options:UIViewAnimationOptionTransitionNone
                    animations:animations
                    completion:completion];

    return sourceViewController;
}

@end
```

程序清单 15.6 中的代码类似于 CustomPushSegue 的代码，所以没必要再看一遍。主要差异在于-popViewControllerAnimated:方法将 CustomPushSegue 里的动画序列颠倒过来了，并且-popViewControllerAnimated:返回从导航栈弹出的视图控制器的引用。其余代码对你来说应该很熟悉。

在故事板所定义的初始视图控制器中创建了导航控制器，为了使用新的CustomNavigationController类，我们需要修改导航控制器的类名。打开 MainStoryboard.storyboard 文件，在 Navigation Controller Scene 中选取该导航控制器，然后打开 Identity 面板。将类由 UINavigationController 改为 CustomNavigationController，如图 15-8 所示。

再次运行应用程序，看看新的弹出转换如何表现。效果比先前好多了。

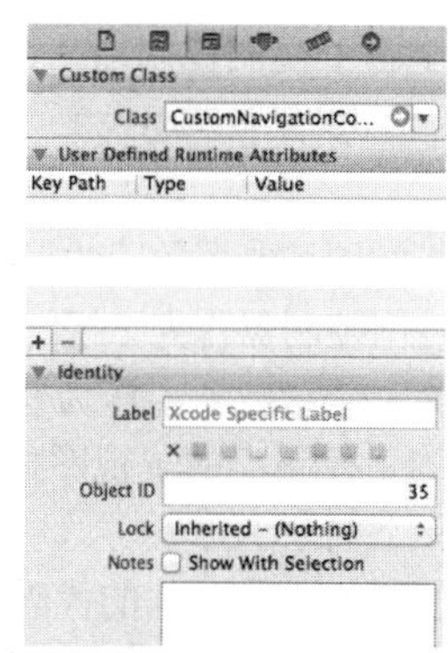

图 15-8　对导航视图控制器设置类名

15.4　容器视图控制器

容器视图控制器是包含了一个或多个子视图控制器的视图控制器。它用于呈现不同视图控制器的内容组合。UINavigationController、UITabBarController 和 UISplitViewController 都是容器视图控制器的例子。容器视图控制器是它所包含的控制器的父控制器，向其子控制器转发消息和事件。

在 iPad 上采用定制容器视图控制器很有用，因为它能够让你把整个屏幕分成小块，每个小块由其自己的视图控制器管理。这样，每个视图控制器更加关注于在应用程序里的自身角色。各视图控制器的代码就会少些，更易于维护，且在应用程序中，这些视图控制器作为组件变得更利于重用。

注意：采用容器视图控制器将用户界面分为各较小部分，并且独立管理，这可不是什么新鲜的概念。如今经常会遇到这种模式，特别是在 Web 领域就有组合视图的说法。

为了制作自己的容器视图控制器，可新建一个类作为 UIViewController 的子类。在新建的视图控制器类内利用 UIViewController 提供的容器视图方法。这些方法是：

- -addChildViewController:
- -removeFromParentViewController
- -transitionFromViewController:toViewController:duration:options:animations:completion:
- -willMoveToParentViewController:
- -didMoveToParentViewController:

UIViewController 还包括 childViewControllers 属性，这是个只读的 NSArray 对象，各数组元素即为容器视图控制器里面的子视图控制器。

容器视图控制器的一个关键特性在于转发消息。在 iOS 5 对 UIViewController 增强容器视图控制器的功能之前，开发者需要应对其自己的容器模型。建立可靠的消息转发机制并非轻易就能办到。现在这已不是问题了。重要的消息和事件被转发至各子视图控制器，包括诸如 -viewWillAppear:、-viewDidAppear:、-viewWillDisappear:和 viewDidDisappear: 等的滚动消息和视图事件。

消息转发机制可以通过重载容器视图控制器里的-automaticallyForwardAppearance-

AndRotation MethodsToChildViewControllers 方法来关闭。如果返回 NO，消息将不会被转发至各子视图控制器。

警告：如果真的关闭了转发机制，你就得负责转发到各子视图控制器的相应消息。

容器视图控制器的用法很简单：调用-addChildViewController:添加另一个视图控制器的实例。当视图控制器作为子视图控制器加入时，它会收到-willMoveToParentViewController:消息，这个消息包含了作为参数的父视图控制器。在子视图控制器中重载此方法，以便在该视图控制器成为父控制器的子视图控制器之前完成必要的逻辑。接下来就由你的代码完成呈现子视图控制器所需的各种转换。

一旦转换结束，你的代码必须对子视图控制器调用-didMoveToParentViewController:方法。该方法之所以没有自动调用，是因为倘若有子视图控制器转换的话，父视图控制器对转换却不知晓。可以在子视图控制器中重载此方法，以完成该视图控制器成为父控制器的子视图控制器后要完成的必要逻辑。

要从父控制器中去除子视图控制器，应采用相反的工作流程。当你在子视图控制器内调用-removeFromParentViewController 方法时，必须首先调用-willMoveToParentViewController:方法；这样，-removeFromParentViewController 会自动调用-didMoveToParentViewController:方法。

15.4.1 创建容器视图控制器

我们要利用 PhotoWheel 的容器视图。主屏幕有两个不同的区域：上部的相册面板和下部的相片轮。在一个视图控制器里同时管理这两个区域会使视图控制器类的代码冗长、难以维护。要避免此问题，可以将主视图控制器作为容器视图控制器，将另外两个分开的区域当成主控制器的子视图控制器。

我们从创建新的 UIViewController 子类开始。将此子类命名为 MainViewController。创建新类的步骤对你来说应该很熟悉了，但还是简要提醒一下，按⌘+N 键并选择 Objective-C 类模板。将类起名为 MainViewController，并设置其为 UIViewController 的子类。然后将其保存至 PhotoWheel 项目目录。

做这件事时，你还要创建相册面板和相片轮的视图控制器类。我们将屏幕上部的相册视图控制器称为 PhotoAlbumViewController；将屏幕下部的相片轮视图控制器称为 PhotoAlbumsViewController。创建步骤与先前创建 MainViewController 时完全相同。

15.4.2 添加子场景

PhotoAlbumViewController 和 PhotoAlbumsViewController 是两个新场景的视图控制器。新场景意味着这些场景必须添加到主故事板。在主故事板中无法指示一个场景是另一个场景的子场景，所以虽然主故事板包含了 PhotoWheel 应用程序的所有场景，你还是得编写一些代码，来将这些新场景作为子视图控制器加入到 MainViewController。不过重要的事要先做：

1. 打开 MainStoryboard.storyboard 文件，将两个视图控制器拖放到设计画布上，以创建新场景。
2. 选择其中一个视图控制器，将其类名由 UIViewController 改为 PhotoAlbumViewController（按 Option+⌘+3 键以打开 Identity 面板）。
3. 接着，这是非常关键的一步，你需要设置场景的标识。打开 Attributes 面板（按 Option+⌘+4

键），对 PhotoAlbumScene 设置 Identifier 特性。

为什么设置标识很关键呢？标识用来从故事板可编程地调入场景。你很快就会看到，这正是场景作为子视图控制器如何被加入到主视图控制器的方法。

4. 然后，选择另一个视图控制器。将其类名设为 `PhotoAlbumsViewController`，其标识设为 `PhotoAlbumsScene`。

5. 最后，选择代表主屏幕的视图控制器。将其类名设为 `MainViewController`，其标识设为 MainScreen。

带有新场景的故事板如图 15-9 所示。

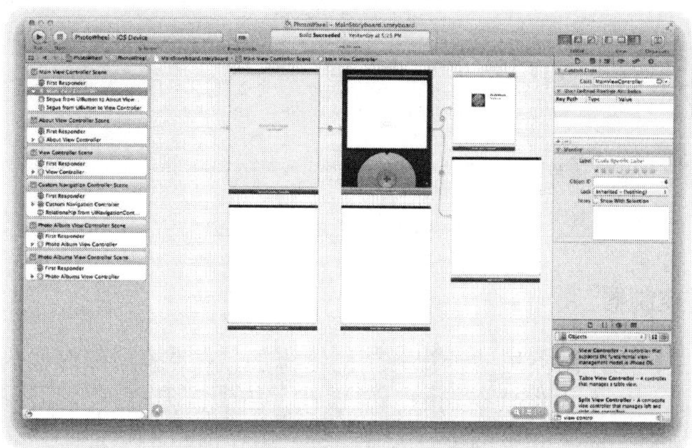

图 15-9 主故事板里的新场景

场景尺寸无关紧要

有个要点得马上指出，IB 不允许手工调整场景的尺寸。这意味着即便子场景只使用整个屏幕的一小片区域，IB 里的子场景仍然代表整个屏幕的视图。不必担心，在代码中可以做些手脚来绕过这种尺寸限制。

在主故事板已打开时，可以继续向每个新场景添加新的可视元素。在 `PhotoAlbumsViewController` 场景中，为磁盘添加 `UIImageView` 对象，并添加加号按钮，其步骤与第 14 章中用过的步骤相同。唯一区别是你应把磁盘和加号按钮放到场景的顶部，而不是底部。视图的实际放置取决于运行时的代码，即向父视图控制器添加子视图控制器的代码。

对 `PhotoAlbumViewController` 场景执行同样的操作。向相册面板添加 `UIImageView` 对象，并加个按钮，以便用来测试到照片浏览器的过渡。

提示： 可以从主场景中复制、粘贴对象到子场景，以节省时间。当向子场景粘贴对象时，确保这些对象放在场景的左上角。

完成上述操作后，删除位于 Main View Controller Scene 中的子场景对象。注意在删除关联至照片浏览器过渡的按钮时，过渡也被跟着删除。现在是在 `PhotoAlbumViewController` 场景中。这也意味着你需要对 `PhotoAlbumViewController` 中的按钮到照片浏览器场景创建新的过渡，现在就该做这件事。确保设置此过渡为采用 `CustomPushSegue` 类的定制过渡。

这些工作结束后，故事板应当是如图 15-10 所示的外观。

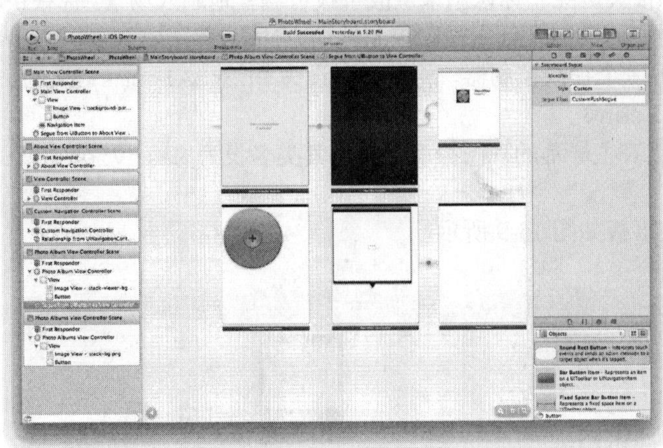

图 15-10 完工后的故事板

15.4.3 添加子视图控制器

要将新场景作为主视图控制器里的子视图控制器添加，需要编写少许代码。假如能在故事板中完成当然更好，也许有一天会提供这个功能。但现在，我们还得编写少许代码。

为了将新场景添加为主场景的子场景，必须从故事板获得每个子视图控制器的实例。该实例随即被添加到主视图控制器里的子控制器数组中。一旦添加了子视图控制器，就会对该子视图控制器调用`-didMoveToParentViewController:`方法。最后，子视图控制器重载`-didMoveToParentViewController:`方法，以便可以设置子视图控制器在视图层次结构里的位置。就这样！我们要在 PhotoWheel 中实现这些操作。

`MainViewController`的`-viewDidLoad`方法是个添加子视图控制器的适当地方，所以打开 MainViewController.m 文件，加入如程序清单 15.7 所示的代码。

程序清单 15.7 向 `MainViewController` 添加子视图控制器

```
#import "MainViewController.h"                                    // 1
#import "PhotoAlbumViewController.h"
#import "PhotoAlbumsViewController.h"

@implementation MainViewController

- (void)viewDidLoad                                                // 2
{
[super viewDidLoad];

   UIStoryboard *storyboard = [self storyboard];                  // 3

   PhotoAlbumsViewController *photoAlbumsScene;                   // 4
   photoAlbumsScene =
      [storyboard instantiateViewControllerWithIdentifier:@"PhotoAlbumsScene"];
```

```
    [self addChildViewController:photoAlbumsScene];                     // 5
    [photoAlbumsScene didMoveToParentViewController:self];              // 6

    PhotoAlbumViewController *photoAlbumScene;                          // 7
    photoAlbumScene = [storyboard
                  instantiateViewControllerWithIdentifier:@"PhotoAlbumScene"];
    [self addChildViewController:photoAlbumScene];                      // 8
    [photoAlbumScene didMoveToParentViewController:self];               // 9
}

@end
```

我们来看一看程序清单 15.7 里的代码：

1. 首先导入各个头文件（包括 MainViewController.h、PhotoAlbumViewController.h 和 PhotoAlbumsViewController.h），接着是 `MainViewController` 的`@implementation`语句和实现清单结尾的`@end`语句。

2. 我们最感兴趣的是对`-viewDidLoad`方法的重载代码。该方法在调入视图控制器的内容视图时被调用。调入视图后，其所有对象，包括插座变量（倘若有的话），都可以被视图控制器类的代码访问。

3. 该视图控制器的内容视图从主故事板中调入。此视图控制器有个 storyboard 属性，它是对用来调入内容视图的故事板的引用。利用此引用来访问故事板的资源，包括其他视图控制器和过渡。为使代码更具可读性，代码将局部变量`storyboard`设置为此视图控制器`storyboard`属性的值。

4. 接下来的代码从故事板创建`PhotoAlbumsViewController`实例。注意，视图控制器实例利用本章先前设置的标识创建。倘若应用程序运行时，故事板没有这个标识，就会抛出无效参数异常。

5. `PhotoAlbumsViewController`实例保存在一个局部变量中。该局部变量用来将视图控制器作为子视图控制器添加至`MainViewController`。`[self addChildViewController:photoAlbumScene]`这行代码正是用来添加各相册视图控制器为子视图控制器的。

6. 添加控制器后，可以实现一种转换来展示子视图控制器。转换可以是动画，也可以不是，这取决于你。在 PhotoWheel 特例中，并未完成转换。相反，我们是在`-didMoveToParentViewController:`调用过程中，由子视图控制器在其父视图中自行决定尺寸和位置。`-didMoveToParentViewController:`方法会在此视图控制器作为子视图控制器添加后被马上调用。

为什么子视图控制器的尺寸和位置不能作为主视图控制器中转换的一部分来处理呢？没有理由。取决于应用程序的需求，那样也许会很有意义。结合`-willMoveToParentViewController:`和`-didMoveToParentViewController:`方法，以及父视图控制器里的转换手段都可以使用。例如，`-willMoveToParentViewController:`可以在子视图控制器里实现，从而调整内容视图的尺寸；可以在父视图控制器里实现一个动画序列，淡入子视图控制器的显示并定位其位置；而`-didMoveToParentViewController:`可以在子视图控制器里实现，以从某 Web 服务获取数据。决定应用程序的最佳办法和设计当然是你了。

注意： 当视图控制器作为子视图控制器添加时，会自动调用`-willMoveToParentViewController:`；然而`-didMoveToParentViewController:`并不会被自动调用。得在代码中调用此方法。

7～9．同样的步骤再重复一遍。不过这次是针对相册场景。会从故事板返回一个PhotoAlbumViewController实例。该实例被当做子视图控制器添加，而对相册视图控制器调用-didMoveToParentViewController:方法。

这个时候，各相册视图控制器和相册场景都是视图控制器的子控制器、场景。然而，倘若运行此应用程序，这些场景是看不到的。每个场景在添加到主视图控制器所管理的视图层次结构之前，都需设置尺寸和位置。

为此，打开 PhotoAlbumsViewController.m 文件，添加如程序清单 15.8 所示的代码。这段代码有-didMoveToParentViewController:的实现。在此实现中，视图控制器的内容视图被添加到父视图的视图层次结构里。然后，代码设置了子内容视图的尺寸和位置，从而使应用程序运行时这些场景是可见的。

程序清单 15.8　在 PhotoAlbumsViewController.m 文件内设置子内容视图的尺寸和位置

```
#import "PhotoAlbumsViewController.h"

@implementation PhotoAlbumsViewController

- (void)didMoveToParentViewController:(UIViewController *)parent
{
  // Position the view within the new parent
  [[parent view] addSubview:[self view]];
  CGRect newFrame = CGRectMake(109, 680, 551, 550);
  [[self view] setFrame:newFrame];

  [[self view] setBackgroundColor:[UIColor clearColor]];
}

@end
```

-didMoveToParentViewController:实现代码的最后一条语句是设置清除视图的背景色。这样做将使背景透明化。

设置可以在代码中实现（如程序清单 15.8 所示），或使用 IB 在故事板中实现。要在 IB 中设置，选取该视图，打开 Attributes 面板，将 Background 特性修改为 Clear Color。透明色在 IB 中是不可见的，所以要在代码中清楚指出要用到哪种背景色（双关语）。

类似代码被添加到 PhotoAlbumViewController.m 文件。打开该文件，加入如程序清单 15.9 所示的代码。

程序清单 15.9　在 PhotoAlbumViewController.m 文件内设置尺寸和位置

```
#import "PhotoAlbumViewController.h"

@implementation PhotoAlbumViewController

- (void)didMoveToParentViewController:(UIViewController *)parent
{
  // Position the view within the new parent
  [[parent view] addSubview:[self view]];
  CGRect newFrame = CGRectMake(26, 18, 716, 717);
  [[self view] setFrame:newFrame];
```

```
    [[self view] setBackgroundColor:[UIColor clearColor]];
}

@end
```

这时，有了包含两个子视图控制器的主视图控制器。运行此应用程序，主屏幕和先前并无二致，所以你可能会想，主场景何必要分割成两个子场景呢？其中的好处在第16章会显露出来。在第16章，会实现每个场景的视图控制器。当场景被分割成各自的视图控制器时，代码会更容易编写和维护。

要注意的另一个地方就是在运行应用程序时，定制过渡并未准确地表现出动画效果。定制过渡假定源视图控制器代表了整个屏幕，然而事实并非如此。源视图控制器是 PhotoAlbumView Controller，它只是整个屏幕的子集，因此需要修正定制过渡。

15.4.4 修正定制的推式过渡

局部变量 sourceView 指向 PhotoAlbumViewController 的内容视图。为了改正动画序列，需要修改 sourceView 为 MainViewController 内容视图的引用。MainViewController 正是 PhotoAlbumView Controller 的父视图控制器。

只需要修改一行，如程序清单 15.10 所示。打开 CustomPushSegue.m 文件进行修正。

程序清单 15.10 对定制推式过渡进行修正

```
#import "CustomPushSegue.h"
#import "UIView+PWCategory.h"

@implementation CustomPushSegue

- (void)perform
{
   // Replace:
   // UIView *sourceView = [[self sourceViewController] view];
   // with:
   UIView *sourceView = [[[self sourceViewController] parentViewController] view];

   // Other code left out for brevity

@end
```

运行应用程序，再看看效果如何。

15.5 小结

本章我们学习了如何对主故事板里定义的场景实现其视图控制器。故事板是个强大的功能，可以帮助减少编写源代码。但它不能完全消除编写源代码，想必现在你已经知道了。

还了解了怎样使用视图控制器容器来分割屏幕为多个场景，而通过代码拼接为整个屏幕。有了容器，就可以只针对特定目的的各视图控制器工作。这使代码更易于维护，它也使视图控制器的重用成为可能（如果需要在应用程序其他地方用到的话）。

15.6 习题

1. 放慢 CustomPushSegue 中动画序列的速度，以观察动画序列的工作过程。

2. 将照片浏览器的背景色改为黑色或其他颜色，以更好地观察 CustomPushSegue 动画序列。使用 Attributes 面板来设置背景色，然后在代码中将其设置为其他颜色。

3. 更新 About 视图控制器场景，以便可编程显示版本号。提示：可以向 AboutViewController 添加一个插座变量。在此场景中，AboutViewController 关联至了场景所定义的版本文字标签。然后在该视图控制器的-viewDidLoad 事件中，从应用程序包中获取版本号并设置此文字标签。获取版本号的代码为[[[NSBundle mainBundle] infoDictionary objectForkey: @"CFBundle Version"]

第 16 章 构造主屏幕

欢迎来到本书内容最长的这一章。本章之所以长篇大论，是因为它要带你度过构建 PhotoWheel 核心组件的整个过程。它没有被拆分成若干章节，是因为此核心组件只关注一点：应用程序的主屏幕。本章还是后续各章的基础。作为学完本章的奖励，你会有一个可拿得出手的能展示给别人看的照片应用程序。倘若你本想在早上喝咖啡时就能读完本章，你可能会发现结束时就该吃中午饭了。

要更好地理解本章为何这么长，而不是分成几章，这里列出了你要学习和完成的事情：

- 重用原型代码

本章给出的大量代码都源于原型应用程序。然而，这些代码在实战应用中要有所变通。

- 建立 PhotoWheel 的 Core Data 模型

与可重用代码一样，Core Data 模型也来自原型应用程序。然而，需要变通才能支持 PhotoWheel。

- 修改 WheelView 类

该类最先的实现满足了原型应用程序的需求，但 PhotoWheel 并非原型应用程序。WheelView 类将要被扩充得更强大更灵活。

- 完成相册场景

这是个在屏幕顶部显示的子场景。你将完成这一场景的用户界面设计与实现。换句话说，你将最终能够看到相册中存放的照片。

- 构建可用的相册管理器

包括添加和删除相册，向相册添加照片。

- 构建定制的栅格视图

你将会构建定制的栅格视图，在 `UITableView` 基础上建模，以一系列行、列的形式显示照片集合。

在本章投入大量的时间终将有所回报。到结尾处，你会有个可以向家人和朋友炫耀的可用照片应用程序。不仅如此，本章还奠定了后续章节的基础。在完成本章之后，后面就可以向 PhotoWheel 添加精彩的新功能，例如从 Flickr 导入照片、实现与 iCloud 的同步，以及使用 AirPlay 以幻灯片的形式显示照片。

现在，我们就开始准备构建 PhotoWheel 的主屏幕。

16.1 重用原型代码

从第 8 章开始，我们实现了若干个概念，这些概念将融入 PhotoWheel 应用程序中。尽管原型应用程序用完就扔，但并不意味着所有代码都得废弃。相反，原型应用程序有些宝贝能够用到

PhotoWheel 里。

要重用代码，必须将文件从 PhotoWheelPrototype 项目复制到 PhotoWheel 项目。复制这些文件的一个办法是在 PhotoWheel 工作区内，将文件引用从原型 PhotoWheelPrototype 项目拖放到 PhotoWheel 项目。不过，这样复制的只是文件引用，而非实际文件。这么做虽然在你想在项目间共享文件时较好，但不是你在此该做的事，因为还要对项目间同样的文件进行修改。你不会希望对 PhotoWheel 做的修改会影响 PhotoWheelPrototype 应用程序（反之亦然），所以最好的解决方案就是复制文件，而不只是复制文件引用。不幸的是，Xcode 无法做到这一点，你得转而借助于 Finder。

16.1.1　复制文件

打开 Finder，并定位至 PhotoWheelPrototype 项目。一个快速的实现办法就是在 PhotoWheelPrototype 项目里按住 Control 键单击（或右击）任何一个文件，然后在弹出菜单中选择 Show in Finder 命令。接着，在 Finder 里选取下列文件，将其拖放至 Xcode 的 PhotoWheel 项目下（如图 16-1 所示）：

- ❑ _Photo.h 及其.m 文件
- ❑ _PhotoAlbum.h 及其.m 文件
- ❑ Photo.h 及其.m 文件
- ❑ PhotoAlbum.h 及其.m 文件
- ❑ PhotoWheelViewCell.h 及其.m 文件
- ❑ SpinGestureRecognizer.h 及其.m 文件
- ❑ WheelView.h 及其.m 文件

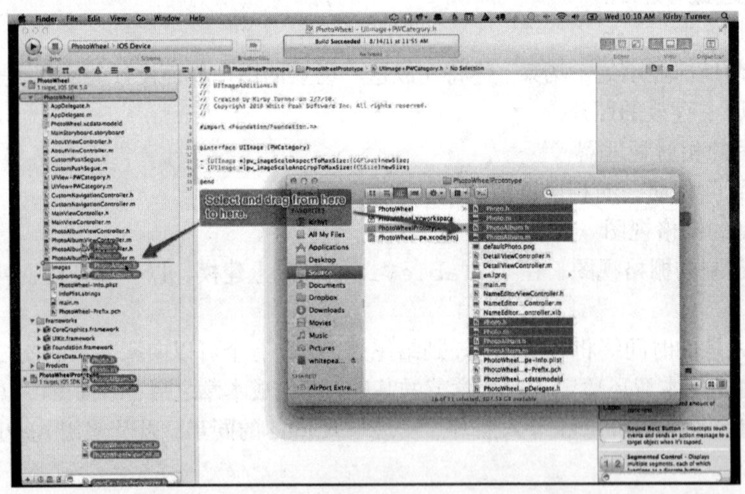

图 16-1　向 PhotoWheelXcode 项目拖放文件

在向一个新项目复制文件时，Xcode 会提示一些选项，如图 16-2 所示。确保选中了 Copy items into destination group’s folder (if needed)选项，即必要时向目标群所在目录复制条目。

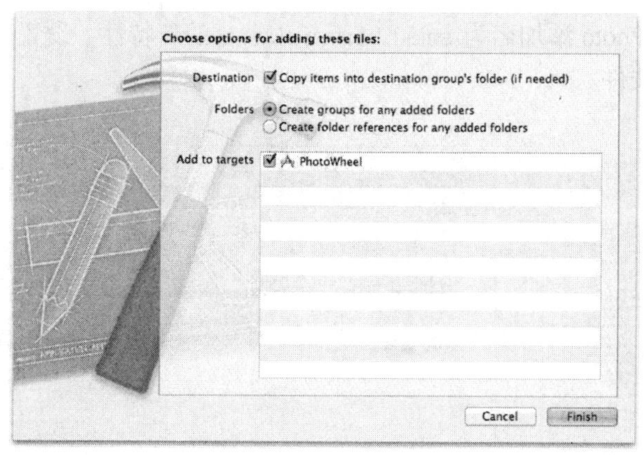

图 16-2 复制文件选项，确保选中 Copy items into destination group's folder (if needed)选项

选中此选项时，PhotoWheelPrototype 项目目录的文件将被复制到 PhotoWheel 项目目录。倘若未选中此选项，文件仍然位于 PhotoWheelPrototype 项目目录，只是向 PhotoWheel 项目目录添加了文件引用而已。随后对文件的修改会反映到两个项目中，这并不是我们期望的效果。

16.1.2 Core Data 模型

不必复制 Core Data 模型文件 PhotoWheelPrototype.xcdatamodeld。这个文件名对 PhotoWheel 项目来说不合适，但对 Core Data 模型改名并非易如反掌。况且，PhotoWheel 项目已经有了一个名叫 PhotoWheel.xcdatamodeld 的数据模型文件。

虽然不再需要原版的 Core Data 模型文件，但还是需在 PhotoWheel 中采用与原型应用程序相同的数据模型。一个办法就是重新生成 PhotoWheel 数据模型，但最容易的办法是从原型数据模型中复制、粘贴数据项到 PhotoWheel 数据模型。

打开 PhotoWheelPrototype 项目的 PhotoWheelPrototype.xcdatamodeld 数据模型文件，选择 Photo 和 PhotoAlbum 数据项，将其复制到剪贴板上（⌘+C 键）。接着，打开 PhotoWheel 项目的 PhotoWheel.xcdatamodeld 文件，把这些数据项粘贴进来（⌘+V 键）。

现在 PhotoWheel 的 Core Data 模型包含了应用程序所需的数据项。不过，复制-粘贴法并不会复制所有设置。还得再次设立反向关系和删除规则。

在 PhotoWheel 的 Core Data 模型中选择 Photo 数据项，设置 photoAlbum 反向关系至 photos（如图 16-3 所示）。接着设置该关系的删除规则。

选择 Photo 数据项，然后选取数据项内的 photoAlbum 关系。在 Data Model 面板（Option+⌘+3 键）里，设置 Delete Rule 为 Nullify。然后，选择 PhotoAlbum 数据项，再选择 photos 关系，设置其 Delete Rule 为 Cascade。

注意： 如果想回顾设置反向关系和删除规则的过程，可参看第 13 章的相关内容。

既然你已经在操作 PhotoWheel 的 Core Data 模型，索性一次把其他修改都做好。

当 PhotoWheel 显示相册中的一张照片时，照片缩略图会以 100×100 像素的尺寸显示。这个尺寸在 Photo 模型中尚未存在，所以你需要添加之。在 PhotoWheel 的 Core Data 模型处于打开状态时，选择 Photo 数据项，向 Photo 添加名为 smallImageData 的新特性，设置其 Type 为 Binary Data。保存此 Core Data 模型文件。

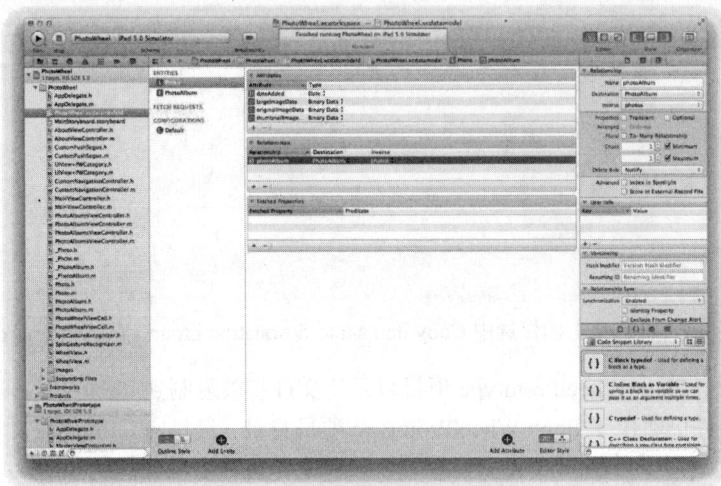

图 16-3 设置反向关系

这里，你能够重新生成_Photo 模型类，但既然它是唯一的域，手工修改之会更快。打开_Photo.h 头文件，添加名为 smallImageData 的新声明属性。接着，打开_Photo.m 文件，添加 smallImageData 的@dynamic 语句。更新后的_Photo.h 和.m 文件如程序清单 16.1 所示。

程序清单 16.1 更新后的_Photo 类

```
///////
//  _Photo.h
///////
#import <Foundation/Foundation.h>
#import <CoreData/CoreData.h>

@class _PhotoAlbum;

@interface _Photo : NSManagedObject {
@private
}
@property (nonatomic, retain) NSDate * dateAdded;
@property (nonatomic, retain) NSData * originalImageData;
@property (nonatomic, retain) NSData * thumbnailImageData;
@property (nonatomic, retain) NSData * largeImageData;
@property (nonatomic, retain) NSData * smallImageData;
@property (nonatomic, retain) _PhotoAlbum *photoAlbum;

@end


///////
// _Photo.m
///////
```

```
#import "_Photo.h"
#import "_PhotoAlbum.h"


@implementation _Photo
@dynamic dateAdded;
@dynamic originalImageData;
@dynamic thumbnailImageData;
@dynamic largeImageData;
@dynamic smallImageData;
@dynamic photoAlbum;

@end
```

现在再打开 Photo.h 模型类，添加名为-smallImage 的方法，它返回一个指向 UIImage 的指针。接着打开 Photo.m 文件，加入-smallImage 方法的实现代码，并更新-saveImage:方法，以按 100×100 像素尺寸保存小图片。程序清单 16.2 给出了更新后的源代码。

程序清单 16.2 更新后的 Photo 类

```
///////
//  Photo.h
///////
#import "_Photo.h"

@interface Photo : _Photo

- (void)saveImage:(UIImage *)newImage;

- (UIImage *)originalImage;
- (UIImage *)largeImage;
- (UIImage *)thumbnailImage;
- (UIImage *)smallImage;

@end


///////
//  Photo.m
///////
#import "Photo.h"

@implementation Photo

- (UIImage *)image:(UIImage *)image scaleAspectToMaxSize:(CGFloat)newSize
{
   CGSize size = [image size];
   CGFloat ratio;
   if (size.width > size.height) {
      ratio = newSize / size.width;
   } else {
      ratio = newSize / size.height;
   }
```

```
    CGRect rect = CGRectMake(0.0, 0.0, ratio * size.width, ratio * size.height);
    UIGraphicsBeginImageContext(rect.size);
    [image drawInRect:rect];
    UIImage *scaledImage = UIGraphicsGetImageFromCurrentImageContext();
    return scaledImage;
}

- (UIImage *)image:(UIImage *)image scaleAndCropToMaxSize:(CGSize)newSize
{
    CGFloat largestSize =
      (newSize.width > newSize.height) ? newSize.width : newSize.height;
    CGSize imageSize = [image size];

    // Scale the image while maintaining the aspect and making sure
    // the scaled image is not smaller than the given new size. In
    // other words, we calculate the aspect ratio using the largest
    // dimension from the new size and the smaller dimension from the
    // actual size.
    CGFloat ratio;
    if (imageSize.width > imageSize.height) {
      ratio = largestSize / imageSize.height;
    } else {
      ratio = largestSize / imageSize.width;
    }

    CGRect rect =
      CGRectMake(0.0, 0.0, ratio * imageSize.width, ratio * imageSize.height);
    UIGraphicsBeginImageContext(rect.size);
    [image drawInRect:rect];
    UIImage *scaledImage = UIGraphicsGetImageFromCurrentImageContext();

    // Crop the image to the requested new size, maintaining
    // the innermost parts of the image.
    CGFloat offsetX = 0;
    CGFloat offsetY = 0;
    imageSize = [scaledImage size];
    if (imageSize.width < imageSize.height) {
      offsetY = (imageSize.height / 2) - (imageSize.width / 2);
    } else {
      offsetX = (imageSize.width / 2) - (imageSize.height / 2);
    }

    CGRect cropRect = CGRectMake(offsetX, offsetY,
                                 imageSize.width - (offsetX * 2),
                                 imageSize.height - (offsetY * 2));

    CGImageRef croppedImageRef
      = CGImageCreateWithImageInRect([scaledImage CGImage], cropRect);
    UIImage *newImage = [UIImage imageWithCGImage:croppedImageRef];
    CGImageRelease(croppedImageRef);

    return newImage;
}
```

```
- (void)saveImage:(UIImage *)newImage;
{
   NSData *originalImageData = UIImageJPEGRepresentation(newImage, 0.8);
   [self setOriginalImageData:originalImageData];
   // Save thumbnail
   CGSize thumbnailSize = CGSizeMake(75.0, 75.0);
   UIImage *thumbnailImage = [self image:newImage
              scaleAndCropToMaxSize:thumbnailSize];
   NSData *thumbnailImageData = UIImageJPEGRepresentation(thumbnailImage, 0.8);
   [self setThumbnailImageData:thumbnailImageData];

   // Save small image
   CGSize smallSize = CGSizeMake(100.0, 100.0);
   UIImage *smallImage = [self image:newImage scaleAndCropToMaxSize:smallSize];
   NSData *smallImageData = UIImageJPEGRepresentation(smallImage, 0.8);
   [self setSmallImageData:smallImageData];

   // Save large (screen-size) image
   CGRect screenBounds = [[UIScreen mainScreen] bounds];
   // Calculate size for retina displays
   CGFloat scale = [[UIScreen mainScreen] scale];
   CGFloat maxScreenSize = MAX(screenBounds.size.width,
                          screenBounds.size.height) * scale;

   CGSize imageSize = [newImage size];
   CGFloat maxImageSize = MAX(imageSize.width, imageSize.height) * scale;

   CGFloat maxSize = MIN(maxScreenSize, maxImageSize);
   UIImage *largeImage = [self image:newImage scaleAspectToMaxSize:maxSize];
   NSData *largeImageData = UIImageJPEGRepresentation(largeImage, 0.8);
   [self setLargeImageData:largeImageData];
}

- (UIImage *)originalImage;
{
   return [UIImage imageWithData:[self originalImageData]];
}

- (UIImage *)largeImage;
{
   return [UIImage imageWithData:[self largeImageData]];
}

- (UIImage *)thumbnailImage;
{
   return [UIImage imageWithData:[self thumbnailImageData]];
}

- (UIImage *)smallImage
{
   return [UIImage imageWithData:[self smallImageData]];
}

@end
```

Core Data 模型如今已准备好可用。下一步该更新 WheelView 类，使之功能更强。

16.1.3 WheelView 要做的修改

WheelView 与原型应用程序的不同之处在于，旋转轮包含每个相册内照片的缩略图；而原型应用程序里，照片旋转轮显示的是所选相册里的照片。

为了支持 PhotoWheel 的需求，要对 WheelView 类做一些修改。目前的实现代码限制了照片轮上显示的单元数。可以预见到，应用程序会告诉 WheelView 显示 200 张照片，但那样将无法使用，照片单元会挤在一起，不可能查找、查看期望相册的缩略图。

PhotoWheel 不会限制相册的数目。用户想创建多少相册就可以创建多少。所以必须更新 WheelView 类以支持有限几个可见的单元（相册缩略图）。虽然这种修改容易做到，但又带来一个较大的麻烦。如果轮状视图被设置成了显示 7 个可见单元，而数据源多于 7 个单元，如何显示所有的单元呢？于是要用到回卷功能。

回卷功能在到达最后一个单元时，会显示第一个单元的照片。而更重要的是，它顺序地显示可见的单元内容。当用户拨动照片轮时，最后一个可见单元被替换为下一个要显示的照片。由于在 PhotoWheel 中只显示顶部的 2/3 照片轮，因此用户永远不会看到这种置换。相反，用户看到的是相册缩略图以环状形式连续地显示。

WheelView 类还需要做的另一个修改与不可知的单元数有关。在原型应用程序中，DetailViewController 类管理 WheelViewCell 实例的缓存。在-viewDidLoad 事件期间，缓存会将所有需要的单元调入内存。尽管对于原型应用程序，这么做没啥问题，但对 PhotoWheel 就不适用了。用户可能会有 200 个相册。调入 200 个轮状视图单元太浪费内存了，特别是考虑到在任何给定时刻只显示 7 张照片，感觉尤其浪费。

WheelView 类需要更改对单元缓存的管理办法，这将节省宝贵的系统资源，简化视图控制器类的代码。但管理缓存只是要修改的一部分而已。WheelView 类必须支持把不用单元从队列中剔除的功能，以改进性能。当选择某个单元时，它还必须通知委派。换句话说，它需要像 UITableView 类那样的动作。

打开 WheelView.h 头文件来对 WheelView 进行这些修改，修改应和程序清单 16.3 所示的一样。

注意： WheelView 类的完整代码如程序清单 16.3 和程序清单 16.4 所示。阅读完整的代码，才能更容易读懂代码。

程序清单 16.3　更新后的 WheelView.h 头文件内容

```
#import <UIKit/UIKit.h>

@protocol WheelViewDataSource;
@protocol WheelViewDelegate;
@class WheelViewCell;

typedef enum {
   WheelViewStyleWheel,
   WheelViewStyleCarousel,
} WheelViewStyle;
```

```
@interface WheelView : UIView

@property (nonatomic, strong) IBOutlet id<WheelViewDataSource> dataSource;
@property (nonatomic, strong) IBOutlet id<WheelViewDelegate> delegate;
@property (nonatomic, assign) WheelViewStyle style;
@property (nonatomic, assign) NSInteger selectedIndex;              // 1

- (id)dequeueReusableCell;                                          // 2
- (void)reloadData;                                                 // 3
- (WheelViewCell *)cellAtIndex:(NSInteger)index;                    // 4

@end


@protocol WheelViewDataSource <NSObject>
@required
- (NSInteger)wheelViewNumberOfCells:(WheelView *)wheelView;
- (WheelViewCell *)wheelView:(WheelView *)wheelView cellAtIndex:(NSInteger)index;
@optional
- (void)wheelView:(WheelView *)wheelView
  didSelectCellAtIndex:(NSInteger)index;                            // 5
@end

@protocol WheelViewDelegate <NSObject>                              // 6
@optional
- (NSInteger)wheelViewNumberOfVisibleCells:(WheelView *)wheelView;
@end


@interface WheelViewCell : UIView
@end
```

现在我们分析一遍这段代码。

1~4. 更新后的类接口与原先并无太大区别。加入了新的 selectedIndex 属性，还有 3 个方法：-dequeueReusableCell 方法向调用者返回可重用的 WheelViewCell 对象；-reloadData 方法再次初始化轮状视图，并向其调入数据；-cellAtIndex:方法返回特定索引号的 WheelViewCell 实例。

5. WheelViewDataSource 协议已被新的可选消息-wheelView:didSelectCellAtIndex:更改。在用户选择轮状视图内的单元时，相应数据源会收到该消息。

6. 最后，还添加了个新协议：WheelViewDelegate。它有个可选的方法-wheelViewNumberOfVisibleCells:。倘若该方法未在委派中实现，WheelView 将显示所有单元。委派中实现的-wheelViewNumberOfVisibleCells:新方法将重载此默认行为，而返回要显示的单元数目。这个功能将与前面提到的回卷功能结合使用。

对 WheelView 类接口所做的修改相对于其实现而言是微不足道的。虽然原先显示各单元和设置风格的逻辑还在原地，然而又做了一些其他的改动。完整的源代码列于程序清单 16.4 中。更新你的代码，与之一致。

程序清单 16.4　更新后的 WheelView.m 文件内容

```
#import "WheelView.h"
#import <QuartzCore/QuartzCore.h>
#import "SpinGestureRecognizer.h"

#pragma mark - WheelViewCell

@interface WheelViewCell ()                                                // 1
@property (nonatomic, assign) NSInteger indexInWheelView;                  // 2
@end

@implementation WheelViewCell                                              // 3
@synthesize indexInWheelView = indexInWheelView_;
@end


#pragma mark - WheelView

@interface WheelView ()
@property (nonatomic, assign) CGFloat currentAngle;
@property (nonatomic, strong) NSMutableSet *reusableCells;                 // 4

// The visible cell indexes are stored in a mutable dictionary
// instead of a mutable array because the number of visible cells
// can change. Using an array requires additional logic to maintain
// the dimensions of the array. This is avoided by using the
// dictionary where the key represents the element index number.
@property (nonatomic, strong) NSMutableDictionary *visibleCellIndexes;     // 5
@end

@implementation WheelView

@synthesize dataSource = _dataSource;
@synthesize delegate = _delegate;
@synthesize style = _style;
@synthesize currentAngle = _currentAngle;
@synthesize selectedIndex = _selectedIndex;                                // 6
@synthesize reusableCells = _reusableCells;
@synthesize visibleCellIndexes = _visibleCellIndexes;

- (void)commonInit                                                         // 7
{
   [self setSelectedIndex:-1];
   [self setCurrentAngle:0.0];

   [self setVisibleCellIndexes:[[NSMutableDictionary alloc] init]];

   SpinGestureRecognizer *spin = [[SpinGestureRecognizer alloc]
                                  initWithTarget:self action:@selector(spin:)];
   [self addGestureRecognizer:spin];

   self.reusableCells = [[NSMutableSet alloc] init];
}
```

```
- (id)init                                                          // 8
{
   self = [super init];
   if (self) {
      [self commonInit];
   }
   return self;
}

- (id)initWithCoder:(NSCoder *)aDecoder
{
   self = [super initWithCoder:aDecoder];
   if (self) {
      [self commonInit];
   }
   return self;
}

- (id)initWithFrame:(CGRect)frame
{
   self = [super initWithFrame:frame];
   if (self) {
      [self commonInit];
   }
   return self;
}

- (NSInteger)numberOfCells                                          // 9
{
   NSInteger cellCount = 0;
   id<WheelViewDataSource> dataSource = [self dataSource];
   if ([dataSource respondsToSelector:@selector(wheelViewNumberOfCells:)]) {
      cellCount = [dataSource wheelViewNumberOfCells:self];
   }
   return cellCount;
}

- (NSInteger)numberOfVisibleCells                                   // 10
{
   NSInteger cellCount = [self numberOfCells];
   NSInteger numberOfVisibleCells = cellCount;
   id<WheelViewDelegate> delegate = [self delegate];
   if (delegate &&
       [delegate respondsToSelector:@selector(wheelViewNumberOfVisibleCells:)])
   {
      numberOfVisibleCells = [delegate wheelViewNumberOfVisibleCells:self];
   }
   return numberOfVisibleCells;
}

- (BOOL)isSelectedItemForAngle:(CGFloat)angle                       // 11
{
   // The selected item is one whose angle is
```

```
    // at or near 0 degrees.
    //
    // To calculate the selected item based on the
    // angle, we must convert the angle to the
    // relative angle between 0 and 360 degrees.

    CGFloat relativeAngle = fabsf(fmodf(angle, 360.0));

    // Pad the selection point so it does not
    // have to be exact.
    CGFloat padding = 20.0;   // Allow 20 degrees on either side.

    BOOL isSelectedItem =
      relativeAngle >= (360.0 - padding) || relativeAngle <= padding;
    return isSelectedItem;
}

- (BOOL)isIndexVisible:(NSInteger)index                                      // 12
{
    NSNumber *cellIndex = [NSNumber numberWithInteger:index];
    __block BOOL visible = NO;
    void (^enumerateBlock) (id, id, BOOL *) = ^(id key, id obj, BOOL *stop) {
      if ([obj isEqual:cellIndex]) {
        visible = YES;
        *stop = YES;
      }
    };
    [[self visibleCellIndexes] enumerateKeysAndObjectsUsingBlock:enumerateBlock];
    return visible;
}

- (void)queueNonVisibleCells                                                 // 13
{
    NSArray *subviews = [self subviews];
    for (id view in subviews) {
      if ([view isKindOfClass:[WheelViewCell class]]) {
        NSInteger index = [(WheelViewCell *)view indexInWheelView];
        BOOL visible = [self isIndexVisible:index];
        if (!visible) {
          [[self reusableCells] addObject:view];
          [view removeFromSuperview];
        }
      }
    }
}

- (NSInteger)cellIndexForIndex:(NSInteger)index                              // 14
{
    NSInteger numberOfCells = [self numberOfCells];
    NSInteger numberOfVisibleCells = [self numberOfVisibleCells];
    NSInteger offset = MAX([self selectedIndex], 0);

    NSInteger cellIndex;
    if (index < (numberOfVisibleCells/2)) {
```

```
      cellIndex = index + offset;
      if (cellIndex > numberOfCells - 1) cellIndex = cellIndex - numberOfCells;
   } else {
      cellIndex = offset - (numberOfVisibleCells - index);
      if (cellIndex < 0) cellIndex = numberOfCells + cellIndex;
   }

   return cellIndex;
}

- (NSSet*)cellIndexesToDisplay                                          // 15
{
   NSInteger numberOfVisibleCells = [self numberOfVisibleCells];
   NSMutableSet *cellIndexes =
      [[NSMutableSet alloc] initWithCapacity:numberOfVisibleCells];
   for (NSInteger index = 0; index < numberOfVisibleCells; index++)
   {
      NSInteger cellIndex = [self cellIndexForIndex:index];
      [cellIndexes addObject:[NSNumber numberWithInteger:cellIndex]];
   }
   return cellIndexes;
}

- (void)setAngle:(CGFloat)angle                                         // 16
{
   [self queueNonVisibleCells];                                         // 17
   NSSet *cellIndexesToDisplay = [self cellIndexesToDisplay];           // 18

   // The following code is inspired by the carousel example at
   // http://stackoverflow.com/questions/5243614/3d-carousel-effect-on-the-ipad

   CGPoint center = CGPointMake(CGRectGetMidX([self bounds]),
                                CGRectGetMidY([self bounds]));
   CGFloat radiusX = MIN([self bounds].size.width,
                         [self bounds].size.height) * 0.35;
   CGFloat radiusY = radiusX;
   if ([self style] == WheelViewStyleCarousel) {
      radiusY = radiusX * 0.30;
   }

   NSInteger numberOfVisibleCells = [self numberOfVisibleCells];
   float angleToAdd = 360.0f / numberOfVisibleCells;

   // If there are more cells than the number of visible cells,
   // we wrap the cells. Wrapping allows all cells to display
   // within a finite number of visible cells. Cells are displayed in
   // sequential order. When the end is reached, the display wraps
   // to the beginning.
   //
   // Because there is a finite number of visible cells, one cell
   // is replaced with a wrapping cell as the user scrolls through
   // (spins) the wheel. At any given time there is one and only one
   // cell that requires replacing. The cell to replace is determined
   // by comparing the contents of visibleCellIndexes to
```

```
    // cellIndexesToDisplay.
    // visibleCellIndexes can contain one index not found in
    // cellIndexesToDisplay.
    // This is the index that is replaced. It is replaced with the one
    // index in cellIndexesToDisplay not found in visibleCellIndexes.

    BOOL wrap = [self numberOfCells] > numberOfVisibleCells;             // 19

    // Lay out visible cells.
    for (NSInteger index = 0; index < numberOfVisibleCells; index++)
    {
      NSNumber *cellIndexNumber;
      if (wrap) {
        cellIndexNumber = [[self visibleCellIndexes]
                  objectForKey:[NSNumber numberWithInteger:index]];
        if (cellIndexNumber == nil) {
          // First time through, visibleCellIndexes is empty, hence the nil
          // cellIndexNumber. Initialize it with the appropriate cell
          // index.
          cellIndexNumber =
            [NSNumber numberWithInteger:[self cellIndexForIndex:index]];
        }
      } else {
        // Cell indexes are sequential when wrapping is turned off.
        cellIndexNumber = [NSNumber numberWithInteger:index];
      }


      if (wrap && ![cellIndexesToDisplay containsObject:cellIndexNumber]) {
        // Replace the wrapping cell index.
        __block NSNumber *replacementNumber = nil;
        NSArray *array = [[self visibleCellIndexes] allValues];
        void (^enumerateBlock) (id, BOOL *) = ^(id obj, BOOL *stop) {
          if (![array containsObject:obj]) {
            replacementNumber = obj;
            *stop = YES;
          }
        };
        [cellIndexesToDisplay enumerateObjectsUsingBlock:enumerateBlock];

        cellIndexNumber = replacementNumber;
      }

      NSInteger cellIndex = [cellIndexNumber integerValue];
      WheelViewCell *cell = [self cellAtIndex:cellIndex];
      if (cell == nil) {
        cellIndex = -1;  // No cell, no cell index.
      }

      // If index is not within the visible indexes, the
      // cell is missing from the view and it must be added.
      BOOL visible = [self isIndexVisible:cellIndex];
      if (!visible) {
```

```
            [[self visibleCellIndexes] setObject:cellIndexNumber
                                          forKey:[NSNumber numberWithInteger:index]];
            [cell setIndexInWheelView:cellIndex];
            [self addSubview:cell];
        }

        // Set the selected index if it has changed.
        if (cellIndex != [self selectedIndex] &&
            [self isSelectedItemForAngle:angle])                               // 20
        {
            [self setSelectedIndex:cellIndex];
            if ([[self dataSource]
                 respondsToSelector:@selector(wheelView:didSelectCellAtIndex:)])
            {
                [[self dataSource] wheelView:self didSelectCellAtIndex:cellIndex];
            }
        }

        float angleInRadians = (angle + 180.0) * M_PI / 180.0f;              // 21

        // Get a position based on the angle
        float xPosition = center.x + (radiusX * sinf(angleInRadians))
                     - (CGRectGetWidth([cell frame]) / 2);
        float yPosition = center.y + (radiusY * cosf(angleInRadians))
                     - (CGRectGetHeight([cell frame]) / 2);

        float scale = 0.75f + 0.25f * (cosf(angleInRadians) + 1.0);

        // Apply location and scale
        if ([self style] == WheelViewStyleCarousel) {
            [cell setTransform:CGAffineTransformScale(
                    CGAffineTransformMakeTranslation(xPosition, yPosition),
                    scale, scale)];
            // Tweak alpha using the same system as applied for scale, this time
            // with 0.3 the minimum and a semicircle range of 0.5
            [cell setAlpha:(0.3f + 0.5f * (cosf(angleInRadians) + 1.0))];

        } else {
            [cell setTransform:CGAffineTransformMakeTranslation(xPosition,
                                                                yPosition)];
            [cell setAlpha:1.0];
        }

        [[cell layer] setZPosition:scale];

        // Work out what the next angle is going to be
        angle += angleToAdd;
    }
}

- (void)layoutSubviews                                                     // 22
{
    [self setAngle:[self currentAngle]];
}
```

```
- (void)setStyle:(WheelViewStyle)newStyle                              // 23
{
   if (_style != newStyle) {
      _style = newStyle;

      [UIView beginAnimations:@"WheelViewStyleChange" context:nil];
      [self setAngle:[self currentAngle]];
      [UIView commitAnimations];
   }
}

- (void)spin:(SpinGestureRecognizer *)recognizer                       // 24
{
   CGFloat angleInRadians = -[recognizer rotation];
   CGFloat degrees = 180.0 * angleInRadians / M_PI;   // Radians to degrees
   [self setCurrentAngle:[self currentAngle] + degrees];
   [self setAngle:[self currentAngle]];
}

- (id)dequeueReusableCell                                              // 25
{
   id view = [[self reusableCells] anyObject];
   if (view != nil) {
      [[self reusableCells] removeObject:view];
   }
   return view;
}

- (void)queueReusableCells                                             // 26
{
   for (UIView *view in [self subviews]) {
      if ([view isKindOfClass:[WheelViewCell class]]) {
         [[self reusableCells] addObject:view];
         [view removeFromSuperview];
      }
   }

   [[self visibleCellIndexes] removeAllObjects];
   [self setSelectedIndex:-1];
}

- (void)reloadData                                                     // 27
{
   [self queueReusableCells];
   [self layoutSubviews];
}

- (WheelViewCell *)cellAtIndex:(NSInteger)index                        // 28
{
   if (index < 0 || index > [self numberOfCells] - 1) {
      return nil;
   }
```

```
    WheelViewCell *cell = nil;
    BOOL visible = [self isIndexVisible:index];
    if (visible) {
       for (id view in [self subviews]) {
          if ([view isKindOfClass:[WheelViewCell class]]) {
             if ([view indexInWheelView] == index) {
                cell = view;
                break;
             }
          }
       }
    }

    if (cell == nil) {
       cell = [[self dataSource] wheelView:self cellAtIndex:index];
    }

    return cell;
}

@end
```

我们一同研究这段代码，尤其是改动的部分：

1～3. WheelViewCell 的实现已经移到了源代码文件的前面。并且，添加了新的私有属性 indexInWheelView 声明。这个私有属性供 WheelView 用于追踪单元的索引号，后者可能与显示索引号不同。还记得吗？新的 WheelView 可以有比单元总数少的可见单元。

注意：WheelViewCell 类扩展和实现代码移到前面，是为了让编译器知道 WheelView 实现中的类。倘若代码仍位于文件后面，WheelView 类就不会被编译。

4～5. 对 WheelView 类扩展还添加了两个新的声明属性：reusableCells 和 visibleCellIndexes。reusableCells 是用来管理可重用实例的缓存的可变集；visibleCellIndexes 则是记录可见单元索引号的可变词典。

6. 你也许会想，为什么要把 visibleCellIndexes 声明成 NSMutableDictionary 而不是 NSMutableArray 呢？坦白地说，做法是有些古怪，但这么做有着充足的理由。

可见单元的数目是可变的。如果使用数组，可见单元数目的修改就要求数组的元素数也相应改动。并且，要显示单元的下标也需额外地依次计算一遍。它们虽然是按顺序显示，但并不意味着每个要显示的单元也确定了顺序。因此，倘若采用数组，就需要多余的代码来确保添加元素到数组，以确保填充所处理的各单元之间可能存在的空位。

词典消除了额外数组管理的需求，因为词典内容不依赖于顺序，WheelView 无须操心检查数组的边界，而向其填充空位。相反，WheelView 类以 NSNumber 保存索引值，NSNumber 被当做词典的键。注意这个索引是可见单元索引号范围内的索引。换句话说，它是 0 到可见单元数目之间的某个值。

对于可见单元索引键而言，保存在词典里的对象就是实际的单元索引号。它也被保存为 NSNumber 对象，因为 NSDictionary 只能保存对象引用。实际单元索引号是介于 0 到单元总数之间的某个值。

7～8. 继续来看所做的修改。合成了新的声明属性；更新了-commonInit方法，以初始化所选的索引号visibleCellIndexes及reusableCells属性。其余的init*方法和先前一样保持不变。

9～10. init方法后面是两个帮助方法：-numberOfCells和-numberOfVisibleCells。每个都返回一个来自数据源的值。这些值会在WheelView类的各处使用。创建帮助方法是为了不必在WheelView里重复代码。

11. -isSelectedItemForAngle:方法负责基于指定角度，判断是否“选中”了某个轮状视图单元。当一个单元显示在照片轮的顶部，在0°±20°范围内时，认为该单元选中。

12. 添加了另一个名为-isIndexVisible:的帮助方法。该方法枚举visibleCellIndexes以查看它是否包含了指定的单元索引号。进行枚举时采用了一个代码块。倘若在visibleCellIndexes中找到有哪个数与单元索引号匹配，则此单元可见，并向调用者返回YES；否则返回NO。

13. 接着就是-queueNonVisibleCells方法。该方法从视图中删除所有不可见的轮状视图单元，将其放入局部缓存reusableCells里。

14～15. 随后的两个方法是-cellIndexForIndex:和-cellIndexesToDisplay。前一个-cellIndexForIndex:方法将可见单元索引号（0到可见单元数目之间的某个值）转换为单元索引号（介于0到单元总数之间的某个值）。-cellIndexesToDisplay方法使用前一个方法返回NSSet对象，其中包含要显示的各单元索引号。你很快就会看到，这个集合会与visible-CellIndexes比较，以找出回卷时置换哪个单元。

16～21. 更新了-setAngle:方法，以将不可见单元存入队列中，获取要显示的单元索引号，支持单元回卷，并设置选中的索引号。在照片轮旋转时变换单元到特定位置的代码仍原封不动，和先前一样。

22～24. -layoutSubviews、-setStyle:和-spin:方法都和原先的实现代码相同。剩余的两个方法则是新加的实现方法。

25. -dequeueReusableCell方法从缓存里返回一个可重用的单元。它能够记取缓存中的任何对象。由于所有对象都可重用，也就无所谓读取哪个对象了。然后该对象从缓存里去除，并返回到调用者。如果缓存中没有有效对象，就向调用者返回nil，并期待调用者创建一个新的单元实例。

26. -queueReusableCells方法在数据重新调入至轮状视图时调用。该方法抓取当前视图中的所有可见单元，将其移动到可重用单元的缓存中。

27. -reloadData方法则对所有可重用单元排队，并调用-layoutSubviews方法。-layoutSubviews方法进而在视图里启动进程来显示各单元的内容。

28. 最后是-cellAtIndex:方法。该方法返回指定索引号的单元引用。它在WheelView类的内部使用，也可以被诸如视图控制器之类的外部事物利用。

如今新的WheelView类已经到位，该充分运用它来显示相册了。

16.2 显示相册

下一步要搞定的事情就是显示相册。在PhotoWheel中，相册是屏幕下部显示在磁盘上的缩略图。这有别于原型应用程序，后者在表格视图里显示相册。幸运的是，我们已经将WheelView类实现为通用的视图类，这意味着你可以用它来显示相册的缩略图。

打开主故事板，选择 Photo Albums View Controller Scene，这是个显示磁盘上图片的场景。将 UIView 拖放至此场景并设置其位置和尺寸，即 X 为 31、Y 为 33、Width 为 488、Height 为 484，然后使用自动调整尺寸设置，将此视图定位至左上角位置。

新视图应出现在磁盘图片视图的上部，圆形加号的下面。要实现此功能，需要在视图层次结构里重新组织视图。打开 Document Outline（执行 Editor → Show Document Outline 命令），展开场景的视图层次结构。拖动这些视图以改变它们在视图层次结构中的位置。视图顺序应当与图 16-4 给出的顺序相同。

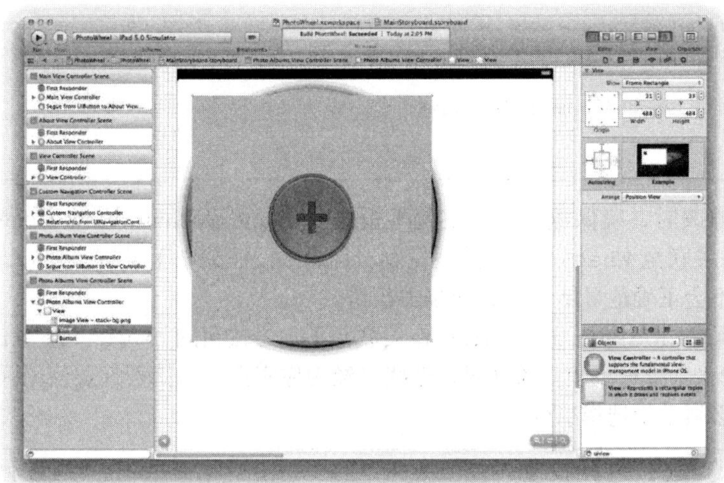

图 16-4　设置视图层次结构

设置视图层次结构后，新视图会部分隐藏到磁盘图片视图后面，所以应在 Attributes 面板内对新视图设置 Background 色为 Clear。

新视图是 UIView 类型的类。需要将其改为 WheelView 类。打开 Identity 面板，将类由 UIView 改为 WheelView。如今视图变成 WheelView 类型，可以设置它的 dataSource 和委派插座变量。将 WheelView 的 dataSource 关联至 Photo Albums View Controller Scene。记住，通过按住 Control 键单击（或右击）视图，拖放 dataSource 连接器至视图控制器可以做到，或者按住 Control 键不松开，从视图拖至视图控制器以建立关联。两个办法都是可行的。

对 WheelView 委派做同样的操作，将其关联至 PhotoAlbumsViewController。

16.2.1　实现相册集视图控制器

轮状视图已经做好，现在该实现 PhotoAlbumsViewController 了。该控制器是 WheelView 实例的数据源和委派，即它的实现代码必须遵从 WheelViewDataSource 和 WheelViewDelegate 协议。

先从接口文件 PhotoAlbumsViewController.h 着手，要让编译器知道该类遵从这两个协议。还要向协议清单添加 NSFetchedResultsControllerDelegate，因为获得的结果控制器将用于获取相册数据。接着，添加一个 WheelView 对象的插座变量。该插座变量将会在视图控制器的实现代码中用到。最后，向托管对象语境添加新的属性，及向加号按钮添加新增相册的动作。源代码在程序清单16.5中给出。

程序清单16.5　更新后的PhotoAlbumsViewController.h头文件内容

```
#import <UIKit/UIKit.h>
#import "WheelView.h"

@interface PhotoAlbumsViewController : UIViewController
<NSFetchedResultsControllerDelegate, WheelViewDataSource, WheelViewDelegate>

@property (nonatomic, strong) NSManagedObjectContext *managedObjectContext;
@property (nonatomic, strong) IBOutlet WheelView *wheelView;

- (IBAction)addPhotoAlbum:(id)sender;

@end
```

在进行这些修改时，确保返回到了主故事板里的 Photo Albums View Controller Scene，将 `WheelView` 对象关联至 `WheelView` 插座变量，且加号按钮关联至了 `addPhotoAlbum:`动作。否则应用程序将不会正确地显示相册，或添加相册。

此外还要确保把 `addPhotoAlbum:`动作关联至了加号按钮的 `Touch Up Inside` 事件。在按住 Control 键单击并拖放以建立关联时，这些已经为你实现了。倘若你要使用弹出的 HUD 显示器建立关联，就必须手工选择事件。

注意： 你也许想知道，怎样设置 `managedObjectContext` 属性？又该何时设置呢？在 `PhotoAlbumsViewController` 实例从故事板创建时，`managedObjectContext` 就会在 `MainViewController` 中设置。只要完成了 `PhotoAlbumsViewController` 的实现代码，你就要实现这段代码。

完成该接口的代码后，就该将注意力转移到其实现上来。打开 PhotoAlbumsViewController.m 文件，将其更新为如程序清单16.6所示的代码。

程序清单16.6　更新后的PhotoAlbumsViewController.m文件内容

```
#import "PhotoAlbumsViewController.h"
#import "PhotoWheelViewCell.h"                                    // 1
#import "PhotoAlbum.h"
#import "Photo.h"

@interface PhotoAlbumsViewController ()                           // 2
@property (nonatomic, strong)
  NSFetchedResultsController *fetchedResultsController;           // 3
@end

@implementation PhotoAlbumsViewController

@synthesize managedObjectContext = _managedObjectContext;
@synthesize wheelView = _wheelView;                               // 4
@synthesize fetchedResultsController = _fetchedResultsController;
```

```
- (void)didMoveToParentViewController:(UIViewController *)parent      // 5
{
   // Position the view within the new parent.
   [[parent view] addSubview:[self view]];
   CGRect newFrame = CGRectMake(109, 680, 551, 550);
   [[self view] setFrame:newFrame];

   [[self view] setBackgroundColor:[UIColor clearColor]];
}

- (void)viewDidUnload                                                 // 6
{
   [self setWheelView:nil];
   [super viewDidUnload];
}

#pragma mark - Actions

- (IBAction)addPhotoAlbum:(id)sender                                  // 7
{

}

#pragma mark - NSFetchedResultsController and NSFetchedResultsControllerDelegate

- (NSFetchedResultsController *)fetchedResultsController              // 8
{
   if (_fetchedResultsController) {                                   // 9
      return _fetchedResultsController;
   }

   NSString *cacheName = NSStringFromClass([self class]);             // 10
   NSFetchRequest *fetchRequest =
      [NSFetchRequest fetchRequestWithEntityName:@"PhotoAlbum"];      // 11

   NSSortDescriptor *sortDescriptor =
      [NSSortDescriptor sortDescriptorWithKey:@"dateAdded"
                                    ascending:YES];                   // 12
   [fetchRequest setSortDescriptors:[NSArray arrayWithObject:sortDescriptor]];

   NSFetchedResultsController *newFetchedResultsController =
      [[NSFetchedResultsController alloc]
       initWithFetchRequest:fetchRequest
       managedObjectContext:[self managedObjectContext]
         sectionNameKeyPath:nil
                  cacheName:cacheName];                               // 13
   [newFetchedResultsController setDelegate:self];                    // 14

   NSError *error = nil;
   if (![newFetchedResultsController performFetch:&error])            // 15
   {
      /*
       Replace this implementation with code to handle the error appropriately.
```

```
      abort() causes the application to generate a crash log and terminate.
      You should not use this function in a shipping application, although it
      may be useful during development. If it is not possible to recover from
      the error, display an alert panel that instructs the user to quit the
      application by pressing the Home button.
      */
     NSLog(@"Unresolved error %@, %@", error, [error userInfo]);
     abort();
   }

   [self setFetchedResultsController:newFetchedResultsController];         // 16
   return _fetchedResultsController;                                       // 17
 }

- (void)controller:(NSFetchedResultsController *)controller
   didChangeObject:(id)anObject
       atIndexPath:(NSIndexPath *)indexPath
     forChangeType:(NSFetchedResultsChangeType)type
      newIndexPath:(NSIndexPath *)newIndexPath                             // 18
{
   [[self wheelView] reloadData];
}


#pragma mark - WheelViewDataSource and WheelViewDelegate methods            // 19

- (NSInteger)wheelViewNumberOfVisibleCells:(WheelView *)wheelView          // 20
{
   return 7;
}

- (NSInteger)wheelViewNumberOfCells:(WheelView *)wheelView                 // 21
{
   NSArray *sections = [[self fetchedResultsController] sections];
   NSInteger count = [[sections objectAtIndex:0] numberOfObjects];
   return count;
}

- (WheelViewCell *)wheelView:(WheelView *)wheelView
               cellAtIndex:(NSInteger)index                                // 22
{
   PhotoWheelViewCell *cell = [wheelView dequeueReusableCell];             // 23
   if (!cell) {
      cell = [[PhotoWheelViewCell alloc]
              initWithFrame:CGRectMake(0, 0, 75, 75)];                     // 24
   }

   NSIndexPath *indexPath = [NSIndexPath indexPathForRow:index inSection:0];
   PhotoAlbum *photoAlbum = [[self fetchedResultsController]
                             objectAtIndexPath:indexPath];                 // 25
   Photo *photo = [[photoAlbum photos] lastObject];                        // 26
   UIImage *image = [photo thumbnailImage];
   if (image == nil) {
```

```
      image = [UIImage imageNamed:@"defaultPhoto.png"];                    // 27
   }
   [cell setImage:image];                                                  // 28


   return cell;                                                            // 29
}

- (void)wheelView:(WheelView *)wheelView
didSelectCellAtIndex:(NSInteger)index                                      // 30
{

}

@end
```

我们分析一遍这段代码，看看它做了什么。

1 ~ 3．要注意的第一件事就是附加的`#import`语句。之后是`PhotoAlbumsViewController`的类扩展。类扩展添加了名叫`fetchedResultsController`的私有声明属性。得到的结果控制器用于向轮状视图放置相册。

4 ~ 5．在`@implement`部分，首先就是声明新属性的@synthesize语句。之后是`-didMoveToParentViewController:`方法，该方法和先前`PhotoAlbumsViewController`的原始实现代码并无二致。

6．添加了`-viewDidUnload`方法。当视图从屏幕卸除时，它设置插座变量`wheelView`为`nil`。应当总是在`-viewDidUnload`方法里明确设置插座变量为`nil`。这样可以在视图不再调入时节省内存资源。假如你不设置插座变量为`nil`，它就一直待在内存里，直到此视图控制器被释放为止。之所以这样，是因为插座变量是一种带有强引用的声明属性。

7．程序清单16.6里的下一个方法是`-addPhotoAlbum:`。该动作关联至Photo Albums View Controller Scene中的加号按钮。目前其实现代码是空的。我们将很快添加代码以加入新相册。

8．上个动作之后是定制的获取结果控制器getter方法`-fetchedResultsController`。`NSFetchedResultsController`管理Core Data获取请求的结果。它为移动平台做了优化，并设计与`UITableView`一道使用。然而，由于`WheelView`是由`UITableView`建模的，因此得到的结果控制器照样也能和`WheelView`一道使用。

9．此getter方法先是检查获取结果控制器的实例变量是否已经设置。如果是，就返回对此实例变量的引用；倘若尚未设置此实例变量（其值为nil），getter方法就对该实例变量进行初始化。

10．`NSFetchedResultsController`可以选择使用缓存。缓存会减少找出控制器所管理的节和索引信息的开销。getter方法所用的缓存名就是视图控制器类的名字。类名由C语言函数`NSStringFromClass()`返回。

11．然后代码使用类方法`+fetchRequestWithEntityName:`创建一个新的获取请求对象。该方法提供一个便利的途径来创建为特定实体配置的`NSFetchRequest`对象，而无须用到`NSEntityDescription`对象。这里的获取请求是为`PhotoAlbum`实体配置的。注意，其名字必须匹配`PhotoWheel`的Core Data模型所定义的实体名。

12．代码创建一个排序描述符并添加至获取请求。排序描述符告诉Core Data如何将取得的结果排序。在此特定情形中，得到的结果以添加日期排序，并以升序排列。

13～14．获取请求随即被添加至获取结果控制器，`PhotoAlbumsViewController` 视图控制器作为该获取结果控制器的委派。这意味着 `PhotoAlbumsViewController` 需要的话就能收到获取结果控制器的消息（例如在有新数据添加到获取结果中时）。

15～17．最后，代码告诉获取结果控制器执行获取操作。这将从 Core Data 取得数据。并且，声明属性 `fetchedResultsController` 也设置至新的获取结果控制器。如此还会设置 `_fetchedResultsController` 实例变量，在此方法的结尾将返回此变量的值。

18．获取结果控制器的 getter 方法之后就是 `-controller:didChangeObject:atIndexPath:forChangeType:newIndexPath:` 方法。这是当取得的结果中有数据改变时，获取结果控制器都会调用的一个 `NSFetchedResultsControllerDelegate` 方法。其实现代码很简单：重新调入 `wheelView` 里的数据。结果是，画面将自动更新，以显示此刻发生的变化。比如说，当用户触击加号按钮时立即显示新相册。不需要额外写代码，只调用 `-reloadData` 方法就够了。

注意： 倘若用 `UITableView` 而不是 `WheelView`，就可以做更多的事，而不是只用 `-reloadData` 显示数据变化。`UITableView` 有一些方法，可以插入、删除个别行，以及更新特定的行。然而这些增强的行为并未在 `WheelView` 类中实现，故而 `reloadData` 方法就得实现这些功能。

19．对 `PhotoAlbumsViewController` 类做的最后代码改动就是 `WheelViewDataSource` 和 `WheelViewDelegate` 协议方法。这些方法供 `WheelView` 调用，以在视图里显示各单元，并向视图控制器报告用户选取了哪个单元。

20．这些方法中，头一个是 `-wheelViewNumberOfVisibleCells:` 方法，它返回的值为 7。意即在轮状视图里一次最多显示 7 个相册缩略图。可以有多于 7 个的单元存在，但最多只能显示出来 7 个。

21．下一个是 `-wheelViewNumberOfCells:` 方法。该方法返回单元的总数。在 PhotoWheel 这个例子中，也就是相册的总数。这个计数值取自于获取结果控制器。`sections` 数组包含了每节的数据。记住，获取结果控制器是为 `UITableView` 设计的，`UITableView` 可以有一个或多个节。使用 `WheelView` 时总是只有一个节，所以下标 0 的节包含了相册的清单。

22～29．`-wheelView:cellAtIndex:` 方法负责构造 `WheelViewCell`，设置其属性，并将其返回至调用者，调用者正是 `WheelView`。该方法首先获取一个可重用的单元，如果有的话；倘若尚无可重用单元，就会创建新单元。接着，利用获取结果控制器从取得的结果里获取相册模型对象。相册里的最后一张照片当做相册的缩略图。假如没有照片或照片的缩略图，就把 defaultPhoto.png 作为缩略图使用。该图片被添加到要显示的单元，并将该单元返回给调用者。

30．最后是 `-wheelView:didSelectCellAtIndex:` 方法。该方法在用户选择轮状视图的新相册时调用。当照片浮动图片来的箭头指向某单元时（如图 16-5 所示），就选择了一个相册。现在，仍保持该方法的实现代码为空即可。

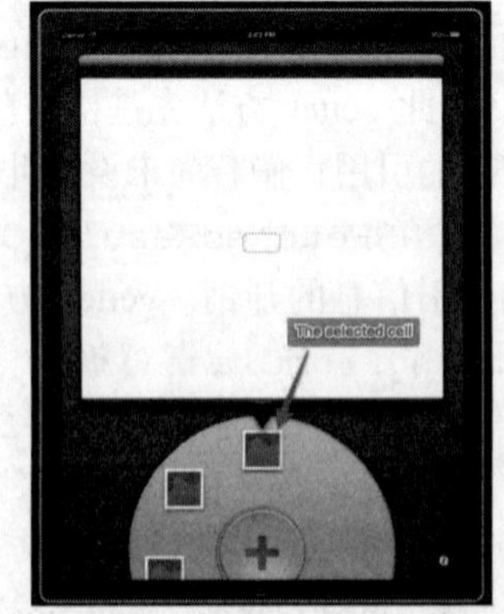

图 16-5　上部相册单元为选中的单元

16.2.2 设置托管对象语境

在运行应用程序之前，还要做另外一个修改。PhotoAlbumsViewController 需要一个至托管对象语境的引用，托管对象语境是由应用程序委派创立的。视图控制器与应用程序委派隔离开来，因此它希望其 managedObjectContext 属性可以由该对象的使用者来设置。

注意： 可能的话，总应去除视图控制器之间的关联关系。这将使你的应用程序设计更加灵活。去除视图控制器相互间依赖关系的一个办法是，向控制器传递引用，这正是用托管对象语境做的事。

要设置 PhotoAlbumsViewController 的 managedObjectContext 属性，合适时机就是在创建控制器实例时。在-viewDidLoad 事件里的 MainViewController 中进行设置。打开 MainViewController.m 文件，将代码更改成设置 PhotoAlbumsViewController 实例的 managedObjectContext 属性，正如程序清单 16.7 所给出的那样。

程序清单 16.7 更新后的 MainViewController.m 文件内容

```
#import "MainViewController.h"
#import "PhotoAlbumViewController.h"
#import "PhotoAlbumsViewController.h"
#import "AppDelegate.h"

@implementation MainViewController

- (void)viewDidLoad
{
   [super viewDidLoad];

   AppDelegate *appDelegate =
      (AppDelegate *)[[UIApplication sharedApplication] delegate];          // 1
   NSManagedObjectContext *managedObjectContext =
      [appDelegate managedObjectContext];                                   // 2

   UIStoryboard *storyboard = [self storyboard];

   PhotoAlbumsViewController *photoAlbumsScene =
      [storyboard instantiateViewControllerWithIdentifier:@"PhotoAlbumsScene"];
   [photoAlbumsScene setManagedObjectContext:managedObjectContext];         // 3
   [self addChildViewController:photoAlbumsScene];
   [photoAlbumsScene didMoveToParentViewController:self];

   PhotoAlbumViewController *photoAlbumScene =
      [storyboard instantiateViewControllerWithIdentifier:@"PhotoAlbumScene"];
   [self addChildViewController:photoAlbumScene];
   [photoAlbumScene didMoveToParentViewController:self];
}

@end
```

现在我们来回顾一下程序清单 16.7 的代码：

1. 为了设置托管对象语境的属性，必须首先从应用程序委派获取此属性。AppDelegate 类包含了初始化托管对象语境的代码。要从应用程序委派获取数据，需要使用 UIApplication 类。这个类有个叫+sharedApplication 的方法，它返回至当前应用程序对象的引用。你可以对当前应用程序调用对象委派属性，以获取对 AppDelegate 实例的引用。

2. 一旦有了对 AppDelegate 的引用，就有了 AppDelegate 提供的对托管对象语境的引用。此引用存储在局部变量 managedObjectContext 里。

3. 代码随后用托管对象语境的局部引用设置 photoAlbumsScene 的 managedObjectContext 属性。

注意： 从主视图控制器去除与应用程序委派的依存关系，往往是个较好的做法。然而，这两个东西在程序清单 16.7 中是关联的，以向你展示怎样在需要时获取对应用程序委派的引用。

这时就可以编译并运行 PhotoWheel 了。然而你不会看到任何相册。那是因为在 Core Data 持久性存储里还没有相册。你需要先完成添加相册的动作，才能在轮状视图中看到相册。

注意： 本章中的 Core Data 模型已经有所改动。因此，第一次运行应用程序并在引用托管对象语境时，它会抛出一个异常，指示数据模型有变。要修复这个问题，运行应用程序之前要删除在模拟器和 iPad 上先前的 PhotoWheel 版本。只要数据模型不再变化，你只要这么做一次即可。

16.2.3 添加相册

要想看到轮状视图里有相册，需要先向数据存储内添加一个相册。然而在做这一步之前，必须在 PhotoAlbumsViewController.m 文件中实现-addPhotoAlbum:动作方法。打开 PhotoAlbumsViewController.m 文件，滚动至-addPhotoAlbum:方法处，向其添加如程序清单 16.8 所示的代码。

程序清单 16.8 PhotoAlbumsViewController.m 文件里更新后的-addPhotoAlbum:实现代码

```
- (IBAction)addPhotoAlbum:(id)sender
{
   NSManagedObjectContext *context = [self managedObjectContext];          // 1
   PhotoAlbum *photoAlbum = [NSEntityDescription
                        insertNewObjectForEntityForName:@"PhotoAlbum"
                        inManagedObjectContext:context];                   // 2
   [photoAlbum setDateAdded:[NSDate date]];                                // 3

   // Save the context.
   NSError *error = nil;
   if (![context save:&error])                                             // 4
   {
      /*
       Replace this implementation with code to handle the error appropriately.

       abort() causes the application to generate a crash log and terminate.
       You should not use this function in a shipping application, although
       it may be useful during development. If it is not possible to recover
       from the error, display an alert panel that instructs the user to quit
       the application by pressing the Home button.
       */
```

```
        NSLog(@"Unresolved error %@, %@", error, [error userInfo]);
        abort();
    }
}
```

现在，当用户触击 PhotoWheel 屏幕下部的加号按钮时，就会添加一个新的相册。完成这个操作的代码简单易懂：

1. 由局部变量保存对托管对象语境的引用。
2. 对 PhotoAlbum 实体插入新的实体描述。
3. 将实体的 `dateAdded` 属性设为当前日期。
4. 保存此托管对象语境。

由于获取结果控制器用来管理数据，因此 PhotoAlbumsViewController 自动接收来自获取结果控制器的消息。这个消息要求视图控制器更新轮状视图的显示内容。

运行应用程序，检查可否添加相册。如果无法添加新相册，就得检查哪个步骤有误。要知道，倘若没什么反应，就要检查 Photo Albums View Controller Scene 定义的插座变量和动作关联。如果缺失了这种关联，是不会有什么事发生的。

16.3 管理相册

我们已经为 PhotoWheel 实现了添加和显示相册的功能，但还需要再做些工作。用户应当能够选择相册来查看其照片，还希望给相册起个名字。当然，用户还想删除不经意生成的相册。

此时正是实现这些功能的时机，我们先从选择相册着手吧。

16.3.1 选取相册

选取相册的大部分工作已经做过了。`WheelView` 类知道如何检测到选中的单元，它还知道所选中单元何时有变，并在所选中单元变化时发出消息给其委派。要实现这些功能，只需在 PhotoAlbumsViewController.m 文件里实现 WheelViewDelegate 方法：`-wheelView:didSelectCellAtIndex:`。

此处的实现代码该怎样编写呢？它应当通知 `PhotoAlbumViewController`，即另一个显示在屏幕上部的子视图控制器，选择了另一个相册。`PhotoAlbumViewController` 负责显示相册的细节，包括标题、相册所包含的照片等。它还负责删除相册、向相册添加照片，以及设置相册的标题。不过，先做重要的事情吧。

`PhotoAlbumsViewController` 需要知道 `PhotoAlbumViewController` 的情况。倘若没有对相册视图控制器的引用，相册集视图控制器就没有办法在选中某个相册时察觉出来。

通知 `PhotoAlbumsViewController` 有关 `PhotoAlbumViewController` 存在情况的最佳位置是在 `MainViewController` 里，并在创建该视图控制器时通知。打开 MainViewController.m 文件，在程序清单 16.9 中-viewDidLoad 方法末尾处添加最后一行代码。

这行代码仅仅将 `PhotoAlbumsViewController` 的声明属性设为 photoAlbumScene。photoAlbumScene 是个 `PhotoAlbumViewController` 实例。`-viewDidLoad` 的完整实现代码如程序清单 16.9 所示。

程序清单 16.9 MainViewController 的-viewDidLoad 实现代码

```
- (void)viewDidLoad
{
    [super viewDidLoad];

    AppDelegate *appDelegate =
       (AppDelegate *)[[UIApplication sharedApplication] delegate];
    NSManagedObjectContext *managedObjectContext =
       [appDelegate managedObjectContext];

    UIStoryboard *storyboard = [self storyboard];

    PhotoAlbumsViewController *photoAlbumsScene =
       [storyboard instantiateViewControllerWithIdentifier:@"PhotoAlbumsScene"];
    [photoAlbumsScene setManagedObjectContext:managedObjectContext];
    [self addChildViewController:photoAlbumsScene];
    [photoAlbumsScene didMoveToParentViewController:self];

    PhotoAlbumViewController *photoAlbumScene =
       [storyboard instantiateViewControllerWithIdentifier:@"PhotoAlbumScene"];
    [self addChildViewController:photoAlbumScene];
    [photoAlbumScene didMoveToParentViewController:self];

    [photoAlbumsScene setPhotoAlbumViewController:photoAlbumScene];
}
```

接着，必须向 PhotoAlbumsViewController 类添加 photoAlbumViewController 声明属性。打开 PhotoAlbumsViewController.h 头文件，加入 PhotoAlbumViewController 类型的声明属性 photoAlbumViewController。由于视图控制器还不知道 PhotoAlbumViewController 类，还需在开头位置为其添加前向@class 声明。可以参看程序清单 16.10 了解所进行的修改。

程序清单 16.10 更新后的 PhotoAlbumsViewController.h 头文件内容

```
#import <UIKit/UIKit.h>
#import "WheelView.h"

@class PhotoAlbumViewController;

@interface PhotoAlbumsViewController : UIViewController
<NSFetchedResultsControllerDelegate, WheelViewDataSource, WheelViewDelegate>

@property (nonatomic, strong) NSManagedObjectContext *managedObjectContext;
@property (nonatomic, strong) IBOutlet WheelView *wheelView;
@property (nonatomic, strong) PhotoAlbumViewController *photoAlbumViewController;

- (IBAction)addPhotoAlbum:(id)sender;

@end
```

在 PhotoAlbumsViewController.m 文件中，必须添加对 PhotoAlbumViewController.h 头文件的#import 语句。还必须为这个新的声明属性添加@synthesize 语句。最后，还要加入-wheelView:didSelectCellAtIndex:方法的实现代码。代码改动在程序清单 16.11 中给出。

程序清单 16.11 更新后的 PhotoAlbumsViewController.m 文件内容

```
#import "PhotoAlbumsViewController.h"
#import "PhotoWheelViewCell.h"
#import "PhotoAlbum.h"
#import "Photo.h"
#import "PhotoAlbumViewController.h"

// Other code left out for brevity's sake.

@implementation PhotoAlbumsViewController

// Other code left out for brevity's sake.

@synthesize photoAlbumViewController = _photoAlbumViewController;

// Other code left out for brevity's sake.

- (void)wheelView:(WheelView *)wheelView didSelectCellAtIndex:(NSInteger)index
{
   // Retrieve the photo album from the fetched results.
   NSIndexPath *indexPath = [NSIndexPath indexPathForRow:index
                                         inSection:0];                    // 1
   PhotoAlbum *photoAlbum = nil;
   // index = -1 means no selected cell and nothing to retrieve
   // from the fetched results.
   if (index >= 0) {
      photoAlbum = [[self fetchedResultsController]
                 objectAtIndexPath:indexPath];
   }

   // Pass the current managed object context and object id for the
   // photo album to the photo album view controller.
   PhotoAlbumViewController *photoAlbumViewController =
      [self photoAlbumViewController];
   [photoAlbumViewController
      setManagedObjectContext:[self managedObjectContext]];               // 2
   [photoAlbumViewController setObjectID:[photoAlbum objectID]];          // 3
   [photoAlbumViewController reload];                                     // 4
}

@end
```

我们来分析一下程序清单 16.11 所示的代码：

1. -wheelView:didSelectCellAtIndex:的实现代码先是从获取结果中得到相册模型对象。这是通过对获取结果控制器调用 objectAtIndexPath:方法完成的。记住，WheelView 总是仅有一个节，所以只用到了节 0。

2 ~ 3. 在得到相册模型对象后，当前托管对象语境和相册的对象 ID 被传递给 PhotoAlbumViewController 实例。这只是众多用于在两个视图控制器间共享模型数据的实现方案中的一种而已。举个例子，可以不传递托管对象语境和对象 ID，而传递相册模型对象。毕竟，模型对象知道其对象 ID，而托管对象语境可以从模型对象处取得。

那么为什么还要用传递托管对象语境和对象ID的办法呢？这个办法用以说明一点。托管对象语境可以是单独的语境。不错，在本例中它和从AppDelegate实例取得的结果一样，但并非一码事。

本处要说明的另外一点是，每个模型对象都有着唯一的标识符，名为objectID。对象ID可用于从不同托管对象语境（来自于同一个持久性存储）取得对象。这种情况再平常不过的例子就是后台线程的使用。

NSManagedObjectContext并不是线程安全的。千万不要使用在其他线程中创建的托管对象语境。应当只用在当前线程中所创建的语境。不要在线程间传递语境，而是传递一致性储藏间协调器，然后在第二个线程里使用存储协调器创建的新语境。在需要操作特定对象时，可以向第二个线程传递其objectID。

注意： *可以阅读Marcus Zarra编写的《Core Data: Apple's API for Persisting Data on Mac OS X》（Pragmatic Bookshelf出版社于2009年出版），以了解多线程应用程序中使用Core Data的知识。*

---

4. 我们还是回到PhotoAlbumsViewController。一旦向PhotoAlbumViewController传递了托管对象语境和对象ID，代码就对同一个控制器实例调用了-reload方法。-reload方法对从托管对象语境取得的对象ID呈现相册数据。

这当然意味着除了-reload方法，还需要向PhotoAlbumViewController类添加两个属性：managedObjectContext和objectID。打开PhotoAlbumViewController.h头文件，将其更新为如程序清单16.12所示的代码。

程序清单16.12 更新后的PhotoAlbumViewController.h头文件内容

```
#import <UIKit/UIKit.h>

@interface PhotoAlbumViewController : UIViewController

@property (nonatomic, strong) NSManagedObjectContext *managedObjectContext;
@property (nonatomic, strong) NSManagedObjectID *objectID;

- (void)reload;

@end
```

一旦完成了该接口的声明，就打开PhotoAlbumViewController.m文件，添加如程序清单16.13所示的实现代码。-reload方法此时还是空的。在增强该视图控制器的功能之后，将着手实现该方法的代码。

程序清单16.13 更新后的PhotoAlbumViewController.m文件内容

```
#import "PhotoAlbumViewController.h"

@implementation PhotoAlbumViewController

@synthesize managedObjectContext = _managedObjectContext;
@synthesize objectID = _objectID;

- (void)didMoveToParentViewController:(UIViewController *)parent
{
```

```
    // Position the view within the new parent.
    [[parent view] addSubview:[self view]];
    CGRect newFrame = CGRectMake(26, 18, 716, 717);
    [[self view] setFrame:newFrame];

    [[self view] setBackgroundColor:[UIColor clearColor]];
}

- (void)reload
{

}

@end
```

此时，用户能够添加相册，并可以拨动轮子来选择某个相册。

16.3.2 对相册起名

我们要赋予用户一个友好的功能，就是对相册起名。名字可以显示在相册视图上面的工具栏里。这个地方还可用于编辑相册名。只要轻点名字就可以将其置为可编辑状态。

但这个工具栏尚不存在。你必须添加它。还要向工具栏添加一个相册名的文本栏，此外添加两个栏按钮项。一个栏按钮显示在工具栏的左侧，另一个栏按钮显示在工具栏的右侧。左侧的动作按钮将显示动作条目的菜单；右侧则是个添加按钮，用于向相册添加照片。

下面我们在应用程序中实现这些需求。

打开 MainStoryboard.storyboard 文件，在 Photo Album View Controller Scene 中选择 Photo Album View Controller。删除用来测试定制推式过渡的圆角矩形按钮，已经不需要它了。

接着，向场景里拖放一个 `UIToolbar`，将其放到该区域里浮动图片视图的顶部，即工具栏应该在的位置（将其位置和尺寸设置为：X 为 9，Y 为 6，Width 为 698，Height 为 44）。通过修改自动重调尺寸的属性，将工具栏固定在顶部，关闭宽度的自动调整尺寸功能。将工具栏的 Style 设为 Black Opaque，其 Background 颜色设为 Clear。

现在向工具栏添加两个 `UIBarButtonItem` 按钮和一个 `UITextField` 文本栏。使用可变间距对象来定位这些按钮及文本栏。两个按钮应当分别位于文本栏的左右侧。文本栏应当位于工具栏的中间，将其 Width 设为 533，设置 Placeholder 属性为 Tap to edit，设置 Alignment 为 Center，而 Border Style 为 nothing。最后，设置 Text Color 为 White，Background 设为 Clear。

将左侧按钮的 Identifier 改为 Action，右侧按钮的 Identifier 改为 Add。完成了的场景应如图 16-6 所示。

现在打开 PhotoAlbumViewController.h 头文件，添加下面这些插座变量和动作。可以手工实现，或者运用 Assistant 编辑器。确保将插座变量和动作做了关联。修改的代码如程序清单 16.14 所示。

- 名为 `toolbar` 的 `UIToolbar` 类型的插座变量
- 名为 `textField` 的 `UITextField` 类型的插座变量
- 名为 `addButton` 的 `UIBarButtonItem` 类型的插座变量
- 名为 `showActionMenu` 的动作
- 名为 `addPhoto` 的动作

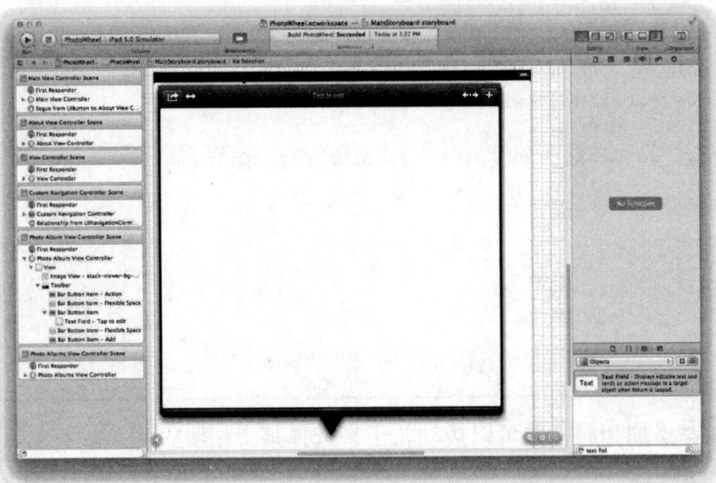

图 16-6 完成了的 Photo Album View Controller Scene

程序清单 16.14 更新后的 PhotoAlbumViewController 类

```
///////
//  PhotoAlbumViewController.h
///////
#import <UIKit/UIKit.h>

@interface PhotoAlbumViewController : UIViewController

@property (nonatomic, strong) NSManagedObjectContext *managedObjectContext;
@property (nonatomic, strong) NSManagedObjectID *objectID;
@property (nonatomic, strong) IBOutlet UIToolbar *toolbar;
@property (nonatomic, strong) IBOutlet UITextField *textField;
@property (nonatomic, strong) IBOutlet UIBarButtonItem *addButton;

- (void)reload;
- (IBAction)showActionMenu:(id)sender;
- (IBAction)addPhoto:(id)sender;

@end

///////
//  PhotoAlbumViewController.m
///////
#import "PhotoAlbumViewController.h"

@implementation PhotoAlbumViewController

@synthesize managedObjectContext = _managedObjectContext;
@synthesize objectID = _objectID;
@synthesize toolbar = _toolbar;
@synthesize textField = _textField;
@synthesize addButton = _addButton;

- (void)didMoveToParentViewController:(UIViewController *)parent
```

```
{
   // Position the view within the new parent.
   [[parent view] addSubview:[self view]];
   CGRect newFrame = CGRectMake(26, 18, 716, 717);
   [[self view] setFrame:newFrame];

   [[self view] setBackgroundColor:[UIColor clearColor]];
}

- (void)viewDidUnload
{
   [self setToolbar:nil];
   [self setTextField:nil];
   [self setAddButton:nil];
   [super viewDidUnload];
}

- (void)reload
{

}

#pragma mark - Actions

- (IBAction)showActionMenu:(id)sender
{

}

- (IBAction)addPhoto:(id)sender
{

}

@end
```

在 Photo Album View Controller Scene 中还需要最后一个关联。按住 Control 键单击该文本栏，并将其拖放至 Photo Album View Controller 对象，将此视图控制器作为该文本栏的委派。

场景已经好了，该把注意力转移到 PhotoAlbumViewController 的实现上来。在准备用此类管理相册前要做若干件事。首先，必须实现-reload 方法。该方法应当获取相册数据，并向用户呈现相册内容。如果还没有相册，工具栏应当隐藏起来，从而阻止用户操作空的相册。

PhotoAlbumViewController 还必须对 UITextFieldDelegate 方法有所响应。这些响应会决定用户在编辑相册名时的体验；它们还告知控制器何时保存更新后的相册名。PhotoAlbumViewController.m 文件的更新版本列于程序清单 16.15 中，对你的代码执行这些修改。

程序清单 16.15 更新后的 PhotoAlbumViewController.m 文件内容

```
#import "PhotoAlbumViewController.h"
#import "PhotoAlbum.h"                                                    // 1

@interface PhotoAlbumViewController ()                                    // 2
@property (nonatomic, strong) PhotoAlbum *photoAlbum;                     // 3
@end
```

```
@implementation PhotoAlbumViewController

@synthesize managedObjectContext = _managedObjectContext;
@synthesize objectID = _objectID;
@synthesize toolbar = _toolbar;
@synthesize textField = _textField;
@synthesize addButton = _addButton;
@synthesize photoAlbum = _photoAlbum;

- (void)didMoveToParentViewController:(UIViewController *)parent
{
   // Position the view within the new parent.
   [[parent view] addSubview:[self view]];
   CGRect newFrame = CGRectMake(26, 18, 716, 717);
   [[self view] setFrame:newFrame];

   [[self view] setBackgroundColor:[UIColor clearColor]];
}

- (void)viewDidLoad                                                     // 4
{
   [super viewDidLoad];
   [self reload];
}

- (void)viewDidUnload                                                   // 5
{
   [self setToolbar:nil];
   [self setTextField:nil];
   [self setAddButton:nil];
   [super viewDidUnload];
}

#pragma mark - Photo album management

- (void)reload                                                          // 6
{
   if ([self managedObjectContext] && [self objectID]) {                // 7
      self.photoAlbum = (PhotoAlbum *)[self.managedObjectContext
                                 objectWithID:[self objectID]];         // 8
      [[self toolbar] setHidden:NO];                                    // 9
      [[self textField] setText:[self.photoAlbum name]];                // 10
   } else {
      [self setPhotoAlbum:nil];
      [[self toolbar] setHidden:YES];
      [[self textField] setText:@""];
   }
}

- (void)saveChanges                                                     // 11
{
   // Save the context.
   NSManagedObjectContext *context = [self managedObjectContext];
   NSError *error = nil;
```

```
    if (![context save:&error])
    {
       /*
        Replace this implementation with code to handle the error appropriately.

        abort() causes the application to generate a crash log and terminate.
        You should not use this function in a shipping application, although
        it may be useful during development. If it is not possible to recover
        from the error, display an alert panel that instructs the user to quit
        the application by pressing the Home button.
        */
       NSLog(@"Unresolved error %@, %@", error, [error userInfo]);
       abort();
    }
}

#pragma mark - UITextFieldDelegate methods                              // 12

- (BOOL)textFieldShouldBeginEditing:(UITextField *)textField            // 13
{
   [textField setBorderStyle:UITextBorderStyleRoundedRect];
   [textField setTextColor:[UIColor blackColor]];
   [textField setBackgroundColor:[UIColor whiteColor]];
   return YES;
}

- (void)textFieldDidEndEditing:(UITextField *)textField                 // 14
{
   [textField setBackgroundColor:[UIColor clearColor]];
   [textField setTextColor:[UIColor whiteColor]];
   [textField setBorderStyle:UITextBorderStyleNone];

   [[self photoAlbum] setName:[textField text]];
   [self saveChanges];
}

- (BOOL)textFieldShouldReturn:(UITextField *)textField                  // 15
{
   [textField resignFirstResponder];
   return NO;
}

#pragma mark - Actions

- (IBAction)showActionMenu:(id)sender
{

}

- (IBAction)addPhoto:(id)sender
{

}

@end
```

我们分析一下程序清单 16.15 的代码：

1～3. 导入了 PhotoAlbum.h 头文件。代码定义了一个类扩展，并添加了名为 PhotoAlbum 的声明属性。此声明属性在@implementation 节中被合成。

4～5. 添加了-viewDidLoad 方法，它在开头位置调用-reload 方法以初始化显示内容。还添加了-viewDidUnload 方法，它在卸除视图时释放插座变量。

6～10. 修改了-reload 方法的实现代码。新代码检查该控制器有无托管对象语境和对象 ID。有的话，它就获取相册数据，并在工具栏里显示相册名；倘若还没有托管对象语境和对象 ID，就隐藏这个工具栏，以免用户操作空的相册。

11. -saveChanges 方法是个帮助方法。贯穿整个控制器都需要保存语境，所以有个常用保存改动的方法会很有帮助。

12～13. 在用于保存的帮助方法之后是好几个 UITextFieldDelegate 方法。这是此刻你要完成的精华所在。第一个委派方法是-textFieldShouldBeginEditing:，在开始编辑文本栏前会调用此方法。此处的代码修改了文本栏的边界风格、文字颜色和背景，从而定义了编辑模式下的文本栏表现。

14. 编辑模式外观在-textFieldDidEndEditing:方法中复位。该方法在结束文本编辑后调用。除了复位文本栏的视觉外观外，所编辑的文本还被保存为相册名。

15. 该控制器用到的最末一个 UITextFieldDelegate 方法名叫-textFieldShouldReturn:。该方法在用户轻点虚拟键盘上的 Return 按钮时调用。-textFieldShouldReturn:实现代码将关闭键盘的显示。文本栏的-resignFirstResponder 方法也被用来关掉键盘。

祝贺你！应用程序现在能够支持相册名的编辑了。构建并运行应用程序，检测一下新功能如何。

16.3.3 修正工具栏的显示

在运行应用程序时，你也许已经注意到工具栏看上去有些古怪。虽然工具栏的背景色已经设为透明色，但并不真是透明色。事实是，工具栏叠在图片上，盖住了背景图片的圆角。要修正这个毛病，需要用到一个小技巧。

你得创建一个定制工具栏，以它控制工具栏背景图的绘制。或者说，它能够阻止背景图的绘制。

向 PhotoWheel 项目加入新的 Objective-C 类。将该类命名为 ClearToolbar，并设其为 UIToolbar 的子类。然后打开 ClearToolbar.m 文件，重载-drawRect:的实现代码为空。完整的代码在程序清单 16.16 中给出。

程序清单 16.16 ClearToolbar 类

```
///////
//  ClearToolbar.h
///////
#import <UIKit/UIKit.h>

@interface ClearToolbar : UIToolbar

@end
```

```
///////
//  ClearToolbar.m
///////
#import "ClearToolbar.h"

@implementation ClearToolbar

- (void)drawRect:(CGRect)rect
{
   // Intentionally left blank.
}

@end
```

现在要通知 Photo Album View Controller Scene 采用 `ClearToolbar` 而不是 `UIToolbar`。为此，打开 MainStoryboard.storyboard 文件，在 Photo Album View Controller Scene 中选择该工具栏，在 Identity 面板里把类名由 `UIToolbar` 改为 `ClearToolbar`。

保存这些修改，然后构建并运行应用程序。工具栏看起来好多了，如图 16-7 所示。

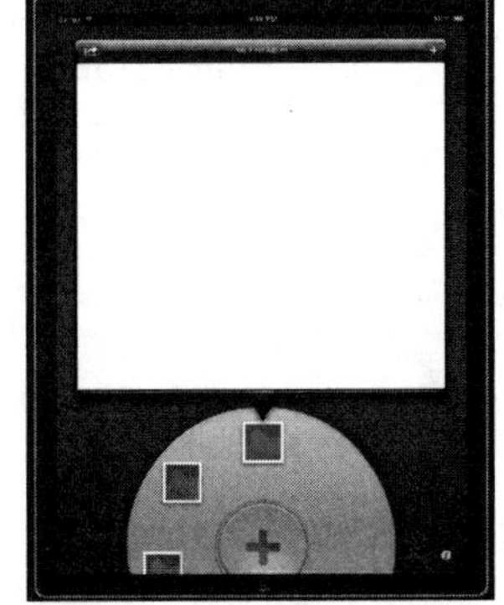

图 16-7　工具栏整改后的版本

16.3.4　删除相册

倘若用户能添加相册，他肯定希望能删除相册。PhotoWheel 需要让用户有删除相册的办法。工具栏左侧的动作按钮是个显示各动作菜单的好地方，这些动作应该包括删除相册。当用户触击此动作项时，应用程序应提示确认，否则用户可能失手删掉其喜爱的一组照片。

要做到这些，打开 PhotoAlbumViewController.m 文件，滚动至 `-showActionMenu:` 动作方法处。在此创建一个 `UIAction Sheet` 对象，并添加标题为“Delete Photo Album”的按钮。然后由动作按钮显示动作单。你还必须设置此视图控制器为该动作单的委派，意即你还需要打开 PhotoAlbumViewController.h 头文件，在遵守协议的清单中加上 `UIActionSheetDelegate`。

最后，显示 `UIAlertView` 对象以确认用户的删除操作。在相册永久去除之前，用户还有机会后悔一次。

要完成的代码改动如程序清单 16.17 所示。

程序清单 16.17　更新 `PhotoAlbumViewController`，加上对删除相册的支持

```
///////
//  PhotoAlbumViewController.h
///////
#import <UIKit/UIKit.h>

@interface PhotoAlbumViewController : UIViewController <UIActionSheetDelegate>

// Other code left out for brevity's sake.

@end
```

```
///////
//  PhotoAlbumViewController.m
///////
#import "PhotoAlbumViewController.h"
#import "PhotoAlbum.h"

// Other code left out for brevity's sake.

@implementation PhotoAlbumViewController

// Other code left out for brevity's sake.

#pragma mark - Actions

- (IBAction)showActionMenu:(id)sender
{
   UIActionSheet *actionSheet = [[UIActionSheet alloc] init];
   [actionSheet setDelegate:self];
   [actionSheet addButtonWithTitle:@"Delete Photo Album"];
   [actionSheet showFromBarButtonItem:sender animated:YES];
}

- (IBAction)addPhoto:(id)sender
{

}

#pragma mark - Confirm and delete photo album

- (void)confirmDeletePhotoAlbum
{
   NSString *message;
   NSString *name = [[self photoAlbum] name];
   if ([name length] > 0) {
      message = [NSString stringWithFormat:
                 @"Delete the photo album \"%@\". This action cannot be undone.",
                 name];
   } else {
      message = @"Delete this photo album? This action cannot be undone.";
   }
   UIAlertView *alertView = [[UIAlertView alloc]
                             initWithTitle:@"Delete Photo Album"
                             message:message
                             delegate:self
                             cancelButtonTitle:@"Cancel"
                             otherButtonTitles:@"OK", nil];
   [alertView show];
}

#pragma mark - UIAlertViewDelegate methods

- (void)alertView:(UIAlertView *)alertView
clickedButtonAtIndex:(NSInteger)buttonIndex
{
```

```
    if (buttonIndex == 1) {
      [self.managedObjectContext deleteObject:[self photoAlbum]];
      [self setPhotoAlbum:nil];
      [self setObjectID:nil];
      [self saveChanges];
      [self reload];
    }
}

#pragma mark - UIActionSheetDelegate methods

- (void)actionSheet:(UIActionSheet *)actionSheet
clickedButtonAtIndex:(NSInteger)buttonIndex
{
    // Do nothing if the user taps outside the action
    // sheet (thus closing the popover containing the
    // action sheet).
    if (buttonIndex < 0) {
      return;
    }

    [self confirmDeletePhotoAlbum];
}

@end
```

大功告成！相册现在可以删除了。

16.4 更美观的相册缩略图

相册缩略图看起来不错，但还有改进的余地。例如，缩略图图标并不能向用户确切传达照片集合的信息。并且也没有显示相册名。现在该改变这种情况了。

打开 PhotoWheelViewCell.h 头文件，将接口代码替换成程序清单 16.18 给出的代码。

程序清单 16.18 更新后的 PhotoWheelViewCell.h 头文件内容

```
#import "WheelView.h"

@interface PhotoWheelViewCell : WheelViewCell

@property (nonatomic, strong) IBOutlet UIImageView *imageView;
@property (nonatomic, strong) IBOutlet UILabel *label;

+ (PhotoWheelViewCell *)photoWheelViewCell;

@end
```

迄今为止，对代码进行的修改对你来说不会太陌生。添加了两个插座变量作为声明属性。图片视图用于显示缩略图，文本标签则用来显示相册名。

你可能觉得有点怪异的就是类方法+photoWheelViewCell。开头的加号指示这是个类方法，而非实例方法。该方法用来返回一个照片轮视图单元。

注意：诸如+photoWheelViewCell之类的方法有时被为便捷方法（convenience method）。之所以称其为便捷方法，是因为它们是为方便起见而提供的方法。在此特定情形中，该方法新PhotoWheelViewCell实例的创建变得更简便了。

现在打开PhotoWheelViewCell.m文件，将实现代码更新成如程序清单16.19所示的那样。这些新代码要替换掉所有旧代码。

程序清单16.19　更新后的PhotoWheelViewController.m文件内容

```
#import "PhotoWheelViewCell.h"

@implementation PhotoWheelViewCell

@synthesize imageView = _imageView;
@synthesize label = _label;

+ (PhotoWheelViewCell *)photoWheelViewCell
{
   NSString *nibName = NSStringFromClass([self class]);
   UINib *nib = [UINib nibWithNibName:nibName bundle:nil];
   NSArray *nibObjects = [nib instantiateWithOwner:nil options:nil];
   // Verify that the top-level object is in fact of the correct type.
   NSAssert2([nibObjects count] > 0 &&
           [[nibObjects objectAtIndex:0] isKindOfClass:[self class]],
           @"Nib '%@' does not contain top-level view of type %@.",
           nibName, nibName);
   return [nibObjects objectAtIndex:0];
}

@end
```

实现代码先是合成声明属性，并无新鲜内容。然而，真正新奇的是+photoWheelViewCell类方法的实现代码。

photoWheelViewCell先前的实现代码利用CALayer向视图绘制图片；新的photoWheelViewCell采用NIB定义视图布局。+photoWheelViewCell中的代码会返回一个在NIB的PhotoWheelViewCell.xib里创建的单元实例，而你尚未创建PhotoWheelViewCell.xib文件。

第一行代码获取类的名字。类名应为NIB的名字。下一行代码为NIB实例设定局部变量。UINib上的nibWithNibName:bundle:类方法用于获取NIB实例。然后NIB就被实例化，代码返回NIB内的对象数组。接着代码进行了快速验证，以确保数组内至少有一个对象，且顶层对象为期望的类类型，即PhotoWheelViewCell类型。顶层对象随即被返回给调用者。

只要你修改了这段代码，就该创建新的NIB文件，将其添加至PhotoWheel项目。创建NIB文件与创建其他项目文件很相似，按⌘+N键创建新文件，选择iOS → User Interface并选择空白文件模板，如图16-8所示。单击Next按钮，选择iPhone作为Device Family。再单击Next按钮，将此NIB文件保存为PhotoWheelViewCell。

为什么要选择iPhone作为Device Family?

照片轮视图是个小视图。通过选择iPhone作为Device Family，IB创建的视图将比选择iPad时小一些。

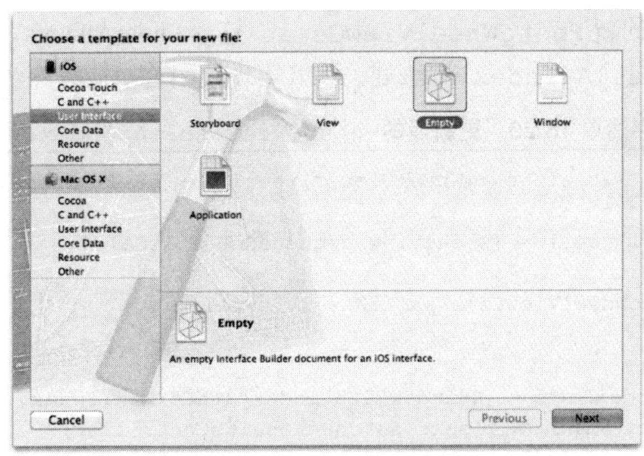

图 16-8 使用空白文件模板创建新的 NIB 文件

打开 NIB 文件 PhotoWheelViewCell.xib，拖动一个视图至设计画布。将此视图的类名改为 `PhotoWheelViewCell`。设置 Background color 为 Clear，视图 Width 为 97，Height 为 117。

向视图拖入一个 `UIImageView` 对象。设置其图片名为 defaultPhoto.png，并设置图框位置与尺寸：X 为 12，Y 为 10，Width 为 75，Height 为 75。按住 Control 键单击并拖动图片视图至照片轮视图单元视图对象，将其关联至 `imageView` 插座变量。这个图片视图将显示相册缩略图图片。

再向视图拖放另一个 `UIImageView` 对象。设置其图片名为 stack-overlay.png，并设置其图框位置与尺寸：X 为 0，Y 为 0，Width 为 97，Height 为 97。

最后，将一个 `UILabel` 对象拖放至此视图。在 Attributes 面板中，设置该对象的 Line Breaks 为 Truncate Middle，Alignment 为 Center；设置 Text Color 为 Default（或 Black），Font size 为 14；在 Size 面板中，设置图框：X 为 0，Y 为 90，Width 为 97，Height 为 21。按住 Control 键单击并拖动文本标签至照片轮视图单元，将其关联至该文本标签插座变量。

最终的结果应如图 16-9 所示。

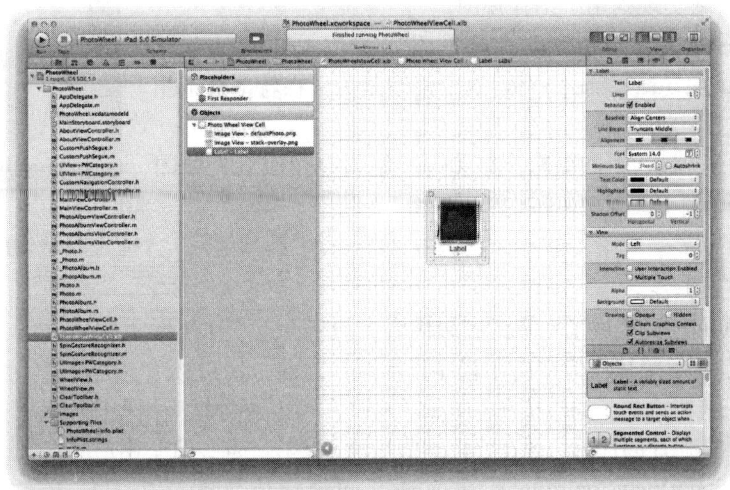

图 16-9 NIB 文件内 PhotoWheelViewCell 的用户界面

为利用这个改进了的新 PhotoWheelViewCell，打开 PhotoAlbumsView-Controller.m 文件，滚动至-wheelView:cellAtIndex:方法处。将其实现代码替换成程序清单 16.20 给出的代码。

程序清单 16.20 更新后的-wheelView:cellAtIndex:方法

```
- (WheelViewCell *)wheelView:(WheelView *)wheelView cellAtIndex:(NSInteger)index
{
PhotoWheelViewCell *cell = [wheelView dequeueReusableCell];
  if (!cell) {
    cell = [PhotoWheelViewCell photoWheelViewCell];                    // 1
  }

  NSIndexPath *indexPath = [NSIndexPath indexPathForRow:index inSection:0];
  PhotoAlbum *photoAlbum = [[self fetchedResultsController]
                    objectAtIndexPath:indexPath];
  Photo *photo = [[photoAlbum photos] lastObject];
  UIImage *image = [photo thumbnailImage];
  if (image == nil) {
    image = [UIImage imageNamed:@"defaultPhoto.png"];
  }

  [[cell imageView] setImage:image];                                   // 2
  [[cell label] setText:[photoAlbum name]];                            // 3

  return cell;
}
```

更新版本涉及三行代码的改动，我们来看一下：

1. 如果没有返回可重用单元，就使用 PhotoWheelViewCell 的便捷方法+photoWheelViewCell 创建一个新单元。

2. 第二处改动是将[cell setImage:image]替换成[[cell imageView] setImage: image]。照片轮视图单元的先前实现是在层上绘制图片，新实现则用了图片视图。

3. 第三处亦即最后一处改动，就是添加了[[cell label] setText:[photoAlbum name]]行。这个修改是为了在轮上显示相册的名字。

运行应用程序，观察新的缩略图效果——绝对是个改观，如图 16-10 所示。

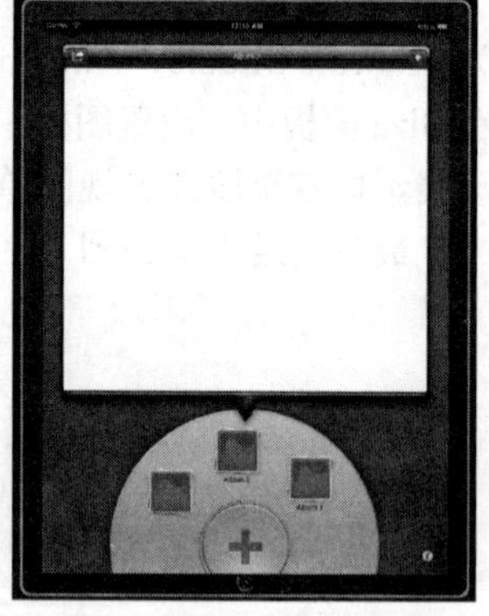

图 16-10 采用新缩略图显示风格的 PhotoWheel

16.5 添加照片

截至目前，我们已经完成了本章的很多内容，但还有点工作要做。PhotoWheel 还缺最后一个主要的物件，就是显示照片。但在应用程序显示照片之前，用户必须有办法来添加照片。

我们已经向工具栏添加了加号按钮（即 add 按钮），并且在原型应用程序中编写过从 Photos 应用程序库或摄像头挑选照片的代码。现在该把这些片段拼接在一起，赋予用户向相册添加照片的途径。

打开 PhotoAlbumViewController.h 头文件，向遵守协议的清单中加上 UIImagePickerControllerDelegate 和 UINavigationControllerDelegate。不错！在协议清单里包括

UINavigationControllerDelegate 有些怪怪的，但作为 UIImagePickerController 的委派时要求这么做。这也没什么大不了的。所有的 UINavigationControllerDelegate 方法都是可选的，所以这里没有要实现的 UINavigationControllerDelegate 方法。

更新后的 PhotoAlbumViewController.h 头文件如程序清单 16.21 所示。

程序清单 16.21　更新后的 PhotoAlbumViewController.h 头文件内容

```
#import <UIKit/UIKit.h>

@interface PhotoAlbumViewController : UIViewController <UIActionSheetDelegate,
UIImagePickerControllerDelegate, UINavigationControllerDelegate>

@property (nonatomic, strong) NSManagedObjectContext *managedObjectContext;
@property (nonatomic, strong) NSManagedObjectID *objectID;
@property (nonatomic, strong) IBOutlet UIToolbar *toolbar;
@property (nonatomic, strong) IBOutlet UITextField *textField;
@property (nonatomic, strong) IBOutlet UIBarButtonItem *addButton;

- (void)reload;
- (IBAction)showActionMenu:(id)sender;
- (IBAction)addPhoto:(id)sender;

@end
```

现在将注意力转移到实现文件 PhotoAlbumViewController.m 上来。你已经编写了代码，让用户向相册加入照片成为可能。代码位于原型应用程序中，但出于完整性考虑，程序清单 16.22 给出了更新后的 PhotoAlbumViewController.m 文件。你需要对代码执行同样的修改。

程序清单 16.22　更新后的 PhotoAlbumViewController.m 文件内容

```
#import "PhotoAlbumViewController.h"
#import "PhotoAlbum.h"
#import "Photo.h"                                                            // 1

@interface PhotoAlbumViewController ()

// Other code left out for brevity's sake.

@property (nonatomic, strong) UIImagePickerController *imagePickerController;   // 2
@property (nonatomic, strong) UIPopoverController *imagePickerPopoverController; // 3

- (void)presentPhotoPickerMenu;                                              // 4
@end

@implementation PhotoAlbumViewController

// Other code left out for brevity's sake.

@synthesize imagePickerController = _imagePickerController;                  // 5
@synthesize imagePickerPopoverController = _imagePickerPopoverController;

// Other code left out for brevity's sake.
```

```
- (UIImagePickerController *)imagePickerController                              // 6
{
   if (_imagePickerController) {
      return _imagePickerController;
   }

   self.imagePickerController = [[UIImagePickerController alloc] init];
   [self.imagePickerController setDelegate:self];

   return _imagePickerController;
}

// Other code left out for brevity's sake.

- (IBAction)addPhoto:(id)sender                                                 // 7
{
   if ([self imagePickerPopoverController]) {
      [[self imagePickerPopoverController] dismissPopoverAnimated:YES];
   }

   [self presentPhotoPickerMenu];
}

// Other code left out for brevity's sake.

#pragma mark - UIActionSheetDelegate methods

- (void)actionSheet:(UIActionSheet *)actionSheet clickedButtonAtIndex:(NSInteger)
buttonIndex                                                                     // 8
{
   // Do nothing if the user taps outside the action
   // sheet (thus closing the popover containing the
   // action sheet).
   if (buttonIndex < 0) {
      return;
   }

   NSMutableArray *names = [[NSMutableArray alloc] init];                       // 9

   if ([actionSheet tag] == 0) {
      [names addObject:@"confirmDeletePhotoAlbum"];

   } else {
      BOOL hasCamera = [UIImagePickerController
         isSourceTypeAvailable:UIImagePickerControllerSourceTypeCamera];
      if (hasCamera) [names addObject:@"presentCamera"];
      [names addObject:@"presentPhotoLibrary"];
   }

   SEL selector = NSSelectorFromString([names objectAtIndex:buttonIndex]);
   [self performSelector:selector];
}

#pragma mark - Image picker helper methods
```

```
- (void)presentCamera
{
   // Display the camera.
   UIImagePickerController *imagePicker = [self imagePickerController];
   [imagePicker setSourceType:UIImagePickerControllerSourceTypeCamera];
   [self presentModalViewController:imagePicker animated:YES];
}

- (void)presentPhotoLibrary
{
   // Display assets from the photo library only.
   UIImagePickerController *imagePicker = [self imagePickerController];
   [imagePicker setSourceType:UIImagePickerControllerSourceTypePhotoLibrary];

   UIPopoverController *newPopoverController =
      [[UIPopoverController alloc] initWithContentViewController:imagePicker];
   [newPopoverController presentPopoverFromBarButtonItem:[self addButton]
                           permittedArrowDirections:UIPopoverArrowDirectionAny
                                           animated:YES];
   [self setImagePickerPopoverController:newPopoverController];
}

- (void)presentPhotoPickerMenu
{
   UIActionSheet *actionSheet = [[UIActionSheet alloc] init];
   [actionSheet setDelegate:self];
   BOOL hasCamera = [UIImagePickerController
            isSourceTypeAvailable:UIImagePickerControllerSourceTypeCamera];
   if (hasCamera) {
      [actionSheet addButtonWithTitle:@"Take Photo"];
   }
   [actionSheet addButtonWithTitle:@"Choose from Library"];
   [actionSheet setTag:1];
   [actionSheet showFromBarButtonItem:[self addButton] animated:YES];
}

#pragma mark - UIImagePickerControllerDelegate methods

- (void)imagePickerController:(UIImagePickerController *)picker
didFinishPickingMediaWithInfo:(NSDictionary *)info
{
   // If the popover controller is available,
   // assume the photo is selected from the library
   // and not from the camera.
   BOOL takenWithCamera = ([self imagePickerPopoverController] == nil);

   if (takenWithCamera) {
      [self dismissModalViewControllerAnimated:YES];
   } else {
      [[self imagePickerPopoverController] dismissPopoverAnimated:YES];
      [self setImagePickerPopoverController:nil];
   }
```

```
    // Retrieve and display the image.
    UIImage *image = [info objectForKey:UIImagePickerControllerOriginalImage];

    NSManagedObjectContext *context = [self managedObjectContext];
    Photo *newPhoto =
       [NSEntityDescription insertNewObjectForEntityForName:@"Photo"
                                     inManagedObjectContext:context];
    [newPhoto setDateAdded:[NSDate date]];
    [newPhoto saveImage:image];
    [newPhoto setPhotoAlbum:[self photoAlbum]];

    [self saveChanges];
}

@end
```

我们来分析一下这段代码，重点是修改的地方：

1～5. 代码在导入清单中添加了对 Photo.h 头文件的导入。在类扩展里添加了两个声明属性。前一个是对图片捡拾器的引用，后一个是对浮动控制器的引用。浮动控制器用来展示图片捡拾器。-presentPhotoPickerMenu 方法声明已加入至类扩展中，其在@implementation 节里的位置无关紧要。谈到实现节，新的声明属性都是在@implementation 节里合成的。

6. 为 imagePickerController 创建了定制的 getter 方法。该方法调入了视图控制器用到的 UIImagePickerController 实例。

7. getter 方法之后是-addPhoto:。-addPhoto:方法以前的实现代码是空白，然而现在则开始拾取图片的过程。它还会关掉浮动控制器，如果后者还在显示的话。

8.-actionSheet:clickedButtonAtIndex:方法是对 UIActionSheetDelegate 协议的回调，已经修改成支持多个动作单。动作按钮会显示一个动作单，加号按钮则显示另一个动作单。它们都使用 PhotoAlbumViewController 实例作为它们的委派，所以不管发送的动作单如何，都会调用同样的回调方法。动作单的标记属性用来区分两个动作单。标记值 0 指示该动作单为动作按钮所用；标记值 1 则指示该动作单被加号按钮所用。

9. 为了让-actionSheet:clickedButtonAtIndex:方法内的代码更方便维护，代码用了一个可变数组来列出动作单内每个菜单项的选择器名字，然后用 buttonIndex 从数组中获取选择器的名字，再调用-performSelector:来激发选择器。这种调用选择器的动态办法是 Objective-C 的一项强大功能，其他许多编译型编程语言都不具备这个功能。

注意：PhotoWheel 项目使用 ARC 来向编译器传递对象的内存管理负责权。由于在-performSelector:调用中并不知晓选择器，编译器会报告可能有内存泄漏（possible memory leak）警告。毕竟 ARC 不知道有选择器，故而此警告消息是合情合理的。选择器是在运行时决定的，但这些嫌疑代码并不会引起内存泄漏。遗憾的是没有办法关掉这个警告消息，故而眼下此警告消息只好作为编译器输出的一部分。

程序清单 16.22 的其余代码与你先前为原型应用程序写的拾取图片代码类似。倘若你要回顾这段代码干了些什么，可参看第 12 章的相关内容。

16.6 显示照片

PhotoWheel 缺乏的最后一个功能就是显示照片。呈现照片的精彩办法就是以栅格方式布放它们，但 iOS 未提供栅格视图。这意味着你得编写栅格视图的代码。从头编写栅格视图不会太难，因为有些核心概念已经在 WheelView 类中实现了。

与 WheelView 类相似，栅格视图将依据 UITableView 建模。它依赖于与控制器通信的数据源协议，还会管理可重用单元的内部缓冲。

要创建栅格视图，应先新建一个 Objective-C 类，将该类起名为 GridView，并作为 UIScrollView 的子类，然后将新类添加到 PhotoWheel 项目中。

UIScrollView 作为 GridView 的父类，会显示比可视显示区域更多的内容。用户使用滑动手势来滚动内容的显示。PhotoWheel 用户可以在一个相册里保存许多照片，照片远远多于应用程序一次能显示的照片数。因此，基于 GridView 类的滚动视图将赋予你大量现成的显示行为。

创建 GridView 类之后，打开 GridView.h 头文件，添加如程序清单 16.23 所示的代码。

程序清单 16.23　GridView.h 头文件内容

```
#import <UIKit/UIKit.h>

@class GridViewCell;                                                      // 1
@protocol GridViewDataSource;                                             // 2


@interface GridView : UIScrollView <UIScrollViewDelegate>                 // 3

@property (nonatomic, strong) IBOutlet id<GridViewDataSource> dataSource; // 4
@property (nonatomic, assign) BOOL allowsMultipleSelection;               // 5


- (id)dequeueReusableCell;                                                // 6
- (void)reloadData;                                                       // 7
- (GridViewCell *)cellAtIndex:(NSInteger)index;                           // 8
- (NSInteger)indexForSelectedCell;                                        // 9
- (NSArray *)indexesForSelectedCells;                                     // 10

@end


@protocol GridViewDataSource <NSObject>
@required
- (NSInteger)gridViewNumberOfCells:(GridView *)gridView;
- (GridViewCell *)gridView:(GridView *)gridView cellAtIndex:(NSInteger)index;
- (CGSize)gridViewCellSize:(GridView *)gridView;

@optional
- (NSInteger)gridViewCellsPerRow:(GridView *)gridView;
- (void)gridView:(GridView *)gridView didSelectCellAtIndex:(NSInteger)index;
- (void)gridView:(GridView *)gridView didDeselectCellAtIndex:(NSInteger)index;
@end
```

```
@interface GridViewCell : UIView
@property (nonatomic, assign, getter = isSelected) BOOL selected;               // 11
@end
```

1. GridView 类看上去会很熟悉。它使用一种近似于你所用的 WheelView 类实现代码的模式。代码声明了 GridViewCell 为前向声明。其接口在源代码清单的后部声明。该类提供了 GridView 类用到的已知基类。

2. 接着是对 GridViewDataSource 协议的声明。其接口也在源代码清单靠后的位置定义。该协议用来激活栅格视图与视图控制器间的通信。这些协议有几个方法，可用于对 UITableView 和 WheelView 操作。有获取单元数目的方法，获取单元尺寸的方法，获取每行显示单元数目的方法，当然还有方法获取在栅格上显示的单元。

3. GridView 接口的代码简单易懂。它生成 UIScrollView 的子类，遵守 UIScrollViewDelegate 协议。你很快会看到，GridView 自己还是管理滚动事件的委派。

4～5. GridView 类有两个属性：dataSource 和 allowsMultipleSelection。dataSource 是对一个遵守 GridViewDataSource 协议的对象（典型情况是个视图控制器）的引用。allowsMultipleSelection 为一个标志位，指示 GridView 是否应当管理多项选择。倘若标志位为 YES，则同一时刻可有一个或多个单元被选中；假如标志位为 NO，只能有一个可被选中。

注意：这里 GridView 类实现的是多选功能。不过在第 21 章之前，你都不会用到这个功能。

6～8. GridView 类的一套方法对你来说应当很熟悉了。-dequeueReusableCell、-reloadData 和-cellAtIndex:方法在 WheelView 类里都有。

9～10. GridView 类还提供了另外两个方法来报告已选中的一个或多个单元，即 -indexForSelectedCell 和-indexesForSelectedCells 方法。前一个返回单个所选单元的下标；后一个返回一组所选单元的数组。只有在 allowsMultipleSelection 标志位为 YES 时，第二种方法才有意义。

11. 声明属性 selected 是个布尔（BOOL）值，指示该单元选中与否。

现在处理实现代码。打开 GridView.m 文件，将其更新为如程序清单 16.24 所示的代码。

程序清单 16.24　GridView.m 文件的内容

```
#import "GridView.h"

#pragma mark - GridViewCell

@interface GridViewCell ()                                                       // 1
@property (nonatomic, assign) NSInteger indexInGrid;
@end

@implementation GridViewCell                                                     // 2
@synthesize selected = selected_;
@synthesize indexInGrid = indexInGrid_;
@end
```

```
#pragma mark - GridView

@interface GridView ()                                              // 3
@property (nonatomic, strong) NSMutableSet *reusableViews;
@property (nonatomic, assign) NSInteger firstVisibleIndex;
@property (nonatomic, assign) NSInteger lastVisibleIndex;
@property (nonatomic, assign) NSInteger previousItemsPerRow;
@property (nonatomic, strong) NSMutableSet *selectedCellIndexes;
@end

@implementation GridView                                            // 4

@synthesize dataSource = _dataSource;
@synthesize reusableViews = _reusableViews;
@synthesize firstVisibleIndex = _firstVisibleIndex;
@synthesize lastVisibleIndex = _lastVisibleIndex;
@synthesize previousItemsPerRow = _previousItemsPerRow;
@synthesize selectedCellIndexes = _selectedCellIndexes;
@synthesize allowsMultipleSelection = _allowsMultipleSelection;

- (void)commonInit                                                  // 5
{
  // We keep a collection of reusable views. This
  // improves scrolling performance by not requiring
  // creation of the view each and every time.
  self.reusableViews = [[NSMutableSet alloc] init];

  // We have no views visible at first so we
  // set index values high and low to trigger
  // the display during layoutSubviews.
  [self setFirstVisibleIndex:NSIntegerMax];
  [self setLastVisibleIndex:NSIntegerMin];
  [self setPreviousItemsPerRow:NSIntegerMin];

  [self setDelaysContentTouches:YES];                               // 6
  [self setClipsToBounds:YES];                                      // 7
  [self setAlwaysBounceVertical:YES];                               // 8

  [self setAllowsMultipleSelection:NO];                             // 9
  self.selectedCellIndexes = [[NSMutableSet alloc] init];           // 10

  UITapGestureRecognizer *tap = [[UITapGestureRecognizer alloc]
       initWithTarget:self action:@selector(didTap:)];              // 11
  [self addGestureRecognizer:tap];
}

- (id)init                                                          // 12
{
  self = [super init];
  if (self) {
    [self commonInit];
  }
  return self;
}
```

```
- (id)initWithCoder:(NSCoder *)aDecoder
{
   self = [super initWithCoder:aDecoder];
   if (self) {
      [self commonInit];
   }
   return self;
}

- (id)initWithFrame:(CGRect)frame
{
   self = [super initWithFrame:frame];
   if (self) {
      [self commonInit];
   }
   return self;
}

- (id)dequeueReusableCell                                                   // 13
{
   id view = [[self reusableViews] anyObject];
   if (view != nil) {
      [[self reusableViews] removeObject:view];
   }
   return view;
}

- (void)queueReusableCells                                                  // 14
{
   for (UIView *view in [self subviews]) {
      if ([view isKindOfClass:[GridViewCell class]]) {
         [[self reusableViews] addObject:view];
         [view removeFromSuperview];
      }
   }

   [self setFirstVisibleIndex:NSIntegerMax];
   [self setLastVisibleIndex:NSIntegerMin];
   [[self selectedCellIndexes] removeAllObjects];
}

- (void)reloadData                                                          // 15
{
   [self queueReusableCells];
   [self setNeedsLayout];
}

- (GridViewCell *)cellAtIndex:(NSInteger)index                              // 16
{
   GridViewCell *cell = nil;
   if (index >= [self firstVisibleIndex] && index <= [self lastVisibleIndex]) {
      for (id view in [self subviews]) {
         if ([view isKindOfClass:[GridViewCell class]]) {
```

```
         if ([view indexInGrid] == index) {
            cell = view;
            break;
         }
      }
   }
}

if (cell == nil) {
   cell = [[self dataSource] gridView:self cellAtIndex:index];
}

return cell;
}

- (void)layoutSubviews                                                  // 17
{
   [super layoutSubviews];

   CGRect visibleBounds = [self bounds];                                // 18
   NSInteger visibleWidth = visibleBounds.size.width;
   NSInteger visibleHeight = visibleBounds.size.height;

   CGSize viewSize = [[self dataSource] gridViewCellSize:self];         // 19

   // Do some math to determine which rows and columns
   // are visible.
   NSInteger itemsPerRow = NSIntegerMin;                                // 20
   if ([[self dataSource] respondsToSelector:@selector(gridViewCellsPerRow:)]) {
      itemsPerRow = [[self dataSource] gridViewCellsPerRow:self];
   }
   if (itemsPerRow == NSIntegerMin) {
      // Calculate the number of items per row.
      itemsPerRow = floor(visibleWidth / viewSize.width);
   }
   if (itemsPerRow != [self previousItemsPerRow]) {
      // Force reload of grid views. Unfortunately this means
      // visible views will reload, which can hurt performance
      // when the view isn't cached. Need to find a better
      // approach someday.
      [self queueReusableCells];
   }
   [self setPreviousItemsPerRow:itemsPerRow];

   // Ensure a minimum amount of space between views.
   NSInteger minimumSpace = 5;
   if (visibleWidth - itemsPerRow * viewSize.width < minimumSpace) {
      itemsPerRow--;
   }

   if (itemsPerRow < 1) itemsPerRow = 1;  // Ensure at least one view per row.

   NSInteger spaceWidth =
      round((visibleWidth - viewSize.width * itemsPerRow) / (itemsPerRow + 1));
```

```
NSInteger spaceHeight = spaceWidth;

// Calculate the content size for the scroll view.
NSInteger viewCount = [[self dataSource] gridViewNumberOfCells:self];
NSInteger rowCount = ceil(viewCount / (float)itemsPerRow);
NSInteger rowHeight = viewSize.height + spaceHeight;
CGSize contentSize = CGSizeMake(visibleWidth,
                        (rowHeight * rowCount + spaceHeight));
[self setContentSize:contentSize];                                    // 21

NSInteger numberOfVisibleRows = visibleHeight / rowHeight;
NSInteger topRow = MAX(0, floorf(visibleBounds.origin.y / rowHeight));
NSInteger bottomRow = topRow + numberOfVisibleRows;

CGRect extendedVisibleBounds =
  CGRectMake(visibleBounds.origin.x,
          MAX(0, visibleBounds.origin.y),
          visibleBounds.size.width,
          visibleBounds.size.height + rowHeight);

// Recycle all views that are no longer visible.
for (UIView *view in [self subviews]) {                               // 22
  if ([view isKindOfClass:[GridViewCell class]]) {
    CGRect viewFrame = [view frame];

    // If the view doesn't intersect, it's not visible, so recycle it.
    if (!CGRectIntersectsRect(viewFrame, extendedVisibleBounds)) {
      [[self reusableViews] addObject:view];
      [view removeFromSuperview];
    }
  }
}

/////////////
// Whew! We're now ready to lay out the subviews.                     // 23

NSInteger startAtIndex = MAX(0, topRow * itemsPerRow);
NSInteger stopAtIndex = MIN(viewCount,
                   (bottomRow * itemsPerRow) + itemsPerRow);

// Set the initial origin.
NSInteger x = spaceWidth;
NSInteger y = spaceHeight + (topRow * rowHeight);

// Iterate through the needed views, adding any views that are missing.
for (NSInteger index = startAtIndex; index < stopAtIndex; index++) {

  // Set the frame so the view is placed in the correct position.
  GridViewCell *view = [self cellAtIndex:index];
  CGRect newFrame = CGRectMake(x, y, viewSize.width, viewSize.height);
  [view setFrame:newFrame];

  // If the index is between the first and last, the
  // view is not missing.
```

```
      BOOL isViewMissing =
         !(index >= [self firstVisibleIndex] && index < [self lastVisibleIndex]);
      if (isViewMissing) {
         BOOL selected = [[self selectedCellIndexes]
                        containsObject:[NSNumber numberWithInteger:index]];
         [view setSelected:selected];
         [view setIndexInGrid:index];
         [self addSubview:view];
      }

      // Adjust the position.
      if ((index+1) % itemsPerRow == 0) {
         // Start new row.
         x = spaceWidth;
         y += viewSize.height + spaceHeight;
      } else {
         x += viewSize.width + spaceWidth;
      }
   }

   // Finally, remember which view indexes are visible.
   [self setFirstVisibleIndex:startAtIndex];
   [self setLastVisibleIndex:stopAtIndex];
}

- (void)didTap:(UITapGestureRecognizer *)recognizer                    // 24
{
   // Need to figure out if the user tapped a cell or not.
   // If a cell was tapped, let the data source know
   // which cell was tapped.

   CGPoint touchPoint = [recognizer locationInView:self];

   for (id view in [self subviews]) {
      if ([view isKindOfClass:[GridViewCell class]]) {
         if (CGRectContainsPoint([view frame], touchPoint)) {           // 25

            NSInteger previousIndex = -1;                               // 26
            NSInteger selectedIndex = -1;

            NSMutableSet *selectedCellIndexes = [self selectedCellIndexes];
            if ([self allowsMultipleSelection] == NO) {
               // Out with the old.
               if ([selectedCellIndexes count] > 0) {
                  previousIndex = [[selectedCellIndexes anyObject] integerValue];
                  [[self cellAtIndex:previousIndex] setSelected:NO];
                  [selectedCellIndexes removeAllObjects];
               }

               // And in with the new.
               selectedIndex = [view indexInGrid];
               [view setSelected:YES];
               [selectedCellIndexes
                  addObject:[NSNumber numberWithInteger:selectedIndex]];
```

```
      } else {
        NSInteger indexInGrid = [view indexInGrid];
        NSNumber *numberIndexInGrid =
          [NSNumber numberWithInteger:indexInGrid];

        if ([selectedCellIndexes containsObject:numberIndexInGrid]) {
          previousIndex = indexInGrid;
          [view setSelected:NO];
          [selectedCellIndexes removeObject:numberIndexInGrid];
        } else {
          selectedIndex = indexInGrid;
          [view setSelected:YES];
          [selectedCellIndexes addObject:numberIndexInGrid];
        }
      }

      id <GridViewDataSource> dataSource = [self dataSource];         // 27
      if (previousIndex >= 0) {
        if ([dataSource
             respondsToSelector:@selector(gridView:didDeselectCellAtIndex:)])
        {
          [dataSource gridView:self didDeselectCellAtIndex:previousIndex];
        }
      }
      if (selectedIndex >= 0) {
        if ([dataSource
             respondsToSelector:@selector(gridView:didSelectCellAtIndex:)])
        {
          [dataSource gridView:self didSelectCellAtIndex:selectedIndex];
        }
      }

      break;
    }
  }
 }
}

- (NSInteger)indexForSelectedCell                                    // 28
{
  NSInteger selectedIndex = -1;
  NSMutableSet *selectedCellIndexes = [self selectedCellIndexes];
  if ([selectedCellIndexes count] > 0) {
    selectedIndex = [[selectedCellIndexes anyObject] integerValue];
  }
  return selectedIndex;
}

- (NSArray *)indexesForSelectedCells                                 // 29
{
  NSArray *selectedIndexes = nil;
  NSMutableSet *selectedCellIndexes = [self selectedCellIndexes];
  if ([selectedCellIndexes count] > 0) {
```

```
        NSSortDescriptor *sortDescriptor = [NSSortDescriptor
                                    sortDescriptorWithKey:@"self"
                                    ascending:YES];
        selectedIndexes = [selectedCellIndexes
         sortedArrayUsingDescriptors:[NSArray arrayWithObject:sortDescriptor]];
    }
    return selectedIndexes;
}

@end
```

程序清单 16.24 的许多代码在概念上已经很熟悉了，所以这里不再赘述，只强调一些关键的部分。

1～2. GridView.m 文件开头是 GridViewCell 的类扩展和实现代码。它有个私有属性 indexInGrid，供 GridView 类用来维护栅格内的单元下标。

3. GridViewCell 之后是 GridView 的类扩展。这里的类扩展有一组属性，用于管理可重用单元的缓冲、单元的显示，以及所选多个单元的下标集合。

4～5. 从这里开始 GridView 的实现代码，正如你可能预计的那样，带有对声明属性的合成语句。随后是-commonInit 方法。该方法由别的 init*方法调用，负责初始化 GridView 实例。它分配 reusableViews 集合，然后设置用来控制显示布局的属性值。

属性 delaysContentTouches、clipsToBounds 和 alwaysBounceVertical 要设为 YES。这些属性继承自 UIScrollView，所以在 GridView 类中看不到它们的声明。

6. delaysContentTouches 属性告诉滚动视图要延迟对触摸手势的处理。延迟一直要持续到滚动视图能确定滚动是否为这个手势的意图为止。延迟给了触击手势（也在-commonInit 中被实例化）处理该手势的机会。

7～8. clipsToBounds 属性限制子视图（即各单元）至滚动视图的边界，以确保各单元不会显示到栅格视图可见区域的外部。alwaysBounceVertical 属性总是控制在内容到达末尾遇到边框时反弹。

9～10. -commonInit 还设置 allowMultipleSelection 标志位为 NO，即 GridView 类的默认行为。然后它实例化一个可变集，用来维护所选中单元下标的集合。

11. 代码创建了触击手势并将其添加至栅格视图。触击手势用于确定栅格视图里的单元何时被触击。

12. 代码在此提供了另外的 init*方法，使 GridView 对象可以由 Cocoa 中的各种常见办法创建。例如，当 GridView 在 NIB 或故事板里定义时，将调用-initWithCoder:方法，而且是在运行时调用。

13～16. init 方法之后的那些方法（例如-dequeueReusableCell、-queueReusableCells、-reloadData 和-cellAtIndex:）基本上和 WheelView 类里的同名方法并无二致，且代码是自说明的。随后的-layoutSubviews 却并非如此。

17～19. -layoutSubviews 方法是 GridView 类的主力。该方法负责在栅格布局上显示各单元。它先设置栅格视图的边界和尺寸局部变量，然后从数据源请求单元尺寸，数据源要提供这些数据。尺寸数据连同其他变量用来计算行、列以及栅格的整体布局。

20. 接下来计算每行的条目数。计算是为了在行内平均分布各单元。数据源有个选项可以越过这种计算，直接指定每行的条目数。

21 ~ 22. 一旦完成了计算，滚动视图的内容尺寸就定了下来。内容尺寸可以比显示栅格的视窗大。随后，计算栅格的边界。这些用来确定某单元是否可视。不可见的单元将放入队列以备重用。

23. 正是在这个位置，-layoutSubviews 终于能够最终布局各子视图了。子视图是组成栅格的各个单元。这里用了循环以迭代要显示的单元。倘若某单元未被显示，在此就会添加上。单元随后被定位至栅格内，以形成行与列的栅格布局。

24 ~ 25. -layoutSubviews 方法之后是-didTap:方法。该方法处理在-commonInit 中所创建的触击手势的触击事件。它会迭代子视图集合，找到用户触击处可能显示的照片。CGRectContainsPoint()用于决定该单元是否被触击。

26 ~ 27. 倘若逻辑判断某个单元已被触击，就会再确定该单元是被选中还是去选中。倘若关闭了多选功能，被触击单元立即作为被选单元；然后，假如打开了多选功能，对未选单元的触击将选中该单元,对已选单元的触击将去掉对该单元的选中。只要代码确定某个单元已被选中还是去选中，就会对数据源有个回调，通知它选择有所变化。

28. GridView 实现代码的最后两个方法返回所选中单元的下标信息。-indexForSelectedCell 方法返回所选中单元的下标。倘若没有单元被标记为选中，就返回-1。如果 allowMultipleSelection 标志位为 YES，会返回多个选中单元中的任一个下标。而 allowMultipleSelection 标志位关闭时，同样的逻辑也适用于返回所选中单元的下标。之所以也适用，是因为在 allowMultipleSelection 关闭时，selectedCellIndexes 只包含一个单元下标。

29. 最后是-indexesForSelectedCells 方法，它返回所选中各单元的下标清单。倘若没有单元被标记为选中，就返回 nil。

好了，朋友们，这就是我们对 GridView 类及其实现代码的大致说明。

16.6.1　使用 GridView 类

GridView 类的用法和 WheelView 类相同。在 NIB 或故事板场景里放置视图，在 Identity 面板里改变其类名，关联一个视图控制器作为其数据源。事实上，我们现在就来这么做。

打开 MainStoryboard.storyboard 文件，选取 Photo Album View Controller Scene，并拖放新的 UIView 对象至该场景的内容视图中。将其类名由 UIView 改为 GridView，再设置其框架位置和尺寸，即 X 为 9、Y 为 51、Width 为 698、Height 为 597。按住 Control 键单击并拖动栅格视图至视图控制器，从而把相册视图控制器作为栅格视图的数据源。

还必须将栅格视图作为插座变量关联至视图控制器。打开 PhotoAlbumViewController.h 头文件，导入 GridView.h 头文件，添加一个名为 gridView 的 GridView 类型插座变量。确保更新了视图控制器里[self setGridView:nil]节的-viewDidUnload 方法。另外一个办法是，利用 Assistant 编辑器创建和关联新插座变量。

还有，PhotoAlbumViewController 要作为 GridView 的数据源，它要用到一个 NSFetchedResultsController 对象。因此，需要向 PhotoAlbumViewController 类实现的协议清单中加入 GridViewDataSource 和 NSFetchedResultsControllerDelegate。

再做最后一个对可视化的修改。为了使用户向上滚动栅格时显得不那么生硬，在工具栏下放置一个阴影。最简便的办法就是拖放 `UIImageView` 至此场景里。设置图片名为 stack-viewer-shadow.png，其框架位置和尺寸为：X 为 9、Y 为 51、Width 为 698、Height 为 8。最后，关掉此图片视图的自动调整尺寸功能。

完工后的场景应当如图 16-11 所示。

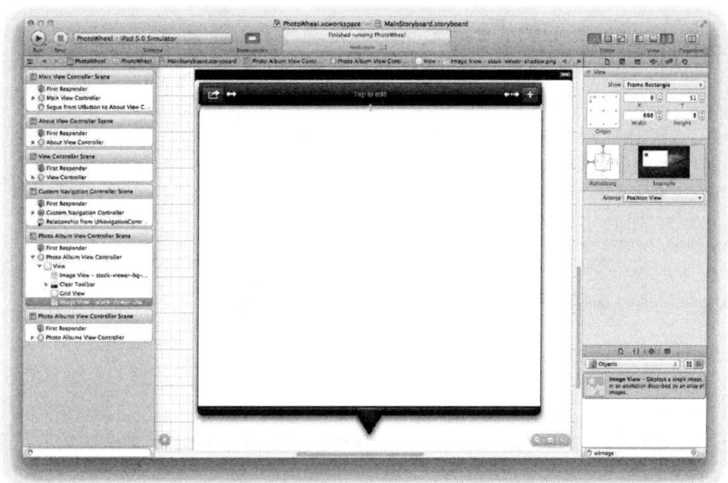

图 16-11　带有栅格视图和放置阴影的场景

`PhotoAlbumViewController` 类更新后的代码参看程序清单 16.25。检查清单，确保你对自己代码做了同样的修改。

程序清单 16.25　更新后的 `PhotoAlbumViewController` 类代码

```
///////
//  PhotoAlbumViewController.h
///////
#import <UIKit/UIKit.h>
#import "GridView.h"

@interface PhotoAlbumViewController : UIViewController
<UIActionSheetDelegate, UIImagePickerControllerDelegate,
UINavigationControllerDelegate, NSFetchedResultsControllerDelegate,
GridViewDataSource>

// Other code left out for brevity's sake.

@property (nonatomic, strong) IBOutlet GridView *gridView;

// Other code left out for brevity's sake.

@end


///////
```

```
// PhotoAlbumViewController.m
///////
#import "PhotoAlbumViewController.h"
#import "PhotoAlbum.h"
#import "Photo.h"
#import "ImageGridViewCell.h"

@interface PhotoAlbumViewController ()

// Other code left out for brevity's sake.

@property (nonatomic, strong) NSFetchedResultsController
*fetchedResultsController;

// Other code left out for brevity's sake.

@end

@implementation PhotoAlbumViewController

// Other code left out for brevity's sake.

@synthesize gridView = _gridView;
@synthesize fetchedResultsController = _fetchedResultsController;

// Other code left out for brevity's sake.

- (void)reload
{
   if ([self managedObjectContext] && [self objectID]) {
      self.photoAlbum = (PhotoAlbum *)[self.managedObjectContext
                              objectWithID:[self objectID]];
      [[self toolbar] setHidden:NO];
      [[self textField] setText:[self.photoAlbum name]];
   } else {
      [self setPhotoAlbum:nil];
      [[self toolbar] setHidden:YES];
      [[self textField] setText:@""];
   }

   [self setFetchedResultsController:nil];
   [[self gridView] reloadData];
}

// Other code left out for brevity's sake.

#pragma mark - NSFetchedResultsController and NSFetchedResultsControllerDelegate

- (NSFetchedResultsController *)fetchedResultsController
{
   if (_fetchedResultsController) {
      return _fetchedResultsController;
   }
```

```
    NSManagedObjectContext *context = [self managedObjectContext];
    if (!context) {
        return nil;
    }

    NSString *cacheName = [NSString stringWithFormat:@"%@-%@",
                         [self.photoAlbum name], [self.photoAlbum dateAdded]];
    NSFetchRequest *fetchRequest = [[NSFetchRequest alloc] init];
    NSEntityDescription *entityDescription =
        [NSEntityDescription entityForName:@"Photo"
                    inManagedObjectContext:context];
    [fetchRequest setEntity:entityDescription];

    NSSortDescriptor *sortDescriptor =
        [NSSortDescriptor sortDescriptorWithKey:@"dateAdded" ascending:YES];
    [fetchRequest setSortDescriptors:[NSArray arrayWithObject:sortDescriptor]];

    [fetchRequest setPredicate:[NSPredicate predicateWithFormat:@"photoAlbum = %@",
                              [self photoAlbum]]];

    NSFetchedResultsController *newFetchedResultsController =
        [[NSFetchedResultsController alloc] initWithFetchRequest:fetchRequest
                                            managedObjectContext:context
                                              sectionNameKeyPath:nil
                                                       cacheName:cacheName];
    [newFetchedResultsController setDelegate:self];
    [self setFetchedResultsController:newFetchedResultsController];

    NSError *error = nil;
    if (![[self fetchedResultsController] performFetch:&error])
    {
        /*
         Replace this implementation with code to handle the error appropriately.

         abort() causes the application to generate a crash log and terminate.
         You should not use this function in a shipping application, although
         it may be useful during development. If it is not possible to recover
         from the error, display an alert panel that instructs the user to quit
         the application by pressing the Home button.
         */
        NSLog(@"Unresolved error %@, %@", error, [error userInfo]);
        abort();
    }

    return _fetchedResultsController;
}

- (void)controllerDidChangeContent:(NSFetchedResultsController *)controller
{
    [[self gridView] reloadData];
}

#pragma mark - GridViewDataSource methods
```

```
- (NSInteger)gridViewNumberOfCells:(GridView *)gridView
{
   NSInteger count = [[[[self fetchedResultsController] sections]
                  objectAtIndex:0] numberOfObjects];
   return count;
}

- (GridViewCell *)gridView:(GridView *)gridView cellAtIndex:(NSInteger)index
{
   ImageGridViewCell *cell = [gridView dequeueReusableCell];
   if (cell == nil) {
      cell = [ImageGridViewCell imageGridViewCellWithSize:CGSizeMake(100, 100)];
   }

   NSIndexPath *indexPath = [NSIndexPath indexPathForRow:index inSection:0];
   Photo *photo = [[self fetchedResultsController] objectAtIndexPath:indexPath];
   [[cell imageView] setImage:[photo smallImage]];

   return cell;
}
- (CGSize)gridViewCellSize:(GridView *)gridView
{
   return CGSizeMake(100, 100);
}

- (void)gridView:(GridView *)gridView didSelectCellAtIndex:(NSInteger)index
{

}

@end
```

先前学习了 WheelView 的用法，程序清单 16.25 里代码采用的模式与其相同，所以这里没必要再分析一遍。时间最好花到创建其他新 Objective-C 类上。

-gridView:cellAtIndex:方法返回的单元类型是 ImageGridViewCell。该类尚不存在，所以我们暂不编译此应用程序。ImageGridViewCell 近似于在原型应用程序中创建的 PhotoWheelViewCell。区别是 ImageGridViewCell 支持选定的状态。选中单元会以可见指示表达出来，而未选中的单元不会。

注意：本章不会对所选中的单元使用可见指示，但很有必要先放入代码。在第 21 章中将用到可见指示。

16.6.2 构建图片栅格视图单元

创建一个新的 Objective-C 类，起名为 ImageGridViewCell，将其设置成 GridViewCell 的子类，并添加至 PhotoWheel 项目，然后复制程序清单 16.26 的代码。

程序清单 16.26 ImageGridViewCell 类的代码

```
///////
// ImageGridViewCell.h
```

```
///////
#import "GridView.h"

@interface ImageGridViewCell : GridViewCell

@property (nonatomic, strong, readonly) UIImageView *imageView;             // 1
@property (nonatomic, strong, readonly) UIImageView *selectedIndicator;     // 2

+ (ImageGridViewCell *)imageGridViewCellWithSize:(CGSize)size;              // 3
- (id)initWithSize:(CGSize)size;

@end


///////
//  ImageGridViewCell.m
///////
#import "ImageGridViewCell.h"

@interface ImageGridViewCell ()                                             // 4
@property (nonatomic, strong, readwrite) UIImageView *imageView;
@property (nonatomic, strong, readwrite) UIImageView *selectedIndicator;
@end

@implementation ImageGridViewCell

@synthesize imageView = _imageView;                                         // 5
@synthesize selectedIndicator = _selectedIndicator;

- (void)commonInitWithSize:(CGSize)size                                     // 6
{
  CGRect frame = CGRectMake(0, 0, size.width, size.height);
  [self setBackgroundColor:[UIColor clearColor]];

  self.imageView = [[UIImageView alloc] initWithFrame:frame];
  [self addSubview:[self imageView]];

  NSInteger baseSize = 29;
  self.selectedIndicator =
    [[UIImageView alloc] initWithFrame:CGRectMake(size.width - baseSize - 4,
                                                  size.height - baseSize - 4,
                                                  baseSize,
                                                  baseSize)];
  [[self selectedIndicator] setHidden:YES];

  [self addSubview:[self selectedIndicator]];
}

- (id)init                                                                  // 7
{
  CGSize size = CGSizeMake(100, 100);
  self = [self initWithSize:size];
  if (self) {
```

```
  }
  return self;
}

- (id)initWithSize:(CGSize)size                                        // 8
{
  CGRect frame = CGRectMake(0, 0, size.width, size.height);
  self = [super initWithFrame:frame];
  if (self) {
    [self commonInitWithSize:size];
  }
  return self;
}

- (void)setSelected:(BOOL)selected                                     // 9
{
  [super setSelected:selected];
  [[self selectedIndicator] setHidden:!selected];
}

+ (ImageGridViewCell *)imageGridViewCellWithSize:(CGSize)size          // 10
{
  ImageGridViewCell *newCell = [[ImageGridViewCell alloc] initWithSize:size];
  return newCell;
}

@end
```

现在我们来分析一下这段代码：

1～2. ImageGridViewCell 类接口有三个属性：imageView、selectedIndicator 和 selected。imageView 属性包含要显示在单元里的照片；selectedIndicator 属性是个 29×29 像素的图片视图，显示在所选中单元的图片视图的右下角。

3. 代码提供了名叫+imageGridViewCellWithSize:的便捷方法以创建指定尺寸的新单元。当然，你不一定非要用这个便捷方法。可以直接调用-initWithSize:，它也位于这个类的接口里。

4. ImageGridViewCell 的实现代码先从类扩展入手。类扩展定义了 imageView 和 selectedIndicator 属性。在公用接口里，这些属性是只读的。但在重声明中它们是可读可写的。这样使得在类内部可以修改属性值，而阻止类的使用者做同样的事情。

这意味着 ImageGridViewCell 的使用者无法替换图片视图或选择指示器视图。不过，该类的使用者可以修改属性中的值。换句话说，使用者能够设置图片的 imageView 和 selectorIndicator 属性。该类的使用者只有一件事不能做，就是替换 ImageGridViewCell 类本身创建的图片视图的引用。

5～6. 继续探讨 ImageGridViewCell 的实现代码，你会看到声明属性被合成。代码提供-commitInit 方法来对创建的类进行初始化。它分配类内使用的图片视图，并将它们都加入到容器视图内。

7～8. -init 和-initWithSize:方法提供了创建类实例的不同途径。

9. -setSelected:方法重载了 GridViewCell 类所定义的选中属性的 setter 方法。

-setSelected:更新了此 setter 方法，基于所选值来显示或隐藏 selectedIndicator 引用的图片视图。

10. 最后，代码提供了便捷方法+imageGridViewCellWithSize:，以创建 ImageGridViewCell 的新实例。

既然该类已经到位，现在就可以编译并运行 PhotoWheel 来，看看实际的修改效果了。最终的应用程序应当有如图 16-12 所示的外观。

图 16-12 最终的应用程序

注意：你也许在想，为什么 ImageGridViewCell 不像 PhotoWheelViewCell 那样使用 NIB 呢？ ImageGridViewCell 要不要采用 NIB 是根据笔者写代码的想法定的。ImageGridViewCell 当然能够使用 NIB，不过在编写代码时，笔者对如何创建单元已经了然于心。但也可以对 ImageGridViewCell 类使用 NIB。

16.7 小结

祝贺你！你已经读完了本书最冗长的章节。再接再励，先自我夸奖一番，你当之无愧。在本章，你已经完成了相当多的工作。

在本章，我们利用先前原型应用程序已有的代码来加快开发过程，使 WheelView 类更加健壮，还实现了新的 GridView 类。这两个类如今能够用到你的应用程序以外的地方。并且，你还第一次有了可供炫耀的可用照片应用程序。

下面，我们将在第 17 章为 PhotoWheel 点缀些新功能。

16.8 习题

1. 修改 PhotoAlbumViewController 里的添加照片逻辑，使之能在摄像头胶卷里保存照片（参看第 12 章了解如何做）。

2. 在 PhotoAlbumViewController 视图控制器类所管理的栅格视图里使用多选功能。如果想在每个所选单元上显示可见指示，则需要设置单元的 selectedIndicator 图片视图对应的图片。使用 addphoto.png 作为所选单元的指示图片。

第 17 章 创建照片浏览器

本章我们将为 PhotoWheel 添加一个全屏的照片浏览器。还将学习 UIScrollView 类的更多用法。

UIScrollView 类提供了一种呈现比屏幕可视区域更大的视图的方法。滑动手势用于水平和垂直滚动内容区域，而二指拨动手势用来缩小和放大内容的显示。你在构建照片浏览器时，会了解怎样使用滚动视图来滚动内容，以及放大、缩小视图。现在就开始吧。

17.1 使用滚动视图

在构建照片浏览器时，使用滚动视图出于两个目的。首先，利用这个类来构建全屏的照片浏览器。浏览器让用户通过向左、向右撇动手指在一本相册的照片间穿梭。其次，采用 UIScrollView 类可以让用户能够放大、缩小照片。

首先，照片浏览器需要一个视图控制器。创建一个名为 PhotoBrowserViewController 的 Objective-C 新类，它是 UIViewController 的子类。该类将响应滚动事件，所以要添加 UIScrollViewDelegate 到该类支持的协议清单中。该类还需要滚动视图的插座变量，故而为其添加名为 scrollView 的插座变量，使之作为 UIScrollView type 类型的指针。

在有照片被触击时，就会激发主屏幕上的照片浏览器。照片浏览器将显示被触击的照片，用户可以左、右滚动至其他照片。为支持这一功能，要告诉视图控制器起始照片的索引号。所以添加了名为 startAtIndex 的 NSInteger 类型声明属性。

照片浏览器还必须知道要显示哪张照片。一个办法是向视图控制器传递相册模型对象；另一个办法你曾经用过，是传递托管对象语境和模型的对象 ID。但我们将采用第三个办法，它更灵活些，能够使照片浏览器的视图控制器供其他对象重用。

PhotoBrowserViewController 类将有一个委派属性。该委派对象必须遵从你要创建的 PhotoBrowserViewControllerDelegate 协议。该委派会提供一些方法，来获取相册内的照片数目及指定索引号的照片。这个办法使照片浏览器的视图控制器可以工作于任何项目，不仅是 PhotoWheel，只要委派对象遵从 PhotoBrowserViewControllerDelegate 协议即可。

程序清单 17.1 给出了这些需求的接口代码。

程序清单 17.1　PhotoBrowserViewController.h 头文件的内容

```
#import <UIKit/UIKit.h>

@protocol PhotoBrowserViewControllerDelegate;
```

```
@interface PhotoBrowserViewController : UIViewController <UIScrollViewDelegate>

@property (nonatomic, strong) IBOutlet UIScrollView *scrollView;
@property (nonatomic, strong) id<PhotoBrowserViewControllerDelegate> delegate;
@property (nonatomic, assign) NSInteger startAtIndex;

@end

@protocol PhotoBrowserViewControllerDelegate <NSObject>
@required
- (NSInteger)photoBrowserViewControllerNumberOfPhotos:
(PhotoBrowserViewController *)photoBrowser;
- (UIImage *)photoBrowserViewController:(PhotoBrowserViewController *)photoBrowser
                     imageAtIndex:(NSInteger)index;

@end
```

由于这段简单的代码不言自明，我们现在来添加其实现代码，如程序清单 17.2 所示。必须复制这段代码至你的控制器类中。

程序清单 17.2　PhotoBrowserViewController.m 文件的内容

```
#import "PhotoBrowserViewController.h"

@interface PhotoBrowserViewController ()
@property (nonatomic, assign) NSInteger currentIndex;                    // 1
@property (nonatomic, strong) NSMutableArray *photoViewCache;            // 2

- (void)initPhotoViewCache;                                              // 3
- (void)setScrollViewContentSize;
- (void)scrollToIndex:(NSInteger)index;
- (void)setTitleWithCurrentIndex;
- (CGRect)frameForPagingScrollView;
- (CGRect)frameForPageAtIndex:(NSUInteger)index;
@end

@implementation PhotoBrowserViewController

@synthesize scrollView = _scrollView;                                    // 4
@synthesize delegate = _delegate;
@synthesize startAtIndex = _startAtIndex;
@synthesize currentIndex = _currentIndex;
@synthesize photoViewCache = _photoViewCache;

- (void)viewDidLoad                                                      // 5
{
   [super viewDidLoad];

   // Make sure to set wantsFullScreenLayout or the photo
   // will not display behind the status bar.
   [self setWantsFullScreenLayout:YES];                                  // 6

   // Set the view's frame size. This ensures that the scroll view
   // autoresizes correctly and avoids surprises when retrieving
```

```
   // the scroll view's bounds later.
   CGRect frame = [[UIScreen mainScreen] bounds];                         // 7
   [[self view] setFrame:frame];

   UIScrollView *scrollView = [self scrollView];                          // 8
   // Set the initial size.
   [scrollView setFrame:[self frameForPagingScrollView]];
   [scrollView setDelegate:self];
   [scrollView setBackgroundColor:[UIColor blackColor]];
   [scrollView setAutoresizingMask:UIViewAutoresizingFlexibleWidth |
    UIViewAutoresizingFlexibleHeight];
   [scrollView setAutoresizesSubviews:YES];
   [scrollView setPagingEnabled:YES];
   [scrollView setShowsVerticalScrollIndicator:NO];
   [scrollView setShowsHorizontalScrollIndicator:NO];

   [self initPhotoViewCache];                                             // 9
}

- (void)viewDidUnload                                                     // 10
{
   [self setScrollView:nil];
   [super viewDidUnload];
}

- (void)viewWillAppear:(BOOL)animated                                     // 11
{
   [super viewWillAppear:animated];
   [self setScrollViewContentSize];
   [self setCurrentIndex:[self startAtIndex]];
   [self scrollToIndex:[self startAtIndex]];
   [self setTitleWithCurrentIndex];
}

#pragma mark - Delegate callback helpers

- (NSInteger)numberOfPhotos                                               // 12
{
   NSInteger numberOfPhotos = 0;
   id<PhotoBrowserViewControllerDelegate> delegate = [self delegate];
   if (delegate && [delegate respondsToSelector:
               @selector(photoBrowserViewControllerNumberOfPhotos:)])
   {
      numberOfPhotos = [delegate photoBrowserViewControllerNumberOfPhotos:self];
   }
   return numberOfPhotos;
}

- (UIImage*)imageAtIndex:(NSInteger)index                                 // 13
{
   UIImage *image = nil;
   id<PhotoBrowserViewControllerDelegate> delegate = [self delegate];
   if (delegate && [delegate respondsToSelector:
               @selector(photoBrowserViewController:imageAtIndex:)])
```

```
   {
      image = [delegate photoBrowserViewController:self imageAtIndex:index];
   }
   return image;
}

#pragma mark - Helper methods

- (void)initPhotoViewCache                                              // 14
{
   // Set up the photo's view cache. We keep only three views in
   // memory. NSNull is used as a placeholder for the other
   // elements in the view cache array.

   NSInteger numberOfPhotos = [self numberOfPhotos];;
   [self setPhotoViewCache:
    [[NSMutableArray alloc] initWithCapacity:numberOfPhotos]];
   for (int i=0; i < numberOfPhotos; i++) {
      [self.photoViewCache addObject:[NSNull null]];
   }
}

- (void)setScrollViewContentSize                                        // 15
{
   NSInteger pageCount = [self numberOfPhotos];
   if (pageCount == 0) {
      pageCount = 1;
   }

   CGRect bounds = [[self scrollView] bounds];
   CGSize size = CGSizeMake(bounds.size.width * pageCount,
                            // Divide in half to prevent horizontal
                            // scrolling.
                            bounds.size.height / 2);
   [[self scrollView] setContentSize:size];
}

- (void)scrollToIndex:(NSInteger)index                                  // 16
{
   CGRect bounds = [[self scrollView] bounds];
   bounds.origin.x = bounds.size.width * index;
   bounds.origin.y = 0;
   [[self scrollView] scrollRectToVisible:bounds animated:NO];
}

- (void)setTitleWithCurrentIndex                                        // 17
{
   NSInteger index = [self currentIndex] + 1;
   if (index < 1) {
      // Prevents the title from showing 0 of n when the user
      // attempts to scroll the first page to the right.
      index = 1;
   }
   NSInteger count = [self numberOfPhotos];
```

```
   NSString *title = title = [NSString stringWithFormat:@"%1$i of %2$i",
                              index, count, nil];
   [self setTitle:title];
}

#pragma mark - Frame calculations
#define PADDING 20

- (CGRect)frameForPagingScrollView                                          // 18
{
   CGRect frame = [[UIScreen mainScreen] bounds];
   frame.origin.x -= PADDING;
   frame.size.width += (2 * PADDING);
   return frame;
}

- (CGRect)frameForPageAtIndex:(NSUInteger)index                             // 19
{
   CGRect bounds = [[self scrollView] bounds];
   CGRect pageFrame = bounds;
   pageFrame.size.width -= (2 * PADDING);
   pageFrame.origin.x = (bounds.size.width * index) + PADDING;
   return pageFrame;
}

#pragma mark - Page management

- (void)loadPage:(NSInteger)index                                           // 20
{
   if (index < 0 || index >= [self numberOfPhotos]) {
      return;
   }

   id currentView = [[self photoViewCache] objectAtIndex:index];
   if ([currentView isKindOfClass:[UIImageView class]] == NO) {
      // Load the photo view.
      CGRect frame = [self frameForPageAtIndex:index];
      UIImageView *newView = [[UIImageView alloc] initWithFrame:frame];
      [newView setContentMode:UIViewContentModeScaleAspectFit];
      [newView setBackgroundColor:[UIColor clearColor]];
      [newView setImage:[self imageAtIndex:index]];

      [[self scrollView] addSubview:newView];
      [[self photoViewCache] replaceObjectAtIndex:index withObject:newView];
   }
}

- (void)unloadPage:(NSInteger)index                                         // 21
{
   if (index < 0 || index >= [self numberOfPhotos]) {
      return;
   }
```

```
   id currentView = [[self photoViewCache] objectAtIndex:index];
   if ([currentView isKindOfClass:[UIImageView class]]) {
      [currentView removeFromSuperview];
      [[self photoViewCache] replaceObjectAtIndex:index withObject:[NSNull null]];
   }
}

- (void)setCurrentIndex:(NSInteger)newIndex                              // 22
{
   _currentIndex = newIndex;

   [self loadPage:_currentIndex];
   [self loadPage:_currentIndex + 1];
   [self loadPage:_currentIndex - 1];
   [self unloadPage:_currentIndex + 2];
   [self unloadPage:_currentIndex - 2];

   [self setTitleWithCurrentIndex];
}

#pragma mark - UIScrollViewDelegate

- (void)scrollViewDidScroll:(UIScrollView *)scrollView                   // 23
{
   if ([scrollView isScrollEnabled]) {
      CGFloat pageWidth = scrollView.bounds.size.width;
      float fractionalPage = scrollView.contentOffset.x / pageWidth;
      NSInteger page = floor(fractionalPage);
      if (page != [self currentIndex]) {
         [self setCurrentIndex:page];
      }
   }
}

@end
```

我们来仔细研读这段实现代码：

1. 代码添加了 PhotoBrowserViewController 类扩展。它有两个声明属性：currentIndex 和 photoViewCache。前一个属性 currentIndex 是当前显示照片的索引号。

2. 后一个属性是 photoViewCache。该属性是照片视图的可变数组。每个照片视图都是一个 UIImageView 实例。相册可以包含大量的照片。因此，要是把每张照片都调入内存，很可能导致 PhotoWheel 由于内存耗尽而崩溃。为了节约内存，避免与内存有关的崩溃，照片浏览器在任何时刻都至多在内存里保存三个照片视图。photoViewCache 属性提供了对包含这三个照片视图的数组的引用。

3. 声明属性之后是一组前向声明方法。这些声明包含在类扩展中，因此它们放在实现代码的哪个位置无关紧要。

4. 实现节以@synthesize 语句打头，这些@synthesize 语句有各自的声明属性。

5. -viewDidLoad 方法在此添加，这样能进行额外的视图设置。

6. 照片浏览器将全屏显示照片。这意味着照片将在状态栏之后显示。为做到这一点，必须设置wantsFullScreenLayout标志位为YES,从而让照片浏览器有充裕的768×1024空间来显示照片。

7. 视图控制器的上部视图进行了尺寸和位置调整，以利用整个屏幕，包括状态栏后面的那些像素。显式地设置视图框架有利于确保诸如滚动视图之类的自动调整尺寸视图能够准确地调整尺寸。这在第18章更是显得重要，因为此章将修改PhotoWheel以支持所有的设备放置方式。

8. 插座变量属性可以在故事板或NIB里设置，但它们也同样可在代码中设置。有些时候在代码中设置插座变量属性更好，因为它能清楚地表达修改成什么属性值；而在面板里查看故事板或NIB的插座变量对象并不总是这么直观。

9. 接着是照片视图缓冲区的初始化代码。该方法的操作细节将很快讨论到。

10. 然后是-viewDidUnload方法，它设置滚动视图插座变量为nil。

11. 这里添加了-viewWillAppear 方法，用以设置滚动视图的内容区尺寸和当前索引号。它还将视图滚动到起始索引号位置，即用户在主屏幕上所触击的照片缩略图的索引号。显示在导航栏中央的标题被更新为显示当前索引号。

12～13. 这里提供了若干包装方法，以调用 PhotoBrowserViewController 委派来获取照片数目和特定索引号处的照片。

14. -initPhotoViewCache方法刚才已经提到，它创建可变数组的实例，并以NSNull对象初始化之。NSNull是个代表空对象的单例类。在不允许用nil的地方可以用它，比如在NSArray、NSDictionary和NSSet之类的内容中。

15. -setScrollViewContentSize方法根据照片数目来决定内容尺寸(例如可滚动区域)。每张照片代表一页，故而有个叫pageCount的局部变量。

16. -scrollToIndex:方法正如其名字暗示的那样，将滚动视图滚动到指定的索引号，亦即照片的索引号。

17. -setTitleWithCurrentIndex方法更新对导航栏标题的显示。

18. 下个方法是-frameForPagingScrollView，它被-viewDidLoad方法调用，以设置滚动视图的框架（位置和尺寸）。这里不是内容区尺寸，而是滚动视图实际区域的尺寸。不过这里有个小窍门。滚动视图实际区域（即框架）实际上比iPad的屏幕宽40像素。于是滚动视图左右刚好各有20像素。

为什么要这样做呢？我们希望在滚动时，照片之间稍有空隙，确切地说就是 20 像素。这 20像素是用宏PADDING指定的。通过设置滚动视图的框架为40像素，并且在计算每个照片的外框时考虑到空隙，我们就能创造一种滚动视图的视觉效果，即虽然照片像是全屏的，但事实上比物理屏幕还宽一点。要取得这种效果，是通过设置滚动视图的可见区域被iPad屏幕的物理尺寸修剪来达到的（如图17-1所示），从而在滚动时可以看到有20像素的空间。

19. -frameForPageAtIndex:方法计算指定索引号所在页（即照片）的框架（在滚动视图内容区的位置和尺寸）。计算考虑到了在滚动时用来分开照片之间的空白。

20. -loadPage:方法将页（即照片）调入内存，并将其添加至滚动视图。它先是验证该索引号位于有效照片的索引号范围内，然后从photoViewCache获取至此视图的引用。倘若引用指向UIImageView实例，就不做任何事，说明照片视图已经包含了要显示的照片；然而，如果引用是个NSNull对象而非UIImageView,就创建一个新的照片视图，配置它以显示指定索引号的照片，并将其添加至滚动视图。还更新 photoViewCache，将 NSNull 对象替换成 UIImageView 对象。

21. -unloadPage:方法做的事情与-loadPage:方法相反，它从内存和滚动视图中移除 UIImageView，并更新 photoViewCache，将照片视图替换成 NSNull 对象。

22. -setCurrentIndex:方法是这个窍门登峰造极的用法。在此定制的 getter 方法里，currentIndex 指定的页被调入或卸载。当前、上一页和下一页总是被调入，而卸载前一个页集合，以确保任何给定时刻都只有三张照片被调入内存。

23. PhotoBrowserViewController 的实现代码包装了 UIScrollViewDelegate 回调方法-scrollViewDidScroll:的实现代码。该方法确定当前照片的索引号，并设置相应的 currentIndex 属性。它会调用定制的 getter 方法 setCurrentIndex，其调入或卸载相应的页。

图 17-1 滚动视图框架的说明

设置照片浏览器用户界面

搞定了 PhotoBrowserViewController 类，就该更新照片浏览器的用户界面了。打开 MainStoryboard.storyboard 文件，选择早先用来测试定制过渡的 View Controller Scene。高亮此视图控制器，打开 Identity 面板，将此类从 UIViewController 修改为 PhotoBrowserViewController。

接着，向此场景添加一个滚动视图。调整其尺寸，以填满整个容器视图，然后将其关联至在 PhotoBrowserViewController 中定义的 scrollView 插座变量。

最后要添加一个 Photo Album View Controller Scene 与 Photo Browser View Controller Scene 之间的过渡。可采用的办法是：按住 Control 键单击并拖动 PhotoAlbumViewController 至 Document Outline 区域内的 hotoBrowserViewController。在创建过渡后，打开该过渡的 Attributes 面板，设置其 Identifier 为 PushPhotoBrowser，Style 为 Custom，而将 Segue Class 设置成 CustomPushSegue。

图 17-2 所示是更新后的故事板的外观示例。

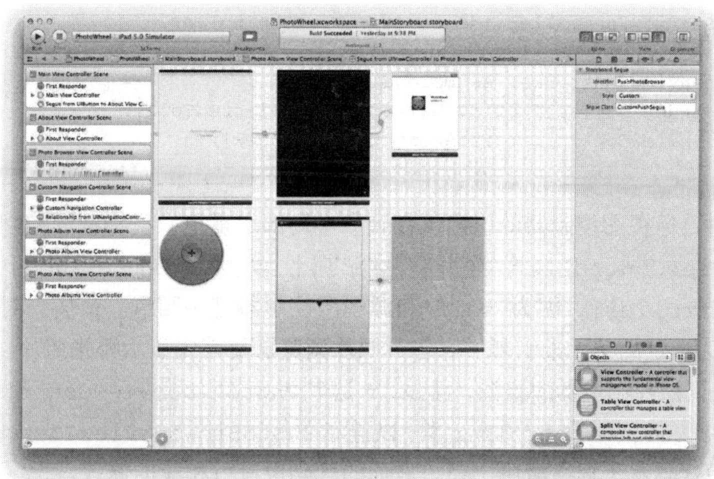

图 17-2 用新过渡更改后的故事板

17.2 启动照片浏览器

要启动照片浏览器，可以触击主屏幕上显示的照片缩略图。为此，代码必须编程实现该过渡。打开 PhotoAlbumViewController.m 文件，滚动至-gridView:didSelectCellAtIndex:方法。该方法已在第 16 章中有了空白的架子。把它填充成如程序清单 17.3 所示的新实现代码。

程序清单 17.3 编程实现该过渡

```
- (void)gridView:(GridView *)gridView didSelectCellAtIndex:(NSInteger)index
{
   [self performSegueWithIdentifier:@"PushPhotoBrowser" sender:self];
}
```

这行代码告知故事板实现过渡。标识字符串要从文字上与该过渡在 Attributes 面板里的标识符一致。尽管本行代码启动了过渡，但它并不为照片浏览器准备所需的显示照片信息。照片浏览器视图控制器还得有委派对象和 startAtIndex 值。

要设置这个信息，须在 PhotoAlbumViewController 类中重载-prepareForSegue:sender:方法。该方法提供对此过渡的引用。你也许还记得，在构造 CustomPushSegue 类时存在有到源视图控制器和目标视图控制器的引用。这使我们在执行过渡之前，有机会提供有关源视图控制器和目标视图控制器的额外信息。

在这个 PhotoAlbumViewController 类的特定事例中，过渡需要用委派对象和 startAtIndex 来更新目标视图控制器。完成这个操作的代码在程序清单 17.4 中给出。该段代码应添加至 PhotoAlbumViewController.m 文件的末尾。

程序清单 17.4 准备目标视图控制器

```
#pragma mark - Segue

- (void)prepareForSegue:(UIStoryboardSegue *)segue sender:(id)sender
{
   PhotoBrowserViewController *destinationViewController =
      [segue destinationViewController];
   [destinationViewController setDelegate:self];
   NSInteger index = [[self gridView] indexForSelectedCell];
   [destinationViewController setStartAtIndex:index];
}
```

这段代码将对目标视图控制器的引用保存到一个局部变量里，目标视图控制器被强制转换为 PhotoBrowserViewController 类型。委派属性设为 self，但也可以设成[segue sourceViewController]，因为 self 和源视图控制器是一回事。最后，对照片浏览器设置 startAtIndex 为选定的单元索引号。它告诉照片浏览器要首先显示哪张照片。

由于 self 是到照片浏览器的委派，且 self 是个 PhotoAlbumViewController 实例，所以必须更改 PhotoAlbumViewController 类，以遵守 PhotoBrowserViewControllerDelegate 协议。更新后的源代码示于程序清单 17.5。对你的代码也进行相应的修改。

程序清单 17.5 更新后的 PhotoAlbumViewController 类

```
///////
// PhotoAlbumViewController.h
///////
#import <UIKit/UIKit.h>
#import "GridView.h"
#import "PhotoBrowserViewController.h"                               // 1

@interface PhotoAlbumViewController : UIViewController
<UIActionSheetDelegate, UIImagePickerControllerDelegate,
UINavigationControllerDelegate, NSFetchedResultsControllerDelegate,
GridViewDataSource, PhotoBrowserViewControllerDelegate>              // 2

// Other code left out for brevity's sake.

@end


///////
// PhotoAlbumViewController.m
///////
@implementation PhotoAlbumViewController

// Other code left out for brevity's sake.

#pragma mark - PhotoBrowserViewControllerDelegate methods

- (NSInteger)photoBrowserViewControllerNumberOfPhotos:
(PhotoBrowserViewController *)photoBrowser                           // 3
{
   NSInteger count = [[[[self fetchedResultsController] sections]
                     objectAtIndex:0] numberOfObjects];
   return count;
}

- (UIImage *)photoBrowserViewController:(PhotoBrowserViewController *)photoBrowser
                          imageAtIndex:(NSInteger)index              // 4
{
   NSIndexPath *indexPath = [NSIndexPath indexPathForRow:index inSection:0];
   Photo *photo = [[self fetchedResultsController] objectAtIndexPath:indexPath];
   return [photo largeImage];
}

@end
```

查看这段代码，你会看到以下内容：

1．接口文件导入了 PhotoBrowserViewController.h 头文件。

2．遵守协议的清单中加上了 PhotoBrowserViewControllerDelegate。

3．代码实现了-photoBrowserViewControllerNumberOfPhotos:委派方法。根据获取结果控制器的数据，此方法返回了照片的数目。

4．-photoBrowserViewController:imageAtIndex:委派方法返回的是从获取结果控制器里拿到的照片。

现在应用程序里有了基本的全屏照片浏览器。构建并运行应用程序，看看照片浏览器的实际效果如何。

改进推入和弹出

照片浏览器的推入和弹出操作很精彩，不过还有改进的余地。要想使用户体验更好，当照片缩略图被触击时就该开始推入操作，而弹出操作则返回到同样的地方。要完成这个功能，推入位置必须有地方保存，以便 CustomPushSegue 和 CustomNavigationController 都可以用到它。这两个类都了解 PhotoAlbumViewController 的情况。在定制过渡中，PhotoAlbumViewController 是 sourceViewController；而在定制导航控制器里，它是目标视图控制器。所以，PhotoAlbumViewController 是个存放触击位置的合适地方。

这么以来，触击位置就会保存起来。而由栅格视图的框架显示照片缩略图。只需要通过 PhotoAlbumViewController 的公用接口暴露单元框架即可。意识到这一点后，再另外暴露一个方法，用以返回所选照片的 UIImage 对象。定制过渡将在视图切换时，利用这个方法使动画更平滑。

打开 PhotoAlbumViewController.h 头文件，添加两个方法。前一个是-selectedImage，它返回指向 UIImage 对象的指针；后一个是-selectedCellFrame，返回单元框架的 CGRect 对象。然后，再打开 PhotoAlbumViewController.m 文件，添加这些新方法的实现代码。代码修改如程序清单 17.6 所示。

程序清单 17.6 更新后的 PhotoAlbumViewController 类

```
///////
//  PhotoAlbumViewController.h
///////

// Other code left out for brevity's sake.

@interface PhotoAlbumViewController : UIViewController
<UIActionSheetDelegate, UIImagePickerControllerDelegate,
UINavigationControllerDelegate, NSFetchedResultsControllerDelegate,
GridViewDataSource, PhotoBrowserViewControllerDelegate>

// Other code left out for brevity's sake.

- (UIImage *)selectedImage;
- (CGRect)selectedCellFrame;

@end


///////
//  PhotoAlbumViewController.m
///////

// Other code left out for brevity's sake.
```

```
- (NSInteger)indexForSelectedGridCell
{
   GridView *gridView = [self gridView];
   NSInteger selectedIndex = [gridView indexForSelectedCell];
   NSInteger count = [[[[self fetchedResultsController] sections]
                    objectAtIndex:0] numberOfObjects];
   if (selectedIndex < 0 && count > 0) {
      selectedIndex = 0;
   }
   return selectedIndex;
}



- (UIImage *)selectedImage
{
   UIImage *selectedImage = nil;
   NSInteger selectedIndex = [self indexForSelectedGridCell];
   if (selectedIndex >= 0) {
      NSIndexPath *indexPath = [NSIndexPath indexPathForRow:selectedIndex
                                            inSection:0];
      Photo *photo = [[self fetchedResultsController]
                    objectAtIndexPath:indexPath];
      selectedImage = [photo largeImage];
   }
   return selectedImage;
}

- (CGRect)selectedCellFrame
{
   CGRect rect;
   GridView *gridView = [self gridView];
   NSInteger selectedIndex = [self indexForSelectedGridCell];
   if (selectedIndex >= 0) {
      GridViewCell *cell = [gridView cellAtIndex:selectedIndex];
      UIView *parentView = [[self parentViewController] view];
      rect = [parentView convertRect:[cell frame] fromView:gridView];
   } else {
      CGRect gridFrame = [gridView frame];
      rect = CGRectMake(CGRectGetMidX(gridFrame),
                    CGRectGetMidY(gridFrame), 0, 0);
   }
   return rect;
}

@end
```

代码改动从帮助方法-indexForSelectedGridCell 开始。该方法获取所选栅格单元的索引号。倘若在栅格里没有所选的单元，且栅格至少有一个单元，就会返回首个单元的索引号；否则就返回-1。由于所选单元有可能已被删除，所以这么做是必要的。用户还无法删除照片，怎么会这样呢？不错，目前用户还没有途径来删除照片，但在本章结束时就能做到了。

接下来的两个方法有相似之处。它们都调用帮助方法-indexForSelectedGridCell 来取得单元的索引号。但两个方法自此就分道扬镳。

前一个方法是-selectedImage，它从获取结果控制器里取得照片模型对象，然后从照片中取得大图片返回之。后一个方法-selectedCellFrame 则获取所触击照片的栅格视图单元，然后将该单元框架从栅格视图坐标系转换至 MainViewController 视图的视图坐标系。坐标系转换使定制过渡能够在放置用来产生视图转换动画的照片时，采取准确的坐标位置。

接着，定制推入过渡必须更新为使用相册视图控制器的新方法。新的实现代码与先前类似，只不过没有用到目标视图控制器视图的截图，所选图片是从在用的相册视图控制器返回的。如此使得视图转换的动画效果更加平滑。

打开 CustomPushSegue.m 文件，将其实现代码替换成程序清单 17.7 所示的代码。

程序清单 17.7　更新后的 CustomPushSegue 实现代码

```
#import "CustomPushSegue.h"
#import "UIView+PWCategory.h"
#import "PhotoAlbumViewController.h"                                    // 1

@implementation CustomPushSegue

- (void)perform
{
   id sourceViewController = [self sourceViewController];               // 2

   UIView *sourceView = [[sourceViewController parentViewController] view];
   UIImageView *sourceImageView = [[UIImageView alloc]
                        initWithImage:[sourceView pw_imageSnapshot]];

   BOOL isLandscape = UIInterfaceOrientationIsLandscape(
      [sourceViewController interfaceOrientation]);                     // 3

   CGRect statusBarFrame = [[UIApplication sharedApplication]
                    statusBarFrame];                                    // 4
   CGFloat statusBarHeight;
   if (isLandscape) {                                                   // 5
      statusBarHeight = statusBarFrame.size.width;
   } else {
      statusBarHeight = statusBarFrame.size.height;
   }
   CGRect newFrame = CGRectOffset([sourceImageView frame], 0, statusBarHeight);
   [sourceImageView setFrame:newFrame];                                 // 6


   CGRect destinationFrame = [[UIScreen mainScreen] bounds];
   if (isLandscape) {                                                   // 7
      destinationFrame.size = CGSizeMake(destinationFrame.size.height,
                              destinationFrame.size.width);
   }

   UIImage *destinationImage = [sourceViewController selectedImage];
   UIImageView *destinationImageView = [[UIImageView alloc]
                              initWithImage:destinationImage];
   [destinationImageView setContentMode:UIViewContentModeScaleAspectFit];
```

```
    [destinationImageView setBackgroundColor:[UIColor blackColor]];
    [destinationImageView setFrame:[sourceViewController selectedCellFrame]];
    [destinationImageView setAlpha:0.3];

    UINavigationController *navController =
      [sourceViewController navigationController];
    [navController pushViewController:[self destinationViewController]
                        animated:NO];

    UINavigationBar *navBar = [navController navigationBar];
    [navController setNavigationBarHidden:NO];
    [navBar setFrame:CGRectOffset(navBar.frame, 0, -navBar.frame.size.height)];

    UIView *destinationView = [[self destinationViewController] view];
    [destinationView addSubview:sourceImageView];
    [destinationView addSubview:destinationImageView];

    void (^animations)(void) = ^ {
      [destinationImageView setFrame:destinationFrame];
      [destinationImageView setAlpha:1.0];

      [navBar setFrame:CGRectOffset(navBar.frame, 0, navBar.frame.size.height)];
    };

    void (^completion)(BOOL) = ^(BOOL finished) {
      if (finished) {
        [sourceImageView removeFromSuperview];
        [destinationImageView removeFromSuperview];
      }
    };

    [UIView animateWithDuration:0.6 animations:animations completion:completion];
}

@end
```

我们探讨一下对定制推入过渡所做的关键修改之处：

1. 导入了 PhotoAlbumViewController.h 头文件。

2. 用一个局部变量保存至 `sourceViewController` 的引用，这样会使随后的代码更具可读性。

3～5. 照片浏览器会用到整个屏幕。这表明用来显示 `sourceImageView` 的框架必须弥补状态栏的高度。倘若不进行弥补操作，在播放动画序列时图片就会跳动。

从应用程序取得状态栏的框架，即从 `UIApplication` 得到。尽管我们尚未考虑设备的放置模式和旋转，此处的代码已经考虑了方位因素。代码会检查当前放置模式，倘若设备是横向放置的，状态栏高度正是框架的宽度值；否则它就是框架的高度值。为什么呢？当设备旋转时，框架尺寸并不跟着变化。因此，必须基于当前设备的放置模式作出必要的调整。

6. `sourceImageView` 框架被设置为抵消状态栏的高度。

7. 最后一个要指出的修改是对目标框架的调整操作。它也必须调整为支持设备的横向放置模式（第 18 章将会详细讲解怎样支持旋转与放置模式）。

对 CustomNavigationController 类也需做类似的修改。打开 CustomNavigation Controller.m 文件，更新其内容，使 CustomNavigationController 类能对目标视图控制器使用 selectedCellFrame 方法。所需的改动在程序清单 17.8 中给出。

程序清单 17.8 更新后的 CustomNavigationController 类

```
#import "CustomNavigationController.h"
#import "UIView+PWCategory.h"
#import "PhotoAlbumViewController.h"                                        // 1

@implementation CustomNavigationController

- (UIViewController *)popViewControllerAnimated:(BOOL)animated
{
   UIViewController *sourceViewController = [self topViewController];

   // Animates image snapshot of the view.
   UIView *sourceView = [sourceViewController view];
   UIImage *sourceViewImage = [sourceView pw_imageSnapshot];
   UIImageView *sourceImageView = [[UIImageView alloc]
                                   initWithImage:sourceViewImage];

   // Offset the sourceImageView frame by the height of the status bar.
   // This prevents the image from dropping down after the view controller
   // is popped from the stack.
   BOOL isLandscape = UIInterfaceOrientationIsLandscape(
     [sourceViewController interfaceOrientation]);                          // 2
   CGRect statusBarFrame = [[UIApplication sharedApplication] statusBarFrame];
   CGFloat statusBarHeight;
   if (isLandscape) {
     statusBarHeight = statusBarFrame.size.width;
   } else {
     statusBarHeight = statusBarFrame.size.height;
   }
   CGRect newFrame = CGRectOffset([sourceImageView frame], 0, -statusBarHeight);
   [sourceImageView setFrame:newFrame];


   NSArray *viewControllers = [self viewControllers];
   NSInteger count = [viewControllers count];
   NSInteger index = count - 2;

   UIViewController *destinationViewController =[viewControllers
                                                 objectAtIndex:index];
   UIView *destinationView = [destinationViewController view];
   UIImage *destinationViewImage = [destinationView pw_imageSnapshot];
   UIImageView *destinationImageView = [[UIImageView alloc]
                                        initWithImage:destinationViewImage];

   [super popViewControllerAnimated:NO];
```

```
    [destinationView addSubview:destinationImageView];
    [destinationView addSubview:sourceImageView];

    // We need the selectedCellFrame from the PhotoAlbumViewController. This
    // controller is a child of the destination controller.
    CGRect selectedCellFrame = CGRectZero;                           // 3
    for (id childViewController in [destinationViewController childViewControllers])
    {
      if ([childViewController isKindOfClass:[PhotoAlbumViewController class]]) {
        selectedCellFrame = [childViewController selectedCellFrame];
        break;
      }
    }
    CGPoint shrinkToPoint = CGPointMake(CGRectGetMidX(selectedCellFrame),
                                        CGRectGetMidY(selectedCellFrame));

    void (^animations)(void) = ^ {
      [sourceImageView setFrame:CGRectMake(shrinkToPoint.x, shrinkToPoint.y,
                                           0, 0)];
      [sourceImageView setAlpha:0.0];

      // Animate the nav bar too.
      UINavigationBar *navBar = [self navigationBar];
      [navBar setFrame:CGRectOffset(navBar.frame, 0, -navBar.frame.size.height)];
    };

    void (^completion)(BOOL) = ^(BOOL finished) {
      [self setNavigationBarHidden:YES];
      // Reset the nav bar's position.
      UINavigationBar *navBar = [self navigationBar];
      [navBar setFrame:CGRectOffset(navBar.frame, 0, navBar.frame.size.height)];

      [sourceImageView removeFromSuperview];
      [destinationImageView removeFromSuperview];
    };

    [UIView transitionWithView:destinationView
                      duration:0.3
                       options:UIViewAnimationOptionTransitionNone
                    animations:animations
                    completion:completion];

    return sourceViewController;
  }

  @end
```

改动包括下列几个地方：

1. 导入了 PhotoAlbumViewController.h 头文件。

2. sourceImageView 框架用状态栏高度做了抵消，这样就会阻止在动画期间图片跳动。

3. 最后一处的修改是计算 shrinkToPoint。根据 PhotoAlbumViewController 提供的 selectedCellFrame 来计算 shrinkToPoint。

然而，这个视图控制器并非源控制器。它的父控制器才是源控制器。所以必须对子视图控制器进行一次循环，找出 PhotoAlbumViewController。只要找到它，就可以设置 selectedCellFrame 的值，据此来计算 shrinkToPoint。

构建并运行应用程序，以检验修改的效果。触击一个照片缩略图，以便从所点照片单元开始推入动画。当用户关闭照片浏览器（通过触击按钮）时，动画终结于同一个所触击的照片单元。这样的修改的确改善了用户体验。

17.3 添加 Chrome 效果

如果你玩过 iPad 的照片（Photos）应用程序，就会注意到它是个全屏的照片浏览器，会自动隐藏 chrome。而在 PhotoWheel 的照片浏览器里，chrome 则为显示在屏幕上部的状态栏和导航栏组合。也需要把自动隐藏功能添加到 PhotoWheel 照片浏览器里，这样用户界面才会看起来平滑优雅，甚至用户都不会注意到。

NSTimer 对象用来决定何时该隐藏 chrome。NSTimer 类会创建一个定时器，等待间隔时间流逝，在到点时向一个对象（目标）发出消息（动作）。

对 PhotoBrowserViewController.m 文件需做一些修改，以管理 chrome 的显示，代码修改见程序清单 17.9。对你的代码也做出这些改动。

程序清单 17.9 自动隐藏 chrome

```
#import "PhotoBrowserViewController.h"

@interface PhotoBrowserViewController ()

// Other code left out for brevity's sake.

@property (nonatomic, assign, getter = isChromeHidden) BOOL chromeHidden; // 1
@property (nonatomic, strong) NSTimer *chromeHideTimer;                   // 2
@property (nonatomic, assign) CGFloat statusBarHeight;                    // 3

// Other code left out for brevity's sake.

- (void)toggleChrome:(BOOL)hide;                                          // 4
- (void)hideChrome;                                                       // 5
- (void)startChromeDisplayTimer;                                          // 7
- (void)cancelChromeDisplayTimer;                                         // 8

@end

@implementation PhotoBrowserViewController

// Other code left out for brevity's sake.

@synthesize chromeHidden = _chromeHidden;                                 // 9
@synthesize chromeHideTimer = _chromeHideTimer;                           // 10
@synthesize statusBarHeight = _statusBarHeight;                           // 11
```

```
// Other code left out for brevity's sake.

- (void)viewDidLoad
{
   // Other code left out for brevity's sake.

   // Must store the status bar size while it is still visible.
   CGRect statusBarFrame = [[UIApplication sharedApplication]
                            statusBarFrame];                        // 12
   if (UIInterfaceOrientationIsLandscape([self interfaceOrientation])) {
      [self setStatusBarHeight:statusBarFrame.size.width];
   } else {
      [self setStatusBarHeight:statusBarFrame.size.height];
   }
}

// Other code left out for brevity's sake.

- (void)viewWillAppear:(BOOL)animated
{
   // Other code left out for brevity's sake.

   [self startChromeDisplayTimer];                                  // 13
}

- (void)viewWillDisappear:(BOOL)animated                           // 14
{
   [self cancelChromeDisplayTimer];
   [super viewWillDisappear:animated];
}

// Other code left out for brevity's sake.

#pragma mark - Page management

- (void)loadPage:(NSInteger)index
{
   if (index < 0 || index >= [self numberOfPhotos]) {
      return;
   }

   id currentView = [[self photoViewCache] objectAtIndex:index];
   if ([currentView isKindOfClass:[UIImageView class]] == NO) {
      // Load the photo view.
      CGRect frame = [self frameForPageAtIndex:index];
      UIImageView *newView = [[UIImageView alloc] initWithFrame:frame];
      [newView setContentMode:UIViewContentModeScaleAspectFit];
      [newView setBackgroundColor:[UIColor clearColor]];
      [newView setImage:[self imageAtIndex:index]];

      UITapGestureRecognizer *tap = [[UITapGestureRecognizer alloc]
                                     initWithTarget:self
                                     action:@selector(imageTapped:)];  // 15
      [newView addGestureRecognizer:tap];                              // 16
```

```
    [newView setUserInteractionEnabled:YES];                            // 17

    [[self scrollView] addSubview:newView];
    [[self photoViewCache] replaceObjectAtIndex:index withObject:newView];
  }
}

// Other code left out for brevity's sake.

#pragma mark - UIScrollViewDelegate

// Other code left out for brevity's sake.

- (void)scrollViewWillBeginDragging:(UIScrollView *)scrollView         // 18
{
  [self hideChrome];
}

#pragma mark - Chrome helpers

- (void)toggleChromeDisplay                                            // 19
{
  [self toggleChrome:![self isChromeHidden]];
}

- (void)toggleChrome:(BOOL)hide                                        // 20
{
  [self setChromeHidden:hide];
  if (hide) {
    [UIView beginAnimations:nil context:nil];
    [UIView setAnimationDuration:0.4];
  }

  CGFloat alpha = hide ? 0.0 : 1.0;

  UINavigationBar *navbar = [[self navigationController] navigationBar];
  [navbar setAlpha:alpha];

  [[UIApplication sharedApplication] setStatusBarHidden:hide];

  if (hide) {
    [UIView commitAnimations];
  }

  if ( ! [self isChromeHidden] ) {
    [self startChromeDisplayTimer];
  }
}

- (void)hideChrome                                                     // 21
{
  NSTimer *timer = [self chromeHideTimer];
  if (timer && [timer isValid]) {
    [timer invalidate];
```

```
      [self setChromeHideTimer:nil];
   }
   [self toggleChrome:YES];
}

- (void)startChromeDisplayTimer                                        // 22
{
   [self cancelChromeDisplayTimer];
   NSTimer *timer = [NSTimer scheduledTimerWithTimeInterval:5.0
                                                   target:self
                                                 selector:@selector(hideChrome)
                                                 userInfo:nil
                                                  repeats:NO];
   [self setChromeHideTimer:timer];
}

- (void)cancelChromeDisplayTimer                                       // 23
{
   if ([self chromeHideTimer]) {
      [[self chromeHideTimer] invalidate];
      [self setChromeHideTimer:nil];
   }
}

#pragma mark - Gesture handlers

- (void)imageTapped:(UITapGestureRecognizer *)recognizer               // 24
{
   [self toggleChromeDisplay];
}

@end
```

我们来分析一下这段代码：

1～2．代码对 PhotoBrowserViewController 的类扩展做了更新，加入了两个新的声明属性：chromeHidden 和 chromeHideTimer。chromeHidden 属性是个布尔类型的标志位，指示当前 chrome 的状态是可见还是隐藏；chromeHideTimer 属性是个对当前 NSTimer 对象的引用，该对象用来隐藏 chrome。

3．第三个属性是 statusBarHeight，它也加到类扩展里。状态栏在可见时，其高度值被 -viewDidLoad 方法保存起来。一旦状态栏隐藏，状态栏框架就不再有效，所以高度值要保存到此属性中。

4～8．对类扩展还添加了一组与 chrome 有关的帮助方法，随后我们会讨论它们。

9～11．在类的实现节，合成了这些新声明的属性。

12．保存状态栏的高度值以备随后使用。还检查了界面旋转方式。倘若设备是横向放置的，状态栏框架里的宽度值是实际的高度；否则状态栏框架的高度就是实际高度。

13．重载了-viewWillAppear:方法，该方法更新后调用了-startChromeDisplayTimer。这样当然是要启动用来隐藏 chrome 的定时器。

14．代码还添加了另外一个重载方法-viewWillDisappear:。它调用了-cancelChrome

DisplayTimer，以在视图消失前取消定时器的功能。

15～16．用户应当能够显示和隐藏手指触击时的 chrome。所以点触手势识别器要添加到用来显示照片的 UIImageView。手势识别器将调用在程序清单末尾定义的-imageTapped:方法。

17．即便点触手势识别器已经添加到图片视图里，点触操作也只有在图片视图的 userInteractionEnabled 标志位为 YES 时才有效。倘若该标志位为默认的 NO，将意味着该视图不会接收任何触摸事件。

18．此处又添加了一个 UIScrollViewDelegate 回调方法，即-scrollViewWillBeginDragging:。当用户开始在照片间滚动时，chrome 被告知隐藏起来。

19．这是首个与 chrome 有关的帮助方法-toggleChromeDisplay。该方法正如其名字表示的那样，来回切换 chrome 显示与否。倘若 chrome 被隐藏着，调用此方法将显示它；假如 chrome 是可见的，调用此方法会将其隐藏起来。

20．-toggleChrome:方法基于隐藏标志位来切换 chrome。向其传递 YES 时会隐藏 chrome；传递 NO 时将使其可见。该方法用在拖放显示或隐藏 chrome 的动画效果的地方。

21．-hideChrome 方法强制隐藏 chrome。它还使定时器无效，即令其停止起闹。隐藏了 chrome 就使定时器不再有用。定时器会在起闹时调用该方法。

22．-startChromeDisplayTimer 方法设置一个运行 5s 的定时器。该定时器在起闹时调用-hideChrome 方法。

23．最后一个与 chrome 相关的帮助方法是-cancelChromeDisplayTimer，它使定时器无效，使其停止起闹。

24．对 PhotoBrowserViewController 类的最后修改就是添加了-imageTapped:方法。该方法在用户触击照片时被调用。

在对代码做了上述改动后，构建并运行应用程序。显示照片浏览器，看看 chrome 如何工作。当显示 chrome 时，它自动在 5s 后隐藏。触击照片会显示或隐藏该 chrome；chrome 可见时，滚动照片也会隐藏它。如果没有看到这些行为，就得检查你的工作哪里出了问题。

17.4 放大缩小

照片浏览器进展顺利，现在已经初具规模。然而我们不会就此止步。现在再添加一个用户期望的功能，使用户通过双击和二指拨动手势来缩小和放大照片的显示比例。

这里，需使用另一个 UIScrollView 对象。可以使用触击和二指拨动手势来实现你自己的缩小和放大功能，但既然 UIScrollView 已经提供了大多数现成的功能，何必要那么做呢？

截至目前，UIImageView 类用来在浏览器里显示照片。我们将用从 UIScrollView 衍生的新定制类替换之。但在替换 PhotoBrowserViewController 中使用的 UIImageView 之前，需要先创建新的滚动视图子类。

创建新的 Objective-C 类，将其起名为 PhotoBrowserPhotoView，并且设为 UIScrollView 的子类。接着，向其接口和实现文件添加如程序清单 17.10 所示的代码。

程序清单 17.10 PhotoBrowserPhotoView 类的代码

```
///////
//  PhotoBrowserPhotoView.h
```

```
///////
#import <UIKit/UIKit.h>

@class PhotoBrowserViewController;                                        // 1

@interface PhotoBrowserPhotoView : UIScrollView <UIScrollViewDelegate>    // 2


@property (nonatomic, assign) NSInteger index;                            // 3
@property (nonatomic, weak) PhotoBrowserViewController
*photoBrowserViewController;                                              // 4

- (void)setImage:(UIImage *)newImage;                                     // 5
- (void)turnOffZoom;                                                      // 6


@end


///////
//  PhotoBrowserPhotoView.m
///////
#import "PhotoBrowserPhotoView.h"
#import "PhotoBrowserViewController.h"                                    // 7

@interface PhotoBrowserPhotoView ()                                       // 8
@property (nonatomic, strong) UIImageView *imageView;                     // 9

- (void)loadSubviewsWithFrame:(CGRect)frame;                              // 10
- (BOOL)isZoomed;                                                         // 11
@end

@implementation PhotoBrowserPhotoView

@synthesize photoBrowserViewController = _photoBrowserViewController;     // 12
@synthesize imageView = _imageView;

@synthesize index = _index;

- (id)initWithFrame:(CGRect)frame                                         // 13
{
  self = [super initWithFrame:frame];
  if (self) {
     [self setDelegate:self];
     [self setMaximumZoomScale:5.0];
     [self setShowsHorizontalScrollIndicator:NO];
     [self setShowsVerticalScrollIndicator:NO];
     [self loadSubviewsWithFrame:frame];
     [self setBackgroundColor:[UIColor clearColor]];
     [self setAutoresizingMask:UIViewAutoresizingFlexibleWidth|
      UIViewAutoresizingFlexibleHeight];

     UITapGestureRecognizer *doubleTap = [[UITapGestureRecognizer alloc]
                                     initWithTarget:self
```

```
                                        action:@selector(doubleTapped:)];
      [doubleTap setNumberOfTapsRequired:2];
      [self addGestureRecognizer:doubleTap];

      UITapGestureRecognizer *tap = [[UITapGestureRecognizer alloc]
                                    initWithTarget:self
                                    action:@selector(tapped:)];
      [tap requireGestureRecognizerToFail:doubleTap];
      [self addGestureRecognizer:tap];
   }
   return self;
}

- (void)loadSubviewsWithFrame:(CGRect)frame                              // 14
{
   frame.origin = CGPointMake(0, 0);
   UIImageView *newImageView = [[UIImageView alloc] initWithFrame:frame];
   [newImageView setAutoresizingMask:UIViewAutoresizingFlexibleWidth|
    UIViewAutoresizingFlexibleHeight];
   [newImageView setContentMode:UIViewContentModeScaleAspectFit];
   [self addSubview:newImageView];

   [self setImageView:newImageView];
}

- (void)setImage:(UIImage *)newImage                                     // 15
{
   [[self imageView] setImage:newImage];
}

- (BOOL)isZoomed                                                         // 16
{
   return !([self zoomScale] == [self minimumZoomScale]);
}

- (CGRect)zoomRectForScale:(float)scale withCenter:(CGPoint)center      // 17
{
   // The following is derived from the ScrollViewSuite sample project
   // provided by Apple:
   // http://bit.ly/pYoPat

   CGRect zoomRect;

   // The zoom rect is in the content view's coordinates.
   // At a zoom scale of 1.0, it would be the size of the
   // imageScrollView's bounds.
   // As the zoom scale decreases, so more content is visible,
   // the size of the rect grows.
   zoomRect.size.height = [self frame].size.height / scale;
   zoomRect.size.width = [self frame].size.width  / scale;

   // Choose an origin so as to get the right center.
   zoomRect.origin.x = center.x - (zoomRect.size.width  / 2.0);
   zoomRect.origin.y = center.y - (zoomRect.size.height / 2.0);
```

```
   return zoomRect;
}

- (void)zoomToLocation:(CGPoint)location                          // 18
{
   float newScale;
   CGRect zoomRect;
   if ([self isZoomed]) {
      zoomRect = [self bounds];
   } else {
      newScale = [self maximumZoomScale];
      zoomRect = [self zoomRectForScale:newScale withCenter:location];
   }

   [self zoomToRect:zoomRect animated:YES];
}

- (void)turnOffZoom                                               // 19
{
   if ([self isZoomed]) {
      [self zoomToLocation:CGPointZero];
   }
}

#pragma mark - Touch gestures

- (void)doubleTapped:(UITapGestureRecognizer *)recognizer         // 20
{
   [self zoomToLocation:[recognizer locationInView:self]];
}

- (void)tapped:(UITapGestureRecognizer *)recognizer               // 21
{
   [[self photoBrowserViewController] toggleChromeDisplay];
}

#pragma mark - UIScrollViewDelegate methods

- (UIView *)viewForZoomingInScrollView:(UIScrollView *)scrollView  // 22
{
   return [self imageView];
}


@end
```

我们分析一下这段代码，看看做了什么。先来看 PhotoBrowserPhotoView.h 头文件：

1. PhotoBrowserViewController 类的前向声明在此完成。

2. PhotoBrowserPhotoView 类是其自身滚动视图的委派。因此，UIScrollViewDelegate 被添加至协议清单中。

3. 该类还有个叫 index 的属性，它是滚动视图所显示照片的索引号。

4. 此处添加了 photoBrowserViewController 属性，这个到照片浏览器的弱引用使照片视图可以与浏览器通信。

5. 照片浏览器调用了-setImage:方法。它传递的是正显示照片的图片引用。

6. 提供-turnOffZoom 方法。在用户开始在照片集合里滚动时，该方法使照片浏览器能够关闭缩小放大功能。

程序清单 17.10 里的接口代码后面是其实现代码。对实现代码做的改动包括以下这些内容：

7. 导入了 PhotoBrowserViewController.h 头文件。

8. 声明了 PhotoBrowserPhotoView 类扩展。

9. 添加了一个图片视图，它是负责显示照片的图片视图。

10. -loadSubviewsWithFrame:方法在初始化对象时调用。它用来显示照片的图片视图。

11. -isZoomed 方法指示当前视图是放大还是缩小。

12. @implementation 节从合成声明属性语句开始。

13. 随后是-initWithFrame:方法。该重载方法对视图进行初始化，设置滚动视图的属性，为其添加触击和双击手势。

14. -loadSubviewsWithFrame:方法负责创建用来显示照片的图片视图。

15. -setImage:方法设置图片视图的图片。照片浏览器会调用此方法。

16. -isZoomed 方法在用户放大照片时返回 YES；否则返回 NO。

17. -zoomRectForScale:withCenter:方法负责根据中心点计算缩放矩形。

18. -zoomToLocation:方法正如其名所述，用来缩放照片内的某个区域。

19. 代码提供-turnOffZoom 方法，使照片浏览器能够要求在滚动时关闭缩放功能。

20 ~ 21. 有两种触摸手势被分配到视图：双击和触击。双击将在照片内缩放某个区域；触击则切换 chrome 的显示。触击手势由 PhotoBrowserPhotoView 类管理，而不是由照片浏览器管理，因为识别双击手势未成功时才会认为它是触击手势。

22. 此类的最后一个方法是-viewForZoomingInScrollView:。这是个 UIScrollViewDelegate 方法，它返回的是用来在滚动视图里缩放的视图的引用。在本例中，该视图就是图片视图。

新类已经到位，现在我们就把照片浏览器里用到的 UIImageView 替换成 PhotoBrowserPhotoView。除了把图片视图替换为新的照片视图外，-toggleChromeDisplay 方法必须是公用的，这样才能为 PhotoBrowserPhotoView 类所用。

打开 PhotoBrowserViewController 类的头文件，将其代码修改成如程序清单 17.11 所示的代码。

程序清单 17.11 PhotoBrowserViewController 类修改后的代码

```
///////
//  PhotoBrowserViewController.h
///////

@interface PhotoBrowserViewController : UIViewController <UIScrollViewDelegate>

// Other code left out for brevity's sake.

- (void)toggleChromeDisplay;                                        // 1
```

```
@end

///////
//  PhotoBrowserViewController.m
///////
#import "PhotoBrowserViewController.h"
#import "PhotoBrowserPhotoView.h"                                        // 2

// Other code left out for brevity's sake.

@implementation PhotoBrowserViewController

// Other code left out for brevity's sake.

#pragma mark - Page management

- (void)loadPage:(NSInteger)index
{
   if (index < 0 || index >= [self numberOfPhotos]) {
      return;
   }

   id currentView = [[self photoViewCache] objectAtIndex:index];
   if ([currentView isKindOfClass:[PhotoBrowserPhotoView class]] == NO) {  // 3
      // Load the photo view.
      CGRect frame = [self frameForPageAtIndex:index];
      PhotoBrowserPhotoView *newView = [[PhotoBrowserPhotoView alloc]
                                 initWithFrame:frame];                   // 4
      [newView setBackgroundColor:[UIColor clearColor]];                 // 5
      [newView setImage:[self imageAtIndex:index]];                      // 6
      [newView setPhotoBrowserViewController:self];                      // 7
      [newView setIndex:index];                                          // 8

      [[self scrollView] addSubview:newView];
      [[self photoViewCache] replaceObjectAtIndex:index withObject:newView];
   } else {
      [currentView turnOffZoom];
   }
}

- (void)unloadPage:(NSInteger)index
{
   if (index < 0 || index >= [self numberOfPhotos]) {
      return;
   }

   id currentView = [[self photoViewCache] objectAtIndex:index];
   if ([currentView isKindOfClass:[PhotoBrowserPhotoView class]]) {      // 9
      [currentView removeFromSuperview];
      [[self photoViewCache] replaceObjectAtIndex:index withObject:[NSNull null]];
   }
}
```

```
// Other code left out for brevity's sake.

@end
```

我们快速浏览一遍对 PhotoBrowserViewController 类的修改：

1. 代码将-toggleChromeDisplay 方法的声明添加到公用接口处。

2. PhotoBrowserPhotoView.h 头文件在 PhotoBrowserViewController.m 实现文件中导入。

3. 在-loadPage:方法中检验 UIImageView 类已被修改为检验 PhotoBrowserPhotoView 类。

4～8. UIImageView 代码被替代为 PhotoBrowserPhotoView 代码。背景色设为 clear；图片设为当前照片；对照片浏览器的引用则设为允许对视图控制器回调。

9. -unloadPage:方法里对 UIImageView 类的检验被修改成对 PhotoBrowserPhotoView 的检验。

有了这些修改，如今你的照片浏览器就能支持照片缩放了。和往常一样，构建并运行应用程序，来检验修改的效果。倘若缩放功能无法如愿工作，检查你的代码是否改动正确。

注意：如果用的是 iPad 模拟器，可以按住 Option 键后移动鼠标，以此来模仿二指拨动手势。

17.5 删除照片

在继续前行之前，还需要向照片浏览器添加几个功能。除了添加新的删除功能之外，还将为照片浏览器将来的功能增加打下基础。这次添加的功能是“删除照片”动作。这个动作向用户确认对照片的删除操作。在屏幕上部显示的导航栏上有一个按钮，以此为用户提供删除动作。

后续几章还将添加更多的动作，所以会有个动作按钮显示于导航栏上。这涉及一点技巧，因为导航栏并不支持多于两个的按钮（一个在左，一个在右）。然而在 PhotoWheel 中，需要有三个按钮：左侧的 Back 按钮；右侧有两个按钮，一个是删除，另一个是动作菜单。但为了使旅程更有趣，我们趁热打铁，不只在右边显示两个按钮，而是做成三个按钮，分别用来删除、动作和幻灯片放映。

注意：本章这里实现删除照片的步骤。第 19 章、第 20 章将介绍如何实现其他动作；第 23 章讲解怎样实现幻灯片功能。

首先，需要向导航栏另外添加按钮。打开 PhotoBrowserViewController.m 文件，新加入 -addButtonsToNavigationBar 方法。然后更新 -viewDidLoad 方法，使其调用 -addButtonsToNavigationBar 方法。完成修改后的代码如程序清单 17.12 所示。

程序清单 17.12 对 PhotoBrowserViewController.m 文件内容进行的更改

```
///////
//  PhotoBrowserViewController.h
///////

@interface PhotoBrowserViewController : UIViewController <UIScrollViewDelegate,
UIActionSheetDelegate>                                                    // 1

// Other code left out for brevity's sake.
```

```
@end

@protocol PhotoBrowserViewControllerDelegate <NSObject>
@required

// Other code left out for brevity's sake.

@optional
- (void)photoBrowserViewController:(PhotoBrowserViewController *)photoBrowser
            deleteImageAtIndex:(NSInteger)index;                          // 2

@end


///////
//  PhotoBrowserViewController.m
///////
#import "PhotoBrowserViewController.h"
#import "PhotoBrowserPhotoView.h"
#import "ClearToolbar.h"                                                  // 3

#define ACTIONSHEET_TAG_DELETE 1                                          // 4
#define ACTIONSHEET_TAG_ACTIONS 2                                         // 5

@interface PhotoBrowserViewController ()

// Other code left out for brevity's sake.

@property (nonatomic, strong) UIBarButtonItem *actionButton;              // 6

- (void)addButtonsToNavigationBar;                                        // 7

// Other code left out for brevity's sake.

@end

@implementation PhotoBrowserViewController

// Other code left out for brevity's sake.

@synthesize actionButton = _actionButton;                                 // 8

- (void)viewDidLoad
{
   [super viewDidLoad];

   // Make sure to set wantsFullScreenLayout or the photo
   // will not display behind the status bar.
   [self setWantsFullScreenLayout:YES];

   // Set the view's frame size. This ensures that the scroll view
   // autoresizes correctly and avoids surprises when retrieving
   // the scroll view's bounds later.
```

```
   CGRect frame = [[UIScreen mainScreen] bounds];
   [[self view] setFrame:frame];

   UIScrollView *scrollView = [self scrollView];
   // Set the initial size.
   [scrollView setFrame:[self frameForPagingScrollView]];
   [scrollView setDelegate:self];
   [scrollView setBackgroundColor:[UIColor blackColor]];
   [scrollView setAutoresizingMask:UIViewAutoresizingFlexibleWidth |
    UIViewAutoresizingFlexibleHeight];
   [scrollView setAutoresizesSubviews:YES];
   [scrollView setPagingEnabled:YES];
   [scrollView setShowsVerticalScrollIndicator:NO];
   [scrollView setShowsHorizontalScrollIndicator:NO];

   [self addButtonsToNavigationBar];                                    // 9
   [self initPhotoViewCache];


   // Must store the status bar size while it is still visible.
   CGRect statusBarFrame = [[UIApplication sharedApplication]
                            statusBarFrame];
   if (UIInterfaceOrientationIsLandscape([self interfaceOrientation])) {
      [self setStatusBarHeight:statusBarFrame.size.width];
   } else {
      [self setStatusBarHeight:statusBarFrame.size.height];
   }
}

// Other code left out for brevity's sake.

#pragma mark - Helper methods

- (void)addButtonsToNavigationBar                                       // 10
{
   // Add buttons to the navigation bar. The nav bar allows
   // one button on the left and one on the right. Optionally,
   // a custom view can be used instead of a button. To get
   // multiple buttons we must create a short toolbar containing
   // the buttons we want.

   UIBarButtonItem *trashButton = [[UIBarButtonItem alloc]
                    initWithBarButtonSystemItem:UIBarButtonSystemItemTrash
                    target:self
                    action:@selector(deletePhoto:)];
   [trashButton setStyle:UIBarButtonItemStyleBordered];

   UIBarButtonItem *actionButton = [[UIBarButtonItem alloc]
                    initWithBarButtonSystemItem:UIBarButtonSystemItemAction
                    target:self
                    action:@selector(showActionMenu:)];
   [actionButton setStyle:UIBarButtonItemStyleBordered];
   [self setActionButton:actionButton];
```

```
    UIBarButtonItem *slideshowButton = [[UIBarButtonItem alloc]
                                        initWithTitle:@"Slideshow"
                                        style:UIBarButtonItemStyleBordered
                                        target:self
                                        action:@selector(slideshow:)];

    UIBarButtonItem *flexibleSpace = [[UIBarButtonItem alloc]
              initWithBarButtonSystemItem:UIBarButtonSystemItemFlexibleSpace
              target:nil
              action:nil];


    NSMutableArray *toolbarItems = [[NSMutableArray alloc] initWithCapacity:3];
    [toolbarItems addObject:flexibleSpace];
    [toolbarItems addObject:slideshowButton];
    [toolbarItems addObject:actionButton];
    [toolbarItems addObject:trashButton];

    UIToolbar *toolbar = [[ClearToolbar alloc]
                         initWithFrame:CGRectMake(0, 0, 200, 44)];
    [toolbar setBackgroundColor:[UIColor clearColor]];
    [toolbar setBarStyle:UIBarStyleBlack];
    [toolbar setTranslucent:YES];

    [toolbar setItems:toolbarItems];

    UIBarButtonItem *customBarButtonItem = [[UIBarButtonItem alloc]
                                           initWithCustomView:toolbar];
    [[self navigationItem] setRightBarButtonItem:customBarButtonItem
                                        animated:YES];
}

// Other code left out for brevity's sake.

#pragma mark - Actions

- (void)deletePhotoConfirmed                                          // 11
{
    id<PhotoBrowserViewControllerDelegate> delegate = [self delegate];
    if (delegate && [delegate respondsToSelector:
                 @selector(photoBrowserViewController:deleteImageAtIndex:)])
    {
        NSInteger count = [self numberOfPhotos];
        NSInteger indexToDelete = [self currentIndex];
        [self unloadPage:indexToDelete];
        [delegate photoBrowserViewController:self deleteImageAtIndex:indexToDelete];

        if (count == 1) {
            // The one and only photo was deleted. Pop back to
            // the previous view controller.
            [[self navigationController] popViewControllerAnimated:YES];
        } else {
            NSInteger nextIndex = indexToDelete;
            if (indexToDelete == count) {
```

```
            nextIndex -= 1;
         }
         [self setCurrentIndex:nextIndex];
         [self setScrollViewContentSize];
      }
   }
}

- (void)deletePhoto:(id)sender                                          // 12
{
   [self cancelChromeDisplayTimer];
   UIActionSheet *actionSheet = [[UIActionSheet alloc] initWithTitle:nil
                                                             delegate:self
                                                    cancelButtonTitle:nil
                                               destructiveButtonTitle:@"Delete Photo"
                                                    otherButtonTitles:nil, nil];
   [actionSheet setTag:ACTIONSHEET_TAG_DELETE];
   [actionSheet showFromBarButtonItem:sender animated:YES];
}

- (void)showActionMenu:(id)sender                                       // 13
{
   NSLog(@"%s", __PRETTY_FUNCTION__);
}

- (void)slideshow:(id)sender                                            // 14
{
   NSLog(@"%s", __PRETTY_FUNCTION__);
}

#pragma mark - UIActionSheetDelegate methods

- (void)actionSheet:(UIActionSheet *)actionSheet
clickedButtonAtIndex:(NSInteger)buttonIndex                             // 15
{
   [self startChromeDisplayTimer];

   // Do nothing if the user taps outside the action
   // sheet (thus closing the popover containing the
   // action sheet).
   if (buttonIndex < 0) {
      return;
   }

   if ([actionSheet tag] == ACTIONSHEET_TAG_DELETE) {
      [self deletePhotoConfirmed];
   }
}

@end
```

我们一起来探讨这段代码：

1．照片浏览器用到了两个动作单。为了响应这些动作单，照片浏览器必须有实现

UIActionSheetDelegate 协议的方法。该协议被添加到所遵守协议的清单中，编译器就可以作适当的检查以确保代码遵守了这些协议。

2. PhotoBrowserViewControllerDelegate 协议是在 PhotoBrowserViewController.h 头文件里定义的。它已做了修改，新包含了一个可选的方法-photoBrowserViewController:deleteImageAtIndex:。记住，照片浏览器只知道如何显示照片，其实并不知道照片的位置，所以要由照片浏览器委派来完成实际的照片删除操作。

3. 这里导入了 ClearToolbar.h 头文件。要想在导航栏的右侧放置多个按钮，需要有个工具栏。但嵌入式工具栏应当对用户是不可见的，这正是采用 ClearToolbar 的原因。

4～5. 这里设立了两个#define 语句，各代表一个动作单。每个动作单有一个与此 C 语言宏匹配的标记值。

6. 对 PhotoBrowserViewController 类扩展添加了一个声明属性。这个属性叫 actionButton，是对导航栏上所嵌入工具栏里动作按钮的引用。

7. 加入该类扩展的还有-addButtonsToNavigationBar 方法。该方法在调入视图时被调用。它负责将工具栏的按钮嵌入至导航栏。

8. 新的 actionButton 声明属性在此处被合成。

9. 更新-viewDidLoad 方法，以包含对-addButtonsToNavigationBar 方法的调用。

10. -addButtonsToNavigationBar 方法负责创建一个透明色的工具栏，为该工具栏添加按钮，并将工具栏作为导航栏的右部按钮条目加入导航栏。尽管导航栏不能在右部包含多于一个的按钮，它却可以包含定制视图。导航栏的这个特性可用于创建有多个按钮的工具栏，而将后者作为右部的按钮条目加入进来。

11. -deletePhotoConfirmed 方法在用户已经确认了删除请求后调用。该方法检查委派对-photoBrowserViewController:deleteImageAtIndex:方法是否有响应。倘若确有响应，就指示委派删除当前照片；假如被删照片是相册中的最后一张照片，照片浏览器将从导航栈弹出，用户返回至主屏幕；否则，将调整浏览器的滚动视图以容纳新数目的照片。

12. 当用户触击导航栏里的删除按钮时，会调用-deletePhoto:方法。它创建并显示一个动作单。动作单里有 Delete Photo 条目。用户必须触击此条目来确认删除请求。该方法还会停止 chrome 显示定时器。在显示动作单时，chrome 也得保持可见。

13～14. 此处加入了动作菜单的存根方法和幻灯片放映功能。这些方法的实现代码将陆续在后续章节完成。

15. 类实现代码的下一个方法是 UIActionSheetDelegate 委派方法-actionSheet:clickedButtonAtIndex:。该方法启动 chrome 显示定时器。动作单不再可见，因此 chrome 应当在 5s 后自动隐藏。接着，它检查是否有按钮触击，如果有，就调用-deletePhotoConfirmed 方法。-actionSheet:clickedButtonAtIndex:方法的功能将会在后续章节增强，这也正是动作单的标记值为何要在该方法内检查的原因。

这时就可以编译并运行应用程序，以检验修改的效果了。不要担心删除了照片。目前还不会删除任何东西。在你能删除照片之前，必须修改照片浏览器委派对象以实现可选的-photoBrowserViewController:deleteImageAtIndex:方法。

测试你的改动。确保每个按钮调用了合适的动作方法，并验证在用户触击删除按钮时，能够显示删除确认动作单。

验证改动后，更新 PhotoAlbumViewController 类。该类的一个实例就是照片浏览器的委派，必须修改它以包含代码，来删除指定回调索引号的图片。

打开 PhotoAlbumViewController.m 文件，添加如程序清单 17.13 所示的代码。

程序清单 17.13　更新后的 PhotoAlbumViewController.m 文件内容

```
- (void)photoBrowserViewController:(PhotoBrowserViewController *)photoBrowser
deleteImageAtIndex:(NSInteger)index
{
   NSIndexPath *indexPath = [NSIndexPath indexPathForRow:index inSection:0];
   Photo *photo = [[self fetchedResultsController] objectAtIndexPath:indexPath];
   NSManagedObjectContext *context = [self managedObjectContext];
   [context deleteObject:photo];
   [self saveChanges];
}
```

该方法从获取结果控制器里取得照片模型对象，然后在托管对象语境里删除该对象。最后要保存修改。

恭喜你！你的 PhotoWheel 应用程序如今装备了带有缩放和删除功能的全屏照片浏览器，其外观如图 17-3 所示。

图 17-3　PhotoWheel 照片浏览器

17.6　小结

本章我们学习了两种使用 UIScrollView 的办法。了解了怎样利用 UIScrollView 按页显示可滚动的内容，且是以高效的内存使用方式来显示；还学会了如何用滚动视图来放大内容。还对应用程序做了若干功能增强，如通过触击照片缩略图来启动照片浏览器、删除照片。但不要安于 PhotoWheel 的现状，还有更多功能在你继续阅读本书时等待你发挥呢。

但首要的是，有个重要问题得解决。在用户旋转 iPad 时，PhotoWheel 的用户界面不会跟着旋转以适应设备的放置模式。如此将显得美中不足，必须修正，这正是要在下一章做的事情。

17.7　习题

修改照片浏览器的弹出动画，以便动画结束于在浏览器里所显示照片的那个单元。

第 18 章 支持设备旋转

iPad 应用程序应支持所有设备放置模式，这是很重要的。但这究竟是什么意思呢？这意味着应用程序应当根据设备的放置模式来旋转用户界面。大部分 iPhone 应用程序不用旋转，是因为手机的体积很小，加上用户习惯那样的手持方式，没有必要有旋转功能。但对 iPad 就不是这样了。

iPhone 用户倾向于用纵向放置模式拿着设备，即 Home 按钮位于底部。而 iPad 则可能取决于用户拿起设备的方式，有不同的设备放置模式。倘若应用程序不能基于目前的设备放置模式旋转，用户就只好旋转其 iPad，这并非绝佳的用户体验。

本章展示怎样在应用程序里支持设备旋转功能。在介绍过程中，将更新 PhotoWheel 应用程序，使其不管用户如何拿着 iPad，不管 Home 按钮是在底下、上面、左边还是右边，都能保证 PhotoWheel 是可用的。

18.1 怎样支持旋转功能

支持旋转功能，或者说让应用程序能够允许旋转，是很容易的。为了旋转屏幕，视图控制器子类应重载`-shouldAutorotateToInterfaceOrientation:`方法，使之对所支持的设备放置模式返回 `YES`。如果你对构成用户界面的视图正确使用了自动调整尺寸属性，只需要这么做就足够了。在本书前面（从第 8 章到第 13 章）所编写的 PhotoWheel 应用程序原型就支持旋转功能，它除了要求`-shouldAutorotateToInterfaceOrientation:`方法返回 `YES` 外，别无他求。

然而，往往还需要额外的工作。你可能希望在旋转时禁用某个功能，或者想对旋转过程进行定制的动画。也可能用户界面仅仅由于太复杂，无法单独依赖自动调整尺寸属性来支持旋转功能。不管是哪种情况，都可以重载其他方法来处理应用程序的独特需求。

如果想在旋转时禁用某个功能，重载`-willRotateToInterfaceOrientation:duration:`方法来关掉此功能；重载`-didRotateFromInterfaceOrientation:`方法则可以在关掉此功能后再打开它。

如果想在旋转过程中完成定制动画，视图控制器子类应重载`-willAnimateRotationToInterfaceOrientation:duration:`方法。该方法会在用于旋转视图的动画块中调用。当需要额外设置可动画的视图属性时，可重载这一方法。换句话说，举个例子，需要在旋转时将一个按钮从某位置挪到别的位置。可以在调用此方法时，设置按钮的框架，它就会以动画形式移动到最后的目标位置。

注意：iOS 3 之前，要用两步的过程才能在旋转时得到动画效果。对于两步法而言，视图控制器子

类应重载 -willAnimateFirstHalfOfRotationToInterfaceOrientation:duration: 和 -willAnimateSecondHalfOfRotationFromInterfaceOrientation: duration:方法。这个办法如今已不再推荐使用。应当使用一步法，因为它通常更快些。

18.1.1　所支持的设备放置模式

总共有 6 种设备放置模式：

- 纵向
- 纵向头朝下
- 向左横向
- 向右横向
- 面朝上
- 面朝下

头朝下、向左横向、向右横向都指的是 iPad 上 Home 按钮的位置。例如，纵向头朝下说的是设备纵向放置，而 Home 按钮在上部；向左横向意指设备横向放置，Home 按钮位于右侧；向右横向则是 Home 按钮位于左侧。

你已经明白了向左横向、向右横向的说明了吗？在设备横向放置模式中，向左横向 Home 按钮位于右边；设备向右横向则 Home 按钮位于左边。设备放置模式基于设备怎样旋转而定。把你的 iPad 拿在手上，让 Home 按钮在下边。然后向左旋转它（设备逆时针转动），这时 Home 按钮在哪儿呢？它在右侧，所以这时的设备放置模式是向左横向。

容易引起混淆的是这 4 种界面方位：纵向、纵向头朝下、向左横向、向右横向。在纵向、纵向头朝下的界面方位里，Home 按钮的位置与设备放置模式为纵向、纵向头朝下时相同。但 Home 按钮在界面方位里的位置则和两种设备横向放置模式正好是相反。界面方位为向左横向，意味着 Home 按钮在设备的左边；界面方位为向右横向，意味着 Home 按钮在设备的右边。这和设备横向放置模式是相反的。

在大多数情形下，iPad 应用程序只需要关心界面方位，而不是设备放置模式。而且绝大部分 iPad 应用程序也不关心设备是面朝上或面朝下。由于这个原因，通常 iPad 应用程序依赖上一节中描述的视图控制器旋转机制来支持旋转功能。

你可能想知道，在应用程序启动后设备处于横向放置时，怎样利用这个旋转机制呢？默认情况下，应用程序是在纵向放置模式下启动的，故而你应倾向于纵向设计用户界面。在 -application:didFinishLaunchingWithOptions:方法（可在应用程序委派中找到）返回之后，应用程序的根视图控制器会收到来自-shouldAutorotateToInterfaceOrientation 方法的调用。倘若它返回的是 YES，视图控制器就收到另一个旋转方法的调用，从而导致用户界面旋转。而在用户能看出来时，用户界面已经完全旋转过来了。

18.1.2　使用自动尺寸调整功能

到目前为止，在应用程序里支持旋转功能的最容易办法就是利用自动尺寸调整。倘若应用程序内的视图已经按自动尺寸调整功能做了准确的设置，要支持旋转功能只需要在 -shouldAutorotateToInterfaceOrientation:方法里响应 YES 即可。听起来挺简单的，但要适当配置自动尺寸调整功能却是个挑战，这涉及一些琐碎的操作和错误。

可以在 IB 的 Size 面板里设置自动尺寸调整属性，如图 18-1 所示，或者在代码中设置它。举例来说，下列代码片段向一个图片视图指定了弹性的宽度和高度。意思是说，宽度和高度能够随着容器视图的尺寸变化而伸展或者收缩。

```
[imageView setAutoresizingMask:UIViewAutoresizingFlexibleWidth|
UIViewAutoresizingFlexibleHeight]
```

使用下列任意组合来定义自动尺寸调整视图的方式：

- UIViewAutoresizingNone
- UIViewAutoresizingFlexibleLeftMargin
- UIViewAutoresizingFlexibleWidth
- UIViewAutoresizingFlexibleRightMargin
- UIViewAutoresizingFlexibleTopMargin
- UIViewAutoresizingFlexibleHeight
- UIViewAutoresizingFlexibleBottomMargin

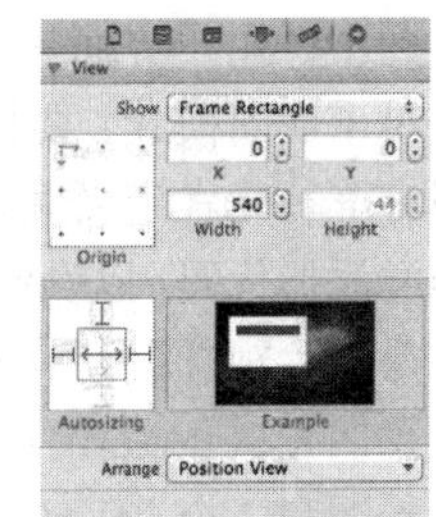

图 18-1 Size 面板里的自动尺寸调整属性设置

倘若你不希望视图自动调整尺寸，则可以通过设置 autoresizesSubviews 属性为 NO，来关闭自动尺寸调整功能。该属性的默认值为 YES。

18.2 自定义旋转

应用程序不必单纯依赖旋转的自动尺寸调整功能。除了调整屏幕元素的尺寸外，还可以改变某元素的位置，例如从屏幕上部挪到屏幕的最右边。这是自动尺寸调整功能无法办到的。当自动尺寸调整功能无法适当旋转应用程序的用户界面时，就要用到自定义旋转了。

注意： 应当尽可能地利用自动尺寸调整功能。即便应用程序需要自定义旋转序列，仍然可以尝试对子视图进行自动尺寸调整，以减少要编写的代码量。你很可能会发现，组合使用自动尺寸调整方式和自定义旋转能够营造最佳的用户体验。事实上，PhotoWheel 就是这么做的。它采用组合方式提供漂亮的旋转动画序列。

PhotoWheel 的用户界面利用背景图产生视觉特效。用户界面有个从上到下的外观，相册内容显示在上部，而相册清单位于屏幕的底部。还有其他视觉特效，例如箭头指向所选中的相册。

如果 PhotoWheel 只是简单地依赖自动尺寸调整功能来支持横向的用户界面，那么这个用户界面就会看起来怪怪的。比如说，相册轮会拉长并变形。因此，你得自定义旋转，并利用自动尺寸调整功能来在横向模式下正确地显示 PhotoWheel。

要自定义旋转，打开 MainViewController.m 文件，添加-shouldAutorotateToInterfaceOrientation:方法。让此方法返回 YES 来支持所有的界面定位模式。该方法看上去是这样的：

```
- (BOOL)shouldAutorotateToInterfaceOrientation:
(UIInterfaceOrientation)toInterfaceOrientation
{
  return YES;
}
```

运行应用程序并旋转设备。如果你用的是模拟器，可以按⌘+Left 和⌘+Right 键来旋转。正如我们预见的那样，用户界面有些混乱，如图 18-2 所示。自动尺寸调整是对 MainViewController 视图里的背景图进行调整。这些子视图控制器的视图并未利用自动尺寸调整功能，所以其位置和尺寸还保持原样。然而，相册轮几乎看不到了，用户界面只能用糟糕来形容。

图 18-2 上图是横向用户界面混乱的 PhotoWheel；下图是用户界面适当旋转后期望的外观截图

对于横向模式，要做若干修改来清理用户界面。必须对现有屏幕元素定义额外的插座变量。然后还要向视图控制器类添加代码，以操作需要新尺寸、新位置的屏幕元素。如果是图片视图，还有对新图片的操作代码。

我们先从 `MainViewController` 视图着手。它有个背景图和一个 i 信息按钮。背景必须更改至该图的横向版本；信息按钮也要移动到屏幕的新位置，与横向版本背景图的占位区对齐。这意味着 `MainViewController` 类要有背景图片视图和信息按钮的插座变量。打开 MainViewController.h 头文件，添加新的插座变量。记住要将这些插座变量关联至主视图控制器故事板里定义的对象，并要在类实现文件里合成声明属性。更新后的头文件在程序清单 18.1 中给出。

程序清单 18.1 更新后的 MainViewController.h 头文件内容

```
#import <UIKit/UIKit.h>

@interface MainViewController : UIViewController

@property (nonatomic, strong) IBOutlet UIImageView *backgroundImageView;
@property (nonatomic, strong) IBOutlet UIButton *infoButton;

@end
```

现在再打开 MainViewController.m 文件，重载`-willAnimateRotationToInterfaceOrientation:duration:`方法。该方法的实现代码检查界面定位模式。如果用户是横向拿着 iPad（即 Home 按钮在左边或者右边），用户界面就采用横向模式；否则采用纵向模式。代码如程序清单 18.2 所示。对你的 `MainViewController` 类代码做出同样修改。

程序清单 18.2 更新后的 MainViewController.m 文件内容

```
#import "MainViewController.h"
#import "PhotoAlbumViewController.h"
#import "PhotoAlbumsViewController.h"
#import "AppDelegate.h"

@implementation MainViewController

@synthesize backgroundImageView = _backgroundImageView;                // 1
```

```
@synthesize infoButton = _infoButton;                                    // 2

- (void)viewDidLoad                                                      // 3

{
   [super viewDidLoad];

   AppDelegate *appDelegate =
       (AppDelegate *)[[UIApplication sharedApplication] delegate];
   NSManagedObjectContext *managedObjectContext =
      [appDelegate managedObjectContext];

   UIStoryboard *storyboard = [self storyboard];

   PhotoAlbumsViewController *photoAlbumsScene =
       [storyboard instantiateViewControllerWithIdentifier:@"PhotoAlbumsScene"];
   [photoAlbumsScene setManagedObjectContext:managedObjectContext];
   [self addChildViewController:photoAlbumsScene];
   [photoAlbumsScene didMoveToParentViewController:self];

   PhotoAlbumViewController *photoAlbumScene =
      [storyboard instantiateViewControllerWithIdentifier:@"PhotoAlbumScene"];
   [self addChildViewController:photoAlbumScene];
   [photoAlbumScene didMoveToParentViewController:self];

   [photoAlbumsScene setPhotoAlbumViewController:photoAlbumScene];
}

- (void)viewDidUnload                                                    // 4
{
   [self setBackgroundImageView:nil];
   [self setInfoButton:nil];
   [super viewDidUnload];
}

#pragma mark - Rotation support

- (BOOL)shouldAutorotateToInterfaceOrientation:
(UIInterfaceOrientation)toInterfaceOrientation                           // 5
{
   return YES;
}

- (void)layoutForLandscape                                               // 6
{
   UIImage *backgroundImage = [UIImage
                       imageNamed:@"background-landscape-right-grooved.png"];
   [[self backgroundImageView] setImage:backgroundImage];

   CGRect frame = [[self infoButton] frame];
   frame.origin = CGPointMake(981, 712);
   [[self infoButton] setFrame:frame];
}
```

```
- (void)layoutForPortrait                                          // 7
{
   UIImage *backgroundImage = [UIImage
                          imageNamed:@"background-portrait-grooved.png"];
   [[self backgroundImageView] setImage:backgroundImage];

   CGRect frame = [[self infoButton] frame];
   frame.origin = CGPointMake(723, 960);
   [[self infoButton] setFrame:frame];
}

- (void)willAnimateRotationToInterfaceOrientation:
(UIInterfaceOrientation)toInterfaceOrientation
duration:(NSTimeInterval)duration                                   // 8
{
   if (UIInterfaceOrientationIsLandscape(toInterfaceOrientation)) {
      [self layoutForLandscape];
   } else {
      [self layoutForPortrait];
   }
}

@end
```

我们来看看这些改动：

1～2. 插座变量的声明属性在此`@synthesize`语句处被合成。

3. `-viewDidLoad`方法保持原状。

4. 添加了`-viewDidUnload`方法，它设置插座变量为`nil`。

5. 为`-shouldAutorotateToInterfaceOrientation:`方法添加了实现代码，它总是返回`YES`，因为要支持所有的界面方位。

6. 帮助方法`-layoutForLandscape`用来在横向模式下布局屏幕元素。首先，背景图片替换成background-landscape-right-grooved.png。PhotoWheel的横向视图将照片轮放置在屏幕的右部，背景图反映了这种变化；信息按钮也必须改变位置。代码获取该按钮的框架，原点挪动以反映新的位置。最后，该按钮框架被更改至调整后的框架值。

7. 帮助方法`-layoutForPortrait`做的事情和上个方法一样，只是它用来布局纵向模式下的屏幕元素。

8. 重载了`-willAnimateRotationToInterfaceOrientation:duration:`方法。该方法检查界面方位模式，然后调用对应的界面帮助方法。

检查界面方位

检查界面方位时，可以使用`UIInterfaceOrientationIsLandscape`和`UIInterfaceOrientationIsPortrait`宏。`UIInterfaceOrientationIsLandscape`宏检查界面方位是向左横向还是向右横向；而`UIInterfaceOrientationIsPortrait`宏检查界面方位是纵向还是头朝下纵向。如果需要完成更精确的检查，则可以使用`UIInterfaceOrientation`枚举类型，例如`if (toInterfaceOrientation == UIInterfaceOrientationPortraitUpsideDown)`。

`UIInterfaceOrientation`选项包括：

```
UIInterfaceOrientationPortrait
UIInterfaceOrientationPortraitUpsideDown
UIInterfaceOrientationLandscapeLeft
UIInterfaceOrientationLandscapeRight
```

构建并运行应用程序，旋转设备看看。倘若背景图或信息按钮没有变化，则很可能是你没有关联到插座变量故事板里的对象。

18.2.1 支持旋转相册

下一步要做的就是对相册的场景加入旋转支持。该场景在 iPad 放置为纵向模式时显示在屏幕的下部。它由相册轮和圆的加号按钮组成，其视图控制器为 PhotoAlbumsViewController。

由于 PhotoAlbumViewController 是 MainViewController 的子视图，因而它会自动收到与旋转有关的消息。这表明，PhotoAlbumsViewController 类不必重载-shouldAutorotateToInterfaceOrientation:方法；而要重载-willAnimateRotationToInterfaceOrientation:duration:方法。而且由于 PhotoAlbumsViewController 视图的内容不会在该视图内改变尺寸和位置,因而只要根据现在是横向还是纵向的界面方位来移动此控制器的视图即可。

在代码中，只要把下列方法添加到 PhotoAlbumsViewController.m 文件里就行了。

```
- (void)willAnimateRotationToInterfaceOrientation:
(UIInterfaceOrientation)toInterfaceOrientation duration:(NSTimeInterval)duration
{
   CGRect newFrame;
   if (UIInterfaceOrientationIsLandscape(toInterfaceOrientation)) {
      newFrame = CGRectMake(700, 100, 551, 550);
   } else {
      newFrame = CGRectMake(109, 680, 551, 550);
   }
   [[self view] setFrame:newFrame];
}
```

它所做的就是根据界面的方位，将视图挪动到新位置。

注意：默认情况下，实现容器逻辑的视图控制器会将外观和旋转消息转发至其子视图控制器。这种行为可以关闭，通过重载- (BOOL)automaticallyForwardAppearanceAndRotationMothodsToChildViewControllers方法，使其对父视图控制器返回 NO 来实现。

18.2.2 旋转相册场景

旋转相册场景涉及的因素要多一些。新背景图要显示到横向模式。这个新背景图要有新的尺寸，使子视图无法进行自动尺寸调整。这意味着 PhotoAlbumViewController 视图里的每个子视图都必须在代码中被明确调整尺寸和位置；还表明对每个屏幕元素都要定义其插座变量。

工具栏和栅格视图的插座变量已经声明，你只要完成添加背景图和阴影图片的插座变量即可。不必为工具栏内的对象声明插座变量。自动调整尺寸功能会照顾好工具栏内这些对象的尺寸和位置调整。

打开 PhotoAlbumViewController.h 头文件，为背景图添加一个插座变量；再为阴影图片添加另一个插座变量，阴影图片显示在工具栏的下部。关于声明属性的代码是：

```
@property (nonatomic, strong) IBOutlet UIImageView *backgroundImageView;
@property (nonatomic, strong) IBOutlet UIImageView *shadowImageView;
```

记住要打开 PhotoAlbumViewController.m 文件，用`@synthesize`合成新的声明属性。同时要确保将插座变量关联至主故事板 Photo Album View Controller Scene 里创建的对应`UIImageView`对象。

然后打开 PhotoAlbumViewController.m 文件，添加与旋转有关的方法，代码如程序清单 18.3 所示。

程序清单 18.3 `PhotoAlbumViewController`与旋转方法有关的代码

```
- (void)layoutForLandscape
[[self view] setFrame:CGRectMake(18, 20, 738, 719)];
   [[self backgroundImageView] setImage:[UIImage
                       imageNamed:@"stack-viewer-bg-landscape-right.png"]];
   [[self backgroundImageView] setFrame:[[self view] bounds]];
   [[self shadowImageView] setFrame:CGRectMake(9, 51, 678, 8)];
   [[self gridView] setFrame:CGRectMake(20, 52, 654, 632)];
   [[self toolbar] setFrame:CGRectMake(9, 6, 678, 44)];
}

- (void)layoutForPortrait
{
   [[self view] setFrame:CGRectMake(26, 18, 716, 717)];
   [[self backgroundImageView] setImage:[UIImage
                             imageNamed:@"stack-viewer-bg-portrait.png"]];
   [[self backgroundImageView] setFrame:[[self view] bounds]];
   [[self shadowImageView] setFrame:CGRectMake(9, 51, 698, 8)];
   [[self gridView] setFrame:CGRectMake(20, 51, 678, 597)];
   [[self toolbar] setFrame:CGRectMake(9, 6, 698, 44)];
}

- (void)willAnimateRotationToInterfaceOrientation:
(UIInterfaceOrientation)toInterfaceOrientation duration:(NSTimeInterval)duration
{
   if (UIInterfaceOrientationIsLandscape(toInterfaceOrientation)) {
      [self layoutForLandscape];
   } else {
      [self layoutForPortrait];
   }
}
```

这里列出的代码相当直观。它们是一些纵向和横向布局的帮助方法。每种布局方法都根据当前的界面方位来确定视图及其子视图的位置和尺寸。

这时，PhotoWheel 的主屏幕可以充分支持旋转功能。难道不是这样吗？

18.2.3 调整 WheelView 类的代码

从视觉上看，主屏幕能够旋转了，但相册的轮状视图仍然还有问题。轮状视图没有对横向布局作相应调整。在纵向模式下，所选相册显示在轮子的上部（角度为 0.0° ）；而在横向模式下，所选相册应当显示在轮子的左部（角度为–90.0° ，或者说是 270.0° ）。

有必要调整 `WheelView` 类的代码。添加一个 `CGFloat` 类型的新声明属性 `angleOffset`。该属性应当声明如下：

```
@property (nonatomic, assign) CGFloat angleOffset;
```

接下来，打开 WheelView.m 文件来合成此 `angleOffset` 属性。在实现节的末尾，添加下列定制的 setter 方法：

```
- (void)setAngleOffset:(CGFloat)angleOffset
{
   if (_angleOffset != -angleOffset) {
      _angleOffset = -angleOffset;
      [self layoutSubviews];
   }
}
```

该方法调整给定角度的偏移值。这种调整是必要的，因为从内部来说，轮状视图的 0.0° 其实是在视图的底部，而非顶部。然而，我们老是会想圆的 0° 是在圆的顶部位置。此 setter 方法还调用了`-layoutSubviews` 方法，以强制轮状视图在每次设置角度偏移值后重画视图内容。

最后，滚动到`-(void)setAngle:(CGFloat)angle` 方法的中间位置，将代码行：

```
float angleInRadians = (angle + 180.0) * M_PI / 180.0f;
```

替换成下列代码：

```
float angleInRadians = ((angle + [self angleOffset]) + 180.0) * M_PI / 180.0f;
```

`WheelView` 如今能够支持用角度偏移值来控制相册轮的“虚拟顶部”位置。可以在 `PhotoAlbumsViewController` 类的`-willAnimateRotationToInterfaceOrientation:duration:`方法里设置该属性。角度偏移值对纵向模式应设为 0.0，而横向模式应设为 270.0（或–90.00）。请对代码做此修改。程序清单 18.4 给出了代码修改后的示例。

程序清单 18.4　更新后的 PhotoAlbumsViewController.m 文件内容

```
- (void)willAnimateRotationToInterfaceOrientation:
(UIInterfaceOrientation)toInterfaceOrientation duration:(NSTimeInterval)duration
{
   CGRect newFrame;
   CGFloat angleOffset;
   if (UIInterfaceOrientationIsLandscape(toInterfaceOrientation)) {
      newFrame = CGRectMake(700, 100, 551, 550);
      angleOffset = 270.0;
   } else {
      newFrame = CGRectMake(109, 680, 551, 550);
      angleOffset = 0.0;
   }
   [[self view] setFrame:newFrame];
   [[self wheelView] setAngleOffset:angleOffset];
}
```

18.2.4 旋转 About 视图

主屏幕并不是唯一支持旋转功能的画面。About 屏幕也得支持旋转功能。打开 AboutViewController 类的实现文件，添加重载方法-shouldAutorotateToInterfaceOrientation:，这样该方法一直会返回 YES。

18.2.5 旋转照片浏览器

照片浏览器也要做同样修改。打开 PhotoBrowserViewController 类的实现文件，添加-shouldAutorotateToInterfaceOrientation:方法，该方法一直会返回 YES。

不过，糟糕的是，还得对照片浏览器做些工作才能使其正确支持旋转。导航栏和滚动视图虽已设置好了自动调整尺寸功能，但滚动视图的内容尚未适当调整尺寸。我们下面来处理这个问题。

18.3 修正麻烦点

除非应用程序单纯依赖自动调整尺寸功能，否则添加对旋转功能的支持绝非易事。PhotoWheel 同样存在其他应用程序都有的旋转问题。首先，照片浏览器滚动视图的内容在旋转时不会正确地调整尺寸。还有另一个麻烦，在你以纵向模式启动照片浏览器，然后旋转设备到横向模式，再按动 Back 按钮回到主屏幕时就会看到这个麻烦。在这个情形中，主屏幕尚未旋转。

需要修正这些麻烦点，我们从照片浏览器内容区域入手。

18.3.1 修正照片浏览器

照片浏览器并非标准的 iOS 屏幕。它显示滚动视图，后者包含一个或多个滚动视图。每个子滚动视图显示一张照片，用户可能缩放过，也可能没有缩放过。除了这些，照片浏览器还应能显示和隐藏 chrome。这些要点组合起来，使照片浏览器的旋转变得相当有挑战性。

说明要怎么做的最佳途径就是向你展示更新后的源代码，然后领你分析一遍。你需要对自己的源代码做同样的改动。先从 PhotoBrowserPhotoView 类开始。它有若干新方法，以在滚动视图的内容区尺寸变化时重新定位照片，因为设备旋转就会引起滚动视图的内容区尺寸发生变化。

打开 PhotoBrowserPhotoView 类的头文件，添加如程序清单 18.5 所示的新方法声明代码。

程序清单 18.5 PhotoBrowserPhotoView 类的新方法声明代码

```
@interface PhotoBrowserPhotoView : UIScrollView <UIScrollViewDelegate>

// Other code left out for brevity's sake.

- (CGPoint)pointToCenterAfterRotation;
- (CGFloat)scaleToRestoreAfterRotation;
- (void)setMaxMinZoomScalesForCurrentBounds;
- (void)restoreCenterPoint:(CGPoint)oldCenter scale:(CGFloat)oldScale;

@end
```

现在再打开 PhotoBrowserPhotoView 类的实现文件，加入这些新方法的实现代码。代码如程序清单 18.6 所示。

程序清单 18.6　PhotoBrowserPhotoView 类新方法的实现代码

```
#pragma mark - Rotation methods

/**
 ** Methods called during rotation to preserve the zoomScale and the visible
 ** portion of the image.
 **
 ** The following code comes from the Apple sample project PhotoScroller
 ** available at
 ** http://bit.ly/qSUD0H
 **
 **/

- (void)setMaxMinZoomScalesForCurrentBounds
{
   CGSize boundsSize = self.bounds.size;
   CGSize imageSize = [[self imageView] bounds].size;

   // Calculate min/max zoom scale:
   // the scale needed to perfectly fit the image width-wise
   CGFloat xScale = boundsSize.width / imageSize.width;
   // the scale needed to perfectly fit the image height-wise
   CGFloat yScale = boundsSize.height / imageSize.height;
   // use minimum of these to allow the image to become fully visible
   CGFloat minScale = MIN(xScale, yScale);

   // On high-resolution screens we have double the pixel density,
   // so we will be seeing every pixel if we limit the maximum
   // zoom scale to 0.5.
   CGFloat maxScale = 1.0 / [[UIScreen mainScreen] scale];

   // Don't let minScale exceed maxScale. (If the image is smaller
   // than the screen, we don't want to force it to be zoomed.)
   if (minScale > maxScale) {
      minScale = maxScale;
   }

   self.maximumZoomScale = maxScale;
   self.minimumZoomScale = minScale;
}

// Returns the center point, in image coordinate space, to try
// to restore after rotation.
- (CGPoint)pointToCenterAfterRotation
{
   CGPoint boundsCenter = CGPointMake(CGRectGetMidX(self.bounds),
                                      CGRectGetMidY(self.bounds));
   return [self convertPoint:boundsCenter toView:[self imageView]];
}

// Returns the zoom scale to attempt to restore after rotation.
```

```
- (CGFloat)scaleToRestoreAfterRotation
{
  CGFloat contentScale = self.zoomScale;

  // If we're at the minimum zoom scale, preserve that by returning 0,
  // which will be converted to the minimum allowable scale when the
  // scale is restored.
  if (contentScale <= self.minimumZoomScale + FLT_EPSILON)
    contentScale = 0;

   return contentScale;
}

- (CGPoint)maximumContentOffset
{
  CGSize contentSize = self.contentSize;
  CGSize boundsSize = self.bounds.size;
  return CGPointMake(contentSize.width - boundsSize.width,
                     contentSize.height - boundsSize.height);
}

- (CGPoint)minimumContentOffset
{
  return CGPointZero;
}

// Adjusts content offset and scale to try to preserve the old
// zoom scale and center.
- (void)restoreCenterPoint:(CGPoint)oldCenter scale:(CGFloat)oldScale
{
  // Step 1: Restore zoom scale, first making sure it is within
  // the allowable range.
  self.zoomScale = MIN(self.maximumZoomScale, MAX(self.minimumZoomScale,
                                              oldScale));


  // Step 2: Restore center point, first making sure it is within
  // the allowable range.

  // Step 2a: Convert the desired center point back to our own
  // coordinate space.
  CGPoint boundsCenter = [self convertPoint:oldCenter fromView:[self imageView]];
  // Step 2b: Calculate the content offset that would yield that center
  // point.
  CGPoint offset = CGPointMake(boundsCenter.x - self.bounds.size.width / 2.0,
                       boundsCenter.y - self.bounds.size.height / 2.0);
  // Step 2c: Restore the offset, adjusted to be within the allowable
  // range.
  CGPoint maxOffset = [self maximumContentOffset];
  CGPoint minOffset = [self minimumContentOffset];
  offset.x = MAX(minOffset.x, MIN(maxOffset.x, offset.x));
  offset.y = MAX(minOffset.y, MIN(maxOffset.y, offset.y));
  self.contentOffset = offset;
}
```

这段代码源于苹果公司的 `PhotoScroller` 示例应用程序。它进行重定位图片的操作，同时保留照片的缩放比例。代码用注释做了详尽的说明，所以就没必要对此方法另行解释。相反，我们要着手对其做些修改。

打开 PhotoBrowserViewController.m 文件，添加如程序清单 18.7 所示的更改代码。

程序清单 18.7　向 `PhotoBrowserViewController` 类添加支持旋转功能的代码

```
#import "PhotoBrowserViewController.h"
#import "PhotoBrowserPhotoView.h"
#import "ClearToolbar.h"

// Other code left out for brevity's sake.

@interface PhotoBrowserViewController ()

// Other code left out for brevity's sake.


@property (nonatomic, assign) NSInteger firstVisiblePageIndexBeforeRotation;   // 1
@property (nonatomic, assign) NSInteger percentScrolledIntoFirstVisiblePage;   // 2

// Other code left out for brevity's sake.

@end

@implementation PhotoBrowserViewController

// Other code left out for brevity's sake.

@synthesize firstVisiblePageIndexBeforeRotation =
_firstVisiblePageIndexBeforeRotation;                                           // 3
@synthesize percentScrolledIntoFirstVisiblePage =
_percentScrolledIntoFirstVisiblePage;                                           // 4


// Other code left out for brevity's sake.

#pragma mark - Rotation support
/**
 **
 ** Portions of the rotation code come from the Apple sample project
 ** PhotoScroller available at
 ** http://bit.ly/qSUD0H
 **
 **/

- (BOOL)shouldAutorotateToInterfaceOrientation:
(UIInterfaceOrientation)toInterfaceOrientation
{
   return YES;
}

- (void)willRotateToInterfaceOrientation:
```

```
(UIInterfaceOrientation)toInterfaceOrientation
duration:(NSTimeInterval)duration                                    // 5
{
   [[self scrollView] setScrollEnabled:NO];

   // Here, our pagingScrollView bounds have not yet been updated for the
   // new interface orientation. So this is a good place to calculate the
   // content offset that we will need in the new orientation.
   CGFloat offset = [self scrollView].contentOffset.x;
   CGFloat pageWidth = [self scrollView].bounds.size.width;

   if (offset >= 0) {
      [self setFirstVisiblePageIndexBeforeRotation:floorf(offset / pageWidth)];
      [self setPercentScrolledIntoFirstVisiblePage:
      (offset - ([self firstVisiblePageIndexBeforeRotation] * pageWidth))
       / pageWidth];
   } else {
      [self setFirstVisiblePageIndexBeforeRotation:0];
      [self setPercentScrolledIntoFirstVisiblePage:offset / pageWidth];
   }
}

- (void)layoutScrollViewSubviews                                     // 6
{
   [self setScrollViewContentSize];

   NSArray *subviews = [[self scrollView] subviews];

   for (PhotoBrowserPhotoView *view in subviews) {
      CGPoint restorePoint = [view pointToCenterAfterRotation];
      CGFloat restoreScale = [view scaleToRestoreAfterRotation];
      [view setFrame:[self frameForPageAtIndex:[view index]]];
      [view setMaxMinZoomScalesForCurrentBounds];
      [view restoreCenterPoint:restorePoint scale:restoreScale];
   }

   // Adjust contentOffset to preserve page location based on
   // values collected prior to location.
   CGRect bounds = [[self scrollView] bounds];
   CGFloat pageWidth = bounds.size.width;
   CGFloat newOffset = ([self firstVisiblePageIndexBeforeRotation] * pageWidth)
      + ([self percentScrolledIntoFirstVisiblePage] * pageWidth);
   [[self scrollView] setContentOffset:CGPointMake(newOffset, 0)];
}

- (void)willAnimateRotationToInterfaceOrientation:
(UIInterfaceOrientation)toInterfaceOrientation
duration:(NSTimeInterval)duration                                    // 7
{
```

```
    [self layoutScrollViewSubviews];

    // If the chrome is hidden, the navigation
    // bar must be repositioned under the status
    // bar.
    if ([self isChromeHidden]) {
      UINavigationBar *navbar = [[self navigationController] navigationBar];
      CGRect frame = [navbar frame];
      frame.origin.y = [self statusBarHeight];


      [navbar setFrame:frame];
    }
}

- (void)didRotateFromInterfaceOrientation:
(UIInterfaceOrientation)fromInterfaceOrientation
{
    [[self scrollView] setScrollEnabled:YES];
    [self startChromeDisplayTimer];
}

@end
```

我们仔细研究一下这些修改：

1～2. 这里向 PhotoBrowserViewController 类扩展加入两个属性。这些属性保存旋转过程和重定位照片滚动视图时所需要的值。

3～4. 合成了新属性。

5. -willRotateToInterfaceOrientation:duration:-scrollViewDidScroll:方法计算第一个可见页的索引号，以及滚动的比例。计算是基于调整尺寸之前的滚动视图内容区域位置和滚动视图的宽度的。该方法还关掉了滚动功能，以阻止滚动视图在旋转过程的计算中改变页内容。检验滚动功能是否打开，则在你先前实现的-scrollViewDidScroll:回调方法里进行。

6. -layoutScrollViewSubviews 在旋转过程中调用。它重定位滚动视图的每张照片，并保持其当前缩放比例不变。然后它计算并设置滚动视图下新内容的偏移值。

7. -willAnimateRotationToInterfaceOrientation:duration:方法调用-layoutScrollViewSubviews 来重定位滚动视图内的照片。它还重定位 chrome 隐藏时的导航栏。倘若不重定位导航栏，自动尺寸调整功能就会把它挤出屏幕，使它无法在显示 chrome 时供用户操作。

8. 在旋转序列的结尾，调用了-didRotateFromInterfaceOrientation:方法。它重新让用户能够使用滚动功能，并启动 chrome 显示定时器。

通过这些操作，照片浏览器如今已经支持 6 种可能的界面方位。构建并运行应用程序，检查最后修改的效果。可以惬意地转动你的 iPad 了☺。

18.3.2 修正主屏幕

主屏幕还有个与旋转有关的问题。要看到这个问题，纵向拿着 iPad 启动 PhotoWheel，然后触击一张照片以打开照片浏览器。现在旋转 iPad 到横向模式，触击 Back 按钮关闭照片浏览器。主屏幕却没有旋转，如图 18-3 所示。

这个问题是由 UINavigationController 的设计缺陷引起的，它转发旋转事件的方式有误。UINavigationController 只对上部的视图控制器转发旋转事件，所以在使用时，只有可见的视图控制器会收到旋转事件。这意味着栈里的其他视图控制器都不会收到事件通知。对于那些视图依赖于接收旋转事件的视图控制器来说，其用户界面永远不会旋转到新的界面方位上。

注意：倘若你的视图只依赖自动尺寸调整功能，就不会有这个问题。

幸运的是，修正操作很简单。当最上面的视图控制器从栈中弹出时，主屏幕会收到包含 -viewWillAppear:的外观事件。可以趁此机会强迫用户界面旋转。实现这个操作的代码在程序清单 18.8 中给出。只要打开 MainViewController.m 文件，添加-viewWillAppear:方法的代码即可。

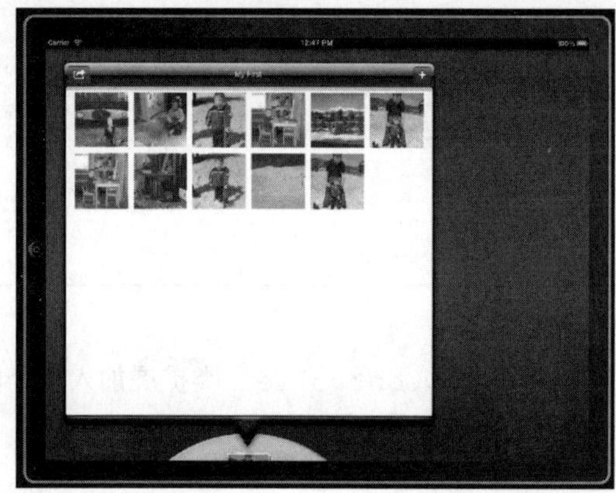

图 18-3 主屏幕在横向模式下仍采用纵向的布局

程序清单 18.8 更新后的 MainViewController.m 文件内容

```
@interface MainViewController ()
@property (nonatomic, assign) BOOL skipRotation;
@end

@implementation MainViewController

// Other code left out for brevity's sake.

@synthesize skipRotation = _skipRotation;

- (void)viewDidLoad
{
   // Other code left out for brevity's sake.

   [self setSkipRotation:YES];
}

- (void)viewWillAppear:(BOOL)animated
{
   [super viewWillAppear:animated];
```

```
        if ([self skipRotation] == NO) {
            UIInterfaceOrientation interfaceOrientation = [self interfaceOrientation];
            NSTimeInterval interval = 0.35;

            void (^animation)() = ^ {
                [self willAnimateRotationToInterfaceOrientation:interfaceOrientation
                                                       duration:interval];

                for (UIViewController *childController in [self childViewControllers]) {
                    [childController
                     willAnimateRotationToInterfaceOrientation:interfaceOrientation
                     duration:interval];
                }
            };

            [UIView animateWithDuration:interval animations:animation];
        }
        [self setSkipRotation:NO];
    }

// Other code left out for brevity's sake.

@end
```

我们花点时间审视一下这段代码。

此处加入了一个类扩展。该类扩展定义了名为 skipRotation 的新布尔属性。此属性用来在首次调用-viewWillAppear:时绕过强制的旋转。为什么要这样做呢？对 PhotoWheel 的测试表明在设备放置为横向模式时，启动应用程序会在最早显示主屏幕时有稍微迟钝的动画序列。所以添加这个属性是为了跳过首次的旋转操作。

注意：把-viewDidLoad 方法里的 skipRotation 属性设为 NO，来看看有什么问题出现。

向 MainViewController 类添加的另一块代码是-viewWillAppear:方法。该方法在视图就要出现在屏幕之前调用。亦即当照片浏览器从导航栈弹出时调用该方法。

-viewWillAppear:方法创建一个动画序列，动画序列会调用主视图控制器及其每个子视图控制器的旋转方法。采用动画序列的原因在于要使一种方位到另一种方位的视觉转换过程显得平滑。

还有重要的一点要指出，虽然用到容器的视图控制器会自动转发旋转和外观事件至其子控制器，这种自动转发并不会在你显式调用其中某个旋转方法时发生。因此，你得负责转发到每个子视图控制器的调用。

一旦完成这些代码的修改，就编译并运行应用程序。主屏幕在显示照片浏览器时会随着界面方位的变化而旋转。

18.4 启动画面

最后一个关于放置模式的议题是启动画面的使用。启动画面是用户在触击 Home 屏幕内应用程序图标后显示的图片。iOS 负责显示启动画面，并在应用程序准备好运行时隐藏它。采用启动画面可以让用户感觉应用程序已快速启动，虽然它其实还在调入的过程中。

注意：你也许想把启动画面当成应用程序的版权页，不要这样做！用户不愿意看你的版权页。他们想使用你的应用程序。你信服吗？可以听听 Mike Lee 有关“别制作糟糕透顶的应用程序”的讲话（网页位于 www.infoq.com/presentations/Making-Apps-That-Dont-Suck）。

启动画面并非版权页。它是代表应用程序状态的图片。应当把它看成为你应用程序的首个画面，不要有多余的内容显示。

对应用程序进行屏幕截图的容易办法就是使用 Organizer。把设备连接到电脑上后，打开 Organizer，选择 Devices，然后在所选中的设备下选择 Screenshots。当应用程序还在运行时，单击 Organizer 里的 New Screenshot 按钮，就会拍照应用程序的画面，如图 18-4 所示。还可以单击 Save as Launch Image 按钮，把该图片添加到项目里。

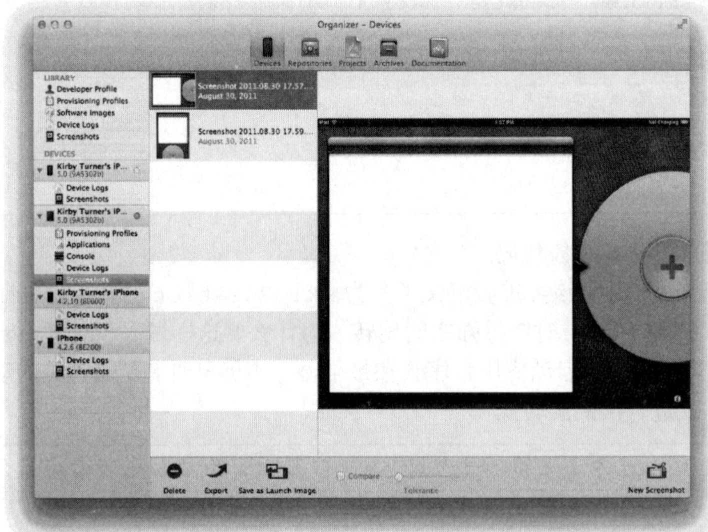

图 18-4 Organizer 里的屏幕截图

在为 iPad 应用程序创建启动画面时，实际上需要创建两张图片。一张是为纵向模式准备的，另一张则是为横向模式准备的。iOS 会在启动应用程序时根据设备放置情况而选择对应的图片。纵向启动画面建议的尺寸是 768 × 1 004 像素，横向启动画面建议的尺寸是 1 024 × 748 像素。这里留有 20 像素供在顶部显示状态栏用。

在有了启动画面后，要把它们告诉给你的应用程序。向 Xcode 项目添加这些启动画面，然后打开项目的 info.plist 文件。向其加入 Launch Image 键（或 Launch Image (iPad)键），并设置启动画面纵向版本的文件名，如图 18-5 所示。

也可以跳过对 info.plist 文件的修改，而将纵向图片的文件名设为 Default.png，横向图片的文件名设为 Default-Landscape.png。iPad 会在 info.plist 文件里没有定义启动画面时搜寻这些图片。然而，倘若你想对启动画面采用不同的文件名，就必须更新项目的 info.plist 文件。

PhotoWheel 的启动画面已经包含在你在第 14 章添加的图片集里。这些图片名叫 PW Default.png

和 PWDefault-Landscape.png。可以在项目导航器的 Images 组下找到它们。单击每个文件名，将其改名，以删除文件名开头的“PW”字样（如图 18-6 所示）。PhotoWheel 现在就能使用这些图片作为启动画面了。

PhotoWheel › PhotoWheel › Supporting Files › PhotoWheel-Info.plist › No Selection

Key	Type	Value
Localization native development region	String	en
Bundle display name	String	${PRODUCT_NAME}
Executable file	String	${EXECUTABLE_NAME}
▶ Icon files	Array	(4 items)
Bundle identifier	String	com.whitepeaksoftware.${PRODUCT_NAME:rfc1034identifier}
InfoDictionary version	String	6.0
Bundle name	String	${PRODUCT_NAME}
Bundle OS Type code	String	APPL
Bundle versions string, short	String	1.0
Bundle creator OS Type code	String	????
Bundle version	String	1.0
Application requires iPhone environme	Boolean	YES
▶ Supported interface orientations (iPad)	Array	(4 items)
Main storyboard file base name	String	MainStoryboard
Launch image (iPad)	String	Default.png

图 18-5　在项目的 info.plist 文件设置启动画面

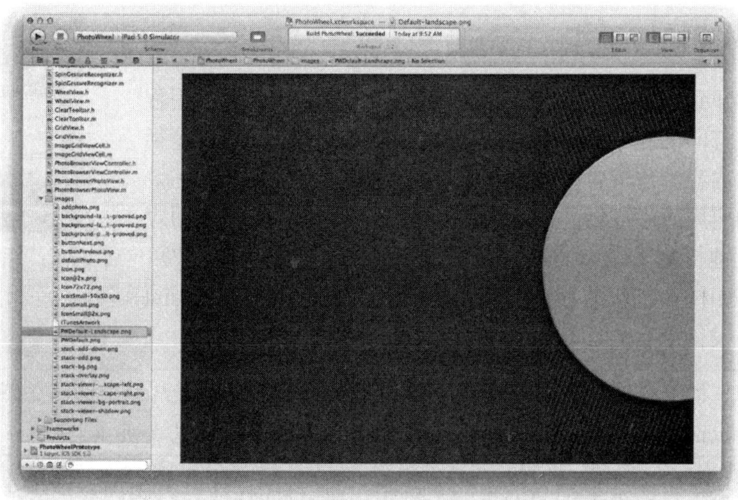

图 18-6　利用项目导航器重新命名启动画面的文件

18.5　小结

由此，有了简单的旋转和方位功能。通过本章的学习，你没有理由不支持 iPad 应用程序拥有界面方位功能。当为应用程序添加旋转功能时，记住要尽可能地使用自动尺寸调整功能，它会节省你的时间和代码量。但不要在自动尺寸调整功能没有设置好时，就把应用程序限定到纵向模式。花些时间在用户界面上支持纵向和横向模式。这些额外时间和努力是有回报的，即让你的应用程序用户感到满意。

18.6　习题

1. 修改横向的用户界面，使相册轮显示在左边而非右边。将 background-landscape-left-grooved.png 和 stack-viewer-bg-landscape-left.png 用于左手式横向的布局。

2. 利用 Organizer 对 PhotoWheel 及其他应用程序截图。

第 19 章

用 AirPrint 打印

AirPrint 是 iOS 4.2 里添加的特性，它让 iPad 无线打印成为可能。这个功能受到许多 iPad 用户的欢迎，因为他们希望对诸如在线购物的收据、文档或照片等内容有硬拷贝。

我们将在本章学习 iOS 提供的打印子系统，以及如何对我们的应用程序集成打印功能。

19.1 打印功能如何工作

打印是要构建到应用程序的一项功能。并非设备上的每个应用程序都会自动提供打印功能给用户。应用程序必须给用户提供某个途径来请求要打印的内容。这通常是触击导航栏或工具栏上的某个按钮。当用户想在你的应用程序中打印时，他就触击这个按钮（或者利用应用程序提供的其他机制），这个按钮将呈现打印机选项。然后用户可以选择期望的打印机和打印的数量（如图 19-1 所示）。用户触击 Print 按钮，内容就会发往那台打印机。

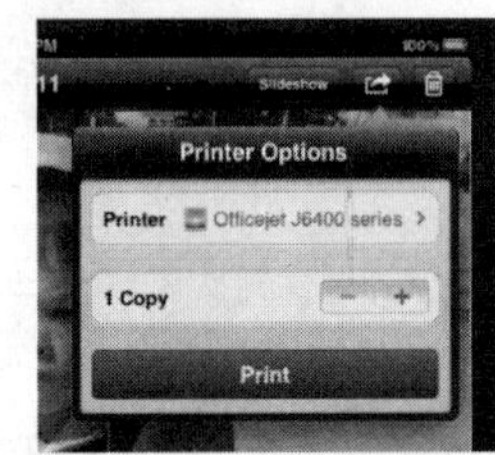

图 19-1　iPad 上浮动显示的打印机选项视图

注意：在 iPad 上，打印机选项视图是浮动显示的，在此处提供供用户触击的按钮或视图。在 iPhone 或 iPod touch 上，打印机选项视图是从底部滑出来，填充整个屏幕。

用户发出的每个打印请求都会创建一个打印作业。打印作业是打印内容和完成打印所需信息的组合。这些信息包括打印机名称、打印作业的名字以及要打印的数量。

打印作业被发送至打印子系统，在此被保存起来（例如，对数据做假脱机处理）。然后打印作业放入打印队列，等待被打印。打印队列采用先进先出的机制，同一设备上的多个应用程序可以发送多个打印作业到打印子系统。意即用户可以从你的应用程序打印，而在等待打印作业结束的过程中，另一个应用程序也可以进行打印操作。

19.1.1 打印中心 Print Center

用户通过两次触击 Home 按钮，在多任务用户界面上选择 Print Center 应用程序，来查看某打印作业的状态是正在打印还是等待打印（如图 19-2 所示）。Print Center 是个后台系统应用程序，只有在处理打印作业时才有效。Print Center 让用户能够看到每个打印作业的详细信息，或者对正打印或等待的打印作业执行取消操作。

19.1.2 能打印的前提

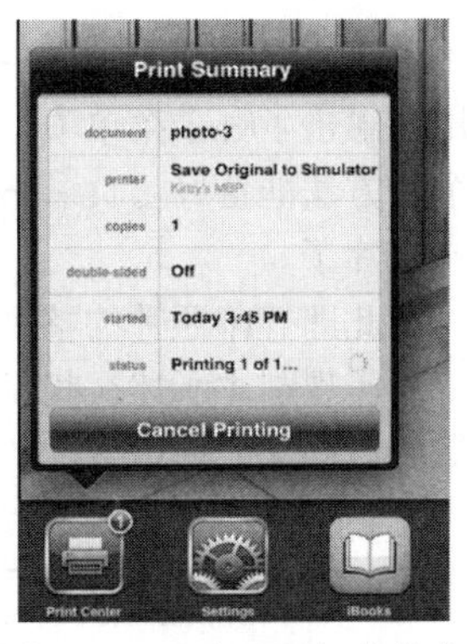

图 19-2 正在显示打印作业细节的 Print Center

在所有支持多任务的 iOS 设备上，只要 iOS 版本在 4.2 或以上，就可以使用打印功能。倘若设备不能达到这些最低要求，就无法打印。在应用程序中，你得负责检查设备是否支持打印功能。如果不支持打印，你的应用程序就不要给用户提供打印选项（例如隐藏 Print 按钮）。下面学习如何这么做。

19.1.3 打印 API

打印的编程接口是由 UIKit 提供的。UIKit 打印 API 提供在应用程序里全面控制打印内容的类和协议。打印由 `UIPrintInteraction-Controller` 控制器的共享实例管理。该控制器包含打印作业（`UIPrintInfo`）和纸张（`UIPrintPaper`）的信息。它还包含要打印的内容。内容可以是单张图片或者是 PDF 文档、一组图片或多个 PDF 文档、打印格式生成器（`UIPrintFormatter`）或打印内容生成器（`UIPrintPageRenderer`）。控制器还可以有遵守 `UIPrintInteraction ControllerDelegate` 协议的委派对象。

打印内容的最简单类型就是图片或 PDF 文档。此类内容是对 `UIImage`、`NSData`、`NSURL` 或 `ALAsset` 对象的引用。指向图片或 PDF 文档位置的 `NSURL` 对象必须采用 `file:`或 `asset-library:`之类能够返回 `NSData` 对象的方案。为了打印图片或 PDF 文档，应设置共享实例 `UIPrintInteractionController` 的 `printingItem` 属性；要打印一组图片或 PDF 文档，应将对象引用保存到一个 `NSArray` 中，并设置 `printingItems` 属性。

要打印稍微复杂些的内容，尚不需要页眉页脚，并可跨页，则可以利用 `UIPrintFormatter` 的某个具体子类。这些子类包括 `UISimpleTextPrintFormatter`、`UIMarkupTextPrint Formatter` 和 `UIViewPrintFormatter`。创建一个对应格式化器对象的实例，然后对共享实例 `UIPrintInteractionController` 设置 `printFormatter` 属性。

对于打印包含页眉页脚的复杂内容，可以使用从 `UIPrintPageRenderer` 继承的定制类。打印内容生成对象找出要打印的页内容，可用格式化生成器或不用格式化生成器。这无疑是对打印内容难度最大的操作，但你对打印输出具有最高级别的控制能力。

19.2 向 PhotoWheel 添加打印功能

PhotoWheel 用来显示照片，对于打印图片，它可以利用 `UIPrintInteractionController` 类办到。所以我们就为 PhotoWheel 用户提供从照片浏览器打印照片的选项。

照片浏览器的导航栏已经有个动作按钮。这是个显示带打印选项的动作菜单的绝佳地方（下一章还会增加发送电子邮件的选项，所以这里用到了动作单）。下面是从用户角度来看，它应当如何工作的过程。

用户触击动作菜单上显示的动作按钮，然后触击 Print 菜单项。打印选项视图显示出来。用户选取打印机，随即触击 Print 按钮。当前照片被发至打印机，打印机将照片打印出来。

实现这一操作的代码很简单。可修改 `PhotoBrowserViewController` 类的`-showAction`

Menu:方法来显示动作单。动作单委派回调-actionSheet:clickedButtonAtIndex:来检查用户触击了哪个菜单项。如果触击的是 Print 动作菜单项，就会调用-printCurrentPhoto。这个新方法准备好 UIPrintInteractionController 实例，然后把它显示出来，用户就可以打印照片了。

此即打印照片的整个过程。

实现刚才所述这些步骤的代码在程序清单 19.1 中给出。对你的 PhotoBrowserViewController.m 文件做同样的修改。

程序清单 19.1 添加了支持打印功能的 PhotoBrowserViewController 类的代码

```
- (void)showActionMenu:(id)sender                                           // 1
{
   [self cancelChromeDisplayTimer];
   UIActionSheet *actionSheet = [[UIActionSheet alloc] init];
   [actionSheet setDelegate:self];
   [actionSheet setTag:ACTIONSHEET_TAG_ACTIONS];
   if ([UIPrintInteractionController isPrintingAvailable]) {
      [actionSheet addButtonWithTitle:@"Print"];
   }

   [actionSheet showFromBarButtonItem:sender animated:YES];
}

#pragma mark - Printing

- (void)printCurrentPhoto
{
   [self cancelChromeDisplayTimer];                                         // 2
   UIImage *currentPhoto = [self imageAtIndex:[self currentIndex]];         // 3

   UIPrintInteractionController *controller =
      [UIPrintInteractionController sharedPrintController];                 // 4
   if(!controller){
     NSLog(@"Couldn't get shared UIPrintInteractionController!");
     return;
   }

   UIPrintInteractionCompletionHandler completionHandler =
      ^(UIPrintInteractionController *printController, BOOL completed,
       NSError *error)
   {
      [self startChromeDisplayTimer];
      if(completed && error)
        NSLog(@"FAILED! due to error in domain %@ with error code %u",
             error.domain, error.code);
   };                                                                       // 5

   UIPrintInfo *printInfo = [UIPrintInfo printInfo];                        // 6
   [printInfo setOutputType:UIPrintInfoOutputPhoto];                        // 7
   [printInfo setJobName:[NSString stringWithFormat:@"photo-%i",
                     [self currentIndex]]];                                 // 8
```

```
   [controller setPrintInfo:printInfo];                                // 9
   [controller setPrintingItem:currentPhoto];                          // 10

   [controller presentFromBarButtonItem:[self actionButton]
                               animated:YES
                      completionHandler:completionHandler];            // 11
}


#pragma mark - UIActionSheetDelegate methods

- (void)actionSheet:(UIActionSheet *)actionSheet
clickedButtonAtIndex:(NSInteger)buttonIndex
{
   [self startChromeDisplayTimer];

   // Do nothing if the user taps outside the action
   // sheet (thus closing the popover containing the
   // action sheet).
   if (buttonIndex < 0) {
      return;
   }

   if ([actionSheet tag] == ACTIONSHEET_TAG_DELETE) {
      [self deletePhotoConfirmed];
   } else if ([actionSheet tag] == ACTIONSHEET_TAG_ACTIONS) {          // 12
      [self printCurrentPhoto];
   }
}
```

我们来分析一下程序清单 19.1 里的代码：

1. -showActionMenu:原有的 NSLog()语句被替换成创建和展示动作单的代码。这里进行了检查，以确保设备支持打印；倘若设备不支持打印，动作单上就不会有 Print 菜单项。

chrome 显示定时器也被关闭。在显示动作单时 chrome 也应保持可见。

2. -printCurrentPhoto 方法是照片浏览器打印功能的主力代码。它先是取消 chrome 显示定时器。在显示打印机选项视图时，chrome 还应保持可见。

3. 获取对当前照片的引用，这是要打印的内容。

4. 获取对 UIPrintInteractionController 共享实例的引用。随后是确保返回结果为有效引用的检查。倘若并非有效引用，就在控制台上记录一条错误消息。

5. 创建一个完成块。这个块在打印请求完成时被调用。在块内，chrome 显示定时器重新开启。如果有错误发生，就在控制台上记录一条错误消息。

6 ~ 8. 创建一个 UIPrintInfo 新实例。输出类型设为 UIPrintInfoOutputPhoto，以生成最高质量照片输出，并命名打印作业。对打印作业起名是可选的，但应该给打印作业起个名字，这样用户就能从等待打印的队列中找到其作业，在必要时取消作业。

9. printInfo 对象被赋值给共享对象 UIPrintInteractionController 的 printInfo 属性。

10. 共享对象 UIPrintInteractionController 的 printingItem 属性设为要打印照片

的引用，即指向 UIImage 对象的指针。它告诉控制器要打印什么内容。

11．最后，在用户面前呈现打印机选项（Printer Option）视图。

代码改动完成，准备测试。但如何测试打印功能呢？有个办法能够节省纸张且不要求有物理打印机，即使用打印机模拟器（Printer Simulator）。

打印机模拟器 Printer Simulator

Xcode 内含打印机模拟器（如图 19-3 所示）。打印机模拟器注册要模拟的不同打印机类型，可供应用程序测试打印功能，如图 19-4 所示。

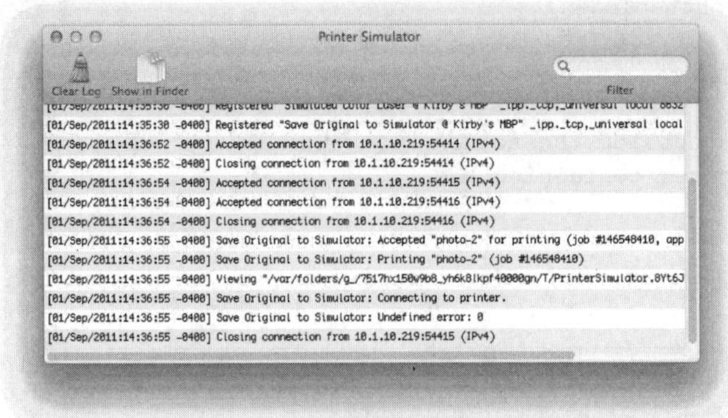

图 19-3 在开发用 Mac 计算机上运行着的打印机模拟器

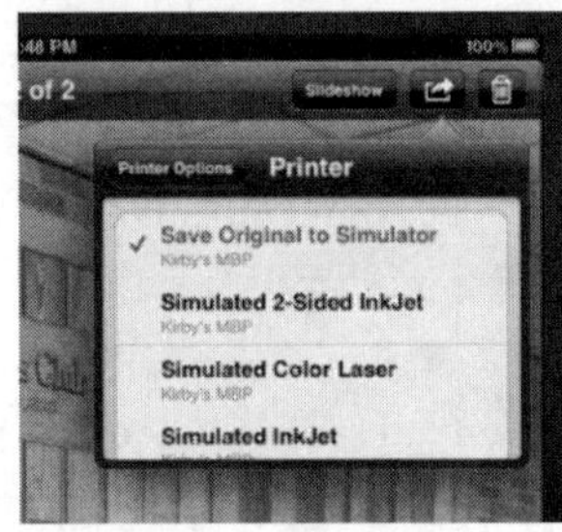

图 19-4 打印机模拟器里出于方便而提供的模拟打印机清单

打印机模拟器是在 iOS 模拟器里启动的，选择 File → Open Printer Simulator 菜单项就可以启动打印机模拟器。所模拟的打印机适用于运行于 iOS 模拟器内的应用程序和 iPad（只要 iPad 和打印机模拟器是在同一个网络中）。只要打印机模拟器还在运行，所模拟的打印机就一直可用。退出模拟器后，所模拟的打印机会被注销，不再对你的应用程序有效。

19.3 小结

本章我们对如何在 iOS 里打印有了个基本的了解。还通过给 PhotoWheel 添加打印功能，而看到了实际的打印动作。这只是对 iOS 里打印的肤浅讲解。要学习更多知识，可阅读 “the Drawing and Printing Guide for iOS”，网页位于 developer.apple.com/library/ios/#documentation/2DDrawing/Conceptual/DrawingPrintingiOS/Introduction/Introduction.html。

19.4 习题

1．在主屏幕上添加打印选项，以允许用户打印所有照片。

2．在照片栅格视图里允许多选，在主屏幕上修改打印选项，从而只打印所选中的照片。

第 20 章 发送电子邮件

电子邮件是许多 iPad 应用程序都有的常见功能。这主要有两个原因：

1. 用户希望与他们的朋友分享你的应用程序内容。
2. iOS 应用程序里实现电子邮件很容易。

PhotoWheel 也不例外。用户会想与别人分享其喜爱的照片。既然容易添加对电子邮件功能的支持，那么我们要是不包含这个功能，就是对 PhotoWheel 用户的怠慢。这就是本章的焦点：展示怎样从 iPad 应用程序里发送电子邮件。

20.1 工作原理

iOS 包含有 Message UI Framework，它提供了专门的视图控制器来编写电子邮件和短信。只要用户写完了电子邮件，其消息就会发送至适当的子系统，在此投递给接收者。

注意：短信只能基于文本。由于 PhotoWheel 是个照片应用程序，要它支持短信没有多大必要，所以本书不会涉及短信。不过，发送短信消息在概念上与发送电子邮件消息并无二致。所以学习如何发送电子邮件消息，会对你发送短信消息有很重要的启示。

警告：在每台 iOS 设备上发送电子邮件消息的子系统是 Mail 应用程序。要想在应用程序里发送电子邮件，用户必须有默认电子邮件账户来配置设备。倘若设备未设立电子邮件功能，应用程序就无法发送电子邮件消息，因此应用程序也就不能给用户提供发送电子邮件的选项。

要想从应用程序里发送电子邮件，应用程序首先要显示编写邮件视图（如图 20-1 所示）。Message UI Framework 里的 `MFMailComposeViewController` 类提供这个视图。应用程序应能提供电子邮件消息的初始信息，例如标题、收件人、消息主体和附件等。用户可以添加、修改甚至删除在编写邮件视图里由应用程序预先提供的信息。

要发送消息，用户只要触击 Send 按钮，就可以把电子邮件发走。这是在 Mail 应用程序中发送电子邮件消息，Mail 会将邮件保存至发件箱 Outbox。Mail 应用程序随后负责发走电子邮件消息，只要有可用网络连接的话。

倘若用户在编写邮件视图里决定不发送此电子邮件，可触击 Cancel 按钮。Cancel 按钮给出了两种选择：要么删除草稿，要么保存其为草稿消息，以备日后编辑并发送（或删除）。删除草稿意即该电子邮件消息永久丢失，所删消息再也不会发送至 Mail 应用程序；另外，保存的草稿会发送至 Mail 应用程序。用户能够以后决定编辑，并从 Mail 应用程序发送此电子邮件。

人们把 Message UI Framework 设计成可利用 iOS 的 Mail 应用程序来处理编写新邮件、排队和发送电子邮件的复杂机制。从开发者角度看，Message UI Framework 使我们能够关注重要的地方，即构建应用程序，而不是拘泥于为应用程序编写完整的消息界面。最精彩的是，这种简洁性对用户是透明的。Message UI Framework 允许用户在应用程序里编写、发送电子邮件，不管是否连接有网络。在用户未连接网络时（例如，其 iPad 处于飞行模式），消息就会保存在 Mail 的发件箱里，直到用户连接了 3G 或 Wi-Fi 网络为止。下次当用户连接网络，并启动 Mail 应用程序时，在你的应用程序以及其他应用程序内排队的消息就会被发送出去。

图 20-1 编写邮件视图的截屏

MFMailComposeViewController 类

MFMailComposeViewController 类可以在应用程序里提供标准的编写邮件视图。由于此视图是系统提供的，因而不管用哪个应用程序，用户都能够看到同样的视图。这种跨越第三方应用程序的一致性使用户发送电子邮件更加容易，因为对电子邮件的操作过程是一样的。

要从应用程序发送电子邮件，应用程序需创建 MFMailComposeViewController 类的实例。初始的消息信息，诸如收件人清单、标题和消息体，都通过这个类来设置。该视图控制器随后以模型视图控制器展现给用户。用户编辑消息（如果有的话）并发送。应用程序必须提供遵守 MFMailComposeViewControllerDelegate 协议的委派对象。此委派对象负责在适当时候关掉 MFMailComposeViewController 呈现的视图。

我们来看一些代码，以便更好地理解从应用程序里发送电子邮件的工作原理。

20.2 SendEmailController 类

为了学习怎样发送电子邮件，我们将更改 PhotoWheel，以允许用户用电子邮件发送其照片。在 PhotoWheel 中用户可以在两个地方发送电子邮件：

- ❑ 在照片浏览器里，用户能够发送含有当前照片的电子邮件。
- ❑ 在相册子视图里（显示在主屏幕内），用户能够发送包含相册内所有照片的电子邮件。

要做到这一点，应对 PhotoBrowserViewController 和 PhotoAlbumViewController 视图控制器添加代码，这些代码将用到 MFMailComposeViewController 类。两个视图控制器所需的代码相同，所以为了不重复实现两次而导致冗余代码，更好的设计是创建新的控制器类，来处理发送消息的操作。

然后在创建新的控制器类之前，需要向项目添加 Message UI Framework。在项目导航器里单击 PhotoWheel 项目。在 Editor 区选择 PhotoWheel 目标，然后选取 Summary 选项卡。滚动到 Linked Frameworks and Libraries 清单视图（如图 20-2 所示）。单击 Linked Frameworks and Libraries 节下的加号按钮，将 MessageUI.framework 加入到项目。

现在做好了准备，下面创建发送电子邮件的新控制器类。

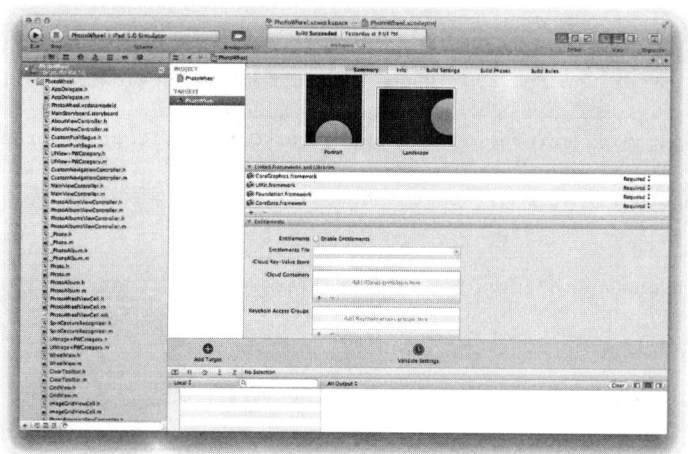

图 20-2 项目概述编辑器

20.2.1 引入 SendEmailController 类

新控制器 SendEmailController 类有个简单的接口，这个接口只带两个属性：viewController 和 photos，如程序清单 20.1 所示。viewController 属性引用采用 SendEmailController 类的视图控制器。该视图控制器必须遵守 SendEmailControllerDelegate 协议；而 photos 属性是对要发送照片集的引用。

注意： 新控制器类并非视图控制器，但仍称它为“控制器”是因为它控制着 MFMailComposeViewController 类的建立、显示和关闭过程。

SendEmailController 类也有两个实例方法：-initWithViewController: 和 -sendEmail。前一个方法用来初始化类实例；后一个方法则显示 MFMailComposeViewController 类实例所管理的编写邮件视图。

+canSendMail 类方法用以包装 [MFMailComposeViewController canSendMail] 调用。提供这个类方法是为了让照片浏览器和相册视图控制器无须包含 Message UI Framework 的头文件。

类接口之后是对 SendEmailControllerDelegate 协议的定义。协议有一个要求的方法，即委派视图控制器必须实现-sendEmailControllerDidFinish:方法，调用该方法来通知视图控制器，发送电子邮件的请求已完成。

以上讲了类的接口，现在就来创建它吧。先添加新的 Objective-C 类到项目，更新 SendEmailController.h 头文件为程序清单 20.1 所给出的代码。确保包含了 Message UI Framework 的头文件。

程序清单 20.1 SendEmailController.h 头文件的内容

```
#import <Foundation/Foundation.h>
#import <MessageUI/MessageUI.h>
#import <MessageUI/MFMailComposeViewController.h>


@protocol SendEmailControllerDelegate;
```

```
@interface SendEmailController : NSObject <MFMailComposeViewControllerDelegate>

@property (nonatomic, strong) UIViewController<SendEmailControllerDelegate>
*viewController;
@property (nonatomic, strong) NSSet *photos;


- (id)initWithViewController:(UIViewController<SendEmailControllerDelegate> *)
viewController;
- (void)sendEmail;

+ (BOOL)canSendMail;

@end


@protocol SendEmailControllerDelegate <NSObject>
@required
- (void)sendEmailControllerDidFinish:(SendEmailController *)controller;
@end
```

接着，打开 SendEmailController.m 文件，添加如程序清单 20.2 所示的实现代码。

程序清单 20.2　SendEmailController.m 实现文件的内容

```
#import "SendEmailController.h"
#import "Photo.h"

@implementation SendEmailController

@synthesize viewController = _viewController;
@synthesize photos = _photos;

- (id)initWithViewController:(UIViewController<SendEmailControllerDelegate> *)
viewController
{
   self = [super init];
   if (self) {
      [self setViewController:viewController];
   }
   return self;
}

- (void)sendEmail
{
   MFMailComposeViewController *mailer = [[MFMailComposeViewController alloc]
                                          init];
   [mailer setMailComposeDelegate:self];
   [mailer setSubject:@"Pictures from PhotoWheel"];

   __block NSInteger index = 0;
```

```
    [[self photos] enumerateObjectsUsingBlock:^(id photo, BOOL *stop) {
      index++;
      UIImage *image;
      if ([photo isKindOfClass:[UIImage class]]) {
         image = photo;
      } else if ([photo isKindOfClass:[Photo class]]) {
         image = [photo originalImage];
      }

      if (image) {
         NSData *imageData = UIImageJPEGRepresentation(image, 1.0);
         NSString *fileName = [NSString stringWithFormat:@"photo-%1", index];
         [mailer addAttachmentData:imageData
                          mimeType:@"image/jpeg"
                          fileName:fileName];
      }
    }];

    [[self viewController] presentModalViewController:mailer animated:YES];
}


- (void)mailComposeController:(MFMailComposeViewController*)controller
          didFinishWithResult:(MFMailComposeResult)result
                        error:(NSError*)error
{
   UIViewController<SendEmailControllerDelegate> *viewController =
      [self viewController];
   [viewController dismissModalViewControllerAnimated:YES];
   if (viewController && [viewController respondsToSelector:
                          @selector(sendEmailControllerDidFinish:)])
   {
      [viewController sendEmailControllerDidFinish:self];
   }
}

+ (BOOL)canSendMail
{
   return [MFMailComposeViewController canSendMail];
}

@end
```

实现文件的内容从导入 Photo.h 头文件开始。Photo 类用来获取照片，你随后就会看到这一点。程序清单的前面还有对类接口里所定义声明属性的合成语句。随后就是-initWithViewController:方法。该方法是出于方便而提供的。它所做的事就是：设置调用该方法时所传递进来的视图控制器的 viewController 属性。

-sendEmail 方法是使用 Message UI Framework 的集大成者。该方法先是创建 MFMailComposeViewController 类的局部实例。SendEmailController 类实例被设为此视图控制器的委派，而邮件标题设为一个字符串数据。

接着，该方法使用“块”来枚举照片集。为了使该类更灵活，照片集可以包含对 UIImage 对象或 Photo 对象的引用。对对象类的类型会进行检查，根据类检查结果设置图片的局部变量。然后图片就会作为附件添加到电子邮件消息内。

一旦枚举块结束，编写邮件视图控制器就呈现给用户。它是由在 SendEmailController 类初始化时所提供的视图控制器呈现的。

为什么要支持 UIImage 对象和 Photo 对象？

照片浏览器并不知晓 Photo 对象，但它了解 UIImage 对象。所以当它要发送电子邮件时，需要传递照片集里的 UIImage 对象。

PhotoAlbumViewController 可以做同样的事情。它利用对 UIImage 对象的引用，而非 Photo 模型对象来构建照片集，但这需要为每张照片都分配一个 UIImage 对象。如此会引起内存问题，因此传递受管模型对象的引用。这里假设 MFMailComposeViewController 将要管理内存，以便可能有的大量图片作为附件加入到电子邮件消息里（不管假设条件好与坏）。

程序清单里的下个方法就是-mailComposeController:didFinishWith-Result:error:。它是 MFMailComposeViewControllerDelegate 协议的委派方法。其实现代码关闭邮件编写视图，然后通知 SendEmailControllerDelegate 视图控制器，发送电子邮件的请求已完成。

SendEmailController 类的最后一个方法是+canSendMail。它是 MFMailComposeViewController 类同名方法的包装方法。倘若设备已正确配置可发送电子邮件，该方法返回 YES；否则返回 NO。

20.2.2 SendEmailController 的用法

现在该更改 PhotoBrowserViewController 和 PhotoAlbumViewController 类，以便使用新的 SendEmailController 类。先从 PhotoBrowserViewController 类着手。该类接口要修改成告诉编译器，它遵守 SendEmailControllerDelegate 协议；其类的实现代码也要修改，以在动作按钮动作单上显示一个 Email 动作条目；还要改动该动作单回调，为用户呈现通过 SendEmailController 方式的邮件信息编写视图。

代码修改在程序清单 20.3 中给出。确保对你的 PhotoBrowserViewController 类也做了同样的改动。

程序清单 20.3　更新后的 PhotoBrowserViewController 类代码

```
///////
// PhotoBrowserViewController.h
///////
#import <UIKit/UIKit.h>
#import "SendEmailController.h"                                        // 1

// Other code left out for brevity's sake.

@interface PhotoBrowserViewController : UIViewController <UIScrollViewDelegate,
UIActionSheetDelegate, SendEmailControllerDelegate>                    // 2

// Other code left out for brevity's sake.
```

```
@end


///////
//  PhotoBrowserViewController.m
///////

@interface PhotoBrowserViewController ()

// Other code left out for brevity's sake.

@property (nonatomic, strong) SendEmailController *sendEmailController;    // 3

// Other code left out for brevity's sake.

- (void)emailCurrentPhoto;                                                  // 4

@end

@implementation PhotoBrowserViewController

// Other code left out for brevity's sake.

@synthesize sendEmailController = _sendEmailController;                     // 5

// Other code left out for brevity's sake.

- (void)showActionMenu:(id)sender
{
   [self cancelChromeDisplayTimer];
   UIActionSheet *actionSheet = [[UIActionSheet alloc] init];
   [actionSheet setDelegate:self];
   [actionSheet setTag:ACTIONSHEET_TAG_ACTIONS];

   if ([SendEmailController canSendMail]) {                                 // 6
      [actionSheet addButtonWithTitle:@"Email"];
   }

   if ([UIPrintInteractionController isPrintingAvailable]) {
      [actionSheet addButtonWithTitle:@"Print"];
   }

   [actionSheet showFromBarButtonItem:sender animated:YES];
}

// Other code left out for brevity's sake.

#pragma mark - UIActionSheetDelegate methods

- (void)actionSheet:(UIActionSheet *)actionSheet
clickedButtonAtIndex:(NSInteger)buttonIndex
{
   [self startChromeDisplayTimer];
```

```
    // Do nothing if the user taps outside the action
    // sheet (thus closing the popover containing the
    // action sheet).
    if (buttonIndex < 0) {
      return;
    }

    if ([actionSheet tag] == ACTIONSHEET_TAG_DELETE) {
      [self deletePhotoConfirmed];

    } else if ([actionSheet tag] == ACTIONSHEET_TAG_ACTIONS) {
      // Button index 0 can be Email or Print. It depends on whether or
      // not the device supports that feature.
      if (buttonIndex == 0) {                                           // 7
        if ([SendEmailController canSendMail]) {
          [self emailCurrentPhoto];
        } else if ([UIPrintInteractionController isPrintingAvailable]) {
          [self printCurrentPhoto];
        }
      } else {
        // If there is a button index 1, it
        // will also be Print.
        [self printCurrentPhoto];
      }
    }
}

// Other code left out for brevity's sake.

#pragma mark - Email and SendEmailControllerDelegate methods

- (void)emailCurrentPhoto                                               // 8
{
    UIImage *currentPhoto = [self imageAtIndex:[self currentIndex]];
    NSSet *photos = [NSSet setWithObject:currentPhoto];

    SendEmailController *controller = [[SendEmailController alloc]
                                       initWithViewController:self];
    [controller setPhotos:photos];
    [controller sendEmail];

    [self setSendEmailController:controller];
}

- (void)sendEmailControllerDidFinish:(SendEmailController *)controller  // 9
{
    if ([controller isEqual:[self sendEmailController]]) {
      [self setSendEmailController:nil];
    }
}

@end
```

分析这段代码，你会注意到下列情况：

1~2. 代码导入了 SendEmailController.h 头文件，并将 SendEmailControllerDelegate 协议列为 PhotoBrowserViewController 类支持的协议条目之一。

3. 在实现代码中，sendEmailController 声明属性被添加到类扩展内。在使用 sendEmailController 类实例时，会用到至该实例的引用。

4. 类扩展里还添加了个-emailCurrentPhoto 新方法。该方法会在用户触击 Email 动作项时调用。

5. sendEmailController 属性在此被合成。

6. 倘若设备能够发送电子邮件消息，就更新列出各动作项的动作单的显示，以含入 Email 动作项。

7. 更新动作单回调，以检查 Email 动作项。假如设备能够发送电子邮件，该项会在按钮索引号为 0 的位置。-emailCurrentPhotoEmail 方法在确定用户真的触击了 Email 动作项时调用。

8. -emailCurrentPhoto 方法获取至当前照片的引用，并将其添加到 NSSet 对象。然后它会创建一个 SendEmailController 新实例，来传递照片集，告诉控制器要发送电子邮件。如此将会呈现邮件编写视图给用户。最后，-emailCurrentPhoto 对刚创建的实例设置私有声明属性 sendEmailController。

9. -sendEmailControllerDidFinish:方法由 SendEmailController 实例调用，以通知照片浏览器，发送电子邮件的请求已完成。此时，对 SendEmailController 实例的属性引用设置为 nil，从而将其从内存中释放。

对 PhotoAlbumViewController 类也要做类似的修改。唯一不同之处在于，不是在照片集里发送 UIImage 对象的引用，而是照片集包含了来自于相册的 Photo 模型对象引用的集合。对 PhotoAlbumViewController 类的代码改动在程序清单 20.4 中给出，确保对你的项目也做了同样的改动。

程序清单 20.4 更新后的 PhotoAlbumViewController 类代码

```
///////
//  PhotoAlbumViewController.h
///////
#import <UIKit/UIKit.h>
#import "GridView.h"
#import "PhotoBrowserViewController.h"
#import "SendEmailController.h"

@interface PhotoAlbumViewController : UIViewController
<UIActionSheetDelegate, UIImagePickerControllerDelegate,
UINavigationControllerDelegate, NSFetchedResultsControllerDelegate,
GridViewDataSource, PhotoBrowserViewControllerDelegate,
SendEmailControllerDelegate>

// Other code left out for brevity's sake.

@end
```

```
///////
//  PhotoAlbumViewController.h
///////

// Other code left out for brevity's sake.

@interface PhotoAlbumViewController ()

// Other code left out for brevity's sake.

@property (nonatomic, strong) SendEmailController *sendEmailController;

// Other code left out for brevity's sake.

- (void)emailPhotos;

@end

@implementation PhotoAlbumViewController

// Other code left out for brevity's sake.

@synthesize sendEmailController = _sendEmailController;

// Other code left out for brevity's sake.

- (IBAction)showActionMenu:(id)sender
{
   UIActionSheet *actionSheet = [[UIActionSheet alloc] init];
   [actionSheet setDelegate:self];

   if ([SendEmailController canSendMail]) {
      [actionSheet addButtonWithTitle:@"Email Photo Album"];
   }

   [actionSheet addButtonWithTitle:@"Delete Photo Album"];
   [actionSheet showFromBarButtonItem:sender animated:YES];
}

// Other code left out for brevity's sake.

- (void)actionSheet:(UIActionSheet *)actionSheet
clickedButtonAtIndex:(NSInteger)buttonIndex
{
   // Do nothing if the user taps outside the action
   // sheet (thus closing the popover containing the
   // action sheet).
   if (buttonIndex < 0) {
      return;
   }

   NSMutableArray *names = [[NSMutableArray alloc] init];

   if ([actionSheet tag] == 0) {
```

```
        if ([SendEmailController canSendMail]) [names addObject:@"emailPhotos"];
        [names addObject:@"confirmDeletePhotoAlbum"];

    } else {
        BOOL hasCamera = [UIImagePickerController
                isSourceTypeAvailable:UIImagePickerControllerSourceTypeCamera];
        if (hasCamera) [names addObject:@"presentCamera"];
        [names addObject:@"presentPhotoLibrary"];
    }

    SEL selector = NSSelectorFromString([names objectAtIndex:buttonIndex]);
    [self performSelector:selector];
}

// Other code left out for brevity's sake.

#pragma mark - Email and SendEmailControllerDelegate methods

- (void)emailPhotos
{
    NSManagedObjectContext *context = [self managedObjectContext];
    PhotoAlbum *album = (PhotoAlbum *)[context objectWithID:[self objectID]];
    NSSet *photos = [[album photos] set];

    SendEmailController *controller = [[SendEmailController alloc]
                                initWithViewController:self];
    [controller setPhotos:photos];
    [controller sendEmail];

    [self setSendEmailController:controller];
}

- (void)sendEmailControllerDidFinish:(SendEmailController *)controller
{
    if ([controller isEqual:[self sendEmailController]]) {
        [self setSendEmailController:nil;
    }
}

@end
```

恭喜你！你的版本目前已经支持电子邮件功能。毫无疑问这会取悦于用户。

20.3 小结

通过本章的学习，可以看出，配置 iPad 应用程序来处理电子邮件并不是什么难事。Message UI Framework 和 iOS 的 Mail 应用程序已经替我们完成了大部分工作。我们的应用程序只需要准备邮件消息，并把 `MFMailComposeViewController` 类提供的邮件编写视图显示给用户就行了。

20.4 习题

1. 修改代码以发送大尺寸图片，而不是我们用的那张图片。
2. 在照片栅格视图里打开多选功能，在主屏幕上修改发送电子邮件功能，只发送所选的照片。

第 21 章 Web 服务

如今许多应用程序都在某种程度上集成了互联网上的 Web 服务器和服务。iPad 应用程序需要与 Web 服务器通信的理由很多。例如，应用程序也许需要下载图片或电影文件，或许它想上传文件到服务器。其他例子包括，调用 Web 服务进行计算、更新事务板，或者请求在应用程序显示的数据。不管原因怎样，你都很可能在将来的某天需要将 Web 服务融入应用程序中。

本章提供有关使用 Web 服务的基本介绍，主要为目前所用的最一般 Web 服务类型：REST 风格的 Web 服务。本章不打算涵盖与 Web 服务器通信的方方面面，而是让你对在应用程序里使用 Web 服务有个起点。

在介绍Web服务的过程中，你会了解怎样使用Cocoa类与Web服务器通信，学会如何分析JSON数据。还将学习如何使用块来简化异步处理或并发编程的代码。

下面就开始吧。

21.1 基础知识

术语“Web 服务”对不同的人有不同的含义。对 C#程序员来说，“Web 服务”很可能让人想起基于 SOAP 的服务；对 Ruby 程序员而言，基于 REST 的服务才是提及“Web 服务”首先想到的东西；对于有些人，Web 网站就是 Web 服务；对另一些人，Web 服务则为应用编程接口（API）。

为什么会这样呢？为什么 Web 服务对不同的人意味着不同的东西？

从事技术的人往往在听到术语“Web 服务”时会想法各异，因为他们倾向于用他们最熟悉的技术来考虑它。我们最了解的技术经常会影响我们的技术决策和思考问题的方式。例如，倘若 C#程序员正在编写客户端—服务器解决方案，在两端都用到了.NET，那么他最可能会采用基于 SOAP 的服务，因为这是.NET 推荐的办法。故而对这个程序员来说，Web 服务就是基于 SOAP 的服务。但再问问在 Mac 桌面计算机或 iOS 设备上构建同样客户端应用程序的程序员，他会对其他 Web 服务感到陌生，因为在 Cocoa 领域里，基于 SOAP 的服务并不是希望的方法。

那么什么是 Web 服务呢？

从通用的观点来看，Web 服务是一种通过网络实现两个系统通信的手段，典型的情况是使用 HTTP 协议。其他有关 Web 服务的烦琐细节，包括方式、协议和技术都是建立在这个通用定义之上的。我们不是轻视这些繁文缛节，相反它们在决定两个系统如何通信时起着至关重要的作用。

话虽如此，关于 Web 服务，本章很有必要再阐明一下。本章会教授你怎样使用兼容 REST 的 Web 服务，后者通常又称作“REST 风格的 Web 服务”。REST 即 REpresentational State Transfer（代表状态转换），是 Web 和 HTTP 用到的架构风格。Roy Fielding 于 2000 年在他的博士论文中引入了

"REST"这个术语。REST 风格的 Web 服务有下列 4 个基本设计原则：

- 它明确使用 HTTP 的各方法（即 GET、POST、PUT 和 DELETE）。
- 它是无状态的。
- 使用类似于目录结构的 URL。
- 以 XML 或 JSON（即 JavaScript Object Notation）格式传送数据。

设计原则并不总是被严格遵守。例如，REST 风格的 Web 服务并不限于用 XML 或 JSON 传送数据。从服务器返回的数据可以是无格式文本、逗号分隔方式（CSV）等既非 XML 又非 JSON 的格式。

REST 风格的 Web 服务被人们接受曾是个缓慢的过程，但目前大部分互联网上的 Web 服务都选择使用 REST。这归因于其简单易用。而其他诸如 SOAP 之类的 Web 服务则需要有工具箱或框架（通常由编程环境的厂商提供），而 REST 风格的 Web 服务无须任何工具箱即可使用。这并不是说 REST 风格没有框架。事实上，它对许多编程语言都有大量的框架。然而，REST 的强大之处在于，它可以不要框架。任何编程环境只要能发出 HTTP 调用，就可以使用 REST 风格的 Web 服务。甚至 Web 浏览器也能用来调用 REST 风格的 Web 服务。

采用 Cocoa 实现 REST 风格的 Web 服务

Cocoa 未提供 REST 风格框架，但它提供了一些类，使 iOS 应用程序能够调用和享受 REST 风格的 Web 服务。这些类有：

```
NSURL
NSURLRequest
NSURLConnection
NSXMLParser
NSJSONSerialization
```

NSURL 对象包含你所要访问 Web 服务的 URL；NSURLRequest 对象用来构造 HTTP 请求；而 NSURLConnection 对象则用以向网络发出该请求。在使用 NSURLConnection 对象时，要给它赋值为遵守 NSURLConnectionDelegate 协议的委派对象。此协议提供了若干可选的方法，可供在与连接对象交互的状态有变时使用（例如认证通不过，收到大量涌入的数据包等）。

一旦收到所有数据，就可以使用 NSXMLParser 或 NSJSONSerialization 类来分析数据的内容。NSXMLParser 是事件驱动的 XML 分析器，有着与 SAX 分析器近似的风格。在处理 XML 文档时，它会把有关条目的信息（如组件、属性等）通知给委派。

NSJSONSerialization 类将 JSON 数据转换成 Foundation 对象（例如 NSDictionary、NSArray、NSString 和 NSNumber），或者将 Foundation 类的对象转换成 JSON 数据。该类是在发布 iOS 5 时随着 iOS SDK 引入的。在 iOS 5 之前，开发人员依赖的是一些开源库，比如说 JSON Framework（网址为 github.com/stig/json-framework/）及 TouchJSON（网址为 github.com/TouchCode/TouchJSON）。

有了这 5 个类的装备，就能与当今任何 REST 风格的 Web 服务交互，这些 Web 服务包括 Flickr。

21.2 Flickr

Flickr 是一家出版照片及分享照片的网站。Flickr 也提供基于 REST 风格的 Web 服务的应用编程接口，像你这样的开发人员可以把这些应用编程接口用到诸如 PhotoWheel 之类的应用程序里。

事实上，这正是你马上要做的事情。我们将更新 PhotoWheel，以便用户可以从 Flickr 搜索照片，并把这些照片添加到 PhotoWheel 相册内。

在讲述本章给出的代码之前，必须得设置一个 Flickr 账号，并申请 Flickr 应用编程接口密钥。Flickr 将用这个密钥来辨识你的应用程序。密钥对非商业用途是免费的，只要遵守下列这些条件（由 www.flickr.com/services/apps/create/apply 公布出来）：

- ❑ 应用程序不是赢利的。
- ❑ 应用程序赢利，但你是以家庭运作的、小的或非独立的个体。
- ❑ 正开发的产品目前未商业化，但未来有商业化的可能。
- ❑ 你在建设个人 Web 网站或博客，仅仅用到自己的图片。

注意： 除了为以家庭运作的、小的或非独立个体提供密钥外，Flickr 还面向品牌机构，以及期望通过产品和服务获取利润的机构，提供商业密钥。

要申请 Flickr 应用编程接口密钥，首先要在 Flickr 上注册。访问 www.flickr.com，单击 Sign Up，跟随创建账号的那些指令。只要你有了一个 Flickr 账号，就登录进去，到 www.flickr.com/services/apps/create/apply 申请密钥。单击用来申请非商业密钥的按钮，并告诉 Flickr 有关你应用程序的情况（如图 21-1 所示）。你会在发出申请信息后的几分钟内收到密钥。可以通过打开 You 下拉菜单，选择 Your Apps 看到此密钥（如图 21-2 所示）。应用程序利用此密钥来调用 Flickr 的 Web 服务。

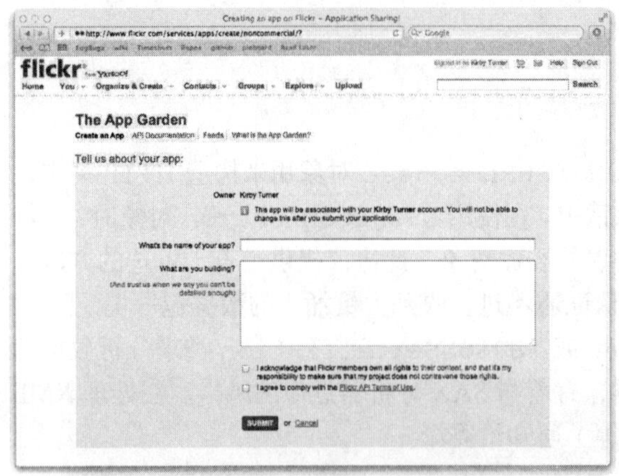

图 21-1 Flickr 上要求告知应用程序有关情况的网页截图

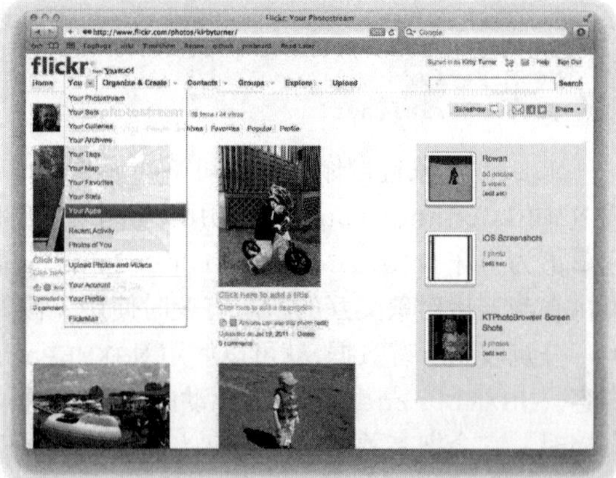

图 21-2 在 You → Your Apps 菜单项里找到你的应用编程接口密钥

21.2.1 向 PhotoWheel 加入 Flickr 支持

只要有了 Flickr 应用编程接口密钥，就可以更新 PhotoWheel，使它能够显示和保存来自于 Flickr 的照片。为此，需要对 PhotoWheel 做若干处修改，包括下列这些地方：

- ❑ 为 Flickr 照片显示添加新的场景和视图控制器。
- ❑ 向 Flickr 场景添加搜索功能。
- ❑ 为 PhotoWheel 用到的 Flickr 应用编程接口调用添加一个类包装器。

❑ 分析 Flickr 的 JSON 响应数据。

❑ 从 Flickr 异步下载照片。

先从添加新的视图控制器开始。创建名为 FlickrViewController 的 Objective-C 类，并将其作为 UIViewController 的子类。添加如程序清单 21.1 所示的插座变量和动作。要确保为 FlickrViewController 类加入了 GridViewDataSource 和 UISearchBarDelegate。不用把这个类的实现代码做全，只要有点内容，以便用户界面可以通过故事板设置即可（或在拼接用户界面时用 Assistant 编辑器也可）。该存根视图控制器的代码在程序清单 21.1 中给出。

程序清单 21.1　存根 FlickrViewController 类的代码

```
///////
// FlickrViewController.h
///////
#import <UIKit/UIKit.h>
#import "GridView.h"

@interface FlickrViewController : UIViewController <GridViewDataSource,
UISearchBarDelegate>

@property (nonatomic, strong) IBOutlet GridView *gridView;
@property (nonatomic, strong) IBOutlet UIView *overlayView;
@property (nonatomic, strong) IBOutlet UISearchBar *searchBar;
@property (nonatomic, strong) IBOutlet UIActivityIndicatorView *activityIndicator;
@property (nonatomic, strong) NSManagedObjectContext *managedObjectContext;
@property (nonatomic, strong) NSManagedObjectID *objectID;

- (IBAction)save:(id)sender;
- (IBAction)cancel:(id)sender;

@end


///////
// FlickrViewController.m
///////
#import "FlickrViewController.h"

@implementation FlickrViewController

@synthesize gridView = _gridView;
@synthesize overlayView = _overlayView;
@synthesize searchBar = _searchBar;
@synthesize activityIndicator = _activityIndicator;
@synthesize managedObjectContext = _managedObjectContext;
@synthesize objectID = _objectID;

- (BOOL)shouldAutorotateToInterfaceOrientation:
(UIInterfaceOrientation)toInterfaceOrientation
{
   return YES;
}
```

```
#pragma mark - Actions

- (IBAction)save:(id)sender
{

}

- (IBAction)cancel:(id)sender
{

}

@end
```

新加入视图控制器的类是尚未用过的 `UISearchBar` 类。该类提供了可用于查找文本的文本域。它会在 Flickr 场景中用到，以从用户得到要搜索的词语。

声明属性 `overlayView` 也可以让你挠头。这是个显示在栅格视图上部的暗色透明视图，以阻止用户在搜索期间操作栅格视图。

`FlickrViewController` 类接口里包含的另一个新类是 `UIActivityIndicatorView`。它显示一个转动的轮子，以指示应用程序正在进行某种动作，请用户耐心等待。

21.2.2 更新 Flickr View Controller Scene

在做完 Flickr 视图控制器类后，就该更新故事板，以包含两个新的 Flickr 场景。打开 MainStoryboard.storyboard 文件，把新视图拖放到控制器故事板，从而创建一个新场景。在 Document Outline 里选取此视图控制器，打开 Identity 面板，将类名改为 `FlickrViewController`。

在 Flickr 场景的顶部加入工具栏。确保使用 Size 面板把该工具栏停靠到顶部。接着，在工具栏的左侧添加 Cancel 按钮，右侧添加 Save 按钮。使用 Attributes 面板分别设置 Cancel 和 Save 的标识符。使用可变宽度栏按钮项设置这两个按钮的间距。

将 Save 按钮关联至 `FlickrViewController` 类定义的`-save:`动作；将 Cancel 按钮关联至`-cancel:`动作。

在工具栏下面再加上搜索栏，然后将其关联至 `FlickrViewController` 类定义的 `searchBar` 插座变量；并将 `FlickrViewController` 设置为搜索栏对象的委派。如果不设置此委派，搜索栏就不会正确工作。

为 Flickr 场景加入一个 `UIView` 对象。此视图将填充容器视图的剩余部分。可以修改背景色为绿色，以便在调整其尺寸时便于观察该视图，只要记住操作完成后仍改回默认值即可。还有，要设置自动调整尺寸属性，使视图一直可以填满有效区域。这意味着要打开每个自动调整尺寸的约束，使所有视图显示都是红色的。最后，将 `UIView` 类改名为 `GridView`，它将用来显示从 Flickr 得到的照片。

再添加一个 `UIView` 对象，将它置于栅格视图的上部。确保设置这个新视图的自动调整尺寸属性为"总是填充区域"，设置其背景色为黑色。

现在将此栅格视图关联至 `gridView` 插座变量，将栅格视图上部的 `UIView` 对象关联至

overlayView 插座变量。设置 gridView 的 dataSource 为 FlickrViewController 对象。如果未这么做，搜索结果就不会显示出来。

然后，拖放一个活动指示对象到 Flickr 场景，将其放至屏幕的正中央。在该活动指示对象的 Attributes 面板里，打开 Hides When Stopped 选项；在 Size 面板里，关闭所有自动调整尺寸的约束。做完这些后，将该活动指示对象关联至 FlickrViewController 类定义的 activity Indicator 插座变量。

最后，创建相册场景与 Flickr 场景间的过渡。过渡应为有模式过渡。设置 Identifier 为 Push FlickrScene；设置 Presentation 为 Form Sheet；Transition 保持为原来的 Default。

更新后的故事板外观应当如图 21-3 所示。

注意： 要确保视图层次结构里的栅格视图、重叠视图和活动指示器以图 21-3 所示的层次显示。如果用的是另一种视图层次结构，则场景可能不会适当地显示。

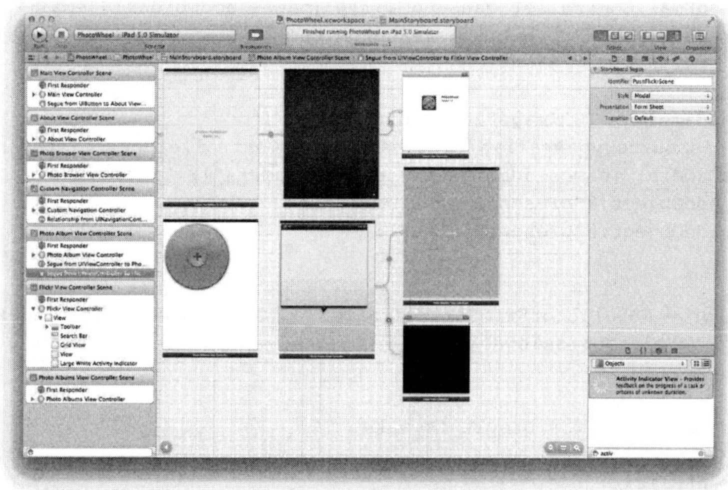

图 21-3 更新后的故事板

21.2.3 显示 Flickr 场景

为确保正常显示 Flickr 场景，要为相册场景的 add 按钮添加新的动作项。也许你还记得，这个按钮调用的是-addPhoto:动作方法，后者继而调用了-presentPhotoPickerMenu 方法。

打开 PhotoAlbumViewController.m 文件，对其进行如程序清单 21.2 所示的修改。

程序清单 21.2 对 PhotoAlbumViewController.m 文件的修改

```
#import "PhotoAlbumViewController.h"
#import "PhotoAlbum.h"
#import "Photo.h"
#import "ImageGridViewCell.h"
#import "FlickrViewController.h"                                  // 1

// Other code left out for brevity's sake.
```

```
@implementation PhotoAlbumViewController

// Other code left out for brevity's sake.

- (void)actionSheet:(UIActionSheet *)actionSheet
clickedButtonAtIndex:(NSInteger)buttonIndex
{
   // Do nothing if the user taps outside the action
   // sheet (thus closing the popover containing the
   // action sheet).
   if (buttonIndex < 0) {
      return;
   }

   NSMutableArray *names = [[NSMutableArray alloc] init];

   if ([actionSheet tag] == 0) {
      if ([SendEmailController canSendMail]) [names addObject:@"emailPhotos"];
      [names addObject:@"confirmDeletePhotoAlbum"];

   } else {
      BOOL hasCamera = [UIImagePickerController
            isSourceTypeAvailable:UIImagePickerControllerSourceTypeCamera];
      if (hasCamera) [names addObject:@"presentCamera"];
      [names addObject:@"presentPhotoLibrary"];
      [names addObject:@"presentFlickr"];                               // 2
   }

   SEL selector = NSSelectorFromString([names objectAtIndex:buttonIndex]);
   [self performSelector:selector];
}

// Other code left out for brevity's sake.

- (void)presentFlickr                                                   // 3
{
   [self performSegueWithIdentifier:@"PushFlickrScene" sender:self];
}

- (void)presentPhotoPickerMenu
{
   UIActionSheet *actionSheet = [[UIActionSheet alloc] init];
   [actionSheet setDelegate:self];
   BOOL hasCamera = [UIImagePickerController
            isSourceTypeAvailable:UIImagePickerControllerSourceTypeCamera];
   if (hasCamera) {
      [actionSheet addButtonWithTitle:@"Take Photo"];
   }
   [actionSheet addButtonWithTitle:@"Choose from Library"];
   [actionSheet addButtonWithTitle:@"Choose from Flickr"];              // 4
   [actionSheet setTag:1];
   [actionSheet showFromBarButtonItem:[self addButton] animated:YES];
}
```

```
// Other code left out for brevity's sake.

- (void)prepareForSegue:(UIStoryboardSegue *)segue sender:(id)sender      // 5
{
   if ([[segue destinationViewController]
        isKindOfClass:[PhotoBrowserViewController class]])
   {
      PhotoBrowserViewController *destinationViewController =
         [segue destinationViewController];
      [destinationViewController setDelegate:self];
      NSInteger index = [[self gridView] indexForSelectedCell];
      [destinationViewController setStartAtIndex:index];
   } else if ([[segue destinationViewController]
              isKindOfClass:[FlickrViewController class]])
   {
      [[segue destinationViewController]
         setManagedObjectContext:[self managedObjectContext]];
      [[segue destinationViewController] setObjectID:[self objectID]];
   }
}

// Other code left out for brevity's sake.

@end
```

我们来看看这些改动：

1. 代码导入了 FlickrViewController.h 头文件。
2. 向动作单的可用选择项数组添加 presentFlickr 选择项的名字。
3. 添加`-presentFlickr`方法，由它负责完成 PushFlickrScene 过渡。
4. 动作单内加入 Choose from Flickr 动作项。
5. 最大的改动当数`-prepareForSegue:sender:`方法。既然要完成多个过渡，应做出检验，确保准备工作在过渡前完成。先前代码包含于检验`destinationViewController`类类型的代码中。如果是`PhotoBrowserViewController`类，就执行先前代码，否则就检验是否为`FlickrViewController`类。

如果目标视图控制器是`FlickrViewController`类，就向其传递托管对象语境和对象 ID 的值。`objectID`要是你没忘的话，指的是所选相册的对象 ID。

倘若愿意，这时你可以构建并运行应用程序，但要注意在触击 Cancel 或 Save 按钮时，Flickr 场景还不会关闭。这是因为`FlickrViewController`类尚未被适当地实现。但在实现该类之前，还有若干其他的类要先创建并实现。

21.2.4 包装 Flickr 应用编程接口

在 FlickrViewController 能够显示来自 Flickr 的照片之前，应用程序必须知道如何与 Flickr 通信。PhotoWheel 将使用 Flickr 的 REST 风格 Web 服务应用编程接口来与 Flickr 通信。由于该 Web 服务是 REST 风格的，PhotoWheel 会通过标准的 Cocoa 类与 Flickr 的 Web 服务器通信。

注意：这里给出的 Flickr 应用编程接口类只是某些 Flickr 应用编程接口的基本包装。如果想为应用程序添加全面的 Flickr 支持，可以考虑使用 ObjectiveFlickr 等 Flickr 应用编程接口框架（网页位于 github.com/lukhnos/objectiveflickr）。

PhotoWheel 只用到一个 Flickr 应用编程接口：查找 API。不过出于描述的需要，我们即将创建的这个简单 Flickr 应用编程接口包装类要支持 4 个 API 调用。这些附加的调用会向你展示：怎样更新该类，以便在需要时添加对额外 API 调用的支持。

注意：Flickr 应用编程接口的文档可在 www.flickr.com/services/api/处找到。如果想更好地了解各 API 怎样工作，可阅读此文档。

Flickr 应用编程接口包装器会是个 Objective-C 类，因此添加新 Objective-C 类到 PhotoWheel 项目，将其起名为 `SimpleFlickrAPI`，并作为 `NSObject` 的子类。这个类将包装 4 个 API 调用，如程序清单 21.3 所示。

程序清单 21.3　SimpleFlickrAPI.h 头文件的内容

```
#import <Foundation/Foundation.h>

@interface SimpleFlickrAPI : NSObject

// Returns a set of photos matching the search string.
- (NSArray *)photosWithSearchString:(NSString *)string;

// Returns the Flickr NSID for the given user name.
- (NSString *)userIdForUsername:(NSString *)username;

// Returns a Flickr photo set for the user. userId is the Flickr NSID
// of the user.
- (NSArray *)photoSetListWithUserId:(NSString *)userId;

// Returns the photos for a Flickr photo set.
- (NSArray *)photosWithPhotoSetId:(NSString *)photoSetId;

@end
```

当然，SimpleFlickrAPI 类的实现代码会涉及更多内容。程序清单 21.4 中给出了其实现代码。向你的 SimpleFlickrAPI.m 版本添加这些代码，然后回到这里来一起研究这段代码的作用。

程序清单 21.4　SimpleFlickrAPI.m 实现文件的内容

```
#import "SimpleFlickrAPI.h"
#import <Foundation/NSJSONSerialization.h>                          // 1

// Changes this value to your own application key. More info
// at http://www.flickr.com/services/api/misc.api_keys.html.
#define flickrAPIKey @"YOUR_FLICKR_APP_KEY"                         // 2

#define flickrBaseURL @"http://api.flickr.com/services/rest/?format=json&"  // 3

#define flickrParamMethod @"method"                                 // 4
#define flickrParamAppKey @"api_key"
```

```
#define flickrParamUsername @"username"
#define flickrParamUserid @"user_id"
#define flickrParamPhotoSetId @"photoset_id"
#define flickrParamExtras @"extras"
#define flickrParamText @"text"

#define flickrMethodFindByUsername @"flickr.people.findByUsername"           // 5
#define flickrMethodGetPhotoSetList @"flickr.photosets.getList"
#define flickrMethodGetPhotosWithPhotoSetId @"flickr.photosets.getPhotos"
#define flickrMethodSearchPhotos @"flickr.photos.search"


@interface SimpleFlickrAPI ()                                                // 6
- (id)flickrJSONSWithParameters:(NSDictionary *)parameters;
@end

@implementation SimpleFlickrAPI

- (NSArray *)photosWithSearchString:(NSString *)string                       // 7
{
  NSDictionary *parameters = [NSDictionary dictionaryWithObjectsAndKeys:
                              flickrMethodSearchPhotos, flickrParamMethod,
                              flickrAPIKey, flickrParamAppKey,
                              string, flickrParamText,
                              @"url_t, url_s, url_m, url_sq", flickrParamExtras,
                              nil];                                          // 8
  NSDictionary *json = [self flickrJSONSWithParameters:parameters];          // 9
  NSDictionary *photoset = [json objectForKey:@"photos"];                    // 10
  NSArray *photos = [photoset objectForKey:@"photo"];                        // 11
  return photos;                                                             // 12
}

- (NSString *)userIdForUsername:(NSString *)username                         // 13
{
  NSDictionary *parameters = [NSDictionary dictionaryWithObjectsAndKeys:
                              flickrMethodFindByUsername, flickrParamMethod,
                              flickrAPIKey, flickrParamAppKey,
                              username, flickrParamUsername,
                              nil];
  NSDictionary *json = [self flickrJSONSWithParameters:parameters];
  NSDictionary *userDict = [json objectForKey:@"user"];
  NSString *nsid = [userDict objectForKey:@"nsid"];

  return nsid;
}

- (NSArray *)photoSetListWithUserId:(NSString *)userId                       // 14
{
  NSDictionary *parameters = [NSDictionary dictionaryWithObjectsAndKeys:
                              flickrMethodGetPhotoSetList, flickrParamMethod,
                              flickrAPIKey, flickrParamAppKey,
                              userId, flickrParamUserid,
                              nil];
```

```
  NSDictionary *json = [self flickrJSONSWithParameters:parameters];
  NSDictionary *photosets = [json objectForKey:@"photosets"];
  NSArray *photoSet = [photosets objectForKey:@"photoset"];
  return photoSet;
}

- (NSArray *)photosWithPhotoSetId:(NSString *)photoSetId                    // 15
{
  NSDictionary *parameters = [NSDictionary dictionaryWithObjectsAndKeys:
                   flickrMethodGetPhotosWithPhotoSetId, flickrParamMethod,
                   flickrAPIKey, flickrParamAppKey,
                   photoSetId, flickrParamPhotoSetId,
                   @"url_t, url_s, url_m, url_sq", flickrParamExtras,
                   nil];
  NSDictionary *json = [self flickrJSONSWithParameters:parameters];
  NSDictionary *photoset = [json objectForKey:@"photoset"];
  NSArray *photos = [photoset objectForKey:@"photo"];
  return photos;
}

#pragma mark - Helper methods

- (NSData *)fetchResponseWithURL:(NSURL *)URL                               // 16
{
  NSURLRequest *request = [NSURLRequest requestWithURL:URL];                // 17
  NSURLResponse *response = nil;                                            // 18
  NSError *error = nil;                                                     // 19
  NSData *data = [NSURLConnection sendSynchronousRequest:request
                                       returningResponse:&response
                                                   error:&error];           // 20
  if (data == nil) {                                                        // 21
    NSLog(@"%s: Error: %@", __PRETTY_FUNCTION__, [error localizedDescription]);
  }
  return data;                                                              // 22
}

- (NSURL *)buildFlickrURLWithParameters:(NSDictionary *)parameters         // 23
{
  NSMutableString *URLString = [[NSMutableString alloc]
                                initWithString:flickrBaseURL];
  for (id key in parameters) {
    NSString *value = [parameters objectForKey:key];
    [URLString appendFormat:@"%@=%@&", key,
     [value stringByAddingPercentEscapesUsingEncoding:NSUTF8StringEncoding]];
  }
  NSURL *URL = [NSURL URLWithString:URLString];
  return URL;
}

- (NSString *)stringWithData:(NSData *)data                                 // 24
{
  NSString *result = [[NSString alloc] initWithBytes:[data bytes]
                                              length:[data length]
```

```
                                               encoding:NSUTF8StringEncoding];
   return result;
}

- (NSString *)stringByRemovingFlickrJavaScript:(NSData *)data                    // 25
{
   // Flickr returns a JavaScript function containing the JSON data.
   // We need to strip out the JavaScript part before we can parse
   // the JSON data. Ex: jsonFlickrApi(JSON-DATA-HERE).

   NSMutableString *string = [[self stringWithData:data] mutableCopy];
   NSRange range = NSMakeRange(0, [@"jsonFlickrApi(" length]);
   [string deleteCharactersInRange:range];
   range = NSMakeRange([string length] - 1, 1);
   [string deleteCharactersInRange:range];

   return string;
}

- (id)flickrJSONSWithParameters:(NSDictionary *)parameters                       // 26
{
   NSURL *URL = [self buildFlickrURLWithParameters:parameters];
   NSData *data = [self fetchResponseWithURL:URL];
   NSString *string = [self stringByRemovingFlickrJavaScript:data];
   NSData *jsonData = [string dataUsingEncoding:NSUTF8StringEncoding];

   NSLog(@"%s: json: %@", __PRETTY_FUNCTION__, string);

   NSError *error = nil;
   id json = [NSJSONSerialization JSONObjectWithData:jsonData
                                             options:NSJSONReadingAllowFragments
                                               error:&error];
   if (json == nil) {
      NSLog(@"%s: Error: %@", __PRETTY_FUNCTION__, [error localizedDescription]);
   }

   return json;
}

@end
```

我们一起来看看这段代码，理解其原理所在：

1. 代码导入了 NSJSONSerialization.h 头文件。Flickr 应用编程接口既支持 XML 又支持 JSON。JSON 供 `SimpleFlickrAPI` 所用，因为它比 XML 更容易被解析和利用。

2. 这个`#define`语句正是存放 Flickr 应用编程接口密钥的地方。它必须和 Flickr 提供的密钥保持一致。

3. 每个 REST 风格的应用编程接口都使用同样的基址 URL。基址 URL 以宏保存，这样在 Flickr 改变了 URL 时便于修改。还要注意查询字符串参数的格式。它被设为 json，这会让 Flickr 应用编程接口返回 JSON 格式化了的数据。倘若想让 Flickr 返回 XML 格式的数据，可以将其参数值设为 `xml`。

4. 这个 Flickr 应用编程接口使用不同的参数名。Flickr 应用编程接口的参数名并非通篇都是硬编码的，它们在此用宏来定义。在此处，Flickr 应用编程接口参数被定义为 HTTP GET 请求的查询字符串参数。

5. Flickr 应用编程接口包含一个名叫 method 的参数。该参数定义的是要调用哪个 API 方法。这个简单包装器所支持的 API 方法在此被定义为宏。

6. 对 SimpleFlickrAPI 定义了类扩展。它声明了实例方法-flickrJSONWithParameters:。该方法采用了参数词典，调用 Flickr 并返回所分析的 JSON 数据。

7. 首个由类包装的 Flickr 应用编程接口是 flickr.photos.search，它被包装于-photosWithSearchString:方法内。该方法取得搜索字符串，向 Flickr 询问找到的所有匹配照片，然后向调用者返回一个照片数组。

8. 该方法做的第一件事就是创建 Flickr 参数词典。这个键值对用来构建查询字符串，从而供在调用 Flickr 的 Web 服务器时采纳。应用编程接口方法和键是词典里的前两个参数。调用者提供的查询字符串则位于其后。Flickr 参数 extras 给调用应用程序提供一个办法，以请求在响应数据中包含更多的内容：url_t 值告诉 Flickr 应用编程接口，要包含照片缩略图；url_s 值是要包含照片的小尺寸版本；_m 值是要包含照片的中等尺寸版本；_sq 值则返回照片的 75 × 75 正方形版本。

这里要记住的一点是，应用编程接口并不实际返回照片图片文件，而是在响应数据里包含了照片的 URL。通过以额外参数把 url_t、url_s、url_m 和 url_sq 告诉该应用编程接口，就可以让 Flickr 应用编程接口返回这些照片的 URL。

9. 上述这些参数会传递给-flickrJSONWithParameters:方法。你很快就将看到，该方法负责向 Flickr 发出 Web 服务器的调用，它还从 Web 服务器收集响应数据，利用 NSJSONSerialization 对象将其分解成对象（例如 NSDictionary、NSArray 和 NSString 等）。

10 ~ 11. 对于这个应用编程接口从 Flickr 获取的 JSON 数据，由 NSJSONSerialization 转换成 NSDictionary 对象。该词典对象包含一个名叫 photos 的键，它表示搜索结果的 Flickr 照片集合。photoset 是另一个包含关键照片的词典，而 photo 是一个 NSArray 照片数组。数组中的每张照片都是个词典，其中包含照片的有关数据，例如以额外参数请求的 URL。

12. 向调用者返回 photos 数组。

13 ~ 15. 这里提供了调用其他 Flickr 应用编程接口的方法。这些方法没有在 PhotoWheel 中用到，但在此处提供出来，是作为如何调用其他应用编程接口的示例。从这些例子可以看出，它们遵守特定的设计模式：创建了参数的词典。这些参数被传递给与 Flickr 通信的方法。Flickr 返回的响应数据会被分析，而向调用者返回它所请求的数据。

16. -fetchResponseWithURL:方法负责生成真正向 Flickr 的 Web 服务器发出的 Web 服务调用。向该方法传递的 URL 正是带参数的 Flickr 应用编程接口 URL。

17. 这个方法对给定的 URL 创建 NSURLRequest 对象。

18. 还创建了一个空的 NSURLRequest 对象。这个响应对象用于从 HTTP 响应中获取诸如头信息之类的附加信息。

19. 创建至 NSError 对象的空指针。该指针在请求期间如果有错误发生，就会被设置为有效的对象引用。

20. NSURLConnection 用来对给定的请求同步调用 Flickr 的 Web 服务器。假如在请求过程中创建有响应或错误对象，响应和错误指针会置为有效的对象引用。同步调用将以 NSData 对象返回数据。这是来自 Flickr 的 Web 服务器的响应数据流，其格式为 JSON。

21. 如果响应数据返回为 nil，说明请求过程中有错误发生。错误会记录在控制台上。更健壮的 Flickr 框架能够将错误返回给调用者，从而让调用者能够记录它，或将此错误报告给用户。

22. 最后，数据被返回给调用者。

23. -buildFlickrURLWithParameters:方法利用参数词典，为 API 调用创建 URL。通过在词典里追加各键值对作为到 Flickr 应用编程接口基址 URL 的查询字符串参数，就可以做到这一点。

24. -stringWithData:方法将 NSData 对象的内容转换成字符串。你很快就会看到，来自 Flickr 的响应数据要略经调整，才能让 NSJSONSerialization 解析它。

25. -stringByRemovingFlickrJavaScript:方法返回的是整理过的 Flickr 应用编程接口响应数据。Flickr 应用编程接口在 JavaScript 函数里包装了响应数据，但 SimpleFlickrAPI 只想要 JSON 数据。所以响应数据由 NSData 对象转换为 NSString 对象。然后从字符串中剥离 JavaScript 功能代码，只留下 JSON 数据格式的字符串内容。

26. -flickrJSONWithParameters:方法是在该类开头定义的包装方法所调用的方法。该方法将各部分拼凑在一起来生成应用编程接口调用。它使用这些参数来创建应用编程接口的 URL；利用此 URL 来从 Flickr 获取响应数据；它还删除 Flickr 提供的 JavaScript 功能代码；然后使用 NSJSONSerialization 类将 JSON 数据转换成 Foundation 对象，再返回给调用者。该方法还会在控制台上记录这些 JSON 数据，让你看到这些数据就像是来自于 Flickr 一样。

此即生成调用 Flickr 应用编程接口 Web 服务的过程。可以看出，类里的大部分代码都围绕着准备请求和分析响应这个中心。实际的 Web 服务调用则只有几行代码，即 -fetchResponseWithURL:方法里的那些代码。要生成此应用编程接口的调用，并没有用到额外的（即 iOS SDK 未提供的）工具或框架。没有把数据转换成 SOAP 消息或其他麻烦的步骤。相反，生成了标准的、带查询字符串参数的 HTTP GET 请求，就返回了响应数据。简单易行！

21.2.5 异步下载照片

Flickr 应用编程接口包装类 SimpleFlickrAPI 发出对 Flickr 的 Web 服务器的同步调用。然而更多时候，要向 Web 服务器发出异步调用。PhotoWheel 向 Flickr 应用编程接口发出同步调用，能侥幸成功是因为应用程序正等待 Flickr 调用返回照片清单。但许多时候你并不想让用户等待，比如在 PhotoWheel 正显示 Flickr 发来的照片时。

一旦搜索完毕，返回了照片清单，Flickr 场景就必须在栅格视图里显示这些照片。此处对照片应当采用异步下载方式，主要有两个理由：

- 我们希望应用程序仍然能对用户响应，不应该出现卡住的状况。仍然允许用户做出诸如触击 Cancel 按钮关闭 Flickr 场景的事情，而不必等到所有照片都得下载完才能这么做。
- 搜索结果可能有一张或多张照片，往往还会有很多照片。同步下载和显示照片会花费太长时间，会让用户厌烦。然而，异步下载同样数目的这些照片会让用户感觉很快，而且确实也会快些。

异步下载照片的一个办法是，单独为每个下载请求创建一个线程，而在这个线程中同步下载照片。这个办法能用，但并不必要。

NSURLConnection 用到 CFNetwork 框架，能够在不阻塞应用程序主线程的情况下处理几百（但不是几千）个下载请求。这种能力部分归因于 CFNetwork 框架结合了按需创建线程与运行时循环的技术。

什么是运行时循环

当启动 iOS 应用程序后，会对该应用程序创建一个主线程。主线程是运行应用程序的首要线程。应用程序能够通过默认的运行循环来响应所检测到的事件。运行循环总是在运行，完成某些任务，从更新用户界面到检查硬件输入、处理 NSTimer 对象事件等。运行循环完成的一个任务是检查 NSURLConnection 对象所请求的输入网络数据。

要想更多了解这方面的内容，可阅读苹果公司的文档，位于 developer.apple.com/library/ios/#DOCUMENTATION/General/Conceptual/Devpedia-CocoaApp/MainEventLoop.html。

高效率的 CFNetwork 框架结合了主线程的运行循环，使它能实现多个下载任务同时进行，而无须明确在应用程序里创建或管理线程。

注意：要了解同时下载而无须创建自己的线程的信息，可阅读 Jeff LaMarche 的博客文章“Downloading Images for a Table without Threads”（网页位于 iphonedevelopment.blogspot.com/2010/05/downloading-images-for-table-without.html）。该博客文章也是本章创建 ImageDownloader 类的灵感来源。

把理论撇在一边，怎样无须创建自己的线程而从服务器上同时下载多个图片（或就此而言的任何数据）？对于初学者，可使用 NSURLConnection，但别像过去使用 SimpleFlickrAPI 类那样同步调用，要采用异步调用。异步调用会同时运行主线程，但它不会阻塞应用程序，这归功于运行循环和 CFNetwork 里的秘方。

由于 NSURLConnection 对象收到了来自于网络的数据，它会调用其委派对象。委派对象实现的可选方法将遵守 NSURLConnectionDelegate 协议。

Flickr 场景要在栅格视图中显示所下载的照片，那么在 Flickr 场景里怎么做到呢？一个办法就是在 NSURLConnection 内定义一个对象的数组。该数组包含的 NSURLConnection 对象数目与搜索结果的照片数一样多。然而问题在于，代码会迅速变得非常混乱、非常紧密。

每个 NSURLConnection 对象调用同一集合的委派方法，各委派方法需要知道所下载的数据属于一个特定照片。不仅如此，所下载的照片还必须在适当的栅格视图单元里显示出来，这样又使代码变得进一步复杂。

另一个办法则省事得多，就是创建新类，由它负责下载图片。不用 FlickrViewController 类来管理 NSURLConnection 对象的数组，它来管理这个新图片下载对象的数组。但有个问题依然存在：图片下载是异步的。新的图片下载类需要通知 FlickrViewController，该图片已经下载完成，可供显示了。视图控制器必须随后在栅格视图中显示该图片。这个图片下载类可以使用委派对象，但这样会在视图控制器中引入同样的混乱，就像 NSURLConnection 委派那样。

要是视图控制器能够告诉图片下载类，在下载结束后执行一段特定的代码，那该多好！有了块，你确实可以这样做。可以定义一个代码块，在完成下载时由图片下载对象执行。

我们来看程序清单 21.5 里的代码。

程序清单 21.5 ImageDownloader 类的代码

```
///////
// ImageDownloader.h
///////
#import <Foundation/Foundation.h>

typedef void(^ImageDownloaderCompletionBlock)(UIImage *image, NSError *);     // 1

@interface ImageDownloader : NSObject

@property (nonatomic, strong, readonly) UIImage *image;                        // 2

- (void)downloadImageAtURL:(NSURL *)URL
               completion:(ImageDownloaderCompletionBlock)completion;          // 3


@end


///////
// ImageDownloader.m
///////
#import "ImageDownloader.h"

@interface ImageDownloader ()
@property (nonatomic, strong, readwrite) UIImage *image;                       // 4
@property (nonatomic, strong) NSMutableData *receivedData;                     // 5
@property (nonatomic, strong) ImageDownloaderCompletionBlock completion;       // 6
@end

@implementation ImageDownloader

@synthesize image = _image;
@synthesize completion = _completion;
@synthesize receivedData = _receivedData;

- (void)downloadImageAtURL:(NSURL *)URL
               completion:(void(^)(UIImage *image, NSError*))completion        // 7
{
  if (URL) {
    [self setCompletion:completion];
    [self setReceivedData:[[NSMutableData alloc] init]];
    NSURLRequest *request = [NSURLRequest requestWithURL:URL];
    NSURLConnection *connection = [[NSURLConnection alloc]
                                    initWithRequest:request
                                    delegate:self
                                    startImmediately:NO];
    [connection scheduleInRunLoop:[NSRunLoop currentRunLoop]
                          forMode:NSRunLoopCommonModes];                       // 8
    [connection start];                                                        // 9
  }
}
```

```
#pragma mark - NSURLConnection delegate methods                        // 10

- (void)connection:(NSURLConnection *)connection
didReceiveResponse:(NSURLResponse *)response                           // 11
{
   [[self receivedData] setLength:0];
}

- (void)connection:(NSURLConnection *)connection
 didReceiveData:(NSData *)data                                          // 12
{
   [[self receivedData] appendData:data];
}

- (void)connectionDidFinishLoading:(NSURLConnection *)connection       // 13
{
   [self setImage:[UIImage imageWithData:[self receivedData]]];
   [self setReceivedData:nil];

   ImageDownloaderCompletionBlock completion = [self completion];
   completion([self image], nil);
}

- (void)connection:(NSURLConnection *)connection
 didFailWithError:(NSError *)error                                      // 14
{
   [self setReceivedData:nil];

   ImageDownloaderCompletionBlock completion = [self completion];
   completion(nil, error);
}

@end
```

需要将此 ImageDownloader 类添加到 PhotoWheel 项目。创建新的 Objective-C 类，命名为 ImageDownloader，并将其作为 NSObject 的子类。然后复制到程序清单 21.5 所示的代码中。这里是对所复制代码的解释。

1. ImageDownloader 类保存一个完成块，后者会在图片下载完后调用。为了使代码更可读，定义了 ImageDownloaderCompletionBlock 的类型定义（typedef）。这样可以避免在别处用到它时还要重新声明此块。

2. image 声明属性是个只读属性，它返回至包含所下载图片的 UIImage 对象的引用。倘若图片尚未下载，其值为 nil。

3. ImageDownloader 类有个公用方法-downloadImageAtURL:completion:。它有两个参数：图片的 URL 和完成块。

4. 类扩展被定义为内部使用。类扩展的第一个声明属性是 image。image 被重新声明为可写的属性，以便允许其在该类内部更改。

5. 声明属性 receivedData 包含 NSURLConnection 对象所下载的数据。这些数据能够以多个块（或者称为“批量”）经由网络接收到。这正是 receivedData 要可变的原因。随着数据源源不断地从网络上接收，它允许 NSURLConnection 类能够追加数据到此属性。

6. 声明属性 completion 存放着到调用者所提供的代码块的引用。此代码块会在图片下载完时调用。

7. 实现代码的第一个方法是-downloadImageAtURL:completion:。这是由 FlickrViewController 调用的公用方法，它检查有无提供 URL。如果提供了 URL，就把引用保存至代码块；它还开启下载请求的过程。

下载请求类似于你在要实现 SimpleFlickrAPI 类时看到的那样。不同之处在于，此处设置 NSURLConnection 对象为异步使用，而非同步使用。receiveData 属性被分配给新的 NSMutableData 对象；用给定的 URL 创建了 NSURLRequest 对象；还用此请求对象创建并初始化了 NSURLConnection 对象，将 ImageDownloader 类实例作为委派；设置 startImmediately 标志位为 NO，使 NSURLConnection 类有时间在开始下载前作出更多的设置。

8. 由于曾告诉 NSURLConnection 对象不要马上开始，可以对该对象的运行循环作些修改。NSURLConnection 对象的默认运行循环就是当前线程的运行循环。[NSRunLoop currentRunLoop]返回至同样的运行循环——当前线程的运行循环。所以这个 NSURLConnection 对象的运行循环并未实际变化。然而真正要改变的，是模式。

运行循环有两种模式：NSDefaultRunLoopMode 和 NSRunLoopCommonModes。NSDefaultRunLoopMode 是运行循环最常用的模式，人们用它来处理 NSURLConnection 以外的对象；另一方面，NSRunLoopCommonModes 则用于在共有模式集里为所有运行循环模式注册对象。基本上，添加到一般运行循环模式的对象会被所有在一般模式集里的运行循环监测。故而，在异步使用 NSURLConnection 时，应当总是采用 NSRunLoopCommonModes。没有它，NSURLConnection 的响应不会很好，在调用 Web 服务时会看起来反应迟钝。

9. 设置了连接对象的运行循环模式后，连接对象就开始了下载图片的请求过程。

10. ImageDownloader 类里的其他方法都是来自于 NSURLConnect 对象的回调方法。

11. 在 Web 服务器响应请求时，-connection:didReceiveResponse:方法被调用。该方法可以被调用多次，因为原始请求可能导致多次重定向。在调用此方法时，会复位 receivedData 属性的长度值为 0，清除所有先前保存的数据。这样来确保只捕获最后请求所收到的数据。

12. 在从网络收到数据时，会调用-connection:didReceiveData:方法。该方法在一次请求期间可被调用多次。数据会被追加到 receivedData 属性的已有数据之后。

13. 在下载请求已完成，且所有数据都已收到时，将调用-connectionDidFinishLoading:方法。该方法将 receivedData 所存储的数据转换成 UIImage 对象，然后调用完成块，向后者传递至此 UIImage 对象的引用。

14. 该类的最后一个方法是-connection:didFailWithError:，在下载过程中任何时候只要检测到错误，就会调用该方法。该方法被调用时，错误消息会被转发至完成块。

好了，朋友，这就是如何向 Web 服务器发出异步调用的过程。为 NSURL 创建 NSURLRequest 对象；创建一个 NSURLConnection 对象，并用请求和委派对象对其初始化；将运行循环模式设为一般模式，然后启动请求过程。最后，实现了遵守 NSURLConnectionDelegate 协议的方法，以响应来自 NSURLConnection 对象的事件。

尽管 ImageDownloader 类是设计用来下载图片的，同样模式也适用于下载其他类型的数据。

图片缓存

这里未提到的一个概念是缓存所下载的图片。在实际应用中，我们不想重新下载同一张图片。希望把所下载的图片（或其他任何东西）保存到文件系统中。你马上就会看到，FlickrViewController 类用的是“穷人方式”来缓存图片。倘若 ImageDownloader 对象已经有了一张图片，就会用那张图片顶替，而不是又把它下载一遍。

倘若图片缓存对你的应用程序很关紧，应当设立自己的缓存管理器，或使用 SDWebImage（网页位于该 github.com/rs/SDWebImage）之类的开源框架，由它为你提供图片缓存功能。

21.2.6 FlickrViewController 的实现

完成了 SimpleFlickrAPI 和 ImageDownloader 类后，就可以再次把注意力集中到 FlickrViewController 类，来完善它的实现代码。

FlickrViewController 类负责完成若干任务。它按用户提供的搜索规则向 Flickr 查找照片；在栅格视图里显示匹配的照片；允许用户对照片选中或取消选中；最后，它将把所选中的照片保存到当前相册里。

完成这些任务的代码在程序清单 21.6 中给出。打开 PhotoWheel 里的 FlickrViewController.m 文件，添加此程序清单里的代码。

在加入这些代码时，也许你会注意到很多地方似曾相识。比如说，GridViewDataSource 方法仍然沿用前些章节反复出现的模式。唯一真正区别在于栅格视图单元怎样获取这些图片。

程序清单 21.6　更新后的 FlickrViewController.m 文件内容

```
#import "FlickrViewController.h"                                    // 1
#import "ImageGridViewCell.h"
#import "SimpleFlickrAPI.h"
#import "ImageDownloader.h"
#import "Photo.h"
#import "PhotoAlbum.h"

@interface FlickrViewController ()
@property (nonatomic, strong) NSArray *flickrPhotos;                // 2
@property (nonatomic, strong) NSMutableArray *downloaders;          // 3
@property (nonatomic, assign) NSInteger showOverlayCount;           // 4
@end

@implementation FlickrViewController

@synthesize gridView = _gridView;
@synthesize overlayView = _overlayView;
@synthesize searchBar = _searchBar;
@synthesize activityIndicator = _activityIndicator;
@synthesize managedObjectContext = _managedObjectContext;
@synthesize objectID = _objectID;
@synthesize flickrPhotos = _flickrPhotos;
@synthesize downloaders = _downloaders;
@synthesize showOverlayCount = _showOverlayCount;
- (void)viewDidLoad
```

```
{
   [super viewDidLoad];
   self.flickrPhotos = [NSArray array];
   [[self overlayView] setAlpha:0.0];                                // 5

   UITapGestureRecognizer *tap = [[UITapGestureRecognizer alloc]
                            initWithTarget:self
                            action:@selector(overlayViewTapped:)];   // 6
   [[self overlayView] addGestureRecognizer:tap];

   [[self gridView] setAlwaysBounceVertical:YES];
   [[self gridView] setAllowsMultipleSelection:YES];                 // 7
}

- (void)viewDidUnload
{
   [self setGridView:nil];
   [self setOverlayView:nil];
   [self setSearchBar:nil];
   [self setActivityIndicator:nil];
   [super viewDidUnload];
}

- (BOOL)shouldAutorotateToInterfaceOrientation:
(UIInterfaceOrientation)toInterfaceOrientation
{
   return YES;
}

- (BOOL)disablesAutomaticKeyboardDismissal                           // 8
{
   return NO;
}

#pragma mark - Save photos

- (void)saveContextAndExit
{
   NSManagedObjectContext *context = [self managedObjectContext];
   NSError *error = nil;
   if (![context save:&error])
   {
      /*
       Replace this implementation with code to handle the error appropriately.

       abort() causes the application to generate a crash log and terminate.
       You should not use this function in a shipping application, although
       it may be useful during development. If it is not possible to recover
       from the error, display an alert panel that instructs the user to quit
       the application by pressing the Home button.
       */
      NSLog(@"Unresolved error %@, %@", error, [error userInfo]);
      abort();
   }
```

```
    [self dismissModalViewControllerAnimated:YES];
}

- (void)saveSelectedPhotos
{
    NSManagedObjectContext *context = [self managedObjectContext];
    id photoAlbum = [context objectWithID:[self objectID]];

    NSArray *indexes = [[self gridView] indexesForSelectedCells];
    __block NSInteger count = [indexes count];                              // 9

    if (count == 0) {                                                       // 10
        [self dismissModalViewControllerAnimated:YES];
        return;
    }

    ImageDownloaderCompletionBlock completion =
        ^(UIImage *image, NSError *error) {                                 // 11
        NSLog(@"block: count: %i", count);
        if (image) {
            Photo *newPhoto = [NSEntityDescription
                               insertNewObjectForEntityForName:@"Photo"
                               inManagedObjectContext:context];
            [newPhoto setDateAdded:[NSDate date]];
            [newPhoto saveImage:image];
            [newPhoto setPhotoAlbum:photoAlbum];
        } else {
            NSLog(@"%s: Error: %@", __PRETTY_FUNCTION__,
                  [error localizedDescription]);
        }

        count--;                                                            // 12
        if (count == 0) {
            [self saveContextAndExit];
        }
    };

    for (NSNumber *indexNumber in indexes) {                                // 13
        NSInteger index = [indexNumber integerValue];
        NSDictionary *flickrPhoto = [[self flickrPhotos] objectAtIndex:index];
        NSURL *URL = [NSURL URLWithString:[flickrPhoto objectForKey:@"url_m"]];
        NSLog(@"URL: %@", URL);
        ImageDownloader *downloader = [[ImageDownloader alloc] init];
        [downloader downloadImageAtURL:URL completion:completion];

        [[self downloaders] addObject:downloader];
    }
}

#pragma mark - Actions

- (IBAction)save:(id)sender                                                 // 14
{
```

```
   [[self overlayView] setUserInteractionEnabled:NO];

   void (^animations)(void) = ^ {
      [[self overlayView] setAlpha:0.4];
      [[self activityIndicator] startAnimating];
   };

   [UIView animateWithDuration:0.2 animations:animations];

   [self saveSelectedPhotos];
}

- (IBAction)cancel:(id)sender
{
   [self dismissModalViewControllerAnimated:YES];
}


#pragma mark - Overlay methods

- (void)showOverlay:(BOOL)showOverlay                                    // 15
{
   BOOL isVisible = ([[self overlayView] alpha] > 0.0);
   if (isVisible != showOverlay) {
      CGFloat alpha = showOverlay ? 0.4 : 0.0;
      void (^animations)(void) = ^ {
         [[self overlayView] setAlpha:alpha];
         [[self searchBar] setShowsCancelButton:showOverlay animated:YES];
      };

      void (^completion)(BOOL) = ^(BOOL finished) {
         if (finished) {
            // Do other cleanup if needed.
         }
      };

      [UIView animateWithDuration:0.2 animations:animations
                       completion:completion];
   }
}

- (void)showOverlay                                                      // 16
{
   self.showOverlayCount += 1;
   BOOL showOverlay = (self.showOverlayCount > 0);
   [self showOverlay:showOverlay];
}

- (void)hideOverlay                                                      // 17
{
   self.showOverlayCount -= 1;
   BOOL showOverlay = (self.showOverlayCount > 0);
   [self showOverlay:showOverlay];
   if (self.showOverlayCount < 0) {
```

```
        self.showOverlayCount = 0;
    }
}

- (void)overlayViewTapped:(UITapGestureRecognizer *)recognizer          // 18
{
    [self hideOverlay];
    [[self searchBar] resignFirstResponder];
}

#pragma mark - Flickr

- (void)fetchFlickrPhotoWithSearchString:(NSString *)searchString
{
    [[self activityIndicator] startAnimating];                          // 19
    [self showOverlay];
    [[self overlayView] setUserInteractionEnabled:NO];

    SimpleFlickrAPI *flickr = [[SimpleFlickrAPI alloc] init];
    NSArray *photos = [flickr photosWithSearchString:searchString];     // 20

    NSMutableArray *downloaders = [[NSMutableArray alloc]
                                   initWithCapacity:[photos count]];
    for (NSInteger index = 0; index < [photos count]; index++) {
        ImageDownloader *downloader = [[ImageDownloader alloc] init];   // 21
        [downloaders addObject:downloader];
    }

    [self setDownloaders:downloaders];                                  // 22
    [self setFlickrPhotos:photos];                                      // 23

    [[self gridView] reloadData];                                       // 24
    [self hideOverlay];
    [[self overlayView] setUserInteractionEnabled:YES];
    [[self searchBar] resignFirstResponder];
    [[self activityIndicator] stopAnimating];
}

#pragma mark - UISearchBarDelegate methods                              // 25

- (BOOL)searchBarShouldBeginEditing:(UISearchBar *)searchBar
{
    [self showOverlay];
    return YES;
}

- (void)searchBarTextDidEndEditing:(UISearchBar *)searchBar
{
    [searchBar resignFirstResponder];
    [self hideOverlay];
}

- (void)searchBarSearchButtonClicked:(UISearchBar *)searchBar          // 26
{
```

```
   [self fetchFlickrPhotoWithSearchString:[searchBar text]];
}

- (void)searchBarCancelButtonClicked:(UISearchBar *)searchBar
{
   [searchBar resignFirstResponder];
   [self hideOverlay];
}

#pragma mark - GridViewDataSource methods                              // 27

- (NSInteger)gridViewNumberOfCells:(GridView *)gridView
{
   NSInteger count = [[self flickrPhotos] count];
   return count;
}

- (GridViewCell *)gridView:(GridView *)gridView cellAtIndex:(NSInteger)index
{
   ImageGridViewCell *cell = [gridView dequeueReusableCell];
   if (cell == nil) {
      cell = [ImageGridViewCell imageGridViewCellWithSize:CGSizeMake(75, 75)];
      [[cell selectedIndicator] setImage:
       [UIImage imageNamed:@"addphoto.png"]];                          // 28
   }

   ImageDownloaderCompletionBlock completion =
      ^(UIImage *image, NSError *error) {                              // 29
      if (image) {
         [[cell imageView] setImage:image];
      } else {
         NSLog(@"%s: Error: %@", __PRETTY_FUNCTION__, [error
localizedDescription]);
      }
   };

   ImageDownloader *downloader = [[self downloaders] objectAtIndex:index];
   UIImage *image = [downloader image];                                // 30
   if (image) {
      [[cell imageView] setImage:image];
   } else {
      NSDictionary *flickrPhoto = [[self flickrPhotos] objectAtIndex:index];
      NSURL *URL = [NSURL URLWithString:[flickrPhoto objectForKey:@"url_sq"]];
      [downloader downloadImageAtURL:URL completion:completion];
   }

   return cell;
}

- (CGSize)gridViewCellSize:(GridView *)gridView
{
   return CGSizeMake(75, 75);
}
```

```
- (void)gridView:(GridView *)gridView didSelectCellAtIndex:(NSInteger)index
{
   id cell = [gridView cellAtIndex:index];
   [cell setSelected:YES];
}

- (void)gridView:(GridView *)gridView didDeselectCellAtIndex:(NSInteger)index
{
   id cell = [gridView cellAtIndex:index];
   [cell setSelected:NO];
}

@end
```

既使许多代码看上去很熟悉，我们还是分析一遍，以确保你理解了所有内容：

1. 视图控制器用到的各类都有其头文件，在此导入这些头文件。其中包括所创建的两个新类：SimpleFlickrAPI 和 ImageDownloader。

2. flickrPhotos 属性保存了从 Flickr 返回的图片数据的本地拷贝。

3. downloaders 属性存放着 flickrPhotos 数组里每张照片的 ImageDownloader 对象。这是缓存所下载图片的快而糙的做法。每张照片在该视图控制器存在时只会下载一次。图片在内存中被缓存，会导致内存溢出错误。但 Flickr 应用编程接口在每次请求时至多返回 100 张照片。所以对此特定的应用程序而言，发生内存错误的概率很小。

4. showOverlayCount 属性保存了重叠显示或隐藏请求的栈计数值，以确保重叠不会被过早地隐藏。

5. 重叠视图的透明度 alpha 被设为 0.0，即使该视图不可见。

6. 对重叠视图添加了触击手势，这只是出于可用性加的。倘若视图控制器是在搜索模式，用户可以触击重叠视图退出该模式。

7. 栅格配置为可多选。多选用来向相册同时保存多于一张的照片。

8. -disablesAutomaticKeyboardDismissal 方法是 NSViewController 的一个重载方法。该方法用于确定输入视图（例如虚拟键盘）在改变控制时是否自动关闭。默认情况下，该方法返回 NO，除非呈现风格是 UIModalPresentationFormSheet 时，该方法默认返回 YES。

FlickrViewController 默认行为的问题在于当调用 [[self searchBar] resignFirstResponder]时键盘不会自己消失。之所以这样，是因为视图控制器的呈现风格是 UIModalPresentationFormSheet。这不是本视图控制器期望的行为，所以要重载该方法，使之返回 NO。

9. 所选单元的数目保存在局部变量 count 中。__block 编译指示性语句用于使该变量在几行代码后的完成块里可变。

10. 倘若所选单元的数目为 0，就关闭视图控制器，程序控制从该方法退出。不需要做其他事情。

11. 定义了 ImageDownloader 对象的完成块。如果该块收到一张图片，就创建新的 Photo 模型对象，设置其属性。

12. 局部变量 count 减 1。由于该变量用__block 编译指示性语句声明，因而它在完成块内是可变的。当计数到 0 时，所有图片都已下载并添加到相册里。这时就保存托管对象语境，关闭视图控制器。

13. 完成块外面是个 `for` 循环，用于以中等尺寸下载 Flickr 搜索结果所找到的每张照片。下载器被添加至下载器数组，以确保它们在视图控制器关闭前都是活动的。

14. 当用户触击 Save 按钮时，调用`-save:`方法。该方法主要是调用`-saveSelectedPhotos`方法（第 9 ~ 13 行代码）。它还关闭了重叠视图下的用户交互，以阻止用户触击该视图，因为它通常是隐藏重叠的。显示重叠视图是为了不让用户与栅格视图交互，它还显示活动指示器，以把当前工作的进度通知给用户。

15. 在用户使用搜索栏时，调用`-showOverlay:`方法来显示或隐藏重叠视图。传递 `YES` 显示重叠视图；传递 `NO` 则隐藏重叠视图。

16 ~ 17. `-showOverlay` 方法和`-hideOverlay` 方法管理重叠视图的显示。每次调用`-showOverlay` 会增加 `showOverlayCount` 属性的值，而每次调用`-hideOverlay` 则减小该计数。当计数大于 0 时，重叠视图是可见的，否则就隐藏。

18. 用户触击重叠视图时，手势识别器会调用`-overlayViewTapped:`方法。如果重叠视图和键盘在显示，该方法会把它们隐藏起来。

19 ~ 24. 搜索 Flickr 时调用`-fetchFlickrPhotoWithSearchString:`方法。它显示活动指示器，告知用户当前在做什么。它创建一个 `SimpleFlickrAPI` 实例，然后进行搜索。搜索完成时，把 `downloaders` 属性安置到 `ImageDownloader` 对象实例里。虽然下载过程尚未开始，从 Flickr 应用编程接口返回的照片保存在 `flickrPhotos` 属性中。最后，栅格视图数据按从 Flickr 返回的照片重新导入。

25. 实现了 `UISearchBarDelegate` 对象的回调方法。这些方法在用户使用搜索栏时，控制用户体验。

26. `-searchBarSearchButtonClicked:`回调方法在进行搜索时调用。它调用了`-fetchFlickrPhotoWithSearchString:`方法。

27. 实现了 `GridViewDataSource` 对象的回调方法。每个方法都将 `flickrPhotos` 属性作为数据。

28. 设置栅格视图以支持多选。分配一个单元时，将选择指示器的图片指定为 addphoto.png。

29. 每个单元显示一幅来自 Flickr 的图片。然而，图片首先得下载下来。代码定义了 `ImageDownloader` 对象的完成块。完成块把单元图片设置为传递给该完成块的图片。

30. 不过，倘若该图片原先已经下载过，单元图片就会马上被设置。没有理由再下载一次了。

这些就是对程序清单 21.6 要关注的地方。构建并运行应用程序，看看效果如何。

注意： 如果 Flickr 搜索不工作，可检查确保搜索栏的插座变量和委派已经关联了。还要验证栅格视图的插座变量和数据源关联。最后，检查 Flickr 应用编程接口密钥。如果密钥缺失或无效，搜索时 Flickr 会提示无效 API 密钥（密钥格式不对）的消息。你会在图 21-4 所示的调试控制台窗口看到这个消息。

```
All Output ‡                                                        Clear
GNU gdb 6.3.50-20050815 (Apple version gdb-1708) (Mon Aug  8 20:32:45 UTC 2011)
Copyright 2004 Free Software Foundation, Inc.
GDB is free software, covered by the GNU General Public License, and you are
welcome to change it and/or distribute copies of it under certain conditions.
Type "show copying" to see the conditions.
There is absolutely no warranty for GDB.  Type "show warranty" for details.
This GDB was configured as "x86_64-apple-darwin".sharedlibrary apply-load-rules all
Attaching to process 11066.
2011-09-05 17:31:11.625 PhotoWheel[11066:15203] -[SimpleFlickrAPI flickrJSONSWithParameters:]: json:
{"stat":"fail", "code":100, "message":"Invalid API Key (Key has invalid format)"}
```

图 21-4　调试控制台窗口显示的无效 API 密钥错误消息

21.3 其他事宜

在运行 PhotoWheel 来测试所做的 Flickr 修改时，你是否曾注意到应用程序会在搜索 Flickr 时没有反应？甚至连活动指示器也没显示出来。

问题在于 SimpleFlickrAPI 对象对 Flickr 发出了同步调用。不像在 ImageDownloader 类里向 Flickr 的 Web 服务器发出的异步调用，SimpleFlickrAPI 的同步调用会阻塞主线程进行运行循环的其他步骤。这正是诸如活动指示器未曾显示的原因。要解决这个问题，一个快速的办法是在后台线程里使用 SimpleFlickrAPI 对象，但还有个更好的办法。

GCD（Grand Central Dispatch）是一个并发编程的 C 语言级应用编程接口。GCD 比起传统的多线程编程有 3 个好处：便于使用、效率高、性能更好。GCD 应用编程接口大量利用块，这使得它比线程更容易定义代码的一个工作单位。由于工作单位的代码位于一个地方，也使代码更具可读性。而在使用线程时，工作单位经常要跨越多个函数，甚至跨越单独的类文件。

GCD 使用调度队列来处理工作单位。GCD 里有 3 种类型的调度队列：主队列、全局队列和定制队列。主队列在主线程上执行，主队列也供主线程完成诸如更新用户界面的任务使用；全局队列是贯穿应用程序生命期的并发队列；定制队列就是你创建的队列。

注意：有关 GCD 的更完整介绍，可阅读 Mike Ash 的博客文章“Intro to Grand Central Dispatch, Partl:Basics and Dispatch Queues”，网址位于 www.mikeash.com/pyblog/friday-qa-2009-08-28-intro-to-grand-central-dispatch-part-i-basics-and-dispatch-queues.html。

为了防止在从 Flickr 获取数据时阻塞主线程，可以把取数据线程调度至全局的异步队列。一旦此进程完成，再调度另一个工作单位到主队列，以更新用户界面。完成这一操作的代码如程序清单 21.7 所示。

程序清单 21.7 更新保存进程以使用 GCD

```
- (void)fetchFlickrPhotoWithSearchString:(NSString *)searchString
{
   [[self activityIndicator] startAnimating];
   [self showOverlay];
   [[self overlayView] setUserInteractionEnabled:NO];

   dispatch_async(dispatch_get_global_queue(DISPATCH_QUEUE_PRIORITY_DEFAULT, 0), ^{
      SimpleFlickrAPI *flickr = [[SimpleFlickrAPI alloc] init];
      NSArray *photos = [flickr photosWithSearchString:searchString];

      NSMutableArray *downloaders = [[NSMutableArray alloc]
                                     initWithCapacity:[photos count]];
      for (NSInteger index = 0; index < [photos count]; index++) {
         ImageDownloader *downloader = [[ImageDownloader alloc] init];
         [downloaders addObject:downloader];
      }

      [self setDownloaders:downloaders];
      [self setFlickrPhotos:photos];

      dispatch_async(dispatch_get_main_queue(), ^{
```

```
        [[self gridView] reloadData];
        [self hideOverlay];
        [[self overlayView] setUserInteractionEnabled:YES];
        [[self searchBar] resignFirstResponder];
        [[self activityIndicator] stopAnimating];
      });
   });
}
```

这段代码几乎和先前代码一模一样。例外之处是两个调度调用。前一个调度调用 dispatch_async，将工作单位放到全局异步队列里。全局队列通过函数 dispatch_get_global_queue 来获取。

在块定义中，首个工作单位是另一个对 dispatch_async 的调用，这次用的是主队列。这意味着在第二个块里定义的工作单位是由主线程完成的，这么要求是因为该工作单位要更新用户界面。

将这个改动应用到你的 FlickrViewController 类版本里，然后构建并运行应用程序，看看使用 GCD 后的区别。

21.4 还缺什么

由于本章只是基本的概述，省略了若干话题。认证和安全是两个容易想到的话题，还有一个是可到达性。

"可到达性"是 iOS 程序员经常用到的涉及网络可访问性的术语。这个单词来自于苹果公司提供的一个网络编程示例中的类名（网页位于 developer.apple.com/library/ios/#samplecode/Reachability/Introduction/Intro.html）。可到达性类用来确定网络当前状态和监视网络状态的变化。苹果公司建议所有用到网络的应用程序都应检查网络状态，并且适当地处理网络不可用时的情况。

请留意"Learning iPad Programming"博客（learnipadprogramming.com/blog/），以及 PhotoWheel 源代码仓库（github.com/kirbyt/PhotoWheel），以便了解随着时间的推移，其他与 Web 服务相关的改进措施对该应用程序的影响。

21.5 小结

本章概述了利用 Cocoa 所提供的类，来调用 REST 风格 Web 服务的过程。它只是使用 Web 服务的介绍，远非在 iOS 应用程序里使用 Web 服务的完整指南。全面阐述 Web 服务足以写整整一本书，而本章涵盖的话题已经给你指引出了正确的方向，你可以在应用程序里构建对 Web 服务的健壮支持。

21.6 习题

1. Flickr 搜索时没有照片返回也是可能的。在 JSON 数据里有照片数目的值。更新应用程序，使之检查照片数目。如果数目是 0，就给用户显示未找到照片（No photos found）的消息。

2. 把 iPad 设为飞行模式，运行 PhotoWheel。尝试搜索 Flickr，看看会发生什么情况。可以怎样修改，来改善用户的体验？

第 22 章

与 iCloud 同步

到这里，PhotoWheel 已经相当有用了。用户可以对他们的照片进行若干种操作。但这个应用程序还局限于在一台设备上使用。越来越多的人拥有多于一台的 iOS 设备，还经常会有台 Mac 计算机。要是 PhotoWheel 能够在几台设备上同步其数据，以便用户可以在其中任意一台设备上都有这些数据，那该多好！本章，我们就来拓展 PhotoWheel，使其利用苹果公司的 iCloud 服务来通过互联网同步几台设备上的照片和相册。我们这章谈到的技术会将 Core Data 放到云数据存储系统中。

22.1 同步使事情变得简单

在 iOS 的早期发布中，从一台设备向另一台设备同步是很困难的。没有标准的、内置的框架能容易地管理跨多个设备间的同步操作。应用程序开发者曾提出过若干种方案，大部分都是解决单个应用程序的问题。人们的共识就是“同步很难搞定”。往往乍一看相当简单，但实际上要把它做好非常讲究诀窍。解决冲突又不丢失用户数据，这个挑战难倒了许许多多开发人员。

同步过程还要求有办法把应用程序的数据从一台设备传递到另一台设备。通过将 Web 服务器集成到应用程序，可以实现这一点，这样数据就可以被其他设备请求，或者运行在线的某种服务来处理同步过程。有的应用程序采用诸如 Dropbox 之类的在线服务，使数据在不同设备间有效。虽然很有用，但这些服务并没有真正提供同步机制。

从 iOS 5.0 开始，苹果公司引入了名叫 iCloud 的在线服务。有了 iCloud，用户就可以访问一些基于云的服务，比如说自动设备备份；跨设备同步音乐、通讯录和其他数据。有关 PhotoWheel 我们最感兴趣的功能就是内置的第三方应用程序支持，使它们能够在多台 iOS 设备间同步其应用数据。有了 iCloud，苹果公司已经为你解决了（绝大部分的）同步问题，它为应用程序提供 API 支持，还有发生同步过程时的必要的在线服务器支持。

苹果公司为所有使用 iOS 5 设备的用户提供免费的 iCloud 账号，所以你的用户无须付额外费用就可以容易地使用这项服务。

22.2 iCloud 的各种概念

用 iCloud 工作时，一个关键概念就是内容无所不在。如果 iCloud 服务监视数据，并确保数据在多台使用一个 iCloud 账号的设备间同步，就说数据是无所不在的。这是和局部内容对比而言，局部内容只存在于应用程序中而不会通过 iCloud 同步。迄今为止，PhotoWheel 一直用的是局部内容，但本章我们将使其数据无所不在。

创建无所不在存储的一般流程是，首先创建局部内容，然后告知操作系统它需要传送到“无所不在存储区”。数据于是被移动到设备上的新位置。上传至云的过程是异步的，即便设备有好的网络连接，上传也可能不会马上开始。当应用程序在本地修改内容时，iCloud 守护进程会周期性地更新这些基于云的数据拷贝。倘若用户在其他设备上安装了同一应用程序，用了同样的 iCloud 账户，那么更新操作对这些设备都有效。

在接收端，iCloud 守护进程会对应用程序数据下载更新的内容，然后通知应用程序有了新的改动。用到 iCloud 的应用程序负责读取新数据，需要的话就更新视图。

22.2.1 文件协调器和表现器

无所不在存储既可以由创建此内容的应用程序读写，也可供 iCloud 守护进程读写。为了协调对数据的访问，iOS 5 引入了文件协调器和文件表现器的概念。

文件协调器是一个 `NSFileCoordinator` 实例，它扮演文件访问的读/写锁。同时允许有多个读请求；但写文件的操作是个排他锁。在使用文件协调器时，应用程序在访问数据前要么是请求读，要么是请求写该数据，而框架利用读/写锁来保持与数据的交互。

文件表现器则是实现 `NSFilePresenter` 协议的任何对象。倘若有数据在由 `NSFileCoordinator` 管理的写动作中修改，则该数据的文件表现器就会收到变更的通知。它可以做出任何必要的更新，把新数据呈现给用户。可以对模型对象、视图控制器或两者来实现这一协议，具体取决于应用程序需要如何应对其数据的改变。

文件表现器协议还声明了通知应用程序所有同步冲突的方法。尽管 iCloud 解决了大多数的内部冲突，它不大可能自动处理掉冲突。倘若发生这种情况，应用程序应当从文件表现器收到新版本数据的通知。应用程序随后应解决冲突，如果无法悄然处理掉冲突，就向用户寻求帮助。

结合这两个工具，倘若用到 iCloud 的应用程序需要更新其数据，它会从 `NSFileCoordinator` 请求一个写的锁，然后修改内容。在另一台设备上的应用程序拷贝会通过实现 `NSFilePresenter` 对象收到这种变更通知。

22.2.2 UIDocument 与 UIManagedDocument

你无须在自己的代码中使用文件协调器和表现器。作为一种便利，iOS 5 还引入了 `UIDocument` 类来管理基于文档的数据。基于文档的数据就是可被看作单独、独立文档的任何数据，而不是为整个应用程序保存的单个数据。字处理软件和表格处理软件都是使用基于文档的数据的例子。日历和待做事宜清单的应用程序通常不是基于文档的。

`UIDocument` 类实现 `NSFilePresenter` 协议，使用文件协调器来处理数据访问操作。为了用到 `UIDocument`，要创建定制子类，以管理应用程序的文档数据。`UIDocument` 会创建和使用所需的文件协调器。尽管如此，子类必须实现文件协调器各方法的代码，因为 `UIDocument` 对这些方法的实现代码大多都是无所事事。

假如有基于文档的数据，并且是在用 Core Data，则可以使用 `UIManagedDocument`，它是 `UIDocument` 的子类。它创建和管理自己的 Core Data 栈。默认情况下，它会搜索应用程序包，以找出托管对象模型。它会基于在实例化 `UIManagedDocument` 时所提供的 URL，创建持久的存储协调器和托管对象语境。必要的话这个过程可以定制。

UIManagedDocument 或 UIDocument 若不连接到 iCloud，就一文不值。它们每个都可以纯粹用于本地基于文档的数据，而这些数据永远不必同步。

22.2.3 无所不在持久存储

如果你在使用 Core Data，但数据不符合文档范例，那么也可以用 iCloud 简化工作流程。不必创建文件协调器和表现器，可以仅仅配置持久存储协调器来使其数据存储无所不在。设立 Core Data 栈和你不用 Core Data 时或多或少有些相同的地方。主要变更在于添加了处理来自 iCloud 变化的代码。iCloud 守护进程将自动更新数据存储，应用程序需要反映这些改动。使用这种方法对于已经有 Core Data 存储的应用程序很方便，因为现有数据存储轻易就可移到 iCloud 存储。

当用到无所不在持久存储时，收到的修改要按记录逐条融入本地数据，将改动保存至各实体的各属性中。由于在工作于多线程时有必要处理 Core Data 冲突，Core Data 已经包含了冲突管理机制。处理冲突时，要么基于你选择的合并策略自动处理，要么由你来写定制代码来处理冲突。

这是苹果公司为“鞋盒”类应用程序推荐的办法。“鞋盒”类应用程序指这么一种应用程序，它包含相关数据的集合，但数据不符合文档范例，或者应用程序不想暴露文档给用户。PhotoWheel 符合这个描述，所以我们将采纳这个办法，让 PhotoWheel 利用 iCloud 工作。

22.3 为设备提供信息的回顾

第 6 章讨论过在开发应用程序时，要设立一个应用程序 ID 及信息轮廓。在开始用 iCloud 工作之前，你需要对应用程序 ID 的配置作些修改，并更新信息提供概述。如果应用程序 ID 不为 iCloud 配置，并且信息提供概述不是据此配置生成的话，应用程序就无法访问 iCloud 服务。你需要遵循若干步骤，才能让应用程序能够使用 iCloud，这些步骤将在后面几节描述。

22.3.1 配置应用程序 ID

至今为止，你对 PhotoWheel 所做的所有东西都可以用一个通配的应用程序 ID 做到，也就是个“*”，它可以用到多个应用程序里。这当然方便，但不能与 iCloud 一道工作。如果你在使用通配的应用程序 ID，就需要将其替换成精确的应用程序 ID。创建应用程序 ID 的区别和过程在第 6 章里论述过。

一旦有了精确的应用程序 ID，就要将其配置为与 iCloud 一道工作。登录进 iOS 开发中心，找到 Provisioning Portal。在此门户处，单击左边导航部分里的 App IDs（如图 22-1 所示）。

我们在这里会看到应用程序 ID 清单。找出 PhotoWheel 的应用程序 ID。配置门户给出了该应用程序 ID 的若干能力（如图 22-2 所示）。在应用程序中，In App Purchase 和 Game Center 默认采用精确的应用程序 ID，Push Notifications 和 iCloud 被禁用但可配置。单击表格内最右边栏目的 Configure 链接开始配置 iCloud。

之后，你会看到配置应用程序 ID 的一些选项，它们都是针对苹果公司的 Push Notification 和 iCloud 的。单击选中 Enable for iCloud 复选框（如图 22-3 所示），然后单击 Done 按钮。

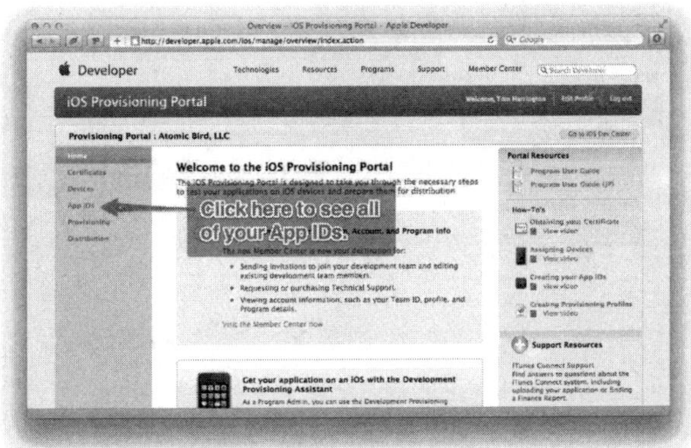

图 22-1　在信息提供概述里找到 App IDs 部分

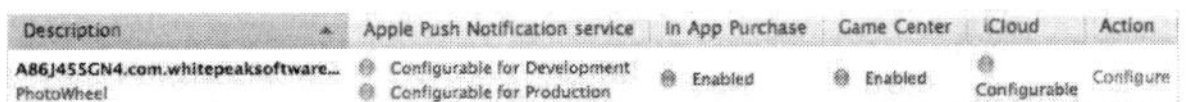

Description	Apple Push Notification service	In App Purchase	Game Center	iCloud	Action
A86J455GN4.com.whitepeaksoftware... PhotoWheel	Configurable for Development Configurable for Production	Enabled	Enabled	Configurable	Configure

图 22-2　PhotoWheel 的应用程序 ID 当前配置

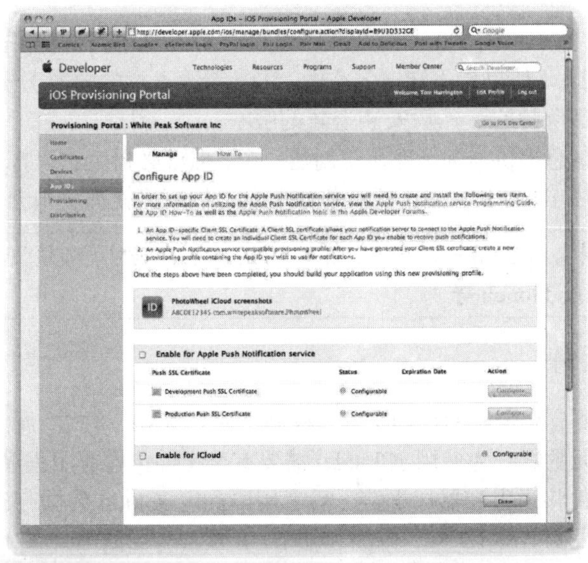

图 22-3　PhotoWheel 的应用程序 ID 配置选项

22.3.2　为 iCloud 提供信息

接下来，需要重新生成信息提供概述，以便其包含应用程序使用 iCloud 的正确权利。配置门户没有选项能够简便地再生一个现有的信息提供概述。为强制它再生概述，需要编辑此概述，作些简单甚至无意义的修改——比如，增加或删除设备。甚至可以删除设备后再将其添加回来。改名是个好主意，因为这么做可以容易地将以前的概述和再生的概述区分开来。

找到入口的信息提供概述，单击 Edit 链接，然后单击弹出窗口里的 Modify 按钮（如图 22-4 所示）。

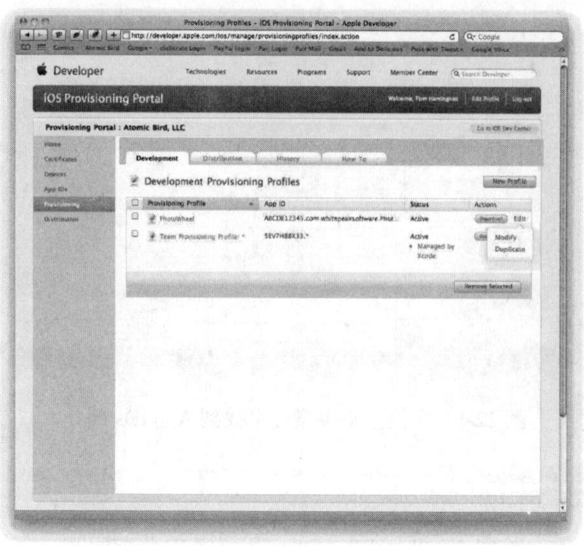

图 22-4 修改信息提供概述

修改信息提供概述，然后单击 Submit 按钮。下载修改后的概述。要替换先前的拷贝，可在 Xcode 的 Organizer 窗口里找到它（如果你不知道怎么做，可参看第 6 章的内容）。选中老版本的信息提供概述，单击减号按钮来删除掉它，然后安装上新的版本。

如果没有预先生成信息提供概述，现在就创建一个，但不必再生它以打开 iCloud。一旦你像前述那样有了对该应用程序 ID 的 iCloud，所有新的信息提供概述就都会包含 iCloud。

注意： iPad 模拟器不支持与 iCloud 一起工作。在测试 iCloud 代码时，必须使用真实的 iOS 设备（如 iPad、iPhone 或 iPod touch 等）。

22.3.3 配置 iCloud 权利

最后，应用程序需要有个定制的权利文件。权利文件是 XML 格式的属性清单文件，由 iOS 用于包含有关应用程序的元数据。为使用 iCloud，需要有个文件包含应用程序要怎样使用 iCloud 的信息。特别是，权利文件将列出容器标识符，后者用以确定 iCloud 数据存放在何处。

不过你先得取得开发团队的 ID 号，因为容器 ID 必须含有团队 ID。你可以在苹果公司开发网站的 Member Center 部分找到这个 ID 号。当你登录到 iOS 开发中心或配置门户时，网页顶部会有个 Member Center 标题，单击该链接即可（如图 22-5 所示）。

在 Member Center 网页，单击 Your Account，然后找到 Organization Profile。该网页显示有关你开发账户的一些信息。你需要这里给出的 Company/Organization ID 值，它是个 10 字符长的编码（如图 22-6 所示）。

现在切换到 Xcode，以添加此权利文件。在导航栏里选取 PhotoWheel 项目，然后在编辑器里单击 PhotoWheel 应用程序。如果滚动到编辑器窗格的结尾，就会看到有个名为 Entitlements 的节（如图 22-7 所示）。

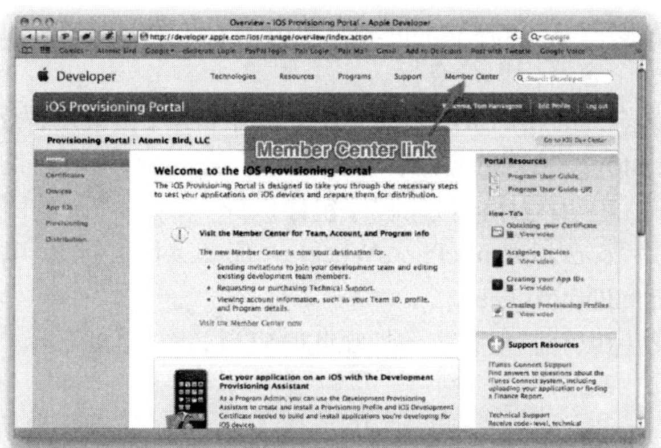

图 22-5　前往 Member Center 网页

图 22-6　找出你的团队 ID

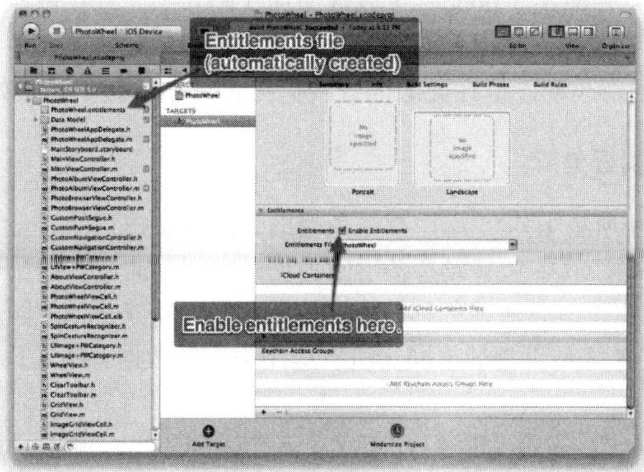

图 22-7　打开定制权利

选中 Enable Entitlements 复选框。之后，Xcode 会在项目内创建一个新文件，名为 PhotoWheel.entitlements。

其中的一个权利节标题为 iCloud Containers。单击该节底部的加号按钮，以添加一个容器项。这样会对应用程序添加一个容器标识符空行。

容器标识符采用前面查到的团队 ID，还有个唯一的字符串，由应用程序用来管理 iCloud 内容。选取<Team ID>.<Custom string>格式的定制容器标识符。定制字符串可以是任何对你有意义的字符串，但它应当方便使用，并和应用程序的应用程序包标识符一致。倘若你的团队 ID 是 A1B2C3D4E5，应用程序包标识符是 com.example.PhotoWheel，那么对容器标识符的较好选择就是 A1B2C3D4E5.com.example.PhotoWheel。

在空白行上输入容器标识符。权利节的外观此时应当如图 22-8 所示。

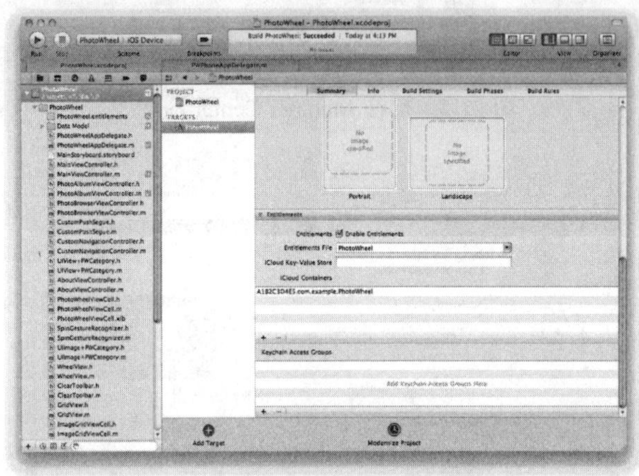

图 22-8　PhotoWheel 的 iCloud 权利内容

22.4　对 PhotoWheel 的 iCloud 考虑

PhotoWheel 现已准备好使用 iCloud，可以从添加代码入手，以在设备间同步应用数据。现在的 Core Data 模型可以照常工作，不必有任何修改。应用程序启动时需要一些额外的配置选项，还要有代码处理来自于云的新改动。但在此之前，我们得想想那样是不是最好的办法。

22.4.1　同步要做得恰到好处

尽管 iCloud 账户对于所有 iOS 5 用户都是免费的，然而数据存储容量并非无限。一个免费账户可以传递最多 5GB 数据，其中包括设备备份时占据的空间。而且，向云传送或从云获取数据并不是即时的。iOS 设备还有可能是慢速的移动电话网络，但我们依然希望同步操作能够尽可能地快速。其结果就是，我们要考虑是否真的想同步所有应用程序的数据，还是只同步其中一部分，而由本地生成其他那些数据。

你也许还记得，PhotoWheel 保存了每张照片的 4 个不同版本：原始照片及其 3 种缩放版本。如果你只是对当前模型添加 iCloud 支持，那么所有数据都会被同步；但并非真的有必要这么做，缩放版本可以从原始照片生成。应用程序只要同步原始照片，任何时候只要它从 iCloud 收到新的原始照片，就能创建其缩放版本。原始照片固然是最大的图片，但同步原始照片对于复制所有设备上的同样数据是必不可少的。

22.4.2 使用瞬态 Core Data 特性

我们依然在用 Core Data 管理数据模型，但如今我们不想让 Core Data 在数据存储里保存缩放图片。Core Data 有种“瞬态”的特性类型，可设计用来达到这个目的。应用程序在运行，但数据还未实际保存到数据存储时，瞬态特性由 Core Data 管理。瞬态特性意在使数据可在运行期间生成，比如说数据可以从其他特性导出。

在 Xcode 里，在导航窗格里选择 Core Data 模型文件，单击 Photo 项的 largeImageData 特性。在此面板里，选中该属性的 Transient 复选框（如图 22-9 所示）。

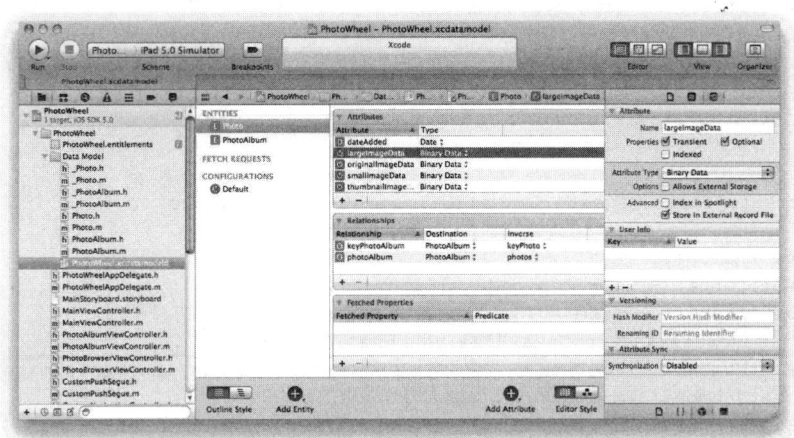

图 22-9 设置 largeImageData 特性为瞬态特性

对 smallImageData 和 thumbnailImageData 特性重复上述过程，并保存该数据模型。不需要为 Photo 项重新生成模型类，因为所生成的代码对瞬态特性和永久特性是相同的。

更改 Core Data 模型

在创建 Core Data 栈时，定义在数据模型里的数据项要和数据存储里存储的实例完全匹配，这是非常关键的。任何模型的变化，哪怕是多么微小，都会阻止 Core Data 无须帮助地初始化此栈。这有助于采用数据模型的变迁形式，可以简单，也可以复杂，取决于模型变化的程度。

如果应用程序尚未发布，通常会绕过这一步，只要在 iPad 上删除应用程序而启动个新拷贝即可。应用程序的第一版在首次运行时，没有数据存储，故而也不存在兼容性问题。你将要做的正是这种情形，所以在修改模型后，确保在重新编译、运行它之间要把应用程序从 iPad 上删除。如果不这么做，应用程序就会在试图调入数据存储时产生异常。

当然了，倘若应用程序已经发布，就不会有可接受的解决方案。你需要处理模型的变迁，以便用户在升级到应用程序最新版本时仍能保留其数据。

22.5 更新 PhotoWheel 以支持 iCloud

既然缩放图片特性是瞬态的，就需要修改一些代码，以在外部文件里保存这些图片。原始图片不会有改动，不过其他图片需要用新的代码处理。

首先，需要修改 Photo.m 文件里的-saveImage:方法，以将图片缩放代码挪到单独一个方法内。直到现在，缩放图片还只有在首次保存原始图片时创建。用了 iCloud 后，云发布的新图片将只会有原始图片，所以当存在原始图片时，应用程序需要为这些照片创建缩放图片。其结果是，应用程序需要运行独立于保存原始图片的缩放代码。这些代码在程序清单 22.1 中给出，此处唯一的修改是将-saveImage:方法拆分成两个方法：一个是保存原始图片，另一个方法是创建缩放图片。

程序清单 22.1 图片缩放代码挪到单独一个方法内

```
- (void)saveImage:(UIImage *)newImage;
{
   NSData *originalImageData = UIImageJPEGRepresentation(newImage, 0.8);
   [self setOriginalImageData:originalImageData];
   [self createScaledImagesForImage:newImage];
}

- (void)createScaledImagesForImage:(UIImage *)originalImage
{
   // Save thumbnail
   CGSize thumbnailSize = CGSizeMake(75.0, 75.0);
   UIImage *thumbnailImage = [originalImage
      pw_imageScaleAndCropToMaxSize:thumbnailSize];
   NSData *thumbnailImageData = UIImageJPEGRepresentation(thumbnailImage, 0.8);
   [self setThumbnailImageData:thumbnailImageData];

   // Save large (screen-size) image
   CGRect screenBounds = [[UIScreen mainScreen] bounds];
   // Calculate size for retina displays.
   CGFloat scale = [[UIScreen mainScreen] scale];
   CGFloat maxScreenSize = MAX(screenBounds.size.width,
      screenBounds.size.height) * scale;

   CGSize imageSize = [originalImage size];
   CGFloat maxImageSize = MAX(imageSize.width, imageSize.height) * scale;

   CGFloat maxSize = MIN(maxScreenSize, maxImageSize);
   UIImage *largeImage = [originalImage pw_imageScaleAspectToMaxSize:maxSize];
   NSData *largeImageData = UIImageJPEGRepresentation(largeImage, 0.8);
   [self setLargeImageData:largeImageData];

   // Save small image
   CGSize smallSize = CGSizeMake(100.0, 100.0);
   UIImage *smallImage = [originalImage pw_imageScaleAndCropToMaxSize:smallSize];
   NSData *smallImageData = UIImageJPEGRepresentation(smallImage, 0.8);
   [self setSmallImageData:smallImageData];
}
```

接下来，应用程序需要一个方法来返回文件路径，以使用其中一个缩放图片的特性。getter 和 setter 方法都会用到该方法来读写文件。其代码如程序清单 22.2 所示，将该方法添加到 Photo.m 文件里。

程序清单 22.2　为托管对象生成唯一路径

```
- (NSURL *)fileURLForAttributeNamed:(NSString *)attributeName
{
    if ([[self objectID] isTemporaryID]) {
        NSError *error = nil;
        [[self managedObjectContext]
            obtainPermanentIDsForObjects:[NSArray arrayWithObject:self]
            error:&error];
    }
    NSUInteger filenameID = [[[[self objectID] URIRepresentation]
        absoluteURL] hash];
    NSString *filename = [NSString stringWithFormat:@"%@-%ld",
        attributeName, filenameID];
    NSURL *documentsDirectory = [[[NSFileManager defaultManager]
            URLsForDirectory:NSDocumentDirectory
            inDomains:NSUserDomainMask]
        lastObject];
    return [documentsDirectory URLByAppendingPathComponent:filename];
}
```

该方法通常查询照片的 `objectID`，为当前照片生成唯一的文件名。`objectID` 是每个托管对象的一个组件，是唯一的标识符。该方法的第一部分检查 `objectID` 是否为临时的。最初创建托管对象时，它有个临时的 `objectID`。该 ID 在你向托管对象语境保存更改时会替换成永久的值。如果在保存之前需要永久的 `objectID`，则可以请求托管对象语境早点做些转换。有了永久的 `objectID` 后，所生成的文件名就会在保存修改时维持不变。

托管对象的 `objectID` 是含糊的，但可以转换成 URI。完成这个操作的代码然后会对绝对 URI 字符串请求计算哈希值，从而使当前照片对应唯一一个整数值。这个方法通过将文件 ID 与特性名组合，以其来创建文件名。举例来说，假如特性名为 `thumbnailImageData`，文件名 ID 为 `1234567890`，则文件名就是 `thumbnailImageData-1234567890`。

文件名然后被补以应用程序的文档目录路径，以创建一个文件的全路径，供特定 Photo 实例或者包含特定特性的图像数据的文件使用。

然后，需要对 `largeImage`、`smallImage` 和 `thumbnailImage` 特性添加定制的访问方法，这些特性处理来往于文件的数据。这里的第一步是创建 setter 方法。对每种缩放图片特性都需要一个 setter 方法，这些方法分别叫 `-setLargeImageData:`、`-setSmallImageData:` 和 `-setThumbnailImageData:`。这些方法除了特性名外都是相同的，所以大多数代码可以放到一个公用方法里，供 3 个 setter 方法调用。这就成了 4 种方法，如程序清单 22.3 所示。把这些方法添加到 Photo.m 文件里。

程序清单 22.3　缩放图片特性的定制 setter 方法

```
- (void)setImageData:(NSData *)imageData forAttributeNamed:(NSString *)attributeName
{
    // Do the set
    [self willChangeValueForKey:attributeName];
    [self setPrimitiveValue:imageData forKey:attributeName];
    [self didChangeValueForKey:attributeName];
```

```
    // Now write to a file, since the attribute is transient.
    [imageData writeToURL:
        [self fileURLForAttributeNamed:attributeName] atomically:YES];
}

- (void)setLargeImageData:(NSData *)largeImageData
{
    [self setImageData:largeImageData forAttributeNamed:@"largeImageData"];
}

- (void)setSmallImageData:(NSData *)smallImageData
{
    [self setImageData:smallImageData forAttributeNamed:@"smallImageData"];
}

- (void)setThumbnailImageData:(NSData *)thumbnailImageData
{
    [self setImageData:thumbnailImageData forAttributeNamed:@"thumbnailImageData"];
}
```

进来的数据通过 NSManagedObject 对象的-setPrimitiveValue:forKey:方法保存到托管对象里。该方法在重载托管对象的 setter 方法时用到。它直接设置托管对象的值，而不需要隐含调用其他 setter 方法。代码还调用了-willChangeValueForKey 和-didChangeValueForKey:，调用这两个方法是编写定制 Core Data 的 setter 方法的必要细节，以确保实现诸如撤销管理工作的功能。通常这两个方法的调用由动态生成的 setter 方法来处理。

不仅是定制的 setter 方法，我们也需要定制的 getter 方法。和 setter 方法一样，获取数据的工作对所有 3 个键都是一样的，唯一不同是特性的名字。因而代码遵循将公用代码放到一个方法里，供 3 个特定特性的 getter 方法调用。这段代码如程序清单 22.4 所示。

程序清单 22.4　非同步图片数据的定制 getter 方法

```
- (NSData *)imageDataForAttributeNamed:(NSString *)attributeName
{
    // Get the existing data for the attribute, if possible.
    [self willAccessValueForKey:attributeName];
    NSData *imageData = [self primitiveValueForKey:attributeName];
    [self didAccessValueForKey:attributeName];

    // If we don't already have image data, get it.
    if (imageData == nil) {
        NSURL *fileURL = [self fileURLForAttributeNamed:attributeName];
        if ([[NSFileManager defaultManager] fileExistsAtPath:[fileURL path]]) {
            // Read image data from the appropriate file, if it exists.
            imageData = [NSData dataWithContentsOfURL:fileURL];
            [self willChangeValueForKey:attributeName];
            [self setPrimitiveValue:imageData forKey:attributeName];
            [self didChangeValueForKey:attributeName];
        } else {
            // If the file doesn't exist, create it.
            [self createScaledImagesForImage:[self originalImage]];
            [self willAccessValueForKey:attributeName];
```

```
            imageData = [self primitiveValueForKey:attributeName];
            [self didAccessValueForKey:attributeName];
        }
    }

    return imageData;
}

- (NSData *)largeImageData
{
    return [self imageDataForAttributeNamed:@"largeImageData"];
}

- (NSData *)smallImageData
{
    return [self imageDataForAttributeNamed:@"smallImageData"];
}

- (NSData *)thumbnailImageData
{
    return [self imageDataForAttributeNamed:@"thumbnailImageData"];
}
```

-imageDataForAttributeNamed:方法处理各种不同情况来获取图片数据。首先，它检查是否已经调入了图片数据。假如是，就返回这些图片数据；倘若尚未调入图片数据，该方法就查找包含图片数据的文件，用的正是前面讨论的-fileURLForAttributeNamed:方法。假如文件不存在，说明还未创建外部文件，这正是照片刚刚从 iCloud 收到的情形。在此情况下，该方法将调用先前讨论的-createScaledImagesForImage:方法。你还记得吗，它创建了缩放图片及文件，并对缩放图片的特性调用 setter 方法来处理。

该方法还包含了对托管对象使用定制 getter 方法的额外必要代码。这种情况下，它调用的是-primitiveValueForKey:，这是对-setPrimitiveValue:forKey:的对应 getter 方法。它还使用-willAccessValueForKey:和-didAccessValueForKey:来通知父类，该方法正在直接访问特性值。和前面相同，它也是由动态生成的 getter 方法来调用。

22.6 用 iCloud 来同步照片

PhotoWheel 现在已做了必要的修改，以便在通过 iCloud 同步时使通信的数据量尽可能地小。现在你可以执行这些修改，来实现同步数据。你要做到两种更改，一是使应用程序的持久存储协调器与无所不在数据一致，另一个是使应用程序响应来自云的修改。

22.6.1 使持久存储协调器无所不在

使持久存储协调器与 iCloud 一同工作只有一个要求，那就是在创建时必须提供 NSPersistentStoreUbiquitousContentNameKey 选项的值。这个选项只是指示在 iCloud 里要用到的数据名字。还可以可选地设置 NSPersistentStoreUbiquitousContentURLKey 的值，允许控制无所不在数据的存储位置。如果不提供这个键的值，就会生成该值。

为了对持久存储协调器启用云存储，将现有的-persistentStoreCoordinator 方法替换成程序清单22.5所示的代码版本。

程序清单 22.5　配置持久存储协调器，使之可与 iCloud 一同工作

```
- (NSPersistentStoreCoordinator *)persistentStoreCoordinator
{
  if (__persistentStoreCoordinator != nil)
  {
    return __persistentStoreCoordinator;
  }

   __persistentStoreCoordinator = [[NSPersistentStoreCoordinator alloc]
      initWithManagedObjectModel: [self managedObjectModel]];

  NSURL *storeURL = [[self applicationDocumentsDirectory]
    URLByAppendingPathComponent:@"PhotoWheel.sqlite"];

  dispatch_async(dispatch_get_global_queue(DISPATCH_QUEUE_PRIORITY_DEFAULT, 0), ^{

    // Build a URL to use as NSPersistentStoreUbiquitousContentURLKey
    NSURL *cloudURL = [[NSFileManager defaultManager]
      URLForUbiquityContainerIdentifier:nil];

    NSDictionary *options = nil;

    if (cloudURL != nil) {
      NSString* coreDataCloudContent = [[cloudURL path]
        stringByAppendingPathComponent:@"photowheel"];
      cloudURL = [NSURL fileURLWithPath:coreDataCloudContent];

      options = [NSDictionary dictionaryWithObjectsAndKeys:
        @"com.mycompany.photowheel",
        NSPersistentStoreUbiquitousContentNameKey,
        cloudURL,
        NSPersistentStoreUbiquitousContentURLKey,
        nil];
    }

    NSError *error = nil;
    [__persistentStoreCoordinator lock];
    if (![__persistentStoreCoordinator
      addPersistentStoreWithType:NSSQLiteStoreType
      configuration:nil
      URL:storeURL
      options:options
      error:&error])
    {
      NSLog(@"Unresolved error %@, %@", error, [error userInfo]);
      abort();
    }
    [__persistentStoreCoordinator unlock];

    dispatch_async(dispatch_get_main_queue(), ^{
      NSLog(@"asynchronously added persistent store!");
```

```
        [[NSNotificationCenter defaultCenter]
          postNotificationName:kRefetchAllDataNotification
          object:self
          userInfo:nil];
      });
   });

   return __persistentStoreCoordinator;
}
```

这个版本的-persistentStoreCoordinator 起始代码与先前版本一样，然而它用 dispatch_async 在后台线程里完成对协调器的设置。块中所有传递给 dispatch_async 的内容都是在另一个线程里异步发生的。之所以这么做，是为了避免阻塞控制用户界面的主线程。如果这是该应用程序首次在设备上运行，而且预先存在大量的 iCloud 数据，则可能要花许多时间来获取所有数据。将这一操作放在后台线程里，使用户界面在后台线程等待时还能保持响应。这意味着，起初应用程序发起的预取请求在用户界面上没有结果，因为持久存储协调器还没有数据存储。

后台要做的首件事情就是构建 cloudURL，即 iCloud 数据要去的 URL。代码先是把 iCloud 的容器 ID 传递给 NSFileManager 的 URLForUbiquityContainerIdentifier 方法。它会向 iOS 询问确切的 iCloud 位置，以便为容器 ID 保存 iCloud 数据。如果向容器 ID 传递的是 nil，那么该方法会使用在应用程序授权（entitlement）里找到的第一条容器 ID。无法选择 URL 的位置，但可以在此 URL 下创建文件和目录。代码所做的，只是将照片轮应用程序追加到 URL 后，然后将 cloudURL 设为组合路径而已。

注意，这个位置并非实际数据存储文件的位置。实际数据存储文件位于 storeURL，并且仍在应用程序的文档目录下。有了 cloudURL，你是在配置持久存储协调器如何与 iCloud 配合工作，但实际数据存储一直在其原本所在的地方。这样会很方便，因为这意味着你可以对已经用到 Core Data 的应用程序添加 iCloud 支持，而仍旧采用同一个数据存储。对于使用较老版本非 iCloud 应用程序的用户，这么做能够简化升级过程。

URLForUbiquityContainerIdentifier 方法接着会创建一个词典，以包含持久存储协调器要用到的各种选项。它把 NSPersistentStoreUbiquitousContentURLKey 的值设为 cloudURL，将 NSPersistentStoreUbiquitousContentNameKey 的值设为 com.mycompany.photowheel。没有必要使用应用程序的应用程序包标识符作为键，但这么做后会方便些。不错，它可以是对团队里你和其他开发者有意义的任何内容。在配置持久存储协调器时，还可以用到其他选项，阅读类文档可以了解它们的有关信息。

倘若 URLForUbiquityContainerIdentifier 方法返回 nil，应用程序就把选项都设成 nil。倘若用户尚未配置 iCloud 账户，就会出现这种情况；如果用户配置了账户，但没有打开 Documents & Data，即不允许应用程序保存数据到 iCloud 账户，也会出现这种情况。这个时候，应用程序会按没有 iCloud 时的情形继续工作，只使用本地数据。假如用户随后添加了 iCloud 账户，或者打开了 Documents & Data，那么在下次用户运行应用程序时，应用程序数据会自动同步到 iCloud。

现在既然已经设置好了选项，URLForUbiquityContainerIdentifier 方法就会创建持久存储协调器。由于代码是在后台运行的线程，因而在修改前它会锁定或去锁协调器。持久存储协调器并非线程安全的，但它们有自己的锁定机制，以应对你需要从其他线程访问其中某个协调器的情况。

一旦做好了这些，代码就会发出通知，告诉应用程序的其他部分，数据存储现在可用了。视图控制器可以监听到这个通知而更新其视图。在此之前，持久存储协调器尚无数据存储，所以获取不到数据。现在既然数据存储可用，视图控制器就需要重新获取数据，以便从数据存储得到数据。URLForUbiquityContainerIdentifier 方法通过调用另一个 dispatch_async 来实现这个操作，这个调用从后台回调到主线程。这么做是因为只能在主线程里更新用户界面。

通知的名字是 kRefetchAllDataNotification，还没定义。应用程序委派发出此通知，而由各视图控制器接收这个通知，所以通知名需要在所有这些类能看到的某个地方定义出来。一个方便的位置是在 PhotoWheel-Prefix.pch 文件里，该文件会自动被项目的所有源文件包含。在 PhotoWheel-Prefix.pch 文件里添加下列一行代码：

```
#define kRefetchAllDataNotification @"RefetchAllDatabaseData"
```

如今可以把这个通知名用到任何需要的地方。以 k 打头是个命名常数变量或定义常数的一般性约定，但不要求一定这样做。

当然，通知只有在视图控制器实际监听时才能发挥作用。PhotoAlbumsViewController 和 PhotoAlbumViewController 都使用来自数据存储的数据来管理视图，所以它们都需要收到此通知来更新视图。把程序清单 22.6 所示的代码添加到 PhotoAlbumsViewController.m 文件的 viewDidLoad 方法里。

程序清单 22.6　在持久存储协调器已经调入数据模型后更新 PhotoAlbumsViewController

```
[[NSNotificationCenter defaultCenter]
  addObserverForName:kRefetchAllDataNotification
              object:[[UIApplication sharedApplication] delegate]
               queue:[NSOperationQueue mainQueue]
          usingBlock:^(NSNotification *__strong note) {

         [self setFetchedResultsController:nil];
         [[self wheelView] reloadData];
     }];
```

通知发出时，这段代码去除现有的获取结果控制器，然后告诉 wheelView 重新调入数据。获取结果控制器是在-fetchedResultsController 方法里按需重新生成的，这个方法是在 wheelView 开始请求数据时调用的。这时获取操作会返回从数据存储里找到的数据。

还需要做其他一些修改，以免 NSNotificationCenter 在视图已经卸除或视图控制器不存在时还试图调用该代码块。在这些情况下，视图控制器应当注销该通知。在 PhotoAlbumsViewController.m 文件里添加-viewDidUnload 方法，采用程序清单 22.7 给出的代码。这些代码会处理由于内存不足等情形导致视图被卸除的情况。

程序清单 22.7　在 PhotoAlbumsViewController 里注销通知

```
- (void)viewDidUnload
{
   [super viewDidUnload];
   [[NSNotificationCenter defaultCenter]
```

```
        removeObserver:self
        name:kRefetchAllDataNotification
        object:nil];
}
```

还有，就是添加一个做同样事情的 dealloc 方法，它会在释放视图控制器时被调用。dealloc 方法在程序清单 22.8 中给出。

程序清单 22.8 PhotoAlbumsViewController 的 dealloc 方法

```
- (void)dealloc
{
   [[NSNotificationCenter defaultCenter]
      removeObserver:self
      name:kRefetchAllDataNotification
      object:nil];
}
```

我们需要在 PhotoAlbumViewController 里做出同样的修改。这些修改与刚才给出的代码几乎完全相同，除了：

- 在发出通知时不是调用[[self wheelView] reloadData]，代码块应当调用[self reload]来重新调入照片栅格视图。
- 在-viewDidUnload 和-dealloc 方法里添加对-removeObserver 的调用。

22.6.2 从 iCloud 接收变更

很好！现在应用程序可以向 iCloud 发送数据了。仗才打了一半。现在需要注意，从云上收到的信息因为其他设备的修改而有所变化。

当有了新的改动时，iCloud 守护进程会在后台下载它们。这些修改会自动保存到数据存储中。一旦该操作完成，持久存储协调器将会发出名字臭长的 NSPersistentStoreDidImportUbiquitousContentChangesNotification 通知。此时，数据存储已经更新为最后的 iCloud 变更，但尚未在你的应用程序里自动表现出来。任何已经调入的托管对象依旧有效，它们的值不变。应用程序应告知它在用的所有托管对象语境，去获取变更信息，应用程序随即可以更新这些对象和视图，以反映新的数据。

为了监听这个通知，可修改 PhotoWheelAppDelegate.m 文件里的-managedObjectContext 方法，使之和程序清单 22.9 所示的代码一样。

程序清单 22.9 更新代码来创建托管对象语境

```
- (NSManagedObjectContext *)managedObjectContext
{
  if (__managedObjectContext != nil)
  {
    return __managedObjectContext;
  }

  NSPersistentStoreCoordinator *coordinator = [self persistentStoreCoordinator];
  if (coordinator != nil)
  {
```

```
    __managedObjectContext = [[NSManagedObjectContext alloc]
      initWithConcurrencyType:NSMainQueueConcurrencyType];
    [__managedObjectContext performBlockAndWait:^(void) {
      [__managedObjectContext setPersistentStoreCoordinator:coordinator];

      [__managedObjectContext
        setMergePolicy:NSMergeByPropertyObjectTrumpMergePolicy];

      [[NSNotificationCenter defaultCenter]
        addObserver:self
        selector:@selector(mergeChangesFrom_iCloud:)
        name:
          NSPersistentStoreDidImportUbiquitousContentChangesNotification
        object:coordinator];
    }];
  }
  return __managedObjectContext;
}
```

这段代码对先前版本做了若干处修改。首先，它改变了语境的初始化代码，其用到了NSMainQueueConcurrencyType。这意味着托管对象语境执行的任何代码都是在主线程里完成的。然后，要实现这一点，有必要把采用该语境的所有代码包围到一个代码块里，并使用-performBlock:或-performBlockAndWait:方法执行此代码块。所以在创建托管对象语境后，代码做的正是这件事情。

以前的代码并未指示要用哪种并发类型，这意味着托管对象语境采用了默认的NSConfinementConcurrencyType 并发类型。那样不会添加任何线程帮助，仅仅意味着你有责任确保这个语境只用于一个线程。

另一个修改是，这个方法的目前版本明确设置了语境的合并策略。当你需要告诉托管对象语境有关数据存储的改动时，会用到合并策略。数据存储的改动来自于其他地方，例如另一个托管对象语境，或者不同的设备（这种情况下，变更会来自于 iCloud）。由合并策略决定冲突如何解决。默认情况下，冲突将导致异常。NSMergeByPropertyObjectTrumpMergePolicy 选项意即如果内存中的改变与语境调入的对象有冲突，那么内存中的改变优先。NSManagedObjectContext 还定义了其他若干种自动的合并策略，可以根据应用程序需求来选择。

只要托管对象语境存在，代码就会添加 self 作为所收到 iCloud 变更的观察器，并安排通知来调用一个叫-mergeChangesFrom_iCloud:的方法。该方法在程序清单 22.10 给出。

程序清单 22.10 NSPersistentStoreDidImportUbiquitousContentChangesNotification 的回调代码

```
- (void)mergeChangesFrom_iCloud:(NSNotification *)notification {
  NSDictionary* userInfo = [notification userInfo];
  NSManagedObjectContext* moc = [self managedObjectContext];

  [moc performBlock:^{
     [self mergeiCloudChanges:userInfo forContext:moc];
  }];
}
```

-mergeChangesFrom_iCloud:方法的代码不会亲自处理所收到的 iCloud 变更。它只是一个“跳板”方法，使用-performBlock:把收到通知的数据传递至主线程。发出通知的线程也会收到通知，但不能保证通知发送给了主线程。该方法从通知的 userInfo 属性获取变更信息，再把它传递给主线程以进行合并。

接着，需要实现对修改进行的合并。有关此操作的好消息就是，托管对象语境已经知道怎样合并其他地方导致的数据修改。即便没有 iCloud，这通常也是必要的，万一应用程序需要有多个托管对象语境时。举个例子，应用程序可能用一个后台线程来导入大批数据，只有保存了所有修改后，才能对主线程有效。在这种情况下，它可以使用第二个托管对象语境来导入这些修改，并在导入结束后合并到主线程。有个内置的合并系统，设计用来让一个托管对象语境注意其他语境里的变更，但它不管这些变更来自于何处。让它和 iCloud 一道工作是再合适不过了。

还有个麻烦的地方是，NSPersistentStoreDidImportUbiquitousContentChangesNotification 所提供的变更并不是托管对象语境合并修改时要求的格式。所以，还需要添加一些代码来遍历这些收到的变更，将它们重新打包为另一种格式。这些代码位于 -mergeiCloudChanges:forContext:方法中，如程序清单 22.11 所示。

程序清单 22.11　合并来自 iCloud 的变更

```
- (void)mergeiCloudChanges:(NSDictionary*)noteInfo
   forContext:(NSManagedObjectContext*)moc
{
    @autoreleasepool {
        NSMutableDictionary *localUserInfo = [NSMutableDictionary dictionary];

        NSString* materializeKeys[] = { NSDeletedObjectsKey, NSInsertedObjectsKey };
        int c = (sizeof(materializeKeys) / sizeof(NSString*));
        for (int i = 0; i < c; i++) {
            NSSet* set = [noteInfo objectForKey:materializeKeys[i]];
            if ([set count] > 0) {
                NSMutableSet* objectSet = [NSMutableSet set];
                for (NSManagedObjectID* moid in set) {
                    [objectSet addObject:[moc objectWithID:moid]];
                }
                [localUserInfo setObject:objectSet forKey:materializeKeys[i]];
            }
        }

        NSString* noMaterializeKeys[] = { NSUpdatedObjectsKey,
            NSRefreshedObjectsKey, NSInvalidatedObjectsKey };
        c = (sizeof(noMaterializeKeys) / sizeof(NSString*));
        for (int i = 0; i < 2; i++) {
            NSSet* set = [noteInfo objectForKey:noMaterializeKeys[i]];
            if ([set count] > 0) {
                NSMutableSet* objectSet = [NSMutableSet set];
                for (NSManagedObjectID* moid in set) {
                    NSManagedObject* realObj = [moc objectRegisteredForID:moid];
                    if (realObj) {
                        [objectSet addObject:realObj];
                    }
                }
                [localUserInfo setObject:objectSet forKey:noMaterializeKeys[i]];
            }
        }
```

```
        NSNotification *fakeSave = [NSNotification
            notificationWithName:NSManagedObjectContextDidSaveNotification
            object:self
            userInfo:localUserInfo];
        [moc mergeChangesFromContextDidSaveNotification:fakeSave];

        [moc processPendingChanges];
    }
}
```

mergeiCloudChanges:forContext:方法里的两个循环遍历这些收到的变更，并将它们重新打包为 NSManagedObjectContext 能够自动处理的格式。第一个循环处理变更已经添加或删除的实例，这些变更总是会合并到托管对象语境里；第二个循环处理的是现有对象的变更，只有当它们已经从数据存储调入时，才会合并到托管对象语境里。倘若尚未从数据存储调入，就不必合并变更，因为新值会在调入数据实体时从数据存储中读入。

mergeiCloudChanges:forContext:方法的关键部分是在结尾处，即 fakeSave 通知。当托管对象语境保存修改时，它发出一个名为 NSManagedObjectContextDidSaveNotification 的通知。倘若应用程序有其他托管对象语境，则可以监听这个通知，然后告诉其他托管对象语境，让它们合并通知里包含的变更。NSManagedObjectContext 有个叫 mergeChangesFromContextDidSaveNotification 的方法来处理这个操作。在此，该方法构造一个叫 localUserInfo 的 NSDictionary，它与 NSManagedObjectContextDidSaveNotification 包含的信息有相同的格式。它将此词典传递给该托管对象语境，就像修改来自于另一个托管对象语境，即便修改其实来自于 iCloud。托管对象语境会自动合并数据。

合并操作会根据前面对托管对象语境设置的合并策略而自动发生。倘若其中某个自动合并策略适合你的应用程序，程序清单 22.11 里的代码会处理对托管对象语境的更新；假如没有一个自动合并策略适用，那么可以将代码替换成定制的合并代码，在此你可以编写任何需要的逻辑。

怎样让视图控制器更新其视图来反映新的变化呢？不管你是否相信，我们已经实现这个功能了。在 PhotoWheel 里，视图控制器使用 NSFetchedResultController 与 Core Data 交互。此类最重要的一点就是，它自动注意到托管对象语境里的变化，并通知它的委派。既然 MainViewController 和 PhotoAlbumViewController 都作为其 NSFetchedResultController 的委派，它们已经被配置好，能自动收到来自于 iCloud 的任何变更信息。

22.7 小结

不光是从技术的观点来看，同步做起来很难，从后续工作的角度看也是如此。许多开发者误以为同步是件简单的事情，即便经过漫长的开发，代码依然有各种纰漏，无法了结。有了 iCloud 就能够为你完成大量的工作，而无须额外费用。PhotoWheel 现在能够通过 iCloud 同步它的照片了，所以它可以把同样的数据用到多台设备上。这才真正是一个应用程序有吸引人的地方。

下一章我们将利用苹果公司的 AirPlay 技术，通过无线连接到外部显示器，来显示照片。PhotoWheel 将能够把其照片按幻灯片效果呈现出来。

22.8 习题

1. 利用托管对象语境的合并策略来合并来自 iCloud 的变更。观察 `NSMergePolicy` 类所定义的合并选项，选择其中一个用于 PhotoWheel。你最想用的是 `NSMergeByPropertyObjectTrumpMergePolicyType` 选项，它会给未保存的修改以较高优先级，但你也可以用其他选项。利用`-setMergePolicy:`方法对托管对象语境设置合并策略。

2. iCloud 也有一个键—值存储用来跨设备同步应用程序状态之类的简单数据，这个存储位于 `NSUbiquitousKeyValueStore` 类内。观察这个键—值存储，用它来保存当前照片到 iCloud。你需要向应用程序添加新的 iCloud 授权。

第 23 章

用 AirPlay 放映幻灯片

用 iPad 自己的屏幕浏览照片固然相当不错，但要是能有让人眼花缭乱的切换效果在幻灯片里显示岂不是更好？更好的是把幻灯片用更大的外部显示器放映出来，例如起居室里的大屏幕高清晰度电视，就更是锦上添花了。甚至可以使用 Apple TV 以无线连接的办法来放映幻灯片，怎么样？

本章，我们将学习如何向 PhotoWheel 添加幻灯片，使之与外部显示器一道工作。与 AirPlay 目标的连接既可以采用视频适配器，也可以采用有线连接。

23.1 外部显示选项

所有的 iPad 都支持外部显示器。最早的 iPad 上，应用程序有视频输出可检测特定编码并使用外部显示器。显示器要通过视频适配器的有线连接插入 iPad 的 30 针连接器上。有若干种适配器，包括数据视频输出、VGA 显示器及其他一些格式。

iPad 2 之后的系统大大增强。iPad 2 能够自动把本身显示器镜像到有线的外部显示器，所以设备本身屏幕的内容也一样会在外部显示器上显示出来。并且，iPad 2 还添加了对诸如 Apple TV 的 AirPlay 目标支持，使其能够使用至外部显示器的无线视频连接。

在所有情况下，使用外部显示器还有个肯定的要求：屏幕尺寸。外部显示器有着与本身显示器不同的尺寸和长宽比。采用外部显示器的应用程序不应想当然地认为屏幕尺寸会是什么样子。

23.2 应用程序对外部显示器的要求

最简单的情况是，倘若应用程序运行于 iPad 2 之上，你无须做什么事情就能使用一台外部显示器。你的应用程序在主屏幕上怎样显示，就在外部显示器怎样显示，只要用户打开了设备镜像功能。

然而，我们可以做得远比这样好。最明显的理由在于，许多人仍然在使用最早的 iPad。即便不再是当前模型，把系统需求设得高于必要值也从来不是好的主意。倘若应用程序不特定要求是 iPad 2 的硬件，就没有理由排除早先的模型。PhotoWheel 由于需要摄像头，所以需要是 iPad 2，但它用照片库里的照片也照样工作得很好。假如有人使用 iCloud 的 Photo Stream，那么她很可能总想把新照片显示到其最早的 iPad 上，即便没有内置的摄像头。PhotoWheel 并不真正需要是 iPad 2，所以它不应当（也没有）按需要摄像头的方式来写代码。

而且，单纯把 iPad 的屏幕镜像到外部显示器往往不是最好的用户体验。倘若外部显示器没有触摸屏（几乎不可能会有），那么在用户界面上显示控件就没有意义。坐在房间里的人盯着不能处理触摸事件的显示器，即便她坐得足够近来接触它，原本对 iPad 本身显示器必要和有用的内容如今显示到这个显示器上，反倒让她分神，引起混乱。较好的应用程序会更适当地利用外部显示器，去除掉无用内容的显示。

对于基于设备放置情况而更新其用户界面的应用程序，在使用外部显示器时还必须考虑设备旋转问题。外部显示器并不会随 iPad 旋转而旋转，所以你得考虑外部显示器的内容是否要调整，以匹配设备放置模式。在有些情况下有必要这么做，但许多情况并不会这么做。

23.3 外部显示器的应用编程接口

幸运的是，让应用程序与有线外部显示器一起工作的应用编程接口几乎和无线 AirPlay 显示器的应用编程接口完全相同。唯一区别在于，要为用户添加用户界面控件来选择 AirPlay 设备。一旦 iPad 连接了设备，对应用程序来说，操作办法与有线显示器连接如出一辙。

使用外部显示器的起点是 UIScreen 类。它提供一个类方法+screens，这个方法返回含有当前有效屏幕 UIScreen 实例的数组。

程序清单 23.1 获取所有当前连接显示器的清单

```
NSArray *screens = [UIScreen screens];
if ([screens count] > 1) {
   NSLog(@"External display is connected");
}
```

iPad 本身的显示器总是确保在屏幕数组的第一项里。倘若数据包含多个条目，说明连接有外部显示器可用。现在还不可能有一个以上的外部显示器；给定时刻只能选择一台 AirPlay 设备。而且，如果连接了有线外部显示器，将自动终止到 AirPlay 设备的连接。

UIScreen 拥有可提供屏幕细节的方法和属性。bounds 属性告诉你屏幕分辨率。有些显示器支持多于一种的分辨率。availableModes 属性是个屏幕模式的数组，每个元素包含一种支持的屏幕分辨率。默认情况下，外部显示器的 UIScreen 实例会将其中某个模式设为 preferredMode 属性。这通常是显示器的本征分辨率。应用程序在必要时可以修改模式，也就是修改分辨率，但只能改为 availableModes 里的模式。

UIScreen 能发出通知，让应用程序知道何时连接了显示器或断开了显示器，对应的通知分别名叫 UIScreenDidConnectNotification 和 UIScreenDidDisconnectNotification。这两个通知都将新连接或断开的屏幕作为通知对象来传递。由于显示器随时可能连接或断开，因而监听这些通知就变得很重要。

故而使用外部显示器的典型流程是这样的：

1. 当应用程序准备使用外部显示器时，它调用[UIScreen screens]以找出是否连有外部显示器。如果有，就着手利用这台外部显示器。

2. 假如应用程序收到 UIScreenDidDisconnectNotification 通知，就停止使用这台外部显示器的尝试。

3. 如果应用程序收到 UIScreenDidConnectNotification 通知，就连接到这台外部显示器，并开始使用。

为了在外部显示器上显示内容，应用程序要创建 UIWindow 新实例。通常只使用一个 UIWindow，但外部显示器需要有其自己的实例。iPads 不支持跨多个屏幕显示一个窗口，所以现有窗口还不够。一旦创建了新 UIWindow，要将其屏幕属性设为正确的实例，再把它移到外部显示器上。

23.4 向 PhotoWheel 添加幻灯片放映

根据上节的讨论，PhotoWheel 的幻灯片放映要用到两个视图控制器：

- `SlideShowViewController`

这个类用于外部显示器。它处理显示照片和照片间的过渡，但不提供用户界面的控制，也不反映设备旋转情况。

- `MainSlideShowViewController`

这个类用于主屏幕。主屏幕显示与外部显示器相同的幻灯片放映，因而 `MainSlideShowViewController` 将是 `SlideShowViewController` 的子类。它继承了显示幻灯片的代码。

此 `SlideShowViewController` 子类添加代码来检测和管理外部显示器，并在需要时创建 `SlideShowViewController` 实例。它还添加用户界面控制，允许用户控制幻灯片放映，并运行定时器以自动推进到下一张照片。它会对设备旋转情况作出反映（因为我们希望 iPad 应用程序能有反映），能够旋转屏幕和控件内容的显示。

`MainSlideShowViewController` 负责进行幻灯片放映。`SlideShowViewController` 实例只有在被 `MainSlideShowViewController` 要求时才会更新它们的显示内容。

我们就从创建这两个类开始。别忘了把 `MainSlideShowViewController` 设成 `SlideShowViewController` 的子类！

23.4.1 更新故事板

现有的 `PhotoBrowserViewController` 已经有了 Slideshow 按钮，这是在第 17 章添加的。我们将在此基础上构建应用程序，以调入幻灯片放映。编辑 MainStoryboard.storyboard 文件，添加一个新的视图控制器，且具有来自于 `PhotoBrowserViewController` 的推式过渡（如图 23-1 所示）。

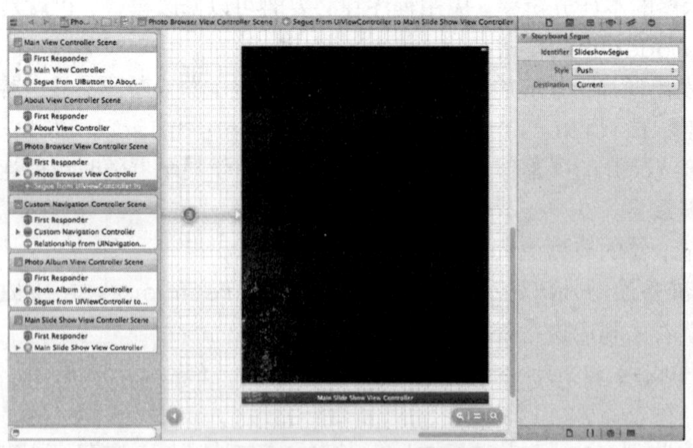

图 23-1 往故事板添加幻灯片放映视图控制器

将新视图控制器作为 `MainSlideShowViewController` 的实例，将过渡命名为 `SlideshowSegue`。设置新视图的背景色为黑色。

随后用代码实现幻灯片放映的其他部分。

23.4.2 添加幻灯片放映显示器

我们要添加的第一段代码是实现 SlideShowViewController 类。这个类处理照片的显示和其间的过渡，它是 MainSlideShowViewController 的父类。

要显示照片，SlideShowViewController 类需要设法查看相册里的照片。幸运的是，我们已经有了这个办法，是在 PhotoBrowserViewControllerDelegate 协议里。该协议原本设计用在照片浏览器中，但它同样也能在幻灯片放映中表现很好。SlideShowViewController 将有个委派来实现这个协议，它的用法和照片浏览器完全相同。我们稍后将讨论这个委派如何获得照片集。

修改 SlideShowViewController.h 头文件，如程序清单 23.2 所示。

程序清单 23.2 SlideShowViewController 类的接口文件

```
#import <UIKit/UIKit.h>

@protocol PhotoBrowserViewControllerDelegate;

@interface SlideShowViewController : UIViewController

@property (nonatomic, strong) id<PhotoBrowserViewControllerDelegate> delegate;
@property (nonatomic, assign) NSInteger currentIndex;
@property (nonatomic, assign) NSInteger startIndex;
@property (nonatomic, strong) UIView *currentPhotoView;

@end
```

@protocol 行声明了 PhotoBrowserViewControllerDelegate 协议。此文件内没有实现代码，但这样也无妨，因为它存在于项目的其他地方。只要我们告诉编译器它是存在的，就可以声明由委派实现它。接下来的两个实例处理相册里的起始索引号和当前索引号，方式与照片浏览器中的方式完全相同。和照片浏览器一样，startIndex 是调入幻灯片放映的初始照片索引号；currentIndex 是当前正显示照片的索引号。

最后一个实例变量是个 UIView 对象，它显示当前照片。在大多数情况下，我们需要在实现文件里声明 currentPhotoView，而不是在头文件里声明。然而在本例中，子类需要知道 currentPhotoView。将其置于头文件将允许 MainSlideShowViewController 里的代码访问此视图。要是放到实现文件里，它将是个私有类，哪怕是对子类而言。

幻灯片放映显示器是在对 currentIndex 的定制 setter 方法里处理的。每次更换照片索引号，该方法就会更新显示器内容，以显示最新的当前照片。这个方法的代码在程序清单 23.3 中给出。

程序清单 23.3 SlideShowViewController 里关于 currentIndex 的定制 setter 方法

```
- (void)setCurrentIndex:(NSInteger)rawNewCurrentIndex
{
  if ((rawNewCurrentIndex == [self currentIndex]) &&
     ([[[self view] subviews] count] != 0))
  {
     return;
  }
  // If the new index is outside the existing range, wrap
```

```
    // around to the other end.
    NSInteger photoCount = [[self delegate]
      photoBrowserViewControllerNumberOfPhotos:nil];
    NSInteger newCurrentIndex = rawNewCurrentIndex;
    if (newCurrentIndex >= photoCount) {
      newCurrentIndex = 0;
    }
    if (newCurrentIndex < 0) {
      newCurrentIndex = photoCount - 1;
    }

    // Create a new image view for the current photo
    UIImage *newImage = [[self delegate]
      photoBrowserViewController:nil
      imageAtIndex:newCurrentIndex];
    UIImageView *newPhotoView = [[UIImageView alloc] initWithImage:newImage];
    [newPhotoView setContentMode:UIViewContentModeScaleAspectFit];
    [newPhotoView setFrame:[[self view] bounds]];
    [newPhotoView setAutoresizingMask:
      (UIViewAutoresizingFlexibleWidth|UIViewAutoresizingFlexibleHeight)];

    if ([self currentPhotoView] == nil) {
      // If there's no photo view yet, just add it
      [[self view] addSubview:newPhotoView];
    } else {
      // If there is a photo view, do a nice animation
      NSInteger transitionOptions;
      // Use the original value of the new index to decide if
      // we're moving forward or backward through the photos.
      // Curl up for moving forward, down for moving backward.
      if (rawNewCurrentIndex > [self currentIndex]) {
        transitionOptions = UIViewAnimationOptionTransitionCurlUp;
      } else {
        transitionOptions = UIViewAnimationOptionTransitionCurlDown;
      }
      // Replace the current photo view with the new one on screen
      [UIView transitionFromView:[self currentPhotoView]
                    toView:newPhotoView
                  duration:1.0
                   options:transitionOptions
                completion:^(BOOL finished) {

                }];
    }
    [self setCurrentPhotoView:newPhotoView];

    // Finally, do the actual set
    currentIndex_ = newCurrentIndex;
  }
```

该setter方法首先检查输入值是否和当前值相同。如果相同，它就跳过该方法的其余代码，因为那些地方是查看照片并为其创建视图的；但倘若`[self view]`还没有子视图，它会继续执行该方法的其余代码，因为这表明当前没有显示照片。在第一次调用该setter方法时会出现这种情况，如果幻灯片放映是从索引号 0 的照片开始的话。

接着，该 setter 方法检查 currentIndex 的新值以确保它有效。这个索引号不能比 0 还小，上限取决于相册内的照片数。然后它询问包含当前照片的 UIImage 委派，并创建一个 UIImageView 对象来显示它。内容模式告诉图片视图缩放该照片，以在屏幕中放得下，并符合长宽比不变的约束条件。自动尺寸调整功能告诉图片视图，在其父视图的尺寸和形状变化时应当改变其尺寸和形状，所以它总能填满这个父视图。

倘若 currentPhotoView 是 nil，就说明没有照片在显示。第一次调入幻灯片放映时会是这种情形。在此情况下，代码只是把 newPhotoView 加到了视图层次结构里；否则，代码将会安排用一种炫目的视觉变换，把 currentPhotoView 替换成 newPhotoView。如果新索引号比原索引号大，或者倘若索引号回到 0，则视觉变换就是页向上卷曲；假如新索引号小于原索引号，或者倘若索引号增大至范围的最上值，则视觉变换就是页向下卷曲。代码通过比较原先的新进索引号与当前索引号，来选择对应的视觉变换效果。

代码利用 UIView 类的方法将原照片视图替换成新照片视图，而该方法将视图层次结构里的一个视图替换成另一个视图。这些代码有一行是将 currentPhotoView 从视图层次结构中删除，而在原位置上插入 newPhotoView。options 参数指定怎样发生这种变化。最后一个参数 completion 采用代码块来执行结束操作，既然结束时我们不需要做任何事情，所以我们将其置空即可。代码随后更新 currentPhotoView 和 currentIndex 的值。

SlideShowViewController 的大部分代码都是做这些事，但还有些细节要提到。一个是我们需要根据所提供的 startIndex 值来设置 currentIndex 的初始值。其原理和在 PhotoBrowserViewController 里面的一样。还有就是我们要在此类中忽略设备旋转，这样外部显示器就不会在设备旋转时内容也跟着旋转。把程序清单 23.4 中的两个该方法添加到 SlideShowViewController 内，以实现这些行为。

程序清单 23.4 设置 Slideshow 的初始照片索引号，禁用外部显示器的自动旋转

```
- (void)viewWillAppear:(BOOL)animated
{
   [super viewWillAppear:animated];
   [self setCurrentIndex:[self startIndex]];
}

- (BOOL)shouldAutorotateToInterfaceOrientation:
      (UIInterfaceOrientation)interfaceOrientation
{
   return NO;
}
```

23.5 管理外部显示器

现在应用程序能够显示幻灯片式的照片，我们再添加内部屏幕组件，以便能处理检测和管理外部显示器。

MainSlideShowViewController 是 SlideShowViewController 的子类，但其中并未增加任何新的公用实例变量。它只是在类扩展里添加了若干私有实例变量。把程序清单 23.5 里的声明添加到 MainSlideShow-ViewController.m 文件里，然后添加对应的@synthesize 语句。

程序清单 23.5 MainSlideShowViewController 类里的私有实例变量

```
@interface MainSlideShowViewController ()
@property (nonatomic, strong) NSTimer *slideAdvanceTimer;
@property (nonatomic, assign, getter = isChromeHidden) BOOL chromeHidden;
@property (nonatomic, strong) NSTimer *chromeHideTimer;
@property (nonatomic, strong) SlideShowViewController \
  *externalDisplaySlideshowController;
@property (nonatomic, strong) UIWindow *externalScreenWindow;
@end
```

这些新的实例变量有以下目的：

- slideAdvanceTimer：在放映幻灯片时，这个实例变量周期性地调用某个方法，由该方法自动推进到下一张照片。
- chromeHidden、chromeHideTimer：这两个实例变量用来自动显示和隐藏用户界面控件。它们就像 PhotoBrowserViewController 里的实例变量那样工作，所以这里不再赘述。
- externalDisplaySlideshowController：当连接有外部显示器时，它将指向在此显示器上显示照片的 SlideShowViewController。
- externalScreenWindow：当连接有外部显示器时，它将指向管理此显示器上显示内容的 UIWindow 实例。

为了探测和管理外部显示器，我们要向 MainSlideShowViewController 添加两个方法。程序清单 23.6 所示的代码查找任何外部显示器，并返回结果。倘若未找到外部显示器，它就返回 nil。MainSlideShowViewController 从-viewDidLoad:里调用此方法，以查看是否有外部显示器可用。

程序清单 23.6 探测外部显示器

```
- (UIScreen *)getExternalScreen
{
   NSArray *screens = [UIScreen screens];
   UIScreen *externalScreen = nil;
   if ([screens count] > 1) {
      // The internal screen is guaranteed to be at index 0.
      externalScreen = [screens lastObject];
   }
   return externalScreen;
}
```

当连接有外部显示器时，MainSlideShowViewController 将会调用程序清单 23.7 里的 -configureExternalScreen:方法，以创建显示器的窗口和视图控制器对象。

程序清单 23.7 配置外部显示器

```
- (void)configureExternalScreen:(UIScreen *)externalScreen
{
   // Clear any existing external screen items
   [self setExternalDisplaySlideshowController:nil];
```

```
    [self setExternalScreenWindow:nil];

    // Create a new window and move it to the external screen
    [self setExternalScreenWindow:[[UIWindow alloc]
      initWithFrame:[externalScreen applicationFrame]]];
    [[self externalScreenWindow] setScreen:externalScreen];

    // Create a SlideShowViewController to handle slides on the
    // external screen
    SlideShowViewController *externalSlideController =
      [[SlideShowViewController alloc] init];
    [self setExternalDisplaySlideshowController:externalSlideController];
    [externalSlideController setDelegate:[self delegate]];
    [externalSlideController setStartIndex:[self currentIndex]];

    // Add the external slideshow view to the external window and
    // resize it to fit
    [[self externalScreenWindow] addSubview:[externalSlideController view]];
    [[externalSlideController view] setFrame:[[self externalScreenWindow] frame]];

    // Set the external screen view's background color to match the
    // one configured in the storyboard
    [[externalSlideController view]
      setBackgroundColor:[[self view] backgroundColor]];

    // Show the window
    [[self externalScreenWindow] makeKeyAndVisible];
}
```

该方法先检查是否已存在外部显示器的窗口和视图控制器对象。既然应用程序会检测显示器连接与断开事件，这些对象应该已经是 `nil`。但是用 AirPlay 技术的时候，有时可能收到多个连接事件，之间没有断开事件，所以最好在此确保应用程序有个“干净”的起点。

`-configureExternalScreen:`方法随后为外部显示器创建 `UIWindow` 对象。窗口框架和屏幕的 `applicationFrame` 属性相同，是应用程序要用到的有效区域。这个窗口随即被移至新屏幕。可以在任何时候把窗口移动到新的屏幕，但倘若窗口内已经有内容，这样的操作会带来很大开销。最好是先移动窗口，再向其添加内容。

然后我们创建一个 `SlideShowViewController` 对象，来在外部显示器上显示幻灯片。由于这是个新实例，我们还需要设置委派，以及新视图控制器的 `startIndex`，以和自身的值相匹配。它们需要和 `MainSlideShowViewController` 里的值一样，以便 iPad 本身显示器和外部显示器显示同样的照片。

一旦有了视图控制器，我们就把其视图添加到刚刚创建的 `UIWindow`，并将视图尺寸调整到与窗口尺寸匹配的大小。由于外部显示器的尺寸五花八门，我们不可能提前知道其尺寸，所以需要在此设置它。然后设置视图的背景色，以匹配`[self view]`里的背景色，即先前在故事板上配置的背景色。最后，调用`-makeKeyAndVisible` 方法使其在外部显示器上显示此新窗口。这样才使幻灯片放映真正显示出来。

我们将在`-viewDidLoad` 里利用这些方法。需要检查是否有外部显示器已连接，并且注册了显示器连接或断开的通知。对 MainSlideShowViewController 的-viewDidLoad 方法使用如程序清单 23.8 所示的代码。

程序清单 23.8 在 MainSlideShowViewController 中设置外部显示器的管理

```
- (void)viewDidLoad
{
   [super viewDidLoad];

   [self updateNavBarButtonsForPlayingState:YES];

   // Check for an extra screen existing right now
   UIScreen *externalScreen = [self getExternalScreen];
   if (externalScreen != nil) {
      [self configureExternalScreen:externalScreen];
   }

   NSNotificationCenter *notificationCenter = [NSNotificationCenter
defaultCenter];
   // Add observers for screen connect/disconnect
   [notificationCenter addObserverForName:UIScreenDidConnectNotification
                              object:nil
                               queue:[NSOperationQueue mainQueue]
                          usingBlock:^(NSNotification *note)
    {
       UIScreen *newExternalScreen = [note object];
       [self configureExternalScreen:newExternalScreen];
    }];

   [notificationCenter addObserverForName:UIScreenDidDisconnectNotification
                              object:nil
                               queue:[NSOperationQueue mainQueue]
                          usingBlock:^(NSNotification *note)
    {
       [self setExternalDisplaySlideshowController:nil];
       [self setExternalScreenWindow:nil];
    }];
}
```

这段代码的前一部分调用前面提到的-getExternalScreen 来查找外部显示器。如果找到外部显示器，就调用-configureExternalScreen 来设置显示内容。

随后，代码注册了 UIScreenDidConnectNotification 和 UIScreenDidDisconnectNotification 通知，以跟踪屏幕事件。倘若连接了新显示器，代码会调用-configureExternalScreen 方法来向其添加内容；如果是显示器断开通知，代码就除掉 externalDisplaySlideshowController 和 externalScreenWindow 实例变量，因为它们已不再需要。

23.6 推进到下一张照片

应用程序现在是在一台或多台显示器上显示与幻灯片放映有关的视图控制器。要有幻灯片放映的真实效果，我们应添加一个定时器，能够按一定的间隔自动推进到下一张幻灯片；还需要组织主屏幕的幻灯片控制器，以告诉外部显示器何时更换照片。我们将在 MainSlideShowViewController 内实现这些操作，因为它在幻灯片放映期间一直呈现内容。

为 currentIndex 创建另一个定制的 setter 方法，以便设置主屏幕幻灯片控制器的当前索引号，并更新外部显示器的内容，如果有外部显示器的话。该 setter 方法的代码在程序清单 23.9 中给出。

程序清单 23.9 MainSlideShowViewController 里对 currentIndex 的定制 setter 方法

```
- (void)setCurrentIndex:(NSInteger)currentIndex
{
   [super setCurrentIndex:currentIndex];
   [[self externalDisplaySlideshowController] setCurrentIndex:currentIndex];

   [[self currentPhotoView] setUserInteractionEnabled:YES];
   UITapGestureRecognizer *photoTapRecognizer =
      [[UITapGestureRecognizer alloc]
         initWithTarget:self
         action:@selector(photoTapped:)];
   [[self currentPhotoView] addGestureRecognizer:photoTapRecognizer];
}
```

首先当然是该 setter 方法调用了父类的实现代码，即我们先前讨论的代码。然后它对外部显示器的视图控制器调用-setCurrentIndex 方法，以更新所显示的照片。如果没有外部显示器，[self externalDisplaySlideShowController]将是`nil。前面介绍过，在 Objective-C 中发送消息到 nil 等效于不做任何事情，所以我们不需要首先检查 nil。

代码只对 currentPhotoView 做了多一点的配置操作，添加了调用-photoTapped:方法的手势识别器。和 PhotoBrowserViewController 一样，这也是隐藏 chrome 的系统的部分。按钮会在几秒后自动隐藏，但会在用户触击屏幕后又重新出现。

NSTimer 管理到下一张照片的推进过程，这个定时器对象周期性地更新 currentIndex。采用程序清单 23.10 所示的-viewWillAppear:方法创建一个定时器。

程序清单 23.10 创建定时器，以便适时地自动推进至下一张照片

```
NSTimer *timer = [NSTimer scheduledTimerWithTimeInterval:5.0
                                        target:self
                                        selector:@selector(advanceSlide:)
                                        userInfo:nil
                                        repeats:YES];
[self setSlideAdvanceTimer:timer];
```

这段代码创建一个 NSTimer 对象，每 5s 对自身调用一次-advanceSlide:方法。-advanceSlide:方法代码如程序清单 23.11 所示。

程序清单 23.11 推进至下一张照片

```
- (void)advanceSlide:(NSTimer *)timer
{
   [self setCurrentIndex:[self currentIndex] + 1];
}
```

该方法只是对 currentIndex 加 1。对自身和父类的定制 setter 方法调用此方法，会更新本身屏幕和外部显示器的图片显示。-advanceSlide:方法不会费心检查新值是否有效，因为那是由 setter 方法处理的。

还有一点很重要，就是确保 MainSlideShowViewController 在离开屏幕时做好善后的清理工作。它需要删除幻灯片放映和 chrome 定时器，以及管理外部显示器的对象。这些操作应当在 -viewWillDisappear 方法里完成，它会在用户终止幻灯片放映的任何时候被调用。把 MainSlideShowViewController 的-viewWillDisappear 方法编写成如程序清单 23.12 所示的样子。

程序清单 23.12　结束幻灯片放映时清理 MainSlideShowViewController 数据

```
- (void)viewWillDisappear:(BOOL)animated
{
   [self cancelChromeDisplayTimer];
   [[self slideAdvanceTimer] invalidate];
   [self setSlideAdvanceTimer:nil];
   [self setExternalDisplaySlideshowController:nil];
   [self setExternalScreenWindow:nil];
}
```

23.7　添加幻灯片放映的用户界面控件

主屏幕显示幻灯片放映时，应包括一些基本的用户界面控件。用户应能够暂停或重新开始幻灯片放映，或者手工推进到下一张照片，或相册里的上一张照片。我们将用导航栏里的按钮实现这些功能，还会用到与 PhotoBrowserViewController 类似的办法。

程序清单 23.13 给出的-updateNavBarButtonsForPlayingState 方法创建这些按钮。它用一个布尔类型的参数指示导航栏应该包含播放还是暂停按钮。

程序清单 23.13　添加幻灯片放映的控件

```
- (void)updateNavBarButtonsForPlayingState:(BOOL)playing
{
   UIBarButtonItem *rewindButton = [[UIBarButtonItem alloc]
            initWithBarButtonSystemItem:UIBarButtonSystemItemRewind
            target:self
            action:@selector(backOnePhoto:)];
   [rewindButton setStyle:UIBarButtonItemStyleBordered];
   UIBarButtonItem *playPauseButton;
   if (playing) {
      playPauseButton = [[UIBarButtonItem alloc]
            initWithBarButtonSystemItem:UIBarButtonSystemItemPause
            target:self
            action:@selector(pause:)];
   } else {
      playPauseButton = [[UIBarButtonItem alloc]
            initWithBarButtonSystemItem:UIBarButtonSystemItemPlay
            target:self
            action:@selector(resume:)];
   }
   [playPauseButton setStyle:UIBarButtonItemStyleBordered];
   UIBarButtonItem *forwardButton = [[UIBarButtonItem alloc]
             initWithBarButtonSystemItem:UIBarButtonSystemItemFastForward
```

```
            target:self
            action:@selector(forwardOnePhoto:)];
  [forwardButton setStyle:UIBarButtonItemStyleBordered];

  NSArray *toolbarItems = [NSArray arrayWithObjects:
    rewindButton, playPauseButton, forwardButton, nil];

  UIToolbar *toolbar = [[ClearToolbar alloc]
    initWithFrame:CGRectMake(0, 0, 200, 44)];
  [toolbar setBackgroundColor:[UIColor clearColor]];
  [toolbar setBarStyle:UIBarStyleBlack];
  [toolbar setTranslucent:YES];
  [toolbar setItems:toolbarItems];

  UIBarButtonItem *customBarButtonItem =
    [[UIBarButtonItem alloc] initWithCustomView:toolbar];
  [[self navigationItem]
    setRightBarButtonItem:customBarButtonItem
    animated:YES];
}
```

这个方法里蕴含的思路和 PhotoBrowserViewController 的-addButtonsToNavigationBar 方法并无二致。代码创建若干个 UIBarButtonItem 实例，将其添加到一个 UIToolbar 对象里，然后将该工具栏放置到导航条目中。最大的修改就是按钮的集合取决于 playing 参数。如果 playing 是 YES，工具栏包含的就是暂停按钮；如果 playing 是 NO，工具栏就显示播放按钮。

这些按钮触发的动作在程序清单 23.14 里给出。

程序清单 23.14　幻灯片放映控件的动作

```
- (void)pause:(id)sender
{
  [[self slideAdvanceTimer] setFireDate:[NSDate distantFuture]];
  [self updateNavBarButtonsForPlayingState:NO];
}

- (void)resume:(id)sender
{
  [[self slideAdvanceTimer] setFireDate:[NSDate date]];
  [self updateNavBarButtonsForPlayingState:YES];
}

- (void)backOnePhoto:(id)sender
{
  [self pause:nil];
  [self setCurrentIndex:[self currentIndex] - 1];
}

- (void)forwardOnePhoto:(id)sender
{
  [self pause:nil];
  [self setCurrentIndex:[self currentIndex] + 1];
}
```

在-pause:方法里我们想停止自动照片推进定时器的运转。有多个办法可以做到这一点。在本例中我们采用手工改变定时器起闹时间的办法。正常情况下它按固定的间隔重复起闹，但也可以给它指定下次起闹时间的日期。它就会安静地待着，直到那个时刻来临。这里，我们设置时间为[NSDate distantFuture]。distantFuture 的确切意思并没有文档说明，提到它是在几个世纪以后。对于我们这里的意图而言，这意味着是“永远不会”，从而有效地暂停定时器。这个方法还会更新工具栏按钮，使暂停按钮被替换成播放按钮。

在调用-resume:方法时，我们撤销了-pause:的效果。要重新开始自动幻灯片推进，可再次更新定时器的起闹时间，这次是要求其立即起闹。定时器于是继续按固定的间隔起闹。我们再次更新工具栏按钮，恢复暂停按钮的显示。

-backOnePhoto:和-forwardOnePhoto:方法通过改变 currentIndex 而分别移动到上一张照片和下一张照片。和以前一样，我们不必费心检查新的 currentIndex 值是否有效，因为由 setter 方法来做这件事。在这两种情况下，我们都要暂停自动推进定时器，因为不管用户触击哪个按钮，都说明用户想控制照片的显示过程。

23.8 更新照片浏览器

太好了！我们现在能够放映幻灯片了！不过，我们还没有代码来调入它呢。需要对此做些什么呢？

PhotoBrowserViewController 已经有了名叫-slideshow:的占位方法，它关联到了 Slideshow 按钮。我们目前还有名为 SlideshowSegue 的过渡来调入幻灯片放映。显而易见，下一步要做的就是实现-slideshow:方法，将该按钮和过渡关联到一起，如程序清单 23.15 所示。

程序清单 23.15 从 PhotoBrowserViewController 调入幻灯片放映

```
- (void)slideshow:(id)sender
{
    [self performSegueWithIdentifier:@"SlideshowSegue" sender:self];
}
```

我们还需要告诉新的幻灯片放映，它应该从哪张照片开始，并提供一个委派，以便它能调入照片。我们将通过 PhotoBrowserViewController 里的-prepareForSegue:实现代码做到这一点，如程序清单 23.16 所示。

程序清单 23.16 配置 PhotoBrowserViewController 里的幻灯片放映

```
- (void)prepareForSegue:(UIStoryboardSegue *)segue sender:(id)sender
{
  if ([[segue destinationViewController] isKindOfClass:
    [MainSlideShowViewController class]]) {
    [self setSlideShowController:
      (MainSlideShowViewController *)[segue destinationViewController]];
    [[self slideShowController] setDelegate:[self delegate]];
    [[self slideShowController] setStartIndex:[self currentIndex]];
  }
}
```

这个方法的代码浅显易懂。它所做的就是为新 MainSlideShowViewController 对象提供一个委派和起点。注意，代码假设存在有实例变量来保存该控制器，因为我们随后会在类中添加一个声明：

```
@property (nonatomic, strong) MainSlideShowViewController *slideShowController;
```

为什么我们还需要对幻灯片放映控制器保持一个引用呢？出于用户体验的一致性考虑，我们要做好几件事。幻灯片放映可以开始于照片浏览器里显示的任何一张照片；在幻灯片放映结束后，照片浏览器应当显示最后一张放映的照片。倘若回到最初的那张照片，会有些不合适，因为在结束幻灯片放映时，这样意外地改变了照片。为此，我们要修改`-viewWillAppear:`方法，把设置`currentIndex`、滚动至索引号所在行的代码替换成程序清单 23.17 所示的代码。

程序清单 23.17 在 `PhotoBrowserViewController` 的 `-viewWillAppear:`方法内更新设置 `currentIndex` 的代码

```
if ([self slideShowController] != nil) {
   [self setCurrentIndex:[[self slideShowController] currentIndex]];
   [self scrollToIndex:[[self slideShowController] currentIndex]];
   [self setSlideShowController:nil];
} else {
   [self setCurrentIndex:[self startAtIndex]];
   [self scrollToIndex:[self startAtIndex]];
}
```

在这段更改后的代码中，如果此视图是首次出现，就和以前一样处理。它设置`currentIndex`的值为`startIndex`，并更新滚动视图；但如果是幻灯片放映后调入视图，就把`currentIndex`更新为幻灯片放映的索引号值。用这个办法，照片浏览器就会显示刚刚在幻灯片放映里显示的照片。

23.9 测试和调试时的注意事项

当你工作于可以使用外部显示器的代码时，测试这些代码会遇到难题。通过 USB 电缆连接到 iPad 的基座连接器，使用 Xcode 来安装和测试设备上的应用程序。但如果用的是有线显示器，则需要对视频适配器使用该固定连接器！不能同时把 iPad 设备连接到 Mac 和显示器上，那样做的结果是无法运行调试器，或者无法在应用程序运行时看到设备控制台。

一个办法是插入大量的`NSLog()`语句，运行此应用程序，然后重新连接设备到 Mac 计算机。这样可以在 Xcode 里查看设备控制台，以观察打印出了哪些消息。这个办法是很笨拙，但它确实能让我们看到设备内在做什么操作。

也许你会很吃惊，模拟器对于这种情形却能大显身手。模拟器的 Hardware 菜单中有一个 TV Out 菜单项，它列出了若干种屏幕分辨率（如图 23-2 所示）。

如果选中其中某个 TV Out 选项，iOS 模拟器就会自动打开一个所选尺寸的新窗口。该窗口扮演模拟器所连接的外部显示器。这不是个完美的解决方案，没有自动镜像，使模拟器看上去更像最初的 iPad 或 iPad 2。而且不能模拟应用程序运行时的连接和断开显示器操作，因为改变 TV Out 选项将会导致应用程序退出。但如果调试使用外部显示器的代码，它仍然是极其方便的工具。

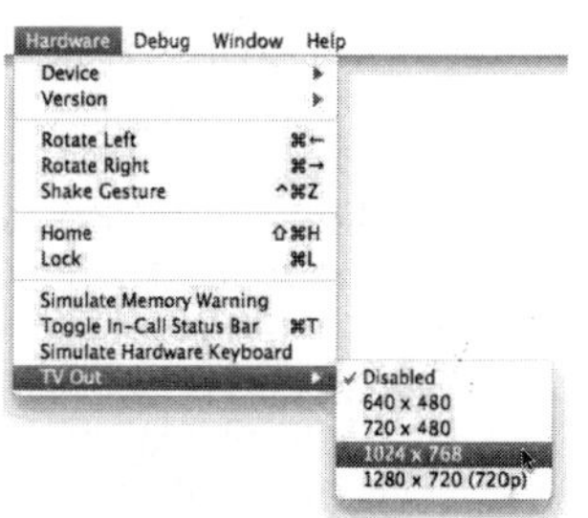

图 23-2 iOS 模拟器的外部显示器选项

当然，倘若你在使用 AirPlay 设备，这就不是问题。只要把此设备连接到 Mac 计算机，然后正常操作应用程序即可。

23.10 添加对 AirPlay 设备的支持

我们为外部显示器添加的代码同样也适用于 AirPlay 目标设备，它们如同有线的外部显示器。要支持 AirPlay 设备，唯一的额外操作就是用户需要选择 AirPlay 目标，才能将其作为外部显示器使用。

MediaPlayer 框架有一个 MPVolumeView 类，它包含了选择 AirPlay 目标的选项。该类能显示一个 volume 滑块和 route 按钮，用来选取 AirPlay 设备。这两项都是可选的，所以本例中我们将使用 route 按钮，而关掉 volume 滑块。

首先需要向应用程序添加 MediaPlayer 框架。在构建阶段设置应用程序使用此框架，就像第 13 章里添加 Core Data 框架那样。然后在 MainSlideShowViewController.m 文件中导入 MediaPlayer.h 头文件，这样就可以使用 MPVolumeView 了：

```
#import <MediaPlayer/MediaPlayer.h>
```

我们将会向屏幕上部的工具栏添加 MPVolumeView，就在 play/pause、back 和 forward 按钮的边上加入此按钮。为此，我们要对-updateNavBarButtonsForPlayingState:方法做一些先前谈到的补充。新版本的-updateNavBarButtonsForPlayingState:方法如程序清单 23.18 所示。

程序清单 23.18 添加 AirPlay 目标设备选择器的新代码

```
- (void)updateNavBarButtonsForPlayingState:(BOOL)playing
{
   UIBarButtonItem *rewindButton = [[UIBarButtonItem alloc]
     initWithBarButtonSystemItem:UIBarButtonSystemItemRewind
     target:self
     action:@selector(backOnePhoto:)];
   [rewindButton setStyle:UIBarButtonItemStyleBordered];
   UIBarButtonItem *playPauseButton;
   if (playing) {
     playPauseButton = [[UIBarButtonItem alloc]
       initWithBarButtonSystemItem:UIBarButtonSystemItemPause
       target:self
       action:@selector(pause:)];
   } else {
     playPauseButton = [[UIBarButtonItem alloc]
       initWithBarButtonSystemItem:UIBarButtonSystemItemPlay
       target:self
       action:@selector(resume:)];
   }
   [playPauseButton setStyle:UIBarButtonItemStyleBordered];
   UIBarButtonItem *forwardButton = [[UIBarButtonItem alloc]
     initWithBarButtonSystemItem:UIBarButtonSystemItemFastForward
     target:self
     action:@selector(forwardOnePhoto:)];
   [forwardButton setStyle:UIBarButtonItemStyleBordered];

   // Add the AirPlay selector
   MPVolumeView *airPlaySelectorView = [[MPVolumeView alloc] init];
```

```
    [airPlaySelectorView setShowsVolumeSlider:NO];
    [airPlaySelectorView setShowsRouteButton:YES];
    CGSize airPlaySelectorSize = [airPlaySelectorView
      sizeThatFits:CGSizeMake(44.0, 44.0)];
    [airPlaySelectorView setFrame:
      CGRectMake(0, 0, airPlaySelectorSize.width,
        airPlaySelectorSize.height)];
    UIBarButtonItem *airPlayButton = [[UIBarButtonItem alloc]
      initWithCustomView:airPlaySelectorView];

    NSArray *toolbarItems = [NSArray arrayWithObjects:
      airPlayButton, rewindButton, playPauseButton, forwardButton, nil];

    UIToolbar *toolbar = [[ClearToolbar alloc]
      initWithFrame:CGRectMake(0, 0, 200, 44)];
    [toolbar setBackgroundColor:[UIColor clearColor]];
    [toolbar setBarStyle:UIBarStyleBlack];
    [toolbar setTranslucent:YES];
    [toolbar setItems:toolbarItems];

    UIBarButtonItem *customBarButtonItem = [[UIBarButtonItem alloc]
      initWithCustomView:toolbar];
    [[self navigationItem]
      setRightBarButtonItem:customBarButtonItem
      animated:YES];
}
```

新代码向工具栏添加了包含 MPVolumeView 的新按钮。由于代码关掉了 volume 滑块，而使用了 route 按钮，因而生成的 MPVolumeView 是个小按钮尺寸的视图。其确切尺寸没有文档说明，但我们可以询问它，它需要多大的尺寸来使用-sizeThatFits:方法。当用户触击此按钮时，它将呈现一个弹出菜单，列出可用的 AirPlay 目标设备。

MPVolumeView 的 route 按钮有一项漂亮的功能，就是在没有可用的 AirPlay 目标设备时它会自动隐藏。在此情况下用户就不会在应用程序中看到这个没用的按钮。如果没有 Apple TV，即便你添加了如程序清单 23.18 所示的代码，仍然不会看到此按钮。

23.11 AirPlay 的运用

通过 AirPlay 技术运行幻灯片放映，需要打开 iPad 的设备镜像功能。当设备镜像处于打开时，iPad 本身的屏幕被镜像至 AirPlay 目标，如同后者是有线外部显示器。这看起来很奇怪，当幻灯片放映专门设计成不用镜像时，仍然要求设备镜像功能，但那是苹果公司实现应用编程接口的办法。

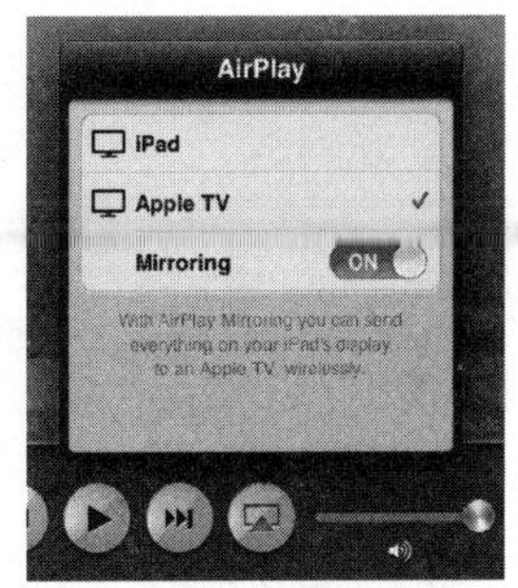

图 23-3 通过 AirPlay 打开设备镜像功能

为了通过 AirPlay 打开设备镜像功能，双击 iPad 的 Home 按钮以显示应用程序切换器，然后拖动它以显示音频控件。如果有 AirPlay 设备可用，就会有 AirPlay 菜单出现（如图 23-3 所示）。

需要从弹出菜单中选择 AirPlay 设备，并打开设备镜像功能。倘若不打开设备镜像，[UIScreen screens]只会返回一个 UIScreen 实例，它表示 iPad 本身的显示器。并且，UIScreenDid

ConnectNotification 通知永远不会发出。在运行幻灯片放映时打开了设备镜像功能，才会发出 UIScreenDidConnectNotification 通知。

23.12 小结

在外部显示器上显示幻灯片放映，是与一群人分享照片的精彩方式。本章，我们讨论了如何运行幻灯片放映，如何使用有线和无线的外部显示器。用于外部显示器的代码可以适用于任何显示内容，使用我们已经熟悉的 Cocoa Touch 应用编程接口。我们还可以更进一些地利用 AirPlay，通过无线连接发送音频或视频信息。许多应用程序都可以利用外部显示器显示一些东西，现在 PhotoWheel 也是这种应用程序了。

接下来我们将探讨 iOS 之外的新 Core Image 框架。我们将会添加有趣的图片转换，以查看怎样使 PhotoWheel 定位和放大照片中的脸部。

23.13 习题

1. -setCurrentIndex:里的幻灯片放映转换在改变幻灯片时使用的是页卷动效果。请尝试其他转换效果，例如翻页风格的转换，由 UIViewAnimationOptionTransitionFlipFromRight 和 UIViewAnimationOptionTransitionFlipFromLeft 提供这种转换风格。

2. 本章代码没有设置在切换幻灯片时的动画方案。所以它用的是 UIViewAnimationOptionCurveEaseInOut 的默认设置。请查阅 UIView 文档里的其他视图动画选项，尝试不同的时序选项。试验诸如 UIViewAnimationOptionCurveEaseIn 或 UIViewAnimationOptionCurveLinear 之类的效果。

第 24 章 Core Image 的视觉特效

有些时候照片并不尽如人意。图片太暗，或太淡，或者人们有着红眼。许多照片管理软件都有基本的编辑功能，帮助你处理这些问题，还能有趣地修改照片，得到逗乐的效果。要是 PhotoWheel 也能做到不是很好吗？好，在本章结束时它也能办到了：利用 Core Image。

本章我们将使用 Core Image 添加这些功能，还有更多其他功能。我们将探究通过创建滤镜来得到视觉特效，以及自动增强照片的显示效果。还将了解 Core Image 怎样定位照片中的脸部。

24.1 Core Image 的概念

Core Image 是和 OS X 在一起的，在 iOS 5 时引入它是为了提供照片和视频的视觉特效。它包含各种颜色替换和增强、组合多张图片的图片创作效果，包括红眼修正、脸部检测等自动照片增强功能。它不会对原图片有破坏性；视觉特效可以链接在一起，以得到更复杂的变换效果。

我们将主要关注 `CIFilter`，即 Core Image 的 `Filter` 类。`CIFilter` 通常取一两张图片，及一个或多个配置参数作为输入，产生一张输出图片。iOS 包含有许多内置滤镜，可完成不同的图片操作。`CIFilter` 对 `CIImage` 实例进行操作，`CIImage` 实例是 Core Image 用来保存图片的类。图 24-1 给出了一个简单的示例。

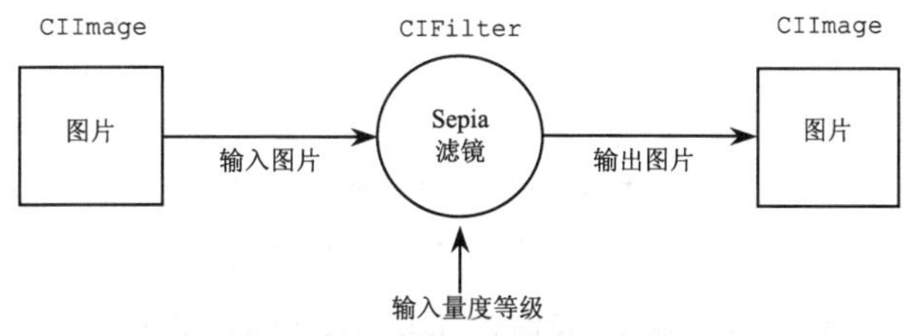

图 24-1 采用一个输入图片和一个配置参数的 `CIFilter` 示例

`CIFilter` 可以简单地将一个滤镜的输出图片当作另一个滤镜的输入图片，以此把多个 CIFilter 链接在一起。这样可以组合多种特效以得到更复杂的效果。图 24-2 给出了对同一张原始图片运用多个滤镜的示例。

使用 Core Image 的一个重要概念是 `CIImage` 实例并不真正含有图片。它包含的是图片处方，即怎样创建特定图片的指令。设置滤镜将定义从输入图片到输出图片的步骤，但不真正对滤镜输出的图片进行渲染。从 `CIFilter` 获取输出图片时并不应用滤镜，而是生成得到滤镜后图片的处方。

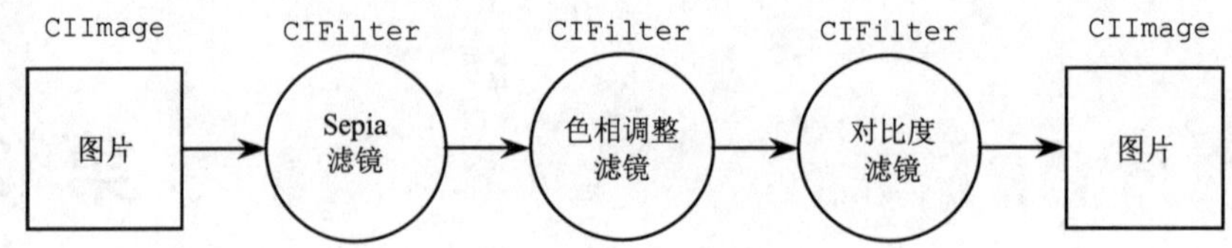

图 24-2 链接 CIFilter 得到更复杂的特效

渲染滤镜后的图片是由 CIContext 负责的。CIContext 执行 CIImage 的处方，生成最终的图片。一旦渲染了最终的图片，就可以得到一个 UIImage 对象，将其显示在屏幕上，或者保存至文件及用户照片库内。

CPU 还是 GPU

CIContext 能够在 CPU 或 GPU 上处理图片，它会让你选择，是用软件还是硬件的图片渲染方式。它认为 GPU 总是较好的选择，因为 GPU 专门用于图形处理，可使 CPU 解放出来进行其他工作。

但事情并不总是这样。CPU 和 GPU 的 CIContext 都对其输入、输出图片的尺寸有所限制，而 GPU 的限制比 CPU 小得多。而且，Core Animation 用的是 GPU。所以倘若应用程序在做动画，GPU 可能已经在忙其他工作。最后，CPU 渲染采用更高精度的数学运算，可以得到更精准的结果。

24.2 CIFilter

iOS 5 包含了众多内置的滤镜。你可以通过阅读文档了解它们，但还应询问运行时环境，看有哪些可用。可以直接从 CIFilter 获取所有滤镜名字的清单：

```
NSArray *filterNames = [CIFilter filterNamesInCategory:kCICategoryBuiltIn];
```

有若干种类的滤镜。有的滤镜属于多个种类。这行代码查询所有内置的滤镜。对于 PhotoWheel，我们也许查询的是 kCICategoryStillImage 种类，它包含了所有用于静态图片的滤镜。

滤镜名是字符串。一些滤镜名例子有 CIHueAdjust、CICrop 和 CIColorInvert。CIFilter 通过其特性方法还可以提供如何使用每个滤镜的详细信息。这些特性描述了每个滤镜的输入，包括可接受的值。例如，程序清单 24.1 里的代码查询的是 CISepiaTone 滤镜的信息。

程序清单 24.1 查询 CISepiaTone 滤镜的特性

```
CIFilter *sepiaFilter = [CIFilter filterWithName:@"CISepiaTone"];
NSLog(@"CISepiaTone attributes: %@", [sepiaFilter attributes]);
```

运行这两行代码的结果如程序清单 24.2 所示。

程序清单 24.2 CISepiaTone 滤镜的特性

```
2011-07-29 17:02:31.833 CIDemo[13727:207] CISepiaTone attributes: {
    CIAttributeFilterCategories =     (
        CICategoryColorEffect,
        CICategoryVideo,
        CICategoryInterlaced,
```

```
        CICategoryNonSquarePixels,
        CICategoryStillImage,
        CICategoryBuiltIn
    );
    CIAttributeFilterDisplayName = "Sepia Tone";
    CIAttributeFilterName = CISepiaTone;
    inputImage =    {
        CIAttributeClass = CIImage;
        CIAttributeType = CIAttributeTypeImage;
    };
    inputIntensity =    {
        CIAttributeClass = NSNumber;
        CIAttributeDefault = 1;
        CIAttributeIdentity = 0;
        CIAttributeMax = 1;
        CIAttributeMin = 0;
        CIAttributeSliderMax = 1;
        CIAttributeSliderMin = 0;
        CIAttributeType = CIAttributeTypeScalar;
    };
}
```

从这段输出内容我们可以看出，CISepiaTone 有两个输入：一个是要过滤的图片；另一个是深褐色色调特效的程度。特性词典包含各参数的期望类，以及一个 Core Image 类型域。对于程度输入项，它还包含各种有关可接受值的细节，包括最小值、最大值、默认值和对滑块风格的用户界面控件的建议值。特性甚至还有建议的显示名，以适合的名字展示给用户。通过检查滤镜特性，有可能动态生成滤镜的用户界面控件，而不是对滤镜的有关信息硬编码。

24.2.1 滤镜类型

内置滤镜以不同的类别分组，但通常它们归于 3 种不同的组：

- 改变单张图片的滤镜。这些滤镜有一张输入图片，没有或有多个配置参数，包括改变图片颜色或对图片运用仿射变换。
- 组合图片的滤镜。这些滤镜有两张输入图片，使用一些图片创作或融合技术将它们合并到一起。
- 产生图片的滤镜。这些滤镜没有输入图片，但有一个或更多个配置参数。它们创建包含渐变、格子盘或其他由输入值决定外观的新图片。

本章我们将扩展 PhotoWheel，以包含一些有趣的图片特效，用户可以将其应用至其库内的图片。

24.2.2 CIFilter 的使用

CIFilter 的基本用法很简单，但它会涉及新类和新概念。CIFilter 工作于 CIImage 实例，并生成 CIImage 实例。最终图片不是由滤镜或图片渲染，而是由 CIContext 渲染。程序清单 24.3 给出了采用 CISepiaTone 滤镜的简单示例，该示例向一张图片运用深褐色色调。这个例子也展示该如何在 UIImage 和 CIImage 之间转换，这些转换办法在你用 UIKit 工作时会很有用。

程序清单 24.3　对 UIImage 对象使用 CISepiaTone 滤镜

```
- (UIImage *)sepiaImageFromImage:(UIImage *)myImage
{
    CIImage *myCIImage = [CIImage imageWithCGImage:[myImage CGImage]];

    CIFilter *sepiaFilter = [CIFilter filterWithName:@"CISepiaTone"];
    [sepiaFilter setValue:myCIImage forKey:kCIInputImageKey];
    [sepiaFilter setValue:[NSNumber numberWithFloat:0.9]
        forKey:@"inputIntensity"];

    CIImage *sepiaImage = [sepiaFilter outputImage];

    CIContext *context = [CIContext contextWithOptions:[NSDictionary
        dictionaryWithObject:[NSNumber numberWithBool:NO]
        forKey:kCIContextUseSoftwareRenderer]];
    CGImageRef sepiaCGImage = [context createCGImage:sepiaImage
        fromRect:[sepiaImage extent]];
    UIImage *sepiaUIImage = [UIImage imageWithCGImage:sepiaCGImage];
    CFRelease(sepiaCGImage);

    return sepiaUIImage;
}
```

该方法做的第一件事就是将输入的 UIImage 转换为 CIImage 对象，以便 CIFilter 可以操作它。这是通过使用 Core Graphics 定义的 CGImage 格式做到的。UIImage 和 CIImage 都可与 CGImage 一起工作，所以这里它担任了将一个类转换至另一个类的角色。

接着，代码创建了 CIFilter 对象，用名字查找 CIImage 对象。正如我们前面所见，CISepiaTone 用到两个参数：输入图片和程度值。代码通过键—值编码来设置这两个参数。

代码将滤镜结果赋值给 sepiaImage，sepiaImage 是另一个 CIImage 对象。回忆前面所述，可知它并不真正含有图片，而是含有创建图片的处方。这时代码通过滤镜已经从原始图片定义了结果图片的路径，但还未真正应用此滤镜，并渲染输出的图片。

对结果渲染是 CIContext 的工作。该方法创建一个 CIContext 对象，将 kCIContextUseSoftwareRenderer 选项设为 NO。这意味着 CIContext 将使用 GPU 而不是 CPU 来渲染图片。如果你只是偶尔需要一个 CIContext 对象，就地创建一个并无大碍，但如果你想进行大量的 Core Image 操作，最好将 CIContext 对象作为实例变量，在需要时重用它。最终的图片作为 CGImage 对象在调用-createCGImage:fromRect:方法时渲染。第一个参数就是刚创建的 CIImage 对象，第二个参数则是图片的范围，或者说是尺寸和位置。

渲染后的图片被转换回 UIImage 对象并返回。由于 ARC 只管理 Objective-C 对象，有必要显式地释放过渡用的 CGImageRef sepiaCGImage。

24.3　图片分析

滤镜有用而且通常很有趣，但 Core Image 走得更远，能够具有分析源图片的功能，而不仅仅是处理其像素。一个自动增强功能就是你可能在 iOS 5 摄像头应用程序中已经注意到的，红眼修正功能。另一个功能是脸部识别，它能够定位到图片内的任何脸部，还有诸如人眼和嘴巴等面部特征。

24.3.1 自动增强

图片增强用到一系列的 CIFilter。但你没有必要创建自己的滤镜，可以让 CIImage 为你创建这些滤镜。CIImage 实例分析其图片，以决定需要怎样的增强，并返回一个 CIFilter 数组。于是你就可以链接这些滤镜，以得到增强后的图片。程序清单 24.4 给出了对 UIImage 对象运用自动增强滤镜的例子。

程序清单 24.4 自动增强 UIImage 对象

```
- (UIImage *)autoEnhancedVersionOfImage:(UIImage *)myImage
{
    CIImage *myCIImage = [CIImage imageWithCGImage:[myImage CGImage]];

    NSArray *autoAdjustmentFilters = [myCIImage autoAdjustmentFilters];
    CIImage *enhancedCIImage = myCIImage;
    for (CIFilter *filter in autoAdjustmentFilters) {
        [filter setValue:enhancedCIImage forKey:kCIInputImageKey];
        enhancedCIImage = [filter outputImage];
    }

    CGImageRef enhancedCGImage = [[self ciContext]
        createCGImage:enhancedCIImage
        fromRect:[enhancedCIImage extent]];
    UIImage *enhancedImage = [UIImage imageWithCGImage:enhancedCGImage];
    CFRelease(enhancedCGImage);

    return enhancedImage;
}
```

与前面的例子一样，程序清单 24.4 中的代码也是从转换输入的 UIImage 对象到 CIImage 对象开始的。

接着它让 CIImage 分析图片，决定需要用什么滤镜（如果有的话）来增强它。这一步要密集地占用处理器，对较大图片尤其如此。所以你应当考虑用后台线程来做这件事。最后结果是有个数组收集到几个 CIFilter。本例中，代码会寻求所有可能的自动校正滤镜，可能会包含红眼修正滤镜。倘若你觉得不需要它，可以把此增强项关闭，以加快分析过程。在此情况下，可以使用-autoAdjustmentFiltersWithOptions:方法，并将 kCIImageAutoAdjustRedEye 选项设为 NO。

为了得到增强后的图片，需要向原始图片逐个运用这些滤镜。对此最简单的办法就是端到端链接它们，然后在渲染最后的图片时就可以一次处理整个滤镜链。其代码使用了 CIImage enhancedCIImage，其最初被设为原始图片。它成为第一个滤镜的输入。在 for 循环的每一阶段，代码设置当前滤镜的输入为 enhancedImage 当前值。然后它更新 enhancedImage 指向当前滤镜的 outputImage。在循环结束时，enhancedImage 指向最末一个增强滤镜的输出。

在此事例中，CIImage 有着比前面的 CISepiaTone 示例更复杂的图片处方，但它依旧是处方，而非最后渲染的图片。该方法的其他代码对结果进行渲染，并将其转换为 UIImage 对象。此方法内唯一的渲染区别在于，代码采用了 ciContext 实例变量，而 ciContext 包含了该类所拥有的一个 CIContext 实例。

24.3.2 脸部识别

识别脸部也需要分析图片，但这种情况下不牵涉 CIFilter。然而，会用到 CIDetector 类。CIDetector 设计用来分析图片，找出特定类型的特征。就 iOS 5 而言只有一个检测器，它用于识别脸部。

CIDetector 分析图片来定位特征，并返回 CIFeature 实例的数组来对应这些特征。在识别脸部时，数组包含的是 CIFaceFeature 实例，后者是 CIFeature 的子类。每个 CIFaceFeature 对象含有所识别脸部的整体边界。如果它能识别出眼睛和嘴巴，还可以包含眼睛和嘴巴的位置。程序清单 24.5 给出了对 CIImage 对象识别脸部的代码片段。

程序清单 24.5 在图片内识别脸部

```
NSDictionary *detectorOptions = [NSDictionary
   dictionaryWithObject:CIDetectorAccuracyLow
   forKey:CIDetectorAccuracy];
CIDetector *faceDetector = [CIDetector detectorOfType:CIDetectorTypeFace
   context:nil
   options:detectorOptions];

NSArray *faces = [faceDetector featuresInImage:[self filteredCIImage]
   options:nil];

if ([faces count] > 0) {
   for (CIFaceFeature *face in faces) {
      NSLog(@"Found face at %@", NSStringFromCGRect([face bounds]));
   }
}
```

代码从创建词典开始，词典存有脸部识别器的选项。当前只有一个选项是准确度，可为高或低。较高的准确度需要较长的时间来运算。代码随后采用这些选项创建一个 CIDetectorTypeFace 类型的 CIDetector 对象。

脸部识别是在调用-featuresInImage:options:方法时发生的。分析图片找出脸部要密集地占用处理器，所以要把这个过程调度到后台线程来完成。-featuresInImage:options:方法返回一个 CIFaceFeatures 数组，表示图片中的各个脸部。如果没找到脸部，数组将是空的。

在这个调用完成后，代码将遍历数组里的所有脸部，以打印出它们的边界。

24.4 为 PhotoWheel 添加 Core Image 特效

现在该把这些功能加入到 PhotoWheel 了。我们将向照片浏览器添加下列选项：

- CIFilter 特效的集合，能够用各种方式修改图片。

滤镜将被配置为随机的特性值，创建一系列的特效图片。应用程序将展示小的预览图片，以演示此滤镜将达到的效果。

- 自动图片增强。
- 自动缩放图片以关注脸部。

这些特效是可叠加的，因为用户可以逐个运行多个特效。

注意： 除了本章给出的这些代码改动外，还必须把 CoreImage.framework 添加到 PhotoWheel 项目。

24.4.1 新建委派方法

由于应用程序将为每个 CIFilter 特效显示小的预览图片，因而 PhotoBrowserViewController 需要能够为当前图片查询小图片。而且既然我们在添加编辑图片和保存改动的能力，PhotoBrowserViewController 要能够把已有图片替换成新图片。对这里提到的每个功能，我们都要向 PhotoBrowserViewControllerDelegate 协议添加一个新方法。首先将 PhotoBrowserViewController.h 头文件里的协议声明修改成如程序清单 24.6 所示的代码。

程序清单 24.6 支持编辑图片的新委派方法

```
@protocol PhotoBrowserViewControllerDelegate <NSObject>
@required
- (NSInteger)photoBrowserViewControllerNumberOfPhotos:
     (PhotoBrowserViewController *)photoBrowser;
- (UIImage *)photoBrowserViewController:
     (PhotoBrowserViewController *)photoBrowser
  imageAtIndex:(NSInteger)index;
- (UIImage *)photoBrowserViewController:
     (PhotoBrowserViewController *)photoBrowser
  smallImageAtIndex:(NSInteger)index;
- (void)photoBrowserViewController:
     (PhotoBrowserViewController *)photoBrowser
  deleteImageAtIndex:(NSInteger)index;
- (void)photoBrowserViewController:
     (PhotoBrowserViewController *)photoBrowser
  updateToNewImage:(UIImage *)image atIndex:(NSInteger)index;
@end
```

这些方法的实现代码位于 PhotoAlbumViewController.m 文件，因为 PhotoAlbumViewController 类扮演的是委派。这些方法的代码在程序清单 24.7 中给出。

程序清单 24.7 新委派方法的实现代码

```
- (UIImage *)photoBrowserViewController:
     (PhotoBrowserViewController *)photoBrowser
   smallImageAtIndex:(NSInteger)index
{
     NSIndexPath *indexPath = [NSIndexPath indexPathForRow:index inSection:0];
     Photo *photo = [[self fetchedResultsController] objectAtIndexPath:indexPath];
     UIImage *image = [photo smallImage];
     return image;
}

- (void)photoBrowserViewController:(PhotoBrowserViewController *)photoBrowser
     updateToNewImage:(UIImage *)image
     atIndex:(NSInteger)index;
{
     NSIndexPath *indexPath = [NSIndexPath indexPathForRow:index inSection:0];
     Photo *photo = [[self fetchedResultsController] objectAtIndexPath:indexPath];
     [photo saveImage:image];
```

```
    [[self gridView] reloadData];
}
```

第一个方法查看 Photo 的小图片，它和已有的查看大图片的委派方法几乎一模一样。

第二个方法在用户想保存改动到图片时用到。它查找要求索引号的 Photo，并调用其 -saveImage:方法。还记得吗？这个方法创建图片新的缩放版本。该方法然后告诉其栅格视图，重新调入数据，以便显示新版本的缩略图。

24.4.2 滤镜管理的实例变量

照片浏览器需要几个新的实例变量来管理滤镜操作过程。把程序清单 24.8 里的属性声明添加到 PhotoBrowserViewController.m 文件前面的 PhotoBrowserViewController 类扩展里。

程序清单 24.8 PhotoBrowserViewController 内新的实例变量声明

```
@property (readwrite, strong) CIContext *ciContext;
@property (nonatomic, strong) NSMutableArray *imageFilters;
@property (nonatomic, strong) NSMutableArray *filteredThumbnailPreviewImages;
@property (nonatomic, strong) UIImage *filteredThumbnailImage;
@property (nonatomic, strong) UIImage *filteredLargeImage;
```

这些变量有以下几个意图：

- ciContext 是一个持久的 CIContext 对象，在每次渲染新图片时用到。
- imageFilters 包含一个 CIFilter 集合。同样这些滤镜对象将用来创建小的预览图片及全尺寸的滤后图片，所以它们只会为预览创建一次，并保存到 imageFilters 中，以便可重用于全尺寸的图片。
- filteredThumbnailPreviewImages 包含滤镜预览图片，该图片会在用户界面里显示出来。
- filteredThumbnailImage 起初和原始、未滤的缩略图片一样。随着用户对图片应用了滤镜，filteredThumbnailImage 会被更新成最近滤镜的结果。每次用户对图片运用滤镜，filteredThumbnailImage 都会更新为从 filteredThumbnailPreviewImages 选取的新值。
- filteredLargeImage 起初和原始、未滤的全尺寸图片一样。随着用户对图片应用了滤镜，filteredLargeImage 被更新成包含最近一次滤镜的结果。

确保对所有的新属性添加了@synthesize 语句。

24.4.3 用户界面的添加

现在我们需要为应用程序添加一些用户界面组件，以供用户控制这些特效。特效用户界面放在 PhotoBrowserViewController 里，因为在这里用户能够查看各个图片。

更新后的用户界面应当多了若干个按钮，这些按钮对应于各实例方法及用来控制用户界面外观的新实例变量。我们先从更新 PhotoBrowserViewController.h 头文件开始，将其代码修改成程序清单 24.9 所示。

程序清单 24.9 PhotoBrowserViewController.h 头文件里的新 IBOutlet 和 IBAction

```
@interface PhotoBrowserViewController : UIViewController <UIScrollViewDelegate>

@property (nonatomic, strong) id<PhotoBrowserViewControllerDelegate> delegate;
@property (nonatomic, assign) NSInteger startAtIndex;
@property (nonatomic, assign, getter = pushedFromFrame) CGRect pushFromFrame;

- (void)toggleChromeDisplay;

@property (strong, nonatomic) IBOutlet UIView *filterViewContainer;
@property (strong, nonatomic) IBOutletCollection(UIButton) NSArray *filterButtons;

// Actions that modify the image
- (IBAction)enhanceImage:(id)sender;
- (IBAction)zoomToFaces:(id)sender;
- (IBAction)applyFilter:(id)sender;

// Actions that save or restore the image
- (IBAction)revertToOriginal:(id)sender;
- (IBAction)saveImage:(id)sender;
- (IBAction)cancel:(id)sender;

@end
```

filterViewContainer 属性指向 Core Image 特效视图整体的容器视图。filterButtons 数组对你而言是新东西，它是 IBOutletCollection 而非 IBOutlet。IBOutletCollection 类似于 IBOutlet，区别是它可以引用多个用户界面组件，可以在故事板上与它们全都关联上。在本例中，filterButtons 集合将在用户界面上指向不同 CIFilter 特效的若干 UIButtons 对象。

前三个 IBAction 将用于对图片运用 Core Image 特效。其余的新 IBAction 则提供恢复更改、保存更改或者取消图片编辑等必要的选项。

还要确保在 PhotoBrowserViewController.m 文件中添加了对各个新 IBOutlet 的 @synthesize 语句。

现在我们要添加对应于新 IBOutlet 和 IBAction 的用户界面组件。在 MainStoryboard.storyboard 文件中定位到照片浏览器的视图控制器。新的用户界面组件将放到主视图的下面，外观应如图 24-3 所示。

新的用户界面组件包含一个 UIToolbar 和若干 UIButton，它们都位于与滤镜相关的用户界面整体的容器视图里。

工具栏含有 5 个 UIBarButtonItem 和一个可变空间，将它们都加到工具栏内。为确保 Save 按钮突出为蓝色，确保在 Attributes 面板里将其 Style 设为 Done。将这 5 个按钮关联到 PhotoBrowserViewController.h 头文件所声明的对应 IBAction 方法。

在底部的按钮大小应为 100 像素 × 100 像素，这和 PhotoWheel 的小图片尺寸一样。在 Attributes 面板里设置按钮的 Type 为 Custom，这样它们就不会被自动画成圆角边界。设置背景色为白色以外的颜色，使其从背景上突出出来。这些按钮要显示包含在 filteredThumbnailPreviewImage 里的图片。既然这些按钮和预览图片大小相同，按钮颜色将不会可见，但在编辑用户界面时换个颜色将有助于观察它们。

将这些按钮的标记依次设为 0~6 之间的值，0 为最左边，6 为最右边。也许需要向下滚动 Attributes 面板才能找到 Tag 选项（如图 24-4 所示）。随后我们将利用标记值来确定用户按动了哪个按钮。

将新的 `filterViewContainer IBOutlet` 关联至此容器视图，就像关联其他 `IBOutlet` 一样。关联 `filterButtons` 集合的方式和这几乎一模一样，可以对同一个插座变量设置多个关联（如图 24-5 所示）。

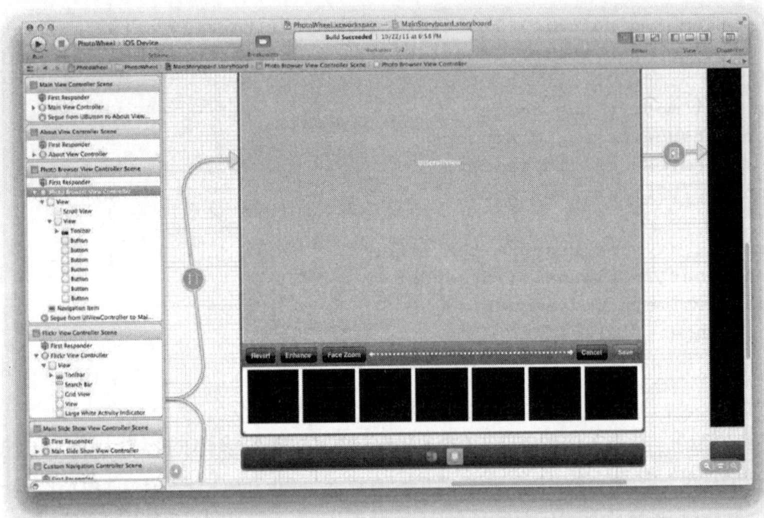

图 24-3 Core Image 特效的新用户界面组件

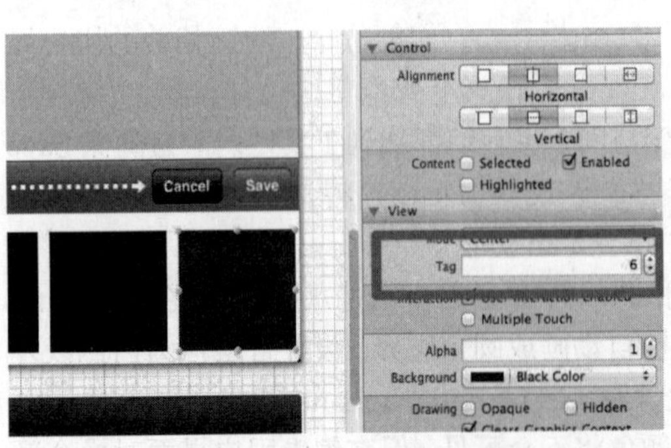

图 24-4 设置一个 `UIButton` 对象的标记值

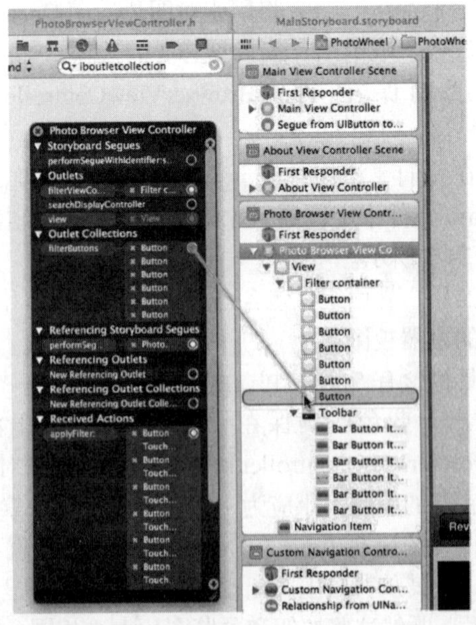

图 24-5 关联 `IBOutletCollection` 至多个用户界面组件

接下来，在新的滤镜容器视图可见时，需要对控件添加代码。滤镜容器视图不应一直可见，只有当用户需要用到这些滤镜时才应可见，其他时候它应当消失。所以第一个改动应当是在照片浏览器刚出现时，隐藏滤镜容器视图。这是通过添加一行代码，设置容器视图的透明度为 0 做到的：

```
[[self filterViewContainer] setAlpha:0.0];
```

为了使滤镜容器视图可见或隐藏，把程序清单 24.10 所示的方法添加到 PhotoBrowserViewController.m 文件中。

程序清单 24.10　显示和隐藏滤镜叠加视图

```
- (void)showFilters:(id)sender
{
  if ([self imageFilters] == nil) {
    [self setImageFilters:
      [NSMutableArray arrayWithCapacity:[[self filterButtons] count]]];

    [self setCiContext:[CIContext contextWithOptions:nil]];

    [self setFilteredThumbnailPreviewImages:[NSMutableArray array]];
  }

  [self setFilteredThumbnailImage:[[self delegate]
    photoBrowserViewController:self
    smallImageAtIndex:[self currentIndex]]];
  UIImage *largeImage = [[self delegate]
    photoBrowserViewController:self
    imageAtIndex:[self currentIndex]];
  [self setFilteredLargeImage:largeImage];

  [self randomizeFilters];

  [[self view] bringSubviewToFront:[self filterViewContainer]];
  [UIView animateWithDuration:0.3 animations:^(void) {
    [[self filterViewContainer] setAlpha:1.0];
  }];
}

- (void)hideFilters
{
  // Hide filter container
  [UIView animateWithDuration:0.3 animations:^(void) {
    [[self filterViewContainer] setAlpha:0.0];
  }];
}
```

showFilters 方法不只是显示滤镜容器。如果用户是首次要使用滤镜，该方法将初始化先前所添加的一些实例变量，创建空的数组和随后要渲染图片的 CIContext。它会对从委派获取的图片设置 filteredThumbnailImage 和 filteredLargeImage 的初始值。它还使用新的 randomizeFilters 方法来创建 CIFilter 集合，然后显示滤镜容器视图。showFilters 方法的代码通过使其透明度值变化而使滤镜容器逐渐淡入到视图里。

hideFilters 方法仅仅将透明度值变化回 0，从而使滤镜容器变得不可见。

我们还将对导航栏添加一个按钮来调用 -showFilters: 方法。已经有个 -addButtonsToNavigationBar 方法，在这里设置了按钮。我们还要添加几个按钮，程序清单 24.11 给出了此方法的更新版本，新代码以加粗方式显示。

程序清单 24.11　更新后的工具栏按钮，包括显示滤镜容器的按钮

```
- (void)addButtonsToNavigationBar
{
   UIBarButtonItem *trashButton = [[UIBarButtonItem alloc]
      initWithBarButtonSystemItem:UIBarButtonSystemItemTrash
      target:self
      action:@selector(deletePhoto:)];
   [trashButton setStyle:UIBarButtonItemStyleBordered];

   UIBarButtonItem *actionButton = [[UIBarButtonItem alloc]
      initWithBarButtonSystemItem:UIBarButtonSystemItemAction
      target:self action:@selector(showActionMenu:)];
   [actionButton setStyle:UIBarButtonItemStyleBordered];
   [self setActionButton:actionButton];

   UIBarButtonItem *slideshowButton = [[UIBarButtonItem alloc]
      initWithTitle:@"Slideshow"
      style:UIBarButtonItemStyleBordered
      target:self
      action:@selector(slideshow:)];

   UIBarButtonItem *flexibleSpace = [[UIBarButtonItem alloc]
      initWithBarButtonSystemItem:UIBarButtonSystemItemFlexibleSpace
      target:nil
      action:nil];

   UIBarButtonItem *filterButton = [[UIBarButtonItem alloc]
      initWithTitle:@"Edit"
      style:UIBarButtonItemStyleBordered
      target:self
      action:@selector(showFilters:)];

   NSMutableArray *toolbarItems = [[NSMutableArray alloc]
      initWithCapacity:4];
   [toolbarItems addObject:flexibleSpace];
   [toolbarItems addObject:filterButton];
   [toolbarItems addObject:slideshowButton];
   [toolbarItems addObject:actionButton];
   [toolbarItems addObject:trashButton];

   UIToolbar *toolbar = [[ClearToolbar alloc]
      initWithFrame:CGRectMake(0, 0, 250, 44)];
   [toolbar setBackgroundColor:[UIColor clearColor]];
   [toolbar setBarStyle:UIBarStyleBlack];
   [toolbar setTranslucent:YES];

   [toolbar setItems:toolbarItems];
```

```
    UIBarButtonItem *customBarButtonItem = [[UIBarButtonItem alloc]
      initWithCustomView:toolbar];
    [[self navigationItem] setRightBarButtonItem:customBarButtonItem animated:YES];
}
```

这段代码大部分和以前一样，只是创建 UIToolbar 对象时有额外的按钮，以及宽度更宽而已。

我们需要处理的另一个用户界面管理细节，就是要在 filterButtons 数组中对按钮排序。使用 IBOutletCollection 可以方便地对数组中的按钮分组。但麻烦的是数组顺序无法保证。为确保数组按对应标记值排序，我们将重载 filterButtons 的 setter 方法，通过按钮标记值排序。该方法在程序清单 24.12 中给出。

程序清单 24.12 通过按钮标记值对 filterButtons 数组排序

```
- (void)setFilterButtons:(NSArray *)filterButtonsFromIB
{
    _filterButtons = [filterButtonsFromIB sortedArrayUsingComparator:
      ^NSComparisonResult(UIButton *button1, UIButton *button2) {
        return [button1 tag] > [button2 tag];
      }];
}
```

该方法接受所给的 filterButtonsFromIB 数组，后者包含了未知顺序的按钮，然后利用 NSComparator 块对其排序。NSComparator 块检查一对按钮的标记值，然后返回其比较结果。NSArray 以不同对的按钮反复调用该块，从而生成新的排过序的数组。结果是按标记值排序的数组。代码将结果赋值给 filterButtons。

24.4.4 创建 CIFilter 特效

PhotoWheel 将使用不同的滤镜产生不同的视觉特效。为了提供这些特效的变幻性，我们将利用随机数生成数值和颜色滤镜参数。首先，我们需要得到随机数，在 PhotoBrowserViewController.m 文件的开头位置添加 RAND_IN_RANGE 宏：

```
#define RAND_IN_RANGE(low,high) (low + (high - low) * \
    (arc4random_uniform(RAND_MAX) / (double)RAND_MAX))
```

该宏将生成从 low 到 high 范围的随机数，可以是整数或浮点数值。使用 arc4random_uniform 时，没有必要对随机数产生过程播下种子，所以无须添加那方面的代码。

我们将使用该宏生成滤镜用到的随机颜色。Core Image 使用自身的 CIColor 类来表示颜色。CIColor 可用 RGB 或 RGBA 值来实例化，所以我们会用到将随机数作为颜色参数的两个方法。这些方法在程序清单 24.13 中给出，将其添加到 PhotoBrowserViewController.m 文件中。

程序清单 24.13 创建随机颜色的 CIColor

```
- (CIColor *)randomCIColor
{
    CIColor *randomColor = [CIColor colorWithRed:RAND_IN_RANGE(0.0, 1.0)
                                           green:RAND_IN_RANGE(0.0, 1.0)
                                            blue:RAND_IN_RANGE(0.0, 1.0)];
    return randomColor;
```

```
}

- (CIColor *)randomCIColorAlpha
{
  CIColor *randomColor = [CIColor colorWithRed:RAND_IN_RANGE(0.0, 1.0)
                                         green:RAND_IN_RANGE(0.0, 1.0)
                                          blue:RAND_IN_RANGE(0.0, 1.0)
                                         alpha:RAND_IN_RANGE(0.0, 1.0)];
  return randomColor;
}
```

randomCIColor 方法用随机的红、绿、蓝值来创建一个 CIColor 对象；而在 randomCIColorAlpha 方法中又加了一个透明度值，以允许颜色部分透明。

现在我们将创建实际的 CIFilter。用户界面上有不同滤镜的 7 个按钮。但滤镜的效果取决于它们怎样被配置，所以只有 5 个方法来创建不同的滤镜。这些方法如程序清单 24.14 所示。

程序清单 24.14 创建随机配置的 CIFilter

```
- (CIFilter *)hueAdjustFilter
{
  CIFilter *hueAdjust = [CIFilter filterWithName:@"CIHueAdjust"];
  CGFloat inputAngle = RAND_IN_RANGE(-M_PI, M_PI);
  [hueAdjust setValue:[NSNumber numberWithFloat: inputAngle]
    forKey:@"inputAngle"];
  return hueAdjust;
}

- (CIFilter *)colorTintFilter
{
  CIColor *tintColor = [self randomCIColor];
  CIFilter *tintFilter = [CIFilter filterWithName:@"CIColorMonochrome"];
  [tintFilter setValue:tintColor forKey:@"inputColor"];
  return tintFilter;
}

- (CIFilter *)falseColorFilter
{
  CIColor *color0 = [self randomCIColor];
  CIColor *color1 = [CIColor colorWithRed:(1.0 - [color0 red])
                                    green:(1.0 - [color0 green])
                                     blue:(1.0 - [color0 blue])];
  CIFilter *falseColor = [CIFilter filterWithName:@"CIFalseColor"];
  [falseColor setValue:color0 forKey:@"inputColor0"];
  [falseColor setValue:color1 forKey:@"inputColor1"];
  return falseColor;
}

- (CIFilter *)invertColorFilter
{
  CIFilter *invertFilter = [CIFilter filterWithName:@"CIColorInvert"];
  return invertFilter;
}
```

```
- (CIFilter *)filterWithAffineTransform:(CGAffineTransform)transform
{
   CIFilter *transformFilter = [CIFilter filterWithName:@"CIAffineTransform"];
   [transformFilter setDefaults];
   [transformFilter setValue:[NSValue valueWithCGAffineTransform:transform]
     forKey:@"inputTransform"];
   return transformFilter;
}
```

程序清单 24.14 里的这些方法创建了下列类型的滤镜：

- CIHueAdjust：以弧度表示的角度来旋转颜色立方体。其效果是图片中的所有颜色按固定值偏移其色调。
- CIColorMonochrome：使用单一色彩处理图片，就像通过有色滤光片看这张照片一样。
- CIFalseColor：基于亮度定义两种颜色，将图片各颜色转换成这两种颜色之间的色彩。较明亮的颜色移向一个颜色参数，较暗淡的颜色移向另一个颜色参数。
- CIColorInvert：对图片反色。注意该滤镜没有随机数，因为没有数值参数。
- CIAffineTransform：对图片进行仿射变换，通过矩阵数学可以改变其形状或尺寸。仿射变换可以旋转、翻转或对其变形。该方法用于重复执行不同的变换类型。

我们已经有了在用户界面上创建滤镜、设立缩略图所需的所有条件。这些条件位于前面提到的 randomizeFilters 方法中，它从 showFilters 里调用。randomizeFilters 方法的代码在程序清单 24.15 中给出。

注意：所有这些滤镜与其输入的图片无关。这意味着它们可以反复使用到不同的图片，事实正是如此。所以我们可以用它们创建预览的缩略图，随后在大图片上应用这些滤镜。

程序清单 24.15　创建新的随机特效滤镜

```
- (void)randomizeFilters
{
   [[self imageFilters] removeAllObjects];
   [[self filteredThumbnailPreviewImages] removeAllObjects];

   // Hue adjust filter
   CIFilter *hueAdjustFilter = [self hueAdjustFilter];
   [[self imageFilters] addObject:hueAdjustFilter];

   // Color tint filter
   CIFilter *tintFilter = [self colorTintFilter];
   [[self imageFilters] addObject:tintFilter];

   // False color filter
   CIFilter *falseColorFilter = [self falseColorFilter];
   [[self imageFilters] addObject:falseColorFilter];

   // Invert color filter
   CIFilter *invertFilter = [self invertColorFilter];
   [[self imageFilters] addObject:invertFilter];

   // Rotate 180 degrees filter
```

```
    CIFilter *rotateFilter = [self filterWithAffineTransform:
      CGAffineTransformMakeRotation(M_PI)];
    [[self imageFilters] addObject:rotateFilter];

    // Mirror image filter
    CIFilter *mirrorFilter = [self filterWithAffineTransform:
      CGAffineTransformMakeScale(-1, 1)];
    [[self imageFilters] addObject:mirrorFilter];

    // Skew filter
    CIFilter *skewFilter = [self filterWithAffineTransform:
      CGAffineTransformMake(1, tan(M_PI/12), tan(M_PI/16), 1, 0, 0)];
    [[self imageFilters] addObject:skewFilter];

    CIImage *thumbnailCIImage = [CIImage imageWithCGImage:
      [[self filteredThumbnailImage] CGImage]];

    dispatch_apply([[self imageFilters] count],
      dispatch_get_global_queue(DISPATCH_QUEUE_PRIORITY_DEFAULT, 0),
      ^(size_t i) {

      CIFilter *filter = [[self imageFilters] objectAtIndex:i];
      [filter setValue:thumbnailCIImage forKey:kCIInputImageKey];
      CIImage *filterResult = [filter outputImage];

      CGImageRef filteredCGImage = [[self ciContext]
        createCGImage:filterResult
        fromRect:[filterResult extent]];
      UIImage *filteredImage = [UIImage imageWithCGImage:filteredCGImage];
      CFRelease(filteredCGImage);

      [[self filteredThumbnailPreviewImages] addObject:filteredImage];

      dispatch_async(dispatch_get_main_queue(), ^(void) {
        UIButton *filterButton = [[self filterButtons] objectAtIndex:i];
        [filterButton setImage:filteredImage forState:UIControlStateNormal];
      });
    });
}
```

该方法做了许多事情，但并不像乍看起来那么复杂。该方法所做的第一件事是清除先前所有的滤镜效果，并清除保存这些滤镜缩略图的数组。然后 randomizeFilters 方法运行一遍先前说明的各 CIFilter，创建若干滤镜将其放到 imageFilters 数组中。注意该方法 3 次调用 -filterWithAffineTransform:方法，使用的是不同变换，以得到不同的特效。对 CGAffineTransform 的详细探讨超出了本书的范畴，但 Core Graphics 对通常的变换，例如旋转或缩放图片提供了便捷函数。对于镜像图片滤镜，我们用到的是对 X 方向颠倒而 Y 方向内容不变的滤镜。这样既高效地翻转了图片，又不改变其尺寸。

randomizeFilters 方法随后在 filteredThumbnailImage 中将当前图片转换成 CIImage 对象，以便可供 CIFilter 使用。

为了创建预览图片，该方法利用了 dispatch_apply。dispatch_apply 是个 GCD 函数，

用类似于 for 循环的方式工作，它调用了其代码块数次。然而与 for 循环不同，dispatch_apply 可以利用多个处理器核，可以同时多次运行一个代码块。这在多核系统上将是个显著的优势，只要代码块是线程安全的。dispatch_apply 的第一个参数告诉此函数要运行该代码块多少次。该代码块采用一个整型参数，用于告诉该代码块它运行于哪条路线。此参数相当于 for 循环里的索引值。

代码块首先在 imageFilters 数组里查找 CIFilter 对象，将其输入图片设为当前缩略图，并获取其输出图片。然后它将此图片当作 CGImageRef 对象渲染，将渲染后的图片转换成 UIImage 对象。此 UIImage 对象将进入 filteredThumbnailPreviewImages 数组。

用户界面的更新需要在主线程完成，所以该代码块使用 dispatch_apply 来回调主线程，并以新的预览图片更新当前 filterButton。

24.4.5 滤镜的运用

创建好了滤镜和预览图片，就要对原始的大图片运用这些滤镜。还记得前面提到的在照片浏览器底部的 7 个新滤镜按钮吗？它们关联到了 applyFilter 方法。applyFilter 方法的实现代码如程序清单 24.16 所示。

程序清单 24.16 对这 7 个滤镜预览按钮应用滤镜

```
- (void)applySpecifiedFilter:(CIFilter *)filter
{
   CIImage *filteredLargeImage = [filter outputImage];
   CGImageRef filteredLargeCGImage = [[self ciContext]
      createCGImage:filteredLargeImage
      fromRect:[filteredLargeImage extent]];
   UIImage *filteredImage = [UIImage imageWithCGImage:filteredLargeCGImage];
   [[[self photoViewCache] objectAtIndex:[self currentIndex]]
      setImage:filteredImage];
   [self setFilteredLargeImage:filteredImage];
   CFRelease(filteredLargeCGImage);
}

- (IBAction)applyFilter:(id)sender {
   CIFilter *filter = [[self imageFilters] objectAtIndex:[sender tag]];
   [self applySpecifiedFilter:filter];
   [self setFilteredThumbnailImage:
     [[self filteredThumbnailPreviewImages] objectAtIndex:[sender tag]]];
   [self randomizeFilters];
}
```

applyFilter 方法根据用户触击的按钮标记值来查找所选中的滤镜。还记得吧，预览按钮的标记值范围是 0~6。这些值对应于用来查找 imageFilters 入口项的索引值。

applySpecifiedFilter 方法的工作是将所选滤镜应用到大图片上，采用的是先前所讨论的模式。结果图片会在用户界面上显示出来，并保存在 filteredLargeImage 对象中。将滤镜处理过的图片保存在实例变量中，就能使滤镜效果累加，因为所保存的图片总是包含最近应用滤镜的结果。

回到 applyFilter，代码设置 filteredThumbnailImage 的当前值为 filteredThumbnailPreviewImage 中某张前期渲染过的图片。和前面一样，这里的滤镜特效仍将累加起来。最后，代码调用 randomizeFilters 来创建新的滤镜选项，并更新各预览缩略图。

24.4.6 图片自动增强功能的实现

图片自动增强功能的使用相对简单，与先前给出的图片自动增强示例代码并无区别。enhanceImage 的实现代码如程序清单 24.17 所示。

程序清单 24.17 PhotoWheel 的图片自动增强方法

```
- (IBAction)enhanceImage:(id)sender {
   CIImage *largeCIImage = [CIImage imageWithCGImage:
     [[self filteredLargeImage] CGImage]];
   NSArray *autoAdjustmentFilters = [largeCIImage autoAdjustmentFilters];
   CIImage *enhancedImage = largeCIImage;
   for (CIFilter *filter in autoAdjustmentFilters) {
      [filter setValue:enhancedImage forKey:kCIInputImageKey];
      enhancedImage = [filter outputImage];
   }
   [self applySpecifiedFilter:[autoAdjustmentFilters lastObject]];
}
```

正如在图片自动增强一节中讨论的那样，此方法向大图片 CIImage 对象请求增强滤镜的完整集合，将这些滤镜串在一起，得到最后处理过的结果 CIImage 对象。它将滤镜链条的最末滤镜传递给 applySpecifiedFilter，它处理用户界面的更新，并保存新图片以供其他滤镜使用。

24.4.7 实现脸部缩放

先前我们讨论了怎样定位照片中的脸部，但在 PhotoWheel 中我们还将深入一些。一旦基于图像分析找出脸部，将自动把脸部所在位置图片放大。实现这个功能的方法代码在程序清单 24.18 中给出。

程序清单 24.18 找出图片中的脸部区域并将其放大

```
- (IBAction)zoomToFaces:(id)sender {
   NSDictionary *detectorOptions = [NSDictionary
      dictionaryWithObject:CIDetectorAccuracyLow
      forKey:CIDetectorAccuracy];
   CIDetector *faceDetector = [CIDetector
      detectorOfType:CIDetectorTypeFace
      context:nil
      options:detectorOptions];

   CIImage *largeCIImage = [CIImage imageWithCGImage:
      [[self filteredLargeImage] CGImage]];
   NSArray *faces = [faceDetector featuresInImage:largeCIImage options:nil];

   if ([faces count] > 0) {
      CGRect faceZoomRect = CGRectNull;

      for (CIFaceFeature *face in faces) {
         if (CGRectEqualToRect(faceZoomRect, CGRectNull)) {
            faceZoomRect = [face bounds];
         } else {
```

```
                faceZoomRect = CGRectUnion(faceZoomRect, [face bounds]);
            }
        }

        faceZoomRect = CGRectIntersection([largeCIImage extent],
          CGRectInset(faceZoomRect, -50.0, -50.0)) ;

        CIFilter *cropFilter = [CIFilter filterWithName:@"CICrop"];
        [cropFilter setValue:largeCIImage forKey:kCIInputImageKey];
        [cropFilter setValue:[CIVector
          vectorWithCGRect:faceZoomRect] forKey:@"inputRectangle"];

        [self applySpecifiedFilter:cropFilter];
    } else {
        UIAlertView *noFacesAlert = [[UIAlertView alloc]
          initWithTitle:@"No Faces"
          message:@"Sorry, I couldn't find any faces in this picture
          delegate:nil
          cancelButtonTitle:@"OK"
          otherButtonTitles:nil];
        [noFacesAlert show];
    }
}
```

在-zoomToFaces:方法里检测脸部的方法和我们前面讨论的一样。这里的不同之处在于我们如何处理这些脸部信息。

我们能够取得照片中每张脸的边界。为了放大这些脸,需要计算出一个矩形来包围所有这些脸。代码为此使用了 faceZoomRect 变量。最初代码将其置为 CGRectNull，CGRectNull 是个定义矩形的常数，但此矩形没有有效位置或尺寸。对每张脸，代码都会检查 faceZoomRect 是否已变化。如果没有变化，就把当前的脸部位置放到 faceZoomRect 里；倘若 faceZoomRect 有变，代码就计算 faceZoomRect 与新脸部位置的合集。用这个办法，faceZoomRect 区域就不断扩大，从而包围照片中的所有脸。

接下来，代码会稍微对 faceZoomRect 扩展一些，它使用 CGRectInset 方法将 faceZoomRect 每边都扩展 50 个像素，以略微拓展缩放区域。严格来说这不是必需的，但未经修改的 faceZoomRect 缩放会给人以狭窄的感觉。如果有脸部靠近图片的边缘，调整缩放会导致脸部边界跨越图片边缘。代码使用 CGRectIntersection 方法来确保 faceZoomRect 的最终值不会超出该大图片的范围。

我们有了包含所有脸部的矩形，就需要裁切此图片了。代码用 CICrop 滤镜来裁切，裁切区域正是 faceZoomRect。

注意：和以前一样，Core Image 有其自己表示滤镜参数的类型。在此实例中，Core Image 需要 CIVector 表示裁切区域，所以代码要转换后才能运用此 CICrop 滤镜。

如果没找到脸部，脸部数组就会是空的。代码将跳过缩放代码，向用户显示一条消息。你可以尝试另一种途径，即提前检测脸部，如果没有发现脸部，就禁用或隐藏 Face Zoom 按钮。

24.4.8 其他必要的方法

我们需要一些实用方法，使滤镜视图充分发挥作用。用户需要能够保存滤镜处理过的图片，或者忽略这些修改，或者把滤镜处理过的图片恢复至原始图片，重新开始。这些方法在程序清单 24.19 中给出。

程序清单 24.19 一些实用的滤镜方法代码

```
- (IBAction)revertToOriginal:(id)sender {
   [self setFilteredThumbnailImage:[[self delegate]
      photoBrowserViewController:self
      smallImageAtIndex:[self currentIndex]]];
   [self randomizeFilters];
   UIImage *originalImage = [[self delegate]
      photoBrowserViewController:self
      imageAtIndex:[self currentIndex]];
   [[[self photoViewCache] objectAtIndex:[self currentIndex]]
      setImage:originalImage];
   [self setFilteredLargeImage:originalImage];
}

- (IBAction)saveImage:(id)sender {
   // Save the filtered large image
   if ([self filteredLargeImage] != nil) {
      [[self delegate] photoBrowserViewController:self
         updateToNewImage:[self filteredLargeImage]
         atIndex:[self currentIndex]];
   }

   [self hideFilters];
}

- (IBAction)cancel:(id)sender {
   // Restore original large image
   UIImage *originalImage = [[self delegate]
      photoBrowserViewController:self
      imageAtIndex:[self currentIndex]];
   [[[self photoViewCache] objectAtIndex:[self currentIndex]]
      setImage:originalImage];

   [self hideFilters];
}
```

-revertToOriginal:方法从委派重新调入原始图片，显示这些图片并使用 randomize Filters 生成新的滤镜。该方法让滤镜按钮可见，所以用户可以继续探究这些滤镜的效果。

-saveImage:方法将当前的原始图片替换为滤镜处理后的大图片，通过委派保存修改。它隐藏了滤镜视图，因为该操作完成了对此照片的滤镜处理。

-cancel:方法将恢复原始图片，但与-revertToOriginal:方法不同，它不会恢复缩略图或生成新的滤镜，而是简单地把滤镜容器隐藏起来而已。

24.5 小结

Core Image 不断为我们带来惊喜。然而，应用基本的 Core Image 滤镜出奇容易，可以用来改善图片或用来产生有趣、搞笑的视觉特效。正如我们在 iOS 开发中经常遇到的，真正难做的工作已经完成，并且它们都融入了框架。本章我们利用框架来增强 PhotoWheel，使之有一些看上去复杂其实简单易行的功能。

到目前为止，我们大多数时候都假定应用程序在按我们期望的方式工作。当然，事情往往并非如此。不管你再怎么努力，让代码一次就成功的可能性都非常小。在下一章，我们将讨论检查、修改代码缺陷的可用工具。我们还将学习怎样监视和分析应用程序的性能，以确保它高效运行，保持响应。

24.6 习题

1. 使用 `CIExposureAdjust` 滤镜添加新的特效。要创建此滤镜，需添加一个名叫 `-exposureAdjustFilter` 的新方法，其过程与本章描述的其他滤镜创建方法相同。`CIExposureAdjust` 有两个参数，一是与本章其他滤镜相同的输入图片参数；另一个是 inputEV，用来调整曝光程度，值的范围是–10~10。为了在屏幕上显示此滤镜，可以替换掉现有滤镜中的某个，或者在用户界面上添加另一个缩略图视图。倘若你选择添加新的缩略图，你需要让现有的缩略图变小，以腾出空间放新的缩略图。别忘了设置新缩略图按钮的标记值！

2. 尝试更复杂的多阶段特效。好的示例是使用 `CICheckerboardGenerator` 滤镜来创建半透明的图片，然后将其叠加到原始图片上。和前面的练习一样，你可以替换其中某个现有滤镜特效，或者腾出空间新增一个特效。需要添加一个新方法，来产生特效的随机配置版本。要添加此特效，需要串联起来以下 3 个滤镜：

a. 用 `CICheckerboardGenerator` 滤镜来创建跳棋盘。该滤镜有两个颜色参数：`inputColor0` 和 `inputColor1`。使用本章介绍的 `-randomCIColorAlpha` 方法来接收这些参数。它另有 `inputWidth` 参数，其应为 50~100 像素数；还有 `inputSharpness` 参数，为 0~1 之间的随机数。

b. 用 `CICrop` 滤镜创建和原始图片尺寸一样大小的跳棋盘图片。所生成的跳棋盘将永久存在，该步骤将其转换为和原始图片一样的尺寸。输入图片应当是上一步 `CICheckerboardGenerator` 滤镜的输出，而 `inputRectangle` 参数应当为原始图片尺寸（记得这被称为 `CIImage` 的 `extent` 吗？）。

c. 用 `CISourceOverCompositing` 滤镜合并原始图片和跳棋盘为一张新图片。确保输入图片是上个滤镜裁切后的跳棋盘，且 `inputBackgroundImage` 参数为原始图片。

第三部分 最后的润色

第25章 调　　试

在开发应用程序时，经常会发现应用程序并不按你期望的方式表现。或许屏幕布局乱了套，或者应用程序崩溃。Xcode 提供了一些有用工具来查找和修正缺陷。本章我们将探讨这些工具，以及更普遍的问题，以缩小问题范围，找出问题根源。

25.1 了解问题所在

当面对缺陷时，要做的第一件事就是尽可能地搞清问题细节，得到准确的问题说明。从外观获取有关缺陷的清晰描述，这是理解内部什么地方出问题的至关重要的第一步。直接一头扎进代码寻障多半不是最好的办法。

25.1.1 问题出在哪里

最先要了解的就是发生了什么意外情况，用户在此情况发生前做了哪些操作。如果你在自己测试应用程序，你可能已经有了相当透彻的思路；要是别人在测试应用程序，就尽可能尝试得到细节信息。没有对应用程序出现的错误有好的描述，就很难跟踪到问题根源。缺陷描述需要详细而精确。长期的开发者不止一次会看到类似于“我正在用这个应用程序，它就崩溃了”的缺陷报告。不幸的是，在解决这个问题时这样的说法一点也没有用。除非应用程序频繁崩溃，你没有办法找出问题。而且假如应用程序频繁崩溃的话，你可能已经惨痛地认识到这个现实了。

25.1.2 重现缺陷

一旦有了清楚的说明，就该把问题重现。偶尔会有你对代码熟悉的情况，这时根据缺陷说明就能显而易见地定位出错代码位置。然而更常见的是，问题根源并不是一目了然的。这些情况下，就要坐下来操作应用程序，使缺陷冒出来。考察使用应用程序的不同方式，以查看是否有别的环境会导致此问题。也许采取稍微不同的步骤会阻止缺陷出现，或使问题更糟。尝试找出最小的测试用例，以尽可能快地、工作量尽可能少地使缺陷复现。

倘若你发现自己无法重现此缺陷，就遇到麻烦了。对于看不到的问题，要修复它就极端困难。

如果不出意外情况，即便你修改了代码，也不能声称自己修复了此问题。细微的或者时隐时现的问题可能需要相当多的探测工作，才能找出是哪里出了错。你也许需要用自己的测试数据模仿用户数据。在极端情况下，你可能需要得到用户数据，把它放到你自己的设备上。缺陷也可能依赖于时机的选择，少数情况甚至取决于每天的时刻。

25.2 调试的概念

Xcode 有个内置的调试器。开发新手往往低估或误解了调试器的用法，而不愿使用它们，但他们不知道自己错过了什么。本节我们将讨论调试器提供的一些工具和技巧。如果你在其他平台上已经用过调试器，则可以跳到下一节，学习 Xcode 调试器的工作原理。

毫无疑问，调试器对于作为开发者的你而言，是第二重要的工具。只有一个工具比它重要，那就是编译器。如果你未用调试器查看过代码，说明你错过了一个极其有用的工具；倘若你从未用过调试器，它会让你最开始时望而生畏。但不管怎样，好的调试器让你花费学习时间，但会让你通过节约查找和修正缺陷时间，而获取丰厚的回报。

到底什么是“调试器”

调试器是一种专用工具，可以运行另一个应用程序并控制、监视该应用程序的进度。它就像打开汽车发动机的机罩，以在马达运转时查看和调整其工作状况。你将使用调试器来查看在代码运行时实际发生了什么事情。通过阅读和思考代码，可以了解许多事情，但在你观察代码的每一步操作时，你几乎总能从其实际工作来了解更多的内容。

断点

调试器的最一般用法可能就是在代码中设置断点了。断点就是代码里你想观察所发生事情的那行代码。你可以对怀疑有缺陷的代码行设置断点。一旦对某行设置了断点，就可以在调试器里运行代码，像平常一样与应用程序进行交互。

代码运行到设置有断点的代码行时，就会停下。对该应用程序而言，就如同时间突然停止了一样，但对你不是这样。这时你可以利用调试器检查程序这时的状态，看看其是否在按它应该的方式工作。你可以查看变量的值，修改它们，甚至在断点处暂停时调用一些函数。

在你完成操作后，可以告诉调试器继续运行程序，它就会从停止的地方恢复运转。还可以让调试器一次只运行一行代码，每运行一行后停下。这样做，可以让我们对代码正在做的事了如指掌。

另一种断点影响的是特定条件，而不是特定行的代码。其效果等同于断点，但程序停下是因为发生某个事件或状况，并非因为它到达断点所在的行。一个好的示例就是异常断点。有些代码缺陷会导致抛出异常，如果异常未被处理，应用程序就会崩溃。异常断点就是在异常抛出时停止运行应用程序的断点，不管在哪里抛出这个异常。还可以创建所谓的“观察点”来跟踪变量值的变化。通过观察点，调试器会在变量值有变时停下。如果无法确信变量值何时或为何改变，这么观察将会帮助找出问题所在。

25.3 在 Xcode 中调试

现在我们来看一看如何在 Xcode 里使用这些技巧。

25.3.1　设置和管理断点

Xcode 设置断点的选项在图 25-1 中给出。

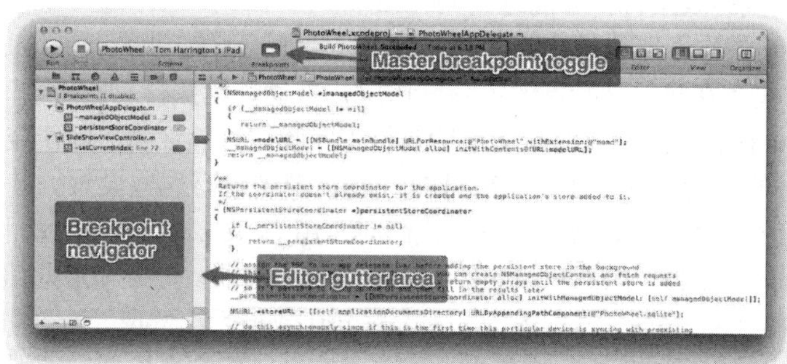

图 25-1　在 Xcode 中设置断点

对一行代码设置断点的最快办法，就是在编辑器代码窗格的左侧竖条槽内设置断点。要对一行代码设置断点，单击该行邻近的槽位置。会有个蓝箭头出现在边上。可以通过单击此蓝箭头指示，来禁用或重新打开断点。图 25-1 给出了 PhotoWheelAppDelegate.m 文件中有两个断点。一个位于`-managedObjectModel` 内，是打开的；另一个位于`-persistentStoreCoordinator` 内，是禁用的。

要删除槽内的断点，将蓝箭头从槽内拖出即可。

窗口的左侧是 Breakpoint 导航器。这里列出了所有断点，包括那些已禁用的断点。断点是按源文件组织的。单击其中某个断点，将打开对应的源文件，并显示到断点所在的行。还可以通过单击此蓝箭头图标，来禁用或重新打开断点。要删除 Breakpoint 导航器里的断点，可以将其拖出导航器，或者选中后按 Delete 键。

窗口的顶部是主断点切换按钮（⌘+Y）。此按钮控制应用程序是否按有断点来运行。在应用程序运行时，单击此按钮会影响整体的运行环境。它不会影响某个断点是否打开，而是决定在应用程序运行时是否用到所有断点。可以在应用程序运行时，改变这种状态。

25.3.2　定制断点

如果右击 Breakpoint 导航器里的断点，并从弹出菜单中选择 Edit Breakpoint 项，就会出现一个浮动窗口，可以在其中设置该断点的行为（如图 25-2 所示）。

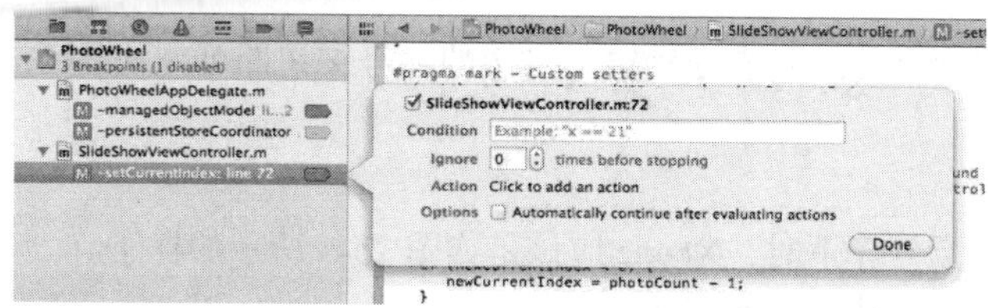

图 25-2　编辑断点

此浮动窗口提供下列选项：

- 指定一种条件，其为真时停止应用程序的运行。倘若想让变量为某个指定值时暂停应用程序，则可以在此输入检测这一条件的表达式。

- ❑ 告诉 Xcode 应当在暂停应用程序的运行前忽略此断点若干次。对于循环中的断点这很有用，比如说，如果你想让循环在运行 50 次后才停下。倘若没有这个功能，你就得重复此断点 50 次让其继续运行，才能达到同样效果。
- ❑ 配置一些自动操作，以在到达此断点时执行（后面会详细讲述）。
- ❑ 告诉 Xcode 应当在执行该断点的定制操作后，自动继续执行。

为何要让 Xcode 在到达此断点时自动继续执行呢？我们可以证明，即便应用程序在运行时，断点仍能做许多有用的事情。可以在浮动窗口的 Action 节中进行这些设置。

断点动作有个好的运用，就是替换在开发代码时常用的 `NSLog` 语句。我们经常想知道调用了某方法，或在特定行的变量值，但不想因此停下应用程序来查看。只要知道此信息就足够了。或者在探究某个依赖正确时序的缺陷，停止运行应用程序会让缺陷无法重现。开发人员通常会添加一条 `NSLog` 语句，打印出感兴趣的信息，这样做既省事又高效。但它也可能导致混乱，而引起混淆。`NSLog` 语句在其用完后还在那里，导致极其杂乱的输出，使得要找出感兴趣的信息变得很困难。在应用程序发布时它们还需要被清除，以免出现在用户 iPad 的系统控制台上。

一种断点动作就是 Log Message 动作，它就是在控制台上打印消息。它多少有些类似 `NSLog`，只是它不会搞乱源代码。该动作还能够利用语音合成念出文字，而不用打印消息，所以不必查看控制台，听这个消息就行了。图 25-3 给出了这么个示例。在此示例中，断点设在`-managedObjectModel` 方法里。当代码运行到达断点处时，它会说“Starting managedObjectModel”，然后继续运行而不暂停应用程序。

类似的选项还有在代码到达断点时让 Xcode 播放一段声音（如图 25-4 所示）。其用法类似于 Xcode 念消息。在监视你希望频繁到达某断点的代码时，这很有用。在运行应用程序时，这些声音经常会组成一种节奏。如果节奏被打破，就说明某件事情没有按期望的那样发生。

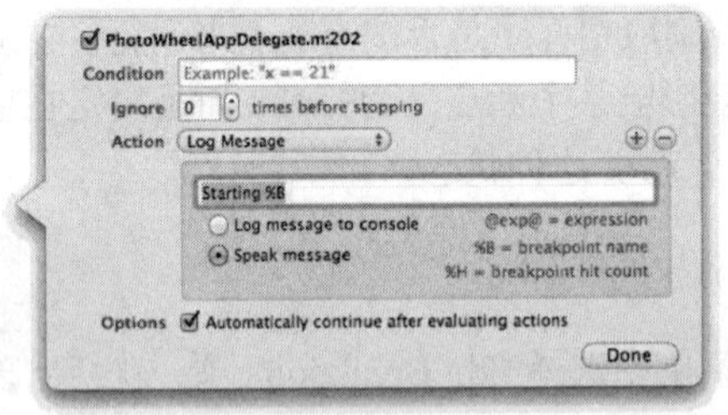

图 25-3 向断点添加一个 Log Message 动作

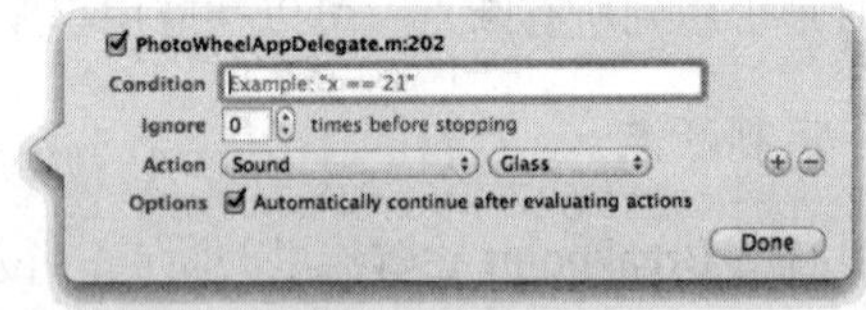

图 25-4 配置播放声音并继续的断点

可以对断点添加多个动作，单击浮动窗口右边的加号按钮即可。

25.3.3 到达断点

当应用程序到达断点并停下时，Xcode 应该是如图 25-5 所示的样子。

这个窗口里有一些我们感兴趣的东西：

- ❑ Current line（当前行）：应用程序的当前行在编辑器里高亮出来，所以我们总能知道现在位于应用程序何处。高亮的行尚未执行，它用于指示如果应用程序继续执行，将要执行的下一行代码。

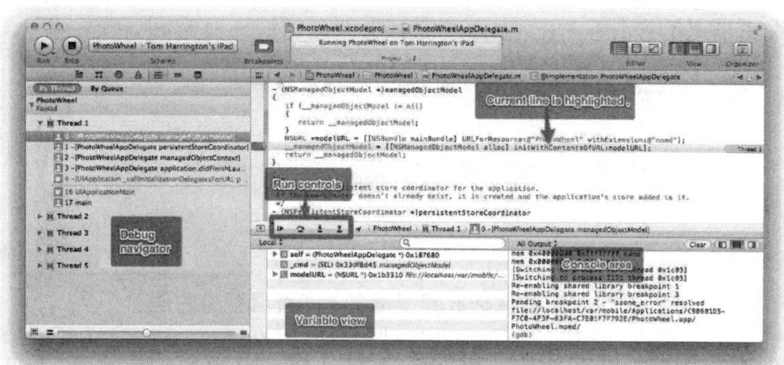

图 25-5　停在某个断点处的 Xcode 窗口

- Debug navigator（调试导航器）：它显示应用程序所有线程的当前状态。在图 25-5 里，我们看到应用程序停在了`[PhotoWheelAppDelegate managedObjectModel]`里的断点，它位于线程 1 中。线程 1 标题下显示的信息是调用栈，给出了调用`-managedObjectModel` 的方法名，以及调用此方法的方法名，如此类推。作为 iOS 框架组成部分的方法而不是应用程序的方法会以灰色表示。

可以通过单击不同方法来查看此调用栈。这样，代码编辑器会更新显示指定方法的当前行。例如在本例中，我们会立即跳转到调用`-managedObjectModel` 方法的行上去。

Debug 导航器底部的滑块控制调用栈要包含多大程度的细节。Xcode 通常会限制只显示感兴趣方法的信息（例如作为你应用程序一部分的那些方法）。可以调整细节层次，以显示多些或少些的信息。

- run controls（运行控件）：这 4 个按钮让你能够控制在程序流中接着要发生什么事情。第一个按钮告诉 Xcode 继续从当前行处运行应用程序。应用程序将继续运行，直至遇到下一个断点；其边上是 step over 按钮，它运行到下一行代码，进入到所调用的函数或方法内；接着是 step into 按钮，它运行到下一行代码，且会进入到所调用的函数或方法内，如果源代码有效的话（它不会进入系统框架方法中，因为你没有其源代码）；最后是 step out 按钮，它告诉 Xcode，应用程序应持续运行到当前函数或方法结尾处。
- variable view（变量视图）：该窗格一般是显示任何局部变量的。在图 25-5 里，我们会看到这里包含了`modelURL`，因为它是当前方法的局部变量。在变量视图的上部有个弹出菜单，用来选择不同模式，例如显示全局变量还是局部变量。
- Console(控制台)：控制台显示的就是调试器有关应用程序状态的信息，还有任何`NSLog`之类的打印语句的输出。该控制台还有一个到调试器的命令行接口，用于控制调试会话，检查或改变变量的值。我们会在稍后谈到一些调试器命令。在图 25-5 里，断点被配置成在应用程序到达此断点时打印 `modelURL` 的值，所以我们能够在控制台里看到其完整的值。

25.3.4　检查变量

通常在变量视图里，只需要检查变量。在图 25-5 里，可以观察到`modelURL`保存的 URL——不过可能只看见一部分，需要拖动变量视图里的分隔线，将控制台区域向右挪以看到较多内容。还可以将鼠标放到代码编辑器里的 modelURL 上面，以查看浮动窗口，其空间要大一些（如图 25-6 所示）。

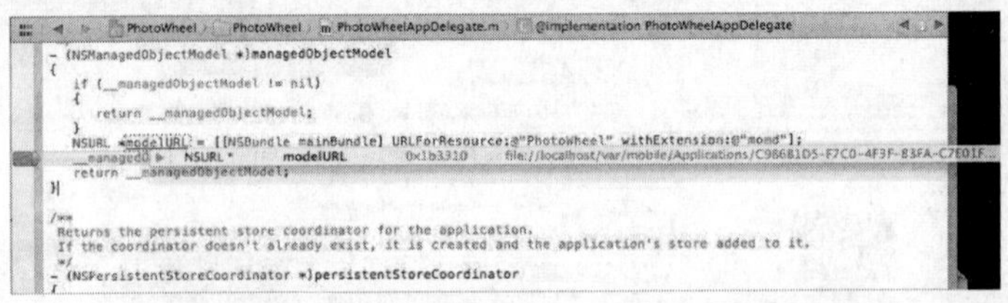

图 25-6 将鼠标放到变量名上来查看变量的值

变量视图往往不会显示足够的信息。例如在图 25-7 中，变量视图告诉我们 options 是个词典，它有两个键—值对。这是不错，有时这就是我们想要的所有信息。

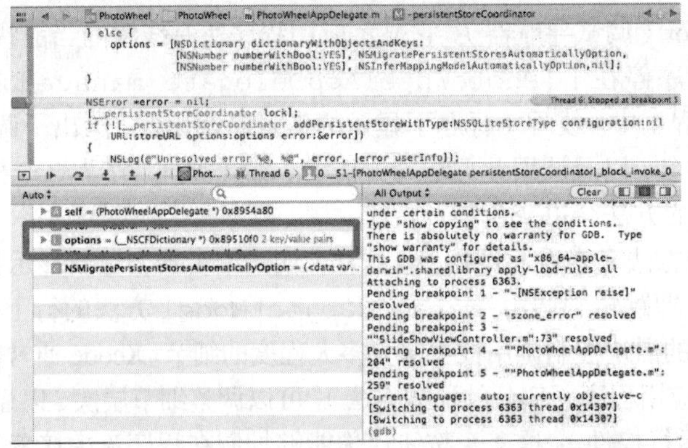

图 25-7 一个 NSDictionary 对象的变量视图信息

然而我们可能想知道这些键—值对里确切保存的数据。在这种情况下，将鼠标放到 NSDictionary 对象上面也没有用（如图 25-8 所示）。

幸运的是，还有其他一些选项可用。一个办法是在变量视图里选择变量然后右击，上下文弹出菜单会包含一个打印变量说明的选项（如图 25-9 所示）。它还包含了其他一些有用的东西，例如能够对所选变量设置观察点。

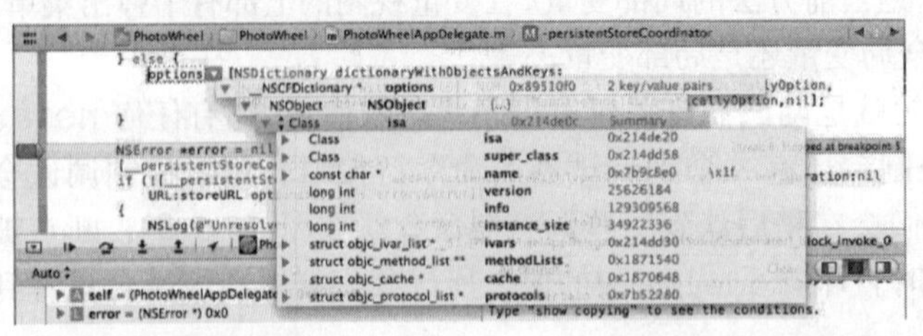

图 25-8 将鼠标放到一个 NSDictionary 对象上面时的显示

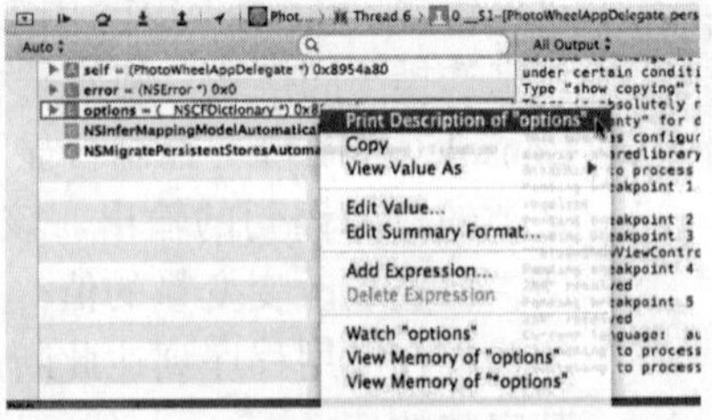

图 25-9 变量视图里的上下文弹出菜单

如果选择此菜单项，就会在控制台区域打印变量说明信息（如图 25-10 所示）。

这里显示的 options 信息也许比你期望的多，还有了键—值的信息。另一个办法是直接就用控制台的命令行。控制台的 po 命令是 print object 的缩写，它调用对象的-description 方法来打印结果。正如图 25-11 所给出的，有些时候这样得到的信息比用上下文弹出菜单的方法更容易理解。

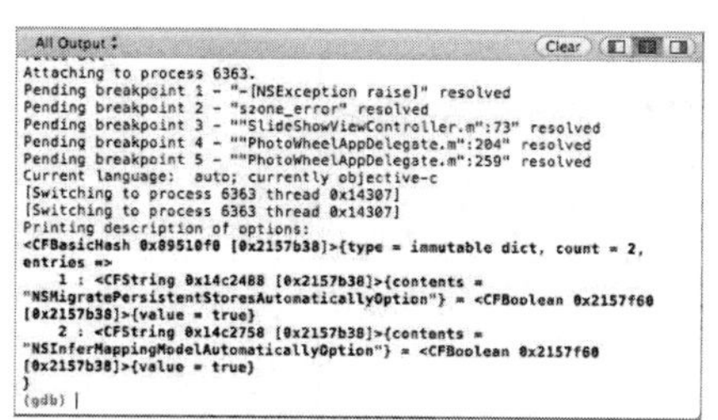

图 25-10　选择 Print Description 菜单项后的控制台输出

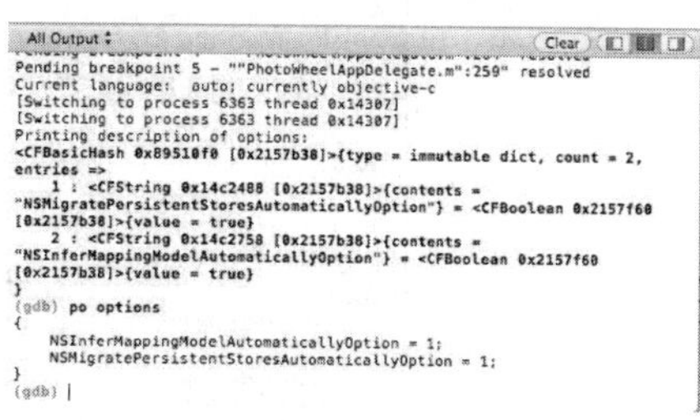

图 25-11　在调试控制台上使用 po 命令

25.4　调试示例：外部显示器代码

在编写第 23 章使用外部显示器的示例代码时，曾在一个位置有个让人困惑的缺陷。尽管应用程序是在外部显示器上放映幻灯片，但图片并未在中央位置。它们太低，太靠左了，在显示器上部和右侧留下了很大的倒 L 形空白。

试验不同的方法来重现此缺陷并不能提供多少信息。从开始放映幻灯片，这个问题就会出现，而且总是一直这样。当然了，几乎总是这样。

这个缺陷首先是在通过 AirPlay 将 720 线电视作为外部显示器时出现的。这意味着外部显示器的分辨率是 1280 × 720。在这个尺寸上，倒 L 形空白大约是屏幕宽度和高度的一半。也可能正好是一半，但很难确保它没有偏移几个像素。这也许暗示的是数学运算错误，或者代码在某些该用原点的位置偶然用的是窗口中心。但在 iOS 中，原点是屏幕的左上角——所以使用中心而不是原点，会将照片向右向下移动，而不是所出现的向左向下移动。

进一步的检查表明，这个缺陷随屏幕尺寸而变。在 iOS 模拟器上运行该应用程序，可以模拟几种不同的显示器尺寸。当模拟 1024 × 768 显示器时，L 形区域大概占据了四分之一的显示宽度和三分之一的高度；而用 720 × 480 或 640 × 480 模拟显示器时，照片完全消失，虽然页翻卷动作还能看到。

这样有可能是 `SlideShowViewController` 里显示照片的代码有误。代码看上去没错，但显然有不正确的地方。也许是照片视图因故偏离了中心。笔者在`-setCurrentIndex:`中设置了断点，就在设置照片视图框架的语句后面。当应用程序到达断点处时，笔者就在调试控制台上检查框架信息（如图 25-12 所示）。

我们看图 25-12 中的调试命令。p 命令是 print 的缩写。这里是在打印 `newPhotoView` 框架的值。在使用 p 命令时，通常需要对结果进行强制类型转换，以便调试器知道它应该输出的格式。`UIView` 框架是个 `CGRect` 对象，所以这里用的是它。另一个要注意的细节是此命令是调用 `newPhotoView` 的方法来获取框架。而笔者是在控制台上调用 Objective-C 方法，控制台是解释执行这些方法然后打印出结果的。

图 25-12 中框架尺寸是 768×1004，说明此视图是内部显示器，因为模拟的外部显示器是 1024×768。所以单击继续执行，让代码再次到达断点。这次框架符合外部显示器的尺寸，所以我知道这是正确的视图（如图 25-13 所示）。

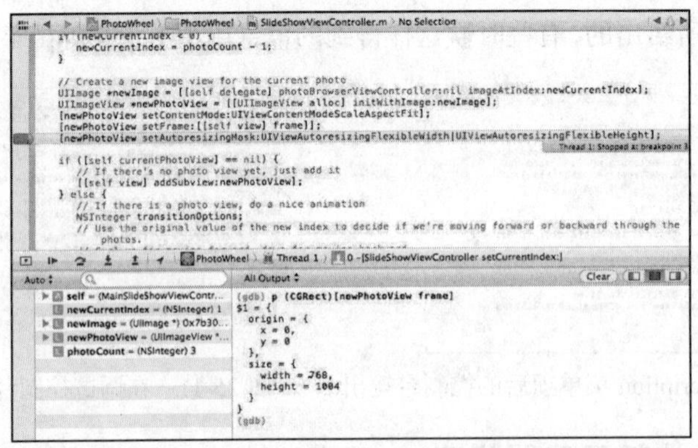

图 25-12 在调试控制台上检查视图框架信息，第一步通过

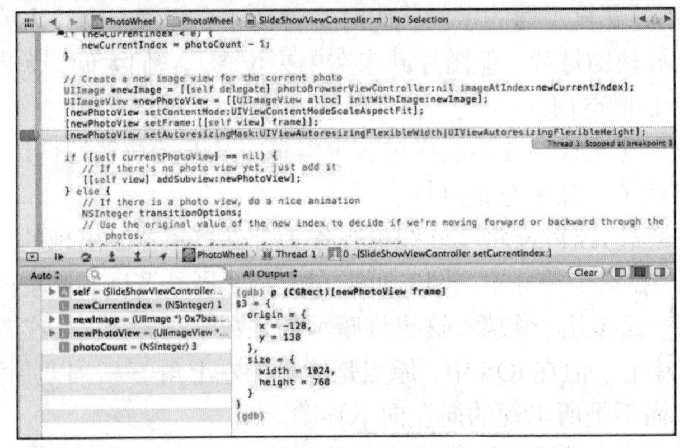

图 25-13 在调试控制台检查视图框架的尺寸，第二步通过

框架尺寸没错，但原点不对。照片的原点应位于（0，0），和显示原点一样。而在代码编辑器里会看到设置 newPhotoView 框架的前一行代码和[self view]框架相同。这意味着[self view]框架也必然有错误的原点值，查看它后确认确实如此。

现在检查设置了视图原点的地方。它是在-configureExternalScreen:方法的 MainSlideShowViewController 处。

此方法创建了一个新的 UIWindow 对象，及一个新视图控制器，并将此视图控制器的视图调整为适合屏幕。我不能确认哪个步骤出了错，所以在此方法的开始位置设上断点，逐行运行这些代码，检查这个过程的每个部分。

在我一步步走过这个方法时，我发现窗口尺寸是对的。我用于设置外部显示器的 CGRect 对象也看来无误。这是在控制台上看到的信息，如图 25-14 所示。

此视图控制器的视图偏离了中央位置，尽管和照片视图一样的方式。怎么会这样呢？查看这些代码，我觉得这一行可疑：

```
[[externalSlideController view] setBounds:externalViewFrame];
```

该行的问题在于将视图边界与其框架混在一起。它们密切相关，但不是一回事。视图框架使用其父视图的坐标系统，而其边界则使用自己的坐标系统。框架原点是该视图在其父视图里的位置，而边界原点通常（并不总是）位于（0，0）。将边界与其框架混为一谈会是个错误的想法，会导致视图位置莫名其妙地放错。听起来很熟悉吧？有时这会发生，是因为尽管边界原点通常是（0，0），但框架原点并非如此。当是这种情况时，设置边界原点为框架原点往往不能达到期望的效果。但这里，我们已经知道 externalViewFrame 里的框架原点设为了（0，0），所以这不是个问题。另一个因素是，视图边界的改变会修改其相对于中心位置的尺寸，而非其相对于原点的尺寸。这更有可能是该缺陷的根源。

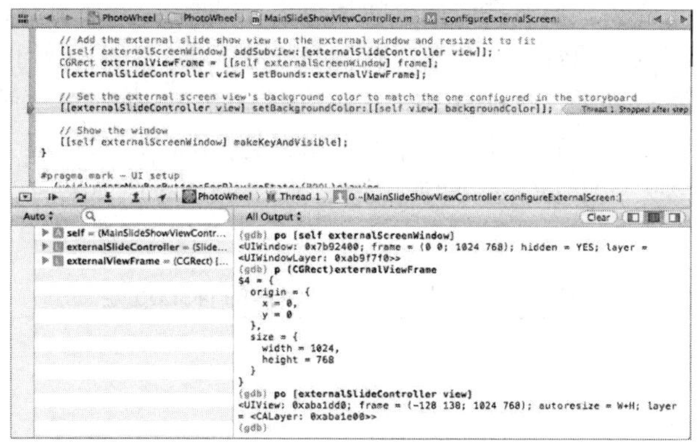

图 25-14　检查外部显示器的缺陷

根据这些分析，我怀疑我只要将可疑行改为下列这样，就修正了此缺陷：

```
[[externalSlideController view] setFrame:externalViewFrame];
```

可以用调试器来检查这种假设，而不必重启应用程序，或者编辑代码，直至我确信需要做什么为止（如图 25-15 所示）。

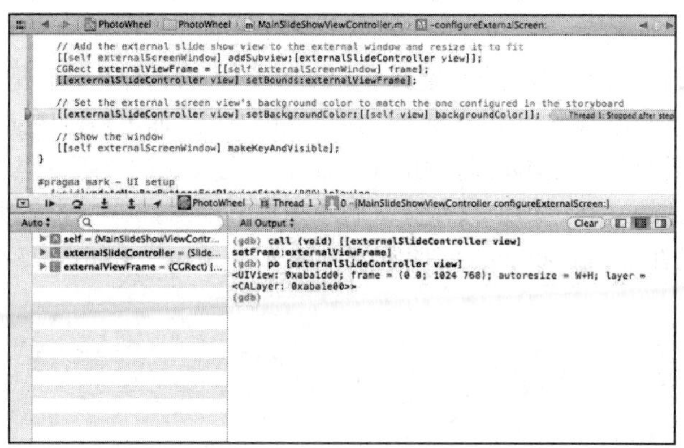

图 25-15　在调试器控制台上修正视图框架

控制台上的第一个命令是执行新代码行，就像它已经在应用程序中一样。call 命令用来调用代码中的函数和方法。使用 p 命令时，需要告诉调试器函数或方法的返回类型是什么。这里没有返回值，所以用的是 void。

用第二行命令检查视图，以确保框架是它应该的样子。确实如此！我按动继续按钮，开始放映幻灯片。这次外部显示器上的图片都在正确的位置了，所以我把代码修改对了。

在声明问题已修复之前，我又运行了先前所做的测试。在模拟器里，我对应用程序尝试使用不同的外部显示器尺寸。然后我使用 iPad 和真正的外部显示器试验。还是效果很好，所以我确定现在已经修复了此缺陷。

25.5 什么时候真的需要 NSLog

尽管调试器的功能很强大，但有些时候确实还得用 NSLog。即便最有经验的开发者也会在有些时候使用它。但早先提到的问题依然存在。有个办法可以让 NSLog 语句失去效用，而使代码简洁。如果你在发布应用程序时还让它们存在，它们依旧会给设备控制台填满各种没有用的消息。

第二个问题至少是容易解决的。使用编译器宏和定义，可以让 NSLog 自动只出现在调试构建的版本中。这里有个基本宏，叫 DLog，即调试记录（debug log），如程序清单 25.1 所示。可以随意调用这个宏。

程序清单 25.1 对只用于调试目的的 NSLog 定义宏

```
#ifdef DEBUG
#define DLog(...) NSLog(__VA_ARGS__)
#else
#define DLog(...)
#endif
```

这段代码创建了 `DLog` 宏。编译器宏告诉编译器，一些定义的文本应当被另一些文本替代。替代操作发生于编译代码之前，是预处理阶段的组成部分。

在本例中，如果应用程序定义有 `DEBUG`，那么任何用到 `DLog` 的地方都会被替换成 `NSLog`。这并非简单地等价于调用 `NSLog`，而是在预处理结束时文字上变成了对 `NSLog` 的调用。`DLog` 的所有参数都成为 `NSLog` 的参数；倘若未定义有 `DEBUG`，任何对 `NSLog` 的调用都被置换成空字符串，所以当代码编译时，`NSLog` 已经消失了。网上有这个宏的若干变种，用以修改或添加 `NSLog` 参数。在使用 `NSLog` 时能得到想要的东西，但只有在定义了 `DEBUG` 时才会这样。倘若把这段代码放到项目的预编译头文件（即.pch 文件）里，它就可以在整个应用程序内有效，而不需要任何额外的`#import` 语句。

要使用 `DLog`，需要对调试版本设置 `DEBUG`，而不要在其他构建版本里设置。这是在应用程序的 Build Settings 里做到的，通过添加只在调试版本里用到的编译器标志位来实现。找到标志位所在节的最容易办法就是在 Build Settings 的搜索域中输入“cflags”（如图 25-16 所示）。

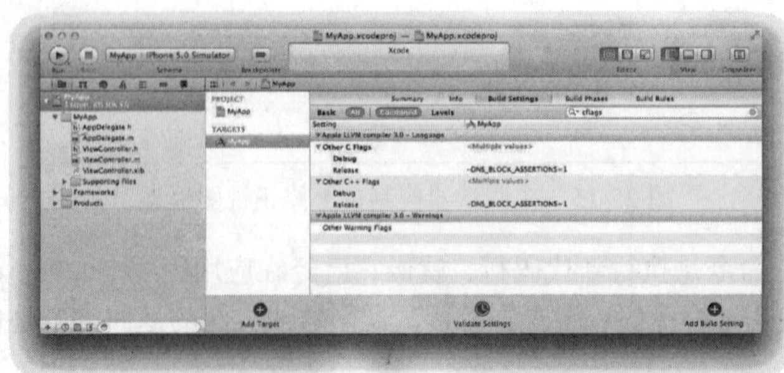

图 25-16 Xcode 里的编译器标志位

Xcode 会自动创建调试和发布的配置。如果双击 Other C Flags 节下面的 Debug 旁边，就会出现一个浮动窗口。在此可添加定制的标志位（如图 25-17 所示）。

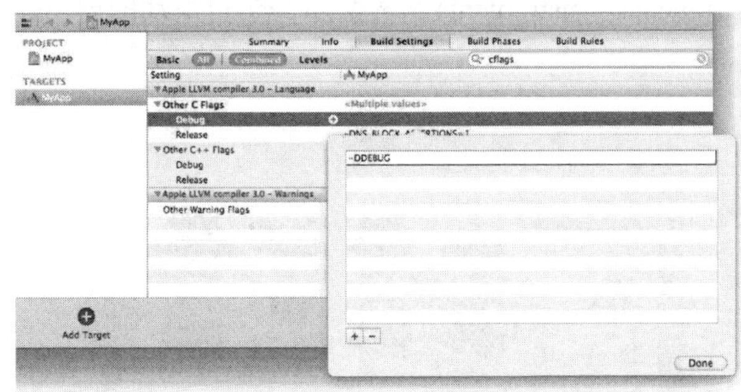

图 25-17　对调试版本定义 DEBUG

创建一条宏定义`#define`语句的编译器选项是“–D”，我们想定义 DEBUG，所以要添加如图 25-17 所示的“–DDEBUG”，使 DLog 宏可用。设置后，设置 NSLog 只为调试版本打开的操作就自然而然地完成了。

25.6　使用 Instruments 剖析代码

有些代码缺陷并不表现为错误的数据或屏幕布局。也许应用程序用到的内存比你预想的多；也许它实地运行太慢。对这类问题调试器不能有多大的帮助。

Xcode 包含了一个单独的工具，叫 Instruments，它专门设计用来处理这种情形。Instruments 是个图形化的剖析工具，帮助我们了解应用程序运行时实际发生的情况。剖析器类似调试器，是运行在其他应用程序之上并监视其活动的工具。它不像调试器那样用断点之类的东西让应用程序停止运行，而是待在后台，在你与应用程序交互时收集数据，例如用到多少内存，或者应用程序对每个方法花了多少时间等。Instruments 提供有关应用程序行为的图表和详细的统计信息，可以对性能问题及如何解决它们给出深层的视角。

你通常会想，通过把代码编写得更好就能防止性能问题。有些代码明显看上去效率欠佳，需要进行速度优化。这通常是个错误的想法，会导致所谓“过早优化”的问题。看上去很慢的代码往往并不是瓶颈，却容易花大量时间根据不当的假设去优化。有许多理由说明这个问题。现代编译器擅长优化，所以只要在编译应用程序后，源代码就不存在效率欠佳的问题了。其他时候，真正花费更多时间的代码并不比其他代码欠效率。这样的结果是，剖析代码应当是在优化阶段尝试的一部分工作。能看到什么确实很慢，要比花大量时间分析代码，就为证明你的猜测是错的更好。

即便在剖析前，就要考虑你是否真有问题要解决。你总能找到办法让代码运行得快一点，但这么做并不总有意义。倘若应用程序没有可察觉的性能问题，通常不值得花时间去把它变得更高效。当然了，你想得到一个伟大的应用程序，但你还想在某天把它发布出来，而优化会是个无休无止的挑战。精益求精固然好，但让事物正确也很重要。

Instruments 既可与模拟器构建版本一起工作，又能和设备构建版本一起工作。如果条件允许，你应有个设备。在模拟器上构建的版本在性能上和设备构建版本迥然不同。甚至相对的性能也完全相异，例如不考虑绝对时间时，一个方法花的查找时间比另一个方法更长。内存问题通常更相似，但它们也不是一模一样的。

要启动 Instruments，选择 Product→Profile in Xcode（或按⌘+I 键）。如果需要的话，Xcode 会构建应用程序并运行 Instruments。Instruments 将先显示一个可滚动的窗口，其中有一些剖析选项，如图 25-18 所示。

图 25-18　Instruments 的启动选项

Instruments 提供了若干剖析工具。Allocations 和 Leaks 工具会随时间监视内存的用量；Time Profiler 工具会监视应用程序内每个函数或方法所花费的时间，以帮助找出性能瓶颈；其他工具监视总体的系统用法、网络活动状况和图形性能。如果需要多个方面的数据，则可以在同一次运行应用程序时使用多个工具。启动窗口只能选择一种工具，但只要 Instruments 运行起来，就可以加入其他工具。

一旦选择某个工具，Instruments 就启动应用程序，将其显示在主窗口中（如图 25-19 所示）。当前工具显示在左侧，旁边是显示活动随时间变化的图形。窗口底部是数据显示区，显示的是与当前所选工具有关的统计信息，以及配置、过滤这些数字的选项。

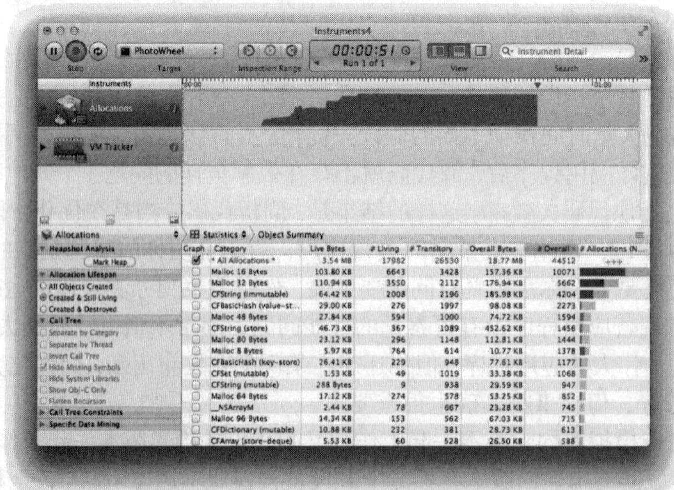

图 25-19　用到 Allocations 工具的 Instruments 主窗口

在应用程序已经运行时，也可以把 Instruments 与之关联。这样做会很方便，因为你会经常希望监视应用程序的特定动作。从应用程序开始就收集数据，一直到你感兴趣的地方会让 Instruments 充斥与你探究问题没有关系的数据。要做到这一点，先启动应用程序，然后单击 Target 弹出菜单。在菜单的 Attach to Process 部分，定位至你的应用程序。Instruments 会开始为此应用程序记录数据。图 25-20 显示了对模拟器构建版本应当如何做的例子。

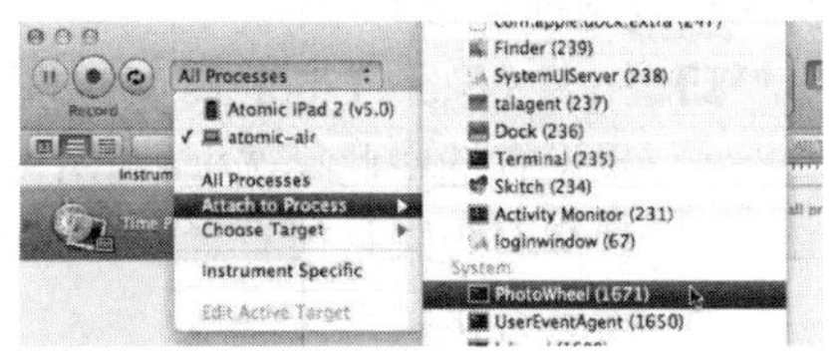

图 25-20　将 Instruments 关联到已经运行的应用程序

剖析示例：更新幻灯片放映的用户界面控件

有个地方看上去适合作性能改进，就是处理放映幻灯片播放/停止按钮的代码。你也许还记得，当用户按动了幻灯片放映时的 play 或 pause 按钮时，应用程序就会重构按钮的整个集合。这些按钮未被缓存或重用，它们被抛弃并替换。即便替换的是快进和后退按钮，它们也从未改变。并非应用程序在这里运行得慢，而是代码显而易见地做了不该做的事情。怎样修改能让它更好呢？

不管用户何时按动 play 或 pause 按钮都会执行有意义的代码。为了使 Instruments 只收集这个任务的数据，我们这样来用 Instruments：

1．启动应用程序，导航到幻灯片放映。
2．使用 Time Profiler 工具启动 Instruments，并将其关联至正运行的进程。
3．反复按动 play 或 pause 按钮一段时间。
4．在 Instruments 里单击 Stop 按钮，使之停止记录数据。

这样做的效果是，在 Instruments 运行期间，应用程序要花大量时间运行在所探究的代码上。之后，Instruments 的外观会是图 25-21 所示的样子。

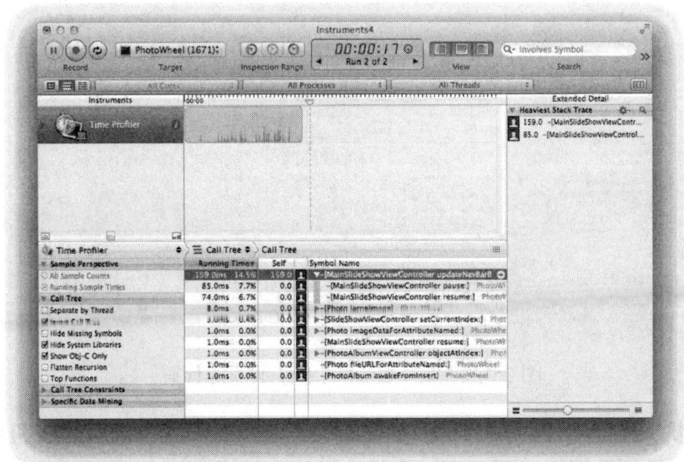

图 25-21　Instruments 对 PhotoWheel 里幻灯片放映显示的时间剖析结果

Time Profiler 工具旁边显示的是 CPU 活动随时间变化的图形。图形下面是个 Instruments 在记录数据时的调用树清单。清单显示的是最深层的调用方法，可以展开显示更多的细节。在本例中可以看到对`-updateNavBarButtonsForPlayingState:`方法的调用耗费了最多的 CPU 时间：

159ms。Instruments 还显示，该方法被其他两个方法`-pause:`和`-play:`调用过，159ms 基本是平均分布于这些方法间的调用。这里还列出了其他调用树，但它们并未用到同样多的时间。

左下角的矩形区内有若干个复选框，它们控制显示调用树的方式。在查找执行慢的代码位置时，有两个复选框会很有用：

- Hide System Libraries 复选框，此选项限制显示内容，使其只包含代码里的方法和函数。如果没有选中此复选框，调用树会包含你的代码未直接调用的 iOS 和框架所用代码的数据项。这样看起来是很有意思，但也同时意味着你要分辨许多细节，这些细节和要解决的问题并没有直接关系。
- Show Obj-C Only 复选框。选中此复选框时，调用树会滤除与 Objective-C 不直接相关的方法调用。和上面一样，这些信息是很有用，但它也会常常包含多余的细节。

右边的部分显示栈踪迹，对所选调用树有最大的影响。在图 25-21 中，这里会显示从`-pause:`到`-updateNavBarButtonsForPlayingState:`的调用；从`-play:`的调用也很重要，但它整体上花的 CPU 时间较少，所以不是"最重"的栈踪迹。

不过这一点也不令人惊奇。`-updateNavBarButtonsForPlayingState:`所采取的步骤当然占据了大量时间，因为该方法要更新幻灯片放映的控制按钮。我们的目标是在执行此方法期间，找出方法的哪个部分耗费最多时间。

要得到此信息，在 Heaviest Stack Trace 显示区域中双击此方法。Instruments 就会将调用树区域替换成此方法的源代码。占用该方法可观运行时间的每一行都会高亮显示。这些行的边上会显示一个数字，表示所在行占用的时间百分比。图 25-22 给出了此该方法的监视结果。

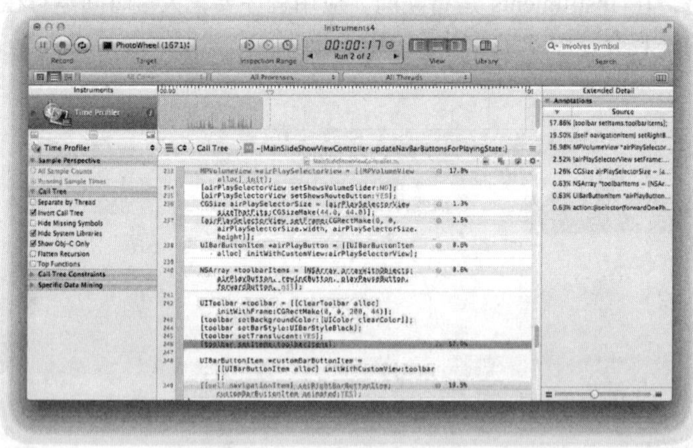

图 25-22 Instruments 里显示的源代码

所示代码做的事是：创建 AirPlay，把它调整至合适，然后用一组新的按钮集合更新工具栏。一个让人吃惊的发现是，重新生成了回退、播放、暂停和快进按钮的代码给的时间很少，代码行都没高亮。它们没在这里给出，但那是因为 Instruments 没有报告任何有关的信息。重新创建是多余的，但与该方法的其他地方相比，它基本不占时间。

开销最大的行就是更新工具栏条目的代码行，占了该方法总时间的 57.9%。如果我们不彻底重新设计这些按钮的话，这个时间是我们无法接受的。这个时间不会通过缓存按钮拷贝或其他窍门来减少，只要我们是在更新工具栏的按钮，我们需要这个代码行。如果该方法显得太慢条斯理，那么该代码行所费的时间应当促使你重新考虑这些按钮的管理方式。

一个可以改进的地方就是 AirPlay 按钮的生成。创建此按钮花费了整个方法 17%的时间。再加上另一行调整按钮尺寸，并为其创建 `UIBarButtonItem` 对象的代码，时间总共是 21.4%。但该按钮从未改动过。我们可以一次创建它，然后复用已有的拷贝。在所有工具栏按钮条目中，这是唯一可通过修改代码来改进此方法整体运行速度的地方。

另一个可能的改进是所显示的最后一行，在此处代码用新按钮更新导航条目。正如它要表示的那样，代码每次运行时创建新的 `UIBarButtonItem` 对象，且有一个包含工具栏的定制视图。然后它设置该条目为右边的导航工具栏按钮。但 `UIBarButtonItem` 对象的 `customView` 属性是可写的。在该方法内保持对 `customBarButtonItem` 的引用，并只更新其 `customView` 视图也许会更快些。对 AirPlay 按钮这种好处不明显，因为我们会将相对慢的代码替换为其他代码。新的代码也许一样慢或者更慢。更新 `customView` 视图花的时间也不显而易见。如果我们进行这种修改，我们需要做更多的剖析，来检查情形是否改善了。

25.7 小结

缺陷是任何软件开发人员生活中必须面对的糟糕现实。真正的问题在于，开发者用怎样的效率来找到并修正这些问题。通过 Xcode 的调试器和 Instruments，我们有了处理代码中意外问题的良好装备。逻辑错误、不正确的数据和设置、千奇百怪的性能问题可以在运行代码时通过检查和操作来诊断。当你看到有问题时，就拿起你的调试工具来解决掉它！

高效的调试过程不仅对好的用户体验很关键，它还是发行应用程序的基础部分。苹果公司审核测试的应用程序，如果崩溃，就足以导致此应用程序立即被驳回。除了在极端情况下的例外，糟糕的性能通常不会阻止应用程序得到批准，但它是容易在 App Store 中得到一星评价的因素之一，也转而成为导致应用程序失败的因素之一。严肃对待并提前处理性能问题。修正缺陷和改进性能可能很困难，但私下解决问题远远比公开处理这些问题好得多。

谈到 App Store，下一章将谈到如何准备应用程序，将其发送到苹果公司，以便你可以通过 App Store 来销售软件。

第 26 章 发布应用程序

终于，PhotoWheel 总算完工了！至少现在已可进行测试了。

尽管我们已经学习了在 iPad 上如何构建和安装 PhotoWheel，但最后还是想让别人去用它。在开发阶段，你会想让别人测试该应用程序，不管是在开发的收尾阶段还是在对外发布的最终测试阶段。在万事俱备后，就可以上传到 App Store 等待批准了。

本章探讨如何向着测试和批准的目标准备和发布应用程序。

26.1 发布方法

直至现在，你一直都是在自己的设备上从 Xcode 布置应用程序。要让应用程序在别人的设备上运行，还需额外一些步骤。可以使用下列两个办法之一来发布应用程序。

- 非正式的发布：可以用这个办法把应用程序发布给测试人员。非正式的发布不会经过 App Store，而是你构建应用程序，然后通过任何方便的途径将拷贝提供给测试人员。非正式的发布只能用到 iOS 配置门户账户列出的设备，所以会限制测试人员的数目。测试人员在其设备上使用 iTunes 安装此应用程序。安装非正式发布的人不必属于 iOS 开发活动的人，任何人只要有支持该应用程序的设备，都可以作为测试人员。
- App Store 发布：这种办法可以在应用程序准备发布至 App Store 时使用。应用程序的 App Store 版本不能直接安装到任何设备上，而是先把所构建的版本上传给苹果公司。苹果公司会审查此应用程序，如果接受，它就会出现在 App Store 里。

不管哪种发布办法，你首先都要做一件事，就是为要发布的版本建立新的签名许可证。这一步要做的事几乎和在第 6 章获取开发许可证的内容一样。不同之处有两点：一是在配置门户的 Certificates 部分，单击 Distribution 选项卡而不是 Development 选项卡。创建和下载许可证的过程完全相同；另一点不同是发布许可证只能由团队经纪人（Team Agent）创建，后者通常就是创建 iPhone Developer Program 账户的人。如果你是独立工作，团队经纪人就是你自己；但倘若你是团队的一员，团队经纪人也可能是别的人。

26.2 构建非正式的发布

我们先来探索非正式发布的过程。在将应用程序发出进行测试之前，需要设立配置信息，并准备好非正式的发布。

26.2.1 设置非正式发布的配置信息

设置非正式发布的信息提供与设置开发的信息提供极为相似。只有若干小的差别。为了创建非正式发布的信息提供概述，要用到配置门户网站的 Provisioning 部分，以及该部分的 Distribution 选项卡（如图 26-1 所示）。

单击 New Profile 按钮后，出现的画面与开发条款时的类似，但并不相同。在 Distribution Method 的旁边，选择 Ad Hoc 选项（如图 26-2 所示）。从这个地方开始，配置信息的过程就和制定开发条款一样了。命名条款名，并选择一个应用程序 ID，还要选择想包含的那些设备，像第 6 章所讲的那样，创建一个配置。倘若你想把构建的版本发给别人做测试，你要将他们设备的 ID 放到此账户里，并在该配置中包含它们。

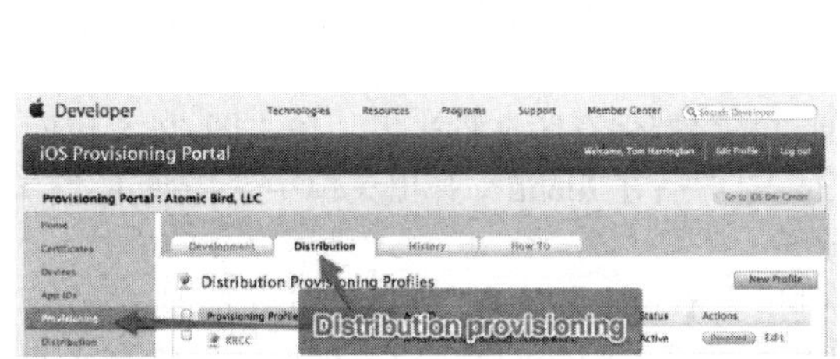

图 26-1 配置门户网站的 Provisioning 部分

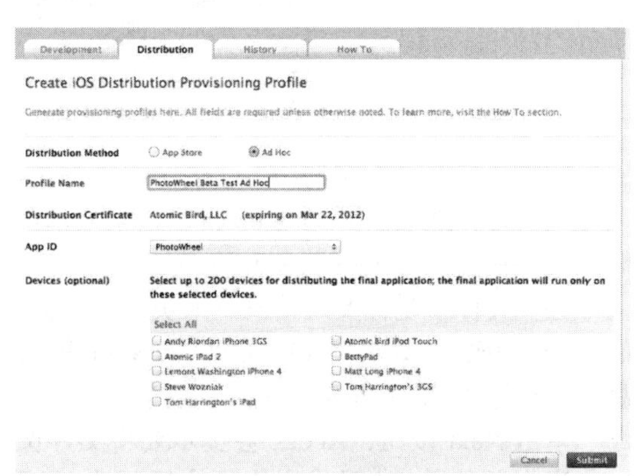

图 26-2 创建非正式发布的配置

26.2.2 准备构建非正式发布的版本

为了对非正式发布构建应用程序，你需要使用新的非正式发布信息提供概述。只要在 Xcode 的 Development 和 Ad Hoc 发布的配置间切换即可，但那样的用法凸显笨拙。不能只有其中一种配置。当可以构建并运行非正式发布的配置时，你不能调试应用程序；反过来，无法以开发配置来构建应用程序。你要对不同的构建需求使用两种配置。幸运的是，Xcode 提供了一种途径，能够在构建应用程序时自动在项目中选择使用某一种配置。

在构建非正式发布时，你其实是在生成一个存档文件。该存档文件包含编译过的应用程序以及信息提供概述，可供测试人员在他们的 iOS 设备上安装此应用程序。存档文件的设置可以在项目默认的方案下找到（如图 26-3 所示）。可以在 Xcode 菜单栏的 Product→Edit Scheme（或按⌘+<键）下显示出方案编辑器。

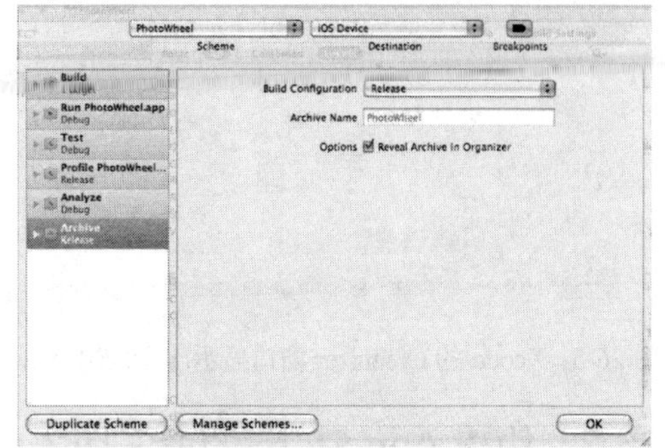

图 26-3 默认构建方案的存档文件设置

默认情况下，方案的存档文件部分会使用 Release 构建配置。由于你在构建非正式发布的版本，Release 构建配置将决定采用哪个信息提供概述；倘若你在方案编辑器里查看 Test 部分，会发现它其实用的是 Debug 构建配置。Xcode 自动在你创建新项目时生成这些设置。

Debug 和 Release 构建配置的代码签名设置位于应用程序的 Build Settings 下。要使用构建存档文件时的非正式发布条款配置，你需要告知 Xcode 使用 Release 构建的配置。

图 26-4 给出了 PhotoWheel 的配置。这些配置是 PhotoWheel 项目中项目设置的组成部分。

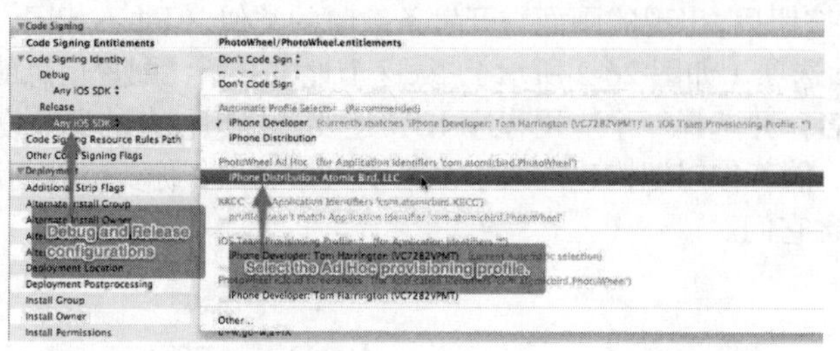

图 26-4 对发布构建选用非正式发布的信息提供概述

要构建非正式发布的版本，在 Xcode 中选择 Product → Archive。Xcode 将构建此应用程序，生成存档文件，然后打开 Organizer 窗口来显示此存档文件（如图 26-5 所示）。Organizer 窗口还会同时列出当前和以往的存档文件。

存档文件就是你要发给测试人员的东西。可以通过将存档保存为文件来发。单击图 26-5 里面的 Share...按钮。对内容选择 iOS App Store Package (.ipa)，然后在 Identity 弹出菜单中选择非正式信息提供概述（如图 26-6 所示）。

单击 Next 按钮，Xcode 会提示要将文件保存在哪里。Xcode 自动为文件加上.ipa 扩展名。

当你想向测试人员发送构建的版本时，只需要把这个文件发给他们就行了。他们能够将其拖动到 iTunes 里，安装此文件到其设备上，然后在其设备之间实现同步。

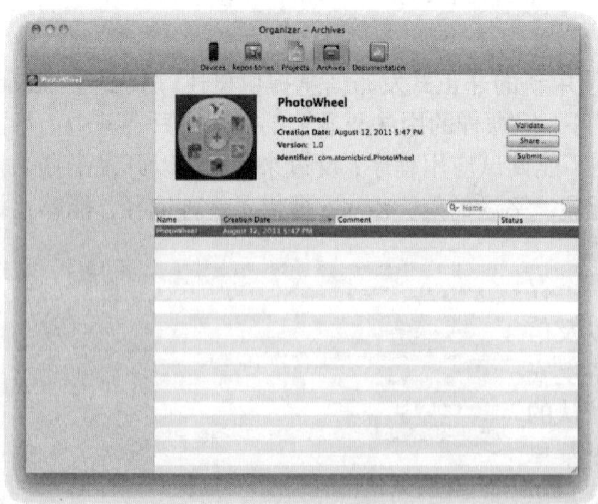

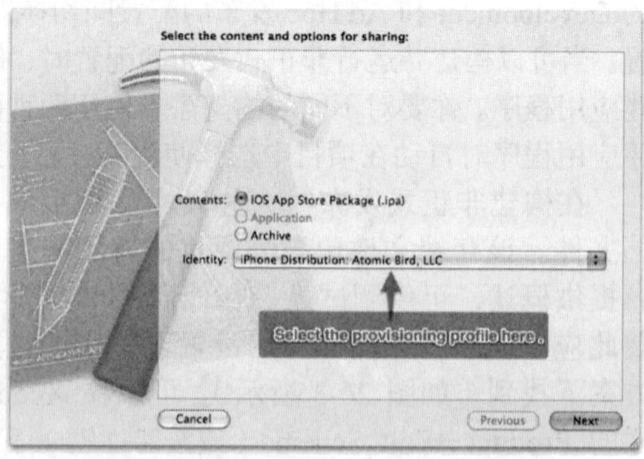

图 26-5 Xcode 的 Organizer 窗口显示出所构建得到的存档文件　图 26-6 在 Xcode 里导出应用程序的存档文件

26.3 构建 App Store 的发布版本

构建 App Store 发布版本的过程与非正式发布的过程非常相似。只需完成稍微不同的信息提供步骤，还需要对新的构建类型更新项目设置。

26.3.1 设置 App Store 条款

要准备使应用程序加入到 App Store，需要另一个条款配置。刚才操作的是非正式发布，这次是选择 App Store 作为发布办法（如图 26-7 所示）。

这一次的设备列表里灰色显示。App Store 配置并不特定于某些设备，所以没必要选择它们。创建并下载此配置，并将其拖到 Xcode 中。

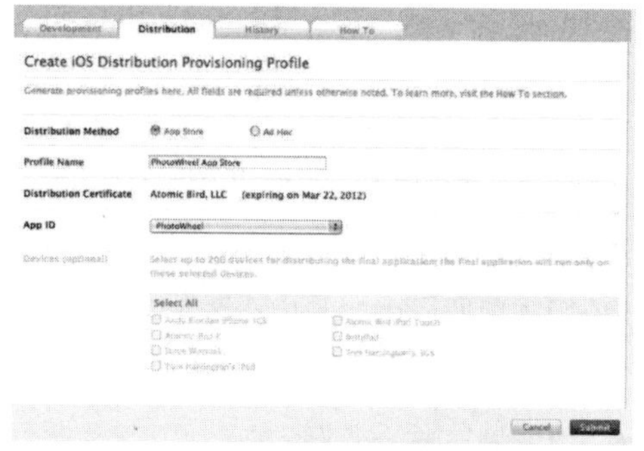

图 26-7 创建 App Store 发布的配置

26.3.2 准备为 App Store 发布的版本

和非正式发布一样，App Store 发布也涉及生成存档文件的操作。但我们已经在当前构建方案中使用了针对非正式发布的存档文件设置。所以要在信息提供概述中来回切换，根据需要来选择非正式发布或 App Store 发布。另一个办法要好得多，那就是创建一个新的构建方案，将其存档文件设置为新的 App Store 发布。在不同构建方案之间来回切换比在一个方案内修改条款配置更方便。

在 Xcode 的菜单中，选择 Product→Manage Schemes。将弹出方案管理器窗口，显示你在用的原始构建配置方案（如图 26-8 所示）。

选择现有的配置，然后单击窗口底部的齿轮菜单，并选择 Duplicate 菜单项。将出现方案编辑器，将此方案命名为显而易见的名字，例如“PhotoWheel App Store”，然后单击 OK 按钮保存为新方案。完成此步后，就能从 Xcode 主窗口的顶部弹出菜单中选择要用哪个方案了（如图 26-9 所示）。选中先前那个用作开发和非正式发布的 PhotoWheel 方案，再选择对 App Store 构建的新 PhotoWheel App Store。现在不管你何时构建应用程序，都可以自动应用当前所选中的构建方案。

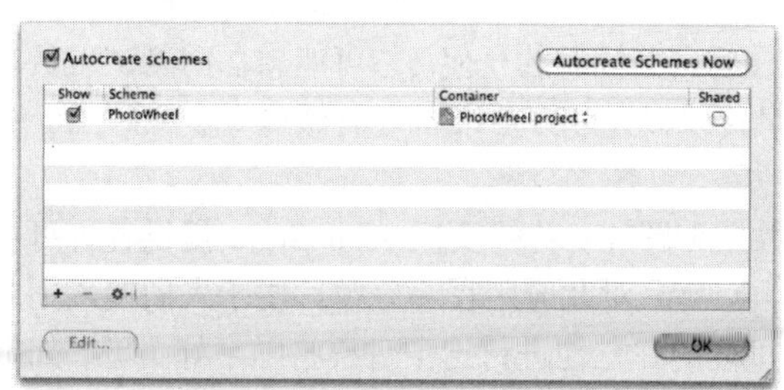

图 26-8 管理构建配置方案

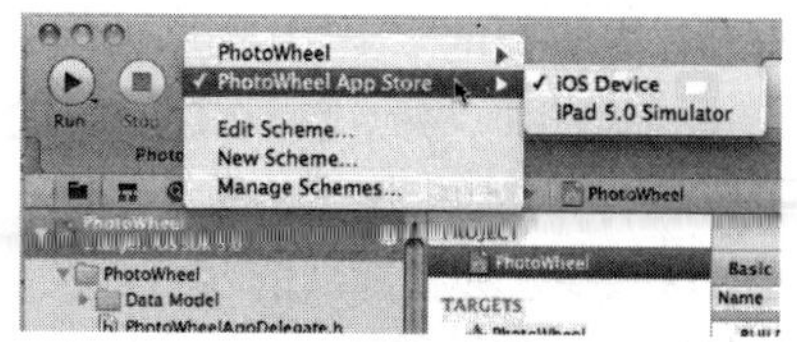

图 26-9 选择构建方案

为了使用新的构建方案，你还需新的构建配置。在项目设置中，选择 Info 选项卡。在其 Configurations 部分，单击清单底部的加号按钮，然后在弹出菜单中选择 Duplicate “Release” Configuration 菜单项（如图 26-10 所示）。

对此配置起个好记的名字，它将用到 App Store 构建的版本中。接着，切换到 Build Settings，定位到 Code Signing，你将看到这个新构建的配置会有个新入口。选择清单中的 App Store 信息提供概述，以便它能用在新的构建配置中（如图 26-11 所示）。

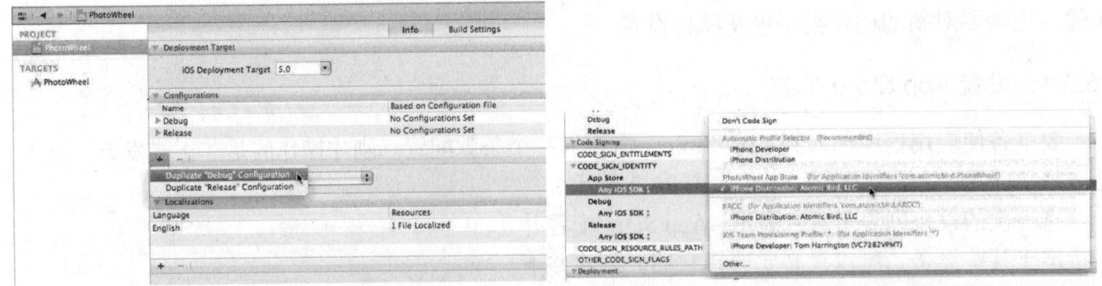

图 26-10 添加新的构建配置　　图 26-11 修改 App Store 构建配置中的 Code Signing 设置

最后，需要配置 App Store 构建方案，以在构建存档文件中采用 App Store 构建配置。这些同样适用于前面讨论的非正式发布变更。这里是要确保编辑新的 App Store 构建方案，设置存档选项以使用新的 App Store 构建配置。

26.3.3 接下来怎么做

把应用程序传到 App Store 涉及的工作远不只是构建此应用程序。而启动运行软件通常就是这么简单。对于 iPad 应用程序，还需要准备很多信息，这些信息将出现在 App Store 的列表中。倘若应用程序是收费的，你得和苹果公司一起设置银行信息，以便得到报酬。还得准备好为你的应用程序提供支持。所有这些都只是为了将应用程序放到 App Store；还要考虑怎样营销应用程序，找出顾客。接下来几节，我们将谈及在向苹果公司发送应用程序前的各种各样需求。

26.4 App Store 流程

倘若你还没有向 App Store 发送过应用程序，这个流程乍看起来会很繁琐而容易糊涂。要完成整个流程需要做若干步工作。这些步骤如下：

1. 为 App Store 构建应用程序，这在前面已经讲述了。可以在开发该应用程序的任何阶段做这一步。早早设置项目来做这一步，可以避免到最后一分钟时的仓促。你可能想在向测试人员发送非正式发布的版本时，同时做这一步；可以在信息提供概述和许可准备好时做这一步，而 App Store 的要求和这是近似的。

2. 收集或生成与此应用程序有关的各种元数据和图片。你需要向 App Store 提供各种可视的东西，以及 App Store 用到的其他信息，以便 App Store 对此应用程序分类，便于人们搜索到此应用程序。这些要求会在随后的几节提及。在开发过程中并行地进行这个过程将是个好主意，如果能够避免最后一刻匆忙的话。

3. 登录进 iTunes Connect，为此应用程序创建一个清单。你要用到上一步的信息。本步创建至苹果公司应用程序仓库的入口所需信息，但还未到批准流程的那一步。

4. 倘若你的应用程序不是免费的，需要到 iTunes Connect 的 Contracts、Tax 和 Banking 节来处理相关信息。你得同意 iOS Paid Applications 协议，这是苹果公司与你或贵公司之间的法律合约。它原则上同意苹果公司在 App Store 上销售你的应用程序，但你在同意之前应审核此协议。你还需要输入银行信息，以便苹果公司把销售应用程序的收入打到你的账上。

5. 回到 Xcode，构建应用程序的存档文件，并使用 Xcode 内置的发送工具。Xcode 将验证该应用程序，然后将其上传至 iTunes Connect。从此开始审核应用程序的流程。在本节后面会详细讲述这个过程。

6. 等待结果。苹果公司将会审核你的应用程序，以决定是否允许将其放到 App Store。苹果公司不会保证审核会在特定的时间段内完成。通常，要花一周时间。有些时候可能很快，或者运气不好的话，慢得多。苹果公司会自动给你发电子邮件，告知你应用程序已进入批准阶段，说明相关的事件，例如审核何时开始、何时结束。

倘若苹果公司批准了你的应用程序，最终状态会是 “Ready for Sale”。恭喜你，你的应用程序已经公开，面向大众了！

如果苹果公司驳回了你的应用程序，怎么办

苹果公司会对应用程序是否获准进入 App Store 有个最终的说法。大部分应用程序都会被接受，但不是全部。如若应用程序被驳回，苹果公司会通知你，并说明驳回的原因。苹果公司会在 iOS Developer Program Agreement 中提供详细的限制清单。你可以仔细研究这些限制条件。但要知道，这并非完整的清单。苹果公司能够以任何它认为合适的理由来驳回应用程序，据我所知，该公司已经以未知理由拒绝了一些应用程序。

驳回的最常见原因是纯粹技术上的。通常这意味着审核过程中应用程序崩溃过。崩溃是应用程序被自动驳回的依据；此外的技术问题包括非功能性的用户界面，比如说按钮可见，但点了没什么用。对于技术问题，你会对什么地方出错有清楚的认识。那就修正问题，重新发送应用程序吧。

如果你在应用程序中用到没有文档说明的应用编程接口，就不光是个技术问题了。苹果公司会提供详细的框架文档说明，以及应用程序可用的其他应用编程接口。iOS 有大量没有文档记录的方法，它们本意是供苹果公司内部用的。可以使用应用编程接口编写应用程序，但会特别违背 App Store 的规矩。如果你用到了没有文档说明的应用编程接口，就得重写代码，不再用到这些接口。这样做的难度取决于特定的应用编程接口，还有编写替代代码的困难程度。

应用程序也可能由于其包含的内容而被驳回。例如，苹果公司特意禁止色情作品。这种拒绝的理由很明确，你可以采取措施来找出这些问题。

如果应用程序以你认为无端的理由被驳回，你可以上诉。但最终，苹果公司并没有接受你应用程序的义务。我们前面还曾提到，多数应用程序都会被接受。如果你的应用程序没有做过分的举动，不大可能会被驳回。

26.5 为 App Store 提供应用程序信息

在向苹果公司发出应用程序时，你需要提供有关应用程序的各种信息。本节将概括说明这些所需信息，除非专门说明，这些信息都是必须要求的。

- 应用程序名字：你大概已经知道这一项了。如果还没有在若干可能性中想好，现在该是决定的时候了。要确保应用程序名字没有侵犯任何版权或商标，因为这样必然招致驳回。应用程序名字不能是别人已经用到的名字。
- SKU 号：这是你用来标识此应用程序的唯一编码，是你自己的产品 ID，它会显示在销售报告中。你可以使用任何对你有意义的文本，但要预先想到你可能有多个应用程序。你可能选择顺序的应用程序编号，或者使用日期之类的字符串，帮助你跟踪此应用程序。SKU

号不会显示在 App Store 内。

- 应用程序包标识符：你需要知道此应用程序的应用程序包标识符。它对应于你账号中配置门户的应用程序 ID。
- 有效日期：你可以指定应用程序出现在 App Store 里的日期。这是可以出现的最早日期，但实际日期可能会晚一些。倘若苹果公司在此日期前没有批准你的应用程序，应用程序不会自行进入到 App Store；而是一经批准就会出现在 App Store 中。
- 价格：如果你的应用程序并非免费，在此设定价格。你不能指定确切的价格，而是决定其价格等级。每个等级都对应有各种世界货币的特定价格。举个例子，等级 2 对应于美国、加拿大和澳大利亚的$1.99；大多数欧洲国家的€1.59，以及英国的£ 1.49 等。
- 适用的国家：苹果公司在大多数国家都运作 App Store。对所有国家并不开放所有应用程序。你可以决定对哪些国家开放你的应用程序。绝大部分应用程序会在所有 App Store 有效。倘若应用程序被许可地使用，你可能需要基于许可证限制应用程序对各个国家的有效性。
- 版本号：应用程序的版本号取决于你自己，但应当遵循通常的版本编号习惯，以免让用户糊涂。该信息会显示在 App Store 里。
- 应用程序说明：这是个你对潜在顾客介绍应用程序的地方。你提供的文字将出现在 App Store 里，供人们决定是否购买你应用程序时参考。你最多可以写 4000 个字符。应谨慎地组织这些文字，因为拼写或语法错误会让人感觉你的应用程序不够专业。
- 主和次分类名。分类将决定此应用程序出现在 App Store 的哪个地方。每个应用程序都必须有个主分类名，可以有个次分类名。要想知道什么应用程序该归入哪一类，请在 iTunes 里访问 App Store，单击其中的 Categories 选项卡。如果不确定该用哪一类，可以浏览这些分类，看看哪一个最合适。对于 PhotoWheel，主分类名应为 Photography，次分类名可以是 Lifestyle。
- 关键词：说明应用程序的一个或多个关键词。关键词在用户搜索 App Store 中的应用程序时用到，所以应仔细选择关键词。要记住，苹果公司不允许在关键词清单中引用其他应用程序的名字，所以不要列出有竞争关系的应用程序，以期在搜索结果中引起用户的更多注意。关键词清单最长为 100 个字符。
- 版权：它描述应用程序的所有权，将出现在 App Store 中。不要包含版权符号“©”，这会自动添加的。
- 联系的电子邮件地址：苹果公司将使用此电子邮件地址在需要时与你联系。电子邮件地址不会显示在 App Store 中。
- 支持的 URL：提供用户可访问的有关你应用程序的支持 URL。它在 App Store 中是可单击的链接。
- 应用程序 URL：这是你应用程序的首页，含有应用程序的信息。它在 App Store 中是可单击的链接，是可选的网页地址。
- 审核注释：这个地方的信息供苹果公司的应用程序审核团队在评估你应用程序时用。如果应用程序需要某种类型的登录信息，应在此包含测试账号。该信息是可选的。
- 等级：你得对应用程序评级，以让苹果公司决定它适合哪个年龄段。年龄段从 4+，即对所有人可用开始，一直到 17+，即包含更多的成人内容。这些分类包含暴力或性方面的内容。在每个区域，你可以将应用程序评级为“无”、“偶尔出现”和“频繁出现”。

- ❑ 最终用户许可协议（即 EULA，End User License Agreement）：你可以为应用程序提供自己的许可协议，倘若苹果公司的标准最终用户许可协议不能满足你需要的话，你的许可协议将显示在 App Store 内。它是可选的。

26.6 App Store 媒体材料

除了应用程序的这些元数据外，你还要在发出应用程序时准备好一些图片。这里列出了这些要求的图片。

- ❑ 大的应用程序图标：你的应用程序已经用到了图标，但你在 App Store 中还需要一个大得多的图标。如果你的应用程序被选为有特色的应用程序，App Store 将把这个图标布放为眩目的屏幕布局。大图标必须是 512 像素×512 像素大小，应保存为 JPEG、TIFF 或 PNG 格式。
- ❑ 屏幕截图：当用户浏览 App Store 时，他们会想看到你应用程序的外观。由于 App Store 不允许用户在购买前试用应用程序，屏幕截图将是用户决定是否要购买你应用程序的主要因素之一。你的屏幕截图应当能突出应用程序的特色。理想情况下，它们应当涵盖所有令人感兴趣的功能。请试着做出类似用户使用此应用程序时的实际屏幕截图。对于 PhotoWheel，这可以是使用人们可能用到的名字来命名相册的画面，而不是你在测试时输出的假名。使用“夏威夷度假”或“上学第一天”的名字要比“测试相册 1”、“测试相册 2”之类的名字更能吸引人们的眼光。
- ❑ 你必须提供至少一张应用程序的屏幕截图，最多 5 张，而且不应当重复。屏幕截图应为全屏图片。

26.7 iTunes Connect 的运用

你要通过 iTunes Connect（访问 itunesconnect.apple.com）来发送和管理应用程序，也可以在登录到 iOS Developer Center（访问 developer.apple.com/ios）后再去 iTunes Connect。图 26-12 给出了 iTunes Connect 主页的画面（这是 2011 年 9 月的）。

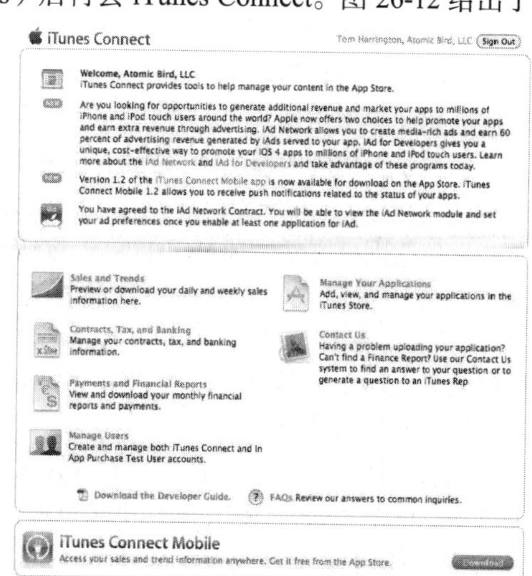

图 26-12　iTunes Connect 的主页

26.7.1 用户角色

同一个 iTunes Connect 账号可由多个用户访问。不同用户可被指定为不同角色，这取决于他们需要完成的操作。在网页的 Manage Users 部分（如图 26-12 所示）创建和管理用户账号。

这里存在 5 种角色：

- ❑ 管理用户能够管理 iTunes Connect 账户，包括创建、删除用户。
- ❑ 法务用户可以进入 iOS Paid Applications 协议之类的法律合约，可以申请对收费应用程序的折扣编码。
- ❑ 财务用户能够管理财务细节，包括销售和账务往来以及合同信息。

- 技术用户可以上传和管理应用程序。
- 销售用户能够访问销售报表。

用户可以被指定多个角色，如果这样做有意义的话。

26.7.2 管理应用程序

网页的 Manage Your Applications 部分是你设置新应用程序或对新版本应用程序的地方。在这里你为应用程序组织信息和材料。当你准备好发送应用程序的首个版本时，需要在上传应用程序的档案文件前，在 iTunes Connect 中为应用程序创建一个入口。类似地，要更改应用程序至新版本，也要在上传前在 iTunes Connect 中为其创建新版本。这个过程先是单击 Manage Your Applications 链接，然后在所弹出的窗口中单击 Add New App 按钮。

iTunes Connect 将引导你经过输入应用程序元数据、上传屏幕截图的过程。先是要输入应用程序名、SKU 号和应用程序包标识符（如图 26-13 所示）。

其他信息和材料会在随后给出，这种按部就班的风格一直持续到你完成为止。到那个时候，你就在 iTunes Connect 库中创建了应用程序，状态将变成等待上传（Waiting for Upload）。

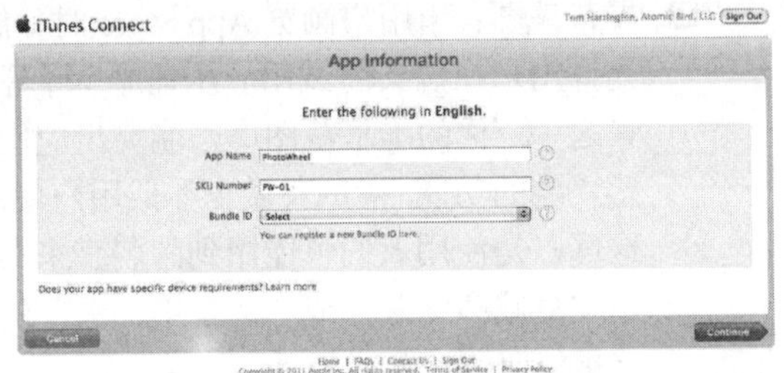

图 26-13 在 iTunes Connect 中开启应用程序的发送过程

26.8 发送应用程序

终于到时候了！所有的准备已经做完，该上传你的应用程序了。你可以直接从 Xcode 把应用程序上传至 iTunes Connect。为了着手这个过程，先以本章前面说明的办法构建一个 App Store 存档文件。将会打开 Organizer 窗口（如图 26-14 所示），显示新的存档文件和以往所有的存档文件。双击 Comment 列的内容，以对某个存档文件添加简短的描述，这样做会很有用，便于你以后知道为何创建此存档文件。

当你要上传应用程序时，iTunes Connect 会自动对应用程序做一些检查，以验证适当的代码签名和有效的图标文件。通过 Validate...按钮，你无须发送应用程序就能对它进行这些检查，如图 26-14 所示。在 iTunes Connect 中已经创建该应用程序的入口后，你随时可以使用这个按钮，即便还未准备好发送此应用程序。

倘若应用程序通过了验证，你就做好了发送的准备。单击 Submit...按钮开启上传过程。Xcode 将会提示你用 iTunes Connect 账号登录（如图 26-15 所示）。

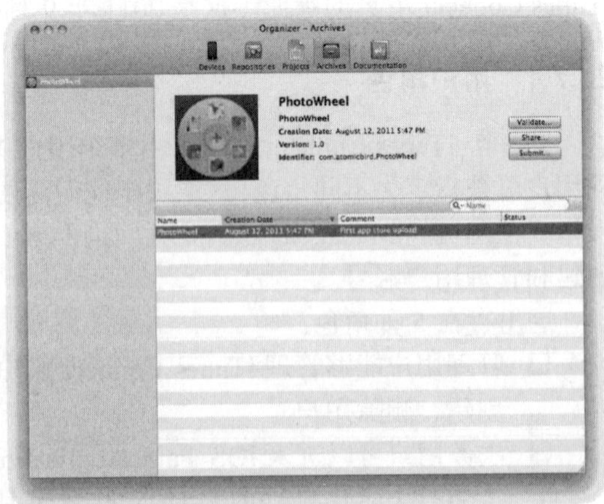

图 26-14 Xcode 的 Organizer 窗口显示存档文件已准备好上传至 App Store

一旦登录 iTunes Connect 成功，Xcode 会提示输入 Application ID 及代码签名信息。Application

弹出菜单根据你账户里在 Waiting for Upload 阶段的应用程序填写。如果你在 Application 弹出菜单中看到 No Value（如图 26-16 所示），确保你做完了前面提到的在 iTunes Connect 中创建应用程序入口的过程。

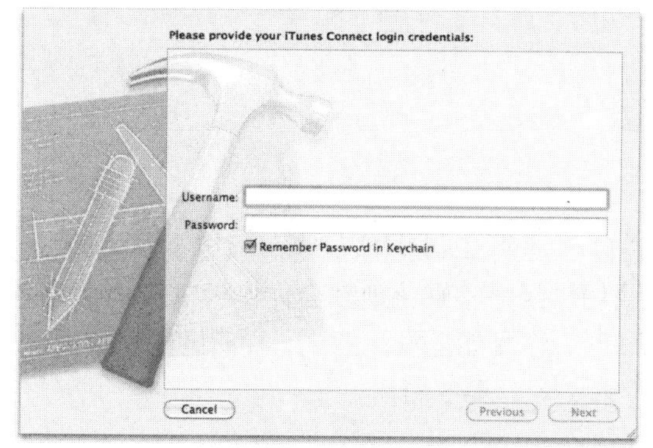

图 26-15　从 Xcode 登录进 iTunes Connect

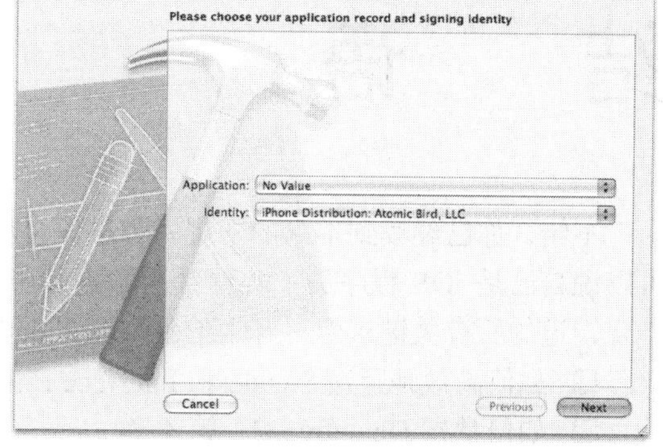

图 26-16　选择 Application 和代码签名标识

和 iTunes Connect 网站一样，Xcode 会带你走过上传过程的其他操作。

接下来，好好休息一下。编写代码是个艰苦的差事，你是得歇歇了。

26.9　更进一步

也许现在歇还不是时候。

一个常见的误解就是，你只要把想卖的应用程序放到 App Store 中就高枕无忧了。其实，App Store 上有 50 万个应用程序，要是你的应用程序不能拿到较高得分，又不采取额外措施吸引人们注意的话，即便卓越的应用程序也会湮没在这一大堆应用程序里。

营销和打折是让应用程序更成功的主要因素之一。技术方面是很重要，但不足以将精彩的应用思路转换为成功的应用程序。应用程序应当有个好的网站来提供比 App Store 更多的信息，包括可能的演示视频。但这也只是最低限度的要求。你应阅读一本好书，是 Dave Wooldridge 和 Michael Schneider 写的 The Business of iPhone App Development（由 Apress 出版社于 2010 年出版[⊖]）。不要小看这一步，否则你的应用程序再令人佩服，编写得再好，也可能无人问津。

26.10　小结

本章你已经从拥有一个在自己 iPad 上运行的应用程序，转向能够与测试人员分享你的应用程序，并且对全世界发布你的杰作。这些步骤有时看上去是繁文缛节，但它们是最后几个步骤，为的是让全世界的人们能下载和使用你的应用程序。构建和发布应用程序涉及大量的工作，是件大事。但要是它能轻易搞定，谁都会做了。

而你做到了！祝贺你！

⊖ 中文译书由赵俐翻译，人民邮电出版社 2012 年 5 月 1 日出版，ISBN：9787115277510。——译者注

第 27 章 结语

不错，你已经读到本书的末尾。你可以自信地说自己是个 iPad 程序员了。但更重要的是，你可以说自己是 iOS 程序员了。看看，你还不知道，我们已经潜移默化地教会你作为 iOS 开发者起步要知道的所有关键东西。当你还在构建 PhotoWheel 时，你可能还没注意到，我们已经向你展示：

- 如何高效地运用 Xcode 和 Interface Builder（第 2 章、第 3 章）。
- 如何掌握 Objective-C（第 4 章）。
- 如何用 Cocoa Touch 编程（第 5 章）。
- 如何使用故事板构筑用户界面（第 14 章）。
- 如何利用 Core Data（第 13 章）和 iCloud 同步（第 22 章）。
- 如何创建多点触摸手势（第 11 章）。
- 如何构建定制视图（第 10 章、第 16 章）。
- 如何使用视图控制器（第 15 章）、实现定制的视图转换（第 15 章、第 17 章）。
- 如何以不同方式使用滚动视图（第 16 章、第 17 章）。
- 如何向应用程序添加打印（第 19 章）、处理电子邮件（第 20 章）的能力。
- 如何让应用程序与 AirPlay 协作（第 23 章）。
- 如何使用 Core Image 来运用图片滤镜和特效（第 24 章）。
- 如何在应用程序中诊断和修正缺陷（第 25 章）。
- 如何从应用程序中引入 Web 服务（第 21 章）。
- 如何做好发送至 App Store 之前的准备（第 26 章）。

你可以在日后开发项目时将这个清单作为导引。例如，倘若你想用到 Core Data，则可以翻到第 13 章温故而知新；在为应用程序添加多点触摸手势的支持吗？有一章谈到这个话题，请翻到第 11 章。这里最耀眼的地方是你从头至尾构建了一个应用程序，从概念一直到将其发送至 App Store。可喜可贺！

后续工作

本书作为你成为一名 iOS 程序员的起点，但还有多得多的知识要学习，特别是如果你想把 iOS 程序员作为职业生涯的话。要成长为更棒的 iOS 程序员，你还可以做下列这些事：

- 持续阅读各种书籍。在 learnipadprogramming.com/recommended-books/网页有个推荐阅读的书籍清单。
- 搜索并参加一些在线的论坛，譬如“苹果开发者论坛”Apple Developer Forums（网站是

devforums.apple.com）、“栈溢出” StackOverflow（网站是 stackoverflow.com）。

- 阅读诸如 Cocoa Is My Girlfriend（网站是 www.cimgf.com）、iPhone Development（网站是 iphonedevelopment.blogspot.com）、Ray Wenderlich's Tutorials for iOS Developers（网站是 raywenderlich.com）之类的博客。
- 参与一些会议，例如 Apple's WWDC（网页是 developer.apple.com/wwdc/）、360|iDev（网站是 360idev.com）、Voices That Matter（网站是 voicesthatmatter.com），以及 NSConference（网站是 nsconference.com）。
- 参加本地的一些聚会和开发者交友活动，例如 CocoaHeads（网站是 cocoaheads.org）、NSCoder Night（网站是 nscodernight.com）。

还有，最最重要的，就是始终如一地坚持学习。

我们衷心祝福你，迫不及待想听到、看到你做出那么多令人兴奋的炫目程序。你可以将问题、评论和任何其他想要分享的内容发邮件到 Kirby@whitepeaksoftware.com 和 tph@atomicbird.com。

附录 A 安装开发工具

在编写首个 iPad 应用程序之前，你得先有开发工具。开发工具囊括了编写 iOS 和 Mac OS X 应用程序所需的所有东西，包括名为 Xcode 的集成开发环境（Integrated Development Environment，IDE）、用户界面设计工具 Interface Builder、兼容编译 C、C++和 Objective-C 的编译器；调试代码用的调试器；以及用来追踪内存泄漏和剖析应用程序的工具——Instruments。还有其他一些很有用的工具。整体的开发工具叫 Xcode，Xcode 集成开发环境是整个工具集中最主要的组成部分。

Xcode 可以从 Mac App Store 免费获取；也可以作为“iOS 开发活动（iOS Developer Program）”的会员下载，每年需要花费 99 美元。

哪种选项对你最好呢？如果你只是对 iPad 和 iPhone 编程好奇，不想预先花钱，可以从 Mac App Store 下载 Xcode。毕竟这样是免费的。但另一方面，倘若你对编写 iOS 应用程序是严肃认真的，应当参加该活动。会员资格将使你受益匪浅，而不是仅能从 Mac App Store 下载 Xcode 而已。

会员资格的特权

作为“iOS 开发活动”的会员，你不仅可以获取开发工具 Xcode，还获准访问众多对 iOS 开发者非常宝贵的资源。这些资源包括源代码、怎样做视频、最近的苹果电脑全球研发者大会（Apple Worldwide Developers Conference，WWDC）视频，以及苹果公司自己办的开发论坛（网站是 devforums.apple.com）。会员还可以得到最新的 iOS 和 Xcode 测试版本。而最重要的，只有“iOS 开发活动”的会员可以将其应用程序安装到真实的设备上。

这意味着倘若你想在 iPad 或 iPhone 上运行或测试应用程序，就必须成为“iOS 开发活动”的会员；要想发布自己的应用程序，不管是非正式发布还是通过 App Store 发布，也必须是会员才行（参见第 26 章以了解更多信息）。如果没有“iOS 开发活动”的会员资格，你只能局限于在模拟器上运行和测试应用程序。

注意：“iOS 开发活动”的会员也应当从 Mac App Store 下载 Xcode。苹果公司会频繁向会员提供 Xcode 的测试版本，你可以同时安装多个 Xcode 版本。从 Mac App Store 下载 Xcode，可以确保你总是在默认位置（硬盘的/Developer 目录）上安装了最新正式版的 Xcode；而在其他位置，例如/DeveloperBeta 手工安装 Xcode 的测试版本。

A.1 加入“iOS 开发活动”

要加入“iOS 开发活动”，你可以选择 3 种编程类型：标准个人（Standard Individual）、标准公司（Standard Company）或企业（Enterprise）。选择哪一个取决于你的需求和意图。其不同之处列于表格 A-1 中。

表 A-1 “iOS 开发活动”的好处

	向苹果公司注册了的开发者	标准个人	标准公司	企业计划	大学计划
价格	免费	99 美元/年	99 美元/年	299 美元/年	免费
开发中心资源的开放性	可以（但受限）	可以	可以	可以	可以
可预发布软件和工具		可以	可以	可以	
创建开发团队的能力			可以	可以	可以
访问苹果公司的开发论坛		可以	可以	可以	可以
技术支持次数		每个会员一年可有两次	每个会员一年可有两次	每个会员一年可有两次	
在设备（包括 iPod touch、iPhone 和 iPad）上测试		可以	可以	可以	可以
非正式发布		可以	可以	可以	
内部发布				可以	
App Store 发布		可以	可以		

注意：这里还有第 4 种编程类型：大学，它只面向将 iOS 开发含入其课程的高等教育院校。大学计划不在本书的讨论范围之内。

注意：你可以在 developer.apple.com/programs/register/网页免费注册为苹果开发者（Apple Developer）。作为注册的“苹果开发者”，你可以获取 Xcode 的公开发行版本，以及开发中心（Dev Center）的一些资源，但不能在设备上测试应用程序，或者向别人发布应用程序。

A.1.1 哪种编程类型对你合适

选择正确的编程类型很重要，这是因为日后修改编程类型会比较麻烦。希望内部部署专有应用程序给员工的公司应当加入企业计划。这种编程类型要求有邓百氏公司的信用账号[㊀]。期望通过 App Store 销售其应用程序的个人和公司可以选择标准个人或标准公司选项。标准个人和标准公司是两个最常选择的选项，所以我们得更详细地研究它们。

标准个人和标准公司之间有个主要差别。标准公司允许你创建开发团队。可以无需支持额外费用来添加团队程序员到此账号。团队程序员可以访问和标准个人同样的资源。可以在任何时候添加或去除团队成员，这在你聘请新的 iOS 程序员或项目结束后解除程序员的合同时会很方便。

注意：个人可以作为一个或多个“标准公司”账号的团队程序员，而依旧保留其自己的账号。例如，我在销售自己的应用程序，所以我在“标准公司”编程类型下有自己的公司。我还做合同编程，意即我是其他公司的团队成员。当我登录到 iOS Development Center 网站时，我会被问

㊀ 即 Dun & Bradstreet 号。成立于 1841 年的美国邓百氏集团拥有世界上最大的企业信用数据库，是世界上最大的信用报告部门，也是历史最悠久的企业资信调查类信用管理公司。——译者注

及想对当前会话使用哪个团队，如图 A-1 所示。

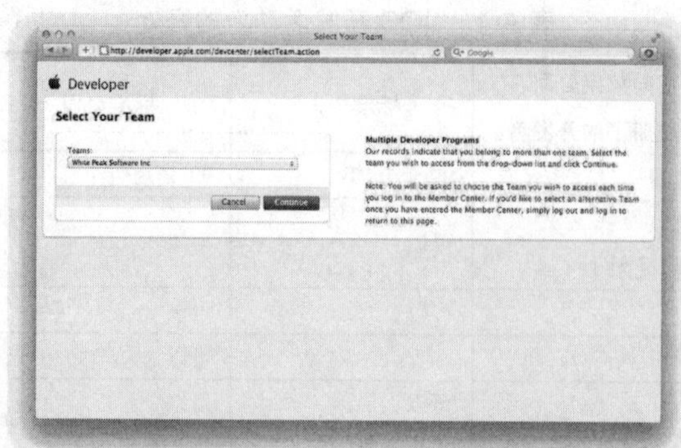

图 A-1 当你是多个团队的成员时，会在登录过程中有请选择你的团队的提示

在决定哪种编程类型对你合适时，通常可沿用这么一个通行规则，那就是：如果你是没有计划成立公司的个人，就注册为“标准个人”；如果你已经成立公司，即便这个公司只有你一个人，仍要注册为“标准公司”。倘若你先是注册为“标准个人”，随后又想以“标准公司”出现，可以修改编程类型。这样要涉及与苹果公司的交涉，它可能得花时间变换编程类型，但这是可以做到的。如果你以 D-U-N-S 号指代公司，只想在内部发布应用程序，可注册为“企业计划”。

A.1.2 你需要注册什么

在开始之前就收集需要的注册信息，这样会加速注册过程。表格 A-2 列出了需要的基本信息。复制一张此表格，作为你的工作单。

表 A-2 注册为“苹果开发者”或“iOS 开发活动”会员所需的信息

个人概要	
苹果公司标识码（创建新的，或使用现有的 ID）	
口令	
出生日期	
用于恢复口令的安全问题及答案	
姓名（要有的账户名）	
电子邮件地址	
公司或组织名称	
邮寄地址（街道、城市、州、邮编）	
电话号码	
如果想销售应用程序和/或使用 iAds	
缴税标识码（在美国是 SSN 或 EIN）	
法律实体名（你的姓名、公司名称、DBA 等）	
地址（街道、城市、州及邮编）	
公司联系方式（诸如财务、技术、法务和宣传推销部门高层主管的姓名及联络信息；可以是同一个人）	

（续）

银行账户信息	
银行所在国家	
ABA 号	
银行名称	
银行账号	
账号持有人姓名	
银行账户类型	
银行账户币种	

注意：表 A-2 所列的信息是基于在美国的注册信息。在不同国家的注册信息可能会有所差异。

创建或使用现有的苹果公司标识码（Apple ID）

如果你想以商业目的进入“iOS 开发活动”，苹果公司建议你创建新的苹果公司标识码。假如你作为员工，在为所服务的公司设立账户，这将是个好的建议。倘若你已经有了一个 iTunes 账户，苹果公司也建议你设立另外的标识码，以免有潜在的财务和报表问题。作为独立的开发者，我对“iOS 开发活动”使用我的 iTunes 账户，而没有遇到过任何麻烦。不过，你的情况可能会有所不同。

A.2 下载 Xcode

下载 Xcode 可以有两个办法。一是通过 Mac App Store 下载，只要搜索“Xcode”，然后在 Mac App Store 中像下载其他应用程序那样把 Xcode 下载到手。

二是访问并登录进 developer.apple.com/ios/网页的 iOS 开发中心（iOS Dev Center）。从这里可以下载到 Xcode 的最新版本，包括可能的测试版（只有你成为开发计划的收费会员时，才能下载到这些软件）。

注意：Xcode 下载文件通常很大，差不多有 3GB。所以下载过程可能会花好几分钟，才能完成。

A.3 安装 Xcode

如果你从 Mac App Store 下载了 Xcode，可以在 Launchpad 中选择它来启动安装过程，或者从 Dock 里选择图标也可以启动安装过程。这样将进行 Xcode 的默认安装。如果希望执行定制安装，例如指定目标目录，必须从开发中心下载 Xcode。

倘若你从开发中心下载了 Xcode，会在下载目录找到 Xcode.dmg 文件。以 Finder 打开下载目录，双击 Xcode 磁盘映像，将会在你的系统上装载此映像。双击磁盘映像里的 Xcode 和 iOS SDK，从而开启安装过程。

安装向导会引导你走过安装 Xcode 和 iOS SDK 的每个步骤。一般情况下，你应接受安装程序的默认设置。安装过程需要约 8GB 的磁盘空间。

注意：我建议至少要有 12GB 的可用磁盘空间。我已经发现，当硬盘上剩余空间有限时，安装过程会变得很慢。

安装程序完成安装过程所需的时间因机器类型、CPU 速度、剩余磁盘空间、可用 RAM 而异。一般来说，10 到 20 分钟都算是正常的。

注意：对前一个 Xcode 版本安装最新版本的 Xcode 是绝对安全的，也是建议的做法，假如你不再想要上个版本的话。不过，也可以在同一台机器上安装多个版本的 Xcode。

我倾向于在默认目录（/Developer）安装 Xcode 的公开发行版本，而将较新的 Xcode 测试版发布放到另外的目录（/DeveloperBeta）下。安装位置可以在安装向导中修改，如图 A-2 所示。对于从 Mac App Store 下载的版本，安装位置不能修改。

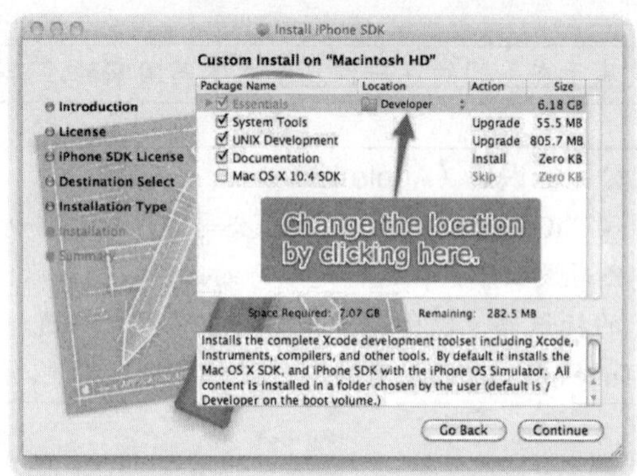

图 A-2　Xcode 默认安装于/Developer，但可以在安装向导中修改

祝贺你！Xcode 已经安装到你的系统上了。你可以在硬盘根目录下找到 Developer 文件夹（/Developer）下的所有工具，Xcode 位于/Developer/Applications。可以单击 Dock 或 Launchpad 里的 Xcode 图标来启动 Xcode。

窍门：如果 Dock 里面没有 Xcode 图标，可打开 Finder，定位至/Developer/Applications，在此把 Xcode 图标拖放到 Dock 中。

现在你已经做好准备，可以编写第一个 iOS 应用程序了。

华章程序员书库

经典原版书库
并行程序设计导论
(美) Peter S. Pacheco 著
（英文版）
An Introduction to PARALLEL PROGRAMMING
Peter S. Pacheco
机械工业出版社
China Machine Press

计算机科学丛书
并行程序设计原理
陆鑫达 林新华 译
CALVIN LIN
LAWRENCE SNYDER
Principles of Parallel Programming
机械工业出版社

Parallel Programming with Microsoft Visual C++
Design Patterns for Decomposition and Coordination on Multicore Architectures
Visual C++
并行编程实战
多核架构下分工与协作的设计模式
机械工业出版社
China Machine Press

GPU高性能编程
CUDA实战
CUDA By Example
an Introduction to General-Purpose GPU Programming
(美) Jason Sanders
Edward Kandrot 著
机械工业出版社
China Machine Press

华章专业开发者丛书
Java
并发编程实战
Java Concurrency in Practice
Brian Goetz
Tim Peierls
Joshua Bloch
Joseph Bowbeer
David Holmes
Doug Lea
(美) 著
JAVA CONCURRENCY IN PRACTICE
机械工业出版社
China Machine Press

软件工程技术丛书
基于模式的工程
软件开发过程中的模式使用指南
Patterns-Based Engineering
Successfully Delivering Solutions via Patterns
(加) Lee Ackerman Celso Gonzalez 著
机械工业出版社
China Machine Press

Software Build Systems
Principles and Experience
深入理解软件构造系统
原理与最佳实践
机械工业出版社
China Machine Press

12 Essential Skills for Software Architects
软件架构师的12项修炼
机械工业出版社
China Machine Press

软件工程技术精选书
软件设计的艺术
Bringing Design to Software
(美) Terry Winograd 等编
机械工业出版社
China Machine Press

www.hzbook.com

填写读者调查表　加入华章书友会
获赠精彩技术书　参与活动和抽奖

尊敬的读者：

感谢您选择华章图书。为了聆听您的意见，以便我们能够为您提供更优秀的图书产品，敬请您抽出宝贵的时间填写本表，并按底部的地址邮寄给我们（您也可通过www.hzbook.com填写本表）。您将加入我们的"华章书友会"，及时获得新书资讯，免费参加书友会活动。我们将定期选出若干名热心读者，免费赠送我们出版的图书。请一定填写书名书号并留全您的联系信息，以便我们联络您，谢谢！

书名：　　　　　　　　　　书号：7-111-(　　　　　　　　)

姓名：	性别：☐男　☐女	年龄：	职业：
通信地址：		E-mail：	
电话：	手机：	邮编：	

1. 您是如何获知本书的：

☐ 朋友推荐　☐ 书店　☐ 图书目录　☐ 杂志、报纸、网络等　☐ 其他

2. 您从哪里购买本书：

☐ 新华书店　☐ 计算机专业书店　☐ 网上书店　☐ 其他

3. 您对本书的评价是：

技术内容	☐ 很好	☐ 一般	☐ 较差	☐ 理由______
文字质量	☐ 很好	☐ 一般	☐ 较差	☐ 理由______
版式封面	☐ 很好	☐ 一般	☐ 较差	☐ 理由______
印装质量	☐ 很好	☐ 一般	☐ 较差	☐ 理由______
图书定价	☐ 太高	☐ 合适	☐ 较低	☐ 理由______

4. 您希望我们的图书在哪些方面进行改进？

______

5. 您最希望我们出版哪方面的图书？如果有英文版请写出书名。

______

6. 您有没有写作或翻译技术图书的想法？

☐ 是，我的计划是______　☐ 否

7. 您希望获取图书信息的形式：

☐ 邮件　☐ 信函　☐ 短信　☐ 其他______

请寄：北京市西城区百万庄南街1号　机械工业出版社　华章公司　计算机图书策划部收

邮编：100037　电话：（010）88379512　传真：（010）68311602　E-mail: hzjsj@hzbook.com